珞 珈 网 络 治 理 文 库

网络强国战略的
法治保障

主 编 冯 果

执行主编 皮 勇 袁 康

U0250370

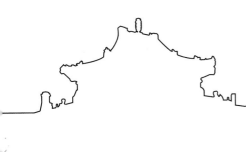

WUHAN UNIVERSITY PRESS

武汉大学出版社

图书在版编目(CIP)数据

网络强国战略的法治保障/冯果主编.—武汉:武汉大学出版社,
2019.10
珞珈网络治理文库
ISBN 978-7-307-21148-3

Ⅰ.网… Ⅱ.冯… Ⅲ.互联网络—管理—研究—中国 Ⅳ.TP393.407

中国版本图书馆 CIP 数据核字(2019)第 203910 号

责任编辑:胡国民 责任校对:李孟潇 整体设计:韩闻锦

出版发行:**武汉大学出版社** (430072 武昌 珞珈山)
(电子邮箱:cbs22@whu.edu.cn 网址:www.wdp.com.cn)
印刷:武汉市江城印务有限公司
开本:720×1000 1/16 印张:32.75 字数:550 千字 插页:3
版次:2019 年 10 月第 1 版 2019 年 10 月第 1 次印刷
ISBN 978-7-307-21148-3 定价:136.00 元

编委会

落实网络强国战略　推动网络强国建设
（代序）

　　21 世纪人类社会已全面进入网络时代，网络空间已成为国民经济和社会生活的重要场所，网络技术已成为考察和衡量国家核心技术的重要指标，而网络安全则已经成为国家安全的重要构成。在中国特色社会主义进入新时代和国际间竞争日趋复杂的背景下，进一步推进我国网络事业的规范、发展和创新，对建设中国特色社会主义网络强国，具有重要的战略意义。习近平总书记在全国网络安全与信息化工作会议上提出了网络强国战略重要论述，强调必须敏锐抓住信息化发展的历史机遇，加强网上正面宣传，维护网络安全，推动信息领域核心技术突破，发挥信息化对经济社会发展的引领作用，加强网信领域军民融合，主动参与网络空间国际治理进程，自主创新推进网络强国建设。习近平总书记的网络强国战略重要论述和讲话精神，科学地回答了信息化提出的时代命题，提出了互联网发展和治理的中国方案，是具有方向性、全局性、根本性、战略性的纲领性文件，是当前新的历史条件下马克思主义基本原理与中国互联网发展治理实践相结合的重大理论创新成果，具有丰富的理论内涵和指导意义，为将我国建设成为网络强国奠定了坚实的理论基础并提供了行动指南。

一、深入理解网络强国战略的精神实质

　　习近平总书记提出网络强国战略重要论述，是在当前网络空间日益成为国际竞争与合作的重要场域的历史背景下，准确把握信息化时代的技术要求和社会需求，不断提高我国在网络空间的话语权和竞争力，完成中华民族伟大复兴的总纲领和路线图。网络强国战略的精神实质，就是要通过推进网络强国建

设，以网络安全落实维护国家安全，以网络技术推动建设社会主义现代化强国，以网络治理构建网络空间命运共同体。

推进网络强国建设，是落实总体国家安全观的重大战略举措。网络安全是国家安全的重要组成部分，没有网络安全，就没有国家安全。现今网络信息安全形势日趋复杂，对于个人生活、经济活动乃至政治军事都提出了严峻的挑战。物理隔离可被跨网入侵，金融交易信息可被窃取，勒索病毒爆发和网络攻击可导致诸多行业瘫痪，用户隐私数据泄露和不当使用会导致对政治经济的冲击，这些现象都表明了网络信息安全威胁和风险日益突出。而且，网络与各行各业的紧密结合也导致了网络信息安全牵一发而动全身，并且呈现出向政治、经济、文化、国防等安全领域辐射性扩散态势，成为众多安全领域中较为基础又尤其紧迫的一环。网络技术发展滞后、网络空间治理不力，都会导致国家在复杂的网络安全形势和国际竞争局势中的劣势，从而严重影响国家安全。推进网络强国建设思想以维护网络信息安全为重要内容，为落实国家总体安全观提供了坚实基础，为推进国家安全制度体系与安全治理体系相互强化提供了强大助力。

推进网络强国建设是构建社会主义现代化强国的重要内容。在党的十九大报告中，习近平总书记提出建成富强民主文明和谐美丽的社会主义现代化强国的战略目标。当今世界已经进入信息化时代，信息革命正在以前所未有的方式深刻地影响着各行各业，"互联网+"也作为网络信息化思维创新与产业实践结合的新模式，推动经济形态在传统行业演变，为社会经济实体带来新活力、新增长、新发展。以移动互联、云计算、物联网、区块链以及人工智能等技术为代表的第二轮信息化浪潮也席卷而来，数字经济、共享经济等创新型经济业态相继涌现，为网络信息革命注入了新动能、开拓了新方向、实现了新突破。全球信息化浪潮云奔潮涌，各个大国之间在网络技术和网络空间的角力与竞争也愈发激烈。现代化的核心是信息化，建设现代化强国必须以建设网络强国为基础支撑。

推进网络强国建设是构筑网络空间命运共同体的强大助力。互联网是人类的共同家园，各国应该共同构建网络空间命运共同体，推动网络空间互联互通、共享共治，为开创人类发展更加美好的未来助力。习近平总书记提出互联网发展的"四项原则"和"五点主张"，为网络空间命运共同体建设提供了中国智慧与中国方案。网络无国界，网络空间日益成为世界文明展示的广阔平台，助力文明交流超越文明隔阂、文明互鉴超越文明冲突、文明共存超越文明优越。信息化发展深刻地改变全球格局，各个国家的利益在国际网络空间治理体系中水乳交融，休戚与共。面对网络威胁，也没有任何一个国家能够独善其身，互联网空间正愈发紧密地将全人类的发展联系起来。构建网络空间命运共同体，是全人类在信息化时代所面临的共同的任务。而推进网络强国建设，提升我国参与网络空间国际治理的能力与水平，是中国作为一个负责任的大国所应有的使命与担当。

二、准确把握网络强国战略的关键抓手

习近平总书记用"五个明确"高度概括了网络强国战略重要论述，要求明确网信工作在党和国家事业全局中的重要地位，明确网络强国建设的战略目标，明确网络强国建设的原则要求，明确互联网发展治理的国际主张，明确做好网信工作的基本办法。习近平总书记在对网络强国战略的阐释中高度重视网信工作，充分体现了网信工作是推进网络强国建设的关键抓手，也反映了以习近平总书记为核心的党中央实施网络强国战略的清晰思路。抓住抓好网信工作这个"牛鼻子"，是推进网络强国建设的基本前提，也是网络强国战略具体实施的重要保证。

网信工作在党和国家事业全局中具有重要地位。当今世界正如火如荼进行着信息化革命，这是中华民族千载难逢的历史机遇。网信事业代表着新的生产力和新的发展方向，是拥抱信息化革命的关键突破口。抓好网络与信息化工作，鼓励和支持网络行业的发展与创新，利用网络技术对传统行业的改造，实现技术和产业的转型升级，是提高我国核心竞争力和促进经济发展的现实需求。网络技术和网络空间的快速发展，犹如硬币之两面，在极大地提高效率的同时，也存在着发展失序、行为失范、边界失据等问题与挑战。网络行业的混乱竞争、网络技术的野蛮发展、网络空间的缺失底线，不仅侵犯着公民私人权利，而且威胁到国家安全和社会秩序。抓好网络与信息化工作，引导和规范网络行业的发展，打造风清气正的网络空间，是完善我国社会治理的必要保障。

网信工作必须坚持正确的方向和路线。坚持党的领导，是网信工作的方向指引。坚持党对网信工作的领导，是中国特色社会主义制度的本质特征和最大优势的集中体现，是党和国家事业发展经验的成功运用，是网信工作坚持正确

政治方向的基本要求，是网信工作取得成功的重要保证。必须在党的领导下，高度重视网信工作，充分推进网信工作，深入落实网络强国战略。以人民为中心，是网信工作的思想统领。习近平总书记在讲话中强调，网信事业必须贯彻以人民为中心的发展思想。无论是发挥信息化对经济社会发展的引领作用，还是加强网上正面宣传，积极主动参与网络国际空间治理，网信事业的出发点与落脚点都应当是增进人民福祉，让人民从中受益，使人民群众通过网信事业提升获得感、幸福感、安全感。建设网络强国，是网信工作的核心任务。党和国家高度重视网信工作，就是要发挥网信部门和网信事业在推进网络强国建设中的重要作用，各级网信部门应当在网络行业创新发展和网络空间治理过程中发挥积极作用，将网信事业的目标聚焦到建设网络强国，集中力量发展网络强国战略上。

网信工作必须确立科学的方法。网络强国战略的实施是一项系统性工程，需要以科学的网信工作基本方法为支撑。做好网信工作，需要坚持监管与服务、政策引领与法律治理并重、自主创新与国际合作并重。坚持监管与服务并重，是明确网信工作基本职能和主要任务的具体要求。网信部门需要及时转变思维、转换职能，既要充分履行在网络行业监管和网络空间治理上的主体职责，加强对网络行业和网络空间秩序的监管职能，又要切实发挥在网络技术创新和网络社会生活中的服务职能，使网络与信息化事业能够在规范的框架下实现有序的发展。坚持市场引领与法律治理并重，是优化网信工作方法的具体要求。充分发挥市场在资源配置中的决定性作用，通过市场机制激发网络市场主体的积极性与创造性，为信息领域核心技术研发以及网络行业创新提供市场动力。同时，又要在全面依法治国的战略框架下，按照法治思维、法治轨道和法治手段进行有效的网络行业规范和网络空间治理。坚持自主创新与国际合作并重，是稳健发展网信工作加快建成网络强国的具体要求。从当前科技发展和国际形势来看，掌握核心技术关系到我国的经济发展和国家安全。我国建成网络强国，必须建立在通过网络行业自主创新取得核心技术的基础之上，这是实现我国网信事业独立发展，提高我国核心竞争力的重要任务。与此同时，也需要积极加强国际网络技术交流与网络空间国际治理合作，增强我国网信事业在国际社会上的话语权和支配力。

三、全面落实网络强国战略的基本要求

习近平总书记的讲话立足人类历史发展与党和国家全局高度，全面总结了

党的十八大以来我国在网络安全与信息化工作上取得的历史性成就，科学分析了信息化变革所带来的机遇与挑战，深刻回答了网信事业发展的一系列重大理论与实践问题，指明了网信工作在推进网络强国建设中的具体路线和基本要求。

必须完善网络治理规范体系。近年网络乱象丛生的背后是网络治理规范体系不尽完善，应当积极推进网络道德的树立，完善网络法律体系，实现道德规范与法律规范的"软硬结合"，建立多层次治理规范体系，营造天朗气清、风清气正的网络环境。一方面，要建立网络道德标准，实现"立德树人"。这些年反映网络道德缺失的事件频出，一些网民价值观扭曲，突破道德底线、低幼媚俗的信息充斥网络空间，"泛娱乐化"风气盛行。这些现象有增无减的背后是道德底线失守的表征，反映了网络道德标准亟待建立。网络是道德建设的新领域，不能墨守成规，而应将社会主义核心价值观融入到网络道德构建中，用道德规范感召约束网民，净化网络风气，培育网民品格。另一方面，要构建网络法治体系，着力"依法治网"。近年来，网络法治取得了重大成就，但依然存在着网络法律法规不完善，与网络执法工作实际需要不适应的情况；迫切需要健全互联网法规体系，要抓住主要矛盾，用全面依法治国的精神推进网络法治，完善网络空间治理、加强网络安全管理、规范互联网行业创新与竞争、打击网络犯罪，助力网络强国建设。

必须突破信息领域核心技术。核心技术是国之重器，是国家核心竞争力的重要体现。网络强国的建设，离不开对信息领域核心技术的掌握，也离不开技术创新的良好环境。推动信息技术领域核心突破，既需要国家加强在基础科学领域和尖端技术领域的人才培养和研发投入，同时也需要为技术创新营造良好的政策法律环境。在贯彻落实网络强国战略过程中，需要营造有利的政策和法律环境，将金融、财政、税收、人才、知识产权保护、国际贸易等领域政策有机地结合起来，为信息领域核心技术发展创造有利条件，激发和释放各类创新主体的活力，维护和保障各类主体开展技术创新的积极性，在国家引导和市场参与的共同努力下，实现信息领域核心技术的突破。

冯　果

目　　录

第一章
网络强国战略的理论内涵与法治路径

随着时代演进与制度变迁，人类已经别无选择地走进了一个问题丛生与风险重重的网络信息社会。在信息革命这一被托夫勒称为"第三次浪潮"的滚滚洪流冲击之下，信息已经超越物质和能量成为最重要的经济资源，网络信息数据几乎成为继黄金、石油之后第三种全球性战略资源，网络空间也成为与陆、海、空、天并列的"第五维"。网络信息时代的到来，从根本上改变了人类社会的发展面貌，对于世界各国的政治、经济、文化、军事等领域产生了极其深刻的影响，能否有效应对信息网络的挑战不仅关系着一个国家的生存际遇与发展前景，也关系到国家治理体系与治理能力现代化的终极命运。特别是对于我国这样一个网络大国而非网络强国而言，如何因势利导，变挑战为机遇，在积极分享网络信息革命制度红利的同时还能维护国家的网络主权和信息安全，直接关涉国家富强、民族振兴、人民幸福的"中国梦"能否实现，兹事体大，需要认真对待和及时因应。

自从习近平总书记提出网络强国战略并上升为国家顶层设计之后，围绕着该战略所进行的学术研讨和策略行动已经广泛展开，深入推进网络强国战略已经成为全社会的价值共识。然而，如果从法教义学的立场审视"网络强国战略"这一概念的话，可以发现其内涵变动不居，外延充满弹性，存在着难以厘清的言说困境和解释难题。实质上，网络强国战略是政策的产物而非法律的产物，更多地被置于公共政策学的语境下来展开，在法学层面上有价值的讨论并不多见。鉴于此，本章试图厘清网络强国战略的实质内涵，提炼其在法治维度上的规范表达，探究其法律实施机制以及制度完善路径。

一、网络强国战略的提出及其时代背景

（一）网络强国战略的正式确立及其观念溯源

党的十八大以来，习近平总书记高度重视网络信息产业发展以及网络安全问题，提出了一系列具有原创性、时代性、实践性的新观点和新论断，逐步形成了内涵丰富、逻辑缜密的"网络强国思想"，成为习近平新时代中国特色社会主义思想的重要组成部分，拓展了网络信息时代背景下马克思主义的新境界。2014年2月27日，习近平总书记在中央网络安全和信息化领导小组第一次会议上首次提出了"网络强国"这一概念，即"网络安全和信息化是事关国家安全和国家发展、事关广大人民群众工作生活的重大战略问题，要从国际国内大势出发，总体布局，统筹各方，创新发展，努力把我国建设成为网络强国"。习近平总书记在这次会议上还提出了"网络安全和信息化是一体之两翼、驱动之双轮"以及"没有网络安全就没有国家安全，没有信息化就没有现代化"等重要论断，从技术、信息服务、网络文化、信息基础设施、信息经济、人才队伍等维度初步勾勒了建设网络强国的基本要义。① 尽管此时的"网络强国"更多的是停留在观念认知层面，尚未形成系统的思想体系，但由于在特殊的时点，一经提出，便迅速引起广泛关注和理论界跟进，为其后的理论框架奠定了观念基础。诚如有学者所言，中央网信小组的成立，体现了中国最高层全面深化改革、加强顶层设计的意志，标志着保障网络安全、维护国家利益、推动信息化发展真正成为国家战略，也标志着网络大国向网络强国的转变开始提速。② 2015年10月29日，党的十八届五中全会通过的《关于制定国民经济和社会发展第十三个五年规划的建议》明确提出要"实施网络强国战略"，加快建设高速、移动、安全、泛在的新一代信息基础设施。2015年12月16日，习近平总书记在浙江乌镇第二次世界互联网大会上指出，中国将大力实施网络强国战略、国家大数据战略以及"互联网+"行动计划，发展积极向上的网络文化，

---

① 参见习近平：《把我国从网络大国建设成为网络强国》，载《信息安全与通信保密》2014年第3期。

② 曹方：《从"网络大国"到"网络强国"》，载《上海信息化》2014年第4期。

拓展网络经济空间，促进互联网和经济社会发展。该讲话没有将网络强国战略视为孤立的个体，而是将其置于国家互联网整体战略框架下进行考量，凸显出网络强国战略在国家整体互联网发展战略格局中的重要位置。① 2016 年 4 月 19 日，习近平总书记在网络安全和信息化工作座谈会上，总结了网络强国战略实施以来取得的成就，进一步阐发了实施网络强国战略的详细步骤和策略。② 至此，网络强国战略的顶层设计基本完成，体系框架愈发清晰，开始朝向纵深的方向发展。

任何思想或战略的提出不可能是一蹴而就的，总会有着长期的理论准备和实践淬炼过程，网络强国战略的提出同样如此。从理论准备看，国内外思想界近几十年来围绕着第三次工业革命、网络空间与数字经济、大数据与人工智能等主题进行了卓有成效的研究，涌现了一批富有洞见的经典力作，对于各国的公共决策和立法产生了不可忽视的影响。例如，美国著名未来学家阿尔文·托夫勒于 1980 年出版的《第三次浪潮》向世人呈现了一幅精彩纷呈的社会变革画卷，堪称中国改革开放的指南，对中国人的思维冲击可谓影响至今。如今，托夫勒笔下的信息革命早已席卷全球，"第三次浪潮"也演化为一种思维框架，帮我们站在未来先驱的肩膀上，理智、宏观地看待这个变化的世界。③ 美国学者尼葛洛庞帝于 1996 年出版的《数字化生存》，描绘了数字科技为人类的生活、工作、教育和娱乐带来的各种冲击和其中值得深思的问题，是跨入数字化新世界的最佳指南。④ 尽管该书出版时中国刚接入世界互联网不久，但其带来的思想冲击却是震撼性的，特别是其关于数字化生存特质的概括——分散权力、全球化、追求和谐和赋予权力，时至今日依然彰显出智慧的光芒。英国学者维克托·迈尔·舍恩伯格被誉为"大数据时代的预言家"，其在 2013 年出版的《大数据时代》中前瞻性地指出，大数据带来的信息风暴正在变革我们的生活、工作和思维，大数据开启了一次重大的时代转型，颠覆了千百年来人类的

① 陈宗章、黄英燕：《习近平网络强国战略思想及其意义》，载《南京邮电大学学报（社会科学版）》2018 年第 2 期。
② 参见习近平：《在网络安全和信息化工作座谈会上的讲话》，载《人民日报》2016 年 4 月 26 日第 2 版。
③ 董乐山：《托夫勒的"三次浪潮"论》，载《读书》1981 年第 11 期。
④ 颜格：《数字，决定生存？——尼葛洛庞帝〈数字化生存〉再审视》，载《上海信息化》2009 年第 4 期。

思维惯例，对人类的认知和与世界交流的方式提出了全新的挑战。① 美国学者劳伦斯·莱斯格在其巨著《代码 2.0：网络空间中的法律》中提出了"代码就是法律"的重要命题，开拓了网络法治的经典范式，第一次指出了赛博空间的独特性及其意识形态，发展出了一个极有解释力且迄今为止未能被超越的理论框架。② 这些思想论著深刻地影响着人们的思想观念，对我国网络强国战略的提出产生了潜移默化的影响。

改革开放之后，中国充分利用第三次工业革命以及第四次工业革命的历史机遇，积极融入全球化浪潮，抢占信息革命前沿，几代领导人殚精竭虑，在信息化建设方面进行了不懈探索。例如，江泽民同志提出了一系列加快信息技术产业发展步伐的重要指导思想、战略方针和政策措施，包括"当代综合国力的竞争更多地集中在信息技术和信息资源的掌控上，体现为国家信息化能力的竞争""积极发展，加强管理，趋利避害，为我所用，努力在全球信息网络化的发展中占据主动地位""以信息化带动工业化，以工业化促进信息化，实现信息技术产业跨越式发展"等，这些重要思想对于推动我国信息技术产业发展、推进我国信息化进程、加快我国科技创新步伐，有着十分重要的指导作用。③ 再如，胡锦涛同志多次提出，要高度重视互联网的建设、运用、管理，高度重视互联网对社会舆论的影响，坚持把社会效益放在首位，形成积极向上的主流舆论。在 2007 年 1 月 23 日中共中央政治局第三十八次集体学习时的讲话中，胡锦涛就加强网络文化建设和管理提出了五项要求，其中的"要倡导文明办网、文明上网，净化网络环境"以及"要坚持依法管理、科学管理、有效管理"事实上隐含着网络治理的关键要义，已经内化为网络强国战略的一部分。追溯网络强国战略的思想脉络，还有必要考察习近平同志的施政风格，这是因为网络强国战略尽管是以习近平为核心的党中央集体智慧的结晶，但又带有鲜明的个人印记，与习近平的工作履历及现代视野密不可分。早在改革开放初期习近平在河北正定履职期间，就提出了"科技是关键，信息是灵魂"的前瞻性论断，

---

① ［英］维克托·迈尔·舍恩伯格、肯尼思·库克耶：《大数据时代》，盛杨燕、周涛译，浙江人民出版社 2013 年版，译者序。

② ［美］劳伦斯·莱斯格：《代码 2.0：网络空间中的法律》，李旭、沈伟伟译，清华大学出版社 2018 年版。

③ 参见江泽民：《论中国信息技术产业发展》，中央文献出版社、上海交通大学出版社 2009 年版，第 21、263、266 页。

建立信息中心，举办全省第一个县级"技术信息交易大会"，充分利用信息工具促进当地经济发展。① 在福建工作期间，无论是在厦门还是在宁德，习近平均一以贯之地重视信息建设工作，2000 年担任福建省省长后更是在全国率先提出了"数字福建"战略，亲自担任"数字福建"建设领导小组组长，亲自编制"数字福建"第一个五年发展规划，开启了福建大规模推进信息化建设的序幕。② 经过十余年的发展，福建的信息化建设在居民生产生活、公共行政服务、城市管理等领域结出了累累硕果，信息化水平位居全国前列。例如，到 2010 年，福建已成为全国唯一一个实现全省医院就诊"一卡通"的省份。应该说，"数字福建"战略实践是成功的，是网络强国战略的地方版本，为上升为国家战略奠定了基础。③ 在习近平同志当选为总书记之后，这种重视信息化的施政思路得以贯彻，无论是 2012 年在考察腾讯公司时对互联网信息技术重大作用的肯认，还是 2013 年十八届三中全会上关于"完善互联网管理领导体制"的论述，皆为其例。④ 可以说，网络强国战略是习近平执政风格连贯性的产物，具有深刻的思想基础和实践依据。

(二) 网络强国战略提出的时代背景

1. 信息化与网络化时代的加速到来

当今世界正处于一个前所未有的大变革时代，这个时代的最大特征莫过于信息主导，信息化或者网络化成为新型的社会形态。随着席卷全球的世界各国信息基础结构发展计划的实施和信息技术的迅猛发展，"信息化"已不单单是一个学术概念，它正悄悄而且迅速地改变着社会的结构和人类的行为与生活方式，"信息化社会"成为人们无法摆脱且必须融入的背景。⑤ 信息革命与农业革

---

① 汤景泰、林如鹏：《论习近平新时代网络强国思想》，载《新闻与传播研究》2018 年第 1 期。

② 汤景泰、林如鹏：《论习近平新时代网络强国思想》，载《新闻与传播研究》2018 年第 1 期。

③ 孙会岩：《习近平网络安全思想论析》，载《党的文献》2018 年第 1 期。

④ 温丽华：《习近平网络强国战略思想研究》，载《求实》2017 年第 11 期。

⑤ 在规范意义上，"信息化社会"可以界定为"以信息为社会发展的基本动力，以信息技术为实现信息化社会的手段，以信息经济为社会存在和发展的主导经济，以信息文化改变着人类教育、生活和工作方式以及价值观念和时空观念的新兴社会形态"。参见周庆山：《信息法教程》，科学出版社 2002 年版，第 7 页。

命、工业革命一道构成了人类历史上三次伟大的社会变革，且信息革命所带来的冲击要远远超过农业革命和工业革命，诚如托夫勒预言的那样："第一次浪潮历时数千年，第二次浪潮至今不过三百年，第三次浪潮可能只要几十年。"①诚哉斯言！如果以 20 世纪 80 年代电子计算机的广泛运用作为信息革命的起点，人类在经历了 30 年的信息化浪潮之后，又进入了以"工业 4.0"为标志的智能化革命时代（又称为"人工智能革命"），其"发展速度之快、范围之广、程度之深都迫使我们反思国家的发展方式、组织创造价值的方式以及人类自身的意义"②。当然，人工智能革命并不是完全取代了信息革命，二者在较长的一段历史时期具有交互演进性，信息革命所带来的网络社会将会长期存在。诚如有学者所言，以网络为核心的信息产业对世界文明的贡献程度远远超过其他产业，网络生活、网络经济、网络伦理、网络文化等新生事物无不发生着深刻的变革，这是一个人类生活方式正随"网"而变的时代！③互联网作为历史上最伟大的发明之一，在改变人们思维和生活方式的同时也深刻影响着整个社会经济的发展，构成了"人类生活新空间""国家发展新疆域"和"国家治理新领域"的新格局。在此背景下，如何保障中华民族生活的网络新空间，拓展我国发展的新的网络疆域，创新全球网络空间治理，成为网络强国战略的重要时代基点。④

2. 大国网络空间的激烈博弈

互联网信息技术的飞速发展带来了一个重要结果就是网络空间（cyberspace）的兴起。所谓网络空间，是指基于互联网基本技术、TCP/IP 协议、Web 浏览器与 HTTP 协议、Internet 搜索引擎、大数据、云计算、物联网等现代信息网络技术而架构的场所。作为一种新型开放性的生活场域，网络空间的出现形成了资本与信息生产的新方式，带来了思维习惯、社会结构、社会生活等方面的巨大革新，并对现有社会的规则制度构成了强烈冲击。⑤ 对此，

---

① 孙伟林：《从"第三次浪潮""数字化生存"到"大数据时代"》，载《民主与科学》2013 年第 6 期。

② ［德］克劳斯·施瓦布：《第四次工业革命》，李菁译，中信出版集团 2016 年版，序言。

③ 刘品新：《网络法学》（第二版），中国人民大学出版社 2015 年版，第 2 页。

④ 汤景泰、林如鹏：《论习近平新时代网络强国思想》，载《新闻与传播研究》2018 年第 1 期。

⑤ 夏燕：《网络空间的法理研究》，法律出版社 2016 年版，第 13 页。

英国学者诺顿指出:"网络就像迎面而来的卡亚斯克飓风,以 20 英尺高的浪潮袭击我们,这场暴风雨经过太平洋数千英里的能量积蓄,足以使你腾空而起,再将你重重摔下,计算机相互连接的时代近在咫尺……网络空间影响着我们每个人的生活。"①事实上,网络空间早就超越了社会生活层面的影响,对一个国家的政治、经济、军事、文化的影响是全方位的,围绕着网络空间游戏规则制定权和话语权的争夺日趋激烈。2013 年的"棱镜门"事件曝光后,拉美和欧盟国家领导人对美国的监听行为集体发难,德国总理默克尔和时任法国总统奥朗德用"完全不可接受"等罕见强硬的措辞表达了被监听的愤怒,国际社会对美国公信力的质疑声骤然加剧。②"棱镜门"事件可以说是全球化背景下各国在经济、政治、文化、军事、外交等领域博弈冲突的重大标志性事件,其本质是以美国为首的发达国家在经济、科技、军事超强占优的条件下,借用反恐的名义,运用网络技术这一"巧实力",采用挑战国际公平正义规则,试图巩固其"硬实力",提升其"软实力",持久保持国际霸主地位的一种超常态的、非军事化的不当手段。③ 该事件之后,美国宣布将放弃对互联网名称与数字地址分配机构的监管,并承诺尽快将管理权移交给一个遵循"多边利益相关方"组建的私营机构。④ 与此同时,作为国际上第一个关于网络空间国际法规则的手册——《塔林手册》⑤,在其 2.0 版本的编纂过程中,专门组织了两次政府代表咨询会议,邀请了包括中国政府代表在内的 50 多个国家的代表,力求使学者的见解与政府的实践更好地结合,反映出西方国家主导下的国家网络空间话语权有所软化。然而,我们必须清晰地认识到,美国对国际网络空间的主导权绝不会轻言放弃,大国围绕网络空间的博弈只会愈发激烈,国际上争夺和控制网

① [英]J. 诺顿:《网络空间:从神话到现实》,朱萍等译,江苏人民出版社 2001 年版,第 22 页。

② 王春晖:《维护网络空间安全——中国网络安全法解读》,电子工业出版社 2018 年版,第 46 页。

③ 徐汉明:《网络安全立法研究》,法律出版社 2016 年版,第 10 页。

④ 沈逸:《后斯诺登时代的全球网络空间治理》,载《世界经济与政治》2014 年第 5 期。

⑤ 全称为《国际法适用于网络战的塔林手册》(Tallim Manual on The International Law Applicable to Cyber Warfare),俗称《塔林手册》或《塔林手册》1.0 版。另,在 2007 年制定了《国际法适用于网络战的塔林手册 2.0》(Tallim Manual 2.0 on The International Law Applicable to Cyber Warfare),俗称《塔林手册》2.0 版。

络空间资源、抢占规则制定权和战略制高点、谋求战略主动权的竞争可以说方
兴未艾。① 至于《塔林手册》的新变化，我们同样需要警惕的是，其是以美国为
首的北约为争夺网络战争规则的制定权所编撰出版的一部非北约官方文件，内
容不但涉及单边主义倾向，还显示出网络霸权主义倾向，并不意味着网络空间
博弈的弱化。

3. 中国从网络大国迈向网络强国的紧迫需求

与欧美相比，中国的互联网发展起步较晚。1987 年 9 月 20 日，被称为
"中国互联网之父"的钱天白教授，向世界发出了中国第一封电子邮件——"穿
越长城，走向世界"，拉开了中国互联网发展的序幕。1994 年 4 月 20 日，中
关村教育与科研示范网络工程正式接入互联网国际专线，标志着中国加入了世
界互联网大家庭。② 尽管起步晚，但中国的互联网发展却实现了"弯道超车"，
发展速度惊人，已经成为名副其实的网络大国。根据中国互联网信息中心
2017 年 1 月发布的第 39 次《中国互联网发展状况统计报告》，截至 2016 年 12
月，我国网民规模达 7.31 亿人，相当于欧洲人口总量，互联网普及率达到
53.2%，超过全球平均水平 3.1 个百分点，超过亚洲平均水平 7.6 个百分点。③
但网络大国不等于网络强国，我国在互联网普及率、人均宽带水平、信息技术
自主创新能力等方面和发达国家还相差甚远。特别需要提及的是，我国是网络
恐怖主义、网络文化帝国主义以及网络攻击的主要受害国之一，网络安全形势
极为严峻。根据国家互联网应急中心 2016 年 4 月发布的《互联网安全威胁报
告》，仅 2016 年 4 月一个月内，我国境内感染网络病毒的终端数就达到近 282
万个，境内被篡改网站数量为 6406 个，境内被植入后门的网站数量为 12364
个，针对境内网站的仿冒页面数量为 12209 个，国家信息安全漏洞共享平台收
集整理信息系统安全漏洞 655 个(其中可被利用来实施远程攻击的漏洞有 547
个)……这一系列令人胆战心惊的数字无不昭示着中国网络社会所面临的险恶
的安全形势。④ 除了网络安全问题外，我国还面临着网络犯罪、网络舆情、网

---

① 夏冰：《网络安全法和网络安全等级保护 2.0》，电子工业出版社 2017 年版，第 4 页。
② 孙午生：《网络社会治理法治化研究》，法律出版社 2014 年版，第 26 页。
③ 常健等：《强化虚拟社会管理与健全网络立法研究》，中国法制出版社 2017 年版，第 3 页。
④ 常健等：《强化虚拟社会管理与健全网络立法研究》，中国法制出版社 2017 年版，第 25 页。

络侵权等方面的挑战，这些问题若得不到有效化解，将会严重影响我国的国家安全，因而亟待提升网络安全保障能力，改进网络空间的治理，实现从网络大国到网络强国的迈进。

二、网络强国战略的理论内涵与意义诠释

(一) 网络强国战略的理论争点与解释难点

如前文指出，网络强国战略是政策的产物而非法律的产物，更多的情况下被置于公共政策学的语境下进行讨论。政策的易变性决定了"网络强国战略"作为一个规范概念，缺乏必要的清晰边界，而具有较大的规范弹性，同时也决定了关于网络强国战略的理论界所难以形成的统一认知。纵观理论界关于网络强国战略的界定，多是描述性的概括而非本质性的揭示，定量分析多于定性表达。例如，有学者将保障国家的网络安全作为网络强国建设的总体性要求，将捍卫国家的信息主权作为网络强国战略的基础性保障，将创新国家的网络科技作为网络强国建设的关键性条件，将繁荣国家的网络文化作为网络强国建设的根本性动力，将汇聚国家的网络建设人才作为网络强国建设的现实性依托，将增强国家的网络治理能力作为网络强国建设的应然性选择，将提升国家的网络话语权作为网络强国建设的有效性支撑。[1] 类似的观点认为，习近平总书记网络强国战略重要论述的基本内涵表现为：突破网络核心技术，掌握互联网竞争和发展的主动权；发展信息经济，培育中国经济发展新动能；繁荣网络文化，营造清明的网络环境；维护网络安全，保障国家总体安全；加强网络治理，形成多主体、多手段相结合的综合治网格局；坚持以人民为中心，让网信事业发展成果惠及 13 亿多中国人民；推动互联网国际合作，打造网络空间命运共同体。[2] 再如，有学者将网络强国战略的基本内涵概括为"一体两翼"，所谓"一体"就是指"网络强国"战略这个主体，所谓"两翼"则是指建设网络强国的两大支撑"网络安全"和"信息化"，同时提出了建设网络强国战略的五大支撑力量，

---

[1] 谢霄男、李净、李文清：《新时代网络强国战略思想研究》，载《重庆大学学报（社会科学版）》2018 年第 5 期。

[2] 胡树祥、韩建旭：《习近平对网络强国战略的思考》，载《科学社会主义》2018 年第 4 期。

即网络技术作支撑，网络文化为基础，信息服务、人才队伍以及国际合作为保障。① 还有学者在界定网络强国战略时直接从描述性的视角切入，以互联网信息产业的实力强弱、网络空间的实力强弱、在国际竞争中是否占据有利的网络主导权地位作为"网络强国"的内涵。从上述几位学者的归纳看，尽管表述不尽相同，但追根溯源基本上都来自于习近平总书记在中央网络安全和信息化领导小组第一次会议上的讲话。这种带有"政策注释学"特点的研究范式尽管符合"政治正确"的理路，但似乎难有理论突破和思想贡献，缺乏必要的抽象提炼和创新空间。

如果从解释学的角度来剖析"网络强国战略"，同样存在不少困惑与难题。"法律解释学者应当正视诸如规范与事实、一解与多解、独断与探究、主观与客观、解析与建构之间的矛盾，应该在不同的语境中摆正姿态。在一定程度上，解释者的姿态决定法律的命运。"②尽管网络强国战略不是一个严格的法律概念，但从法律解释学的角度对其进行阐释的重要性不言而喻，网络强国战略的内涵与外延需要从文义解释、体系解释、历史解释等法律解释方法中得到完整性解读。从文义解释看，"网络强国战略"由"网络强国"与"战略"构成，其中的"网络强国"假如撇开国别语境和意识形态的话可以泛指在互联网技术、互联网产业、网络安全与网络治理等方面居于国际一流水平；其中的"战略"则是意指决定全局的策略。从体系解释看，由于网络强国战略既涉及政治、经济、社会等诸多领域，又涉及国内国外、网上网下多个场域，其内涵需要从系统论的整体主义视角加以厘清。正如有学者从系统论角度归纳的那样，网络强国战略的基本内涵表现为坚持自主创新的发展道路、构筑双轮驱动的现实抓手、实现全球治理的终极目标。③ 从历史解释看，由于网络强国战略在中国出现的时间过短，目前还处于高度不确定的变动之中，实践积淀和历史变迁尚不足以呈现其全部的面貌。然而，如果"放宽历史的视界"，将网络强国战略置于世界历史的情境下加以审视，仍然可以发现其思想演进的脉络。从国际上看，类似于中国的"网络强国战略"，很多国家均出台了类似的战略，如美国

---

① 陈蔚：《论习近平关于"一体两翼"网络强国的思想》，载《观察与思考》2016 年第 8 期。

② 陈金钊：《法律解释（学）的基本问题》，载《政法论丛》2004 年第 3 期。

③ 杨裕民：《学习贯彻习近平网络强国战略的重要论述》，载《合肥工业大学学报（社会科学版）》2019 年第 1 期。

于 2003 年发布了"保卫网络空间的国家战略",于 2000 年发布了"国家安全与防卫战略",于 2011 年发布了"网络空间的国际战略"和"国防部网络空间作业防卫战略",美国由此成为全球第一个将互联网安全战略上升为国家安全战略的国家,美国联邦政府明确提出国家的首要任务是建设一个安全的、可信赖的互联网空间。① 另外,英国于 2010 年发布"国家安全和防卫战略",加拿大于 2010 年发布"国家网络安全战略",法国于 2011 年发布"信息系统防卫与安全战略",德国于 2012 年发布"网络安全战略",意大利于 2013 年发布"国家网络安全指令",荷兰于 2011 年发布"国家网络安全战略",西班牙于 2013 年发布"国家安全战略"。② 这些类似的国家战略反映了在信息时代背景下各国面临的共同挑战,其陆续的实施对于中国网络强国战略的提出及其发展无疑产生了潜移默化的影响。各个国家的网络安全战略尽管带有共性,但差异性无疑大于共性,特别是中国的网络强国战略既有反映世界各国网络空间治理的通识性内容,更有反映中国网络空间治理特殊性的本土性内容,这意味着"网络强国战略"在某种意义上是反映"中国道路、中国理论和中国话语"的"地方性知识",进而决定了"网络强国战略"的文义解释、体系解释和历史解释面临难以言说的解释困境。例如,有学者在概括网络强国战略的主要特征时,归纳为"坚持以人民为中心""坚持共享与开放""坚持集中统一领导""坚持以中国梦为战略指引"③,这些带有中国话语特点的表达正是网络强国战略法律解释难题的生动例证。

(二) 从模糊到精确:网络强国战略的内涵厘定

纵使在学理上和解释学上存在着较大的困惑与难题,但对于网络强国的实质内涵并非没有共识性内容。注重顶层设计,确立基于总体国家安全观的网络强国战略;推动技术革新,实施以核心技术和人才培养为主要内容的创新驱动发展战略;完善制度保障,推进网络空间法治化规范化建设;加强国际合作,共建"网络空间命运共同体"等,均为当前网络强国的实质性内涵。仅存的困

---

① 许坚:《法律视角下的全球网络安全态势及对策》,人民法院出版社 2018 年版,第 90 页。

② 徐汉明:《网络安全立法研究》,法律出版社 2016 年版,第 82 页。

③ 张华春、季憬:《习近平网络强国战略思想及其新时代价值》,载《河西学院学报》 2018 年第 6 期。

惑表现在上述列举的诸多方案，是否能够穷尽网络强国战略的内涵，又是否能够使得网络强国战略的边界周延？

1. 逻辑前提：维护国家网络主权

自 1648 年维斯特伐利亚体系首次确认了以主权为基础的国际关系专责以来，国家主权这一民族国家的标志正式步入国际关系舞台中央，在此后长达几百年的时间里始终是国家之间宣誓存在、主张权属的原则所系，同时也是各主权国家之间高频冲突、极力维护的关键所在。① 国家主权是否存在于网络空间，长期以来备受争议。一种传统的观点认为，网络是没有政府和法制的世界，即"网络不需要法律"，网络空间应该在自然的状态下成长，本身应该构成一个单独的自治区域——"网络主权区"，现实世界里的政府没有任何正当理由介入网络世界的运作。② 受此种观点的影响，网络空间一度弥漫着浓厚的无政府主义倾向，无中心权威性也被视为网络空间最为主要的特征之一，该特征具体表现为网络空间形成了一张没有控制中心、由网络技术相互沟通的扁平的网络场景，它对所有的人开放并将传统权力结构不断的分散化。③ 但随着网络空间的战略地位愈发重要，无政府主义思潮的弊害日益显露，网络空间的"可规制性"逐步得到认可，国家主权介入网络空间的正当性亦被广为接受。2013 年，联合国信息安全政府专家组达成一份重要文件，确认《联合国宪章》及其他国际法规范和原则适用于国家在网络空间的活动，"领网权"作为国家主权的第四维空间由此将与领土权、领空权、领海权并列成为国际法框架下国家主权的重要组成部分。④ 2013 年的《塔林手册》作为第一部完整系统地研究国际法对网络空间武装冲突适用性问题的公开文献，开宗明义地指出网络主权

---

① 檀有志：《网络空间主权：〈网络安全法（草案二审稿）〉的浓重底色》，载《信息安全研究》2016 年第 9 期。

② 该观点的代表性人物为美国学者约翰·P. 巴洛，具体可参见［美］约翰·P. 巴洛：《网络独立宣言》，李旭、李小武译，见《清华法治论衡》（第 4 辑），清华大学出版社 2004 年版。该学者秉承的是 20 世纪 60 年代美国青年运动的社会思潮，有着新左派和反文化运动的反国家主义冲动，其最重要的信条是网络空间独立于政府和企业、摆脱权力与资本的宰制。参见刘晗：《域名系统、网络主权与互联网治理——历史反思及其当代启示》，载《中外法学》2016 年第 2 期。

③ 夏燕：《网络空间的法理研究》，法律出版社 2016 年版，第 38 页。

④ 王春晖：《维护网络空间安全——中国网络安全法解读》，电子工业出版社 2018 年版，第 46 页。

是存在的，且其与传统的主权概念一样神圣不可侵犯——这在西方学界无疑是重大理论突破，实质上与中、俄等传统上强调国家对网络空间管理职能的主张相吻合，可以说北约学者以最全面的国际法审视，为网络主权的存在做了背书。① 在维护国家网络主权问题上，中国一直是积极的倡导者和推动者。2015年通过的《中华人民共和国国家安全法》（以下简称"网络安全法"）将"维护网络空间主权"首次加以确立，2016年发布并于2017年实施的网络安全法更是将"维护网络空间主权"作为基本的立法目的条款，习近平总书记更是反复强调"尊重网络主权，维护网络安全"的重要性。可以说，维护网络空间主权已经成为我国处理网络事务的根本指针和制度基石，也是深入推进和大力实施网络强国战略的逻辑前提。

2. 制度内核： 网络安全与信息化

在"一体两翼"的网络强国战略中，网络安全和信息化是核心性的制度依托，能否有效维护网络安全和有序推进信息化，基本上决定了网络强国战略的基本命运。2016年12月27日，经中央网络安全和信息化领导小组批准，国家互联网信息办公室发布《国家网络空间安全战略》，提出了维护网络空间和平与安全的"四项原则"，即尊重维护网络空间主权、和平利用网络空间、依法治理网络空间、统筹网络安全与发展，同时提出了九项战略任务，即坚定捍卫网络空间主权、坚决维护国家安全、保护关键信息基础设施、加强网络文化建设、打击网络恐怖和违法犯罪、完善网络治理体系、夯实网络安全基础、提升网络空间防护能力、强化网络空间国际合作。为了将上述顶层设计付诸具体行动，2017年的网络安全法明确了网络产品和服务的安全义务，以及网络运营者的安全义务，进一步完善了个人信息保护规则，建立了关键信息基础设施安全保护制度，确立了关键信息基础设施重要数据跨境传输的规则，同时还构筑了体系化的网络安全保障制度，包括网络安全等级保护制度、网络安全风险评估制度、用户实名制度、网络安全事件应急预案制度、关键信息基础设施重要数据境内留存制度等。② 应该说，网络安全法出台之后，我国网络安全的立法规范基本齐备，开始进入以法律实施为重心的发展阶段。

---

① 申卫星：《数字经济与网络法治研究》，中国人民大学出版社2018年版，第416、417页。

② 夏冰：《网络安全法和网络安全等级保护2.0》，电子工业出版社2017年版，第19~22页。

信息化与网络安全关联特别紧密，网络安全法明确规定了网络安全与信息化发展并重原则，要求"双轮驱动，两翼齐飞"。一般意义上，信息化是指培育、发展以智能化工具为代表的新的生产力并使之造福于社会的历史过程。网络强国战略语境下的"信息化"，不仅包含着开发利用信息资源、建设国家信息网络、推进信息技术应用、发展信息技术和产业、培育信息化人才等传统意义上的实质内涵，而且更指向加强核心技术自主创新和基础设施建设，提升信息采集、处理、传播、利用、安全能力的新要求。如果从更宽广的视野观察，网络强国战略背景下的"信息化"还承担着创新驱动和引领新兴工业化、城镇化、农业现代化发展的使命，诚如党的十八大报告指出的那样，"坚持走中国特色新型工业化、信息化、城镇化、农业现代化道路，推动信息化和工业化深度融合、工业化和城镇化 良性互动、城镇化和农业现代化相互协调，促进工业化、信息化、城镇化、农业现代化同步发展"，自主可控、信息公开、创新驱动由此构成了习近平信息化战略观的重要组成部分。

3. 工具支撑：技术驱动下的网络空间治理

如果把一种典型的技术作为当今时代的象征物，那么网络无疑是当之无愧的。社会学大师曼纽尔·卡斯特（Manuel Castells）在其著作《信息社会三部曲》中将网络空间定义为由历史性的社会关系赋予空间形式、功能和社会意义的物质产物，认为网络空间实际上是技术与政治、社会、文化的结合体。[①] 从技术层面讲，网络空间是基于现代信息网络技术而架构的场所，表现形式为计算机交互网络尤其是以网络空间为代表的通信网络。[②] 申言之，技术层面的网络就是利用通信设备和线路将世界上不同地理位置功能相对独立的数以千万计的计算机或其他适用设备互联起来，以功能完善的网络软件（网络通信协议、网络操作系统等）实现网络资源共享和信息交换的数据通信网。[③] 技术是网络空间发展最为重要的催动力量，互联网之所以能够以爆炸式的速度增长并改变人类社会，正是因为技术的显著进步。技术是把典型的"双刃剑"，既有可能创造经济效益和社会福利，也有可能带来经济灾难和社会病痛，甚至将人类带入悲惨的境地。诚如有学者所言，技术进步与日益增长的财富迷惑了人们的双眼，

---

① ［美］曼纽尔·卡斯特：《网络社会的崛起》，夏铸九等译，社会科学文献出版社 2003 年版，第 504 页。

② 夏燕：《网络空间的法理研究》，法律出版社 2016 年版，第 38 页。

③ 仲春：《创新与反垄断——互联网企业滥用行为之法律规制研究》，法律出版社 2016 年版，第 1 页。

并衍生为各个学科中的理性主义倾向，"技术理性"或"工具理性"像一个挥之不去的梦魇，正在成为一种"意识形态"统治着我们，我们甚至还茫然不觉。① 仅从信息技术对法律的挑战而言，先进技术对法律提出的问题数量之大、种类之多，令人瞠目结舌。② 网络强国不仅需要安全的网络环境，更需要强大的技术支撑，但我国目前存在的网络侵权泛滥、网络不正当竞争愈演愈烈、网络非法行为给国家安全造成严重威胁、网络安全核心技术薄弱成为网络安全屏障的软肋等问题显然与网络强国的预期相距甚远。③ 诚如习近平总书记 2016 年 4 月在网络安全和信息化工作座谈会上的讲话中所指出的，互联网核心技术是我们最大的"命门"，核心技术受制于人是我们最大的隐患，要掌握我国互联网发展主动权，保障互联网安全、国家安全，就必须突破核心技术这个难题，争取在某些领域、某些方面实现"弯道超车"。

"技术促进了经济繁荣和改变了人类的生活形式，并且也深刻地影响了政治和法律实践。"④技术本身虽然带有中立色彩，但技术又带有一定的目的性和社会性，能够成为人类可资利用的工具。诚如有学者所言，网络空间虽然建立在统一的技术标准之上，但技术由谁掌握、标准由谁确定与各国的网络能力和网络权相关。⑤ 毫无疑问，在网络空间的治理博弈中，技术标准基本上由美国确定，核心技术被以美国为代表的发达国家垄断，中国在网络技术上受制于人的局面短期内难以根本改观，"芯片之痛"可谓是中国参与国际网络空间治理遭遇的当头棒喝。"要有自己的技术，过硬的技术"，互联网的技术主导性，决定了网络空间治理必须采取技术驱动型的治理模式，实施创新驱动发展战略、促进网络科技的跨越式发展成为我国必然选择的发展之路。⑥ 有学者指

---

① 易继明：《技术理性、社会发展与自由——科技法学导论》，北京大学出版社 2005 年版，第 33~34 页。

② ［英］戴恩·罗兰德、伊丽莎白·麦克唐纳：《信息技术法》，宋连斌等译，武汉大学出版社 2004 年版，第 1 页。

③ 徐汉明：《网络安全立法研究》，法律出版社 2016 年版，第 11~12 页。

④ 郑玉双：《破解技术中立难题——法律与科技之关系的法理学再思》，载《华东政法大学学报》2018 年第 1 期。

⑤ 鲁传颖：《试析当前网络空间全球治理困境》，载《现代国际关系》2013 年第 11 期。

⑥ 关于我国网络治理的模式选择，学界不乏争论。如有观点认为，"试验引领型"创制路径是网络治理法治建设的基本面向；"填充配套型"创制方式是网络治理法治建设的有效途径；"协调平衡型"创制手段是网络治理法治建设的可靠方法；"挖掘转化型"创制智慧是网络治理法治建设的有力支撑。参见徐汉明：《我国网络法治的经验与启示》，载《中国法学》2018 年第 3 期。

出，从技术和应用发展的角度来看，中国推进全球网络空间治理结构变革的底气，最终来自技术、标准、基础设施、接入设备、关键应用和核心能力的支撑。① 因此，深入推进实施"中国制造 2025"，积极参与新一轮信息技术革命，培养一大批网络技术人才，努力在核心网络技术上取得重大突破，均是落实网络强国战略的要义。

4. 价值旨趣： 建立网络空间命运共同体

建设网络强国，必须明白哪些因素对于网络强国建设具有显著性价值。毋庸置疑，构成网络强国战略的每一个部分均具有价值，但是要立足网络强国建设，必须抓好顶层设计。网络顶层战略设计是建设网络强国的最高纲领和行动指南，网络强国战略的一切思路、路径和举措，均应当围绕着这一顶层设计进行延展和细化。均衡高效快捷的信息技术设施、自主的知识产权以及网络主权等都在网络强国建设中具有不可替代的重大作用，但是对于顶层设计而言，尚不足以成为总纲性的内容。回顾历史上的任何一次大的变革，人类的任何发明创造并不一定必然地、自动地朝着人类所期望的方向发展。因此，网络大国也并不一定会朝着网络强国发展，即使是网络强国，也不一定会朝着造福人类、增加人类福祉的方向前进。鉴于此，网络强国建设，必须有着清晰明确的价值旨趣。这需要包括两个方面：一是创造有利于网络强国建设的正面价值，二是避免和防范不利于网络强国建设的负面价值。综合考量这两方面价值，建立网络空间命运共同体就成为网络强国建设的必然价值旨归。

网络空间命运共同体是对人类命运共同体的细致解读，是当前世界主流意识形态的形成表达与现实建构，并非依靠单向度自我鼓吹与政治高压灌输等方式形成的。网络空间由于其虚拟性、易复制性等特性，其本身具有诸多的风险点，网络空间的架构也极为脆弱，因此需要一个极具正面引导价值的主流意识进行全面统领。该主流意识将立足人类共同的生存空间和生活环境，不断增强自身的论证科学性和逻辑严密性，汇聚全世界的智慧，推动全球网络的互联互通、共享共治，开展互联网的国际合作，建设一个公平、正义的互联网秩序，为人类社会的福祉不断努力。"人类命运共同体"这一论断是积极促进全球治理过程中国际话语权体系变革的中国方案，是一个更具包容性的国际话语权体系，是对传统现实主义、新自由主义等理论体系下全球话语权体系的全新变

---

① 沈逸：《全球网络空间治理原则之争与中国的战略选择》，载《外交评论》2015 年第 2 期。

革，是基于现实困境而作出的回应和批判。在这一话语权体系之下，中国顺应时代，推出"网络空间人类命运共同体"价值体系，这是对当前国际网络领域经济话语权失衡、政治话语权失序、文化话语权失范等现实困境的回应和反思。"网络空间人类命运共同体"旨在构建共同繁荣的世界，推动国际经济的繁荣发展；提倡构建持续、稳定繁荣的世界，加快国际政治秩序的转变；力促搭建开放包容的世界，顺应并尊重人类文明多样性，从而构建一种以促进人类整体福祉为旨趣的世界。

(三) 网络强国战略的重大意义

在全球化摧枯拉朽的裹挟之下，人类社会的方方面面都在发生着显著的变革，其中最令人瞩目的在于两个方面，一是各国的治理模式不断革新，从"统治"走向"治理"，从"善政"走向"善治"，从"政府统治"迈向"政府治理"，由"民族国家的政府统治"走向"全球治理"；二是互联网时代的到来，人类社会开始了其快速变化的过程，此过程可以给人类社会带来巨大的福祉，但同时也隐藏着巨大的风险源。网络强国战略的兴起，正是在这种时代背景之下形成的，网络强国战略的重大意义，从国际上来说可以提升中国在国际网络空间的话语权、应对当前网络战的威胁；从国内来说，可以在网络经济、政治、文化以及法治等各方面提升我国的网络空间整体水平。1994 年，中国正式接入国际互联网。短短 20 年，网络和信息化事业发生了翻天覆地的变化。回望历史，我们发现，人类从远古走来，在经历了茹毛饮血的原始社会、刀耕火种的农业社会和机器轰鸣的工业社会之后，如今已经走入了以"数字""虚拟""信息""网络"为特质的网络社会。信息网络技术已经实实在在地成为一种改变人类存在和生活空间的技术架构，形成了一种全新的社会环境和生存方式。正因为网络空间的特殊性，网络空间"交感幻想"渐次地、不可遏制地走入人们的生活，长驱四散而融入人类社会空间，法网相生，成为网络空间的一大特征。因此，通过网络空间的建设，建成网络强国，能够反哺法治社会的建设，进而拉动整个社会的政治、经济和文化发展。拓展技术革新、国内相关法律法规的完善、国际司法合作，应是规制网络空间实现信息安全和网络强国的长期努力方向，而这些努力也关涉整个社会的革新与发展。网络空间与中国共产党执政、现代化中国构建、中国人民福祉提升和全人类命运休戚相关。如何在"世界结构"与"中国语境"双重维度下实现中国网络空间善治，并推动全球网络空间体系变革，成为新时代国家治理中的优先议题。面向国内与国际两个大局，提出网络强国战略，将网络空间之力置于人类社会发展进程之中，从而找到超越其本身存在的价值和出路；同时能够利用好"一带一路"建设行稳致远的优势，以数字丝绸之路建设与网络空间命运共同体协同共建，消解网络安全引发的国家安全风险；最后，以整体治理为理想范式形塑政府角色，利益市场机制优化网络空间治理体制，能够培育社会理性与治理力量，形成全民共治。

三、法治维度下的网络强国战略

（一）网络强国战略的法治关键词

网络强国战略主要通过网络空间治理手段来实现，而在网络空间治理的具体方略中，网络空间相关的法律制度及其实际运用不可或缺。换言之，网络强国战略要从纸面上的愿景成为现实，就无法绕开"网络法治"这一话题。网络强国要求网络空间中的良法善治，这既是网络强国战略的目的也是实现网络强国的手段，只有从法治维度下审视网络强国战略，才能够对网络强国的规范目的和实现路径形成全面、深刻的认识。

习近平网络强国战略重要论述，以维护网络主权为基本前提，以网络安全和信息化发展为主线，以网络空间治理为主要手段，以建立网络空间命运共同体为价值旨归。① 在网络强国战略的各个板块中，法治作为目的体现为网络空间的有序治理，具备一套公正、高效的网络规范，作为手段，体现为法律规范的制定与运行，权利义务关系的调整，国家公权力的介入。可以说，网络强国战略的全部步骤都暗含了法治的因素。从法治维度去剖析网络强国战略，从中可以把握若干重点内容，进而提炼出对应的关键词。概而言之，在网络强国战略中，对网络主权进行界定和划分是网络空间法治的前提，对信息安全提供法律保障则是建立网络强国的基础，在此基础上，需要重视互联网时代中数据的重要意义，维护网络运营中的数据正义，为此，就需要对使用和处理数据的算法进行法律治理。从以上逻辑中可以抽象出网络法治的四大关键词，即网络主

---

① 谢霄男、李净、李文清：《新时代网络强国战略思想研究》，载《重庆大学学报（社会科学版）》2018 年第 5 期。

权、信息安全、数据正义和算法治理。以下将分别论述。

1. 网络主权

主权是一国对其管辖区域所享有的排他性权力，在国内表现为一国政治权力的至高无上性，在国际上表现为一国的独立自主性。主权是国家的生命与灵魂，也是国际交往、国际合作的前提。信息网络本身具有互联属性，在互联网时代下，数据与信息的高效流动已然穿越国境的限制，身处世界各地的互联网用户可以凭借看不见的网络实现信息、资源的互联互通。可见，互联网经济本质上是全球经济，是经济全球化借助信息技术实现飞速发展的体现。为此，互联网的治理不能局限于一国之内，需要各国的广泛参与，实现建立网络空间命运共同体的价值目标。然而，全球化的互联网治理必然面临一个前提问题，或者说是核心问题，那就是既有的国家主权概念是否适用于网络空间，打破国界的互联网是否承认国家网络主权的存在。对这个问题的回答，直接关系到整个互联网治理的实施路径，也关系到网络强国战略最终能否顺利推进。①

对于这一问题的回答是肯定的，在互联网治理的国际化趋势下，不能忽视更不能抛弃国家主权观念。网络空间的治理和建设必须以保障各国的网络主权为前提，不能损害各个国家的核心利益。同时，也只有尊重国家的网络主权，才能够在网络空间治理中明确发力的主体，通过国家行使主权，参与合作，来加强对网络空间安全的保障。然而，在坚持网络主权观念的同时，我们也需要考虑国家主权在互联网空间中存在和行使的特殊性。一味地否定国家主权观念固然会危及国家的安全和利益，忽视网络空间互联互通、强调效率的特点；然而将国际政治中的国家主权观念简单粗暴地平移到网络空间当中则属于矫枉过正。一方面，可能导致各国主权在网络空间中引发不必要的冲突和矛盾，阻碍信息和数据的流动，进而中断国际网络空间治理的进程。另一方面，则可能造成国家公权力强势介入到互联网空间中，侵损个人在网络空间享有的私权利。因此，在互联网治理的背景下探讨网络主权问题，需要理解互联网与主权之间的复杂关系，在坚持网络主权的同时，考虑到网络空间中国家主权的特殊性，综合网络法治观念和网络制度建设两个方面，平衡个人自由和公共秩序、国家利益与共同利益之间的关系，维护互联网的有序、高效运转。

---

① 郝叶力：《大国网络战略博弈与中国网络强国战略》，载《国际关系研究》2015 年第 3 期。

就我国对于网络主权的研究和实践而言，网络空间主权已经成为我国处理网络事务的指导方针和理论基础，但其内涵和法理基础未能充分阐明。① 对于与现实空间交融以至于不可截然区分的网络空间，国家需要坚持网络主权在网络空间中的适用，同时又需要充分把握网络空间互联互通的特点，结合主权的法律意涵，从内部和外部两个方面同时构建配套的法律制度。从内部的至高性层面上，国家应当行使对网络空间的基本立法权，行政权与司法权，建立国家对网络空间的管理秩序；从外部的独立自主性角度，并充分考虑互联网空间的无边界性，国家应当积极推动国际合作，坚持各国在网络空间中保障网络安全，平等参与，广泛合作等基本原则，建立起互联网空间的国际法秩序。②

2. 信息安全

正如保障公民人身、财产安全是社会秩序的必然要求一样，要实现网络强国战略，建立网络空间的法治秩序也同样要保障个人、社会以及国家在网络空间中的安全。安全在网络空间治理中处于基础地位，要在网络空间中建立有效的管理秩序，就必须把握住这一底线。网络安全本身的含义极为广泛，一方面包括互联网的物理设备安全、程序运行安全，另一方面也包括信息数据安全和信息载体安全。基于整个互联网的运行都建立在信息和数据的流动之上，网络成为处理数据、分析交流信息的场所，网络安全的核心也就是信息安全，包括数据收集、存储、整理、分析、应用各个环节的安全。信息安全可以根据主体的不同划分为国家层面和个人层面，国家信息安全是个人信息安全的基础和前提，而保障个人信息安全也是国家信息安全的重要目的，两者互相影响，共同构成网络安全的整体布局。

从国家层面上分析，信息安全与网络主权密切相关，是国家安全在网络空间领域的具体表现。

第一，国家信息安全体现为政府信息的公开与管理，开放政府数据是由政府或政府控制的实体生产或委托生产的，能够被任何人自由利用、再利用和再分配的数据。开放政府数据在大数据时代背景下于 2009 年由美国政府启动，其基本理念就是政府数据和信息通过公开渠道向公民开放，其目的是活跃商业和社会活动，促进创新和价值增加。但在政府信息开放中，包括文化机构持有

① 左亦鲁：《国家安全视域下的网络安全》，载《华东政法大学学报》2018 年第 1 期。
② 张新宝、许可：《网络空间主权的治理模式及其制度构建》，载《中国社会科学》2016 年第 8 期。

的信息、公共广播运营商持有的信息、科研信息、保密信息、个人信息和国防安全信息均排除在外。日本、韩国、墨西哥及欧盟均将机密信息和可能危害公共利益的信息作为不公开内容，体现了国家信息安全的理念。所以，保障国家信息安全必须对政府信息公开进行相应的管控。

第二，国家信息安全体现为跨境数据流动的监管。繁荣数字经济本身需要促进数据全球流动，但维护国家数据安全则要求一定程度上限制跨境数据流动。就跨境数据流动安全管理总体框架而言，目前世界各国尚无统一制度，但总体思路是对不同数据采取分级分类管理，并相应采取不同保护措施，确保跨境数据流动不得威胁国家安全，对于重要的数据禁止跨境流动。例如，俄罗斯通过法令，要求本国公民信息必须存储在俄罗斯境内；澳大利亚规定安全等级较高的政府数据不能存储在任何离岸公共云数据库中，必须储在具有较高安全协议的私有云数据库中；韩国则规定通信服务提供商应采取必要手段，防止有关工业、经济、科学技术等重要信息通过互联网向国外流动。对于政府和公共部门的一般数据和行业技术数据有条件的限制跨境流动。例如，澳大利亚将政府信息分级，要求对其中的非保密信息也必须经过安全风险评估后才可实施外包。① 普通的个人数据允许跨国流动，但需要数据流入国满足一定安全认证要求。与各国立法动向相同，我国网络安全法（草案二审稿）也要求在境内存储数据，并对境外存储则加强安全评估。草案第 35 条规定：关键信息基础设施的运营者在中华人民共和国境内运营中收集和产生的公民个人信息和重要业务数据应当在境内存储。因业务需要，确需向境外提供的，应当按照国家网信部门会同国务院有关部门制定的办法进行安全评估；法律、行政法规另有规定的，依照其规定。

第三，保障国家信息安全需要合理运用数据监控截取手段。通过网络进行数据、情报交换成为主流，由于其隐秘性强、传递性快的特性，对世界各国的国家安全和社会稳定构成了很大威胁。出于服务国家情报需求、保障国家网络安全以及促进企业、产业发展的需要，各国开始对网络数据进行监控。从美国、英国、俄罗斯的实践来看，网络数据监控主要是从法律基础、标准规范和企业责任三方面进行规制的。在法律基础方面，美国以《联邦通信法》《外国情

---

① 参见中国信息通信研究院、腾讯研究院：《网络空间法制化的全球视野与中国实践》，法律出版社 2016 年版，第 491 页。

报监视法》《控制犯罪与街道安全法》《通信协助执行法案》《爱国者法案》等为基础；英国以《通信截获法》《电信(数据保护和隐私权)法规》《反恐、犯罪和安全法》以及英国内政大臣颁布的法规为主；俄罗斯则有《通信信息拦截侦控法》《SORM 技术要求》《SORM 程序要求》和"通信部第 130 号令"等。标准规范方面，美国制定了 J-STD-025 标准，此标准为支持合法授权的电子监视和向执法机构传送监听通讯和呼叫识别资讯的必要的特殊接口，定义了其服务和特征。英国执行 ETSI 欧盟标准，该标准为网络运营商、接入提供商、服务提供商在电子监听方面的合作提供指导，并对监听的交接接口提出了一系列的要求。俄罗斯的 SORM 标准要求俄罗斯所有电子信息网络均应当设计、安装、部署并运行"有效侦查技术系统"。企业责任方面，美国 CALEA 的"Sec. 105."规定：电信运营商必须时刻保证合法侦听设备及系统安全性和完整性；英国要求电信运营商必须提供协助，以使相关机构依据侦听许可能够侦听在他们网络上传送的内容。①

从个人层面上分析，保障个人隐私和个人信息安全是互联网信息安全的必然要求。近年来，随着云计算大数据业务的发展给互联网个人信息保护带来了巨大的挑战，各国也在顺应产业的变化，不断地修订和完善立法。目前，全球一百多个国家和地区制定了个人信息保护法，形成了全球范围的立法潮流。以欧盟为代表的国家和地区对现有的个人信息保护统一立法进行修订，同时法国、日本和美国在积极制定云计算、移动应用商店、大数据等新业务的个人信息保护规则。从法律制度的改革方向来看，一是信息主体的权利不断强化，已制定个人信息保护法的国家或地区，正在根据新的形势和需要，对原有的信息主体权利进行补充、扩展和完善；二是信息控制者的责任更加明晰，进一步明确信息控制者及信息处理者的义务和责任。传统的个人信息保护建立在知情同意机制的基础上，收集用户信息时告知基本状况并征得用户同意(知情同意原则)；用户信息收集应具备特定的目的，信息后续利用不得超出此目的(目的限定原则)；用户信息的收集及利用应以实现特定目的所必要的最小范围为限(最小必要原则)。然而在大数据时代，信息的流转及利用方式已经发生根本转变，根植于信息时代的传统机制无法适应新状况，受到全方位的冲击。一是

---

① 参见中国信息通信研究院、腾讯研究院：《网络空间法制化的全球视野与中国实践》，法律出版社 2016 年版，第 495 页。

海量信息收集往往不为用户所察觉，作为告知手段的隐私政策通常不被用户所阅读理解；二是信息量的极大丰富及信息比对分析能力的提高，增强了信息识别特定个人的可能性，个人信息的定义日益模糊；三是信息比对与二次利用往往超出原来的目的，严重冲击着目的限定原则的适用性；四是信息的多方流转成为常态，对与用户缺乏直接联系的第三方机构的法律监管缺失。世界经济论坛研究报告指出，传统知情同意框架已经无法满足数字经济的发展需求，在大数据时代已经失效。① 为此，在大数据时代保障个人信息安全，需要对传统的个人信息保护制度作出必要的调整和变革：第一，在个人信息的界定上，需要突破传统的精准界定模式，重视对个人信息使用环节的监管；第二，变传统的目的限定原则为风险控制原则，重点关注个人信息的使用和处理是否会给用户带来人身财产的损害；第三，对用户同意的范围作出合理限缩，确立合理使用的情形；第四，加强对第三方信息收集者与信息中介的管理，将其纳入统一监管体系中，确立其注意义务与法律责任。

3. 数据正义

"在大数据时代，数据成为国家或商业的战略资源，同时也是个人的生活资源，天量的数据如何分享，立法者要考虑到网络发展规律、网络技术和商业的进步、网络安全及公民的自由和发展等诸多要素来合理安排。"②为消除网络时代的"数字鸿沟"，数据正义的重要性更加突出。所谓数据正义，是指对数据的生产、处理和使用均需符合正当性和合理性的要求，任何人对于数据的运用都不能损及他人合法的数据权利。数据正义是在大数据时代到来，数据逐渐在网络空间中产生显著经济价值的背景下，对数据利用确立的基本原则。对于数据正义这一概念，目前学界和实务界尚未达成一致，但其主要关注点仍然着眼在数据权利以及权利的合理利用。数据正义的基本观念在于投入者获偿，对数据产生和加工投入成本的主体应当享有对数据的使用权利，但这一核心观念具有两个问题：其一，在大数据时代下，数据的提供者与数据的加工者、使用者并不同一，单一的数据本身不具有价值，而对数据进行广泛地收集、加工之后得出结论，数据才会产生相应的经济效益，如何确定真正的用户权利人显然是一个问题；其二，对某一类数据进行获取和处理之后，加工者固然应当享有

① 参见中国信息通信研究院、腾讯研究院：《网络空间法制化的全球视野与中国实践》，法律出版社 2016 年版，第 303 页。
② 梅夏英：《数据的法律属性及其民法定位》，载《中国社会科学》2016 年第 9 期。

使用权利，但基于网络空间的互联互通性与共享性，数据不被加工者垄断而是获得更为广泛地传播，对互联网用户更为有利，搜索引擎抓取各网站的信息供用户检索和选择就是典型的例子，如何平衡个体与整体利益，确定数据使用和独占的范围，也是一个重要的问题。具体而言，数据正义的内涵和其要求包括以下几点：

第一，数据的占有使用者依据其投入获得使用权利，但其对数据的使用应当保护数据来源者的利益。在大数据时代，数据处理和使用的过程非常复杂，作为数据生产者的绝大多数普通公民对此缺乏了解，陷入产生数据却不能拥有数据的尴尬处境当中。现实中，往往是经营者通过数据采集技术收集用户信息，并据此设计、投放相应的产品与服务，由此形成基于数据的利益关系，这种运营模式在为普通消费者提供便利的同时，也不可避免地带来了隐私泄露与利益减损的问题。① 为避免数据使用者滥用其数据权利侵害数据来源者利益的情况，一方面，对数据处理的过程应当加强管理，对于原始数据必须进行脱敏处理，屏蔽个人隐私内容，避免数据处理和使用对个人信息的侵犯；另一方面，数据使用者在使用数据获得利益的同时，应当对数据提供者尽到必要的告知义务，并提供相应的利益补偿。

第二，数据的占有使用者行使权利时，不得损害他人的数据权利或破坏数据加工处理使用的正常秩序，应当受到竞争法的规制。数据在网络空间中具有重要的战略价值，通过对某类数据的控制，强化数据搜集、加工能力，极易形成数据霸权，强化数据阶层分化，甚至形成数字鸿沟。② 为此，要避免这种一家独大、垄断数据资源的情况，就需要探索竞争法在互联网领域的适用，我国反不正当竞争法增设互联网专条，对互联网不正当竞争行为作出类型化的区分和规制，便是对网络空间中各类不正当竞争频发的回应。如果要避免价值和权力落到少数人手中，我们就必须设法平衡数字平台（包括行业平台）的效益与风险，确保其开放性，并为协作式创新提供机会。

第三，为保障网络用户的整体利益，维持互联网系统的有效运行，应当保

---

① 参见梅夏英：《数据的法律属性及其民法定位》，载《中国社会科学》2016 年第 9 期。

② 参见金春枝、李伦：《网络话语权：数字鸿沟的重要指标》，载《湖南社会科学》2016 年第 6 期。

证数据利用在一定程度上的开放性，建立数据公开制度和数据合理使用制度。对政府和公共机构所产生、收集的数据开放给公众再次使用，以此增强执政的透明度和可靠性，开发、利用数据中包含的潜在效益，创造更大的经济价值，提高社会运行的效率。对于私人获取、处理和利用的信息，应仿照知识产权制度中合理适用和法定许可制度，在符合社会公共利益，且不损害原权利人正当权利的情况下，应当准许其他人对该种数据进行使用，以提高数据的使用效率，实现互联网传递数据、分享数据的核心价值。

第四，坚持网络中立原则，打击网络数据垄断和数据歧视行为。综合各国立法实践，网络中立是指在法律允许范围内，所有网络服务消费者都可以按照自己的选择访问网络内容、运行应用程序、接入设备、选择服务提供商。该定义包含两大要点：一是平等接入，网络运营商对所有用户提供平等接入方式；二是平等传输，禁止网络运营商对互联网内容进行拦截或减速，如不得对特定内容传输采取歧视性做法。① 网络中立的核心价值在于互联网应该成为中立性创新平台，杜绝控制和歧视，坚持自由和开放。对于数据的收集使用也是如此，不能因为数据收集能力的强弱，数据掌握程度的高低形成垄断和歧视，对于硬件设备还是软件程序的优劣，均不能成为数据阶层分化和差异化对待的原因。对于不同经营者而言，唯一的评判标准只能是市场和消费者，互联网的开放、平等特性在数据的处理、使用上不应存在例外。

4. 算法治理

算法本身是一个未能得到精准定义的概念，一般而言，算法系对解决问题方案、步骤的描述，是一种描述如何解决问题的策略机制。在大数据时代，数据已然成为一种战略资源，而算法则是如何处理和运用该种资源的规则与手段，现代信息技术的广泛利用，使得"理性人"转化成依托数据挖掘的可计算的"微粒人"。② 基于对算法的使用，网络运营者可以从容地控制互联网程序的运转过程与处理结果，从而在网络空间中获取主导地位，掌握话语权。基于算法本身的代码化、技术性特点，现有的法律制度无法直接进行干预，如何将调整算法运用形成的法律关系，强化对算法的治理，规制算法滥用，是进行网络

① 参见中国信息通信研究院、腾讯研究院：《网络空间法制化的全球视野与中国实践》，法律出版社 2016 年版，第 414 页。

② 马长山：《智能互联网时代的法律变革》，载《法学研究》2018 年第 4 期。

治理，实现网络法治必须考虑的重点问题。①

　　在实践中，算法滥用突出体现为大数据"杀熟"、搜索排名这两种情况当中。大数据"杀熟"是经营者利用算法进行数据采集，针对部分忠诚的消费者制定虚假价格，从而欺骗消费者交易的欺诈行为。"杀熟"行为是利用算法实施的价格歧视，既侵害了消费者合法权益，也减损了社会整体福利。② 对"杀熟"行为的治理，既需要行政部门的积极监管，也需要法律针对新技术做出相应变革。搜索排名问题体现为主要的互联网搜索引擎利用算法对用户关键词与检索记录进行分析，基于此对检索结果进行排序，乃至对某些内容进行屏蔽，由于网络流量很大程度上受到用户检索结果排列顺序的影响，故而搜索引擎可以利用算法谋取经济利益，百度竞价排名即是典型案例。对于搜索引擎的该种行为显然不是简单的禁止即可解决，关键在于法律制度和行政监管如何打破技术壁垒，深入到算法和代码的领域，从源头治理算法问题。

　　具体分析算法治理问题，其重点有二：第一是算法的高度技术性导致的算法黑箱问题，第二是算法偏差导致的歧视问题。③ 首先，算法的产生与作用过程不能为常人理解，很难监督，其起作用的网络空间是不透明的，因而很难对算法进行追责。一方面，算法作为商业秘密，属于运营商的主要竞争优势，难于向公众全面公开，正如互联网应用不能轻易开放其源代码一样；另一方面，算法本身较为复杂，其运行过程非专家不能清晰描述，在人工智能蓬勃发展的背景下，机器的自主学习也早已脱离人类的理解范畴，最终形成的算法规则无法直接转换为人们所可以理解的自然语言。其次，算法的形成和运转均依赖数据的输入，其通过数据自我学习，本质上是对人类以往行为的总结，从而预测未来人类行为，以此得出结论，做出决策。这固然可以提高人类的工作效率，但其本身也是一个试错的过程，算法既无法实现主动的创新，也不能识别数据的正误，一旦因此出现损失，就很难精准地追责。基于以上问题，既有的法律制度也需要做出调整，主动适应"算法法律化"的趋势，放弃传统的强行干预方式，与信息技术靠拢，将法律规制与技术规制相结合，利用代码规制算法，

---

　　① 　在一个法律代码化的制度环境中，如何保证代码或其背后的算法可信是有效监管的前提。参见杨东：《监管科技：金融科技的监管挑战与维度建构》，载《中国社会科学》2018 年第 5 期。

　　② 　邹开亮、刘佳明：《大数据"杀熟"的法律规制困境与出路》，载《价格理论与实践》2018 年第 8 期。

　　③ 　郑戈：《算法的法律与法律的算法》，载《中国法律评论》2018 年第 2 期。

重塑治理秩序,实现法律代码化。通过法律规则代码化,从而实现以法律技术制约网络技术的治理目的。①

(二) 网络强国战略的法治规范表达

网络空间是超越国界、跨越时空的"虚拟现实"空间,传统意义上的法治在时空疆域上则有着明确的界定,这种"虚实相映"的特征使得网络空间法治面临着诸多现实困境:"网络主权"群雄争夺,"网络疆域"一超独霸,"网络管辖"各执一词。在以美国为首的西方国家网络强权背景下,我国应当恪守网络强国的原则立场尊重网络主权的国际法底蕴。尽管网络具有虚拟性和跨国家的特征,但是网络基础设施与现实世界不可分离,具有国家主权的法律属性,是国际法的新领域。在美国等经济发达国家已经确立网络空间"规则霸权"的情势之下,网络空间国际秩序重构需要法治助力。虽然信息网络与人类结伴已经走过 40 余年,但直到现在,网络空间国际秩序尚在磨合制定之中。网络空间是全球治理的新兴领域,国际社会尚未在网络空间建立起相应的法律法规,尚未就这些问题达成共识。② 当前国际网络空间真正起作用的还是"丛林法则"——网络能力决定网络权力,在这种"原始野蛮"状态下,剖视网络空间的"权力规范""治理规范"与"责任规范"显得尤为必要。

1. 权力规范

习近平总书记曾用"和平、安全、开放、合作"概括了中国的网络国际秩序观,但是要实现这一目标,提升我国网络国际规则的制定权话语权,还存在着一定的距离。主要原因有:第一,网络主权理论发展不足。国家主权是近代国际法体系的基础,网络主权是国家主权在网络空间的体现,我国对于网络主权理论研究尚未深入到其实质内容。第二,针对网络霸权封锁缺少规则反制。域外针对中国的网络安全领域封锁花样百出,不断渲染中国"网络安全威胁论",我国尚未形成一套完整的法律系统进行规则反制。第三,国际合作机制研究不足。国际合作机制是国际规则制定的重要平台,中国在相关机制中处于被动局面,未能做到整合资源、把握主导机会参与其中,导致中国的网络空间话语权同中国的综合国力严重不匹配。要解决这种现实的差距,弥补中国在网

---

① 马长山:《智能互联网时代的法律变革》,载《法学研究》2018 年第 4 期。
② 张佑任:《践行依法治国,深化网络空间法治建设》,载《中国信息安全》2014 年第 10 期。

络空间出现的巨大鸿沟，需要从权力规范角度重新审视中国在网络强国战略中的角色扮演，纠正之前出现的权力空虚现象。

在国际网络空间建设中，中国一贯主张互联互通、共享共赢，反对网络空间的霸权主义，但反对霸权不代表反对网络权利能力，中国在国际网络空间的网络权力显属羸弱。主要表现在网络规则制定权小，网络信息内容管辖权界定不清晰，网络空间法治影响力低，网络争端解决机制薄弱，网络安全预警、审查、应急处置机制不健全等方面。首先，中国参与国际网络空间规则制定不充分、不深入、不全面，即使在参与众多的国际网络空间治理，也较难取得主动局面。纵使网络空间是一个虚拟现实世界，但在不同利益集团之间其边界开始逐步显现，网络空间逐渐从一个"松散开放的自由空间"演变为受到强制制约的空间。① 中国应当在这种大趋势之下，积极参与国际网络空间的规则制定与标准制定，在通过提升网络话语权增强中国在互联网领域的权力影响，有效提升"制度性话语权"。② 其次，网络信息内容管辖权界定不清晰，在这一虚拟现实世界，管辖权表现得手足无措。传统的管辖权确立要么具有实际的地理疆界，要么具有国籍属性，要么具有双边或者多边协定，可是对于网络空间而言，既无实实在在的地理疆界，也无国籍属性，甚至没有一个确切的身份属性。因此，如何确定网络信息内容的管辖权，需要跳出传统的管辖权确立框架。再次，中国网络空间法治影响力较低。极负盛名的网络法学者劳伦斯在其《代码2.0：网络空间中的法律》一书中指出，网络空间法律规制主要有四重维度：可规制性、代码规制、潜在的不确定规制和相互竞争的主权规制，并进一步提出并系统性论证"代码就是法律"的观点，提出网络法应当包括法律法规规范、社会规范、代码和架构四重要素。③ 由此，劳伦斯提出应当从物理层、代码层和内容层来研究网络空间的法律规制问题，网络空间的法律规制严密性与系统性，是一个国家网络空间治理的"软实力"体现。④ 然而，中国的网络空

---

① Ronald J. Deibert, Masashi Grete-Nishihata. Global Governance and the Spread of Cyberspace Controls. *Global Governance*, 2012, 18(3), pp. 339-361.

② 参见杨松：《全球金融治理中制度性话语权的构建》，载《当代法学》2017年第6期。

③ ［美］劳伦斯·赖斯格：《代码2.0：网络空间中的法律》，李旭、沈伟伟译，清华大学出版社2006年版，第31页。关于"代码"与"架构"的研究，可参见陆宇峰：《中国网络公共领域：功能、异化与规制》，载《现代法学》2014年第4期；胡凌：《超越代码：从赛博空间到物理世界的控制/生产机制》，载《华东政法大学学报》2018年第1期。

④ ［美］约瑟夫·奈：《机制复合体与全球网络活动管理》，载《汕头大学学报（人文社会科学版）》2016年第4期。

间法治尚停留在网络空间领域粗线条立法阶段，尚未对网络空间的法律规制问题提出一个系统性、逻辑性的解决方案。最后，网络争端解决机制薄弱，网络安全预警、审查、应急处置机制不健全。目前国际社会上不存在一个致力于网络空间争端解决的专门机构，争端的解决主要依靠"丛林法则"式的强力压制或者国家间的谈判，没有一套系统性的标准和程序。在此过程中，中国应当把握住争端解决机制尚未形成和固化的契机，积极探索出以中国为主导的诊断解决机制，为国际社会提供一套切实可行的解决方案。

2. 治理规范

现在计算机及信息技术源起于美国，美国在网络空间治理过程中一直遵循着"自由—权威—霸权"相结合的路径，利用法律和公共政策治理国内层面的网络空间问题，利用政治手段经济措施等治理国际层面的网络空间，在网络空间治理领域可谓是经验丰富。从美国的治理经验看出，自由与权威的结合，是网络空间之力的法宝。总结美国的网络空间治理，主要经历了三大阶段，如表1-1所示：

表 1-1　　　　　　　　**美国网络空间治理的三个阶段**

第一阶段	1977—1992年：网络空间之立法的初建	《联邦计算机系统保护法》 《计算机欺诈与滥用法》 《计算机欺诈与滥用法》 《计算机安全法》 《公平信用报告法》 《隐私保护法》	此阶段法律对网络虚拟社会的规制主要集中在两个方面：一是赋权，规定什么主体在什么情况下享有什么权利；二是列出主体权利被侵犯以后的救济措施
第二阶段	1992—2001年：网络空间治理立法体系的逐步完善	《电信法》 《统一计算机信息交易法》 《经济间谍法》 《数据保密法》 《公共网络安全法》 《儿童色情预防法》	此阶段美国网络空间治理开始延伸至电子电信领域、网络交易领域、个人隐私保护领域和儿童成长教育领域，呈现出逐步细化的趋势

第三阶段	2001年至今：恐怖主义阴影下网络治理空间立法中政府权力的扩张	《爱国者法案》	此阶段美国急剧扩大政府权力，用政府权力保障国家安全，成为虚拟世界社会管理网络立法的主要趋势
		《国内安全增强法》	
		《财年情报授权法》	
		《网络情报共享与信息法》	
		《对外情报监控法案》	

从网络空间治理模式来看，当前国际社会主要采用的是立法先行的模式，但同时包含着大量的行业自律。① 但不论是哪种形式，立法总是不可或缺的一环，没有完善的立法，行业自律模式根本无从运行。反观美国在网络空间治理中的立法选择，不难发现，即使在互联网这样一个新兴的社会空间里，一切管理模式仍会以现实社会已有的制度为基础，或者说所有的选择都是在历史文化传统的影响以及一直以来的制度安排下的选择，那么互联网管理模式倾向于行业自律模式便不难理解了法律只是规定个人隐私应该得到保护，具体如何保护由业界自律组织实施，只有当侵权以后才会有法律救济。但是行业自律模式主要针对个人信息保护领域以及不涉及国家安全的其他领域。国家安全领域的权力始终控制在政府手中②，历史文化传统的影响以及一直以来的制度安排给这样的权力带来的限制仅仅是杜绝了权力明目张胆的扩张。

----

① U. S. Department of State Diplomacy inaction, Remarks on the Releaseof President Obama Administration's International Strategy for Cyberspace, http：//www. state. gov/secretary/20092013clinton/rm/2011/05/163523. htm.

② 对于美国而言，1980年美国在冷战中重新获得优势，而这一时期的美国的相关政策也富有扩张性。在里根政府时期，"国家安全"被赋予了丰富的内涵；在前国家安全顾问理查德 V. 艾伦(Richard V. Allen)给里根总统的1983年安全报告中，"国家安全"一词被解释为："国家安全"，这本身就是一个包罗万象的术语却往往被狭隘地解释为只与外交政策和国防事务相关，其实它几乎必须包括国际活动的每一个方面，外交不过是其中一个组成部分(See Soma John T, Elizabeth J. Bedient. Computer Security and the Protection of Sensitive but Not Classified Data：The Computer Security Act of 1987)"国家安全"概念的扩张性体现在相关计算机立法中就是扩张了政府在计算机系统与数据安全保障中的权力；实践中政府以保护计算机敏感数据为名，侵害美国公民的个人信息的现象也逐步增多，显然这些法律是与《隐私保护法》中保护公民个人隐私的规则相背离的。

对于网络空间治理，从重要性程度来说，处于最核心位置的是对互联网赖以存在和发展的基础设施和关键技术与规则标准的掌握；若具备标准和规则的制定权力，对于网络当前的运行状态、未来的发展方向就有了相当程度的决定权。鉴于此，网络空间治理规范不应当局限于探讨法治还是自治以及如何立法如何规制，而应当同时关注全球网络空间的治理概况。结合近年来联合国工作小组的报告材料，整理出当前网络空间治理概况如表 1-2 所示：

表 1-2 当前网络空间治理概况

名称	状态	简述
根区文件和根区文件系统管理	事实上单独处于美国政府控制之下	鉴于历史因素，美国政府是唯一在现有的多边利益相关方里有权、有能力更改根区文件和系统的主权行为体对根区有操作权限的行为体与美国政府之外的主权行为体缺乏正式的法律管辖关系
互联费用	不公平分布的费用	越是距离骨干网遥远的互联网服务供应商，越是需要支付昂贵的网络接入费用，对接入费用问题，缺乏有效的解决方案
互联网稳定性、安全性和网络犯罪	缺乏有效的机制和工具	缺乏有效的机制保障网络的稳定性和安全性缺乏有效的机制来解决跨国犯罪问题
垃圾邮件	无一致认识	对垃圾邮件的定义缺乏共识无一致的全球协定作为各国反垃圾邮件立法的基础
参与全球政策的发展	现有的多边利益相关方模式存在显著缺陷，阻碍了弱势方实质性地参与全球治理体系	缺乏透明度、公开性和可参与的进程政府间组织和国际组织的参与受到限制，对发展中国家、个人、社会组织和中小企业来说进入门槛过高全球网络空间治理的会议举办集中在发达国家缺乏全球网络空间治理的有效参与机制
能力建设	国家层面资源分配不均	发展中国家的网络监管治理建设缺乏足够的资源支持

由上表可以清晰地看到，在全球网络空间中，不同行为体占有的资源、拥有的网络治理能力处于严重不对称状态，经济发达国家的网络治理能力显著领先，同时由于这种不对称性，于网络治理后发国家来说，数据主权与网络主权显得尤为重要。① 基于数据主权而进行的网络治理，成为当前国际网络空间治理的路径依赖。在这种路径依赖下，各行为体日益加强就有网络主权的网络治理能力竞争，这种竞争的主要驱动力来自全球政治经济体系之内。② 鉴于此，中国网络空间的核心任务在于形成与之相匹配的整体性战略，探索并深化发展符合时代特征未来趋势的网络发展战略。在此过程中，应当特别注意的是，网络治理不是单纯的规则制定，而是探索出包括关键基础设施、技术与标准、核心资源开发、网络治理规则在内的整体性、体系化的治理体系。

3. 责任规范

互联网空间自上而下分为三阶层——物理层、规则层与内容层。③ 这是基于网络空间客体视角进行的层次划分，从主体角度分析，网络空间主要由监管者(一般为政府)和被监管者(中间商和使用者)两层次组成。对于网络空间客体的剖析，能够更深入、系统地了解网络空间的实际组成及现实呈现，对于网络空间主体的研究，并不在于深化两大类主体的认识，而是在于从主体角度出发，研究网络空间中的责任规范。

被从监管者角度出发，法律责任的追究，首先，必须确定法律责任的承受主体。但是在网络空间治理中，责任主体首先表现出的是不确定状态。网络空间具有虚拟性和匿名性，每个人的真实身份都被隐藏。人们使用虚拟网名发表言论，却不一定绑定自己的真实身份，要向确定网名背后的责任主体，在法律实践中显得异常困难。因此，没有确定的责任主体，责任自然无法承担。考虑到网络空间的特殊性，相关主体义务的设定需要穿透到算法层面，既要避免以算法黑盒为由逃避和减少义务，导致责任缺位，也要充分体现人工智能等技术的发展，避免过于苛责义务人。④

其次，责任主体的管辖权难以确定。管辖权本质上是国家主权在司法领域

---

① Edward A. Cavazons and Cavino Morin. *Cyberspace and the Law: Your Rights and Duties in the On-Line World.* The MIT Press, Cambridge, Mass. 1994, p. 220.

② 沈逸：《后斯诺登时代全球网络空间治理》，载《世界经济与政治》2014 年第 5 期。

③ See Lessing, Lawrence. *The future of ideas: The fate of the commons in a connecteed word.* Random House LLC, 2002, p. 23.

④ 高丝敏：《智能投资顾问模式中的主体识别和义务设定》，载《法学研究》2018 年第 5 期。

的体现，管辖权的基础是物理空间的权力。① 但是在没有明确国家界限划分的网络虚拟空间，即使确定了网络责任主体，也难以运用现有的管辖权规则确定管辖。再次，责任主体适用的法律难以确定。网络空间的无国界性和全球性之特点，传统意义上的因地域差别不可能产生的违法行为在网络空间均极有可能产生，并且遍布全球。然而，各个国家的法律不尽相同，最终的法律适用难以确定。最后违法成本低，而追究成本高，也让网络违法行为常常处于一种"理性冷漠"的实质落空状态。总之，责任主体、管辖权、法律适用以及违法成本低，都让网络空间的法律责任相对现实社会而言，常常处于一种架空的状态。责任追究的落空，无疑使法律的权威在网络空间大打折扣。

在网络强国战略中，监管者的责任规范体现在三大方面，即网络空间的治理、法治网络的建设，以及自身权力的限制。随着互联网的不断进步，网络科技日新月异，随着科技的不断进步，科技风险的规制要求行政权力不断扩张，行政权力的扩张造成了对法治的挑战与冲击。② 在网络社会建立、发展的几十年间，人类创造了巨大的财富，助长了科技的巨大进步，伴随着科技的发展与财富的增长，网络空间的风险也在肆意生长，网络风险社会正在形成。在风险社会中，不明确的和无法预料的后果成为社会的主要成本和主宰力量。③ 鉴于此，为了防范风险社会对网络空间的冲击甚至是毁灭性打击，政府作为网络空间的主要监管者，在网络治理场面应当承担相应的责任。中国作为一个网络大国，在迈向网络强国征程以及参与全球网络空间治理的过程中，还应承担相应的大国责任，包括基础责任、有限责任和领导责任。④ 在网络空间治理之中，

---

① 转引自侯捷：《网络侵权案件管辖权探析》，载《当代法学》2002 年第 8 期。

② 张青波：《自我规制的规制：应对科技风险的法理与法制》，载《华东政法大学学报》2018 年第 1 期。

③ 我国有学者指出，风险社会的形成有两大要因。一是科学理性的过度张扬，二是风险界定和陈述的政治化。第二点也涉及科学要放弃实验逻辑的根基，而与商业、政治和伦理建立一夫多妻制的婚姻。最终，科学非科学地发展，科技应用走上了政治化的路线，工业社会制造了风险，风险又成为工业社会的政治动力，各种社会力量的综合作用促成了风险社会的形成。参见王贵松：《风险社会与作为学习过程的法》，载《交大法学》2013 年第 4 期。

④ 蔡翠红：《网络空间治理的大国责任刍议》，载《当代世界与社会主义》2015 年第 1 期。关于大国问题及其责任承担，可参见蔡从燕：《国际法上的大国问题》，载《法学研究》2012 年第 6 期。

网络立法是极为重要的一个环节。网络空间作为人类开拓的一种新的场景，同样容纳人的社会实践活动，尽管网络空间的社会结构、思想理念、行为模式、人际交往都发生了改变，然而人类一直孜孜以求的秩序、平等、效益、正义等价值，在网络空间依然延续。法律本身蕴含了对秩序、平等、效益、正义等价值的不懈追求，网络空间不是"乌托邦"，它需要法律的参与来实现这些价值。因此政府在治理网络空间之时，秩序价值、效益价值以及自由权利保障都显得极为重要，与此同时，网络空间也不断涌现出新的价值内涵，主要表现在开放、共享等领域。任何法律都有它的价值追求，法之所以能够调整人类社会并成为重要规则，正是因为法律赋予了其美好的价值追求。当网络空间这一根本的变革在 20 世纪末期突然爆发之后，其成果是如此的艰巨，以至于在很短的时间内就席卷了世界经济政治历史舞台，它改变着人类社会的规则制度，与此同时，它也势必改变着人类社会法律的精神价值。网络空间的法律必然会塑造它的法律价值新内涵，才能通过网络空间引领人类向着更高的阶段发展。网络空间不仅影响和改变着法律，而且还使我们正在面临着一种关于法律乃至整个社会规则的发展态势。网络空间是人类社会发展的新场景，网络空间的法律也是人类法律发展到一个新阶段的标志。在这一阶段中，网络空间的法律传承了现实社会法律的基本因素，却又在自我特性中开创法律系统新的演进路径。顺着网络空间的特性厘清脉络，我们可以探寻网络空间法律价值的新内涵，从而指引国家在网络空间治理中的责任规范制定。

四、法治如何保障网络强国战略的实施

(一) 网络强国战略实施的法律方法

如前文所述，"网络并非法外之地"，法治在网络强国战略的实现过程中起到重要作用，而如何确定政府与市场、自由与干预、国家管制与社会自治在网络空间中的关系和比重则是法治在社会关系中考虑的重要问题。在互联网时代，现实空间与网络空间的交错则使得法律的制定、适用变得更为复杂。在该背景下，运用法治思维推进网络强国战略的实施，仍然要把握法律调整社会关系这条主线，以网络主体的权利为核心，行政手段与市场手段并重，正向激励与反向制约结合，综合运用各种手段对网络空间进行治理和管控。

1. 赋权

法治以权利为核心，主要目的在于权利救济与保障，为此必须对权利的主体、范围、内容进行界定。唯有先确定权利方可规定义务，并进一步厘清国家公权力与公民权利的范围。也只有实现对权利的厘定，才能真正做到定纷止争，才能为国家权力介入网络空间提供合法化依据和必要的限制，不致陷入任意妄为的境地中。公民网络权利并非是现实权利的简单平移，其既包括一般性的人身财产权利及其不受侵害的权利，也包含着在网络空间中独有的权利内容。一方面，从现实生活过渡到网络空间，人们固有的人身权利和财产权利依旧受到法律的明确保护，不受非法侵害，这表现为借助网络实施的人身财产侵权乃至犯罪行为依旧要受到法律的惩处。另一方面，在网络空间中，某些权利具有较强的代表性和特点，应当着重规范和授权。第一是网络空间内的言论与表达自由，言论自由是公民的宪法权利，理应受到保护。① 但网络言论自由存在特殊性，基于互联网的虚拟性和互联互通性，利用网络进行煽动、造谣的成本极低，谣言、恐怖言论等问题层出不穷，这些问题要求公权力介入其中对网络言论进行管理，该种管理的基础不是惩处，而是对言论与表达权利的明确约定，划定行为底线，在赋予网络用户言论、表达权利的同时，界定其行为义务。② 第二，对个人信息的保护，如前文所述，信息安全是网络法治的关键词之一，而个人隐私、个人信息泄露已然成为严重的社会问题，直接制约网络法治与网络秩序的建立。③ 对于个人信息的保护，应当建立在个人信息权利的基础上，这就要求用户能够对个人信息保有控制、支配的权利，为此需要赋予用户知情同意权与被遗忘权，对用户信息的获取、加工和使用除特别情况（即上文所述的为公共利益且不损害用户权利的情形）之外，均应履行告知义务，取

---

① 连雪晴：《互联网宪治主义：域名争议解决中的言论自由保护新论》，载《华东政法大学学报》2018 年第 6 期。

② 有学者对此指出，国家针对公民信息自由的积极义务主要是信息公开和打击谣言，针对言论自由主要承担消极义务，当以国家义务之履行检视治理行为的合宪性。参见秦前红、李少文：《网络公共空间治理的法治原理》，载《现代法学》2014 年第 6 期。

③ 参见周汉华：《探索激励相容的个人数据治理之道——中国个人信息保护法的立法方向》，载《法学研究》2018 年第 2 期；郑志峰：《通过设计的个人信息保护》，载《华东政法大学学报》2018 年第 6 期。

得用户的同意；用户有权利消除自身留下的数据痕迹。① 在此基础上，对非法侵害个人信息权利的行为进行规制。第三，对网络虚拟财产的保护，在网络空间中，无论是个人还是经营者均通过实际投入创造出大量以数据形式存在的虚拟财产，小到电子游戏中的角色装备，大到网络应用的源代码、经营数据，对于这些虚拟财产都需要加强保护，而现有的法律制度显然未能关注到这一问题，无法直接援引适用，因此有必要将网络虚拟财产上升到法律权利的层面，强化保护。

2. 强制

法律以国家强制力作为后盾，对社会关系的调整很大程度上借助于国家和公权力的强制干预，在明确对各方主体赋予权利之后，便需要以强制力保障权利不受侵犯，同时以强制力对权利进行救济，网络空间中的法律治理同样也不例外。如前文中所提到的数据正义与算法治理问题，大都要求公权力通过立法、执法、司法程序进入到网络空间中，结合法律和技术，对侵害用户网络权利、扰乱网络运行秩序的行为进行监管、查处，并以司法诉讼的方式保障用户的救济权。就网络治理的现实而言，以下几个方面需要着重使用强制的方式维护网络秩序：第一，打击网络犯罪行为。网络犯罪及利用电子数据处理设备作为工具的犯罪行为，包括以计算机网络作为犯罪工具或者以计算机网络作为犯罪对象的行为。网络犯罪较诸传统的刑事犯罪，具有主体智能性、行为隐蔽性、手段多样性、传播广泛性、犯罪成本低、后果难以控制等突出特点，借助信息技术，普通人轻易地实施网络犯罪，获取非法利益。恐怖组织也可以利用网络，招募培训成员，实施恐怖袭击，为此需要集中力量打击和规制网络犯罪，既需要国家内部进行立法、执法、司法工作，还需要大力加强国际合作，以国际公约、国际司法审判等方式来规制影响广泛的国际网络刑事犯罪行为。第二，加强知识产权保护，打击网络侵权行为。网络强国必然是一个技术创新强国，知识产权制度则是创新的有利保障。网络技术的应用既能推进信息的流动和传播，同样也给盗版行为和知识产权侵权行为提供了便利。一方面，网络技术提供便捷信息传播途径，网络云盘侵权到视频聚合软件侵权的现象层出不穷，信息网络传播权极易遭受不法侵害。另一方面，平台经济的发展、勃兴，

---

① 参见刘文杰：《被遗忘权：传统元素、新语境与利益衡量》，载《法学研究》2018 年第 2 期；丁晓东：《被遗忘权的基本原理与场景化界定》，载《清华法学》2018 年第 6 期。

使其中产生和投放的信息量极为巨大，在发生侵权行为时，如何判定其中平台的责任也是一大难题。故而，在法律制度上作出更为明确的规定，以强制力量对知识产权直接侵权和间接侵权行为进行打击，保护知识创造。第三，查处网络垄断、不正当竞争行为。在网络空间中，通过对数据和算法的掌握，对信息技术的控制，对设备、元件的掌控，极易产生垄断行为和不正当竞争行为，诸如大数据杀熟行为，电子芯片、通信技术垄断行为，网络应用干扰、妨碍行为等。这些行为在扰乱市场竞争秩序的同时，更有可能阻碍和断送网络强国战略的实施前景。基于网络环境的开放性、广阔性、技术性，单纯由市场进行调节是不够的，公权力有必要进入其中进行干预、强制，以法律力量打击不正当行为，保护市场经营者、消费者、其他用户的整体利益。

3. 激励

网络强国战略系网络发展运营的整体规划，网络强国意指"网络基础设施基本普及、自主创新能力增强、信息经济全面发展、网络安全保障有力"，网络安全与有序仅仅是网络强国的一个方面，自主创新能力、信息经济、网络基础设施等的发展不能只通过法律强制手段来实现。对待网络以及网络产业，法律治理还应采取必要的正向激励措施，既以法律制度的形式对私有产权进行保护，又在政策上提供优惠，维护经济利益，从法律制度和产业政策的层面对网络产业进行方向引导和精准扶持。从法律制度的角度而言，网络环境不能成为无法之地，网络产业不能野蛮生长，有权机关要及时出台有关的法律法规，既规范网络产业运营，也规范公权力机关自身对权力的运用，避免设置过多的行政审批门槛，为网络经营者提供一个宽松、有序的市场环境，这是对互联网产业发展的宏观激励措施。从产业政策的角度而言，政府有必要从网络强国战略的内容和目的出发，对需要重点发展的互联网高新技术产业提供优惠政策，例如对发展迅速的平台经济、电子商务等行业在行业准入、投资政策、税收政策上予以优惠，以经济利益带动重点行业的发展，又以重点行业的发展带动网络产业（"互联网+"产业）的整体发展，从而直接调动经营者乃至于社会的积极性，为网络强国战略的实施提供充足的动力。

4. 调控

网络空间与现实社会相对，本身是互联网产业发展的产物，故而其自身就存在市场的选择与调节，存在社会力量。对网络空间的治理，就不仅仅是使用法律手段进行正向和反向的规制，还需要考虑运用经济手段对其进行调控，充分发挥市场机制以及社会力量的作用，发挥网络空间自身具有的反思功能，引导强化网络内生性治理。

一方面，网络空间治理充分发挥社会力量的作用，保障网络空间的自我调整能力，实现内生性治理。① 内生性治理，是指市场主体基于现实需求，在发展过程中自发产生良性秩序，实现自我规范、自我完善，政府借助这种内生性的、自发秩序实现治理的方法。在法学领域，立法者通过规则创制者范围的扩展，越来越多的共同体能够参与规则的创制或者对规则有着制度性的影响，从而使规则更能代表他们的意愿，他们也因此能对规则采取内在观点，这个进程的目的就是达到我们所言的内生性规则。② 互联网中的市场主体在实践中逐渐形成行之有效的管理机制，就是内生性规则。各市场主体就是充分运用这些内生性规则，进行内生性治理，自我调整、自我管理，从而实现互联网行业高效、有序运行的治理目标。对于该种治理，公权力无需强行干涉，只需为之提供必要的制度保障即可。③ 但另一方面，基于市场自身具有的盲目性、逐利性与滞后性特点，对于网络公共利益无法予以充分维护，对垄断行为、不正当竞争行为无能为力，也不能对用户的网络权利进行保障，对市场的剧烈波动更是缺乏应对能力。面对这些情形，在运用强制和激励的法律手段之外，公权力还需要对网络市场进行调控，即运用经济法的手段，由政府干预网络经济，应对市场失灵局面，帮助网络市场恢复功能，通过国家直接投资网络通讯领域，调整网络产业税收政策、信贷政策等方式促使网络市场克服不足，恢复自我调节能力。

综上所述，以赋予市场主体网络权利为起点，综合运用反向强制与正向激励的法律手段，并佐之以财政、税收、金融等宏观调控措施，能够克服集中管控模式下对网络空间限制太死的弊病，以综合性的法治模式，在提供制度保障、保证网络空间正常秩序的同时，发挥网络市场的活力和市场主体的能动性，既运用公权力参与网络治理，同样也借助市场力量和网络空间的自发规

---

① 参见张青波：《自我规制的规制：应对科技风险的法理与法制》，载《华东政法大学学报》2018 年第 1 期。

② 参见腾讯研究院：《互联网+时代的立法与公共政策》，法律出版社 2016 年版，第198 页。

③ 参见陆宇峰：《中国网络公共领域：功能、异化与规制》，载《现代法学》2014 年第4 期。

则，从多个层次发挥法治对网络治理的积极作用，为网络强国战略提供法治保障，打下坚实的制度基础。

(二) 网络强国战略的法律实施

卢梭说："一旦法律丧失了力量，一切就都告绝望了；只要法律不再有力量，一切合法的东西也都不会再有力量。"①长期以来，人们对法律之于社会秩序的重要性深信不疑，法律是社会秩序之源观念审慎影响着人们的思维与行动。所以对于网络立法和虚拟社会秩序的法律治理，常常出现社会的立法呼声。从法律与社会变迁的角度而言，网络立法既是法律对社会变迁的回应，又是法律对社会变迁的引导。② 弗里德曼认为，法律通过"规划"和"废止"两种方式来引导社会变迁。其中，"规划"是指有目标地构建新的社会秩序和社会互动；"废止"是指废除或终止现存的社会形式和社会关系。③ 网络法律规则对于虚拟社会秩序的控制也是如此——通过网络法律规则的构建，在网络社会领域和网络空间发展领域建立起各种能够合理配置网络空间资源和网络机会的结构和机制，并相应地形成各种能够良性调节网络关系的网络空间组织。

1. 关键信息基础设施的法律供给

国际通识认为网络空间分为三个层次，分别是物理层、规则层和内容层；相应的，在网络空间治理中，法律供给也应当分为三个层次，分别是物理层基础设施法律供给、规则层法律供给和内容层信息法律供给。其中，规则层法律供给主要是对于国际条约、国际标准等制定过程的程序要求，因为规则层本身就是法律供给，而规则层法律供给主要是对规则的规制。对于网络强国建设的重要法律供给，主要体现在物理层和内容层，在此合称为信息基础设施法律供给。在网络强国战略中，法律供给的主要目的并非保障网络空间的运行秩序，更多地在于保障网络安全，网络安全又可以细分为网络物理安全和网络运行安全。网络安全不仅要依靠硬件设备，还要依赖网络通信、应用程序的安全。

物理层的法律供给主要包含网络关键设备法律供给、网络安全专用产品法

---

① [法]卢梭：《社会契约论》，何兆武译，商务印书馆 1980 年版，第 168 页。

② 邢朝国、郭星华：《网络立法与虚拟社会的法律治理》，载《内蒙古社会科学》2013 年第 6 期。

③ [美]史蒂文·瓦戈：《法律与社会》，梁坤、邢朝国、郭星华译，中国人民大学出版社 2011 年版，第 250 页。

律供给、网络关键信息基础这是法律供给以及网络数据安全法律供给。第一，网络关键设备和网络安全专用产品法律供给。考虑到支持网络安全运行的软硬件产品的重要性，对于网络关键设备和网络安全专用产品的应当进行严格的控制，规定网络关键设备和网络安全专用产品须按照相关国家标准。对于网络关键设备和网络安全专用产品实行强制安全认定检测的市场准入制度，规范网络行为，从源头上保障网络关键设备的质量。同时，为了加强计算机信息系统安全专用产品的管理，应当针对计算机信息系统安全制定相应的法律法规。第二，关键信息基础设施法律供给。美国《爱国法》将"关键基础设施"定义为：对美国至关重要的实体或虚拟的系统和资产，这些系统或资产丧失能力或遭破坏将弱化安全、国家经济安全、国家公共卫生或安全，或上述事项的组合。关键信息基础设施是指确保一国关键基础设施服务得以持续运转的不可或缺的要素，关键信息基础设施的组成包括电信、计算机及软件、卫星、光纤等。关键信息基础设施可以作为网络空间和传统物理世界的一种融合体，鉴于关键基础设施的极端重要性，应当在此领域制定相应的法律。对于关键基础设施的法律供给，应当从管理体制和管理措施两大角度进行，管理体制从宏观上涉及信息安全等级保护制度和基础设施安全保护机构设置；管理措施则从微观层面进行安全规划编制。第三，网络数据安全法律制度供给。计算机网络主要由网络硬件、网络操作系统和网络应用程序三部分组成，这三个部分构成一个网络整体，但是各个部分的基础运行都要通过数据传输，因此，数据安全是整个网络安全的核心，数据安全法律供给也成为整个网络空间法律制度供给的核心。目前，我国主要是通过电子签名法进行了专门的规定，明确了数据电文的合法地位，肯定了数据在网络交易过程中的经济价值和重要作用，为网络数据提供了法律保护的依据。

互联网是一个信息存储和交流的平台，互联网提供的网络信息内容安全，就是要避免网络上的非法和有害信息对国家、社会和个人造成危害和不良影响。无论技术发展到什么地步，安全始终是伴随着技术进步最为重要的环节。针对信息基础设施的法律供给，应当立足核心点，从网络安全角度出发，维护网络空间各参与主体的数据安全。

2. 制度性网络话语权的有效提升

在"人类命运共同体"这一制度性国际话语权全球变革方案中，网络话语权的有效提升是助推网络大国向网络强国迈进的重要动力。现在国际体系形成以来，中国长时间处于"失语"的状态。伴随着综合国力的提升，增强在国际社会的话语权，已成为时代的呼声。在这一过程中，因应互联网的快速发展，提升网络话语权的要求应运而生。如何有效地提升网络话语权，系统性、制度性成为必然。系统性提升网络话语权，从外部看，需要从数据主权、互联网经济、政治、军事和文化全方位予以提升；从内部看，需要注重网络技术规则、网络治理规则予以系统化构建。

　　基于人类命运共同体视阈下的共同体话语，需要重新审视当前全球治理进程中的国际话语权现状。了解和分析这一现状，可以客观地把握全球治理进程中话语权之争的实质，为倡导人类命运共同体这一新型国际话语权提供现实基础。网络话语权从其外部来看，主要体现在传统的政治、经济、文化和军事四位一体的布局之中，发展互联网经济，利用互联网传播文化，进行网络战，制敌于千里之外，都直观地表达了网络强国的刚性需求。从网络话语权内部构建来看，网络技术规则是网络话语权之基，制定网络技术规则是享有网络话语权的重要基础。一般而言，网络技术规则是指网络空间各项技术规范的总称，以网络技术标准为核心。网络治理规则是网络话语权之治，网络治理规则是互联网秩序的保障。谁掌握了制定网络治理规则的主导权，谁就掌握了网络治理话语权。互联网最早起源于美国，关键资源掌握在美国手中，网络协议地址、根服务器等关键资源的管理长期由美国单边掌控，美国在全球互联网事务中具有优势地位，掌握着规则制定的主导权，拥有网络治理话语权。尽管美国提出"网络是全球公域"的理念，认为网络不为任何国家所支配但所有国家的安全与繁荣都依赖之，但其实质是希望在不威胁美国主导权的前提下，其他国家必须为网络的发展与安全承担责任。

3. 科技驱动型网络治理规则的体系化建构

　　科技驱动的互联网空间所内含的技术风险、操作风险甚至是互联网空间的整体性风险，迫使治理者予以有力回应。然而，监管技术匮乏、监管经验缺失、监管法律滞后和监管理念陈旧等问题，致使互联网空间治理规则乏善可陈。传统的治理手段——审慎监管、行为治理——急需革新，使互联网空间不足以应对当前的各种新型风险。因此，形塑双维监管体系，从而更好地应对互联网领域所内含的风险及其引发的治理挑战。科技维度的网络空间治理致力于依靠大数据、云计算、人工智能、区块链等技术构建科技驱动型治理体系。其以数据驱动监管为核心，构筑起分布式的平等监管、智能化的实时监管、试点性的监管沙盒为核心的互联网治理体系，突破传统网络治理的固有困局，创新治理方式，保护网络空间的各参与方。互联网的发展史本身就是网络与科技紧密融合的过程，网络空间的治理之所以艰难，其原因就在于科技的进步对传统治理方式的挑战，科技正在重写传统行业的各种规则，与此同时，风险也成倍增长。面对科技驱动的互联网空间，传统的治理体系和立法愈显落后，互联网领域的科技创新往往游离至监管体系之外，引发监管空白和治理困境。鉴于此，网络空间的监管应当随着科技的进步有所革新，遵循网络空间治理的双维逻辑——治理原则与治理手段双轮驱动的网络治理体系。

互联网时代是一个分秒瞬变的时代，科技驱动的网络空间以惊人的速度创造着财富，同时也以惊人的速度滋生着风险。因此，网络空间的治理首先应当遵循科技治理。① 科技治理是科技驱动型网络空间治理的基础与核心，其主要集中在两个方面：组织学上的治理问题和运用科学技术治理网络空间。新科技推动商业和社会的变革，致使传统的监管治理与法律无法应对互联网科技迅猛发展带来的行业变革。与以往的科技只是被治理角色不同，以网络科技为核心的新型科技由于其新的方法和智能手段，已经演化为新的治理模式，开始深刻地改变我们原有的法律和治理。因此，科技治理需要遵循如下两条主线：

第一，规则治理→原则治理→科技治理。在规则治理模式下，治理机构以具体的法律规则为依据对相关行业实施监管。规则监管在法治观念日益深入的背景下有着先天的优势，但同时容易使法治监管流于表面。网络空间由于科技驱动的背景，存在众多的新型问题，法律规则不可能与时俱进，作出实时回应，因而会产生治理"盲点"，留下大量的治理空白与漏洞。与规则治理相比较而言，原则治理似乎能克服其治理空白的缺点，原则治理强调对期望的治理结果的一般和抽象的指导原则，从而使治理目标更容易实现，更具有灵活性、效率性等。然而，原则也可能蜕变为规则。原则一旦开始适用，治理主体对其的适用方式将会固化以免招致不必要的监管风险。当监管原则变得与监管规则越来越像，那么其弹性和应对创新的能力将随之丧失。科技治理可以避免基于规则或者原则所带来的缺陷。在科技驱动网络空间日新月异发展的背景下，若治理主体依然忽视科技的应用，将无法有效应对不断积累的网络风险。所以治

① 关于科技治理的深入分析，可参见刘永谋、李佩：《科学技术与社会治理：技术治理运动的兴衰与反思》，载《科学与社会》2017 年第 2 期。

理主体增加科技维度是治理的必然趋势。科技的应用已经有效并深刻地影响着法律和治理。

第二，审慎监管→行为监管→科技治理。"审慎监管"这一概念主要存在于金融领域，但金融领域的治理与网络空间的治理具有一定的可类比性。传统金融领域的审慎监管主要注重微观层面的风险，忽视了宏观层面的系统性风险。类化到网络空间，传统审慎监管仅仅注意了网络空间某些部分的风险，而没有建立起系统性的风险治理体系，在宏观层面上极易导致整个网络体系失衡。在传统金融监管采用行为监管模式的情形之下，限制了金融创新，同时在混业经营的大背景下，行为监管已经失去了其优势价值。在网络空间更不可取，作为虚拟现实世界，网络空间并不会按照人们事先设想好的情形发展，行为监管并不适合网络空间的治理。鉴于此，科技驱动型的网络空间需要科技驱动型的科技治理，通过对微观层面的实时监管，对网络空间的参与者进行画像，及时掌握风险点，最终实现对整个网络空间的画像。

传统的社会治理体系和治理原则是建立在技术相对稳固的基础之上的，然而近几十年来，科技与网络的二元融合与渗透，加速推进了网络空间的颠覆式发展，导致传统的监管治理体系束手束脚、力不从心。鉴于此，需要网络空间治理规则在科技驱动型的基础之上进行监管模式和监管维度重构，解决政府在网络空间治理中的难题，真正确立科技驱动型治理的独立法律地位，将科技治理维度与传统的治理手段相结合，实现网络空间治理模式的体系化重构。

4. 网络空间全球治理的创造性参与

网络以其虚拟性、即时性、简易性、跨国性的特征，从某种程度上，已抹平了传统意义上凡人攀山渡海也难跨越的界限，将世界各地不同自然状况、不同种族、不同经济社会发展状况、不同社会政治制度、不同语言文化、不同宗教信仰的国家、地区和人民紧密地联系在一起。网络可以被"治理"吗？对此跨国性乃至全球性尤为突出的事物而言，这个问题曾经产生不少争论。关于网络空间的治理模式，主要有无政府主义、现实主义、联邦主义、"代码即法律"、网络主权治理等多种理念。

在全球化的时代，几乎所有重大议题都不能仅靠一国力量、在一国控制领域内得以完全解决。网络空间之治理也是一样。全球共享的网络空间是全人类共同的活动空间，一旦网络空间失控，没有任何国家或地区可以独善其身。网络固然是虚拟的，然而网络毕竟不是"绝对精神"这样脚不沾地的非现实存在，而是依托并深刻作用于现实世界。网络把每一个活生生的人紧密联系起来，这样的一条重要纽带若不受有效监管，那将违背最基本的道德和秩序观念。在互联网治理的过程中，倘若"国家"这一主体缺席，那么必要的问责追责保障就不复存在，而网络失控所引发的高风险则完全可能落实在我们所有人的头上。① 对于当代网络，与其说能否治理，不如说如何治理、如何妥善治理。

中国政府就网络空间全球治理提出两大目标：共同构建和平、安全、开放、合作的网络空间；建立多边、民主、透明的国际互联网治理体系。从网络空间治理的实践经验教训来看，在维护和平、坚持主权、共治普惠的基础上加强国际合作，分享权利责任，是进行网络空间全球治理的必要前提。这种治理不一定需要另起炉灶，但一定需要对现在的治理体系进行必要变革，构建共建共治的网络空间命运共同体。

参与网络空间全球治理，固然可以沿用中国长期以来参与国际合作的一些经验，但基于这个议题极强的新颖性，必须在参与过程中努力创新。在这个全新的跨国空间，中国应坚持国家主权原则，处理好网络跨国性和国家主权完整性之间的关系。就网络空间治理问题，中国宜审时度势，把握大局，向国际社会努力提供富有优势的公共产品，从而切实发挥对网络空间治理体制的塑造力，努力争取更有分量的话语权。中国亦应切实提高网络强国建设的国际化水平，加强网络强国战略和网络空间国际战略之间的互动程度，同时又必须加强技术和体制创新，改变受制于人的被动局面。②

信息技术的发展推动大数据时代的到来，虚拟的网络世界在政治、经济上占据越来越重要的地位，呈现出于现实社会分庭抗礼的态势，社会规范、法律治理、国际竞争等问题同样延伸到网络空间中。建设网络强国是中国未来的重点发展方向，为此，既要着眼宏观，立足全球网络空间治理的大背景，积极参与国际合作，同时又要注重具体工作，从网络主权、网络安全和网络信息等不同角度出发，在网络基础设施、网络技术、网络文化、网络人才创新培育各个方面下功夫。习近平总书记提出的网络强国战略是对这些工作的高度概括，指

---

① 参见"特稿：网络空间治理已成全球共识"，新华网，http：//www. xinhuanet. com//2017-12/04/c_1122056430. htm，2019 年 4 月 11 日最后访问。

② 参见鲁传颖：《网络空间治理的力量博弈、理念演变与中国战略》，载《国际展望》2016 年第 1 期；檀有志：《网络空间全球治理：国际情势与中国路径》，载《世界经济与政治》2013 年第 12 期。

明了下一阶段的前进方向与目标，要在激烈的国际竞争中掌握主动权，就必须深入理解网络强国战略的内涵，并从法治的角度去理解和贯彻。

网络强国战略的逻辑前提是维护国家网络主权，制度内核是保障网络安全，推进信息化，其工具支撑在于利用技术驱动，完善网络空间治理，其最终的价值旨趣在于着眼国际，建立网络空间命运共同体。从法治维度去理解网络强国战略，需要把握网络主权、信息安全、数据正义、算法治理等主要问题，理解网络主权问题是网络治理的前提，在网络空间中，仍然需要坚决维护国家利益，各国只有互相尊重网络主权，方能实现在网络治理中的协调与合作。而信息安全之间关涉到所有网络用户的信息权利，是网络治理过程各种需要保障的底线问题，必须得到法律制度的良好保障。在网络主权与信息安全的基础上，网络法治应重点关注数据和算法两大因素，对数据的来源、加工处理、使用进行全面管理，保证网络用户的数据权利，同时介入算法的运行过程，适应法律代码化、算法化的要求，对算法的产生和使用进行法律调整。在具体的法治路径上，网络治理应当坚持赋权、规制和调控的模式，以确定网络权利为基础，坚持强力规制和间接调控并重，既要从反面打击和制约网络违法行为，又要从正面激励合法行为，扶持网络产业发展，同时综合发挥网络市场的自我调节力量，运用财税、信贷手段对网络市场进行必要的调控，使网络治理能够实现公权利治理与自我治理的有机统一。

互联网不是法外之地，而是法治之地，要最终实现网络强国战略的宏伟目标，就必须坚持法治思维和法治路径。从法治角度理解分析网络强国战略的内涵和目标，以法治的手段和途径去践行网络强国战略的内容，必然能够实现建立"信息技术过硬；信息服务丰富，网络文化繁荣；信息基础设施良好，信息经济发达；网络人才队伍充足；国际交流合作广泛"的网络强国这一长远目标。

第二章
网络商务行业的主体结构与法律保护

　　网络商务的繁荣有赖于商务经营者的有序参与与精诚合作，随着全球电子商务的蓬勃发展，各色网络商务经营者异军突起，如何加强对网络商务经营者的管理，并提供相应的制度保障，是网络商务能否持续有序发展的前提。加强对网络商务经营者的类型化研究，探索不同网络商务经营者的法律地位，并予以规范化管理，也是实现网络强国不可或缺的举措。本章将对现行网络商务中出现的各种经营者按照不同的标准进行分类，并对其法律地位予以探讨，同时提出相应的规范措施和应对策略，以期为网络商务经营者的规范化管理有所裨益。

一、网络商务经营者的法律概念与特征

　　网络商务经营者或者电子商务经营者是指通过互联网或者其他信息网络销售商品或者提供服务的自然人、法人和非法人组织。① 商务是指持续进行的营利性活动，其核心内容是交易，也就是货物的销售或提供服务。网络商务经营者具有如下几个特征②：首先是以互联网等信息网络作为媒介。网络对于传统

---

　　① 高富平教授认为，电子商务已经进化到了网络商务的阶段，使用电子商务的称呼难以准确表达出其内涵，也无法明确表现其特定对象与调整领域。本章赞同高富平教授意见，并且采用网络商务经营者的概念，但为便利行书，在本章中，电子商务与网络商务具有同一含义。参见高富平：《从电子商务法到网络商务法——关于我国网络商务立法定位的思考》，载《法学》2014 年第 10 期。

　　② 赵旭东：《中华人民共和国电子商务法释义与原理》，中国法制出版社 2018 年版，第 47~49 页。

产业产生了巨大影响，几乎任何产业都可以通过网络进行商务活动，两者呈现出相互融合的态势。① 网络还对销售、服务、支付、物流等行业产生了颠覆性的影响。网络的发展极大地扩充了市场规模，使远程交易或者全球交易成为可能。其次网络商务经营者的经营行为包括销售商品和提供服务。但是并非所有的销售商品或者提供服务的行为都属于《中华人民共和国电子商务法》所调整的范围。我国电子商务法规定，涉及金融类产品和服务、利用信息网络播放音视频节目、网络出版以及互联网文化产品等内容方面的服务，不适用该法。这些领域一般适用于特别法进行调整。最后网络商务经营者包括自然人、法人和非法人组织。无论是自然人或者组织都可以通过登记等法律程序成为网络商务活动的主体。但是电子商务法规定了例外情况，个人销售自产农副产品、家庭手工业产品，个人利用自己的技能从事依法无须取得许可的便民劳务活动和零星小额交易活动不需要登记就可以从事网络商务活动，这项例外措施的目的在于尽可能降低交易成本，实现藏富于民的目的。

还有学者将网络商务经营者的特点总结为四个：主体的虚拟性，网络主体通过网站或者网页等方式存在的虚拟企业或者虚拟店铺销售商品或者提供服务；地域的广泛性，网络主体可以通过互联网等通信方式实现全球的商务活动；对平台的依赖性，网络主体依赖于平台提供的各种服务从事商务活动；线上聚合性，不同的网络主体都可以聚合在同一互联网上进行交易，甚至可以实现线上与线下融合。②

这些不同的特征归纳方式都可以概括描述网络商务经营者。事实上，网络主体从事网络商务的方式在不断更新变化，从开始的淘宝到后来的微商，再到后来的智慧手机 APP 销售，网络商务的主体与表现形式随着信息技术的进步而日新月异。电子商务法也尽可能采取了开放式的概念，采用实质判断的方式，将尽可能多的网络商务主体纳入到规制范围之中。③

网络商务经营者依据不同的分类标准，存在着不同的分类方式。有些分类

---

① ［美］加里·P. 施奈德：《电子商务》，张俊梅、徐礼德译，机械工业出版社 2014年版，第 11 页。

② 郭锋：《中华人民共和国电子商务法法律适用与案例指引》，人民法院出版社 2018年版，第 130~131 页。

③ 电子商务法起草组：《中华人民共和国电子商务法条文释义》，法律出版社 2018 年版，第 47 页。

方式在网络商务的市场准入、行为规范与法律责任等方面没有特别的意义或者意义很小。例如，自然人、法人和非法人组织作为《民法总则》上的分类方式，有着区分意义，但是在从事网络商务方面，享有平等进行市场竞争的地位。不同主体间即使存在差别，也十分微小，如自然人不能成为网络商务平台经营者。这类分类方式不纳入本章讨论。

二、网络商务平台经营者的权利义务与责任

我国电子商务法第 9 条规定，电子商务平台经营者，是指在电子商务中为交易双方或者多方提供网络经营场所、交易撮合、信息发布等服务，供交易双方或者多方独立开展交易活动的法人或者非法人组织。此条将自然人排除在网络商务平台经营者的主体范围之外。其考虑在于，电子商务平台经营者不仅需要更高的技术要求，而且需要承担更重的管理职责与相应的法律责任，自然人难以胜任。

电子商务平台经营者在电子商务经营者中具有重要作用，是电子商务法规制的关键。电子商务平台经营者具有提供服务与平台管理的双重角色，一方面平台经营者不得干预平台内经营者的正常竞争，另一方面，对于平台内经营者侵害知识产权等不法经营行为负有采取相应措施制止的义务。对于消费者而言，平台具有资格审核义务与安全保障义务。对于国家而言，平台被认为是重要的信息基础设施，因此对于平台内经营者的违法行为，具有向相关职权部门报告的义务。[①] 电子商务平台经营者还是平台内部管理规范的制定者，因此还负有保障平台内经营者正当程序的权利。不能利用平台自身的优势地位，牟取不正当利益。

(一) 网络商务平台的性质

网络商务平台的形式多样，确定其性质在学界争议较大。但明晰网络商务平台的性质，是确定网络商务平台法律权利与义务的前提，因而值得先期讨论。关于网络商务平台的性质，目前学界已有委托代理说、行纪说、居间说，柜台说等。[②] 其中有代表性的学说有：

---

① 刘颖：《我国电子商务法调整的社会关系范围》，载《中国法学》2018 年第 4 期。
② 杨立新：《网络交易平台提供者民法地位之展开》，载《山东大学学报（哲学社会科学版）》2016 年第 1 期。

（1）网络商务平台属于特殊的出租方，所租赁的内容是由数据信息所构成的虚拟空间。该学说认为网络商务平台公司提供的在线交易平台类似于商场出租店铺或者柜台。它们具有如下的共同点：首先是以营利为目的。其次是会抽取一定的交易费用。最后网络交易虽然是线上进行的，但是货物交割却是在线下。因此网络商务平台是一个形式虚拟但是货物真实的大市场。但是这种说法值得商榷，因为商场的规模通常只有几十户或者几百户，但是网络商务平台的商家规模却通常是上百万户、上千万户。两者的规模是完全不同的，这里的量变也引起了质变，因为商场可以认识并且管理它入驻的每一个商家，但是网络商务平台限于技术和能力不可能管控其入驻的所有商家，这一点决定了网络商务平台与商场具有截然不同的性质。①

（2）网络商务平台是虚拟不动产。杨立新教授认为，网络商务平台是网络交易平台提供者建设和拥有的网站。网络商务平台的所有权人，依法对其享有收益与处分的权利。

（3）网络商务平台是商品销售者。该学说认为因为消费者的物品是从网络商务平台上购买的，所以网络商务平台是买卖合同一方当事人应承担与销售者同等的权利义务。该学说批评者甚多。学界普遍认为，网络商务平台仅仅提供了网络空间和必要的技术支持，并没有直接与消费者达成商品或者服务交易合同。②

（4）网络商务平台是居间商。这种学说也不能成立，因为部分网络商务平台(比如说淘宝)是免费使用的。网络商务平台既没有为入驻其中的销售者寻找缔约机会，又没有收取居间服务费用。

（5）网络商务平台是特殊中介。杨立新教授与韩熙同学认为网络商务平台的地位类似于《中华人民共和国侵权责任法》第 36 条的规定中的网络服务提供者的地位，应准用"通知—删除"规则。③

（6）网络商务平台是独立类型的主体。因为网络商务平台具有技术性与虚

---

① 吴仙桂：《网络交易平台的法律定位》，载《重庆邮电大学学报(社会科学版)》2008年第 6 期。

② 杨立新：《网络交易平台提供者民法地位之展开》，载《山东大学学报(哲学社会科学版)》2016 年第 1 期。

③ 杨立新、韩熙：《网络交易平台提供者的法律地位与民事责任》，载《江汉论坛》2014 年第 5 期。

拟性的特征，完全套用现有的法律并不适当，而是应当根据其特点，确定其民事权利与民事义务。①

对于网络商务平台性质的讨论启发了学术思考，丰富了学术理论，加深了对于网络商务平台的认识，还对司法实践产生巨大影响。最终为电子商务法规范的出台作出贡献。随着网络商务在中国的发展，网络商务平台规模不断壮大，网上零售总额快速增长。网络交易已经越来越有与传统商品销售方式比肩的趋势，随着电子商务法的出台，电子商务平台已经作为类型化的法律概念，而不再类比或者依附于其他法律概念，成为独立类型的法律主体。

（二）网络商务平台的义务与责任

1. 网络商务平台的知识产权审核义务与责任

随着网络商务平台的迅速发展，假冒名牌等侵犯知识产权的行为也屡禁不绝。对于知识产权是否应当适用侵权责任法第 36 条的规定，由网络商务平台对网络用户利用平台服务侵害知识产权的行为承担责任，除去著作权以外，学界存有争议。"避风港"规则的出现，部分是为了适应网络时代著作权复制成本低、传播广泛，给著作权人造成的损失巨大的特征，为平衡著作权人与网络商务平台的利益而产生的规则。② 但是对商标权与专利权而言，其适用存在法理上的疑问。③

以专利权为例，《侵权责任法》第 36 条规定了网络服务提供商的主动审查义务与"通知删除"义务，网络用户利用网络侵害他人民事权益的，被侵权人有权通知网络服务提供者采取删除、屏蔽、断开连接等必要措施。网络服务提供者接到通知后，未及时采取必要措施的，对损害扩大部分与该网络用户承担连带责任。④ 也就是说，网络商务平台在接到专利权人通知后，应当在审查是否存在侵权事实后，采取断开联结，下架商品等措施，终止侵权商品的销售。

---

① 韩洪今：《网络交易平台提供商的法律定位》，载《当代法学》2009 年第 2 期。

② 崔聪聪：《双边市场和第三方网络商务平台商标侵权的替代责任》，载《知识产权》2014 年第 6 期。

③ 参见朱冬：《网络交易平台商标侵权中避风港规则的适用及其限制》，载《知识产权》，2016 年第 7 期。又见张颖、翟睿琦：《电商平台商标侵权中避风港规则适用研究》，载《河南财经政法大学学报》2018 年第 5 期。

④ 冀瑜、李建民、慎凯：《网络交易平台经营者对专利侵权的合理注意义务探析》，载《知识产权》2013 年第 4 期。

如果网络商务平台明知入驻经营者有侵犯专利权的行为，则应主动采取相应措施，终止向其提供平台服务。

专利审查具有技术性与复杂性的特点，网络商务平台限于审查能力的限制，网络商务平台无法对专利侵权进行有效审查。与此同时，通知—删除规则为生产者的恶意竞争创造了条件，因为专利的载体是商品实物，采取断开链接，停止销售等措施，将会造成被通知商品销售渠道中断，产品竞争力下降等后果。有可能给未侵权的当事人造成巨大损失，为恶意通知人营造不正当的竞争优势。①

对于利用网络进行专利侵权的行为，世界上存在着网络用户中心主义与网络服务提供者中心主义两种模式。网络服务提供者中心主义一般采用"通知—删除"的模式，而网络用户中心主义一般采用"通知—转通知"的模式。"通知—转通知"的模式是指，当权利人向网络商务平台主张专利侵权时，网络商务平台应当向权利人披露侵权人真实身份信息，并且在合理期间内，将该通知转通知给涉嫌侵权的卖家。如果网络商务平台怠于通知或者未在合理期限内通知卖家，则应当对权利人损失扩大部分承担连带责任。在"通知—转通知"的模式之下，网络商务平台无需对是否存在专利侵权事实进行审查，并且采取相应措施，而是将权利主张交给当事人，将实质审查交给司法机构。②

电子商务法既没有采取世界通行的网络用户中心主义，也没有采用网络服务提供者中心主义，而是采取混合主义"通知/初步证据+采取措施/转通知"，网络交易平台在接到权利人通知以后，转通知的同时采取相应的必要措施，但如果权利人在十五日内没有向主管部门举报或者向法院提起诉讼，则应该立即终止所采取的措施。为了防止恶意错误通知的情形发生，电子商务法还规定了对恶意通知人所造成的损失实行双倍惩罚性赔偿的制度。

2. 网络商务平台的个人信息保护义务和责任

随着网络商务的快速发展，网络商务平台经营者也成为巨量用户信息的聚集地，无论是平台内经营者，还是网络商务平台访问者，抑或于最终参与交易的消费者，都在网络商务平台上留下其个人信息。显然，用户信息早已成为网络商务平台经营者争相获取的重要经济资源，通过个人信息的获取、分析和利

---

① 姚志伟、沈一萍：《网络交易平台的专利侵权责任研究》，载《中州学刊》2017年第8期。

② 谢尧雯：《论美国互联网平台责任规制模式》，载《行政法学研究》2018年第3期。

用，网络商务平台可以完成定向广告投放、定向产品推荐等，提高网络商务平台的整体交易活跃度，提高整体经营效益。然而，由于汇集了大量个人信息，网络商务平台所面临的个人信息安全问题也就十分严峻。网络商务平台作为个人信息的直接收集者、使用者，其既是个人信息安全保护所要防范的主要对象，又是个人信息安全保护义务的主要承担者。

1）网络商务平台经营者的个人信息保护义务

网络商务平台经营者在个人信息安全保护中扮演关键角色。首先，网络商务平台经营者作为信息从业者，是收集、分析、使用、储存个人信息的直接主体，其收集、分析、使用行为是否合法，保护措施是否完善，直接关系到个人信息是否安全；其次，网络商务经营平台收集、使用、分析的个人信息中，包括大量敏感的重要个人信息，例如姓名、地址、电话以及各种财务信息（银行账号、支付宝账号及其密码）等，个人信息安全问题一旦出现，往往会产生更加严重的问题。因此，网络商务平台应当对个人信息承担保护义务，包括消极义务和积极义务。

（1）网络商务平台经营者的个人信息消极保护义务。网络商务平台经营者的个人信息消极保护义务即网络商务平台经营者对于用户的个人信息利益承担消极不侵犯的义务。尽管学界对个人信息利益能否成为一项独立的人格权尚有争议，然而个人信息利益作为人格利益应当得到保护基本已成为学界共识。《民法总则》第111条开创性的规定了自然人的个人信息受法律保护问题。规定任何组织和个人不得非法收集、使用、加工、传输他人个人信息，不得非法买卖、提供或者公开他人个人信息的消极保护义务。可见，网络商务平台经营者在收集、使用自然人个人信息的过程中，必须合法。至于如何判定合法，民法总则并未进一步规定。网络安全法第22条也做了"应当向用户明示并取得同意"的规定，个人信息保护法（草案）也确定了知情同意原则，"民法分则草案·人格权编"第814条也将"征得被收集者同意"作为收集、使用自然人信息的必要条件。可见，网络安全法、个人信息保护法（草案）和人格权编草案主张在知情同意框架下保护个人信息，一切个人信息的收集、使用、加工、传输乃至买卖都必须经过个人信息主体的同意。但有反对观点认为，个人信息作为经济发展的重要资源，与公共利益也存在密切关联，加强个人信息保护的同时，也应顾及经济发展和技术进步，因此主张放宽"合法"的判定标准，不适用严格的知情——同意要件，根据个人信息敏感程度的不同，采取不同的判定模式，对于一般信息而言，推定当事人同意，仅在当事人明确表示拒绝时不得收集、使用、传输，对于敏感信息而言，必须以信息主体的明确同意为前提。本课题组认为，此种区分可以兼顾个人信息保护和经济发展，但有关个人信息的如何分类、分为几类仍待进一步研究。就网络商务平台而言，由于其收集、使用、储存的信息有关用户的交易意向、交易活动、财务信息、住址、电话等与个人相关程度高的信息，因此，笔者认为，网络商务平台在收集、使用、储存用户信息时，必须首先征得用户同意，并明确收集范围、收集方式以及使用方式，不得未经同意非法收集、使用、处理、买卖、传输个人信息，或者超出约定范围、方式使用、处理、买卖和传输信息。同时，网络平台经营者对于用户在平台上发布的个人信息，如商品评价等，不得随意删除、修改。当然，为了保护消费者的利益，维持网络商务经济秩序，电子商务法第 31 条规定了平台经营者记录、保存商品和服务信息、交易信息的义务，此时平台经营者可以直接记录、保存，但应当做好安全防范措施和保密工作。

（2）网络商务平台经营者的个人信息积极保护义务。网络商务平台经营者对于个人信息利益不仅有消极不侵犯的义务，还有积极保护的义务。网络商务平台的个人信息积极保护义务主要是指其应当采取积极的技术措施等必要的安全措施预防个人信息泄露、丢失等安全问题的发生。电子商务法第 30 条概括规定电子商务平台经营者采取技术措施和其他必要措施的义务、制订应急预案的义务；网络安全法也有类似规定。关于具体的技术措施，有学者认为，应当对个人信息进行去身份化处理，[1] 即由数据控制者通过改变或删除数据集中的个人可识别信息（personally identifiable information）的方式，使信息控制人难以识别主体身份的过程。[2] 笔者认为，去身份化处理删除了个人信息中的直接识别符号，使个人信息收集、处理、使用相比于传统原始信息的隐私风险大幅度降低，因此应当在技术允许的前提下予以推广，当技术成熟时，应当作为信息业者的强制性义务。

此外，个人信息利益的满足也需要网络商务平台经营者积极履行。依据电子商务法第 24 条的规定，用户要求查询、更正、删除其个人信息以及注销账户时，平台在核实身份后有义务为其查询、更正、删除相关信息，用户注销后

---

① 参见金耀：《个人信息去身份的法理基础与规范重塑》，载《法学评论》2017 年第 3 期。

② See Simson L. Garfinkel. De-Identification of Personal Information, October, 2015, p. 1.

应当删除其所储存的用户信息。

2) 网络商务平台经营者的个人信息保护责任

(1) 民事责任。网络商务平台未经用户同意,非法收集、使用、买卖用户信息的,应当承担相应的侵犯个人信息利益的侵权责任,同时造成用户隐私权、姓名权、肖像权受侵害的,还需要承担相应的具体人格权侵权责任。网络商务平台未履行个人信息积极保护义务,导致个人信息泄露的,网络商务平台应当承担违反安全保障义务的侵权责任。除此之外,个人信息泄露除了致使用户个人信息利益遭受损害之外,还可能导致其隐私权、姓名权等人格权以及财产权遭受损害(如银行账号和密码从网络商务平台泄露),对于上述人身损害和财产损害,网络商务平台也应当承担责任。

(2) 行政责任。我国网络安全法第六章明确规定了网络运营者未履行网络安全保护义务的行政责任,网络运营者是指在我国境内建设、运营、维护和使用网络的主体,网络商务平台经营者当然属于网络运营者,当其未尽到网络安全义务,将承担相应的行政责任。

(3) 刑事责任。《最高人民法院、最高人民检察院关于办理侵犯公民个人信息刑事案件适用法律若干问题的解释》增加了侵犯个人信息犯罪,包括拒不履行信息网络安全管理义务罪、非法获取公民个人信息罪和出售、非法提供公民个人信息罪,网络商务平台经营者违反个人信息保护义务构成犯罪的,则应当承担相应的刑事责任。

3. 信用评价制度构建义务及责任

网络交易信用评价,是指在网络交易法律关系中,网络交易平台提供者或者第三方对销售者、服务者经营活动和消费者的消费品行、信用和信誉进行累积评价,确定其信用程度而构成的权利和义务。① 在网络商务时代,不同于传统实体经济"看得见、摸得着"的交易方式,网络交易平台的虚拟性在给网络交易带来更多可能性的同时,也带来了更多的不确定性。真实的商业信用往往能反映交易对象的资产情况、履约能力等,对交易主体网上交易时作出的决策产生决定性影响,是网络商事活动的根基。

1) 不良信用评价制度中存在的风险

不健全的信用评价制度对消费者、平台内经营者以及平台经营者均会产生

---

① 杨立新:《网络交易法律关系构造》,载《中国社会科学》2016 年第 2 期。

不利影响。首先，不健全的信用评价制度会损害消费者的合法权益。在网络交易关系中，消费者缺乏获取可靠信息的渠道和甄别虚假信息的能力，只能通过平台经营者提供的信用评价和反馈机制，对平台内的经营者的主体资格、履约能力等进行综合评判从而作出有利于自身的消费选择；而平台则有义务依据法律规定对平台内经营者进行基础信息的审核从而获得相对真实且完善的资料。出于对消费者知情权与选择权的保障，根据我国电子商务法、反不正当竞争法等相关法律法规，平台有义务提供客观真实的信用信息供消费者作为抉择的依据。

其次，不健全的信用评价制度会对平台内经营者产生不利影响。信用是商事交易的基础，信用等级越高的经营者势必会获得更多的交易机会。不健全的信用评价制度无法真实客观地反映经营者的真实情况，有些经营者通过采取非正当手段大量制造"虚假好评""恶意差评"，扩大交易活动双方的信息不对称程度，从而大量攫取交易机会，构成同业间不正当竞争。这样一来，严重损害诚信守法的经营者的合法权益，交易机会大幅度流失，积极性遭受打击，甚至可能被市场淘汰。

再次，不健全的信用评价制度会对平台经营者造成不良影响。一方面，缺乏有效的管理规范难以对有不良行为的平台内经营者产生强有力的约束与震慑，容易导致市场劣质商品充斥，平台信誉受损，流失消费者；另一方面，任凭部分不良经营者扰乱市场经济规律，容易造成平台经营者恶性竞争，难以形成良好的平台交易氛围。

2）具体内容

建立健全信用评价制度，平台可以根据实际情况，选择凭借自己力量或者借助第三方征信机构。但总体而言有如下几项内容：

（1）公示信用评价规则，提供评价通道。首先，平台经营者应当自己或委托专门机构来制定科学、客观、系统的信用评价规则，细化评价指标与评估方法。有学者提出可以将企业信用评价等相关机制引入①，这样一来，信用评价规则更加明确、统一，不失为一个好途径。其次，制定出的信用评价规则需要公示，这是对交易各方知情权与监督权的保证。再次，网络交易在平台上完

---

① 郭锋：《中华人民共和国电子商务法法律适用与案例指引》，人民法院出版社 2018 年版，第 234 页。

成，具有虚拟性，其性质决定了平台有义务提供一个统一的、公开透明的评价渠道，为交易各方作出评价与后期信用情况管理奠定基础。

（2）保障评价权利。评价权利分为两个部分，一是平台或者第三方信用机构根据一定的指标数据对平台上进行网络交易的交易双方进行评价；二是进行网络交易的双方相互的评价。然而从立法现状来看，电子商务法第39条之规定反映了我国信用评价制度构建中更侧重对消费者权益的保护。对平台来说，保障网络交易的双方相互评价的权利同样涵盖两个层次的内容：第一是保障评价者根据自己真实意愿进行评价的权利；第二是保障评价者真实评价得以展示，不被篡改或删除的权利。评价者对交易对象的评价一般可分为产生积极影响的正面评价和产生消极影响的负面评价。不论对经营者还是消费者而言，都希望自身获得更多的正面评价，减少或消除负面评价，以积累更好的商誉或个人信誉，吸引更多更优质的交易机会。围绕这一目的，部分不良商家不惜采取违法违规手段，通过"刷单"等方式为自己大量制造虚假好评，通过"恶意差评"的方式诋毁竞争对手商誉，通过"好评返现"等方式诱导消费者作出有利评价，通过直接删改评价的方式减少或消灭负面评价。平台需要进一步细化规则，切实保障评价权利，让评价者敢评、能评，才能收集到真实且大量的评价以供分析参考，这也是信用评价制度的意义所在。

（3）落实监管职责。与传统交易市场相比较，在信息技术的助力下，平台对平台内经营者的信息资料、经营活动之管理要更容易实现。这就要求平台落实监管责任，严格审查网络交易主体的身份及其所提供的相关资料信息，依据法律法规的要求加强对经营活动和信用评价活动的监督，对违反违规的情形及时做出反应，增加违法违规成本。

3）法律责任

首先，根据《反不正当竞争法》第17条规定，经营者实施不正当竞争行为侵害其他经营者权益的，应当依法承担民事责任并承担损害赔偿。其次，侵害消费者知情权的，造成他人严重精神损害的，属于对人格权的侵害，应当依据侵权责任法第22条或《消费者权益保护法》第51条承担精神损害赔偿责任。再次，电子商务法第81条第4款首次规定了对于电子商务平台经营者未为平台内销售商品或提供服务进行评价的途径以及擅自删除消费者评价的行政惩罚措施。但对于经营者评价权的保障以及平台与第三方信用评价机构评价权利义务的责任承担没有作出相应规定。对于经营者评价权应当与消费者评价权一并予以保障。最后，载信用评价制度下，各主体的行为若损害了社会主义市场经济秩序和社会管理秩序，构成犯罪的，依照刑法有关规定追究刑事责任。如《全国人民代表大会常务委员会关于维护互联网安全的决定》第 3 条第 1 款规定了利用互联网对商品、服务虚假宣传，构成犯罪的，要承担刑事责任。根据《关于办理利用信息网络实施诽谤等刑事案件适用法律若干问题的解释》第 7 条规定，违反国家规定，以营利为目的，通过信息网络有偿提供删除信息服务，或者明知是虚假信息，通过信息网络有偿提供发布信息等服务，扰乱市场秩序，若构成非法经营行为"情节严重"或"情节特别严重"的，依照刑法第 225 条相关规定，以非法经营罪定罪处罚。

(三)特殊网络商务平台的特殊义务

1. 网购食品平台

网购食品平台是指通过网站等基础信息设施从事食品交易的平台。近年来，网络食品交易发展迅猛，大有燎原之势，仅在外卖行业，至 2016 年，外卖交易网民就达到了 1.14 亿人。但自从网购食品兴起以后，就乱象不断，某些外卖品牌接连曝出"脏乱差"以及"无证经营"的现象。食品安全直接关系到人的生命健康，督促网购食品平台强化食品安全责任刻不容缓。消费者权益保护法、食品安全法、电子商务法均涉及网购平台的间接侵权责任问题，但最主要的还是作为特别法的食品安全法。①

1) 主动审查义务

食品安全法规定，在入驻阶段，网购食品平台应当实名登记，并且审查食品经营者是否具有经营食品或者餐饮行业的资质。实名登记的内容应当包括，经营者的真实名称、地址和有效联系方式等。根据食品安全法的规定，除销售食用农产品外，从事食品生产或者销售活动，应当取得食品监督部门的许可。网购食品平台应当主动审核入驻者是否取得相应的许可资质。当网购食品平台发现了入驻经营者的违法行为时，应当履行上报义务。当网购食品平台发现了入驻经营者的严重违法行为时，应当立即停止提供平台服务。如果网购食品平台不履行上述义务，除了面临民事责任以外，还有可能视情节面临罚没违法所

---

① 杨立新：《网购食品平台责任对网络交易平台责任一般规则的补充》，载《福建论坛(人文社会科学版)》2016 年第 10 期。

得、罚款、甚至吊销行政许可等行政处罚措施。①

2)"通知—披露"义务

当消费者的人身权益受到侵害时，如果网购食品平台不能向消费者披露经营者的真实名称，地址和有效联系方式，则由网购食品平台承担赔偿责任。但是网购食品平台承担赔偿责任后，可以向第三方要求赔偿。由此分析，如果网购食品平台不履行披露义务，则与入驻经营者承担不真正连带责任。

2. 网约车与合乘车平台

网约车是指在网络平台上运行的营运车，网约专车、网约快车、网约传统出租车等网约车经营模式都可以归入营运车的范畴之内。合乘车，又称为拼车、顺风车，是指通过网络平台或者基于网络平台发布的信息，为分摊出行成本而同乘同行的共享交通方式。合乘车本身是基于互惠共利而产生的非营运模式。日常生活中零星存在的基于好意施惠而发生的同乘同行，没有网约平台的介入，属于情谊行为(为便于讨论，在后文中，"网约车"指除合乘车以外的其他网约运营模式)。

1)合乘车与网约车的区别

网约车平台运营模式分为两种，一种是司机以自有车辆加盟，另一种是平台公司提供车辆或者雇佣专职驾驶员。两种模式的共同点在于用户在网络平台上发出订单后，由网络平台将用户的订单分配给驾驶员。

与网约车平台运营模式不同，虽然统称为合乘车平台，但是不同平台公司的运营模式仍然有所差别。合乘车平台有两种分类方式，一种分类方式是以平台是否实际参与管理为标准。借助网约平台发布合乘信息，由合乘双方私下进行交易的运营模式称为"信息提供型合乘车平台"，其代表是"拼车网"；由合乘车平台提供合乘出行，并且全程参与合乘过程中的支付、接送、乘坐等相关环节的管理的运营模式称之为"全程管理型合乘车平台"，其代表是"滴滴"。②

---

① 赵鹏：《超越平台责任：网络食品交易规制模式之反思》，载《华东政法大学学报》2017年第1期。

② 以"滴滴顺风车"的运营模式为例，乘客或者司机首先将自己的出行路线、出行时间、出行人数发布在平台上，由平台根据路线与时间的重叠推荐可供同乘的用户。乘客可以选择邀请司机同乘，如果司机选择接单(并非限于乘客邀请)，则交易达成。司机在接到乘客以后，乘客和司机在APP上选择确认上车，同时付费至滴滴平台，到达目的地后，乘客选择到达目的地，则滴滴平台将车费打到司机账户。交易完成。

另一种分类方式以是否营利为标准，将合乘车平台分为营利型和非营利型。具体分类方式如图 2-1 所示：

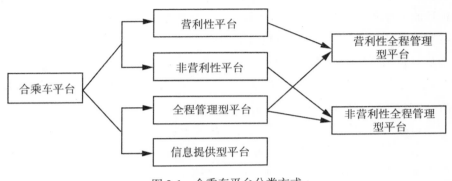

图 2-1　合乘车平台分类方式

由此比较，网约车与合乘车存在着包括运营模式及基于运营模式差异而产生两点不同：

（1）运营模式的区别。比较网约车模式与合乘车模式，可以发现它们存在三大不同点，首先是网约车主、合乘车车主与平台的关系不同。如果说网约车车主与平台还存在着是否存在劳动关系的争议，那么合乘车车主与平台则完全属于协作而非从属关系。合乘车车主与平台关系较为松散。其次是管理程度不同，在网约车模式中，定价标准、奖惩体系与订单来源都是由网约平台决定，平台根据驾驶员的信誉评价而决定派出订单质量的优劣。① 而在合乘车模式中，驾驶员可以自主调选订单。最后是订单生成方式不同，在网约车模式中，司机没有选择订单的自由，而只能接受平台系统的自动派单。在系统派单之后及乘客上车之前，司机无法获知乘客的身份信息及行使路线。此时，乘客在信息交互中处于优势地位。② 而在合乘车模式中，车主具有自主选择订单的自由，并且在信息交互中处于优势地位——在确认缔约之前，就能看到乘客的个人简述、历史使用记录、乘坐人数、账号评论、地理位置以及意向目的地等其

---

① 根据笔者对于网约车主的访谈，信誉评价较高的车主，可以优先获得长途且信誉评价更好的客户。且平台抽成比例更低，甚至减免。

② 乘客可以看到接单司机的个人信息及地理位置。

他相关信息。①

（2）法律规制的区别。根据 2016 年 11 月由交通运输部等 8 个部门发布的《网络预约出租汽车经营服务管理暂行办法》（以下简称《网约车暂行办法》）第 2 条第 2 款的内容："本办法所称网约车经营服务，是指提供非巡游的预约出租汽车服务的经营活动"。将规制范围限定为具有营利性质的网约出租车。而对不具有营利性质的合乘车则由第 30 条规定，"按城市人民政府有关规定执行"。也就是说，将相关的行政法规制定权限授予地方市的人民政府，而非制定统一的行政规章加以规制。

除行政规制权限的不同以外，据笔者对于地方城市合乘车管理办法的研究，由于不存在对传统出租车行业的竞争，所受利益羁绊较少，较之于网约车，合乘车多采取鼓励支持而非限制的规制态度。

2）网约车与合乘车平台的法律性质与责任

根据《网约车暂行办法》，网约车平台被定性为承运人。亦有学者认为，网约车平台应当是享有特殊免责事由的非普通承运人，但该观点只是对平台承运人责任的特殊设计。无论实证法抑或是法理，网约车平台的承运人地位享有广泛共识。网约车平台应当向乘客承担基于承运人的严格责任，除了旅客个人身体原因，或者因旅客故意、重大过失，否则应当对乘客的损害承担赔偿责任。

而合乘车平台根据其运营模式与规则设计，不宜定位为归入严格责任的承运人。合乘车平台应当向旅客承担过失责任，如果合乘车平台不履行营业控制、资格准入、隐私保护与安全救助四项义务，则应其过错范围内，承担赔偿责任。

3. P2P 网贷平台的法律地位及责任

1）P2P 网贷发展的重大意义及风险

中小企业融资难，这主要是由于其成立时间短、资产质量差、抗风险能力弱等特点，难以从银行等金融机构获得贷款，一般的银行等金融机构审核严格，中小企业几乎难以通过。而融资难的问题则又进一步制约了中小企业的发

---

① 在上海与重庆的《合乘车管理办法》中，要求合乘车服务提供者（驾驶员）预先发布合乘信息，也就是"乘客选司机"的模式。也就是说，滴滴的顺风车平台运营模式在这两个城市并不合法。

展，成为其发展中的瓶颈。而 P2P 网贷平台在某种程度上缓解了这一问题，在这过程中 P2P 网贷平台作为第三方中介，其为融资难的中小企业和有闲置资金想要投资理财的个人牵线搭桥。P2P 网贷与传统的资金借贷模式并不相同，其通过互联网效应大大降低了市场信息的不对称情况，P2P 网贷的融资门槛低，中小企业的发展不再受制于自身条件的制约，通过网贷模式能够迅速获得融资抓住一纵即逝的市场机遇，实现突破性发展。另外，P2P 网贷也为民间的巨大资本找到了出口，网贷平台突破了地域和空间的限制，中小企业融资成本较低，程序也更为简便，有利于实现出借人和借款人的双赢。①

网贷平台蓬勃发展的过程中也存在巨大的道德风险和法律风险。网贷法律关系复杂，一般至少涉及资金出借方、资金需求方、平台运营商等，甚至还包括资金托管方等。融资简便的另一面就是越来越多的网贷平台跑路，中小企业融资简易，但也存在借款人为了取得贷款而提供虚假信息和不完整信息的情况，这极大地威胁了出借人的资金安全，同时借款人违约未还款，则 P2P 网贷就会出现大量的坏账，这将会极大地降低网贷融资平台的运行效率。② 具体而言，网贷平台的法律风险主要包括：交易资金监管缺乏、经营方式存在风险与运营信息不够真实充分等风险。网贷平台可能为了积蓄自己的资金池，通过借贷资金形成自己的资金账户，但是资金池的产生很可能是违规行为导致的。部分网贷平台了为了自己资金池的形成可能将借款人的借款需求设计成理财产品出售给投资人或者归集资金再寻找借款对象等，这导致投资人的资金进入了平台自己的中间账户。部分网贷平台为了索取高额利润，不惜虚构投资项目，这扩大了网贷平台的运营风险。另外，网贷平台的运营方式也存在着大单经营风险、网贷平台担保的风险和风险备用金的风险。③ 网贷平台甚至还涉嫌违法犯罪的风险，例如网贷平台自己可能虚构借款项目来进行非法投资或自融资用，则触犯了刑法第 167 条规定的非法吸收公众存款罪，如果网贷平台在骗取资金后捐款逃跑了，则触犯了刑法第 192 条的集资诈骗罪。网贷平台内部并无

---

① 张亚丽：《P2P 网贷模式下中小企业融资风险探究》，载《科技经济市场》2019 年第 1 期。

② 李霞：《我国 P2P 网络借贷平台风险控制法律问题研究》，载《中原工学院学报》2015 年第 26 期。

③ 姚海放：《治标和治本：互联网金融监管法律制度新动向的审思》，载《政治与法律》2018 年第 12 期。

健全的反洗钱内部控制制度，且其经常将大额的借款拆标成多个小额贷款，这不利于大额、可疑交易的识别和监测，网贷平台在运营过程中可能涉嫌洗钱等等。因此，明确 P2P 网贷平台的法律定位和责任是非常急迫的，否则不仅不利于网贷行业的长远发展，也不利于社会的稳定与安定。

2) P2P 网贷平台的分类

根据平台在借贷中发挥的作用不同，网贷平台一般可以分为：信息中介平台模式、有担保的平台模式和债权转让模式。《关于做好 P2P 网络借贷风险专项整治整改验收工作的通知》对 P2P 机构的备案要求中对担保模式和债权转让两方面做出了明确规定，具体而言，担保模式鼓励网贷平台引入第三方担保等方式对出借人进行保障，这又叫停风险备付金，这类平台的前身大多是原有的民间借贷公司，例如陆金所网络借贷平台。在这种模式下，平台在借款方违约无法进行本金及利益的偿还时，其就用自己的资金进行垫资，之后再向借款方追偿。网贷平台还可能设立风险准备金，即从交易资金中抽出部分资金，存入专门账户，如果借款方违约，则网贷平台内首先启用风险准备金进行偿还；关于债权让与模式，仅认为出借人之间进行的低频次债权转让是合规的，而资产证券化、净值标等方式的债权转让则被认为是不合规的。当前平台备案的标准日趋严格，行业发展的方向为无担保的纯平台模式，也就是信息中介平台模式。具体而言，这种模式中网贷平台为用户提供信息服务，并收取相关服务费用，其为出借人与借款人之间的借贷业务提供撮合服务，不为借款提供担保，也不介入具体的借贷业务。

我国"互联网金融指导意见"中明确界定了 P2P 网贷属于民间借贷，但是关于网贷平台是否属于金融机构是存在争议的。判断某个主体是否为金融机构主要有两个标准，其一为营业标准，即该主体是否长期性、持续性地从事着客观上的金融服务业务；其二为作用标准，即该主体是否发挥着金融中介的作用，为双方提供着信用服务以及货币流通的服务。① 具体而言，金融中介既融入资金也融出资金，其将融入的资金借贷给借款人，从而形成新的债权债务关系，并从中获得利益。② 但是，大部分网贷平台中的债权债务关系仅在投资人与借款人之间形成，网贷平台只起到纽带作用，其并不与借贷双方形成新的债

---

① 徐孟洲：《金融法》，高等教育出版社 2012 年版，第 5 页。

② 殷孟波、曹廷贵：《货币金融学》，西南财经政法大学出版社 2000 年版，第 55 页。

权债务关系。因此，网贷平台的性质应当为准金融机构。另外，还有观点认为 P2P 网贷平台仅为投资方和借贷方提供了一个交易和交流的场地，并不直接接入借贷的过程，其仅收取一定的信息服务费与账户管理费，因此网贷平台为信息中介结构，三方当事人形成了居间关系。① 比较而言，准金融机构的概念过于模糊，并不利于其长期发展，将 P2P 网贷平台界定为信息中介机构是合理，其不直接借入客户借贷交易的资金流转，辅助借贷交易的完成，这有利于控制网贷平台的运营风险，促进网贷平台的健康、持续、长远发展。

P2P 网贷平台作为信息中介服务机构，其与借款人、出借人之间建立了居间合同关系，平台应当承担相应的居间义务，其应当提供交易信息并提供订约机会和交易媒介的服务。另外，平台负有如实报告订立有关事项和其他有关信息的忠实义务，平台应当对相关信息进行核实。平台还应当维护网络安全和遵循数据保密义务。作为中介结构的网贷平台还应当对借款人的资金实际用途进行监督，采取相应的手段防范风险的出现。另外，根据《网络借贷资金存管业务指引》与合同法的规定，平台与资金存管方形成了委托合同关系，P2P 网贷平台应当将借贷双方用于投资的专项及相关资金委托给商业银行等存管人。

3）网贷平台的法律责任与风险防范

当前我国 P2P 网贷平台法律监管并不充足，缺乏相关的法律法规。当前我国并没有专门的法律规则监管网贷平台，这一金融市场的新兴事物，如果仅靠民法总则、合同法、刑法等基本法律对其进行监管，则效果有限，针对性不强。我国第一部专门针对 P2P 网贷平台的规范性文件《网络借贷信息中介机构业务活动管理暂行办法》仅做了原则性规定，缺乏规范实施的指导性意见，实践价值有限，发挥的作用也有限。该办法仅为部门规章，其法律效力与监管效率较低；实践中缺乏行业准入和退出机制，网贷平台的准入机制较为宽松，平台质量也是良莠不齐，如果没有有序的市场退出机制，则一旦网贷平台出现非正常停止运营的情况时，在线借贷平台的投资者将难以收回自己的资金，将会产生严重的社会问题；此外，网贷平台的运营透明化程度并不高，网贷平台基本上不对外披露自己必要的财务信息；缺乏完善的第三方资金托管体系，第三方托管机构往往只"存"不管，其不能监控交易的全部流程，平台仍然能够对存在第三方机构的资金进行控制，实际上风险并未规避；平台内部缺乏有效的

---

① 陈小君：《合同法学》，中国政法大学出版社 2010 年版，第 333 页。

风险评估和管理体系，事中防控风险意识淡薄；另外，缺乏完善的个人征信体系，借款人信用评级机制并不完善，社会大众对信用评价的认识并不全面；最后，网贷行业也缺乏有效的行业自律体系。因此，针对实践中存在的问题，网贷平台应当建立独立的中间账户，且该中间账户应当交由第三方机构特别是银行进行托管，并明确三方之间的义务与权利，提高管理的制度化、体系化，防止概念混淆；合理规定网贷额度，防止借款数额过大，以小额分散为原则设立借款标准，禁止网贷平台的"大单模式"，从而规避借款人难以还款而造成的巨大风险；禁止自身担保，平台应当做好自身的风险控制，把握自身的风险系数，并设置风险备用金，引入保险机制；制定专门的 P2P 网络借贷平台立法，并坚持"差异化监管"的原则，为以后平台的创新与互联网金融的创新预留一定的空间，对纯信息中介模式的平台应当以行为监管为主，采用审慎监管方式，强制信息披露和规范交易行为，严格规定最低资本金、风险保障金提取比例、借贷杠杠比率等。①

关于 P2P 网贷平台的民事责任，《最高人民法院关于审理民间借贷的司法解释》第 22 条规定了网络带宽平台的民事担保责任，但是网贷平台的民事赔偿责任并没有明确的法律规定。当然，网贷平台作为信息中介其应当承担相应的民事责任，如果其提供虚假信息或隐瞒重要事实，则需要承担违约责任。但是网贷平台与一般的信息中介相比具有特殊性，其提供的是专业性较强的金融服务，其应当负有更加积极的审查义务。但投资行为本身就具有风险性，不能因为网贷平台的过错而主张一切损失都应当由网贷平台负责，否则将有失公平，严重制约网贷平台的发展。因此，较为合理的方法是根据网贷平台的过错程度以及其过错对损害产生的影响来确定具体的赔偿责任。网贷平台如果在事前尽到了审慎的审查义务与披露义务，则其对投资额人的损失并不承担相应的责任；网贷平台如果未尽到合理的审查义务与披露义务，则应当赔偿出借人的损失。

三、平台内电子商务经营者的权利义务与责任

平台内经营者，顾名思义，就是在其他经营者搭建的平台内销售商品、提供服务的商业经营者。电子商务法第 9 条规定，平台内经营者，是指通过电

---

①   彭赛、孙洁：《P2P 网贷国际监管经验》，载《中国金融》2015 年第 9 期。

子商务平台销售商品或者提供服务的电子商务经营者。平台内经营者包括法人、非法人组织、自然人等不同主体。不同主体在平台内都拥有公平竞争的权利，不因其自身的强弱而有所不同。平台内经营者不仅要遵守国家的法律法规，还要遵守网络商务平台的管理规范。电子商务法规定，对于平台内所产生的经营者与经营者、经营者与消费者的争议，允许平台首先依其自订的规则解决争议。这是因为平台经营者熟悉平台运营与网络商务活动，在事实查清方面具有天然的优势，并且能够减轻法院、仲裁机构等传统纠纷解决机构的负担。但是平台内经营者仍然可以通过诉讼或者仲裁等方式，维护其基于法律法规或者基于约定获得的权利或者利益。

（一）平台内经营者的民事主体资格

依据电子商务法第9条，电子商务经营者的主体形式包括自然人、法人和非法人组织。平台内经营者属于网络商务经营者，因此平台内经营者的主体形式也就包括自然人、法人和非法人组织。

依据电子商务法第10条以及《市场监管总局关于做好电子商务经营者登记工作的意见》（国市监注〔2018〕236号，以下简称《电子商务经营者登记工作的意见》）第2条，平台内经营者申请成为企业、个体工商户以及农民专业合作社的，应当依法进行市场主体登记。就法人以外的非法人组织而言，取得登记是其以自己名义开展网络经营活动的要件。问题在于，对于法人而言，主体登记作何解释，即平台内经营者进行所谓"市场主体登记"是取得民事主体资格或者以自己的名义进行经营活动的要件。这个问题关系到平台内经营者是否有独立的民事主体资格，进而涉及民事责任承担主体和范围的问题。从立法规定文义来看，《电子商务经营者登记工作的意见》第2条、第3条采用的"电子商务经营者申请登记成为企业、个体工商户或农民专业合作社的""电子商务经营者申请登记为个体工商户的表述"，平台内经营者的市场主体登记与设立登记无异，电子商务经营者一旦取得登记，即依据登记取得相应的独立民事主体资格。具体而言，自然人、法人或者非法人组织欲通过网络平台进行经营，必须首先通过市场主体登记，取得营业执照，设立公司、合伙或者个体工商户等等。除此之外，个人销售自产农副产品、家庭手工业产品，个人利用自己的技能从事依法无须取得许可的便民劳务活动和零星小额交易活动等，无须登记，依此条款，自然人从事上述商业活动之外的其他经营活动，也必须办理市场主体登记，取得营业执照。如广受社会关注的个人代购，必须依法办理个体工商户营业执照才能取得营业资格。然而，一概以市场主体登记为取得民事主体资格之要件，也存在一定问题。《电子商务经营者登记工作的意见》有关市场主体登记的规定是否意味着当公司、合伙等企业欲通过网络扩充销售渠道、扩展业务地域范围时，需要另起炉灶，设立独立于本公司、合伙的新的市场主体？若持此种解释，无疑会扩大公司、合伙等平台内经营者之设立人的成本。一方面，平台内经营者之市场主体登记需要有独立的实体经营场所，而作为其设立人的公司、合伙之实体经营场所可能与其欲设立的平台内经营者的经营场所相一致，若执意要求设立人在开展网络经营时一概设立新的市场主体，则变相要求其承担设立新的实体经营场所的成本，不利于鼓励网络商务的发展。因此，笔者认为，此处的"市场主体登记"应当作扩大解释或者放松登记要求，对于单独由公司、合伙、农村合作社或者个体工商户所设立的与其本身主体形式一致的平台内经营者，其市场主体登记要么解释为经营范围的扩张，并不产生新的独立民事主体；要么该平台内经营者进行市场主体登记时，经营场所可以与其设立人相一致。笔者更倾向于前一种解释，原因在于：平台内经营者市场主体登记的主要目的在于加强对平台内经营者的监管，促进线上线下商事主体的公平竞争，保护消费者权益，线下企业以其实体经营为依托，通过网络开展线上商业活动，要求其登记相应的经营范围即可实现上述目的，是否另行设立独立主体乃其自由选择，法律不应强制，实体企业愿意以其原有实体为主体，开展网络经营，法律应当允许。此外，一概设立独立于实体设立人的平台内经营者，也会徒增网络经营的繁琐程序，甚至引发法人人格混同等问题。当然，对于开展网络平台内经营的其他情形，只有且必须取得独立的市场主体资格，才能取得民事主体资格，依法承担法律责任。

（二）平台内经营者参与的法律关系

平台内经营者的具体法律地位主要是平台内经营者在开展经营过程中，在与其他主体之间的民事法律关系中所处的法律地位，包括平台内经营者与网络平台经营者之间的法律关系，平台内经营者与消费者之间的法律关系。

1. 平台内经营者与消费者之间的合同关系

平台内经营者与消费者之间的关系依二者之间的具体合同类型不同而不

同。通常而言，平台内经营者与消费者之间存在的合同关系包括买卖合同关系、承揽合同关系、委托合同关系以及一系列无名合同关系。电子商务法第三章概括规定了电子商务合同的订立与履行的规则，包括合同的成立、格式条款的效力、交付时间等。除有例外规定，平台内经营者与消费者之间的合同关系适用我国民法总则、合同法、电子签名法的规定。

1）买卖合同关系

平台内经营者与消费者之间的买卖合同关系最为常见。平台内经营者作为卖方，向消费者出售商品，分别承担交付标的物、瑕疵担保义务和支付价款的义务。关于平台内经营者与消费者之间的权利义务关系，有约定的从其约定，无约定的，可以依据合同法的相关补充规则确定。同时，由于电子合同成立快捷、迅速、数量大，卖方可能在双方约定中额外设置格式条款，此时卖家负有明显提示义务，且对于违反法律或者做出明显不利于买方利益的约定时，该格式条款无效，如电子商务法第 49 条规定电子商务经营者不得以格式条款等方式约定消费者支付价款后合同不成立；格式条款等含有该内容的，其内容无效。

需要注意的是，平台内经营者与网络经营者之间的权利义务关系是否会影响平台内经营者与消费者之间的权利义务关系。以淘宝网为例，淘宝作为平台经营者，要求卖家向符合特定情形的商品、服务提供"七天无条件退货"服务，平台内经营者通过条款排除此强制性内容，是否合理、有效。笔者认为，尽管上述"七天无理由退货"条款乃卖家与平台之间的约定，但平台经营者要求平台内经营者对消费者承担此义务，属于为第三人利益的合同条款，消费者行使即为承认，有权要求卖家承担相应义务，卖家通过格式条款排除此项义务的行为无效。除此之外，我国消费者权益保护法第 25 条①、《网络交易管理办法》

---

① 《消费者权益保护法》第 25 条规定，经营者采用网络、电视、电话、邮购等方式销售商品，消费者有权自收到商品之日起七日内退货，且无需说明理由，但下列商品除外：（一）消费者定做的；（二）鲜活易腐的；（三）在线下载或者消费者拆封的音像制品、计算机软件等数字化商品；（四）交付的报纸、期刊。除前款所列商品外，其他根据商品性质并经消费者在购买时确认不宜退货的商品，不适用无理由退货。消费者退货的商品应当完好。经营者应当自收到退回商品之日起七日内返还消费者支付的商品价款。退回商品的运费由消费者承担；经营者和消费者另有约定的，按照约定。

第 16 条①都对消费者的"后悔权"（退货权）进行了明确规定，以保护消费者权益，卖家违法上述法律的排除性格式条款无效。

就消费者后悔权的性质，有学者认为其是法律赋予买家的合同撤销权或者解除权。② 笔者认为，消费者后悔权并非传统合同法上的解除权抑或撤销权，其是法律为加强消费者权益保护，规制卖家网络经营行为，赋予消费者的一种新型的形成权，其在具体行使情形下与合同撤销权抑或合同解除权出现重合，消费者后悔权与合同撤销权、合同解除权之间存在交叉。首先，合同撤销权以存在重大误解、欺诈、胁迫、乘人之危致显失公平为要件，而消费者后悔权仅在商品本身特殊时不能行使，除此之外没有意思表示瑕疵的要求。当然，当卖家与消费者之间存在合同可撤销的情形，同时不存在消费者后悔权行使的例外情形时，消费者可以选择行使合同撤销权抑或解除权，撤销权受除斥期间的限制。其次，合同解除权发生在合同成立生效后未完全履行之前，而消费者后悔权是消费者收到商品之日起七日内均有权退货的权利，二者在行使阶段上并不完全吻合，消费者行使后悔权不等于行使法定解除权。具体而言，平台内经营者在网络平台上发布的商品信息构成要约③，买方提交订单时，合同成立并生效，当消费者收到货物，并履行支付价款的义务后，其所行使的消费者后悔权并非合同解除权，此时合同已经履行完毕。当然，值得注意的是，消费者收到货物并不等于合同履行完毕，网络交易中，往往有第三方支付平台介入平台内经营者与消费者的买卖合同关系中，当且仅当消费者确认收货或者超过限定时间尚未确认时，第三方支付平台才会代理消费者支付向卖方支付价款，此时合同履行完毕。因此，消费者收货后 7 天内，若卖方尚未从第三方支付平台收到价款，则消费者此时行使的权利可以解释为合同解除权。

总而言之，在买卖合同关系中，平台内经营者承担作为卖方，承担交付符

---

① 《网络交易管理办法》第 16 条规定：网络商品经营者销售商品，消费者有权自收到商品之日起七日内退货，且无需说明理由，但下列商品除外：（一）消费者定制的；（二）鲜活易腐的；（三）在线下载或者消费者拆封的音像制品、计算机软件等数字化商品；（四）交付的报纸、期刊。除前款所列商品外，消费者退货的商品应当完好。网络商品经营者应当自收到退回商品之日起七日内返还消费者支付的商品价款。退回商品的运费由消费者承担；网络商品经营者和消费者另有约定的，按照约定。

② 参见陈和平：《论消费者的"后悔权"》，载《法制博览》2018 年第 33 期。

③ 当卖家在平台上发布的商品信息不足以构成要约时（如不包含合同价款），则构成要约邀请。

合约定的商品的义务，买方承担支付价款的义务，且买方在满足法定情形下，享有除斥期间为 7 日的消费者后悔权。

2）承揽合同关系

当平台内经营者依消费者的要求完成工作，交付工作成果，消费者作为定作人支付价款时，二者之间成立承揽合同关系。平台内经营者与消费者之间的权利义务关系依二者的合同内容确定，合同内容不能确定的，依照合同法的相关补充规则确定。

依照消费者权益保护法第 25 条及网络交易管理办法第 16 条的规定，消费者定做的商品并不在"七天无理由退货"的范围内。因此，在承揽合同中，消费者并不享有后悔权。然而，合同法第 268 条规定了定作人的任意解除权，其是否会与《消费者权益保护法》以及《网络交易管理办法》的关于消费者后悔权的规定发生冲突，冲突如何处理？正如前文所述，合同解除权的行使区间与消费者后悔权并不吻合。在合同生效后，定作人收到货物之前的任意阶段，定作人可以依据合同法行使任意解除权，此时不存在冲突。在定作人收到货物，承揽人收到价款之前，合同尚未履行完毕，依据我国合同法定作人享有任意解除权，可以通过行使解除权达到退货目的，但依据消费者权益保护法以及我国网络交易管理办法，消费者不得进行退换，此时，定作人能否依据定作人任意解除权解除合同？笔者认为，此阶段定作人任意解除权与消费者后悔权看似发生冲突，但其实不然。原因在于，消费者后悔权实质上是无理由退货权，无理由包括无任何法定或者约定理由，此时消费者享有定作人享有的任意解除权，有法定理由解除合同，不属于"无理由"退货，因此可以行使定作人解除权。在定作人收到货物，承揽人收到价款后，合同履行完毕，定作人不再享有任意解除权，也不得行使消费者后悔权。

值得注意的是，由于网络经营过程中，平台内经营者与消费者之间存在信息不对称性，存在平台经营者假借定作之名逃离消费者后悔权的制约，表面上称之为"定作"，实质上是买卖合同。除此之外，进行代购的平台内经营者也往往宣称"一对一代购""人肉代购"为由不支持退换，其与消费者之间的合同能否界定为承揽合同？笔者认为，应当依据双方合同内容以及最终工作成果判定，对于典型的定作商品，如特殊的刻章、刻字商品或者画像服务、特殊尺寸的窗帘、床单等应当认定为定作商品；对于名义上为定作，实质上是以交付种类物作为合同履行内容的合同，应当判定为买卖合同，除平台内经营者有证据证明的除外。就代购而言，一般应当认定为买卖合同，除非代购物本身是定作物或者代购人经营活动却仅依据消费者的要求进行，可以认定为定作合同。

3）其他合同关系

除上述典型合同外，平台内经营者与消费者之间还存在其他合同关系，典型的是以各种服务为内容的服务合同（如代喂宠物服务、文书修改服务等等），承运合同（网上打车），委托合同（网上提供金融理财服务）二者之间的合同关系依当事人约定确定，当事人约定不明确的，依照合同法规定的相关规则补充确定。服务合同的给付往往是完成一定的行为，因此不适用"七天无理由"退货的消费者后悔权。

2. 平台内经营者与网络平台经营者之间的关系

平台内经营者依托于网络平台经营者建立、维系的网络平台进行网络交易，二者之间存在合同关系，具体而言，网络平台经营者向平台内经营者提供合格的网络平台服务，以支持其网络交易，平台内经营者向网络平台经营者支付相应费用的合同，至于网络平台服务的具体内容和费用，依当事人约定而确定。

除此之外，依据电子商务法，网络平台经营者对平台内经营者有监管的权利和义务，包括收集平台内经营者的身份、地址、联系方式，督促平台内经营者办理营业执照，并将上述信息向消费者持续披露，因此，平台内经营者有义务向网络平台经营者履行上述披露义务，网络平台经营者有权剔除不履行法定义务的平台内经营者，解除合同。

（三）平台内经营者的法律责任

明确了平台内经营者的法律地位之后，其法律责任的确定就较为明确。

1. 违约责任

首先，平台内经营者如存在违约行为，则需要向消费者或者网络平台经营者承担违约责任。具体包括以下情形：平台内经营者不提供的商品或者服务，或者提供的商品或服务不符合法律规定或者当事人约定的，应当承担违约责任，具体形式包括实际履行、修理、重做、更换、损害赔偿责任等；平台内经营者违背与网络平台经营者的合同约定，未提供相应资质、信息，或者提供虚假资质、信息，造成网络平台经营者遭受损失，应当承担相应的损害赔偿责任。

2. 侵权责任

平台内经营者因提供商品或者服务不符合约定，若造成消费者人身、财产损害时，则产生违约责任与侵权责任的竞合，消费者可以择一行使；若造成消费和以外的人身、财产损害时，应当向受害人承担侵权责任。

平台内经营者在从事经营活动过程中，侵犯他人权利的，应当承担侵权责任。如出售盗版书籍侵犯他人著作权，销售侵犯他人专利权的产品侵犯他人专利权，此时平台内经营者应当依法承担相应的侵权责任。

除此之外，平台内经营者违法收集、利用、转让、出卖消费者的个人信息的，消费者有权请求平台内经营者承担相应的侵权责任。

3. 惩罚性赔偿

依据消费者权益保护法第 55 条，平台内经营者提供商品或者服务中存在欺诈行为的，除了承担违约责任外，还有义务依据消费者的要求增加赔偿消费者购支付价款的 3 倍，并设定最低 500 元最低限额。平台经营者明知商品存在缺陷，仍然予以提供，造成消费者或者其他受害人死亡或者健康严重损害的，受害人有权要求经营者额外赔偿其所受损失二倍以下的惩罚性赔偿。除此之外，食品安全法第 96 条规定，生产不符合食品安全标准的食品或者经营明知是不符合食品安全标准的食品，有义务依消费者要求支付价款十倍或者损失三倍的赔偿金，并设置 1000 元的最低限额。

4. 行政责任和刑事责任

电子商务法第 75 条至第 79 条规定了平台内经营者的行政责任，包括未取得相关行政许可从事经营活动，销售、提供法律、行政法规禁止交易的商品、服务，不履行法定的信息提供义务，未履行公示相关信息的义务等。除此之外，我国食品安全法、药品管理法等所规定特别行政责任，适用于从事相关经营活动的平台内经营者。平台内经营者的行为构成犯罪的，应当承担相应的刑事责任。

四、自建网站的网络商务经营者的法律性质及责任承担

随着电子商务的发展，不少经营者通过自建网站的方式进行网络商务，通过其自建网站销售商品和提供服务。电子商务法将通过自建网站销售商品或者提供服务的经营者也作为电子商务经营者类型之一，受电子商务法的约束。现

实生活中，不少传统的商务经营者看到互联网的便利与快捷优势后，通过自建网站的方式进行电子商务，对此电子商务法也做出了相应的规定。这类电子商务经营主体，享有、承担一般电子商务经营者的权利与义务，如销售的商品或者提供的服务应当符合保障人身、财产安全的要求和环境保护要求等，但是不必接受平台的管理。

通过自建网站开展经营活动的网络商务经营者，存在其特殊性，一方面，其与平台内经营者一样，直接向消费者销售产品或者提供服务，与消费者之间建立一系列合同关系；另一方面，其所开展经营的平台为其自身所搭建，并不存在其他的网络平台。因此，相对于平台内经营者而言，其与其他网络平台提供者不存在服务关系。当然，经济实践中，也有不少网络商务经营者既通过自建网站销售产品、提供服务，也为其他经营主体提供经营平台。此种情况下，网络商务经营者还享有和承担网络平台经营者的权利和义务，此部分在前文已有叙述，此处不再赘述。

（一）通过自建网站开展经营活动的网络服务提供者的民事主体资格

通过自建网站销售商品或者提供服务的网络商务经营者同样需要进行市场主体登记，取得营业执照，才能取得相应的民事主体资格或者以自己的名义开展经营活动，相关问题在平台内经营者民事主体资格部分已有讨论，此处不作赘述。

（二）通过自建网站开展经营活动的网络服务提供者的具体法律地位和责任

如前所述，通过自建网站销售商品或者提供服务的网络商务经营者与平台内经营者一样，依据具体的经营活动内容与消费者建立合同关系，包括买卖合同、承揽合同、委托合同等，具体的权利义务关系与平台内经营者基本一致，此处不再赘述。网络商务经营者通过自建网站进行经营活动，并不通过其他平台进行活动，因此不产生与其他平台的法律关系。值得注意的是，自建网站的网络商务经营者有义务维护其网站安全，保障其网页访问者的信息安全，不得非法收集、利用、买卖用户的个人信息。

（三）通过自建网站销售商品或者提供服务的网络商务经营者的法律责任

通过自建网站销售商品或者提供服务的网络商务经营者，其承担的法律责任主要包括违约责任、侵权责任、惩罚性赔偿、行政责任以及刑事责任。其在销售商品、提供服务的过程中，存在违约行为的，应当承担违约责任，因销售商品、提供服务造成消费者遭受人身、财产损害的，产生侵权责任和违约责任的竞合，因销售商品、提供服务造成消费者以外的其他人权益受到侵害的，应当承担侵权责任。未经其网页使用者的同意，收集、利用、买卖其信息的，依法应当承担侵权责任。除此之外，其在建立和维系网站过程中，或者销售商品、提供服务的过程中，侵犯他人知识产权等权利的，应当承担相应的侵权责任。除此之外，自建网站销售商品或者提供服务的网络商务经营者违反行政法律法规、触犯刑法的，应当承担刑事责任。

五、通过其他网络服务的网络商务经营者的法律地位

随着网络新技术的发展，更多非传统非典型的网络商务营销方式开始出现，就比如说微商。微商通过在社交平台上发布信息和通过微信聊天功能销售产品，与传统在网络购物平台内销售商品并不相同。近几年，微商不断发展，成为网络商务经营者当中不可忽视的一股力量，将其纳入电子商务法规制的范围十分必要。此外，其他新型的网络销售方式层出不穷，如通过微信小程序进行销售、通过手机 APP 进行销售，通过网络直播平台销售商品或者提供服务等。这些新型的网络商务模式也适用网络商务经营者的一般规定，但是否产生了新的法律关系或者法律问题，仍然需要研究。

（一）微商的法律地位及责任

1. 微商的发展特点

微商包括通过网络直播平台销售商品等新型网络商务模式的主要特征在于销售产品的主要场所并非通常的专业商品销售平台，其主要是通过 Web3.0 时代所衍生的载体渠道，通过社交平台等非购物平台进行营销活动。但由于网络的放大效应，微商由于其巨大的优势得到了快速发展。[1] 根据《中国化妆品微

---

[1] 彭雨冰：《论微商的定义和现状》，载《智富时代》2014 年第 12 期。

商标准（执行草案）》的定义，微商主要有广义和狭义的区分。狭义的微商仅指通过腾讯公司出品的移动互联网社交平台"微信"所开展的各种营销活动；广义的微商范围则超出了微信的范围，泛指依托移动互联网，通过运用移动电商或具有社交属性的网络平台开展的商业活动，本章所指的微商主要为广义上的微商，包括在网络直播平台进行商业活动的行为。微商已经成为网络商务领域不可忽视的力量，这主要是由于其具有无可比拟的优势。首先，能够开展商业活动的网络平台多具有社交属性，成为微商主体也十分方便，并不需要进行登记注册等程序，也不需要具有从事商业贸易的经验和知识。微商主体也不用耗费大量的时间和精力进行管理和经营，其活动主要为在其社交平台上发布广告和接受买家的询问即可，其经营场地和时间等均不受限制，极具灵活性和自由性，因此从事微商活动的主体大多为家庭主妇、学生、白领等。其次，微信平台等社交平台上绝大多数好友为熟知的朋友和亲人，这在某种程度上减轻了买家与卖家之间的不信任感和戒心，即使不存在第三方支付平台做担保，基于对熟人和朋友的信任，也使得商品的销售得以扩张。再次，微商与一般的网络购物平台不同，后者往往是一种被动的销售手段，而社交平台更容易沉淀和稳固消费者，其可以通过公众号等新媒体形式向潜在的消费者推送企业信息和商品信息。微商的实际运营模式主要包括 B2C 模式和 C2C 模式，具体而言，前者指的是第三方平台基于企业服务号开展商业活动等，包括微信微店、小程序、微盟、京东微店等；后者存在的范围更加广泛，主要是个人在朋友圈等社交媒体中发布商品信息等。

2. 微商经营模式中隐藏的法律风险

微商的野蛮生长与快速扩张也伴随着巨大的法律风险，使得这一新兴网络商务模式的发展蒙上了一层阴影。一方面，C2C 经营模式缺乏科学性，使得微商经营与传销有混同的风险，也使得消费者的权利无法得到保障。具体而言，C2C 经营与传销具有相似性，二者都是通过上线发展下线的方式来清楚库存，下线想要从事微商成为代理的条件之一就是购买一定数额的"产品"，这样上线就能够实现资金变现和流转，而且上线还能对下线的销售比例享有一定的提成，这种模式下拉人头成为获得高额利润的最好办法，顶层微商坐拥高额利润，而底层微商的大量存货却无法出售而长期积压。另一方面，实践中已经发生了多起微商销售的产品损害消费者的人身财产安全的案例，由于微商销售简单，缺乏法律监督，微商商品大多良莠不齐，甚至很多微商销售的产品都来历不明或者根本无法查询真实信息。而消费者的人身财产安全受到侵害后，关于微商的电子证据取证困难，消费者难以证明自己受到损害的结果与购买微商的产品有关，且消费者投诉无门，其根本无法找到能够监管微商的机构，只能自认倒霉。此外，微商并不像一般的网络购物平台一样，具有第三方支付平台来提供担保，消费者基于对于熟人的信任，一般都是直接将金钱转账给微商账号，如果这期间产生了纠纷，例如微商虚假发货、发货质量欠佳等，消费者根本无法追讨自己的款项，因为一般的微信红包甚至直播平台的"礼物"等，本身就存在赠与的性质，消费者也难以证明自己的权利受到了侵害，这导致微商经营目前处于一种杂乱无章且无担保的地步。

3. 微商的法律地位及责任

关于微商的法律地位，具体而言，对于 B2C 模式的微商来说，其存在的争议较少，因为这种模式下大部分微商本身就是现实中存在的企业和商事主体，开展微商活动也大多是进行网络和新媒体营销的一种手段，因此微商主体应当按照我国商业登记制度的要求办理工商登记不存在问题，其登记程序实际上与现实中企业的设立并无不同，其在微信平台上开展商业活动时，应当在其公众号或媒体页面公示期电子标志或链接登记信息等。那么，关于 C2C 模式下的个人微商主体地位究竟如何则争议较大，因为微商得以快速发展的不可比拟的优势就在于其灵活性和简易性，如果强制其进行登记注册，则势必会影响微商这一新兴网络商务模式的发展。比较而言，现阶段我国微商个人主体的性质应当被认定为个体工商户，我国《个体工商户条例》第 2 条规定："有经营能力的公民，依照本条例规定经工商行政管理部门登记，从事工商业经营的，为个体工商户，也可以家庭经营。"传统的个体工商户与微商主体一样都规模较小，主要为个体经营，经营活动也较为灵活和简易，微商的交易模式与传统的经营活动并无不同，二者最大的区别仅在于交流沟通的媒介不同。与传统的个体工商户面对面的交流不同，微商主要利用网络社交平台为媒介开展商业活动，其在营销过程中不需要有固定的生产经营场所和企业名称。一般而言，对于商主体的确认主要从营利性和营业性两个方面去考察，商行为是商主体所实施的以盈利为目的的经营行为。微商实际上已经具备了经营活动所需的要件，其不间断地、重复性地在朋友圈等社交网络平台发布商品信息、开展商业活动等，实际上已经具有营业性和营利性，因此将微商平台定义为以自己的名义从事经营活动、能够享有权利并承担义务的商主体是合适的。但是，微商又具有一定的特殊性，其与普通的商主体比较而言，营业性与营利性并不明显，具体而言微商多是个人主体利用闲暇时间去发布信息进行运作，从事微商的人很少以全部精力和身心投入微商运营中去。另外微商的经营规模较小，营利性并不明显。而且，微商之所以得到快速发展的原因就在于其简易性和灵活性，不需要繁杂的程序和证明是微商发展的一大优势。因此，强制微商主体进行登记势必会大大打击微商的积极性，微商这一新兴网络商务模式快速发展的巨大优势也就不复存在。但是如果任其无秩序的发展，消费者的权利则得不到保护，从长远上看，微商发展也必将走不长远，因此明确微商的法律性质和地位是解决这一矛盾的关键。在为微商定性时，应当坚持利益衡量原则，平衡新兴网络商务的发展与消费者权利及市场秩序利益。因此，使微商进入一个团体化登记的过程不失为一种恰当的选择。对于从事代理的个人微商，并不要求其每个人都进行登记，而仅要求其所代理的企业进行微商登记和备案。关于微商个体的资质和条件及具体的审查过程和条件可以由企业自己决定。以自然人为主体的微商应该得到经依法登记的企业的授权才可以从事产品的代理和销售，企业是被监管的对象，通过对企业的直接监管间接对个人微商监管，这样既能够充分地对微商进行监管，也保留了微商灵活性、简易性的优势，保证了微商发展的上升趋势。

(二)微信等社交网络平台的地位及责任

关于微信、直播平台等社交网络平台在微商经营过程中的法律地位，应当根据其在经营过程中起到的作用确定。2017年1月6日，中国网络商务研究中心发布了《微商行业规范》(征求意见稿)，在监管方面沿用了《网络商品交易及有关服务行为暂行管理办法》的相关规定，对于不同类型的微商服务者，微信平台所扮演的角色及其法律义务应有所区别。具体而言，微商网络商务服务平台是指在微商发布信息、开展商业活动时为其提供虚拟经营场所、撮合交易的网络平台，一般为法人或其他组织。微信平台发挥着网络媒介平台的功能，微信平台具有封闭的社交属性，随着移动互联网技术的发展以及微信公众账号的开发，微信已经积累了大量的用户，并且微信平台这种社交网络媒介的用户往往互相熟悉，具有强大的黏性，这使得微信平台为微商开展商业活动提供了更为便利的条件，比传统的网络交易平台更容易让交易双方建立信任关系，因此，微信平台和消费者及销售者与服务者形成了网络服务法律关系。在微商交易过程中，微信这种社交平台实际上为销售者、服务者提供了宣传和推广的渠道，微商从业者可以直接通过朋友圈等社交平台销售产品和服务，消费者可以直接通过微信平台购买商品和服务，在这过程中微信平台获得了巨大的广告收入和营销推广类增值服务。从本质上看，微商属于自发秩序下的意料之外的产物，其主要功能及目的并非为交易提供媒介，因此也不能被消费者保护法所容纳。消费者权益保护法所指的网络交易主要指的是电商平台下受制于第三方交易平台控制下的网络经营者，例如淘宝和京东等。微信等平台的主要功能并非为交易提供媒介而是社交媒体，因此，如果让微信平台承担与淘宝、京东一样的消费者权利保护法第 44 条规定的不真正连带责任，实际上并不公平，这是社交平台不能承受之重，事实上微信等社交媒体并无完备网络交易配套系统，微商仅仅是社交平台在趋利性下形成的自发的交易行为。

　　微信是一个私密性较强的空间，其定位首先是社交而非交易，因此微信平台等并不当然适用现行的消费者权益保护法的规定，微信平台的私法责任不能设定过高的"应知"要求，这是与其本质属性一致的。但是，这并不意味其并不承担任何责任，如果用户的权利受到了侵害，其已经举报了相关微商经营者，且这属于符合法律要求的有效"通知"，则微信平台应当立即通知，并提供相关微商经营者的信息，如果其不能提供有效、准确的信息，则微信平台在损害扩大部分承担责任。① 具体而言，根据广告法和侵权责任法，B2C 模式下微商主体在微信平台上的广告行为与传统的互联网平台上的广告行为并无本质区别，微商主体主要为已经经过工商登记的企业、其他组织等。微信平台对于微商发布的广告应当进行事前审查，明知或应知广告虚假仍设计、制作、发布的，或不能提供广告主真实姓名和地址的应当承担连带责任。C2C 模式下的微商经营者往往是未经过工商登记的自然人，事实上具有社交媒介属性的微信平台根本难以控制和监督用户发布的信息，如果强制微信平台对于用户发布的信息进行审核则必然会限制用户的用户，也会大大加重平台的运营负担。微商在微信平台从事经营活动，客观上看微信为其提供了虚拟的经营场所和技术支持，但微商行为具有多变性和灵活性，微信平台具有被动性，由微信平台对于个人微商活动进行监管是非常有难度的。因此，事前监管模式对于微商等社交网络平台来说是不合理的，其不必进行事前审查，其承担相应的补充责任较为

---

① 周辉：《微商治理：平台责任与政府监管》，载《中国科技论坛》2016 年第 10 期。

合理,即遵循互联网的"通知—删除"规则,如果微信平台接到相关权利人的投诉时,其应当在合理的时间内反馈和删除,如果其在合理时间内未进行处理或者处理不当,则应当根据侵权责任法第 36 条的规定就扩大部分与直接侵权人承担连带责任。① 微信平台应当健全投诉和审查机制,其在接到投诉人的投诉之后应当尽到合理的审查义务,应当采取删除、屏蔽、断开链接等必要措施,审查核实相关信息是否侵权。另外,未进行工商登记的自然人,微信平台应当尽快建立实名登记制度和个人信息保护制度,微信平台应当要求微商从业者进行提供真实信息、实行实名登记,但是具体是否公开可以自由选择。如果微商从业者在微信平台上开展商业活动时未公开相关内容,在发生纠纷时,微信平台有义务向被侵权人披露相关的信息,具体信息包括微商经营者的姓名、联系方式、真实地址、主要经营商品范围、经营资金等内容。微信平台应当对严重侵害消费者权利的微商账号进行屏蔽、删除、断开链接,微信平台应当为消费者维权提供帮助,对于专门从事微商的用户,微信平台应当建立信用评价体系和失信惩戒机制,为消费者的理性选择起到辅助作用。另外,由于微信平台具有较强的私密性且无第三方支付平台提供担保这使得交易风险和道德风险频发,因此微信平台应当建立交易双方的投诉机制,并保留相关的交易信息。

关于微信平台下的第三方平台,如"点点客"②"微盟"③等主要为微信公众号提供营销推广服务,其主要是为微商提供技术和管理服务。这种第三方平台并不参与微商与其他服务对象之间的交易,其仅仅提供技术和管理服务,一般情况下也不会因为微商开展的商业活动而面临法律责任。但是,如果第三方平台提供的技术服务中涉及不合理地收集消费者的数据时,其可能因为未征得消费者的同意而任意收集其信息而面临相应的法律责任。

---

① 参见张新宝、任鸿雁:《互联网上的侵权责任:〈侵权责任法〉第 36 条解读》,载《中国人民大学学报》2010 年第 4 期。

② "点点客"对自己的介绍是"向企业提供一系列的标准化在线软件、客户端软件、嵌入式软件和服务器端软件,帮助企业更好地管理、运营自己的微信、微博、易信或者其他的社交软件账户,从而把传统的营销行为迁移到移动社交工具上来"。

③ "微盟"对自己的介绍是"基于微信为企业提供开发、运营、培训、推广一体化解决方案,帮助企业实现线上线下互通,社会化客户关系,移动电商,轻应用 WMAPP 等多个层面的业务开发"。

六、物流配送经营者的法律地位与责任

（一）物流配送经营者的交易角色与法律地位

对于大多数网络交易来说，实物交接是必不可少的一个环节，而实物交接离不开物流配送。2018 年"双十一"网络购物节，当日物流订单量突破 10 亿新高且没有出现大面积的丢件、爆仓等事故，圆满落幕。可见，一方面，我国网络商务的飞速发展为物流业的壮大创造了有利条件；另一方面，物流服务的高效与精进也推动我国网络商务走向更大更强。两者互为动力，相互制约。中国网络商务取得的巨大成功，离不开发达的物流体系。物流配送经营者也是网络商务经营活动中的重要一环。销售者与物流配送经营者之间是货物运输合同关系，消费者是运输合同的第三方受益人。其中销售者主要享有如下权利：（1）要求承运人将商品安全、准时地送达到消费者手中；（2）在货物送达消费者之前，要求中止、返还或者退换所运输的货品，或者变更地址；（3）在消费者拒绝受领货品时，及时通知销售者。主要承担如下义务：（1）支付货运价金。（2）如实申报所托运的物品。物流配送经营者主要享有如下权利：（1）获取运费；（2）获知所托运商品的真实内容，包括物品种类、包装等，特别是危险种类的物品。主要承担如下义务：（1）安全运输义务；（2）告知义务等。消费者主要享有如下权利：（1）受领商品；（2）检验商品。主要承担如下义务：（1）及时提货；（2）及时告知物流配送经营者与网络商务经营者货品检验的结果，并且指示第三方支付平台支付价金。①

"物流"这一概念最早由美国经济学家阿奇萧于 1912 年出版的《市场流通的若干问题》一书中提出，写作 physical distrinution，意为实物配送，指称企业、销售商自身的运输、仓储、包装等活动。② 至第二次世界大战期间，logistics 第一次被美国军事部门使用，成为现代物流用于表述物流概念的标准用语。③ 1965 年 1 月，日本首次在政府文件中正式使用"物的流通"一词指代 logistics，并简称为"物流"。1979 年，我国派出代表团赴日本参加第三届国际

① 杨立新：《网络交易法律关系构造》，载《中国社会科学》2016 年第 2 期。
② 齐恩平：《物流法律制度研究》，南开大学出版社 2009 年版，第 1 页。
③ 张奉礼：《现代物流基础》，中国轻工业出版 2006 年版，第 1 页。

物流会议，引入"物流"概念。2007 年，我国《国家标准〈物流术语〉》（GB/T 18354—2006）正式实施，将"物流"定义为："物品从供应地向接收地的实体流动过程。根据实际需要，将运输、储存、装卸、搬运、包装、流通加工、配送、回收、信息处理等基本功能实施有机结合。"快递物流是现代物流的一种重要表现形式，其体量已经占到现代物流的 7 成以上。①

　　随着"互联网+"战略的实施与推动，网络交易经营者的角色逐渐从单一走向多元，既可以仅为平台交易提供服务，又可以参与平台销售，还能够提供物流配送服务。一些网络交易经营者为保证自营订单的配送时间与服务质量，自建物流配送团队，打造完善的物流配送体系，实现了从供应链到仓储再到配送的一体化综合物流构建。这样的模式往往前期投入成本大，且仅服务于自身，向市场开放有限，但由于对物流配送物品质量与专业配送人员素质具有更强的管控能力，能对消费者提供更为个性化的精准服务，服务效果也更好。比如阿里巴巴旗下的盒马鲜生为代表的全自动中心化新零售物流配送模式，其最大特点就是运用先进的互联网技术和密集的仓储网点，达到特定范围之内的高效配送。苏宁易购、小红书等网络交易平台的自营商品之配送均为此模式。由于经营快递业务需要依法取得快递业务经营许可，主体必须符合企业法人条件；但根据《快递暂行条例》，快递末端网点可以是经营快递业务的企业及其分支机构，无需办理营业执照。因此，该模式下快递物流服务提供者又可分为两类：第一类本质仅仅是网络交易平台经营者的一个分支机构或运营部门，难以赋予其独立的法律主体资格，也没有独立承担法律责任的能力。在此种情形下，物流配送行为应该归属为网络交易平台经营者的行为，物流配送的风险与责任由网络交易平台经营者承担。第二类是母公司下设多家子公司，分别负责产业链不同阶段的业务。例如京东商城集团公司下设京东电商和圆迈公司，前者承担销售工作，负责买卖合同的签订；后者承担商品物流配送、接受货款等合同履行的工作。由于母公司与子公司在法律上为相互独立的法人，此类物流配送行为应该归属为子公司独立的法律行为，由子公司负责物流配送环节的法律责任。

　　第三方是相对于网络交易中的买卖双方而言，第三方快递物流服务提供者

① 北京双壹咨询：《快递模式之争——网络模式与仓配模式》，https：//www. sohu. com/a/161999424_505892，2019-03-07.

是指不从属于网络交易买卖双方的独立的快递物流服务者。随着经济的发展，工业型社会逐渐向信息型社会过渡，日益精细的社会化分工成为必然的趋势。越来越多的企业开始专注于深挖领域内的核心竞争力，而选择将物流配送服务交给独立的第三方物流企业，以明确的分工谋求高效高质的服务。在此类网络交易情形下，第三方快递物流服务提供者一般由经营者（出卖方）或网络交易平台自主选定，也可能由消费者指定或买卖双方协商一致后决定。由于快递物流服务提供者并不从属于买卖任意一方，也不从属于网络交易平台，故其达到申请快递业务经营许可资格后，独立承担相应的法律责任。

（二）快递物流服务合同的法律性质

在网络交易中，快递物流服务一般会涉及销售者、消费者、网络交易平台与快递物流服务提供者四个主体，快递物流服务提供者的法律地位要根据其与其他主体所处的民事法律关系进行具体分析。对于快递物流服务提供者与寄件人（销售者或网络交易平台）之间的法律关系，目前学术界众说纷纭，形成了代理关系说、第三人利益说、单一有名合同说、服务合同说以及混合合同说等观点。

1. 代理关系说

有学者提出，应当将快递物流服务提供者的行为视为在接受买卖合同一方委托后所做出的民事代理行为，一是有利于各方主体法律关系的认定，二是有利于标的物配送风险转移的确定与承担，三是有利于市场经济主体利益的平衡。

2. 第三人利益说

有学者认为，网络平台经营者与消费者之间形成买卖合同法律关系，快递物流服务提供者仅为一个代为履行买卖合同义务的第三人。这意味着快递物流服务提供者在整个网络交易过程中没有与买卖合同双方产生合同关系，而只是"第三人代为履行"[①]。这种学说将快递物流服务提供者仅视为买卖合同中的一个辅助者，否定了其独立的法律地位，虽然在一定程度上突出了买卖合同双方的权责，但一方面忽视了快递物流服务提供者的主观能动性，减轻了快递物流服务提供者的责任，另一方面也提升了买卖合同双方的责任与风险，不利于平衡交易双方的权益。

---

① 参见贾科：《中国铁路物资总公司法律事务部．债务转让与第三人履行的法律辨析》，载《铁路采购与物流》2007 第 4 期。

3. 单一有名合同说

部分学者认为目前合同法规定的 15 种有名合同中的部分合同可以包含快递服务合同法律关系。有学者认为快递服务合同就是一种特殊的货运合同；有学者认为快递服务属于承揽合同，快递物流服务提供者作为承揽人，按照寄件人要求完成快递物流工作。事实上，快递物流服务是一种综合性的整体服务，涉及仓储、收件、分拣、运输、投递等多个环节，具有多种表现形式，单一地将其归入某一类有名合同，是以分割的、独立的环节视角看待快递物流服务，会导致名称概念无法涵盖其权利义务内容的情形出现，于逻辑上难以圆满。

4. 服务合同说

杨立新教授认为在网络买卖合同中，商品物流配送的义务主体是负有向消费者配送交付所购商品义务的销售者。由物流企业接受销售者的委托，为销售者提供快递物流服务，虽然类似于货物运输合同，但其本质是服务合同。[①] 有学者认为服务合同是指全部或者部分以劳务为债务内容的合同，又称提供劳务的合同。[②]

5. 混合合同说

混合合同，即数个典型(或非典型)合同的部分构成的合同，在性质上属于一个合同。[③] 朱广新教授为代表的部分学者认为快递服务合同是集运输、承揽、保管等合同类型于一体的混合合同，应当在民法典合同编中增设为独立的有名合同。[④]

笔者认为，快递物流服务提供者与寄件人之间形成快递服务合同，收件人作为利益第三人享有请求给付快递服务的权利。快递物流服务合同是一类具有独立性、涉他性、混合性的服务提供性合同，应将其视为一类独立的非典型混合合同。首先，现代快递物流服务具有突出的综合性特点，其主要内容是包含仓储、保管、包装、运输、配送等功能的完整物流链，不论将其视为哪种单一性质的合同，都难以真实表达其客观情况。其次，不可否认，快递物流服务最

---

① 杨立新：《网络交易法律关系构造》，载《中国社会科学》2016 年第 2 期。

② 周江洪：《服务合同在我国民法典中的定位及其制度构建》，载《法学》2008 年第 1 期。

③ 参见韩世远：《合同法总论》，法律出版社 2018 年版，第 73、74 页。

④ 朱广新：《民法典之典型合同类型扩增的体系性思考》，载《交大法学》2017 年第 1 期。

核心的内容是快递服务提供者按承诺进行物流配送并收取配送费，这一核心权利义务关系与货物运输合同的核心权利义务关系基本保持一致，因此货物运输合同可以被视为该混合合同的主合同，其他诸如保管、仓储、承揽等为依附于货物运输合同的从给付。因此，在民法典分则编纂之际，应当明确快递服务合同为以运输合同为主合同的独立的混合合同，于法律上赋予快递物流服务提供者以独立的法律地位，而不是强行将其归入承运人、保管人或代理人。

(三) 快递物流服务提供者的权利与义务

1. 快递物流服务提供者的权利

首先，快递物流服务提供者具有获取运费的权利。其次，具有获知所托运商品的真实内容的权利。出于保障快递物流行业安全的考虑，根据邮政法第75条规定，规定快递物流服务提供者有收件验视的义务，相应地，也使其获得了解所托运商品真实内容的权利，但不得借此便利侵害用户合法权益。最后，在一定情形下可以接受网络商务经营者的委托代收货款的权利。进入网络交易的时代，传统买卖合同"一手交钱、一手交货、银货两讫"为买卖双方所带来的安心感由于网络交易中时空的天然割裂而难以达成，代收货款服务借助快递物流服务提供者为买卖双方架起桥梁，提供便利。然而，代收货款涉及资金流移转，也存在着诸多风险，亟待监管与规范。

2. 快递物流服务提供者的义务

根据电子商务法第52条之规定，快递物流服务提供者具有遵守法律法规与承诺、交付时当面提示查验、经收货人同意方可他人代收之义务和环保义务。

第一，快递物流服务提供者应当遵守法律、行政法规。快递物流有其特殊性，从业者直接接触到用户的通信秘密、个人信息等隐私内容与合法权益，也可能进而影响到个人人身安全、国家信息安全甚至社会的稳定性。因此，我国邮政法第51条规定了经营快递业务需要获得经营许可，从源头上严格把关，以促进快递物流服务健康发展，维持交易市场稳定有序。在电子商务法正式施行之前，我国网络商务中快递物流配送相关问题散见于数十项法律法规当中。其中，合同法、邮政法、公路法、民用航空法、海商法、海上交通安全法六部法律，其余均为《快递暂行条例》《汽车货物运输规则》《航空货物运输合同实施细则》《中华人民共和国水路运输管理条例》等各级法律法规，涉及诸多主管部门，总体而言，立法层次不高且缺乏协调性。同时，近年来网络商务与现代物流发展速度极快，我国现有相当一部分法律法规已经与现代社会发展不甚同步，亟待修改。在电子商务法中，有 11 个条文提及快递物流相关内容，其中第 20 条规定了快递物流过程中标的物的风险承担规则，第 52 条规定了快递物流服务提供者的义务，集中对快递物流服务作出明确规定，对快递物流服务提供者提出了更为具体的要求。法律规定的不断完善，在提出更高要求的同时，也为快递物流服务指明了方向。快递物流服务提供者应当自觉严格遵守相关法律法规，确保服务质量，稳步前进，谋求长足发展。

第二，快递物流服务提供者提供快递物流服务应当依据承诺的服务规范和时限。当今社会，人们生活节奏越来越快，精力消耗越来越多。消费者选择网络购物多出于两点考虑：一是减少时间、金钱和精力的投入，降低交易成本；二是出于及时或适时的需要。冷链运输技术的发展使得生鲜冰鲜的网络交易空前繁荣，但保质期的限制也对快递物流服务提供者提出了更高的要求。因此，快递物流服务提供者只有按照已有承诺达成服务规范，并在承诺的时限内送达货物，才能使以所运输物品为标的物的买卖合同真正实现其目的。

第三，交付义务包括两方面，一是应提示收货人当面查验，二是他人代收应经过收货人同意。2018 年 4 月，国家邮政局和各省（区、市）邮政管理局共受理消费者申诉 135747 件，其中涉及快递服务问题的占总申诉量的 95.6%；申诉快递服务原因中，邮件投递服务占比 39.8%，丢失短少占比 25.6%，分列前两位；邮件损毁占比 8.3%，位列第 4。[1] 由此可见，快递的末端投递环节至关重要，不论是对于消费者还是对于快递物流服务者，标的物是否到达以及是否完好都是与切身利益息息相关的，而标的物当面查验则是明确交付时标的物状态最直观高效的方式。代为签收为快递物流服务提供者与收件人填平时空差距，缩小成本。然而出于降本增效的需求，代为签收的实践不断增加，加之科学技术的不断发展，代签主体呈现多元化趋势，使得代为签收中货物遗失、恶意藏匿、管理成本增加等问题与风险逐渐暴露。

第四，快递物流服务提供者具有环保义务，应当使用环保包装。快递物流活动一直被认为是生态环境污染的重要因素之一。随着网络交易态势蒸蒸日

---

① 国家邮政局关于 2019 年 4 月邮政业消费者申诉情况的通告，http：//www. spb. gov. cn/xw/dtxx_15079/201805/t20180521_1569314. html，2019-03-05。

上，快递物流服务蓬勃发展，所产生的包装垃圾数量也与日俱增。根据《电子商务"十三五"发展规划》和《国务院办公厅关于推进电子商务与快递物流协同发展的意见》，快递物流服务提供者作为网络交易主体之一，应当直面当下日益严峻的生态环境挑战，明确将生态环境保护理念贯彻到行动中。电子商务法第 52 条和第 65 条积极响应民法总则"绿色原则"的要求，明确了快递物流服务业的绿色基本理念，落实了快递物流服务提供者的环保义务。

第五，快递物流服务提供者还具有个人信息安全保护义务等义务。我国消费者权益保护法第 29 条规定了经营者收集、使用、保护消费者个人信息的原则与义务，但是并未详细规定侵权主体与责任。在 2018 年出台的《快递暂行条例》中，从多个维度着手构建物流企业的用户信息保护机制，确保用户信息安全。在快递实名制要求之下，快递物流服务业中涉及的用户个人信息价值不言而喻。作为网络交易的参与者，快递物流服务提供者的行为与个人信息保护息息相关，其义务要求与责任承担有待进一步明确。

3. 快递物流服务提供者的法律责任

1）民事责任

首先，快递物流服务提供者若未能按照承诺将标的物送达收件人，造成快递延误的，属于对合同债务的迟延履行，应当承担违约责任；若造成标的物毁损灭失，且不能证明是因不可抗力、货物自然耗损或买卖合同双方过失造成的，应当承担损害赔偿责任。过去此类纠纷发生时，快递物流服务提供者往往以邮政法第 47 条为依据制定限额赔偿的格式条款，最高只赔付不超过所收取资费三倍的金额。但依据邮政法第 45 条及第 59 条规定可知，第 47 条之主体为邮政企业而非快递物流服务提供者，后者应当根据第四十五条第二款适用有关民事法律的规定。这也就意味着，快递物流服务提供者所制定的上述格式条款属于无效条款，不能以此减轻其赔偿责任。

其次，快递物流服务提供者侵犯个人信息利益的，应根据电子商务法第 79 条，依照网络安全法等法律法规承担相应责任。

再次，电子商务法及《快递暂行条例》《推进快递业绿色包装工作实施方案》等法律法规，明确规定了快递物流服务提供者使用环保包装、回收利用资源等义务，无疑是对推动快递物流服务绿色发展起到积极作用。但是，作为经营者，快递物流服务企业天然具有逐利性，使用环保包装与回收利用资源势必会造成企业成本的增加。仅有义务规定却缺乏相关责任主体与责任内容之明确，义务之履行必然大打折扣。快递物流服务提供者违背环保相关义务的，应当依据侵权责任法的规定承担无过错责任。

最后，如果快递物流服务提供者在物流配送过程中存在过错，如不建立、不执行收件验视制度或违法收寄、交寄违禁物品，最终对他人生命健康或财产安全造成实际损害，则应当依据侵权责任法第44条或第6条第1款的规定承担赔偿责任，赔偿受害方实际损失。

2）行政责任

邮政法第八章明确规定了快递物流服务提供者的行政责任。由于经营内容涉及国家安全、公共安全，快递物流服务提供者应当先取得快递业务营业许可资格。对于未取得经营许可而经营快递业务、超出许可范围经营快递业务、违法经营快递业务、拒绝或阻碍监督检查等行为，快递物流服务提供者要承担相应的行者责任，如吊销快递业务经营许可证等。

3）刑事责任

邮政法第82条规定了违反邮政法有关规定的刑事责任。根据《中华人民共和国刑法》253条、264条，快递物流服务提供者侵犯个人信息构成犯罪的要承担相应刑事责任。快递物流服务提供者及其从业人员在经营活动中有危害国家安全行为构成犯罪的，应依照法律承担相应刑事责任。此外，根据《禁止寄递物品管理规定》，在邮件、快件内夹带禁寄物品，将禁寄物品匿报或者谎报为其他物品交寄，造成人身伤害或者财产损失的，构成犯罪的，也应视具体情节不同承担相应刑事责任。

4）关于在途风险的负担

快递服务合同是无名合同中的混合合同，以货物运输合同为其典型合同并附有其他种类的从给付。根据合同法第124条规定，应当类推适用货物运输合同相关规则。我国合同法第142~149条则确立了风险负担转移的交付主义原则，其中第145条规定了货交第一承运人发生权利与风险负担转移的规则。与此不同的是，电子商务法第20条规定了电子商务经营者的交付义务与风险移转的一般规则，要求应当一律由电子商务经营者来承担商品运输过程中的风险与责任。该规定的目的有二：一是更好地保护消费者的合法权益，二是更有利于高效地控制风险。在网络交易中合同订立双方虽依然为平等主体，但较之于消费者，销售方往往在提供物流服务方面存在着天然的优势，或存在长期合作的可信赖物流快递服务提供者，或自身提供物流快递服务，低本高效。因此，根据"风险与收益相一致的原则"，在网络交易情形下，应当认为商品运输过程中的风险与责任由网络商务经营者一并承担，直到在将物品交付给消费者签收以后，商品的风险与责任才一并发生移转。销售者与快递物流提供者签订的快递服务合同中，消费者是受益第三人。同时，在针对该物品成立的买卖合同中，合同相对人双方是网络商务经营者与消费者，快递物流服务提供者则是第三人。但如果合同标的物发生毁损、灭失，应当按照合同法第 65 条的规定，由销售者向物流配送经营者主张违约责任。电子商务法第 20 条同时规定了"但书"条款，如果消费者另行选择快递物流服务，则此时电子商务经营者不再在物流配送中处于明显优势地位，特殊语境消失，仍应当适用合同法第 145 条的规定，货物的风险在标的交付第一承运人时即转移给买受人。

第三章
新型数字技术的制度应对：以大数据为例

自第三次工业革命以来，以电子计算机以及网络技术为代表的现代信息技术得到了迅猛的发展。现代信息技术的发展与应用，极大地改变了人类社会的政治、经济、文化等方面的基本形态，并且深刻地影响了人类的生活方式和思维方式：自此以来，对"效率"的追求远远超出了蒸汽革命和电力革命时代"产业"和"工厂"的范畴，成为每一个社会个体、每一个社会领域的"常态化"体验。数据信息计算的效率、处理的效率、传输存储的效率，成为推动整个人类社会发展的基础性力量。

在摩尔定律①的描述下，电子信息技术的发展用"日新月异"来形容毫不夸张。但是，值得注意的是，当下，无论是热火朝天的"工业 4.0"概念，还是"人工智能"等新兴技术，仍然以最基础的"二进制"为逻辑基础：以电子信号的"有信号"和"无信号"作为逻辑判断中"有"和"无"，或者"真"和"假"。这并不是逻辑或者科学的优选，而是电子信息领域工业技术水平的限制：表达一段同样的信息，二进制显然要比十进制或者十六进制效率低下，但长久以来，由于工业水平的局限，准确识别十种信号强度（对应"十进制"）甚至十六种信

---

① 虽名为"定律"，但它其实是由国际著名芯片制造企业英特尔（Inter）公司的创始人戈登·摩尔（Gordon Moore）提出的，用来预测信息技术发展进步速度的假设：当价格不变时，集成电路上可容纳的元器件的数目，约每隔 18~24 个月便会增加 1 倍，性能也将提升 1 倍。该假设最早提出于 1965 年，后经过多次修订。该假设提出至今已逾 50 年，仍然较好地契合了电子信息技术产业发展的事实。未来，该"定律"是否仍能印证事实的发展，难以断言。但是，该"定律"作为对电子信息领域相关技术水平发展事实的总结，仍然可以清楚地体现出该领域发展速度之迅速、技术更新之迅速。

号强度(对应"十六进制")的准确率始终无法达到令人满意的效果。这种技术局限，以及老旧的逻辑基础(二进制)，与时刻推陈出新的现代技术应用形成了鲜明的对比。虽然整体而言，电子信息技术的逻辑基础和技术基础并无革命性的突破，但芯片水平和性能的进步却是实际存在着的。数据信息存储、传输与运算方面日积月累的"量变"，终究会产生应用层面的"质变"，并且成为足以再次改变整个社会面貌的力量。在这一过程中，"大数据"技术的发展与应用，发挥着关键性的作用：大数据相关技术的应用与成熟，体现为现代信息技术的"智能"，将直接关系到社会生产力水平和管理效率的高低，足以改变整个社会管理、经济和日常生活的基本面貌。而以大数据技术为视角，观察大数据技术所带来的社会影响，分析其背后的数据信息利益的分配方式，并以此为基础而构建的相关法律制度，在全社会范围内具有全局性和基础性的意义。从这个意义上看，将当下以及可预期的未来信息化时代称之为"大数据时代"亦不为过，法律制度应当有所应对。

一、"大数据"的技术本源与现实观照

(一)"大数据"的概念与内涵

"大数据"(big data)这一表述首次出现于美国学者阿尔温·托夫勒(Alvin Toffler)所著的《第三次浪潮》中。① 一般而言，大数据被定义为"代表着人类认知过程的进步"，它所表现出的数据集的规模是无法在可容忍的时间内用目前的技术、方法和理论去获取、管理、处理的数据。② 鉴于大数据技术以及相关应用在当今社会"信息化"浪潮中所展现出来的突出的进步性，我国"十三五"规划中明确提出了"国家大数据战略"，并于 2015 年 9 月由中央政府发布了《促进大数据发展行动纲要》(以下简称《行动纲要》)，促进我国大数据技术以及相关应用的发展。与之对应的，大数据技术以及相关应用在我国亦蓬勃发展，孕育了庞大的市场，各地各类的"大数据交易所"或"数据交易中心"也如

---

① ［美］阿尔温·托夫勒：《第三次浪潮》，黄明坚译，中信出版社 2006 版，第 67 页。

② Graham-Rowed, Goldston D, Doctorow C, et al. Big data: science in the petabyte era. Nature, 2008, 455(7209), pp. 8-9.

雨后春笋一般地出现。

《科学》(*Science*)杂志曾经出版的专刊中，大数据被定义为"代表着人类认知过程的进步"①。我国《行动纲要》所指向的"大数据"，是我国现代信息化进程中产生的和可被利用的海量数据集合的代表，是当代信息社会的数据资源的创新性应用模式，既包括互联网数据，也包括政府数据和行业数据，具有重要的经济和社会价值。② 而数据作为"原始资料，其共享有利于政府部门的精准、高效决策，有效地配置公共资源、节约成本，实现最优的社会效益"，③ 也从大数据功能和应用的角度，对这一创新性的信息化系统进行了阐释。事实上，在"行动纲要"中，大数据同样采用了这种广义的界定方法，以摆脱对电子信息技术细节的限制。

因此，大数据既是一类呈现数据容量大、增长速度快、数据类别多、价值密度低等特征的数据集，也是一项能够对数量巨大、来源分散、格式多样的数据进行采集、存储和关联性分析的新一代信息系统架构和技术；更代表了一种新的社会生产方式——大数据模式，并表现为帮助人们从信息社会海量数据中发现新知识、创造新价值、提升新能力、形成新业态的强大生产力。这种创新性的生产力是如此的重要，以至于大数据以及相关应用足以改变整个社会的面貌，并且成为相关市场竞争与社会创新活动中的重要因素。

然而，在这一片繁盛背后，却始终伴随着一系列疑问：现有的法律制度是不是能够充分地应对大数据所带来的社会变革，相关对象以及衍生产物的权属、交易或者其他方式的利用是否能够摆脱"野蛮生长"的阴影而被纳入法制的框架内。在理论层面上，"大数据"作为一项现代电子信息技术的复杂对象，究竟是当中的哪一部分使其足以产生如此重大的社会影响，这一部分对象在法律上应当如何定性，法律定性的结果会怎样影响到制度路径的选择；在制度构建对策层面上，如何才能使相关制度的发展完善更具有可操作性，并且全面、合理地平衡各方面的社会利益，并化解技术进步可能引发的社会风险。对这些基础性理论和现实问题的提炼、分析与解答，正是法律对其予以关注和应对的

---

① Graham-Rowed, Goldston D, Doctorow C, et al. Big data: science in the petabyte era. Nature, 2008, 455(7209), pp.8-9.

② 黄如花、苗森：《中国政府开放数据的安全保护对策》，载《电子政务》2017年第5期。

③ 焦海洋：《中国政府开放共享的正当性分析》，载《电子政务》2017年第5期。

意义所在。

（二）国家规划层面的"大数据战略"与制度目标

2012 年，美国奥巴马政府在白宫网站上发布了《大数据研究和发展倡议》，旨在提升利用大量复杂数据集合获取知识和洞见的能力，形成了包括联邦政府多个部门和机构的多项研究计划，将大数据的研究和应用列为国家目标，并在世界范围内掀起了对大数据本身和相关应用前景的研究浪潮。2015 年 7 月，美国颁布的第三份《开放政府国家行动计划》要求，"要加强联邦政府与创新者之间的合作，开发出更多的高价值数据集和可视化工具，满足公众的需要"①。而鉴于大数据技术内在的进步性、广泛的外部应用和技术背后"数据开放"理念对于 21 世纪国家发展乃至国际竞争的重要意义，我国也适时地颁布了基于自身国情和发展态势的大数据战略：2015 年 8 月 19 日，由国务院总理李克强主持召开国务院常务会议，颁布实施了我国《关于促进大数据发展的行动纲要》。

"大数据"的应用与发展在全社会范围内取得了令人瞩目的成绩，其独特的数据信息处理方式和效率优势，也引起了高度的关注，乃至于被写入了我国"十三五"规划，成为我国国家发展战略层面所关注的对象。与此同时，我国中央政府颁布实施的《行动纲要》也明确指出大数据是为"推动经济转型发展的新动力、重塑国家竞争优势的新机遇、提升政府治理能力的新途径"②。

《行动纲要》是我国国家大数据战略中"顶层设计"的内容，规定了相关技术发展、应用以及产业化等方面的宏观目标以及基本制度框架。在这当中，明确指出大数据成为"推动经济转型发展的新动力、重塑国家竞争优势的新机遇、提升政府治理能力的新途径"③。《行动纲要》的这一要求，实质上是要求我国社会在创新活动方面有所突破，扭转长期以来我国科技创新落后于世界先进国家和地区的不利局面。而《行动纲要》将大数据称之为"新机遇"，则是为

---

① Graham-Rowed，Goldston D，Doctorow C，et al. Big data：science in the petabyte era. Nature，2008，455（7209），pp. 8-9.

② 参见中华人民共和国国务院《关于促进大数据发展的行动纲要》（国发〔2015〕50 号），2015 年 9 月 5 日，第一章"发展形势和重要意义"部分。

③ 参见中华人民共和国国务院《关于促进大数据发展的行动纲要》（国发〔2015〕50 号），2015 年 9 月 5 日，第一章"发展形势和重要意义"部分。

如何实现这一目标指明了方向——科学技术的发展需要长期的积累，而近代以来我国长期积贫积弱，最缺乏的就是"积累"。而大数据技术以及相关应用的出现和发展，使得我国在社会创新活动迎来了一个宝贵的、没有"历史包袱"的机遇期。如何把握这个难得的机遇，为之构建合理有效的制度保障体系，当属重中之重。

（三）市场经营层面的数据信息应用与交易

在《行动纲要》中，明确列举了"引导培育大数据交易市场，开展面向应用的数据交易市场试点，探索开展大数据衍生产品交易，鼓励产业链各环节市场主体进行数据交换和交易，促进数据资源流通，建立健全数据资源交易机制和定价机制，规范交易行为"的发展任务目标。① 在这样的背景下，"大数据"已经从实验室走向了社会现实，并成为一种时代特征：它以数据信息的广泛搜集和深度应用为基础，从中产生出重大的社会和经济利益，并成为推动社会发展的关键力量。在这一时代特征之下，"数据信息"不再是电子信息技术领域的某种技术对象，而会成为重要的生产要素。

然而，大数据的交易行为实质上也处于缺乏制度依据的状态下，相关研究几为空白。2014 年，我国贵阳市成立了全国第一家以"大数据"命名的交易所，体现了我国从顶层设计到具体实施层面对"大数据"这一对象的正确认识：至少，将"大数据"视作了一种值得专门对待的独立的对象，而非某种混同于其他知识产品的中间成果或抽象的理念。然而，相关监管政策却只有区区两条：国发办〔2012〕37 号文件《国务院办公厅关于清理整顿各类交易场所的实施意见》、国发办〔2011〕38 号文件《国务院关于清理整顿各类交易场所切实防范金融风险的决定》。大数据作为信息技术领域的新事物，从形态上作为一种无体对象，使其难以被物权制度所规制；知识产权法定原则又使得知识产权法无法迅速地对这种无体之物作出制度安排，"交易"活动缺乏监管和制度安排。

现实中，"实践"已经走在了"理论"的前面：一方面，"实践"急切地盼望法律能够对数据、信息交易过程中的交易对象、各类主体身份加以确定，并且合理地分配信息技术发展所带来的利益。具体而言，冠以"大数据"之名的交

---

① 参见中华人民共和国国务院《关于促进大数据发展的行动纲要》（国发〔2015〕50号），2015 年 9 月 5 日，第四章第三节"健全市场发展机制"部分内容。

易场所的名称与身份，应有法定的门槛，也应与相对传统的"数据交易"或"信息交易"相区分，彼此在数据信息来源、应用等方面有着巨大差异，不应被混淆；在大数据信息交易中，交易的对象是独立、可流转、且主要具有财产权属性的"大数据信息"而非其他；明确规定各类参与交易的主体，包括交易合同中的"买方""卖方"以及交易场所或中介等合同主体的身份、权利以及利益分配。更重要的是，除了交易环节中的主体之外，广义上来讲，现代社会的每一个个体都会成为大数据系统数据信息的来源，他们的利益也应在以"大数据"为基础的信息社会经济活动中有所体现和保障。另一方面，也需要对相关交易活动行为进行类型化分析。数据、信息的"交易"看似简单，实则十分复杂。对各类交易行为的类型化可以大致归纳为数据、信息所有权的转让，以数据、信息为对象的许可使用以及信息化服务等多种方式。而交易行为也因为数据、信息本身的电子化形态而具有高度的特殊性和复杂性。对"交易"行为的类型化分析和法律定性，既是平衡各方利益的重要参考，也是保障数据信息利用的重要内容。

（四）社会公平层面的信息利益分配

当下，无论是有意还是无意，现行法律对大数据相关利益的考虑总是盘桓于"交易"或"许可"相关主体之间，而忽视了作为信息来源的"人"的利益，而这，则是掌握有数据信息优势企业直接或间接的不合理利益来源，亦是其实施垄断或不正当竞争行为的原动力。在根源上，法律对这份利益的保障，也是对大数据所蕴含的潜在竞争风险①的极大消减。此时，法律应当确认和保障作为数据信息来源主体的"个人"有权从相关信息的流转、交易和被不确定主体的灵活应用中获益。然而，在现实中，即便是相比于大数据"传统"得多的互联网领域，基于"通知—授权"行为模式的个人获利模式也往往面临着"信息载体和处理环节的虚拟化"的困境：信息的流动和使用因为互联网平台的虚拟性而脱离了相关个人的掌控。而在大数据环境下，这一现象会进一步加剧：大数据语境下的信息个体要比直接与个人具体某方面相关的信息单元细碎得多，单个或少量的"数字化的客观事实"作为个人相关信息被拆分、整合的结果，即便

---

① 即围绕"数据信息"而展开的市场竞争活动中的不正当竞争风险和垄断风险。前者与市场秩序直接相关，而后者的影响则会超出相关市场本身范畴，成为影响整个社会信息利益合理分配乃至社会公平的重要因素。

被显示于个人面前，也不会被其所识别或者掌控。从宏观层面看，大数据技术以及相关应用所对应的广泛的信息收集、数据整理和经由人为选择的信息输出正蚕食着世界文化的多样性；而从微观的层面看，与个人相关联的信息也被进一步地整理和重组，成为统计学上的概率或现象，而失去了个人色彩。此时，人们掌握自身相关信息的"第一次被获取"以及相应的利益分配已属不易，想对相关信息在漫长的整合、分析和利用中获取确定的利益，更为困难，甚至于只能流于理想而没有实现的可能。对于这种情况，传统的利益分配方式虽然仍具有理论上的合理性，但基本上失去了实施的可能性，而只能以"信息共享"为指引，通过自由地获取、使用社会上的大数据信息资源的方式获得利益，并以此解决自身信息被"无偿利用"所带来的公平问题，亦从根源上化解大数据技术和应用背后蕴含的竞争风险。

事实上，"信息共享"这一表述也并非首次出现于法学研究或立法的视野中，在相当多的国家或地区已成为成文法，如英国、美国等国均颁布实施了本国有关信息开放、共享乃至自由流动的法律规定。从内容上看，这些信息开放或共享相关的立法主要关注的对象是特定且有限的信息：政府信息、公共信息等，强调这些信息的公开对于社会治理的现代化和透明化的重要意义，可以视作是现代政治进步的体现。而在另外的场合，"信息共享"也常常与个人表达的自由、个人信息安全、人身安全以及隐私保护等利益相关联。对于"信息共享"这一语词，法学研究或立法的着眼点往往在于"共享"二字，而将"信息"视作为某种限制或具体的领域范围。不可否认，"共享"二字本身即带有较强烈的个人权利与公共权力相抗衡的色彩，在法学视角下，往往也被应用于保障个人基本权利或限制公权力的场合，相对于具有私权属性知识产权客体而言，显得有些"大"。但是，在另一方面，相比于"开放""共享"等称谓，"共享"也代表了更抽象、更高层面和更宏大视野下的无拘束和更广泛意义上的信息的自由流通。从这个意义上讲，大数据语境下的"信息共享"是一种相对于公共信息、个人信息、公权力以及人权相关信息而言更为广阔的理论：从它包括有前述的种种信息，也包括了公开、传播、使用和共享在内的多种行为模式。而且，这些信息的"共享"具有更具体的含义——在理想的状态下，社会中越多的信息进入"共享"的范畴之中，社会整体利益的增值也就越显著，而在经济利益之外，人类社会整体的发展和文明水平也将获得长足的进步。反之，"信息共享"的缺失，将会给整个人类社会的发展带来阻碍，既包括知识产权制度与社会发展现状(以及未来)的脱节，也包括对社会创新、竞争利益乃至个人福祉和自由的损害。因此，作为对大数据财产性权益承认以及知识产权化"另一面"的"信息共享"的提出与强调，是对这一现有语词的全新阐述，并以之为理论基础，为相关制度的构建提供支撑与指引——无论是对大数据相关权利人身份的确认、对数据信息支配的限制还是对大数据信息应用过程中瑕疵利益以及法律责任的排除上，都应以大数据时代下数据信息的更加广泛、深度的共享和更广泛社会主体的参与为手段和目标。

二、"大数据"的技术影响：数据安全、市场竞争与社会创新

(一) 应用层面的现实问题：数据信息相关交易活动的安全与稳定

2014 年 3 月，"大数据"这一表述首次出现在我国中央政府的《政府工作报告》中。我国于 2014 年 12 月 31 日，在贵州省贵阳市建立起了国家级大数据产业发展聚集区、成立了我国首个"大数据交易所"，承担包括"大数据资产"的交易为主的多方面相关功能。结合各类数据交易所的成立以及我国系列纲领性文件的出台，体现出我国从顶层设计到社会应用各领域对"大数据"的重视，也体现了中央和地方政府对于"大数据时代"的准确把握：至少，将"数据"视作了一种值得专门对待的独立的对象，而非某种混同于其他知识产品的中间成果或抽象的理念。然而，我国数据交易领域中仍然存在一些问题，亟待解决。

实践操作视角下，体现为相关交易活动缺乏清晰、完整的法律框架。具体于相关法律、法规的配套方面，只有贵阳大数据交易所网站上曾经出现过两条"法律法规"相关内容：国发办〔2012〕37 号文件《国务院办公厅关于清理整顿各类交易场所的实施意见》；国发办〔2011〕38 号文件《国务院关于清理整顿各类交易场所切实防范金融风险的决定》。称其为"曾经"，是因为这仅有的两条法规也在该所新改版的页面中"消失"了，取而代之的是对交易对象、交易监管和交易效果的良好祝愿或预期，而没有更进一步的实质性内容。其余的交易所状况亦十分类似。如此贫乏的制度供给，显然无法适应社会现实的需求，即便对走在大数据领域实践前沿的贵阳大数据交易所而言，如何区分大数据时代下的"数据信息"与相对传统"数据库"就是一个尚未解决的问题，而其所声称的"彻底解决了数据如何保护隐私及数据所有权的问题"也不过是在沙滩上构

建的城堡，经不起日新月异的数据应用技术的挑战。

在理论视角下，则体现为现有法律制度对"大数据时代"和"数据信息"这类新兴事物的不适应：现有的知识产权制度、物权制度乃至于竞争制度往往难以充分发挥作用——"数据信息"作为一种无体对象，难以被现行物权制度所规制；知识产权法定原则以及创设新型知识产权客体的长期博弈，又使得知识产权法律体系无法迅速地对这种无体之物加以回应；而竞争制度相关立法、执法在稳定性上又有天然的劣势，难以对数据交易活动进行全面、统一的规定。

面对现实中如火如荼的数据交易和雨后春笋般出现的各种"大数据交易所"，当下，对相关交易缺乏明确法律定性和规则框架的问题就更为凸显，确定客体范畴、认定数据相关主体身份，以及如何通过法律制度明确相关行为等基本问题亟待解决。

(二) 市场发展中的风险：大数据对市场竞争的影响

1. 大数据对市场环境的基础性改变

与传统市场①的结合，是大数据技术和相关应用促进经济繁荣、社会发展的主要途径之一。相比于"大数据"这一概念诞生之前的互联网应用和电子商务，互联网技术发展所带来的变革之处在于，它让更多的人更频繁地连入互联网，开拓出广泛的市场并通过互联网引导网络用户产生消费。值得注意的是，笔者对"互联网技术的发展"始终秉承严格的判断依据：只要相关软、硬件技术没有突破"计算机联网"或"二进制"等基本模式，那么无论是"互联网""云计算"乃至当下炙手可热的"互联网+"都没有产生本质的进步，区别仅在于网络连接速度更快、覆盖面更广、相关使用和运行成本更低而已。换言之，笔者判断，从技术角度看，"大数据"技术及相关应用真正成熟之前互联网技术的发展仍处在"量变阶段"。从这个意义上讲，大数据环境下的交易还是原来的交易②，但交易的渠道发生了改变：互联网平台取代了传统的交易网络，能发生交易的市场则产生了爆炸式的增长。虽然在事实上，无论互联网技术有多么普及，在可以预见到的将来，它都不可能覆盖到100%的人群或完全地取代传统的交易方式。因为，实体交易网络的一些功能是网络信息技术无法替代的。

---

① 既包括传统的、未与互联网相融合的产业所处的市场，也包括传统的单边市场。

② 即便在大数据环境下，各领域或市场中基本的交易规则、评价交易质量的标准和条件等并不会产生大的变化。

但从完成交易的数量角度来看，网络平台可以联络到的经营者和消费者数量远远超过传统销售网络，理论上，前者单位时间内可以达成的交易数量也远超后者。

此时，在全社会范围内，大数据技术将市场划分为了两个层次。在较低层次中，市场交易与竞争仍保留着长期形成的规则与方式，经营者之间比拼高质量的产品或服务，或以更低廉的价格吸引消费者。从信息化社会拥有更高效率特点的角度看，这种传统的市场竞争愈发地激烈和残酷。这是因为，信息对于交易主体高度透明且可以充分、自由流动，使得不同经营者之间的对比更为频繁、差异也难以遮掩，而消费者选择交易对象的成本近乎于零。由此产生的结果就是，有竞争关系的经营者之间细微的差异，在网络外部性的作用下，将会导致截然不同的竞争后果——强者赢得所有，而弱者则近乎难以生存。这与一般认识中的市场竞争有所区别：在传统的市场竞争格局中，经营者之间的竞争力差异也会影响到其经营状况，但即便是较弱的一方，也可以利用交易信息传递的有限性或消费者选择交易对象的成本考虑而获得一定的交易机会。而在互联网环境下，交易信息前所未有地充足，而消费者获取交易对象信息的成本近乎于零，赢得更多消费者的一方会加速地争取到更多的消费者及交易机会，失利的一方则处于加速衰弱的处境中。再加上电子商务中网络外部性的作用，除非竞争力得到显著的提高(如追加投资后显著地降低价格，或在产品、服务质量上产生飞跃)，这种竞争劣势更难以被扭转。而在这一层次之上，大数据因其市场竞争中关键因素以及基础设施地位，促成了相关市场中互联网平台的竞争。相比于传统市场，互联网平台之间的竞争更为激烈。在大数据环境下，网络外部性始终是影响经营者市场地位的重要因素，它使得平台对用户的争夺趋于白热化：用户①除了作为消费者为经营者带来利润之外，本身还会成为其获得更多交易机会的竞争力来源。与此同时，网络外部性对于互联网平台竞争的影响更甚于对传统产业，因为前者有着近乎无限的经营范围和交易可能性，而更重要的是，在网络平台层面上，消费者更换交易对象的成本是高昂的。因此，在产品或服务质量差别不悬殊的情形下，某一领域交易的达成与否将直接

---

① 对于互联网而言，"用户"包括一切使用该网络平台的人，既有可能是消费者(付费或免费)，也有可能只是单纯的信息浏览者，而在 Web2.0 层面上，用户同时还是网络平台的建设者。此问题较为复杂且非本章讨论重点，故仅为表述准确和方便起见，本章从语词上区分"用户"和"消费者"，但不对二者关系和精准范畴作进一步辨析。

取决于用户的消费习惯。网络平台每争取到一个用户，都可以被看做对该用户消费习惯的培养，也意味着对交易机会的获取、对利润的获取以及对自身竞争力的提高。在这种情况下，对经营者而言，甚至于价格都会成为不敏感的因素：为了培育市场、争取用户，网络平台之间的竞争往往伴随着对消费者的折扣或补贴。若单从经济角度看，这些补贴行为往往可以被判断为是"不经济"的。市场经营者此类"不经济"的行为，可能会给消费者带来好处（以低于成本的价格获得产品或服务），长期来看，也可能损害消费者利益（可参考我国反垄断法中"垄断低价"相关内容）。此时，竞争的经济成本与激烈程度将远超大数据时代之前，因此，法律在做出判断时，还应从尽可能多的角度进行考察。

值得注意的是，虽然两个层次的市场竞争的市场竞争中都有"大数据"发挥作用的因素，但"大数据"发挥作用的方式却是不一样的。在较低层次的常规的市场经营、竞争活动中，不同经营者之间的竞争活动所追求的不再是短期的营业收入或者利润，而是数据信息方面的竞争优势，谁掌握了这一优势，谁就自然而然地"主宰"了这一层次的市场。从这个意义上讲，它是"大数据"的"前期准备"。或者说，已经掌握了"大数据优势"的市场经营者不必再将主要精力投放于这一层面的市场竞争。而在较高层次的"平台竞争"上，则更多地体现出"应用大数据来进行市场竞争"的因素。因此，从大数据对市场环境的整体影响角度考察，"大数据"在相当大的程度上成为较低层次的常规市场的基础设施，甚至成为市场本身。而在较高层次的"平台竞争"中，"大数据"，或者更为具象化的"数据信息"成为各方市场经营者关注和争夺、足以决定市场竞争结果的关键性因素。

大数据技术及相关应用在现代社会中充分展示其进步性的同时，也带来了全社会范围内竞争环境的改变："数据信息"成为相关市场竞争的关键因素，甚至在一定程度上成为相关市场的基础设施。与此同时，也提示着竞争相关的风险。解决这些风险或疑难，是法律制度发展与完善的出发点与动因。总体而言，可将其归纳为因激烈竞争而引发的过度竞争和自由竞争发展到一定阶段后的排除、妨碍竞争两方面。此外，由于大数据等信息技术和相关主体的虚拟性，也对市场规章制度提出了新的要求。

2. 日趋严重的不正当竞争风险

现代信息网络的广泛覆盖，意味着全国统一大市场的形成，并带来更激烈的市场竞争，喻示着相关经营者对交易机会的争夺会更加激烈。市场竞争是相关市场健康发展的前提，当竞争过于激烈时，往往也伴随着违反相关法律法规、侵害其他经营者及消费者利益的行为。在大数据环境下，不正当竞争行为所造成的不利后果和影响范围也得到了强化和扩展，并带有高度的复杂性。

首先，大数据环境下的不正当竞争行为更具有隐蔽性。互联网是一种相对虚拟的沟通媒介，期间所流动的信息的真实性对于每个网络节点乃至于整个网络而言都有着重要的意义。虽然在传统市场竞争中，虚假信息早已存在，但其传播终究会受到媒介客观属性的限制。而在大数据环境下，交易有关的信息可以自由、充分地流动，给市场带来效率优势的同时，也产生了负面的效应：以互联网为媒介的信息流动，使得虚假信息更容易被传播，也更难以被识别。此外，由于交易相关主体之间往往并无密切的人身联系，也使得彼此之间的信息交换呈现出一种间接化的特征，在提升交易效率的同时也威胁着交易安全。其次，大数据环境下的不正当竞争行为的认定更为困难。我国反不正当竞争法中以列举的方式对一系列典型的不正当竞争行为进行了界定，通过一般性条款覆盖尽可能多的不正当竞争行为。然而，当传统行业与互联网相结合后，相关主体的行为模式便具备了更多的复杂性，为认定其法律性质带来了难度。其中，最大的冲击来源于传统产业对利润的追求和对互联网"免费文化"的融合。值得注意的是，此处的"免费"应取狭义，即不支付金钱。事实上，互联网中的消费者虽然免费地接受大部分的服务，但并非无需支付任何对价。而互联网中的"免费文化"还有另一层含义，即"Free Culture"，体现为对知识、信息等无体财产的自由共享（不与知识产权制度相冲突，或对知识产权制度进行修改的前提下）。① 传统市场竞争中，产品或服务的价格一直都是判断经营者行为动机、后果和法律性质的关键因素。可是，大数据所带来的新的经营模式或开拓出来的新的市场之所以能够吸引大量的新用户并产生显著的经济效益，与互联网相关产业天然的"免费文化"是分不开的。在这种情形下，相关经营者的行为是否会因"免费"或"有利于消费者"而免于反不正当竞争法的规制，则应综合考虑法律、经济、伦理、道德等多方面的因素，为立法、执法提出了更高的要求。再次，大数据环境下的消费者利益面临更多威胁。除了因互联网虚拟性所带来的交易风险外，消费者的利益还面临着信息安全方面的威胁。相比于市场经营者所掌握的技术秘密或商业秘密，消费者的个人信息往往成为主要的侵犯对象。在传统市场中，交易主体在交易的各个环节处于一种直接或间接的"一对一"的关系中。如消费者面对销售者、销售者面对物流运输者，或是直接面对生产厂家。在这样的商务活动中，各方主体身份明确，所涉及的个人信

---

① ［美］劳伦斯·莱斯格：《免费文化》，王师译，中信出版社2009年版，第4页。

息仅在特定的主体之间传递，而且信息传递的主体之间往往有着相对密切的联系。① 而在大数据环境下，由于各交易主体之间并无直接或是面对面的联系，为保证交易的正常进行，就必然要求各交易主体之间传递的信息更为完整、详细。而且，即便相关信息被施以了一定程度的"匿名化处理"，大数据应用也因其独特的"预测"能力而足以对敏感信息进行"推导"或"还原"。因此，一方面基于传统商务关系中各主体相对密切的联系，另一方面基于电子商务中传递信息的完整性，都使得大数据环境下的市场经营行为所涉及的信息更为敏感、重要，且使得信息更容易面临被信息持有者不谨慎对待的风险。

在此情形下，大数据环境下的网络平台也具有通过不合理的信息使用行为获益的动机和可能性。具体而言，网络平台作为交易的载体，集合了在该平台上所有产生、传递的信息，其所掌握的相关信息数量最多。从数据信息种类上看，网络平台所掌握的消费者个人信息涵盖了消费者身份信息、金融信息和操作信息，与传统市场中的经营者相比也更为全面。在技术层面上，网络平台可以在消费者毫不知情的情况下，对收集到的零散的个人信息进行整理、分析，将其转变为类似于"档案"式的文件，一方面可以精确地指向具体消费者个人②，另一方面也可以据此对消费者的消费能力和消费需求进行分析判断。③网络平台或以此类信息为依据向消费者推销自身的服务或产品，或将信息出售给某些具体的卖家或是营销类企业牟利，也可能将其作为吸引用户的手段加以利用。不可否认，在这些信息的指引下，信息使用者有针对性的推销会满足部分消费者的需求，在一定范围之内具有积极意义。但考虑到购买个人信息的经营者商业道德、守法自律水平的低下和对消费者的重复推销，这样的行为对于消费者利益而言是弊大于利的。这类违法行为还因为互联网技术上的层层嵌套，往往被覆盖在合法的表象④之下，无形中增加了消费者发现侵权行为和维权的难度。而且，以购买个人信息来推销产品或服务的行为，也会使得诚信合法的经营者在竞争中处于劣势，扰乱正常的市场秩序。

---

① 齐爱民：《个人信息保护法研究》，载《河北法学》2008 年第 4 期。

② 如通过消费者留下的联系人姓名、联系方式、商品邮寄地址等信息。

③ 如通过消费者的消费记录，获得有关商品种类、数量、价格等信息。

④ 从技术角度看，互联网是分成多个层次的，不同的技术标准也有不同的认识，如五层分层或七层分层等，如应用层、传输层、网络层、链路层等等。网络技术不是本章所讨论的重点，但值得指出的是，分层的目的在于将复杂的网络传输、交流、应用等问题简单化，也使大量的技术或数据信息细节被掩埋在低层次中。

3. 日益凸显的数据信息垄断风险

一方面，大数据可能引发的垄断具有一定的合理性，使相关法律规制活动面临着理论上的困难。以电子化形式搜集、传输或者存储的数据信息并不会天然地存在于社会之中，也不会自动地集中到某一主体手中。换言之，大数据的形成与应用，依赖于特定主体的资金、设施等硬件投资以及管理、运营以及人员、聪明才智等软件投入，天然地为大数据等知识产品的归属指明了对象。与自然竞争产生垄断的逻辑路径相类似，过多地强调大数据的私属性会产生数据信息的垄断风险。然而，鉴于大数据对市场竞争乃至社会发展趋势的重大影响，法律理应有所应对。而相关法律如何对掌握有大数据的主体施加合理的限制，或以通过某种利益交换的方式抑制可能的垄断风险以及不利影响，尚需要深入、具体、有针对性的法学研究加以指引。

另一方面，大数据可能引发的垄断具有较强的隐蔽性和迷惑性，也为相关执法活动带来了新的挑战。网络平台间的竞争趋于无序化，并以"平台化"及技术标准等种种理由达成排除竞争的目的。掌控网络平台的市场经营者，在大数据背景下的市场经济活动中占据着中心的位置，对于运行于其平台上的其他市场主体而言，拥有着近乎自然垄断的控制能力。在我国竞争法律制度的规范下，明显的垄断行为如歧视交易对象、拒绝交易等行为容易受到法律惩处，但以信息技术手段为理由固定用户、控制交易对象、排斥竞争的行为则十分隐蔽，且难以判断：平台化可以带来规模效应，往往有利于向消费者提供系统化的服务、扩大市场容量，必要的技术标准也有助于降低交易成本，因此带有进步意义，不应被"一刀切"式地禁绝。但是，在"平台化"的封装之下，究竟如何判断哪些行为体现了相关经营者阻碍竞争的目的，以及产业规模化与充分竞争所带来的利益之间的平衡问题，仍然为反垄断相关执法活动带来了新的挑战。具体而言，从限制竞争的角度看，掌握有数据信息优势的主体（主要为企业）可以获得深远的、难以被撼动的竞争优势，甚至于可以在一定程度上脱离于传统意义上的市场竞争。而这种新型的竞争优势，是现有的反垄断法律制度所难以予以有效规制的：既面临着相关市场认定的困难，即便在当下和不远的未来，在大数据信息内容包罗万象的理想状态下（或发展成熟状态下），数据信息层面的优势地位仍然是一个难以认定的事实问题，而这两种则是反垄断法律制度发挥作用的前提，无法回避。此外，在特殊情况下，一旦发生掌握有数据信息优势地位经营者的集中，反垄断审查也无从发挥作用。试想，假若我国的腾讯公司、阿里巴巴公司和百度公司三家公司决定合并，前两者分别在即时通信领域和电子商务市场上具有优势市场地位，而后者在搜索引擎市场上占据了绝大多数的市场份额，电子商务、即时通信领域和搜索引擎领域所提供的服务内容完全不同，当前的反垄断审查制度也难有介入的余地。而具有如此规模、影响力和实力企业的合并，对于我国互联网相关产业的竞争态势而言，会带来何种影响是不言而喻的。

因此，可以看到，大数据可能引发的垄断风险，主要源于数据信息优势在可预见的将来具有决定相关经营者市场地位的重要作用，而且难以被现行的反垄断法律制度所直接识别、规制。从当下的社会发展现实和合理预期来看，数据信息方面的优势很可能会被掌握在少数企业手中，它们会凭借数据信息层面的优势地位，成为绝大多数细分相关市场中的竞争优胜者。更有甚者，经营者获得的竞争之外的利益可能会超过利润本身，并使其成为新的市场基础设施或类似于市场管理者的存在。而在这一过程中，非但反垄断法律制度难以发挥作用，竞争法中的另一组成部分——反不正当竞争法也面临着适用难题：在信息化社会中越来越强大的网络外部性作用下，具有数据信息优势地位的企业通过合法的宣传或经营活动就足以获得竞争优势或相关利益，在这样的利益对比下，典型的不正当竞争行为反倒因为法律威慑而不会成为他们的首要选择。虽然这样的后果是，相关行为不具有明显的违法性，消费者或者用户的利益也没有受到直接的损害，但市场竞争的态势却被完全地改变了，众多的中小经营者（甚至包括了其他不掌握数据信息优势的大企业）成为其不合理利益的来源，而这种不合理利益最终一定会体现在包括有大部分消费者或用户在内的每一个市场主体身上。

（三）更广泛领域的变革：大数据对社会创新的影响

1. 对社会创新活动的深层次改变
1）对社会创新"门槛"的极大降低
虽然创新一直都伴随着人类社会的产生和发展，但是，创新的主要模式长期以来都呈现出一种固定的形态，即"知识积累—专家创新"模式。具体而言，它主要是指，虽然在漫长的历史和纷繁的社会部门中，创新所体现出来的形态与产生契机的种类五花八门，但从整体而言，创新的产生总是依赖于某一领域或在某个具体技术问题上的专业人员的智力劳动而非其他。换言之，要想实现具有社会进步意义的创新，相关人员必须经历长期(需视具体应用领域的客观条件和发展态势而定)的知识积累，在掌握特定领域的必要知识后，通过高度专业性的智力活动，方能在现有知识体系中有所突破，或者利用现有的知识或资源，开拓出新的应用及市场。虽然在现实社会中，偶然的因素从来都不能被忽略，具体于"创新"的成果而言，偶然获得成果或取得经济成功的例子也并不鲜见，但相比于数量庞大的、广泛产生的"传统创新"而言，偶然的因素是不值得被社会体系专门予以关注的。这样的判断符合长期以来的客观事实：无论在世界上的哪个国家或地区，无论社会形态或发展状况有何差异，在对于青少年或专业技术人才的教育方面都遵循着基本类似的模式，强调基础知识和专业技能的累积，并将解决现有技术问题或开拓新领域的任务视作教育的高级阶段或目的。这样的创新模式符合"感性认识—理性认识"的逻辑规律，也在人类社会的发展和进步中展现出了巨大的力量，其合理性无需赘言，在可以预见的将来，也会长期成为社会创新的主要方式之一。但是，这一模式也处在缓慢但稳定的变化中。

一方面，知识积累的数量和水平随着相关技术领域的发展而提高，虽然提高的速度也许并不明显，但这一趋势不会改变。也即是说，随着时代的进步，人们创新的客观标准在提高，学习知识的难度和时间都在增加。① 从这个角度看，创新的难度是在逐步增长的。② 另一方面，被用于创新活动的工具也在不断地进步。在这当中，既包括了创新工具功能上的完善，也包括了使用难度的降低。对于前者，正如微积分工具的例子那样，在微积分工具诞生之前，人们可以精确地计算直线的长度、矩形或三角形面积，但对于曲线的长度、曲线围成图形的面积、外形不规则物品的体积等问题时，却面临着巨大的困难。微积分工具的诞生，使得精确、快速计算此类问题成为可能，但并不意味着微积分是一项容易掌握的技能——至少在相关知识体系中，它被列入高等数学范畴。而工具使用难度的降低，则显得更加直观且友好：20世纪80年代功能稍复杂

① 譬如说，微积分作为一种现代社会中广泛应用的数学工具，是英国科学家艾萨克·牛顿爵士的重要发明之一。在牛顿之前，可以说，任何一位数学家都没有系统地掌握这一知识。而在当今中国，从培养目标上看，任何一个理工科专业的本科毕业生都应该熟练地掌握相关原理和计算方法(虽然并不影响这门科学的困难程度)。

② 然而，令人遗憾的是，时至今日我国也未能诞生出研究成果对人类社会的影响足以媲美牛顿的科学家。

些的计算器已经可以计算开平方，乃至于计算积分数值了。

　　因此，可以说，创新工具的进步在不断降低着创新难度。而在某些领域，这种趋势已经体现出了足以令人惊异的影响：当电子计算机诞生之初、它仅仅是应用于军事领域的机密技术，当高级编程语言被开发出来后，受过专业培训的人员已经可以熟练地设计、制造出在全社会广泛使用的产品，而当软件开发工具的技术水平发展至今，相关领域的创新甚至已经体现出一些"傻瓜化"的端倪，原本需要专业人士辛勤工作数日的产品功能在今天却只需要一个略知操作规则的人轻点数次鼠标即可实现。① 当然，此处列举的例子主要针对的是电子信息领域（软件编程、鼠标操作计算机等），创新工具的进步虽然存在于社会每个部门或细节之处，但并不一定都能产生如此明显的积极影响。而且，值得注意的是，创新工具的进步对于全社会的影响也体现出一定的规律性：当某一产业或领域的生产力状态越趋近于劳动密集型时，这种影响的范围和程度就越小、越浅（但仍然存在）；而当某一产业或领域的生产力状态越趋近于技术密集型时，这种影响的范围和程度就越大、越深。在此情形下，从整体上看，随着电子化、信息化技术在全社会范围的应用越来越广泛和深入，社会的整体创新难度正在不断下降。② 而且，由于电子信息技术对社会硬件资源的需求显然低于传统产业③，人们进行创新活动的成本也在不断地下降。因此，虽然由于社会整体的进步和具体领域的发展，人们实现创新所需要积累的知识数量在不断地增长，但由于创新工具的进步，尤其是特定技术领域的发展，使得整体上的创新难度处于加速降低的状态中。

　　2）对社会创新利益的多元化诉求

　　时至今日，"创新"已经成为现代社会发展的最重要的推动力，以鼓励和保障"创新"为目的的现代知识产权制度的发展和完善，则关乎一个国家或地区参与全球竞争的能力。虽然"创新"具有如此重要的意义，但从原理上讲，"创新"行为的发生是十分细微和频繁的——人们对任何现有事物的改进，哪

---

　　① 此外，也可想象一下，在鼠标被发明之前，操作电子计算机是一项十分"高科技"的专业技能，甚至还带有一定的"神秘色彩"，而如今谁又会把对计算机的基本操作视作是高科技的代表或者是需要大量知识积累才能够做成的事情呢？

　　② 这也印证了现代社会创新数量、水平加速提升的客观事实。

　　③ 相对于钢铁冶金、矿产开发等资源密集型产业乃至现代制造业等高新技术产业而言都是如此。

怕改变多么微小、积极效果多么有限，都可以被视为创新。这与专利制度中的"创造性"有些类似：它仅要求对现有技术的"非显而易见"的改变，而非强调个别指标的突破性进步。① 但是，无论怎样定义"创新"，无论以怎样的标准衡量"创新"，大数据技术以及相关应用的发展，都会对现有的社会创新模式带来改变。而这，也将影响到"上层"知识产权制度的发展与变化。

　　具体于市场经济活动相关领域，大数据所引发的变革并非表面上的繁荣那么简单，而具有更深刻的含义、并隐含着一定的风险。从社会创新角度看，大数据技术的应用与普及，极大地扩展了创新的主体和创新的市场，具有显著的积极意义。尤其是伴随着相关技术的发展和应用而产生的"非专家模式"，使"创新活动"由专业的研发或研究成为普及于社会公众的日常行为，由此而为社会发展带来了巨大的活力。对此，带来相关市场的繁荣的同时，也带来了市场竞争领域的新状态：数据信息成为最重要的竞争因素之一，甚至具有市场基础设施的地位。从形式上看，大数据符合作为知识产权法客体的要求，具有区别于其他知识产权客体的独特价值，并且不应被归类于现有著作权客体。具体于制度层面，大数据作为一项独立于现有对象的新型知识产权客体，天然地追求数据信息的私有与数据格式化，不可避免地与知识产权制度的一些内在理念存在冲突，存在着风险的同时也存在着相互调和的可能。在这些利益、制度和理念层面的关联中，相关权利人对大数据信息内容和所产生的利益的支配，体现的是对大数据技术以及相关应用"效率"需求的满足，而社会公众对大数据信开放、共享的需求，体现的则是对社会公平以及健康发展利益的保障。平衡这两方价值冲突，是构建大数据知识产权制度的根本目标，也是设计相关权利、义务内容所围绕的中心。

2. 与知识产权制度的内在关联

　　"大数据"本身即是社会创新水平达到相当阶段的产物，并且会极大地促进社会创新水平的进一步提高。但是，这种逻辑上的因果关系并不会必然地使相关技术成果与社会效果自动成为现实，还需要针对性的制度完善或者制度构

---

　　① 而且，创新的效果——相关产品或服务"性能"的提升也是一个多元的概念，它可能表现为产品在某些方面性能提高但要付出其他方面性能下降的代价：如某飞行器飞行速度提升的背后可能意味着飞行距离下降、消耗燃料的增加等，那么对于它是否有属于创新（带有明显的褒义色彩），则不能武断地做出决定，而应从市场经济因素、多元化价值追求的选择等多个角度出发加以评判。

建来保障技术发展和应用处于正确的轨道。

知识产权是保障和促进社会创新活动最为关键的制度，在大数据时代中发挥着重要的作用。与此同时，大数据、知识产权与社会创新三者之间存在着天然的密切联系：传统知识产权理念、客体会受到大数据浪潮的影响，相关制度应有所判断和调整；大数据作为知识产品的集合，本身也有着获得知识产权确权、保护的制度需求。平衡大数据与知识产权制度的关系，对于确保社会创新的活跃，有着重要的意义。知识产权制度是现代国家制度体系中与社会创新活动联系最为密切的部分。长期以来，知识产权制度在对新型知识产品、新兴产业以及传统产业的新业态的确权、保护和平衡公共利益方面发挥着重要的作用，被誉为"为天才之火添加利益之油"。我国大数据技术以及相关应用的发展与完善，也同样离不开知识产权制度的保障。对此，在《国务院关于印发"十三五"国家战略性新兴产业发展规划的通知》中也明确指出：立法以及相关研究应"跟踪新技术、新业态、新模式发展创新，加强互联网、电子商务、大数据等领域知识产权保护规则研究，完善商业模式知识产权保护、商业秘密保护、实用艺术品外观设计专利保护等相关法律法规"。在我国种种高位阶规范性文件的指引下，可以发现，在宏观层面上，知识产权制度是我国实施大数据战略、鼓励和发展社会创新活动、实现经济转型与可持续增长的重要制度保障，应当引起相关研究的重视。而在微观层面或者在具体制度构建层面上，传统知识产权制度也面临着巨大的挑战：大数据技术以及相关应用本身蕴含有大量的智力劳动和知识产品，它们并未被纳入到现有的知识产权制度体系中；与此同时，传统的知识产权客体也面临着大数据技术以及应用的影响和冲击，往往也面临着新形态的纠纷和争议，需要知识产权制度与时俱进地创新与发展。

与此同时，"大数据"作为一种无形的知识产品，无论是在物质层面上还是在价值层面上，都与知识产权制度存在着多维度的联系。对于大数据这样足以产生深远社会影响的知识产品或技术架构，知识产权制度具有天然的优势：一方面，数据信息作为无体之物，其搜集、传播、使用等方面与现有的知识产权客体之间存在着诸多的相似之处，具有被知识产权制度所接纳的客观条件；另一方面，通过对知识产权制度的发展和完善，也具有平衡相关经营者经由其投资、劳动所获得的私益以及扩大社会公共利益。此外，知识产权作为现代社会最重要的竞争工具之一，也会受到竞争相关法律制度的影响。将大数据纳入知识产权保护体系之中，也为反垄断、反不正当竞争相关法律制度的介入留下了制度接口。

三、"大数据时代"的法律制度保障

(一) 保障"大数据"相关的交易安全

"大数据"是本书研究的对象和基本范畴,其所蕴含的显著的技术上的进步性和可能引发的巨大的社会影响力,是其成为法学研究所关注热点的重要理由。但回归"大数据"本身,它只是电子信息技术领域中的一个并不算稳定的概念——相关产业界并未对此得出统一的结论,而且,相关技术的发展变化也十分迅速,正实时地在事实层面不断修订"大数据"的概念。这为法学研究带来了难度,也提出了更高的要求——技术与相关应用正不断地影响着社会方方面面,其发展变化的速度并无减缓的趋势,若法学研究或者制度建设只是机械地等待技术或者技术所带来的变革"稳定"下来,安然地接受制度的"滞后性",技术变革所引发的潜在风险势必会演化为现实的危险,并带来高昂的社会成本。但是,通过对相关技术、产业的观察和理解,可以发现,法律制度并没有亦步亦趋地跟随大数据相关技术变革的必要和可能,对相关对象本质的认识与把握,足以形成具有科学性和前瞻性的价值判断和规则体系。大数据技术与应用纷繁复杂,但本质问题仍然是围绕"数据"或者"信息"的法律性质、权利归属、流转方式所展开。对这些略显抽象的理论问题的思考,可以为之后的制度设计奠定坚实的基础。

1. 对"数据信息"基本法律属性的确认

无论是在具体的产业中还是在法学研究中,"数据""信息"这些表述本身就是十分抽象的概念,牵涉领域更是涵盖了整个社会的方方面面。在不同的应用环境或者观察角度下,它们的内容、作用和产生的影响可能会有十分巨大的差异。因此,长期以来,虽然立法和法学研究为此做出了诸多的努力,但是,将"信息"这样一个抽象且覆盖面十分广泛的概念作为法学研究的对象,难度很大。尤其是在互联网环境下,它对数字文化商品(信息的一种表现形式)的归属、利用与流转等法律秩序的影响,以及它在文化产品领域对现有法律和秩序带来的挑战是复杂且深远的。[①]

从语义上讲,与"数据"最为密切相关的概念并不是"信息",而是"数值"

---

① Kirean Healy. Survey Article: Digital Technology and Cultural Goods. *The Journal of Political Philosophy*, 2002, Vol. 10, No. 4, pp. 478-500.

（number）。"数值"是人们日常生活中无处不在的"数字"，它在不同的语言环境下有不同的表现方式，也会因为不同的载体而呈现出不同的外观，但归根结底，它是一种存在于人的逻辑思维方式中的概念或观念，而非某种具体的对象。换言之，从价值角度衡量，数值是不具有任何法律意义上独占可能性的思维（计数）方法：虽然人们对"数值"或"数字"的认识和使用推动了整个人类社会由原始蒙昧到科学现代化的发展与变革，其在人类进化和社会进步方面的意义显著而重大，但它们作为思维、意识层面的逻辑规则，并不能成为任何有形或无形的对象，不可能被任何人或组织所支配、独占，也无法成为交易或流转的对象。因此，在法律制度层面和社会运行的物质层面上，"数值"或"数字"不具有任何价值。

"数据"的表现形式是"数值"：在日常计数中，它可能是十进制的数字；在描述星期日期时，它是七进制的数字；在电子信息技术的硬件层面上，任何"数据"的"值"又都表现为二进制的数字。虽然"数据"与"数值"在表象形式上高度统一，而且"数值"不具有制度层面和社会物质层面上的价值，但并不意味着"数据"也是这样。这是因为，在现实社会中，单纯的"数值"或"数字"并不是数据，而只有"数字"与"功能"相结合，才会形成严格意义上的"数据"。①从这个角度上看，"数据"不是天然产生的，它来源于"人"的活动，"数据"的背后都或多或少地凝聚着人的投资或人力劳动，至少也要体现出"人"的选择或编排。笼统地因为"数值"与信息时代下"数据"具有相同的外在形式而否定"数据"本身的价值②，至少是不够严谨的。

相比于"数据"，"信息"是一个更抽象和上位的概念。从表现形式而言，"数据"是"信息"多种表现形态之一，并且包含于后者之中："信息"包含有"数据"，也可能包含有数据之外的内容，如图表、图案或肢体动作等等。从内容而言，"信息"的范围也广于"数据"：即便在现代信息社会"一切皆可数字化"的发展态势下，无法或不适合被"数字化"的对象仍然是存在的，如人际关系、情绪表达等等。因此，从原初概念看，"数据"是"信息"的下位概念。然

---

① 譬如，某地某年月平均气温是 30 摄氏度，那么"30"作为"数值"并无任何价值，而当"30"则与该数据的功能——"某地某年月平均气温"相结合，它们才会形成一条完整的"数据"。

② "数据"的使用价值或者在某一具体领域的经济价值，已经在社会实践中得到了充分的展现，其存在与否的问题并无太大讨论价值。

而，在计算机、网络等现代信息科技背景中，"数据"与"信息"具有了等同的内涵：其实质都是基于二进制数字"0"和"1"的逻辑判断标记,① 而形式上都表现为存储、传输和应用于计算机网络的电子信号。若将该信号可视化为数字形式，则是一连串的"0/1"数字组成的字符串。虽然人们一般无法直接地阅读和理解这些完全由"0/1"数字组成的文档，但是，在电子信息视角下，这样的组合中，不同的数字段有着确定的功能和内容，将其简单地等同于"0/1"数字符号的集合，实际上是对电子信息技术的一种误解："数据""数字""数值""信息"本身的区别或许还可以被人们所认识和接受，然而这些概念一旦被统一于二进制数字的表现形式并且无法被人所阅读和理解，就笼统地将其视为逻辑符号的集合，并将其等同于"0/1"数字的集合，否定其蕴含的价值。事实上，虽然自然人不能识别和阅读这些"数字集合"，但在电子计算机的处理过程中，当中哪一部分是"数值"、哪一部分是"数值功能"，哪一部分叙述了怎样的"信息"，哪些是校验内容、哪些是数据信息的存储抵制等等都是十分清楚和有着严格界分的。由于这些物质层面的区分具有高度的专业性，会使得现实应用和传播层面对"数据""信息"以及构筑于其上的其他概念如个人信息、网络信息等内容的确定带来很大障碍。因此，在现代信息社会背景下，可以从相关对象所包含内容以及形态（电子形态——二进制数字形式）方面将数据、信息统一为"数据信息"这一表述。

而从社会生产的角度考察，大数据时代下，可以为社会生产、生活所利用的，以电子化形式搜集、传输和存储的数据信息并非自然存在于网络环境中的信息的集合体，它的产生与创造价值过程依赖于人的投资和智力劳动，具有获得法律承认与保护其私有属性的可能。与此同时，"数据信息"所包含的很多具体内容又可以被认为是对客观世界的数字化描述，它在相当大的程度上已经成为现代社会构建和发展的基础，故而也具有某种公共产品的属性，并在一定程度上排斥私有和独占。这两种冲突性的属性，进一步加强化了大数据时代下"数据信息"这一特定对象的复杂性，而法律制度对此问题的态度，将直接关

---

① 实际上是通过对电信号"有"和"无"的判断实现对逻辑规则"真"和"假"的模拟。从效率角度来讲，以"二进制"数字来实现电子信息领域的数据存储、处理和交换实际上是一种无奈的选择：相关硬件的技术水平决定了硬件只能清晰地识别电信号的"有"或"无"。若以更高效的"十进制"为例，那就需要硬件系统能够清晰、高效地识别电信号的十种不同状态，遗憾的是尚未能实现这种技术突破。

系到信息在社会公众与私人之间的流动方式，具有重要的意义。

因此，对应于"大数据"这一时代背景，可以为社会管理、生产和生活所利用的"信息"可以有更为具体和可操作的范畴——电子化形式存在的"数据信息"。此时，法律不需要纠结于"信息"这一抽象事物，而可以关注于"数据信息"，并以之为对象构建相关规则体系。

2. 对相关交易活动中交易客体的确认

1) 市场应用的理论前提："数据信息"主要体现的是财产权属性

数据信息具有抽象意义上的价值，即"数据信息"本身的存在就凝聚了马克思主义价值理论中的"抽象的社会必要劳动"。与此同时，它具有现实的经济价值，其本身可以被视为法律意义上的财产，会对社会经济利益的增长、社会管理效率的提升以及每个社会个体人身性权利的保障和相关利益的扩大带来积极作用。因此，虽然以数据信息为客体的权利带有财产权属性、公共利益属性和人身属性等多方面因素，但是，在一种较好平衡效率与公平的视角下，只要某一信息的取得方式不违法，那么法律就不应限制该信息的传播①，数据信息主要体现出财产权属性相关的权利也应以财产性权利为主。

首先，数据信息的产生、应用和发展主要是出于相关主体对经济利益的追求。数据信息并不是自然界中天然存在之物，而是人类投资、劳动的产物，其功能在于使人们可以从广泛联系的数据信息之中获取新的知识和灵感，并带来社会"效率"的提升。这种"效率"最主要的表现方式即为经济"效率"：它是相关市场经营者开拓新的市场需求、获取竞争利益的重要工具和手段，与此同时，相关市场经营者所获取的经济利益也是促进大数据技术以及相关应用进一步发展的主要动因。数据信息作为市场经营活动的产物，其所产生的经济价值和相关利益分配的变化也主要体现于市场经营、消费活动中，而对应于制度层面的权利义务也主要体现为市场经济活动相关的权利义务。

其次，数据信息虽然也具有公共权利属性，但不成为其法律属性的主要方面。数据信息的公共属性体现于它既可以被用于公共管理行为，也体现于其来源或权利主体中包含有大量的公共管理组织。对于前者而言，享有公共管理权力的部门利用包括大数据技术在内的各种信息化、网络化技术优化社会管理效率、提升管理水平，是现代社会对公共管理部门的内在要求，并不具备明显的

---

① Jeffrey Rosen. The right to be forgotten, Stanford Law Review Online, 2012, p. 64.

特殊性。而对于后者，则较为复杂。具体而言，从掌握有数据信息的主体身份角度看，中央以及各级地方政府、各种具有公共管理职能的社会组织是重要的信息来源和数据信息掌握者；从数据信息种类的完整性、可靠性角度看，各种公共部门所掌握的数据信息更符合"大数据"的基本特征和内在要求；而从数据信息种类和内容角度看，许多数据信息仅由公共部门所掌握。虽然从主体角度看，各级政府、各类公共管理组织掌握了大量的数据信息资源，而这些公共部门并非营利性组织，但是，如果仅从提高社会管理效率的角度出发，这些组织并没有将其所掌握的敏感（或高价值）数据信息公开或者提供给社会公众使用的积极性——最多做到不同部门之间的"信息联网"或"联合管理"，或者仅仅出于现代化管理的需要，将少量的行政决策信息或过程向社会公开。而且，这样的推断并不与当下各级政府、公共管理组织或主动或被动地公开其所掌握的数据信息这一客观事实相吻合。事实上，在数据信息开放、共享或投入市场经营的过程中，各类公共部门所掌握的数据信息的公开和交易往往走在各类私营主体的前面。这是因为，数据信息对于社会经济发展乃至社会创新的作用，是公共管理部门依照一定的程序和逻辑公开自身掌握数据信息的主要动因。换言之，对于社会整体利益而言，包括各级政府在内的各类公共管理部门所掌握的数据信息最主要的作用也在于满足社会整体的经济需求而非提升行政管理水平。具体于权利义务关系，即便是对于公共数据信息的开放，法律所关注的也更侧重于经济应用的角度：如何确保所开放信息真正适应社会发展的需求，以及如何确保数据信息被公平、适当地使用。因此，数据信息的公共权利属性实质上是一个传统的行政管理方面的问题——政府掌握的数据信息是否有向社会公众公开的必要，主要体现的是依法行政和政治文明方面的追求。无论数据信息的来源如何，"市场"语境下的数据信息的价值主要还是体现在社会经济活动中，并作为一种财产和财产性权利发挥作用。

再次，法律所确认的财产范畴并不是一成不变的，其仍处于发展与变化过程中，并且逐渐吸收了数字化的虚拟财产。这一特性，也对数据信息的"财产地位"保留了空间。"19世纪以来资本主义的发展，使得财产的形式和种类遽然增多，股权、债券、保险单、商标、专利、版权、特许权、商誉和营业资产等无形财产大量涌现，甚至如养老金、福利资助、补贴等政府授予的福利都已成为新的财产类型。"①财产范畴的历史变迁，可以从一定角度上明确财产的本

① 梅夏英、许可：《虚拟财产继承的理论与立法问题》，载《法学家》2013年第6期。

意：它实质是法律对特定历史时期社会财富的一种确认。而特定历史使其的社会财富形态是不固定的，因此，法律所确认的"财产"范畴也会随之变化。而且，随着"财产"的分散化、非物质化和专门化迫使人们放宽视野，摆脱"物"的束缚。"鉴于财产是所有权、债权和其他具有金钱价值权利的综合，无论将虚拟财产界定为物权、债权，还是知识产权或其他新型权利，均应在财产范畴之内。"①而此处的虚拟财产本质上也是电子化形态的数字信息，与数据信息的基本组成单元并无区别，虽然二者在功能、作用以及二者作为数字信息在内容的稳定性上有所差别，但相关理论成果至少也可以为判断数据信息在法律上财产地位提供参考：除非有明显不适合被视作"财产"的理由，法律对待数据信息的态度也不应该有太大的转折。

2）市场应用的现实性保障："数据信息"可以实现法律上的流转

数据信息是电子信息技术本身的组成部分，也可能是技术应用的产物。其在物理层面上可以进行迅捷、高效的流转，而且，支撑其流转的软、硬件效率在不断提高、相关成本也在不断地下降。与此同时，数据信息作为单独的信息技术产品或者对象，也具有在法律层面上进行流转的合理性。

首先，数据信息不属于法律规定的不可以流转、交易的对象。并不是所有具有经济价值或可以带来经济利益的对象都可以成为合法的流转或交易对象，现有法律制度对许多对象进行了保留，甚至予以严格地禁止。从现有法律制度的规定来看，数据信息并非其中之一。而从更抽象的"信息"层面上，这一问题也不足以成为数据信息流转的法律障碍。这是因为从原理上讲，法律所禁止流转的"敏感信息"或保护的"秘密信息"本身就不应该被接入公开的网络之中，换言之，现代开放信息系统所搜集到的数据信息的内容不足以构成法律所禁止流转信息的标准。而即便持有这些信息的人出于过失或某种原因将这样的信息接入公开网络，实质上也无法通过对数据信息使用或者交易的限制来挽回损失——在互联网环境下，一段信息被公开于开放的网络空间，本身就意味着对信息权利人对该信息内容的"失控"。这种"失控"与权利的存续无关，即便附着于其上的权利仍然存在，也无法控制他人对该信息内容的获取或保存。而信息内容上看，大数据相关系统有限的软、硬件资源被投入到对数据信息种类、数量的追求之中，其作为信息的集合，包含的信息内容往往十分零散且破碎

---

① 梅夏英、许可：《虚拟财产继承的理论与立法问题》，载《法学家》2013 年第 6 期。

化，也不会主动地"攻击"未接入公开网络的系统以获取特定信息内容。① 因此，虽然现行法律、法规中并无针对大数据的专门规定，也可以认为以数据信息为对象的流转行为享有"法无禁止即自由"的权利。

其次，数据信息作为流转的对象，可以进行清楚、明确的分割，也具有身份明确的权利主体和交易对手。法律上"物"的流转需要有明确的主体、客体和权利义务的分配，方能保障交易的安全和稳定。就数据信息而言，所涉及的主体和利益分配问题十分复杂，但仅仅就"流转"或"交易"这一狭窄角度而言，掌握有数据信息的权利人和与之交易的合同对象都是明确且有限的，他们之间权利义务的分配也可以由具体的合同条款加以确定。数据信息相关利益分配的复杂性，其所引发的关于信息共享、社会公平的争议，不会成为影响到其"流转"行为可操作性的因素。

再次，当下已有数据信息的交易与流转的法律实践，可以为数据信息的流转提供参考。在现实中，虽然有关数据信息流转或交易的规范性文件和实践经验十分匮乏，但以数据、信息为实质内容的交易行为和立法实践却并不罕见。如对于个人信息经济价值的利用和流转，在各个国家或地区之间就有立法的实践。比如，德国《联邦数据保护法》规定的个人信息流转环节包括：收集，处理(含自动化处理、储存、修改、传输、隔离、删除)，使用等。而我国台湾地区所谓的"个人资料保护法"规定的个人信息流转环节包括：汇集(收集)，处理(含记录、输入、储存、编辑、更正、复制、检索、删除、输出、联结或内部传送)，利用传输(主要规范了国际传输行为)等规定。② 在数据信息内容方面，2013 年，美国政府发布了《开放数据政策》(Open Data Policy)行政命令，要求公开教育、健康、财政、农业等七大关键领域数据。③ 此外，除了对开放或交易信息内容的规定，还加入了对方便社会公众利用数据信息的条款，如美国于 2015 年颁布实施第三份《开放政府国家行动计划》就明确提出，"要加强联邦政府与创新者之间的合作，开发出更多的高价值数据集和可视化工具，满

---

① 反之，若主动地"攻击"他人的计算机系统，获取其未主动公开的数据信息，则是典型的违法行为，非但不会得到民事法律制度的支持，甚至有触犯刑法的可能。

② 高志明：《个人信息流转环节的法律规制》，载《上海政法学院学报(法治论丛)》2015 年第 5 期。

③ OMB Memorandum M-13-13, Open Data Policy (May. 9, 2013. 2018-04-03. https://www. whitehouse. gov/sites/default/files/omb/memoranda/2013/m-13-13. pdf.

足公众的需要"①。而我国于 2018 年 8 月 31 日颁布的电子商务法中"保障电子商务数据依法有序自由流动"，可以被解读为清洗掉用户信息的"大数据"是可以自由流动，并且用于商业交易活动的。②

种种规定多有差异之处，但共性亦十分明显：作为"信息"具有流转的合理性和必要性，并且具有基本类似的行为模式。类似的规范性文件也可以为数据信息在法律上的流转资格作为佐证：仅从数据信息内容的角度看③，相比于数据库等传统数据信息对象，大数据技术的运行方式会更彻底地"清洗"掉数据信息中的个人因素，更好地将个人信息与信息的经济利用相隔离，其流转所潜伏的侵犯人身权利的风险不会大于对个人信息的直接流转，不应该被法律所禁止。

数据信息作为一种足以获得法律承认和保护的财产，相关的对象、主体等要素也应该有法律制度的框架。对应地，在其作为对象参与社会关系过程中，必然也会涉及多方的主体，并集中体现多方不同的利益诉求。而无论是大数据技术以及相关应用主要应用于市场经济活动的现实，还是作为财产性权利的私权属性，都决定了其主要被应用于市场经营活动，所涉及的主体亦主要为交易主体。

3. 对相关交易活动中交易主体的确认

1) 数据信息交易活动中的主体

(1) 交易合同的主体：数据信息的"卖方"与"买方"。在传统的交易流程中，交易的主体主要为"卖方"和"买方"，数据信息相关交易亦不例外。从主体资格的角度来看，数据信息交易与传统知识产权、物权或其他财产性权利的交易主体资格并无特殊之处，自然人、法人或其他组织都享有主体资格。而数据信息交易相关主体的权利和义务则带有一定的特殊之处。

在数据信息一般的交易过程中，卖方带着"自己的"数据信息进行宣传或邀约，展示并且接受报价，而买方视自身需求和条件询价并达成交易。这一过程看似顺理成章，实则回避了一个严重的问题：卖方是否天然地对"自己的"

① The Third U.S. Open Government National Action Plan, https://www.data.gov/meta/open-government national-action-plan/.

② 参见《中华人民共和国电子商务法》，第 69 条。

③ 值得注意的是，若不加以限制，大数据信息的应用会对个人信息乃至隐私造成极大威胁。对此问题，在本章其他部分予以说明。

数据信息享有完整的权利。或者说,在"数据信息"这一特殊对象面前,相关交易的"卖方"是否还具备传统交易流程中顺理成章的前提条件,将成为一个严重的问题,或者说,成为一个足以影响交易安全的法律隐患。

严格来讲,这是一个"大数据环境"所带来的新问题,在传统的数字对象交易活动中并不十分凸显。因为,无论是我国还是域外相关实践中,对于数字对象的交易早已有之,并且受到法律的约束和保护:与世界通行做法类似,我国相关法律制度主要通过著作权制度保障数据信息相关交易的顺利实施,并确保其不至于影响其他合法的在先权利。然而,在"大数据环境"下,大数据技术以及相关应用对数据信息的广泛搜集和使用,使得这一传统判断方式面临诸多困难。首先,数据信息所包含的庞杂内容中是否包含有他人的在先权利(包括且不限于著作权),是一个十分难以确定的事情:大数据本身即以数据信息种类和数量的庞杂为特征,而即便可以确定当中不包含有法定的权利(如著作权等),是否就可以一并认为卖方"自己的"数据信息中不包含有他人的合法(实然状态下,由法律确认并保护)或合理(具有合理性,但尚未由法律所确认)的利益?其次,数据信息依赖于网络系统而产生,网络系统最大的特征即在于信息来源的广泛性和存储应用的集中性,因此,如果确定了数据信息中的相关内容涉及了他人的在先权利,相关在先权利人如何实现自身权利、掌握有数据信息的人如何获取在先权利人的授权,都仅具有理论上的可能性但缺乏现实的可操作性。此外,即便数据信息中相关信息不涉及他人在先的著作权或其他法定权利,但是否会涉及他人的合法利益,仍是一个复杂且难以处理的难题:这既有可能涉及现有法律所确认的利益,更有可能包含法律所未能及时确认并保护的利益。

(2)市场中介服务者与准管理组织:数据交易所。近年来,我国成立了多家以"大数据"或"数据信息"为主要对象的交易所。2014年12月31日,在贵州省贵阳市成立了全国第一家以"大数据"命名的交易所,承担包括"大数据资产"的交易为主的多方面相关功能。紧随其后,2015年7月6日,湖北大数据交易中心交易平台在武汉正式启动,同年7月22日,华中地区首家大数据交易所——长江大数据交易所在武汉光谷资本大厦揭牌、东湖大数据交易中心同时揭牌,2016年4月21日,在上海也成立了新的数据交易中心。虽然"大数据交易场所"或"数据交易中心"是"各类交易场所"之一,各级立法包括国务院法规中有关"交易场所"的规定也有或多或少的适用空间,但缺乏针对性。尤其是在大数据技术以及相关应用本身展现出革命性的经济和社会价值的背景下，相关规则的缺失，会为相关产业的健康可持续发展带来严重的隐患。

在"贵阳大数据交易所"的官方网站上可以看到，交易所承诺确保对"数据源的追溯""对数据质量的评估"；"上海数据交易中心"也承诺"自身不存储任何数据""不传输个人隐私数据"。从积极角度看，这样的承诺或服务是对数据交易的有力保障，至少也代表了交易规则中对交易质量、交易安全的关切，而实际上，这样的表述一定程度上体现了交易所对"大数据"认识的错误（或故意混淆），并无实际意义，甚至会带来负面的影响。在对大数据的基本认识中，其所体现出来的进步性在于不同用户对同一数据信息迥异的分析、使用方式上（也即相关产业中的"数据挖掘"），并依据不同的"挖掘"方式和结果产生不同的经济利益。从这个角度看，同样一个"大数据"对于不同的使用者（数据挖掘者）而言具有不同的价值，那么，作为不直接使用数据信息、仅仅撮合交易的交易所该用何种尺度判断数据信息的价值、质量甚至追溯数据源，同样是一个"说起来容易"，但"做起来难"的问题。

当下，大数据技术以及相关应用仍处于发展和变化的状态中，其所引发的社会变革也尚未稳定，交易所所依循的现有制度仍有发挥作用的空间，但许多问题也已经逐渐凸显了出来。交易所或许可以与其他中介机构一道，作为相关市场的服务者参与其中，也可能因为其官方设立背景而享有公共管理职能，但都应该清楚、明白地体现于上位法律制度之中，方能满足社会发展所需要。

2）信息交易活动之外的主体

（1）数据信息来源的主体。除了交易环节中的主体之外，在广义上来讲，现代社会的每一个个体都会成为大数据系统数据信息的来源。也即是说，在大数据应用发展到一定程度后，每个人都会或多或少地参与其中，而无论其是否直接地与具体的应用内容相关联或参与交易，无论其是否成为相关产品或服务的销售者、消费者，也无论其是否成为相关商业或社会管理活动直接作用的对象，其每日的网络活动甚至线下活动，都会通过无处不在的计算机网络终端所采集、存储和分析使用。

这是因为，大数据语境下的"信息"有具体的指向，即数字化的客观事实，而人们日常的行为则作为"事实"被以数字化形式固定、保存和应用。数字化的客观事实是相关信息系统实现多元化应用的物质基础，与此同时，它也是大数据技术以及相关应用在当下和可预期的未来中具体的数据信息单元。从具体内容上看，数字化的客观事实所包含的内容十分广泛，与个人有关的信息也毫无意外地被收入其中。个人的活动乃至一言一行都有可能成为大数据系统中数据信息的一部分，而无论其是否与相关网络活动或者数据信息搜集活动直接相关。

而且，在理论上，所有与个人行为相关的信息在大数据系统中的地位和所发挥的作用与其他的、与个人行为或身份无关的信息并无本质上的差别：它们都是最基本的数据信息单元，视不同的使用者和使用方式发挥作用。因此，对传统意义上的"个人信息"而言，它们在大数据环境下的定位和作用产生了改变。一方面，大数据技术以及相关应用所表现出来的"勾画一切"或者"数据画像"的特性，使得一般意义上的"侵犯个人信息"行为不再具有充分的现实意义。此时，通过对数据信息中所包含的数据信息的排列、整合或分析，相关使用者已经可以较为准确地获得与每个个体相关联的信息内容，而不直接地违反法律规定，甚至不为相关对象所知悉；另一方面，与个人相关的信息经由大数据技术应用广泛地参与到市场经济活动中，在展现出越来越强的经济性色彩的同时，也使得更广泛的社会主体被纳入大数据系统以及相关应用之中，而无论其是否知情、是否同意。虽然此类主体作为信息来源主体，即便其作为个体，对相关数据信息不享有任何直接的财产性权利①，但也不意味着他们的合理利益就不受法律保护。

（2）直接交易活动之外的信息使用者。"大数据"意味着社会创新活动拥有更为广泛的参与者，也意味着有更多的"人"要使用数据信息。这些广泛存在着的、在相关交易活动之外的主体，为大数据技术的推广和发展、社会创新与经济活动的活跃作出了重要的贡献。但是，当下，这类主体并不是直接的数据信息利用活动的当事人，其所享有的权利和义务也处于不确定的状态之中：其创新或参与市场经营活动所依赖的数据信息来源并不固定，或者处于法律尚未明确规定的"灰色地带"，这也给其所经营的事业带来相当大的不确定性。对于此类主体，他们所享有的权利应该由法律明确规定，也应该负担必要的责任，方能使各方利益平衡，充实、壮大利用数据信息以及相关技术进行创新的人群范围，并实现全社会范围内信息利益的最大化。

---

① 此判断来源于 2018 年 8 月 16 日的（2017）浙 8601 民初 4034 号判决书。该判决对"大数据"应用中用户个体是否享有相关数据的财产性权利做出了判断。本章仅借用相关观点，但并不做价值判断。

4. 对相关交易活动中交易行为的确认

而对于"交易"活动本身而言，也带有一定的特殊性，即买卖双方所交易的"对价"处于不确定的状态之下。一般而言，在交易过程中，买方的利益往往是相对固定的——按照合同约定支付对价即可，所支付的对价往往为金钱。而对于买方的利益，则大多体现为接受服务、获得交易对象的所有权或者其他财产性权利等。但对于数据信息这一特殊的对象，则面临着交易标的不确定的问题：买方获得的究竟是卖方数据信息的原始数据、拷贝副本还是享受服务的权利。换言之，当下，数据信息的买方从交易中所购买到的究竟是相关数据的所有权、使用权还是享受服务的权利，仍是一个难以确定的问题。

从数据信息的物理原理来看，数据信息的转移、存储和删除都具有现实的可操作性，但所有权的转移若伴随着出卖方对自身原本所掌握数据信息的脱离——彻底地删除并失去控制，则有违现代社会高效利用数据信息、鼓励数据信息传播和共享的基本价值追求。这样的处理方式，相当于是将数据信息看作是有形之物，所有权的唯一性决定了数据信息只能被唯一的权利人所占有，有违数据信息作为无形财产的基本特征。而事实上，这样的操作也难以确保能够实现：对于电子信息而言，拷贝与复制的成本非常低廉，而这些行为发生与完成的速度却十分快捷和隐蔽，买方实质上无法确认卖方是否真的对相关数据信息进行了彻底、不可恢复的删除。而从数据信息形成的原理看，虽然数据信息可以作为单独的财产被卖方处分，但形成该数据信息的计算机网络软硬件资源作为交易合同之外的对象，它的所有权并不会跟着数据信息一同转移，因此，新的数据信息会在原来的网络运行下继续累积，重新获取之前被删除掉的数据信息也并非不可能。与此同时，买方所获得的数据信息的价值会在数据应用的时效性作用下被迅速地冲淡。

若将数据信息的交易定性为一种许可模式，则使得买方实际上获得的是一种对数据信息的使用权，并不发生所有权的转移。但是，使用权所对应客体的状态却难以被确定，并会与数据应用的基本需求产生冲突：数据信息的价值在很大程度上依赖于数据系统的时效性与实时更新，而在许可合同生效的同时，不得不固定被许可对象的基本状态。换言之，许可行为生效之后，作为合同标的物的数据信息的变化，是否会成为在先合同利益的载体，将直接影响到被许可人的利益，也在一定程度上会为许可人带来额外的负担。对于这一问题，当下的知识产权许可制度还难以给出充分的结论，故而也使数据信息的交易带有了更多的复杂性。

而考虑到数据应用的时效性，也可以将数据交易定性为一种信息服务，交易"买方"的利益体现为在一段时间内接受"卖方"数据信息服务的权利。如此看待数据信息交易，虽然可以在一定程度上解决之前存在的问题，但却从实质上背离了"交易"的真实内涵，事实上剥夺了数据信息相关权利人处分该信息的部分权利，是对其所有权的一种限制。而且，一概地将涉及数据信息的交易定性为"服务合同"模式，也为社会公共利益会带来一种长期的隐患：相比于"买卖合同"，"服务合同"中对接受服务一方的限制会更多，会在法律上阻碍数据信息的开放与流动，也会在事实上使得广泛的对"数据信息"有需求的社会公众或其他从事相关经营行为的主体被迫成为掌握有数据信息的市场经营者的"用户"或"消费者"，并因此而失去了与其进行竞争的条件。①

因此，从"交易行为"的角度看，数据信息同样具有相当的特殊性。现有法律制度可以对交易个案予以针对性的保护和规制，但尚不足以完整地应对大数据时代下数据信息交易问题和社会整体视角下的相关信息利益的公平分配问题。

（二）维护"大数据"相关的市场竞争秩序

在面对大数据技术以及相关应用未来可能的发展和影响时，竞争法律制度的失灵已经不是一个遥远未来才需要面对的问题。当下，我国反不正当竞争法正面临着颁布实施二十余年来的首次修改，在曾经版本的《中华人民共和国反不正当竞争法(修订草案送审稿)》(以下简称《送审稿》)中，有一条引发了诸多争议和反对意见的条款值得引起关注。在《送审稿》第六条中，曾经规定了"市场优势地位"：经营者不得利用相对优势地位，实施下列不公平交易行为……并指出"本法所称的相对优势地位，实质在具体的交易过程中，交易一方在资金、技术、市场准入、销售渠道、原材料采购等方面处于优势地位，交易相对方对该经营者具有依赖性，难以转向其他经营者"②。对于《送审稿》曾经出现过的这一条，引发了诸多的批评：从"相对优势地位"渊源的认识上，它是反垄断法相关制度不完善情形下的过渡性措施；而从法律实施的角度看，

---

① 或者因此而天然地处于竞争的不利地位。

② 参见《中华人民共和国反不正当竞争法(修订草案送审稿)》第六条，2016 年 3 月版。最后颁布实施的版本中已无对应内容。

它十分模糊，为司法判断带来困难，也人为地增加了可能的纠纷。但是，在笔者看来，在大数据技术以及相关应用逐渐深入到整个社会方方面面，并从根本上影响到社会整体竞争态势的背景下，这样的规定具有积极的意义：它可以在一定程度上缓解具有数据信息优势地位企业对市场上其他经营者利益的不合理占有或侵害，也可以在一定程度上保护市场竞争，不是从反不正当竞争法角度规范市场竞争、抑制过度竞争，而是从反垄断法的角度维护市场竞争，虽然它被写入了我国《反不正当竞争法》的修改意见稿中。这也在一定程度上说明了，在立法或法学研究层面上，数据信息的集中和其对市场竞争的负面影响已经引起了一定的关注。然而，这种关注或警惕体现为法律文本时，还显得十分粗糙和初步，上至立法（或修法）目的、下至执法操作都十分模糊。事实上，鉴于大数据对于社会创新、市场竞争乃至于整个社会面貌的深远影响，相比于专利、著作权等相对传统的知识产权客体，对于大数据的知识产权保护应该更多地结合社会竞争利益进行分析和研究。此时，最为欠缺的是契合于大数据技术以及相关应用特性的理论指导和针对性的制度建设。

1. 法律制度应为大数据的发展保留充足空间

确保数据、信息等资源的充分开放和自由流动应成为贯穿整个大数据技术以及相关应用的灵魂与核心，对这一价值观的追求，应当成为相关法律制度构建的价值导向。在大数据技术以及相关应用仍处于发展变化的当下，法律制度的建设与完善存在着天然的滞后，这种滞后并不一定体现为完全的负面性：无论是相关对象还是人的行为都处于变动中，法律制度的适度宽松，可以为相关产业的发展留出更大的空间，也可以使未来的制度构建更加合理、稳定。而当法律规则的供给无法适应社会现实发展需求时，相关法律制度的价值导向仍能提供宏观上的指引：它可以成为定纷止争的依据，或为相关权利人宣誓权利的背书，或为交易与市场奠定制度基础。具体于"大数据"，相关法律制度的构建应以信息开放和自由流动为价值导向。理由如下：

其一，相比于其他的价值理念，信息开放与自由流动更适合于大数据这一独特对象。对于大数据技术以及相关应用而言，它在社会生产效率方面所体现出的进步性，是其足以引起法律关注的根本原因，因此，效率必然成为相关法律制度构建所应保障的价值目标之一。而在相关积极因素背面，大数据技术以及相关应用最可能带来的负面影响则主要体现为对社会公平的影响：既有表面上的，对信息直接相关个人的合法利益保障不足，无法使其从长远的信息利用活动中收益；也有深层次的，对社会创新、竞争乃至于自由与政治文明的潜在损害，以及个别优势主体基于超脱于市场竞争所攫取的不合理利益。此时，以保障财产安全、交易安全为导向的传统财产权制度体系，难以适应大数据技术以及相关应用发展所带来的客观现实。

财产权作为人身权的对称，是特定社会环境下，相关主体对物质资料占有、使用、支配、收益以及处分等关系的法律表现，而在不同的社会制度下，财产权的侧重方式也有所区别：资本主义制度中，私有财产是神圣不可侵犯的；而在公有制国家中，公有财产的地位更高一些。但无论财产权侧重于哪一方面，亦无论大数据语境下的数据信息来源于私主体的市场经营活动还是来源于政府机构的社会管理活动，财产权制度都以权利归属的稳定和权利人对相关财产的强力支配作为主要内容，并以此为基础构建相应的行为模式。

因此，若以严格的财产权保护为主要价值导向，对大数据信息内容的使用以及其他活动进行制度构建，必然会造成对数据信息集中和过强支配的后果。具体而言，对于大数据这样无体无形、应用领域极其广泛且多变的，且具有了相当市场基础设施因素的新型数据信息对象，法律制度若以财产权保护作为相关制度构建的基础，会使得大数据相关权利人对这种"形式上的知识产权"获得"实质上的物权保护"，即获得类似于支配权属性的权利，使其实现对相关对象强力占有与支配的同时，又对广泛且不特定的人群产生和市场上的竞争状态产生决定性的影响，某种意义上也即意味着对相关消费者、对与之有关联的其他经营者乃至社会创新的自然垄断。与此同时，相关法律制度的构建也并未排斥财产权制度，尤其会与知识产权制度产生关联。或者说，法律制度建设导向的目的在于对相关主体对数据、信息等权利客体强力支配属的合理调整：从法律的层面弱化这种强力的支配，而非挑战其权利归属体系。

其二，"大数据信息内容的开放与自由流动"并非空泛的口号或缥缈的理想，它与信息公开、信息开放以及信息共享等相似理念或概念相比，具有确定的内涵，并因此具有指引制度建设的现实可能性。从字面上看，它比信息的公开、开放或共享等表述具有更抽象的含义：公开、开放或者共享都可以看做是"自由"的某种表现形式。换言之，宏观层面上的"信息自由"作为一种广义的信息或内容的解密，自由流动、获取以及使用，除了宣誓法律制度对信息的态度之外，也具有现实基础。事实也是如此，信息公开、开放往往带有先天的语境：对政府所掌握的公共信息的开放。在大数据技术以及相关应用产生、发展之前，政府所掌握的公共信息并无太多市场经济方面的应用空间，其是否公开，多与政治文明有关。而大数据技术使得原本用途单一的政府①公共信息也具有了可观的经济价值，对它的灵活应用意味着对有限的公共资源的充分使用，提高公共资源利用效率、减少浪费。但是，无论在大数据技术产生之前还是之后，决定政府是否要对其所掌握信息进行公开以及公开到何种程度的，仍然是政府对待权力的态度，而非市场经济层面的直接的权利诉求。而在微观层面，大数据信息内容的开放与自由流动也具有现实的基础：它们以数字化的客观事实为主要内容，可以在相当大的程度上排除著作权制度的限制，却并不否认相关信息与特定个人的联系。

或者说，从真正意义上的大数据的物理描述中可以假设，大数据中的信息单元是组成其他层次信息内容的基本单位，本身不再可分，亦不可版权。对于某些大数据信息系统中包含有著作权客体时，应作区别对待：数据信息的表现形式并不是区别"大数据"与"数据库"的关键，而在于具体的应用方式——大数据应用"普遍联系"的方式实现预测、分析等"数据挖掘"功能并提供产品或服务，而"数据库"则依赖于对数据信息有限的直接使用方式产生价值。因此，当数据信息应用的产品或服务直接与单独或多个作品相关时，该数据信息的应用方式就是"数据库"式的，现有的著作权制度足以对其加以规制：不得侵犯他人的著作权或其他在先权利。而当数据信息的应用方式体现为对数据信息按照某种逻辑或思路进行排列、分析后得出的结论或决策时，具体应用本身不应受到著作权制度的限制：即便数据信息中包含有著作权客体，它们也是作为知识而非作品或产品发挥作用（即不存在一般意义上的"展示作品"行为），大数据系统所应用的是更为碎片化的、不足以成为作品的数据信息。因此，无论在权利行使还是大数据信息内容的具体形态角度看，以促进大数据开放自由流动为导向构建法律制度也具有合理性和切实的可行性。

2. 法律制度应协调信息开放与保障社会竞争

电子化的数据信息以及高效率的数据获取、分析会为人们带来显著效率优势，并体现为社会进步与福利，而"信息垄断"的风险则会长期隐藏于这些耀眼的"光环"之下，并借助传统的财产权体系不断地巩固、强化由此带来的不

---

① 既包括中央政府，也包括地方政府。由于本章不讨论政府政策或决策等具体内容，故表述简洁起见不另作区分，一概地以"政府"统称其他具有社会管理职能的组织。

合理利益，甚至于在未来的某一天形成"尾大不掉"之势。实际上，无论是有意还是无意，当下法律对大数据相关利益的考虑总是盘桓于"交易"或"许可"相关主体之间，而忽视了作为信息来源的"人"的利益，而这，则是掌握有数据信息优势企业直接或间接的不合理利益来源，亦是其实施垄断或不正当竞争行为的原动力。在根源上，法律对这份利益的保障，即是对大数据相关竞争风险的极大削弱。此时，传统的利益分配方式虽然仍具有理论上的合理性，但基本上失去了实施的可能性，而只能以"信息开放与流动自由"指引，通过自由地获取、使用社会上的大数据信息资源的方式获得利益，并以此解决自身信息"被利用"所带来的公平问题，亦从根源上解决大数据所蕴含的竞争风险。

事实上，数据信息作为一种电子化产品，相比于传统的、承载于纸质文本、雕塑或其他形态的信息而言本身就具有易于复制、易于传输和相关成本低廉的特征，更利于交流和使用，也即更为"开放"和"自由"。然而，对于原理上更"自由"的数据信息提出"信息开放"的要求，正在于数据信息的天然特征：易于获取、易于传输，也使得数据信息更易于集中。尤其在大数据技术以及相关应用发展成熟阶段，数据信息的集中将会使相关经营者具有无可比拟的竞争优势，并且由于数据信息在信息化社会中的基础设施地位，使其具有了极高的网络外部性。而当这种网络外部性反映于特定细分市场竞争时，掌握有数据信息优势的市场主体甚至会表现出超越一般相关市场经营者，获取宏观意义上的市场优势地位，乃至于通过宏观意义上的市场优势地位，获得轻易地控制其他具体的细分市场的能力。而对于这种基于数据信息优势，而非经济规模或市场份额形成的"垄断"地位，且相关行为的违法性并不明显的特殊情况，现有的反垄断法及相关法律制度尚无有效的规制路径。但由此而产生的风险和不利因素，应为法律所重视。在大数据技术以及相关应用"自由生长"所带来的可能的负面影响中，对包括创新在内的市场竞争秩序的破坏最为引人关注，从某种意义上说，在当下和可预见的将来，对竞争利益的维护应当成为相关法律制度所关注的主要内容。

首要目标在于杜绝信息垄断现象的出现，这亦是"信息开放与自由流动"的根本目标。反垄断法难以对大数据领域下数据信息垄断现象予以规制，除了相关市场难以界定之外，难以认识"信息垄断"也是重要的原因之一。在互联网上，存在着难以计数的节点，政府部门、企业、个人、科研院所，以及一切连接于互联网的终端都承担着搜集、存储和处理数据信息的功能。尤其在移动互联网和云计算背景下，数据信息搜集、积累的渠道被极大地拓宽，使得整个互联网上的数据信息量增长呈现出"爆炸"的趋势：每一秒钟，数据信息的总量都在飞速（且加速）地增长，以至于想通过量化的方式为其标称相对具体的数据都显得十分困难。因此，若以抽象的信息正题作为参考对象，特定主体所掌握的数据信息总量与之相比都是微不足道的，在这样的情况下，"信息垄断"缺乏存在的基础，相关法律制度的介入亦缺乏依据。然而，无论是在域外视角下还是我国国内视角下，具有数据信息优势的地位的企业成为超脱出一般意义上市场竞争、成为获取广义市场优势乃至于具有近似市场管理者地位的企业已经不是遥远的预测，而具有了现实的指向。虽然在当下，其表面上仍然通过市场经营行为获取利益和竞争优势，但实质上，其以数据信息优势为基础构建"平台"或"生态圈"的行为，已经超出了向消费者或用户提供优质服务获取竞争优势的基本市场经营模式，具有了捆绑消费者、从宏观上划分市场的趋势。若不加限制地放任这种趋势发展，相关企业的经营模式或赢利模式必然发生转变：虽然信息化的社会中，相关市场的门槛大为降低，从事与其中的经营者数量显著地增长，但对于掌握有数据信息优势的企业①而言，优质的产品或服务不再成为其生存或获利的必需，消费者或用户高昂的选择成本或放弃成本足以保障它们获得源源不断的利润并控制每一个产生利润的细分市场，其利润的获取甚至于会带有"税收"的色彩：通过对相关市场上其他的经营者收取费用的方式获取利润的同时，以"免费"或"部分免费"的方式进一步形成对消费者或用户的吸引、影响其潜在的行为，继而进一步强化自身的优势地位。而在这样的循环中，消费者或用户的利益也一定会逐渐受损，或体现为支付费用的提高，或体现为与"付费用户"差距更大的产品或服务体验。但无论怎样，相关经营者所获得的经济利润的最终来源总是它的消费者或用户。不论消费者表面上享受到了多少"免费"的产品或服务，只要相关经营者的不合理利益在增长，那么也就一定有人的合理利益因此而受到侵害，并最终体现为全体消费者或用户的损失。对于这些可预期的风险和不利因素，无论是现有知识产权制度、对于数据信息的专门立法还是对"信息开放与自由流动"理念的贯彻实施，都不能单独地发挥作用，而应与竞争法以及竞争制度进行紧密的联系，以竞争利益的保障和最大化作为目标，从微观和宏观层面共同促进社会整体福利的

_____

　　①　或构建了足够大的"平台"的企业。

提升。

次要目标则在于减少无序竞争行为中产生的损害。在"信息垄断"这一相对宏观的风险之下，具体的细分市场上，相关经营者之间的竞争则会因为大数据所带来的广泛创新和应用方式变得更趋激烈。此时，无序竞争亦属法律所规制的对象之一。相比于信息垄断对消费者或用户所造成的影响，无序竞争行为所带来的损害则更为直接、具体和多样：它可能体现为对隐私相关信息的侵害、对数据信息安全的侵害、对个人生活舒适乃至安全的侵害等不同的方面和类别。"信息开放与自由"不能解决所有的问题。对此，亦需要相关法律制度综合地对大数据以及相关应用进行系统和有针对性的规制，但也应有所侧重——至少，不应过多地限制信息自由，或者仅在特定的领域或方面限制数据信息的自由开放和使用。

（三）保护"大数据"相关的知识产权

1. 大数据与知识产权理念的融合

大数据依靠庞大的数据规模和自动化扩张能力，具有了超出传统观念下数据库的效率优势，并使之成为一个独立的对象，以区别于云计算或数据库之下的某些下位概念或传统知识产权客体。但是，考察大数据的发展路径与特征，可以看出它主要产生于市场经营者的自主经营活动，依赖于持续的物质投入与管理经营，带有较强的私属性。然而，知识产权制度有自己内在的逻辑，它以法定的垄断权为对价，换取人们对自己智力成果的公开与共享，并以此方式鼓励共享与创新。"知识产权是激励和保护知识创新的法律，亦有现实或潜在的风险，它或是由法律决策所导致的风险，或是法律所保护的科技文明本身所带来的风险。"①

而事实上，大数据所暗含的对数据信息开放的需求，可以带来重大的社会和经济效益，应当被法律制度所重视：早在 2013 年，麦肯锡研究院的报告显示，开放数据能够带来 3 万亿至 5 万亿美元的经济价值。② 而在这一过程中，

---

① 成伯清：《"风险社会"视角下的社会问题》，载《南京大学学报（哲学人文科学社会科学版）》2007 年第 2 期。

② MANYIKA J，CHUI M，GROVES P，et al. Open data：unlocking innovation and performance with liquid information，2016-07-22.

政府数据开放能够产生显著的政治、经济和社会效益。① 对应于此，美国的《联邦大数据研究与开发战略计划》也明确指出："创建和加强国家大数据创新生态系统的联系，应该建立持续的机制来提高联邦机构在大数据领域进行合作的能力。"②但是，明确"大数据"开放共享所蕴含的经济以及社会价值，并不意味着"开放、共享"就能够顺理成章地实现，相关制度额构建与完善仍然需要找到更为具体的对象。与此同时，新制度的构建也不能够脱离与现有制度的衔接。而在我国现有制度框架下，知识产权制度与"大数据"这一知识产品和"开放共享"的理念最为契合。

此时，大数据作为一项独立的知识产权客体，天然地追求数据信息的自由搜集和独占，不可避免地与知识产权制度的一些内在理念存在冲突，存在风险的同时也存在着相互调和的可能。

1）数据安全与知识共享

知识共享是知识产权法的基本价值追求之一，它体现了知识产权制度的根本目标：促进社会创新并提高社会整体福利。故而，知识共享也作为法律保护的对价而体现在几乎每一种知识产权客体类型上：相关权利人获得法律授权或确权的前提是向社会公开其知识产品的必要信息，否则，人们无从知道法律保护的是什么样的知识产品、这一产品获得了什么样的权利保护以及这一权利包括什么样的权利内容。③ 所以，知识产权法对商标、专利、著作权，或是商业秘密，都提出了公示要求，并参照不同的公示程度设置不同的权利。大数据也不应例外。这既是其获得法律保护的技术性要求，也是为获得法律保护所需支付的对价。

但相比于其他的知识产权客体，大数据强调信息安全也面临着多方面的安全风险。数据本身的开放性诉求对数据安全保护带来了新的挑战。④ 数据的泄露与丢失会给社会带来负面影响，并视不同的数据内容而有所不同。如以用户

---

① 黄如花、李楠：《开放数据的许可协议类型研究》，载《图书馆》2017 年第 10 期。

② The Federal Big Data Research and Development Strategic Plan. https：//www. white-house. gov/sites/default/files/microsites/ostp/NSTC/bigdatardstrategicplan -nitrd _ final-051916. pdf，2016-06-05.

③ 宁立志：《知识产权法》，武汉大学出版社 2011 年版，第 35 页。

④ 王本刚、马海群：《开放数据安全问题政策分析》，载《情报理论与实践》2016 年第 9 期。

消费分析为主的数据丢失，影响的可能只是产品生产、销售者，邮件云的信息泄露则会给用户带来不小的麻烦，但涉及金融信息、个人身份识别信息等的信息安全事故，则会带来市场甚至社会的动荡。而且在互联网环境下，无论是云端企业的疏忽大意、有违道德的交易、黑客攻击或是间谍行为，都会给大数据的安全带来威胁。就相关概念来看，大数据的安全要求要高于商业秘密：虽然商业秘密本身的存在就依赖于相关信息不被泄露，但能够接触到商业秘密的主体毕竟有限，这使得权利人能够采取类似保护有形财产的方式对其加以保护。而在开放的网络环境下，信息的内容、与外界的接口或是传输、储存渠道，都有更高的公开性，因此其所面临的安全威胁也要高于传统商业秘密。大数据及云计算利用网络空间的开放性来实现自身价值的创造和自我完善及壮大，这既是它们赖以存在和发展的背景，也是社会对其提出的必然要求。没有信息的高效流通，就无法形成大数据，也就没有真正意义上的云计算。但信息高效流通的利益不应由云计算企业或大数据拥有者所独享，它们在获益的同时也应为公共信息资源的丰富和充分交换尽一份力。因此，信息的充分、自由流通与交换既是 IT 产业乃至全社会不可逆转的发展趋势，也是云计算企业所应承担的合理义务。然而，拥有大数据的主体为了自身利益①往往会以信息安全与保护商业秘密为由避免履行公开或共享的义务，或是以"平台化"为由，对其他信息使用者做出种种限制，实质上则是对自己所拥有大数据的非法垄断，构成对大数据的滥用。

譬如说，许多互联网行业中的大企业，通过大数据获得竞争优势的同时，为阻止其他市场主体的竞争，在产品兼容性上为其他市场主体设立门槛，并将其成为"平台化"，淡化反竞争色彩，达到控制其他市场主体，形成垄断的目的。如苹果公司，就以这样的方式垄断了所有 IOS 平台上的软件开发、发行环节，攫取了高额的垄断利润；与之形成对比的，则是 Android 平台的开放性，使得 Android 软件的开发与发行十分自由，带来的则是 Android 软件的低价格与高度灵活性。因此，知识产权法在对大数据提供保护时，也应对它的公开与共享提出要求：从对大数据内容的识别与判断出发，有区别地对待政府等公共机构数据、企业运行中产生的数据以及从个人用户处搜集来的数据等不同类型

---

① 不仅仅是安全利益，也常为了经济利益而限制大数据的流通。如苹果公司的 App Store，就是一个相对封闭的平台，其仅向开发者公布了少量的接口，并借此获得了对平台上应用软件的绝对控制权，甚至可以从技术上反制公共机构对其的监督与管理。

的大数据，避免对数据的过度排他性占有或无限制开放，以求在信息安全、知识产权公示、权利人利益和社会整体利益间求得平衡。

2）信息整合与文化多样性

在大数据、云计算之上，是经济、文化全球化的浪潮。通讯技术的发展与普及，带来的是经济与文化的高度融合。知识产权制度的普及与广泛性是"全球化"的重要内容，承担着保护传统文化、传统技艺以及遗传资源的重任，也面临着大数据环境的新挑战。

大数据所代表的是数据、信息资源的高度集中与整合，在这个过程中，不可避免地会吸收进大量的民风民俗、传统知识、技艺与文化。但数据、信息的整合又是一个打破传统框架，重新总结归纳、分门别类的过程。在此情形下，有关民族、文化特征的信息会淹没于大量相类似的技术细节中。最终，技艺得以传承和发展，但背后的文化则被淡化掉了。如蜡染作为我国民间传统的印染工艺，其中的技术细节会被云端提炼出来，而与其他的印染工艺信息整合在一起，形成有关印染行业的大数据，并经由分析与挖掘，成为具有进步意义的新的生产流程或加工工艺。这对于从事印染行业的企业来说，大数据可以为其提高产品质量、降低成本带来更高的效率，但传承发展了蜡染工艺的苗族、彝族等少数民族的民俗与历史则被忽略掉了。文化多样性的背后往往是低效率与差异化，这在根本上是与大数据的高效率、低差异化①特性相冲突的。在全球范围内，许多民族、部族的传统文化与所谓的主流文化、强势文化一直存在着某种紧张状态。② 然而，从世界范围看，以大数据为代表的信息资源仍较多地掌握在西方发达国家手中，并体现为一种文化上的"现代性"而在全球范围内大肆扩张。这种广泛的信息收集、数据整理和经由人为选择的信息输出正蚕食着世界文化的多样性。譬如说，吴汉东教授在《知识产权的制度风险与法律控制》一文中指出："以知识产权为后盾的文化全球化和全球化的文化产业在挤压多样性文化的生存空间"。但是，数据资源的加速集中态势也是造成此类现象的重要原因。因为无论是运用知识产权保护传统文化还是利用知识产权强行推广所谓的"现代化"文化，其效果最终都取决于受众对外来文化的接受程度和对自有文化的认同度。在欠发达地区，知识产权保护水平往往较低，这种拒

---

① 低差异化是由大数据中单个数据的低价值特征引申出来的：既然数据内容的准确与否都不重要，那么它们彼此之间的细微差异就更加难以引人注意了。

② 吴汉东：《知识产权的制度风险与法律控制》，载《中国法学》2014 年第 4 期。

绝或认同的态度更多地取决于当地人对日常信息的获取与接收，而非侵犯知识产权的风险。故而，笔者认为，以大数据为代表的信息资源集中，是造成文化多样性缺失的原因之一。对于此问题，知识产权制度可以起到利益平衡者的作用：一方面，保护大数据，发挥它的积极作用；另一方面，法律也应在保护传统知识、传统文化的同时，主动适应大数据的新环境，扶持、倾斜保护富有民族文化特色的数据信息。

3）数据信息的独占与信息开放

大数据关注于数据信息的积累，相关权利主体也希望能实现对大数据中信息内容的独占。从本质上讲，数据信息就是相关市场经营者竞争力的直接体现，也是经济利益的源泉。因此，对于具体的经营者而言，其对数据信息的搜集与独占具有天然的追求和动机。但是，无论从大数据的形式特征、蕴含的价值还是从制度设计角度看，知识产权法律制度都应该发挥出主导性的功能。而知识产权法律制度促进知识、信息在社会公共领域的开放与自由流动又是其应有之义。由此，即产生了矛盾：知识产权法律制度对于大数据究竟应秉承何种态度，是通过知识产权保护鼓励其实现数据信息的开放共享还是从知识产权权利限制的角度一定程度上地"迫使"其实现信息开放。

大数据的基本信息单元本身只是片段化的数据信息，单个的信息单元并不具有使用或交换的价值，而当其聚集到一定数量时，经由不同的应用领域和数据分析策略，可以产生广泛且多样化的咨询、决策意见。在现实中，这种决策的准确程度甚至于超过了传统的专家系统，而且具有更高的灵活性。从知识产权的角度看，相关权利人获得的法定垄断利益应与其公开信息内容的社会价值相匹配，至少不应该高于后者。对于传统的知识产权客体，这一利益比较是相对确定的，而且，整体来看，知识共享、开放所带来的社会整体利益远大于权利人所获得的知识产权垄断利益。对于大数据，新价值的产生源于广泛的人对于大数据信息的自由使用，针对同一个信息集合，使用的人越多，新的应用、有价值的决策以及新的市场都会被源源不断地创造出来，而与数据信息的复制或复制件流传范围没有直接关系。此时，利益对比的两方都处于不确定的状态之中，前者取决于掌握有大数据的主体挖掘数据信息的方式和时间，而后者则较为极端：若相关权利人选择了独占相关数据信息，那么后者利益则近乎于零；选择开放，则会带来社会整体利益的极大丰盛。因此，从知识产权的私权属性看，权利人选择独占相关数据信息的动机十分强烈，而从社会整体利益的角度看，开放的大数据是为最优的选择。对于这样的矛盾，笔者并不认为公权力可以"理直气壮"地介入到大数据相关知识产权制度的运行之中，社会整体利益的最大化也不是侵犯私权利的天然理由，而促使大数据走向开放与自由共享也存在着私权属性上的利益平衡路径，并需要知识产权制度有针对性的发展与调整。

2. 大数据与知识产权制度的配合

1)"单独立法"模式的尝试与思考

我国现行法律法规中尚无对大数据技术、大数据信息归属以及相关利益分配的直接规定，故而在面对此类新兴事物时，往往只能利用已有的法律规范对其加以规范。对现有制度体系的利用，既具有立法、司法成本上的积极意义，也能使"大数据"相关法律制度更好地融入社会现实制度体系中。但是，对现有制度的借鉴不应该影响到对大数据进行单独立法的判断。

具体而言，大数据作为新型的知识产权客体有其内在的正当性与合理性：这既是社会发展现实对法律制度提出的要求，也是知识产权法律制度基本功能和价值追求所做出的选择。大数据不同于普通的技术方案，它对相关产业以及全社会所产生的影响更为深远。而且，虽然大数据与某些传统知识产权客体之间在形式上存在诸多相似之处，但现有的知识产权制度无法准确地对大数据进行描述和界定，也无法对大数据的合理使用或是可能的滥用行为进行有效的识别与规制，因此，有必要对大数据进行单独立法。也唯有如此，法律才能充分、准确地描述和定位这些重要的技术概念，对其产生和使用的各个环节加以合理的控制，为各方相关主体的行动提供清晰的指引，并公平地分配由此产生的利益与负担。然而，即便是采用单独立法的方式，也不可能脱离现有法律制度而单纯地进行形式上的设计，在具体的操作中，仍然需要注重与现有制度的衔接与关联，并在此基础之上形成更有针对性的规范。

此外，对于"单独立法"的具体方式，也应有所选择：是以"大数据保护条例"还是以"大数据/数据信息保护指南"来构建相关制度，亦将关系到制度内容的安排和制度目的的实现。

对于"数据信息"类的新型知识产品，传统的数据库或汇编作品保护机制难以发挥作用。对于这样的问题，欧盟在1995年通过的《关于数据库的法律保护的指令》中，对一种基于人力、物力劳动和投资活动所形成的，由不构成作品故而无法享受著作权保护，或者享受著作权保护但会产生明显不公的对象

（数据信息集合）提供特殊的法律保护。而这一指令对于"大数据"的保护具有相当的借鉴价值：数据库本身就跟大数据在形式上十分类似，彼此存有制度借鉴的空间，而在大数据相关法律制度尚未建立完善之时，对数据信息的使用、传输或交易过程中的权利和义务加以临时性、针对性的规定，也能在一定程度上解决现实问题。自该"指令"诞生以来，这样的制度供给越来越难以满足社会发展的需要，而制度发展的路径却没有显著的变化，仍以缓慢的发展完善应对新形势下的"数据信息"相关问题：欧盟新通过了《通用数据保护条例》（General Data Protection Regulation，GDPR，以下简称"条例"），并在 2018 年 5 月 25 日正式生效。① 从"条例"的内容上看，它仍然是一个内容详细、着重于关注"数据主体"，也即是以"人"的利益的为优先的指南性质的文件：1995 年颁布实施的《关于数据库的法律保护的指令》的适用范围取决于属地因素——要么数据信息使用、处理机构的成立地在欧盟，要么利用了欧盟境内的设备进行了个人数据的处理活动，而"条例"的适用则更多地体现了属人的因素，即对于成立地在欧盟以外的机构来说，只要其在提供产品或者服务的过程中处理了欧盟境内个体的个人数据，即受到该条例的管辖；而"条例"中的具体内容也多与"人"的利益相关：如对个人数据、隐私保护的规定；对基因、生物识别以及健康数据保护的规定；建立更严格的"知情—同意"认定标准；对"敏感的个人数据"②的处理；以及对数据主体的权利③细致入微的规定等。并为之建立了严格的监管机制和法律责任。④

从这个意义上看，即便是 2018 年方才生效的"条例"也没能真正把握住现代信息社会发展的脉络，甚至有违世界经济全球化和信息化的趋势。换言之，回归我国相关法律制度构建视角，欧盟的立法实践在体例和主要内容上不值得

---

① The EU General Data Protection Regulation. 2016-10-01. http：//www. itgovernance. co. uk/data-protection-dpa-and-eu-data-protection-regulation. aspx.

② "条例"第九条：敏感的个人数据包括能够揭示个人的种族、商业团体资格、宗教和哲学信仰、政治倾向，以及关于个人健康或者性生活的数据，并明确加入了基因数据和生物数据，这类数据的处理能够唯一的识别出特定个人。

③ 包括知情权、访问权、反对权、个人数据可携权、被遗忘权等等现有以及新增设的权利。

④ O Nyrén, M Stenbeck, H Grönberg. The European Parliament proposal for the new EU General Data Protection Regulation may severely restrict European epidemiological research. *European Journal of Epidemiology*, 2014, 29(4), pp. 227-230.

被完整借鉴。① 因此，对于"大数据保护条例"或者"大数据/数据信息保护指南"的体例选择，实际上是一种法律构建目标的选择：是对"数据信息权利人"利益还是对"数据信息主体"利益的保障为侧重点。前者体现的是对数据信息使用、交换以及知识共享价值的倾斜，而后者则更多的是对人身利益乃至人格利益的保障。对此，笔者的观点认为，大数据相关制度构建应以满足社会对数据信息使用价值的需求为出发点，并应特别关注其在应用中所产生的负面影响。

与此同时，也可以适当地借鉴其他国家和地区对于数据信息开放的指导性文件，形成知识产权制度之外的理念指引和配合：2013 年美国政府颁布实施的《开放数据政策》以及同年 6 月，美、英、法等八国集团首脑召开 G8 峰会时签署了《开放数据宪章》等。前者主要体现为美国政府以高度可用的形式释放空前数量的联邦资料，旨在对政府运行的监管并创造更高的社会和经济价值。② 而后者则主要涉及数据开放的领域和共同行动计划，并且试图将该宪章确立为未来全球各国和地区推进数据开放的基本依据和模式。③ 对此，我国也应借助《大数据战略》的颁布实施，配合更为具体和具有可操作性的知识产权制度，确立我国在这一战略领域的国际话语权。

2）合理的权利内容

大数据作为知识产权法律制度框架下的客体，必然要与具体的权利、义务相关联。对于如何归纳和称呼这些权利，有两种不同的路径：设立统一的"大数据权"或为大数据设定一系列的权利。应该如何取舍，笔者认为，应从知识产权法律制度的基本逻辑和大数据法律保护与规制的基本目标出发进行判断。

知识产权制度的逻辑起点在于确认相关主体对知识产品的独占或支配，实质上是一种对"信息"的支配。从这个角度看，将大数据相关知识产权归纳为"大数据权"具有一定的合理性：与专利权、著作权、商标权等现有知识产权表述来看，这种以"对象"加上"权"的方式，带有较为明显的"保障权利"的意

---

① 而在一些细节内容的借鉴上，仍保有讨论余地，如对知情权、个人数据可携权、被遗忘权等的学习与借鉴，对于我国相关制度的构建与完善仍有参考价值。

② OMB Memorandum M-13-13, Open Data Policy (May. 9, 2013). 2016-04-03. https://www.whitehouse.gov/sites/default/files/omb/memoranda/2013/m-13-13.pdf.

③ The Federal Big Data Research and Development Strategic Plan. 2016-06-05. https://www.whitehouse.gov/sites/default/files/microsites/ostp/NSTC/bigdatardstrategicplan-nitrd-final-051916.pdf.

味。这是因为,在物质层面上,相关权利人对于作为传统知识产权客体本质的知识产权"信息"的支配力较弱:专利信息、著作权信息以及商标信息被他人获取后实施的典型"侵权"行为往往难以被相关权利人所知晓,维权难度则更高。相比而言,而大数据知识产权权利人对"大数据"信息的支配力度要强得多,而相关制度构建的目的则在于实现对大数据信息内容的有限支配和深度共享:前者在于确保大数据信息交易与流转的安全,确保经济价值的实现,而后者则真正关注于知识共享和减轻大数据技术以及相关应用的负面影响。所以,从立法目的和权利名称角度看,不应过多地强调"权",但是,也无法从语义上称其为某种义务。将大数据知识产权总结为"一系列权利"或"权利束",是更稳妥的方法。

而在权利的取得方面,大数据也有一定的特殊性:相关知识产权无法自动形成,但也无须制定实质的审查标准。这是因为,大数据不同于著作权制度下的"作品",权利也不应该如同著作权那样自动产生。除了客体范畴的差异外,还有另一层原因,即从知识产权制度一般原理来看,"大数据"是否要被确认为"知识产权",主要还得尊重相关权利人的意愿:知识产权"信息"可能表现为专利信息、著作权信息、商业秘密信息、大数据信息等多种形式,而最后究竟成为哪种知识产权,则出于权利人的自主选择。大数据作为相关主体所掌握的知识产品,可以通过相关活动为权利人带来利益,也可能引发法律风险或市场风险,并体现为对相关知识(即信息)"公开"或"隐藏"的选择。大数据知识产权制度的功能也在于为相关主体提供选择的对象:相关主体有权自主决定是否要享有这些权利并承担必要的义务。此外,一旦权利主体做出了选择,决定要获取相关权利并承担义务,也应受到程序上的约束。对此,笔者认为,可以参照我国计算机软件登记制度,由相关权利人到有权机关(亦可由软件登记机关兼任)进行登记。登记机关对相关主体身份、登记内容进行形式审查后即可确定权利的产生。权利主体和他人亦可以此为依据主张相应的权利和义务。

3)必要的外部配合

大数据知识产权制度的外部规制主要体现为竞争法对大数据的影响与适用。知识产权是重要的竞争工具,其相关权利内容或行为的合理性往往取决于它对相关市场竞争的正面或负面影响。现有知识产权制度以传统市场竞争环境为基础,以凝结了智力劳动的作品或技术方案为主要客体①,遵循着保护、激

———————————

① 知识产权客体有多种,语言简练起见,此处仅列举作品(著作权)或技术方案(专利),突出单个对象的价值,以区别大数据中单个数据信息的低价值特征。

励创新、扩大社会福利并进一步保护创新的路径，有针对性地保护了知识生产者的利益，促进了知识的创造与传播。而在知识经济与信息化背景下，由于知识转化为产品或服务竞争优势的周期缩短、成本降低，承载了"知识"的数据或信息个体虽然价值较低，但作为整体却逐渐超越作品或技术方案，成为最重要的竞争工具之一。与此同时，它的更新与传播速度相较以往①也有了极大的提高。可以说，大数据的出现与发展，在一定程度上改变了现有社会的竞争方式和竞争环境。而为了应对社会竞争环境改变带来的负面因素，竞争法作为知识产权法律制度的外部规制，也可以对大数据相关权利的合理行使提供必要且有力的保障和约束。

从竞争法律制度的基本规定来看，反垄断法本身就对知识产权相关的垄断行为保留有介入的空间，而反不正当竞争法作为规范竞争活动的重要法律规范，也可以在必要的情况下对涉及知识产权的不正当竞争行为予以规制。

总体而言，以大数据为代表的新型知识产品作为新的竞争要素，会在相当大的程度上改变整个社会面貌以及其中的经济关系、社会管理关系人际关系等诸多方面。在这一历史进程中，电子化的数据信息以及高效率的数据获取、分析会为人们带来显著效率优势，并体现为社会进步与福利，而"信息垄断"的风险则会长期隐藏于这些耀眼的"光环"之下，并借助传统的财产权体系不断地巩固、强化由此带来的不合理利益，甚至于在未来的某一天形成"尾大不掉"之势。实际上，无论是有意还是无意，当下法律对大数据相关利益的考虑总是盘桓于"交易"或"许可"相关主体之间，而忽视了作为信息来源的"人"的利益，而这则是掌握有数据信息优势企业直接或间接的不合理利益来源，亦是其实施垄断或不正当竞争行为的原动力。在根源上，法律对这份利益的保障，即是对大数据相关竞争风险的极大削弱。具体而言，法律应当确认和保障作为数据信息来源主体的"个人"有权从相关信息的流转、交易和被不确定主体的灵活应用中获益。然而，在现实中，即便是相比于大数据"传统"得多的互联网领域，基于"通知—授权"行为模式的个人获利模式也往往面临着"信息载体和处理环节的虚拟化"的困境：信息的流动和使用因为互联网平台的虚拟性而脱离了相关个人的掌控。而在大数据环境下，这一现象会进一步加剧：大数据

---

① 如在自然经济与传统商品经济时代，新技术从实验室走向市场需要耗费大量的时间与成本，对应地，在传统市场竞争模式中，新技术相对缓慢地产生影响。

语境下的信息个体要比直接与个人具体某方面相关的信息单元细碎得多，单个或少量的"数字化的客观事实"作为个人相关信息被拆分、整合的结果，即便被显示于个人面前，也不会被其所识别或者掌控。从宏观层面看，大数据技术以及相关应用所对应的广泛的信息收集、数据整理和经由人为选择的信息输出正蚕食着世界文化的多样性；而从微观的层面看，与个人相关联的信息也被进一步地整理和重组，成为统计学上的概率或现象，而失去了个人色彩。此时，人们掌握自身相关信息的"第一次被获取"以及相应的利益分配已属不易，想对相关信息在漫长的整合、分析和利用中获取确定的利益，更为困难，甚至于只能流于理想而没有实现的可能。对于这种情况，传统的利益分配方式虽然仍具有理论上的合理性，但基本上失去了实施的可能性，而只能以"知识共享"指引，通过自由地获取、使用社会上的大数据信息资源的方式获得利益，并以此解决自身信息被"无偿利用"所带来的公平问题，亦从根源上化解大数据技术和应用背后蕴含的竞争风险。

"大数据"产生于电子计算机、互联网等相对传统的领域。从技术硬件设施的角度看，它甚至没有值得一提的"革命性"变化，而只是电子计算机运算速度、数据信息搜集、传输和存储能力不断提高后的产物。但凭借着这些"量变"的积累，大数据终于到达了"质变"的突破口：它通过对体量庞大的数据信息的筛选、排列和组合，并借此产生了出乎意料的精准决策和正确判断，极大地扩展了以"大数据分析"为核心的应用市场，产生了显著的经济效益和社会效益。这种影响是如此的广泛和深远，以至于从整体上改变了社会创新的环境和市场竞争的规则：数据信息的积累成为最重要的创新资料，并直接体现为相关经营者的市场竞争力。不仅于此，基于大数据的分析和应用，还与每一个社会个体产生了紧密的联系，它既代表着物质文明的飞速进步，也带来了对个人隐私、个人安全的新挑战，甚至改变着政府管理社会的模式。对于社会整体而言，这些影响有正面的意义，也可能产生难以想象的负面影响。有鉴于此，法律所秉承的态度和相关制度的建设尤为重要。

对以"数据信息"为核心的信息社会设计法律制度，是一项庞大且艰巨的任务：一方面，牵涉范围过于广泛，诸多的部门法都难以置身事外，而另一方面，相关的技术和应用仍在发展过程中，对社会的影响也是逐步显现，相关法律制度的建设虽可以具有"前瞻性"，但也不能过多地超前于社会现实。因此，针对性的研究主要从大数据技术以及相关应用中最为核心的部分——数据信息入手，从确认数据信息的法律性质、保障相关权利人对数据信息的合理支配与处分、保障交易安全以及追求数据信息开放与共享的角度论证法律对大数据相关发展的引导和规制，希望能从基础层面上确保大数据相关技术、应用的发展不至于偏离社会整体利益的需求，与此同时，也为相关技术发展保留充足的空间。

在研究过程中，笔者发现，虽然在对于"信息"这一抽象概念难以给出明确的法律定性或者制度构建方面的答案，但"大数据"在事实上将这一问题给简化了。在"大数据时代"或者更具体的大数据技术以及相关应用的语境下，"信息"所指向的，是发挥着关键作用的电子化形式搜集、传输、存储、使用和交易的"数据信息"，并展现出许多值得注意的特性：它来源于客观世界，却依赖于人的劳动和投资；它直接地反映客观事实，却可以被挖掘出远超客观事实本身的社会和经济价值；它无体无形、产生于现代信息网络，却比作品、技术方案等传统知识产权客体更容易被独占。在"市场"之外，大数据会深刻地影响每一个社会个体的私生活，甚至言论的自由。而在更远期的观察下，它也是当下以及可预见的将来的"人工智能"的技术基础，虽然大数据对人工智能技术的潜在影响和制度应对并不在本书的研究范畴，但始终也是难以被忽视的一个重要方面。

"大数据"给社会带来如此多方面、深刻的影响，各种应用领域、方式纷繁复杂，但也可以化繁为简：作为"大数据"核心内容的"数据信息的法律定性"，以及法律制度对它的基本态度，是发挥"大数据"效率优势、保障和促进信息利用的制度基础，决定了"大数据"的发展空间；对数据信息开放与共享的追求，则是应对"大数据"所引发的潜在风险的理论武器。而理论成果对应于制度因应方式，则落实于知识产权法律制度的发展完善和反垄断、反不正当竞争以及个人信息保护等外部制度的配合，亦为本研究成果之主体。与此同时，它也仅仅是"大数据时代"浪潮中的一朵小小的浪花，更抽象和宏观的"数据""信息"的法律定性，更深度的知识和信息开放与共享，更精细的人工智能技术发展和社会影响，以及当中的利益分配、风险防范、道德伦理问题，还期待未来更多更深入的观察与研究。

第四章
网络产业发展壮大的法律保障

中国共产党十八届五中全会站在未来发展的战略高度，建议将网络强国战略纳入"十三五"规划的战略体系之中，从而开启了我国从网络大国向网络强国转变的征程。网络强国战略是在信息革命浪潮中我国把握历史发展机遇、实现跨越性发展的重要决策，要求把我国建设成为掌握核心信息技术、具有完善网络基础设施、拥有现代化的互联网产业体系和构筑坚实网络安全空间的网络强国，这一切均离不开健康茁壮的网络产业支撑。网络产业的发展壮大是实现网络强国战略的基础，而顶层制度设计则是保障网络产业发展壮大的内在要求。

一、网络产业的基本范畴与战略意义

从 20 世纪 60 年代末互联网开始出现，到如今互联网成为改变人类发展进程最为重要的工具之一，包含软件、硬件、数字产业、新兴技术在内的众多依靠互联网存在和发展的产业开始出现，并逐渐成为行业发展的领头羊。网络产业作为一个新兴而充满活力与前景的产业，一次又一次出现在世界各国的发展规划中，它不仅代表了先进生产力的发展方面，更代表了一个世道的发展方向。各国之间网络产业的竞争使得网络行业的发展日新月异，我国提出"网络强国"战略，应对世界各国在网络安全方面的挑战和进一步发挥网络产业对国民经济发展的带动作用。

(一) 网络产业的概念与特征

随着互联网的发展，"网络产业"这一概念的外延不断扩大，学界也尚未有统一的界定。理清网络产业的内涵，首先需要界定"网络"和"产业"的内涵。"网络"主要指互联网，"联合网络委员会"（FNC）通过的一项关于互联网定义的决议将互联网定义为全球性的信息系统，并从三个方面对互联网进行界定：（1）通过全球性的、唯一的地址逻辑地连接在一起，这个地址是建立在网络间协议 IP 或今后其他协议基础之上的；（2）可以通过传输控制协议和网络间协议 TCP/IP 或者今后其他接替的协议或与网络间协议兼容的协议来进行通信；（3）可以让公共用户或者私人用户使用高水平的服务，这种服务是建立在上述通信及相关的基础设施之上的。① 而"产业"作为生产经营具有密切替代关系的产品或劳务（即同一类产品或劳务）的所有企业所形成的集合。这些企业往往具有相似的生产技术、生产过程和生产工艺等基本物质条件。② 产业的分类有商品标准、技术标准、生产要素标准等，但无论从哪一标准来衡量，以互联网技术为基础的提供互联网产品和互联网服务的新兴产业——网络产业已然产生，本章所讨论的网络产业是指以互联网技术为基础的、提供网络产品和网络服务的企业及该类企业活动的集合。

对于网络产业的范围，波斯纳在《新经济中的反垄断》一文中用"新经济"这个词来表示三个截然不同但又相互关联的产业：首先是电脑软件的制造业；其次是与互联网相关的产业（互联网准入供应商、互联网服务供应商、互联网内容供应商，如美国在线和亚马逊公司）；再次是包括为通讯服务和为前两个产业提供设备支持产业。在波斯纳的网络产业三层次的划分理论基础上，又有学者从技术层面将其进一步发展为四个层面③：互联网基础设施（internet infrastructure layer）、应用基础设施层（internet application infrastructure layer）、电子媒介层（intermediary layer）和互联网商业层（internet commercial layer）。互联网产业层次依据不同的学科领域、研究目的，按照不同的标准可以划分为若干不同的层次，从产业内容的角度，可将其大致细分为硬件产业、软件产业、信息基础设施产业、网络平台产业、数字内容产业和新兴技术产业等主要产业。

互联网对传统工业、服务业的经济模式产生了颠覆性的作用，宏观上互联

---

① 郭良：《网络创世纪：从阿帕网到互联网》，人民大学出版社 2001 年版，第 160 页。

② 王俊豪：《现代产业经济学》，浙江人民出版社 2008 年版，第 3 页。

③ 黄文波：《Internet 产生的经济及是社会效应》，载《中国工业经济》2000 年第 11 期。

网能够快速传递信息、处理信息，极大地提高了信息的利用率与转化率，使得传统工业运行效率、资本的流通速度得到了极大提高；另一方面，微观上互联网极大地改变了大众的行为习惯，人们足不出户便可享受到高效便捷的个性化服务。同时，不可否认的是，传统工业、服务业的发展是互联网产业产生、存在和发展壮大的基础，而互联网的一个重要特性之一就是提供平台，使互联网融入传统工业、服务业的管理、运营、服务的方方面面，网络产业通过互联网平台，将工业、服务业紧紧绑在一起，呈现出规模经济性、范围经济性和准公共产品属性①的特征。

1. 规模经济性

规模经济性是指在一定的市场范围内，随着生产规模的扩大，产出增加的比例超过投入增加的比例，产品与服务的每一单位的平均成本出现持续下降的现象。网络产业的规模经济性体现在网络产业的固定成本可以通过规模的扩大而分散。以电商平台唯品会为例，2008 年 8 月唯品会在广州成立，五位创始投资人筹集 3000 万元人民币作为创始资金，而 2009 年唯品会全年订单仅为 7.1 万件，营收总额为 280.48 万元，只有少量的客户和订单，难以满足企业迅速扩张时期对资金的大量需求。2010 年年底，唯品会从 DCM 和红杉的联合风险投资中获得资金约 2000 美元；2011 年，唯品会再次获得 DCM 和红杉联合投资的 5000 美元风险投资；2012 年 2 月，唯品会向美国 SEC 提出上市申请，3 月登陆纽交所，融资约 7150 万美元。大量投资的进入，完善了唯品会的平台、物流、产品等，迅速积聚了大量的消费群体，仅 2011 年唯品会的订单总量达 726.9 万单，营业额达到 2.27 亿美元。唯品会成立三年即赴美上市成为电商平台创业成功的案例，这成功的背后不难发现，长期经营培养出巨大消费群体，才能够分担前期的巨额投资。

2. 范围经济性

范围经济性是指一家企业由于生产多种产品，从而对有关生产要素的共同使用所产生的成本节约。网络产业的范围经济性，是指互联网企业通过增加产品类型或者通过多种产品的合并从而降低成本。以淘宝为典型案例，早期的淘宝仅作为电商平台，为大众提供购买包括电子产品、食品、服装等商

---

① 包银山：《供给侧改革对我国互联网产业发展的影响》，载《财经理论研究》2016 年第 6 期。

品，而后单独将天猫独立，作为另一个优质电商平台，随着共享经济的发展，咸鱼二手交易平台也从淘宝中脱离出来单独运营，然而淘宝、天猫、咸鱼都使用共用的后台，这种分离即增加产品类型降低成本。当然亦不乏通过产品合并降低成本的案例，如作为网租车代表的滴滴打车与滴滴快车在竞争市场并行存在，双方的产品相似，2015 年 2 月，两者合并改组为滴滴出行，之后又增加顺风车、公交车、代驾等相关服务，降低了经营成本，同时增加了市场竞争力。

3. 准公共产品属性

公共产品具有非排他性及非竞争性，也就是说公共产品一般不会因为他人对该产品的消费而制约自己的消费。那么网络产业必然具有公共产品属性，网络的开放性，意味着只要满足互联网协议就可以接入全球网络系统，大众和互联网企业进入互联网本身就已经认可了网络产业具有公共产品的属性。互联网已然成为当前社会沟通、社交、资源共享的重要渠道，网络的社会功能愈发凸显，互联网的进入和使用也不会因为某一个人的使用而产生限制他人进入和使用的排他性和竞争性效果。

(二) 网络产业的构成

现阶段，我国网络产业主要包括了硬件产业、软件产业、信息基础设施产业、平台产业、数字内容产业和新兴技术产业。但是由于互联网产业的不断发展，以及网络的外延不断扩大，网络产业这一概念的外延和范围并不囿于以上产业之划分。

1. 硬件产业

硬件产业即是生产网络硬件的产业，是网络产业的基础组成部分。传统的计算机网络硬件主要是指计算机网络的终端设备、传输设备和连接设备。网络终端设备主要是指服务器、工作站、网络打印机、绘图仪等工作终端。网络传输设备主要是指集线器、交换机、中继器、路由器等接送信息或数据的设备。网络连接设备主要是指光纤、双绞线等连接线路。而传统的硬件产业即是生产上述计算机硬件设备的产业。然而，网络硬件本身也在随着网络信息技术的发展而发展，逐渐脱离传统的计算机硬件概念。互联网硬件发展可以分为工具阶段、智能阶段和智慧阶段。工具阶段中，硬件本身不具有对信息做加工处理和判断的能力，这是传统的硬件；智能阶段中，硬件智商大于零，但是也是远远小于使用的用户的；智慧阶段中，硬件在某一个局部领域的智商大于用户①。目前网络硬件产业正处在智能阶段，典型产品如虚拟现实头戴显示器、智能家居、智能车载设备、智能机器人等，典型企业如小米科技、华为、盛大、百度等公司。中国智能硬件市场规模在 2016 年达到 3315 亿元，预计 2017 年将达到 3999 亿元，同比增长 20.63%，智能硬件市场总体保持稳定的增长态势，预计到 2019 年，中国智能硬件市场规模将达到 5411.9 亿元。② 近年来，国家发布来了《中国制造 2025》《中国机器人产业发展规划》等规划，在政策层面给予智能硬件产业大力支持。

2. 软件产业

软件产业是生产或制造软件的企业的统称。软件产业包括系统软件产业、应用软件产业、嵌入式软件产业、软件服务与外包产业、IC 设计产业等。软件产品虽然以硬件为载体，但是其本身却具有更高的科技水平和附加值，软件产业也一直是网络产业的重要组成部分，其与传统产业相结合并进一步促进传统产业的提升与发展，推动产业结构改造升级。典型的系统软件公司有易科软件、金山软件等，应用软件公司有金锐信息系统集成、恒尔科技等。目前，新一代信息技术正在转向软件主导，软件在信息产业中的贡献不断增加。2008 年至 2015 年间，中国软件行业市场总量保持快速增长的趋势，软件行业业务收入从 2008 年的 7572.88 亿元增长到 2015 年的 42847.92 亿元，年复合增长率为 28.09%。2009 年软件行业收入为 9513.03 亿元，同比增长 25.62%。《中国制造 2025》《积极推进"互联网+"行动的指导意见》和《加快推进网络信息技术自主创新》等国策的深入推进和落实，将会对产业变革产生深远影响，国民经济各个领域对软件产业的需求将更加强劲，尤其是对操作系统、数据库等基础软件、行业应用软件、大数据软件产生更高、更广泛的需求。③

3. 信息基础设施产业

信息基础设施产业即是指生产或者制造光缆、微波、卫星、移动通信等网

---

① 《王小川：免费思路做硬件是大陷阱 未来硬件应拼高价》，腾讯科技网，http://tech.qq.com/a/20140110/006929.htm，2014-01-10。

② 《2017 年中国智能硬件产业发展趋势分析》，中国产业信息网，http://www.chyxx.com/industry/201709/560980.html，2017-09-11。

③ 《2018 年中国软件行业发展现状分析》，中国产业信息网，http://www.chyxx.com/industry/201802/613582.html，2018-02-23。

络设备设施基础产业。在"互联网+"时代里,互联网已经成为共用基础设施,传统的网络基础设施难以满足现今网络产业发展的需求。现有的网络因设计复杂、开放性不足、调整效率低等原因。已经无法适应下一代互联网更简单、更开放、更灵活、更广泛的要求,亟待认真思考、构建适应万物互联、智能化社会的新一代的"互联网基础设施"①。目前,我国信息基础设施已经取得一定成就,宽带网络普及持续推进,网络提速效果明显。2017 年,三家基础电信企业固定宽带接入用户数达 34854 万户,全年净增 5133 万户;4G 用户总数达到 9.97 亿户,全年净增 2.27 亿户,固定宽带家庭普及率提前完成 2020 年目标。高速宽带用户占比大幅提升,100Mbps 及以上接入速率的固定互联网宽带接入用户达 1.35 亿户,占总用户的 38.9%,占比较上年提高 22.4 个百分点。电信普遍服务深入推进,网络扶贫网络覆盖工程成效明显,全国农村宽带用户达 9377 万户,同比增长 25.8%,贫困村宽带网络覆盖率已经提前完成 2020 年目标。② 而且,在"十三五"期间,移动通信在 2G 跟随、3G 突破、4G 赶超的基础上,有望实现 5G 引领,建成了全球最大地固定光纤网络、4G 网络,IPv6 规模部署提速,天地一体化信息网络加快构建。

4. 网络平台产业

平台产业是在互联网时代下的一种新型的商业模式,即通过互联网构建的技术性虚拟空间进行经营、交易,从而省去中间的某干流通或者信息对接环节,提高经济效益。其中有电商平台、搜索平台和社交平台等。典型的网络平台经营模式有 B2B(或称 BTB, business to business, 表示"商对商")、B2C (business to customer, 表示"商对客")、C2B(consumer to business, 表示"客对商")、C2C (customer to customer, 表示"个人对个人")等电子商务模式,另外还有 O2O(online to offline)、M2C(manufacturers to consumer)、I2C(info to consumer)、O2P(online to partner)等依赖平台开展的商业模式。淘宝网是国内最为典型的电子商务平台,其极大地带动了消费导向的经济发展。2017 年,我国电子商务交易规模继续扩大,并保持高速增长态势。国家统计局数据显示,2017 年全国电子商务交易额达 29.16 万亿元,同比增长 11.7%;网上零售额 7.18 万亿元,同比增长 32.2%。我国电子商务优势进一步扩大,网络零

---

① 景言:《构建新一代互联网基础设施》,载《通信管理与技术》2014 年第 6 期。
② 国家互联网信息办公室:《数字中国建设发展报告(2017 年)》,2018 年 4 月 22 日。

售规模全球最大、产业创新活力世界领先。数据显示，截至 2017 年年底，全国网络购物用户规模达 5.33 亿，同比增长 14.3%；非银行支付机构发生网络支付金额达 143.26 万亿元，同比增长 44.32%；全国快递服务企业业务量累计完成 400.6 亿件，同比增长 28%；电子商务直接从业人员和间接带动就业达 4250 万人。① 电子商务是网络产业中最能体现数字经济同时也是最为活跃的组成部分，其健康持续发展对于实现网络产业的发展状态、实现网络强国战略具有重大的意义。

5. 数字内容产业

数字内容产业，主要是指是建立在数字通信和网络等技术基础之上，融合了出版与印刷、广播电视、音像、电影、动漫、游戏、互联网等多种媒体形态，以市场消费为目的，从事制造、生产、储存、传播和利用文化内容的综合产业②，体现了传统的出版、影视等文化内容产业与信息通讯技术的交叉。数字内容产业主要依托网络平台开展内容传播，但是其与网络平台产业不同，数字内容提供者是平台内经营者，偏向于作为内容的信息及其发布系统。国内典型的数字内容提供者，如爱奇艺、优酷等影视平台、知乎、悟空等知识服务平台。数字内容产业很好地体现了"互联网+"对传统产业的改造升级且具有巨大的发展空间。2016 年 12 月 19 日，国务院发布《"十三五"国家战略性新兴产业发展规划》，强调以数字技术和先进理念推动文化创意与创新设计等产业加快发展，促进文化科技深度融合、相关产业相互渗透。到 2020 年，形成文化引领、技术先进、链条完整的数字创意产业发展格局，相关行业产值规模达到 8 万亿元。③

6. 新兴技术产业

《数字中国建设发展报告（2017 年）》中提出要实现信息领域部分核心技术创新突破。集成电路、操作系统等基础通用技术加速追赶，人工智能、大数据、云计算、物联网等前沿技术研究加快，量子通信、高性能计算等取得重大

---

① 中华人民共和国商务部：《中国电子商务报告（2017）》，2018 年 5 月 31 日。

② 熊澄宇、孔少华：《世界数字内容产业发展概况》，载《文化产业导刊》2014 年第 7 期。

③ 《国务院关于印发"十三五"国家战略性新兴产业发展规划的通知》，国发〔2016〕67 号。

突破。① 尤其是中兴事件暴露出来的我国在核心芯片领域的落后，更使得发展新兴技术产业变得更加迫切。要顺应网络化、智能化、融合化等发展趋势，着力培育建立应用牵引、开放兼容的核心技术自主生态体系，全面梳理加快推动信息技术关键领域新技术研发与产业化，推动电子信息产业转型升级取得突破性进展②，大力推动云计算、物联网、工业互联网、智能硬件、核心芯片技术、人工智能等网络信息核心技术的发展。

(三) 网络产业发展壮大对于网络强国的战略意义

习近平总书记在全国网络安全和信息化工作会议上发表了重要讲话，系统阐释了网络强国战略，吹响建设网络强国的时代号角。当前，我国网民数量全球第一，电子商务总量全球第一，电子支付总额全球第一，是一个名副其实的网络大国。从网络大国，到网络强国，是新时代的目标之一。通过网络基础设施、互联网关键技术、网络应用等网络产业的发展助推网络强国战略的实现，是网络强国战略的内在要求。

首先，网络产业发展壮大，能够助力网络信息化基础设施取得世界领先水平。基础设施产业是网络强国战略顺利实现的前提条件，只有宽带、电信网线、用户终端等基础设施跟得上，实现基础设施齐全完备，才能实现用户群的庞大。"十三五"规划纲要提出的"宽带网络覆盖 90% 以上的贫困村"目标；499个国家级贫困县已纳入电子商务进农村综合示范支持范围，占全部贫困县的60%……这些都是网络基础设施建设的具体政策，促使我国基础设施建设行业、区域的均衡化发展。

其次，网络产业发展壮大，有利于构建和完善互联网治理体系。网络空间是亿万民众共同的精神家园，构建健康文明的网络环境，加强网络空间生态治理，打造文明和谐、天朗气清的网络空间，符合广大人民群众的利益。2018年以来，国家主管部门协同发力，联合整治炒作明星绯闻隐私和娱乐八卦、约谈直播短视频平台、将违规网络主播纳入跨平台禁播黑名单等，对当前社交媒体及网络视频平台上存在的违法违规行为打出一系列"组合重拳"。

再次，网络产业发展壮大，有利于实现关键技术自主可控。保障网络安全

---

① 国家互联网信息办公室：《数字中国建设发展报告（2017 年）》，2018 年 4 月 22 日。
② 国家互联网信息办公室：《数字中国建设发展报告（2017 年）》，2018 年 4 月 22 日。

是信息化时代保障国家安全的重要保证，掌握我国互联网发展的主动权，就必须做好核心技术突破难关，在国家安全重点领域、重点方面实现"弯道超车"。通过政策扶持网络产业发展，使企业成为科技创新的主体，在操作系统和CPU等网络发展的前沿和具有国际竞争力的关键核心技术上取得重大突破。

最后，网络产业发展壮大，有利于巩固网络应用在规模、质量等方面的世界领先水平。《国家信息化发展战略纲要》提出，建设网络强国具体分三步走：第一步，到2020年，信息消费总额达到6万亿元，电子商务交易规模达到38万亿元，核心关键技术部分领域达到国际先进水平，信息产业国际竞争力大幅提升，信息化成为驱动现代化建设的先导力量；第二步，到2025年，信息消费总额达到12万亿元，电子商务交易规模达到67万亿元，建成国际领先的移动通信网络，根本改变核心关键技术受制于人的局面，实现技术先进、产业发达、应用领先、网络安全坚不可摧的战略目标，涌现一批具有强大国际竞争力的大型跨国网信企业；第三步，到21世纪中叶，信息化全面支撑富强民主文明和谐的社会主义现代化国家建设，网络强国地位日益巩固，在引领全球信息化发展方面有更大作为。只有做好网络产业，才能为网络强国战略提供硬件条件，为强国战略目标的实现做积淀。

二、网络产业发展法制环境的比较考察

(一)我国网络产业发展的政策框架和法律制度

目前，我国通过修改、解释已有法律法规和创设互联网领域专属性法律规范，我国基本建立了包括网络接入、网络安全、互联网信息服务、网络交易、互联网金融、网络侵权、网络违法犯罪、互联网与司法工作等内容，涵盖法律、法规、规章等多种形式的互联网法律法规体系，互联网法制建设已经取得了初步成效。

在网络接入方面，自1994年加入国际互联网体系以来，我国即通过行政法规、部门规章对计算机联网国际联网管理、电信行业、国际通信等方面进行立法监管引导，近年来，基于对网络空间治理和网络安全的角度，国家出台了一系列有关外商投资电信企业、互联网域名管理、IP地址备案、电话用户真实身份信息登记等相关法律，并建立境内违法互联网站黑名单管理制度。

在网络安全方面，2016 年我国通过专门制定法律网络安全法进行网络安全的治理和监管，国务院制定了国际联网安全保护、保守国家秘密、计算机信息系统安全等行政法规和文件；在部门规章方面，中央网络安全和信息化领导小组办公室制定了关于国家网络安全事件应急预案、网络产品和服务安全审查办法、党政部门云计算服务网络安全、网络安全学科建设和人才培养等方面的规章及规范性文件，公安部发布了有关计算机病毒防治、互联网安全技术措施、信息安全等级保护等在内的若干规范性文件，工信部发布了互联网网络安全信息通报、通信网络安全防护、电信和互联网用户个人信息保护、公共互联网网络安全威胁检测与处置办法等，国家保密局颁布了计算机信息系统保密管理和国际联网保密管理的规定。以上法律法规、部门规章以及规范性文件对我国网络空间治理以及我国网络安全建立起立体化的空间保障体系。

在互联网信息服务方面，随着我国互联网产业的发展，互联网信息服务关切到人们生活的方方面面，我国已经建立包括互联网新闻、互联网播放、网络出版、网络游戏、互联网地图以及综合管理等方面的法律体系。国务院通过制定《互联网信息服务管理办法》统筹管理，综合管理方面，国际互联网信息办公室对即时通信工具公众信息服务、互联网用户账号名称、信息搜索服务、信息内容以及互联网论坛社区服务、跟帖评论服务、群组信息服务等制定管理规定，工信部、文化部也对电子邮件、应用商店、电子认证服务等内容进行规范；国家互联网信息办公室、广电总局对互联网新闻进行了引导监管；针对网络直播乱象，以广电总局为主的部门对互联网直播等视听节目进行了规制，很大程度上解决了直播行业不当竞争和内容良莠不齐的乱象；随着网络传播的快速发展，针对网络出版这一监管空白地带，广电总局和国家版权局对网络出版进行规制，推动了网络文学的健康发展；其次，我国对网络游戏的引导和规制，有效地保证了游戏内容的洁净度并在一定程度上杜绝了青少年对网络游戏的沉迷。

在网络交易方面，以阿里巴巴为代表的互联网电子商务的兴起，促进了我国互联网电子商务立法的开展。2015 年颁布的电子签名法和 2018 年颁布的电子商务法都是网络交易立法的典型代表，国家工商行政管理总局针对网络交易管理、平台责任、网络交易格式条款、网购商品的"七天无理由退货"等进行了细致的规定，商务部对网络交易服务、电子商务模式规范、网络零售第三方平台交易规则进行了规定，财务部对互联网销售彩票、电子商务税收政策进行了规定，这些部门规章及规范性文件为我国互联网电子商务的发展起到了不可忽视的引导作用，为我国电子商务的发展培育了良好的市场环境。

互联网金融方面，随着网络市场的发展，互联网借贷迅速发展，走向无监管的乱象阶段，对此中国人民银行制订了电子支付指引、电子商业汇票业务管理办法、非银行支付机构网络支付业务管理办法等规定，原中国银监会对电子银行业务、网络借贷、校园贷等现象进行规范和整治，原保监会对互联网保险业务亦进行了规定。中国网络支付遥遥领先世界其他国家，这和我国政府对互联网的政策有密不可分的关系。

网络侵权方面，互联网的发展对传统的侵权理论进行了冲击，推动着侵权理论的发展和重构。网络侵权主要包括侵犯人身权、著作权和工业产权三个方面。在侵犯人身权方面，2014 年 8 月我国最高法通过司法解释的方式对利用信息网络侵害人身权益民事纠纷法律适用进行了规定，网络产业中的著作权侵权主要发生在计算机软件领域，计算机软件著作权的保护通过著作权法和计算机软件著作权保护的部门规章加以保护，工业产权侵权行为在互联网领域主要体现在网络领域的侵权假冒、集成电路布图设计等方面，此类行为除由专利法、商标法、反不正当竞争法加以规制外，我国司法解释对网络领域的此类侵权行为有单独规定。

（二）美国的网络产业发展与制度保障

美国是全球互联网经济最发达的国家之一。截至 2016 年，美国拥有近 2.9 亿互联网用户，是全球最大的在线市场之一，互联网使用比例高达 76.2%。[①]而统计数据显示，2018 年，只有 11%的美国成年人表示不使用互联网，2010 年这一比例为 24%。[②] 美国政府长期致力于网络普及率的提高，例如，在"2015 美国国家创新战略"中承诺到 2018 年高速宽带将普及到 99%的学生，也从侧面体现出美国政府对网络基础设施建设的力度。全球领域而言，目前美国的互联网企业数量繁多，不乏行业知名度高、掌控互联网核心技术、社会影响力大的大型互联网公司，如 Google、Facebook、Microsoft 等。也有互联网服

---

① 数据来源：https：//www. statista. com/topics/2237/internet-usage-in-the-united-states/，2019-03-13。

② 数据来源：https：//www. statista. com/statistics/865523/us-offline-population-share/，2019-03-13。

务行业的领军品牌，如共享经济的代表优步公司、爱彼迎，零售领域的典型代表亚马逊、易趣，互联网金融领域的代表借贷俱乐部等。在 2015 年全球互联网企业前 10 名中，美国占据了 6 席；在前 20 名中，美国占据了 12 席。①

　　美国发达的互联网经济首先要归功于美国政府在网络产业的战略部署和超前布局。自从 20 世纪 90 年代，美国政府就高度重视互联网产业的发展，并敏锐地抓住每一个互联网领域的发展机遇，进行超前的战略部署，抢占互联网发展先机。美国政府在 1991 年提出了"高性能计算与通信计划"，紧接着 1993 年提出了"国家信息高速公路计划"（NII），旨在以互联网为雏形，兴建信息时代的高速公路——"信息高速公路"，使所有的美国人方便地共享海量的信息资源，同时将国家信息基础设施的建设面向大众，鼓励和引导私人企业投资。1994 年提出了"全球信息基础设施计划"（GII），目的是推动联合建立 GII 行业标准、相关政策和全球加入准则。1996 年实施了"高性能计算与通信计划"（HPCC），其主要目标要达到：开发可扩展的计算系统及相关软件，以支持太位级网络传输性能，开发千兆比特网络技术，扩展研究和教育机构及网络连接能力。1997 年发布"全球电子商务框架"，1999 年发布"21 世纪信息技术计划"，2004 年实施"创新的基础"重大研究发展计划、2010 年发布网络与信息技术研发（NITRD）计划，这些极具前瞻性的战略和规划对美国信息产业的发展产生了深远的影响，促进了美国信息基础设施的建设，为美国信息技术的快速发展奠定了坚实的基础，促使美国在芯片制造、计算机及网络设备、操作系统、互联网应用等方面形成强的核心竞争力。② 近年来，美国对网络产业的超前部署已经涉及人工智能、云计算、大数据等互联网发展的重要领域。在大数据领域，2009 年，美国政府提出了"大数据"战略，推出 data. gov 大数据平台；2012 年，推出"大数据计划"；2014 年，发布了《大数据：抓住机遇、保存价值》大数据白皮书，提出了一系列发展政策。2016 年，发布了《联邦大数据研发战略计划》。在国家政策的激励下，美国大数据产业迅猛发展，在大数据方面取得国际领先地位。在云计算和人工智能领域同样是通过国家政策的激励和引导，美国的云计算和人工智能等技术和企业获得了巨大的发展并走在世界前列。

---

　　① 李丽、李勇坚：《美国在互联网产业的布局与政策趋势》，载《国际经济》2017 年第 7 期。

　　② 刘勇燕、郭丽峰：《美国信息产业政策启示》，载《中国科技论坛》2011 年第 5 期。

除了在国家层面进行战略布局外，美国网络产业的快速发展还得益于其他方面。如美国政府设立专门机构积极推动网络产业的发展。如美国在电子商务出现端倪之时，就在 1996 年年底设立美国政府电子商务工作组，主导电子商务发展政策；奥巴马政府为了促进信息产业发展，设了首席信息官、首席技术官和首席数据官等新职位，负责制定信息技术领域的政策规划等。另外，美国政府注重创造和刺激市场需通过政府采购、增加国外对本国科技产品的采购等多种手段努力扩大信息产业的市场规模，减小信息企业的市场风险，提高信息企业创业的积极性。① 美国还重视基础领域的研发和应用，增加相关的互联网研发投入，联邦政府、高校和私营企业等都承担起互联网领域的基础技术研发、应用研究，加快了科技成果的产业化。此外，美国政府重视信息人才的培养和引进。具体包括四个方面的措施：政府通过建立网上大学等形式直接参与人才培养计划；政府和教育部门联手，政府提供资金，教育部门提供技术支持；采取相关措施，调动企业培养信息技术人才的积极性；增加了信息技术人才的签证数量。②

在私权保护和网络产业保护两者权衡这一方面，美国采取的是产业优先发展、待到一定的成熟阶段在进行更为有效和全面的监管的立法政策。譬如，大数据兴起之时，美国政府即提出了《开放数据法案》《开放透明政府备忘录》等法律和行政命令，鼓励数据公开，支持大数据产业的发展；又如电子商务兴起之时，美国政府在"全球电子商务框架"即提出政府应当避免对电子商务的不当限制，强调自由市场下买卖双方通过互联网购买商品或服务并达成和议的过程中，尽可能减少或避免政府的干预，同时政府应当严格限制对电子商务活动的不必要之规定，简化办事程序，避免新的税收和关税的征收。而另一方面，针对大数据使用过程中出现的国家安全、个人隐私泄露等问题，联邦政府通过出台《联邦信息安全管理修正法案》《网络安全法案》和《网络空间行动战略》等法律对大数据的使用进行监督管理。2015 年版《美国创新战略》也指出，为确保关键数字网络的安全，美国政府将制定全面的策略以加强政府的防御，同时加强与私营部门合作共享。此外，美国将继续保持网络中立，保证互联网环境

① 李桢：《美、日、印发展信息产业的模式及其对我国的启示》，载《情报资料工作》2011 年第 4 期。

② 《美国信息产业发展的经验，美国信息产业发展对中国的启示》，网址见：http：//www. todayonhistory. com/lishi/201603/33882. html。

的开放。在保持互联网开放、自由的创新平台的同时，建立监管完善的网络机制。①

在知识产权保护方面，美国政府颁布了《数字千年版权法》《世界知识产权组织版权条约》《反域名抢注消费者保护法》《计算机软件保护法》《美国发明人保护法》等法案，保护并促进了信息技术的发展和产业转化。在财税政策方面，美国政府除了直接经费资助支持高科技产业外，税收优惠和税收豁免也被作为重要的手段。联邦的政策法律中对高科技产业的税收优惠和豁免有如下明确规定：美国的大学可以享受免税待遇；政府下属的科研机构可以免除所得税，而任何人向该类科研机构捐款，捐款者可以享受相应的减税待遇；对于非营利的独立科研机构，若其从事的活动具有公益性，即可以享受免税待遇。1986 年的国内税法规定，商业性质的组织如果研发活动经费比以往又增加，则可享受相当于增加值 20% 的退税，当时规定此规定有效期为十年，2000 年美国国会通过《网络及信息技术研究法案》将该规定的使用期限永久化。此外，《经济复兴税收法》规定，当信息企业从事研发活动在 R&D 方面超过三年平均水平，对于增加额可享受 25% 的税收减免。

(三) 日本的网络产业发展与制度保障

1990 年以来，信息产业作为日本发展最快的产业，使日本短短几十年便成为全球范围内的网络强国。1995 年，日本信息产业的 GDP 为 32.91 万亿日元，超过了零售商业的 27.10 万亿日元和运输业的 23.91 万亿日元，仅次于批发商业的 40.26 万亿日元和建设业 (不包括信自、通信建设业) 的 37.86 万亿日元。1996 年，信息产业的 GDP 增加到 37.52 万亿日元，首次超过了建设业的 36.89 万亿日元；2010 年，信息产业的 GDP 增加到 56.36 万亿日元，又首次超过批发商业的 40.% 万亿日元，跃升为日本第一大产业；2014 年，信息产业的 GDP 达到 61.91 万亿日元，稳居日本第一大产业的位置。②

日本网络产业的发展在很大程度上是在政府的主导下完成的，从宏观上把握网络产业发展趋势，制定国家网络产业发展战略，颁布相关产业政策，并直

---

① 《美国信息产业发展的经验，美国信息产业发展对中国的启示》，网址见：http://www.todayonhistory.com/lishi/201603/33882.html，2016-04-21。

② 唐艺：《日本促进信息产业发展的政策及经验》，载《群众》2015 年第 8 期。

接运用到产业政策执行的全过程，包括目标制定、产业组织的协调、产业保护政策的制定和产业国际化路径。为了促进网络产业的发展，日本政府制定了一系列的发展政策：1980 年，日本提出"科技强国"的口号；1992 年，日本政府重新制定《科学技术政策大纲》，着眼于日本当时的科技现状以及即将进入 21 世纪的背景，明确提出振兴科学技术，重点提高基础理论的研究；1998 年公布《信息通信政策大纲》，提出了"发展数字化技术，重建经济"的目标；1999 年，日本科学技术会议发布的《关于推进并开拓未来信息科学技术的战略措施》提出，要从依靠物质资源的社会走向依靠信息资源的社会，要在信息技术领域培养研究、开发和应用方面的人才、加强研究开发体制、建立研究开发基础、开展国际合作等；2000 年，日本发布《IT 国家战略》，计划五年内成为世界上最先进的 IT 国家、建设至少要有 3000 万户能接入的高速因特网作为目标；2001 年，日本政府发布《e-Japan 战略》，目标是于 2005 年在全日本建成 3000 万家庭宽带上网及 1000 万家庭超宽带上网的环境；2004 年 6 月发布《U-Japan 战略》，构想在 2010 年将日本建设成一个"任何时间、任何地点、任何人、任何物"都可以上网的环境；2009 年颁布《i-Japan 战略 2015》，提出了教育领域的信息化战略；2012 年颁布 2020 年经济增长战略《日本再生战略》，明确提出要"彻底应用信息通信技术、构建稳固的信息通信平台"，提出通过信息产业振兴政策，实现在 2020 年培育约 70 万亿日元新市场的目标。①

　　日本在网络产业领域制定了完善的法律制度。从 20 世纪 70 年代开始，日本便通过立法的形式保障网络产业的发展，且每部立法都是政府与产业界共同研究、指定的，这使得立法既能把握日本当时的发展现实，又能根据网络产业发展预期进行统筹规划，从而达到国家战略与产业发展战略的平衡，避免了网络产业发展和竞争的无政府状态。如 20 世纪 70 年代颁布的《信息化促进法》《公共电气通信法》和《电子计算机技术安全对策基准通信白皮书》，分别从日本发展现状结合国家战略计划提出：鼓励和刺激信息产业、放宽对信息产业的政府限制以及明确信息产业的发展战略。这些政策使得信息产业成为 20 世纪 80 年代日本发展最快的产业。随着日本网络基础产业的发展，新的政府规划

---

　　①　周季礼：《日本网络信息产业发展经验及启示》，载《信息安全与通信保密》2015 年第 2 期。

在立法中得以体现，如颁布《地区软件法》，旨在鼓励东京以外的地区加强互联网软件开发；通过修正《著作法》和实施《著作权法》修正案，增强对计算机软件、程序的知识产权保护；通过《日本电信电话法》保障了投资日本信息产业外国人的权力，吸纳了国外资本的汇入。21 世纪以来，日本已经发展为世界先进的信息化强国，面临信息服务不规范、个人信息保护以及互联网不正当竞争等诸多问题，对此，2003 年日本政府颁布《个人信息保护法》，加强网络活动中个人信息的保护；2009 年实施了《不良网站对策法》，致力于维护健康文明的网络环境，此后，日本还通过对反不正当竞争法的修改，加强了对互联网领域的刑事犯罪和不正当竞争行为的规制。

除此之外，日本政府致力于网络产业的信息化投资、技术创新和信息化人才培养。信息化投资方面，2014 年，日本民间企业信息化投资为 16.6 万亿日元，比 2013 年增长 1.6%，占民间企业设备投资的比率为 23.4%，其中软件投资最多，达 8.1 万亿日元。[1] 技术创新方面，根据《2015 年科学技术研究调查》显示，2014 年，日本科学技术研究开发费用总额达 18.97 万亿日元（企业、非营利组织与公共机构、大学等研究费用合计），占日本实际 GDP 比率为 3.99%。其中，企业研发费用总额最多，为 13.59 万亿日元，而信息产业研发费用为 4.49 万亿日元，占企业研发费用总额比率为 29.8%。[2] 信息化人才培养方面，日本国家信息通信研究院开展国际交流计划，开展日本与国际合作项目，促进日本与国际科研机构的国际交流。

（四）印度的网络产业发展与制度保障

2017 年，印度网民达到 4.3 亿人，同比增长 15.2%，网民占人口总数的 33.5%。印度已经是仅次于中国的全球第二大互联网市场。在电子商务领域，2017 年印度网购用户数超过 1.8 亿，增加了近 5000 万，同比增长率为 38.1%，网民的网购使用率达到 42%。[3] 过去十年间，由于互联网和移动终端的普及，印度电子商务实现了持续快速发展。2010 年印度网络零售市场规模仅为 8.7

---

① 李龙霞、杨秀丹：《日本信息产业发展现状分析及启示》，载《情报工程》2017 年第 3 卷第 1 期。
② 数据来源：日本总务省，平成 28 年科学技术研究调查。
③ 中国产业信息网：《2017 年印度电子商务行业市场发展现状分析》，http://www.chyxx.com/industry/201808/666937.html，2018-08-14。

亿美元，到 2017 年快速发展到约 223.5 亿美元，年复合增长率达到 59%。① 另外，软件产业作为印度信息产业的核心，经过近三十几年的发展，使得印度成为仅次于美国的世界第二大软件大国，同时也是世界上最大的 IT 产业出口国。不过，在整体上，印度的网络产业并不发达。在 2016 全球主要国家信息社会指数排名中，印度的信息社会指数(ISI)仅仅为 0.2983，排名第 114②，处于较为落后的状态。

在进入 21 世纪第二个十年，印度在网络产业进行全面布局。印度政府开始在网络产业进行全面的布局。根据印度第十二个五年计划(2012—2017)，印度电信产业发展规划要实现为 12 亿人口提供通信服务；手机信号覆盖所有村庄，农村地区电话普及率达到 70%；宽带连接 1.75 亿人口；完成国家光纤网络工程(NOFN)；为国际移动通信增加 300 兆赫频率等目标③。其中的印度国家光纤网络(NOFN)工程是印度政府 2011 年启动的国家级工程，目标在于将宽带服务延伸到 25 万个村庄。在 2015 年，印度总理莫迪提出"数字印度"的国家战略，也是一项由印度政府发起的运动，其通过改善网络基础设施、提高互联网联结度和国家在技术领域的数据驱动来保证公民能够获得电子政务服务。④ 核心内容是建立完善的数字基础设施、让公民享有数字权、培养印度人民的数字素养。该战略重点发展九大领域：加速宽带假设、移动互联网建设、公共网络接入计划、推行电子政务改革、发展 e-Kranti 电子服务、推动全民信息计划、发展电子制造业、增加 IT 就业岗位、推行"早期收获"计划等。⑤

在印度，以软件为代表的信息技术产业取得了非常大的成就，这与其国内信息技术立法不无关系。在 1986 年印度便制定了《计算机软件出口、软件开发和培训政策》，以保障国内软件产业的健康快速成长。同时，随着信息产业和电子商务的发展，印度立法也积极回应，在 1998 年制定《电子商务支持法》，

---

① 中国产业信息网：《2017 年印度电子商务行业市场发展现状分析》，http：//www.chyxx.com/industry/201808/666937.html，2018-08-14。

② 国家信息中心：《全球信息社会发展报告 2016》，2016 年 5 月 15 日。

③ 白净、朱延生、徐济涵：《2016 年印度互联网发展报告》，载《网络空间研究》2016 年第 4 期。

④ Prakash Amit. Digital India needs to go local. The Hindu. Retrieved，2017-02-26.

⑤ 白净、朱延生、徐济涵：《2016 年印度互联网发展报告》，载《网络空间研究》2016 年第 4 期。

这属于亚洲较早的电子商务立法，而且在立法体例上独具特色①，这部法律主要是针对一些具体的电子商务交易模式加以规定，规定了电子证据、刑事责任等方面的内容，有力促进印度电子商务发展。2000 年 6 月，印度国会通过了以联合国国际贸易法委员会《电子商务示范法》为蓝本制定的《信息技术法》，这是印度在网络安全、互联网应用、电子商务等领域的基本法律。该法确认了新的合同形式即电子合同、电子签章等在交易中的法律效力，同时规定了网络民事和刑事责任，防范打击网络犯罪活动。但是在 2008 年孟买恐怖袭击事件发生之前，印度政府对互联网内容的监管较少，在此事件发生之后，通过修改《信息技术法》增加了网络犯罪的种类，惩罚恐怖主义、网络诱骗、色情等新型网络违法犯罪活动，扩大政府监控网络的权力。但是印度法院对于网络平台经营者并不认为其负有严格的审查义务，即只是要求其承担事后审查义务，即印度法院对网络平台发展持较为宽容态度，在这一点上与中国法院是一致的。2011 年，为了进一步适应信息技术的发展，增强信息技术立法的操作性，印度政府出台《合理安全实践与程序及敏感个人数据与信息规则》《中介指引规则》《网吧行为规则》《电子服务提供规则》，统称为《2011 信息技术规则》②，就泄露个人信息机构责任、网络运营商对网络内容的审查责任、网吧经营者的责任、政府提供电子服务的方式等方面做出规定。就发展路线而言，印度对网络产业发展采取了先发展后监管的政策路径，在经济上紧跟网络相关产业发展的同时，立法上也及时跟进，而且一度采取激励宽容的法律政策。

（五）欧盟的网络产业发展与制度保障

2016 年欧洲信息社会指数为 0.7017，是全球信息社会发展水平最高的地区，比 2015 年增长了 1.50%，比 2011 年提高了 8.81%，2016 年，有 31 个欧洲国家进入了信息社会，其中卢森堡信息社会指数为 0.9091，排名位居全球第一，已经进入信息社会高级阶段，瑞士、芬兰、丹麦等 10 个国家进入信息社会中级阶段。③ 欧盟经济处在高度数字化的阶段，而且其在数字领域具有世

---

① Ashraf Tariq. Information technology and public policy: a sociohuman profile of Indian digital revolution. *The International Information*, Library Review, 2004(36), pp. 309-318.

② 李静：《印度信息技术立法的发展与特色》，载《暨南学报(哲学社会科学版)》2012 年第 11 期。

③ 国家信息中心：《全球信息社会发展报告 2016》，2016 年 5 月 15 日，第 1 页。

界一流的研究和技术机构，高新技术行业发达，其在人工智能、云计算项目、网络信息基础设施、电子政府等方面的布局均处于世界领先行列。

近年来欧盟关于网络产业最为重要的一项战略就是单一数据市场战略（digital single market srategy），据欧盟委员会预测，"单一数字市场"将带动4150亿欧元的经济增长，数字经济能够拓展市场，提供更廉价质优的服务，提供更多的就业机会和资源。① 该战略包括了以下三大支柱。支柱一：简化跨境电子商务规则；更好地保障消费者权益；提供更快和更廉价的包裹递送服务；打破成员国之间商品价格的地域界限；年底提出一项现代化欧盟著作权立法提案；评估广播网络传输范围和增加广播服务跨境准入；减少企业面临不同VAT制度的遵从负担等。支柱二：全面改革电信领域的制度；改造并使视听媒体现代化；分析并解决网络平台在搜索结果、定价和信息获取的透明度问题；加强对个人数据的安全保护管理；提出一项政府与企业在网络安全领域的合作伙伴关系计划。支柱三：提出"欧洲数据自由流动倡议"；推动建立在电子医疗、交通规划等领域的统一标准；鼓励包容性的数字化社会发展；推动新的电子政务行动计划，实现欧洲范围内不同国家之间的业务登记系统信息共享。② 此外还包括了平台管理、电子商务、地域屏蔽、版权、电信规则、数据隐私、平台责任、网络安全、数据流动等16项具体措施，其中许多措施已经落地为具体的法律制度付诸实施。

在人工智能立法方面，2015年1月，欧盟议会法律事务委员会（JURI）决定成立专门研究与机器人和人工智能发展的有关的法律问题的工作小组。次年5月，JURI发布了《就机器人民事法律规则向欧盟委员会提出立法建议的报告草案》（Draft Report with Recommendations to the Commission on Civil Law Rules on Robotics）；同年10月，发布《欧盟机器人民事法律规则》（European Civil Law Rules in Robotics）。在此基础上，2017年1月12日JURI通过了一份决议，要求欧盟委员会就机器人和人工智能提出立法提案。同年2月16日，欧盟议会

① 参见 A Digital Single Market Strategy for Europe. European Commission. 6 May 2015. https：//eur-lex. europa. eu/legal-content/EN/TXT/? uri＝COM%3A2015%3A192%3AFIN。

② 参见 A Digital Single Market Strategy for Europe. European Commission. 6 May 2015. https：//eur-lex. europa. eu/legal-content/EN/TXT/? uri＝COM%3A2015%3A192%3AFIN。另可参见：中国驻美国经商参处：《欧盟委员会公布"数字化单一市场"战略具体措施》，http：//us. mofcom. gov. cn/article/express/jmyw/201505/20150500965048. shtml，2015-05-08。

通过了这份决议。这份决议包含了 JURI 提出的如下立法建议：成立欧盟人工智能监管机构；需要人工智能伦理准则；重构责任规则；强制保险机制和赔偿基金；考虑赋予复杂的资助机器人法律地位的可能性；确认人工智能产物属于"独立治理创造"；重视保护隐私和个人数据等。另外，英国在 2018 年 7 月 19 日正式通过了《自动与电动汽车法案》(Automated and Electric Vehicles Bill)。自动驾驶出租车的普及可以减少在网约车或出租车上的司机侵权事件，但是新型驾驶模式的出现要求法律的积极回应。英国出台的该法案明确了适用自动驾驶汽车的保险和责任规则，将会提振消费者对使用电动汽车的信心和保险规则现代化①，有利于自动驾驶技术的应用和推广。可见，欧盟在人工智能领域早已进行了全面的布局，通过立法一方面推动人工智能产业的快速发展，另一方面则是提前制定人工智能发展规则，应对已经出现和可能出现的法律问题，以保障人工智能快速、健康发展。

在数据治理方面，随着大数据、云计算、人工智能、区块链、增强现实/虚拟现实等一系列新技术的崛起，个人信息的收集、存储和转移逐步数字化，个人信息日益成为公共管理、社会服务和商业拓展的重要资源。② 麦肯锡管理咨询公司将大数据视为"创新、竞争和生产力的下一个前沿"③，而个人信息和数据的商业化使用也带来了私人信息和敏感信息的保护漏洞。正是在这样的背景下，欧盟出台了《一般数据条例》(GDPR)。就 GDPR 的具体内容而言，首先是适用范围大幅扩展。在个人数据保护立法上，之前欧盟仅适用传统的管辖权范围，即仅针对在欧盟或者通过其境内的设备进行处理活动的控制。GDPR 则是扩展了管辖范围，采取"保护性管辖"，具体为：(1)本条例适用于设立在欧盟境内的控制者或处理者对个人数据的处理，无论其处理行为是否发生在欧盟境内。(2)对于设立在欧盟境外的控制者和处理者对欧盟境内数据主体的个人数据进行处理，如果涉及下列情况，则适用本条例：①向欧盟境内的数据主体

---

① New powers to kick-start the rollout of electric chargepoints across the nation, Published 19 July 2018. https：//www. gov. uk/government/news/new-powers-to-kick-start-the-rollout-of-electric-chargepoints-across-the-nation.

② 京东法律研究院：《欧盟数据宪章：〈一般数据保护条例〉GDPR 评述及实务指导》，法律出版社 2018 年版，第 1 页。

③ NESSI, Big Data：A New World of Opportunities, NESSI White Paper, December 2012, p. 4.

提供商品或服务，无论此项商品或服务是否需要数据主体向其支付对价；②对数据主体发生在欧盟境内的行为进行监控。（3）设立在欧盟境外的控制者，如果其设立地依据国际公法而要适用欧盟成员国法律的，其对个人数据的处理适用本条例。① 其次是增加数据主体的权利。GDPR 引入了删除权（Right to erasure），亦称为被遗忘权，（Right to be Forgotten），主要是指数据主体有权要求控制者对其个人数据进行删除，并且在特定情况下控制者有义务及时删除个人数据。② 增设"数据可携带权"（Right to data portability），即在特定情形下，数据主体有权以结构化的、通用的可以机读的方式接收其提供给控制者的与其相关的个人数据，并且有权将该等数据传输至其他控制者而不受此前已经获得该等数据的控制者的妨害。③ 此外还引入了在"免受自动化决策权"基础上提出"数据画像"的权利和延展"知情权"及"访问权"等。④ 再次是加重数据控制者和处理者的责任义务。包括了数据处理活动记录义务、数据保护影响评估、事先协商、数据泄露报告及通知、安全保障措施、针对数据处理者责任的特别规定⑤等。此外，GDPR 还在完善跨境数据传输机制、设立数据保护官、构建欧盟监管机构一致性机制、设立欧洲数据保护委员会、行政罚款等方面做出了新的规定。欧盟在个人数据保护方面的立法一方面体现了其对欧洲公民人格尊严和人格自由的重申，而另一方面，在与美国和中国的数字经济竞争中，欧盟已经处于落后地位⑥，全方面、立体化的数据立法⑦将是欧盟促进本地区数字经济发展的重要武器。

① 参见 GDPR Article 3，转引自：《欧盟〈一般数据保护条例〉GDPR（汉英对照）》，瑞栢律师事务所译，法律出版社 2018 年版，第 41~42 页。

② 参见 GDPR Article 17。

③ 参见 GDPR Article 20，转引自：《欧盟〈一般数据保护条例〉GDPR（汉英对照）》，瑞栢律师事务所译，法律出版社 2018 年版，第 56 页。

④ 参见 GDPR Article 4 和 Article 15。

⑤ 详见京东法律研究院：《欧盟数据宪章：〈一般数据保护条例〉GDPR 评述及实务指导》，法律出版社 2018 年版，第 27~29 页。

⑥ 中国信息通信研究院《G20 国家数字经济发展研究报告（2017）》显示：2016 年，美国数字经济规模达到 10.8 万亿美元，在世界上遥遥领先；中国以 3.4 万亿美元的总量位居第二，日本、德国和英国分列第三至五位，其平均规模约为中国的一半。

⑦ 欧盟在 GDPR 之外，2017—2018 年又出台了《关于非个人数据自由流动框架的提案》《关于修订公共部门信息再利用指令的提案》《修订 2012 年访问和保存科学信息的建议》《基于公共利益由私营部门向公共部门分享数据的指导意见》等相关文件。

在竞争政策方面，欧委会在 2019 年 4 月初发布了数字时代竞争政策大会的最终报告，该报告的内容主要在于研究在数字化时代如何发展竞争政策以持续促进有利于消费者的创新。① 其主要讨论了数字时代欧盟竞争法的目标和适用方法，并重点讨论了对平台和数据的竞争规则以及数字时代的并购问题。报告认为，数字化时代欧盟竞争法的目标和方法包括确立消费者福利标准，修正现有的市场界定方法和市场力量评估方法，而且认为不应该转处理错误成本框架问题，应尝试将错误成本的一般考量转化为法律测试。此外，该报告认为竞争法与管制相比，更加适合应对数字经济带来的挑战。竞争法对于平台的适用问题，报告认为平台扮演着某种形式的管理者角色，因为它们决定了用户（包括消费者、商业用户以及互补服务供应商）之间互动的规则，并且当它们拥有支配地位时，它们有责任确保平台上的竞争公平、公正以及有利于用户。②

在数据方面，报告认为在访问个人数据、数据共享、基于 TFEU 第 102 条的数据访问和数据与售后市场原则等方面对于竞争非常重要，其关注重点在于如何避免拥有市场支配地位的企业限制竞争对手的数据获得权利和用户的是数据权利。对于数字时代的并购问题，主要是指拥有支配地位的平台对那些用户迅速增长、竞争潜力显著的小型初创企业的收购。③ 报告之所以关注数字时代的并购问题，主要还是网络平台经济具有极度规模报酬、网络外部性等特点，这使得并购会带来更加严重的潜在垄断和不正当竞争威胁，并从管辖门槛和实体评估两个方面加以分析。可以看出，欧委会本次报告的目的还是在于进一步完善欧盟的数据法律体系，与之前出台的在数据保护方面的法律文件形成体系和合力。这一方面进一步流露出作为数据输出地的欧盟的担忧，另一方面显示了欧盟欲通过构建完善的法律体系促进本地区数字经济的健康、安全发展。

除欧盟对促进网络产业进行立法以外，其成员——有数字经济领头羊之称的英国在 2008 年便启动"数字英国计划"，并于次年 8 月发布了包括《数字经济法案》立法项目在内的 20 个项目，即《数字英国实施计划》。2010 年 4 月《数

---

① 韩伟，高雅洁：《欧委会 2019 年"数字时代竞争政策大会"：最终报告摘要》，https：//mp. weixin. qq. com/s/RbVMhgWey5XoLwXxJsRUuQ。
② 韩伟，高雅洁：《欧委会 2019 年"数字时代竞争政策大会"：最终报告摘要》，https：//mp. weixin. qq. com/s/RbVMhgWey5XoLwXxJsRUuQ。
③ 韩伟，高雅洁：《欧委会 2019 年"数字时代竞争政策大会"：最终报告摘要》，https：//mp. weixin. qq. com/s/RbVMhgWey5XoLwXxJsRUuQ。

字经济法案草案》获得国会通过，同年6月8日法案大部分条款生效。①《数字经济法案》共48条，其中1/3的条款对著作权网络保护进行规定，并引入限制、断网等手段加强网络著作权保护，此外，法案还包括对政府部门网络权利分配和广播电视、视频管理等规定。英国政府希望通过改善网络基础设施，增强数据应用和保护，在国际金融危机的特殊时期能够起到稳定国内经济的效果。2017年3月，英国文化、媒体和体育部（DCMS）发布《英国数字战略》，提出把数字部门的经济贡献值从2015年的1180亿英镑提升到2025年的2000亿英镑②。《英国数字战略》提出六大支柱：连接战略、数字技能与包容性战略、数字经济战略、网络空间战略、数字政府战略和数据经济战略，为数字化转型制定了全方位立体化的战略部署。为促进《英国数字战略》的有效实施，英国政府作了充分的组织保障，作为英国数字战略的主要推动者——文化、媒体和体育部更名为数字、文化、媒体和体育部，名称中增加了数字部门，该部成立数字经济委员会和数字经济咨询组以加强政府和科技界的交流沟通。同年四月英国王室批准发布《2017数字经济法》，取代《2010数字经济法》，新数字经济法主要包括以下内容：确定了网络服务商为消费者提供宽带的义务、保护未成年人免受网络色情信息影响、打击盗版侵权行为、保护公民不受骚扰电话和垃圾邮件的侵犯、确定电子书纳入公共借阅法案之范围等，此外，法案对数字经济发展的法律框架和监管机构职能进行规定和明确，在一定程度上弥补了旧数字经济法的不足，有利于英国数字经济的稳定发展。

（六）国际组织关于网络产业发展的制度倡议

近年来，相关的国际组织或国际会议对于网络产业的发展表现出极大的关注和重视，并且对网络产业发展中存在的问题表示出关切和担忧，同时从国际视角出发，提出了各自富有建设性的制度倡议。

1. 二十国集团（G20）：2016年《二十国集团数字经济发展与合作倡议》

2016年9月，我国杭州举办了G20峰会并通过了《G20数字经济发展和合作倡议》，这是在世界经济增长低迷的背景下，首个由多国领导人签署的数字

---

① 参见 Digital Economy Act 2010，Article 47（1）（2），April 8，2012。

② 闫德利：《数字英国：打造世界数字之都》，载《新经济导刊》2018年10月。

经济政策文件，体现了各国抓住数字经济发展机遇、实现经济持续增长的愿景。该多边倡议明确了创新、伙伴关系、协同、灵活、包容、开放和有利的商业环境促进经济增长、注重信任和安全的信息流动等促进数字经济发展与合作的共同原则；指出要在扩大宽带接入提高宽带质量、促进信息通信技术领域的投资、支持创业和促进数字化转型、促进电子商务合作、提高数字包容性、促进中小微企业发展等关键领域进一步释放数字经济潜力；同时加大在知识产权保护、促进合作并尊重自主发展道路、培育透明的数字经济政策制定机制、支持国际标准的开发和使用、增强信心和信任、管理无线电频率频谱促进创新等方面的政策支持，营造开放、安全的环境。

2. 经济合作与发展组织（OECD）：《数字经济展望 2017 报告》

2017 年 10 月 11 日，OECD 发布《数字经济展望 2017 报告》，就数字经济发展给各国带来的机遇和挑战表明自己的观点。主要内容如下：OECD 高度重视数字化转型，重视数字化转型的政策意义、完善评估机制、构建整体性政策框架；信息通信行业发展前景乐观，完善制度保障其作为创新的主要动力；新一轮数据浪潮将推动相关基础设施发展；信息通讯鸿沟仍然存在，政府应侧重将公众支出用于缩小国内在信息通讯技术方面的短板，包括在教育、企业、弱势人群等方面的投入；政府支持措施尚不全面，数字变革的影响体现在不同领域岗位的创造与破坏，出现新的工作形式，并重塑贸易环境。为应对这些变化，很多政府正对劳动法和贸易协议进行审查；技术能力水平急需提升；安全隐私问题有待解决，国家应积极通过数字安全战略作出回应，出台隐私战略和加强消费者保护；人工智能带来政策和道德问题，重视人工智能对工作和技能未来发展的潜在影响，以及对监督、透明度、责任、义务、安全和保障的意义；区块链发展存在技术和政策瓶颈，例如，在没有任何中介的情况下如何执法，或是当基于区块链的体系遭受侵权时，如何、向谁追究法律责任。①

3. 联合国贸易和发展会议（UNCTAD）：《2017 年信息经济报告——数字化、 贸易和发展》

2017 年 10 月 2 日，UNCTAD 在日内瓦发布了《2017 年信息经济报告——

---

① 详见中华人民共和国商务部：《OECD〈数字经济展望 2017〉报告主要内容》，http：//www.mofcom.gov.cn/article/i/jshz/zn/201805/20180502741963.shtml，2018-05-10。

数字化、贸易和发展》，一方面对数字经济重塑世界经济发展的力量感到兴奋和隐忧，另一方面则是为数字化程度较低的国家，尤其是发展中国家的数字经济发展建言献策。其主要内容如下：数字技术正在改变经济，并影响经济发展，并预计数字化将从根本上影响行业结构、技能需求、生产和贸易，并要求对不同领域的现有法律和监管框架进行调整；数字经济正在快速发展，但发展速度却差距很大，缩小"数字鸿沟"是发展中国家面临的重大挑战；数字经济正在改变贸易、就业和技能，国家和企业利用新的数字资源的能力将成为决定竞争力的关键因素；快速的技术变革带来了多方面的政策挑战，涵盖了许多领域；在影响广泛的政策领域，应该以整体方式解决，在制定循证政策和战略方面，有必要帮助发展中国家，对于那些目前处于相对较低水平、并且在数字化方面的经验有限的国家来说，制定数字化经济政策是最迫切需要的；需要大规模的国际支持和合作。

4. 第四届世界互联网大会：2017 年《"一带一路"数字经济国际合作倡议》

2017 年 12 月 3 日在第四届世界互联网大会上，中国、老挝、沙特、塞尔维亚、泰国、土耳其、阿联酋等国家相关部门共同发起《"一带一路"数字经济国际合作倡议》，就数字经济的发展给"一带一路"沿线国家带来的机遇和挑战，以及加强政策合作、互通便利，打造"数字丝绸之路"发出以下倡议：扩大宽带接入，提高宽带质量；促进数字化转型；促进电子商务合作；支持互联网创业创新；促进中小微企业发展；加强数字化技能培训；促进信息通信技术领域的投资；推动城市间的数字经济合作；提高数字包容性；鼓励培育透明的数字经济政策；推进国际标准化合作；增强信心和信任；鼓励促进合作并尊重自主发展道路；鼓励共建和平、安全、开放、合作、有序的网络空间；鼓励建立多层次交流机制。①

5. 国际互联网协会（ISOC）：《人工智能与机器学习： 政策文件》

人工智能和机器学习的发展为经济发展带来新的动能，而且其产业化已经成为一种不可逆装的趋势。同时，人工智能在走进人们生活的同时，也带来了许多科技和伦理问题。ISOC 就此提出了人工智能发展的基本原则：在部署和

---

① 人民网：《〈"一带一路"数字经济国际合作倡议〉发布》，http：//media. people. com. cn/n1/2017/1203/c14677-29682583. html，2017-12-03。

设计中考虑伦理因素(ethical considerations in deployment and design);确保 AI 系统的"可解释性"(ensure "interpretability" of ai systems);公共赋权(public empowerment);负责任的部署(responsible deployment);确保责任(ensuring accountability);重视社会和经济影响(social and economic impacts);开放治理(open governance)。①

通过以上各个国际组织或者国际会议制定的文件或发出的倡议,可以看出,以数字经济为代表的网络产业发展一方面为经济发展带来了新的机遇和动能,另一方面也为数字经济落后国家发展带来了严峻的挑战。我国在数字化程度上与发达国家仍存在较大的差距,数字经济浪潮中应该坚持网络强国战略,优先发展我国的网络产业,提高我国的经济数字化,才能在新一轮的经济革命浪潮中占得先机。因此,需要借鉴国际经验,制定适应和保障网络产业发展的法律法规和政策,为数字经济和网络产业的发展壮大保驾护航。

三、网络产业发展创新要素的制度供给

我国经济发展正在逐渐从依赖生产要素的比较优势转向竞争优势,从规模型经济发展转向质量型经济发展,从"中国制造"走向"中国创造"。作为中国经济最为活跃的组成部分,网络产业是中国经济创新的核心领域,是实现经济高质量发展的关键。根据腾讯研究院发布的《中国"互联网 +"指数报告(2018)》,2017 年全国数字经济体量为 26.70 万亿元人民币,较去年同期的 22.77 万亿元增长 17.24%。数字经济占国内生产总值(GDP)的比重由 30.61% 上升至 32.28%。被誉为中国"新四大发明"的高铁、支付宝、共享单车和网购,其中有三者为互联网的产物,这足见网络经济和网络产业在数量和质量上对于中国经济的重要性,对推动中国经济创新性发展具有至关重要的意义。但是,中国网络产业的发展尚未进入成熟阶段,网络产业存在创新不足、关键技术受制于人、制度空间弹性不足、科技初创企业融资困难、人才储备短缺等一系列问题。只有保障核心技术、商业模式、资本和人才等创新要素不断投入网络产业,网络产业才可能是源头活水,持续、健康发展,推动中国经济质的增

---

① 参见:《Artificial Intelligence and Machine Learning:Policy Paper》,https://www.internetsociety.org/resources/doc/2017/artificial-intelligence-and-machine-learning-policy-paper/,2017-04-18。

长，实现网络强国的战略目标。

　　完善的法律制度是实现网络产业发展壮大的基础和保障。一方面，网络产业在许多方面突破了传统行业的发展模式，有自身的发展逻辑，故要破除现有法律制度中对网络产业的不合理阻碍，使网络产业的发展合法合规。另一方面，网络产业发展严重依赖创新要素的投入，应该在立法上鼓励网络产业市场主体的积极性和创造力，促进各类创新要素集聚于网络产业。

（一）网络产业发展的创新要素

　　网络产业具有科技含量高、商业模式迭代快、资金需求量大和专业技术性强等特点，其发展壮大离不开对核心技术的掌握，对商业模式的创新，对资本形成的引导和对人才队伍的建设。在法律层面上，则要通过法律机制的设计，引导、保障这些创新要素集聚于网络产业。概言之，网络产业发展壮大，离不开核心技术、商业模式、资本积聚、人才培养等各项创新要素。

　　核心技术主要包括基础技术、通用技术，非对称技术和前沿技术、颠覆性技术。代表性技术有云计算、大数据、人工智能、工业机器人、物联网、量子信息技术等。我国已经进入了新的经济发展阶段。加快发展实体经济，推动创新驱动发展战略，实现经济增长动能转化，都离不开核心技术的支持，核心技术是一个国家的产业在国际上保持核心竞争力的关键所在。在网络产业领域，甚至在整个经济领域，互联网技术在颠覆传统生产方式、优化配置资源、转换经济发展新旧动能、升级传统产业结构、构建新型商业模式等方面起着基础性作用。如量子信息技术作为一种颠覆性技术，一旦实现技术突破，一方面有利于提升整体基础研发能力，促进企业科技创新，加快行业发展步伐；另一方面，有利于我国率先形成战略优势，提升信息安全水平，促进经济发展，塑造全球科技影响力。[1] 作为核心技术主要的研发、孵化和应用领域，网络产业本身的发展严重依赖核心技术。一个互联网企业即便规模再大、市值再高，如果核心元器件严重依赖外国，供应链的"命门"掌握在别人手里，那就好比在别人的墙基上砌房子，再大再漂亮也可能经不起风雨，甚至会不堪一击。[2] 因此，要发展壮大我国的网络产业，实现网络强国战略，必须自主研发掌握核心

---

　　① 《第 42 次中国互联网络发展状况统计报告》（2018 年 7 月），中国互联网信息中心，第 70 页。

　　② 《习近平总书记在网络安全和信息化工作座谈会上的讲话》，2016 年 4 月 19 日。

技术。法律虽然不能代替市场的力量直接左右核心技术作为一种生产要素在网络产业中的配置，然而，法律一方面能够发挥价值导向的功能，引导市场主体积极主动研发、创新、应用核心技术；另一方面能够发挥保护私权的功能，在知识产权、反不正当竞争等领域保障市场主体在核心技术投入上的预期经济回报，避免其经济目的落空。

在经济学意义上，商业模式是一个组织在明确外部假设条件、内部资源和能力的前提下，用于整合组织本身、顾客、价值链伙伴、员工、股东或利益相关者来获取超额利润的一种战略创新意图和可实现的结构体系以及制度安排的集合。① 易言之，商业模式是企业的一种经营方法或盈利模式，是涉及能力、资源、客户、供应商、渠道的总体构造，目的在于更高效地创造更多的价值。企业竞争的核心是商业模式认知之争，对商业模式的投资能够协助企业的经营者在竞争中获胜。② 在网络产业中，商业模式在企业发展与竞争中的作用更加明显。如典型的平台经济模式，在整合信息资源、连接供需双方、去中心化信用构建等方面都颠覆了传统的产业模式，成为互联网企业追逐用户的主要模式。但是，商业模式是天生的"创新派"，往往与保守的法律规制之间存在天然的悖逆性。具体体现在传统政府监管的地域分割性与网络经济跨地域性相悖、传统政府监管的行业分割性与互联网经济跨界融合性相悖、传统政府监管的资源有限性与互联网经济大众参与性相悖、传统政府监管产业保护性与互联网经济产业颠覆性相悖等方面③。因此，为了实现网络产业的发展壮大，鼓励商业模式的创新，一方面需要破除对新兴业态不合理的保守性规制，实现商业模式的合法合规，另一方面要创新监管方式，避免"一松就乱、一抓就死"的尴尬局面，鼓励、引导网络产业领域商业模式的快速、健康发展。

网络产业的发展和创新，离不开适合互联网行业特性的资金支持。融资活动贯穿互联网企业的整个生命历程，是企业不断创新发展的动力。根据互联网企业的成长曲线，大多数企业在成长初期会经历很长的初创期和成长期。通常情况下，在 5~7 年内，互联网企业都是"烧钱"的，在盈利模式尚未清晰而需

---

① 朱锋：《从校内网看 SNS 网站的商业模式探索》，载《经营管理者》2010 年第 4 期。

② 李红：《中美互联网企业商业模式创新比较研究》，中国科学院研究生院 2011 年博士学位论文。

③ 张效羽：《通过政府监管改革为互联网经济拓展空间》，载《行政管理改革》2016 年第 2 期。

要大力发展用户的这个阶段，持续的有较高风险承受能力的资金支持十分重要。① 即使是在成长期，互联网企业也需要保持较高的创新投入。因为，不同于创新敏感性较低的传统产业可以依赖某个核心"秘方"而屹立于整个行业，在网络产业领域中，可能一次重大的技术变革便能使一个企业抓住发展机遇跻身行业巨头，而其他企业则可能因为没有抓住技术风口而就此陨落。因此，互联网企业整个生命周期都需要相应的外部资金来保证持续研发投入。但是，一方面，许多互联网企业在初创阶段固有资产少、信用缺失、盈利模式较为单一，既没有足够的内源资金，也很难通过债权融资的方式获得资金；另一方面，互联网初创企业往往无法满足证券法上发行股票的条件和要求，无法适应常规资本市场发行股份的融资方式。即使是风险投资和股权众筹，目前在我国也并不存在成熟的运作模式。因此，保障网络产业的发展壮大，必须疏通资本流入网络产业的渠道，构建多元、多层次的资本市场，为网络产业注入足够的血液。

对于整个互联网行业而言，人才是最宝贵的资本，也是最稀缺的资源。2018年年初李克强总理在政府工作报告中提出，要深入实施《中国制造2025》，加快推动云计算、物联网、大数据的广泛应用，以新技术新业态新模式重塑传统产业。网络产业作为相关性极高的行业，也将产生更大的人才需求。BOSS直聘研究院数据显示，2017互联网公司对AI和数据人才的争抢活跃度提高了30%以上，企业间相互挖角行为变得更加频繁，人才争夺激烈程度全面升级。② 由此可见，目前我国网络产业面临的较大的人才缺口，尤其是在互联网技术领域。网络产业的人才缺口与本产业的迅速勃兴有关，但更多的是因为相应的人才储备不足。网络产业需要的是具有互联思维、跨界思维、技术思维的复合型创新人才，而当前国内高校达到人才培养模式远没有跟上网络产业发展的步伐，出现了学习领域与应用领域之间的人才断层。另外，企业内部的人才培养体系亦不完善，无法满足企业本身的用人需求。网络产业的高度竞争和快速迭代，要求企业打造人力资源的供应链，构建人才全面发展系统，为组织战

① 白骏骄：《融资约束与中国互联网式创新——基于互联网上市公司数据》，载《经济问题》2014年第9期。

② BOSS直聘研究院：《2017年互联网人才趋势白皮书》，第9、10页，http://www.199it.com/archives/677126.html。

略和业务发展需要提供源源不断的人才支持。① 对此，在法律层面上，一方面，要尽快完善相应的教育法规，如《产学教育法》，构建新的人才培养模式；另一方面，要对企业人才培养成本予以财税政策上的优惠，鼓励企业积极建立自己的人才体系。

（二）核心技术的制度供给

核心技术具有研发周期长、沉没成本高、投资风险大、长期收益巨、外部效应显著等特点。因此，要激发市场主体（主要是企业）研发、创新和应用核心技术的积极性和主动性，制定和执行相应的法律、法规和政策时必须遵循核心技术研发及其市场化的客观规律——既不能苛求企业抱着"科技兴国"的情怀而背离企业"逐利"的天性，也不能坐视企业为了短期利益而偏安于自己的"一亩三分地"只从事附加值低、比较优势较为突出甚至是投机性强的行业，而应该充分利用产业政策工具，帮助企业发展核心技术；同时政府在帮助企业科研创新上应当充分发挥公共资源的效益，提高公共投入的经济效益；要把握权力的边界，侧重于公平的市场竞争环境的建设，为技术研发项目的经济回报提供一个较为可预期的外部环境。

1. 制定高效率的产业政策和配套制度

从经济学的角度出发，企业作为"理性人"，实现利益的最大化是其经营的宗旨。但是，从事或者投资核心技术研发对企业并非一直均具有足够的吸引力。巨大的前期投入成本和产品转化风险足以令许多企业望而却步。同时，包括核心技术在内的科技研发因为具有明显的正外部效应，相比于私人产品，其产生的社会收益大于社会成本（私人成本），如果没有税收优惠、金融优惠等政策支持，研发者无法收回其全部收益，往往没有进行科技研发的主动性和积极性。而且，有学者研究表明②：规模越大的高科技企业，研发投入占收入的比例越低，规模对高技术企业的研发密度存在反向激励；企业的内部资金越充

---

① 彭剑锋：《互联网时代的人力资源管理新思维》，载《中国人力资源开发》2014 年第 16 期。

② 郭研、刘一博：《高新技术企业研发投入与研发绩效的实证分析——来自中关村的证据》，载《经济科学》2011 年第 2 期；类似结论可见：成力为、戴小勇：《研发投入分布特征与研发投资强度影响因素的分析——基于我国 30 万个工业企业面板数据》，载《中国软科学》2012 年第 8 期。

裕，企业能够获得的贸易融资越多，企业的研发投入密度越高。简言之，规模大、资金充足、现有科技创新的既得利益者往往创新动力不足，而规模小、资金缺乏的中小企业往往具有强烈的科技创新动力，而且其研发的绩效也显著高于其他类型的高科技企业①，却往往"心有余而力不足"。此外，现有的金融体系往往表现为"嫌贫爱富"，商业银行等正规金融机构偏爱于大型企业。国有企业的研发投入规模大、强度高，主要来源于财政和信贷支持，企业缺乏内生的激励与资金来源；私营企业创新投入有内生激励，但缺乏政府财政支持、尤其信贷大力支持。② 目前对企业科技创新的产业政策的并没有聚焦好方向，也没有针对其中的"痛点"。要引导企业进行科技创新，推动核心技术的研发，笔者认为：首先，应该推动更有针对性的、更有效率的产业政策立法，明确并聚力于"政策红利"的权利主体——民营中小企业，加大对其科技创新的支持，包括设立专项基金、赋予税收优惠、拓宽融资渠道、降低融资门槛、赋予政府采购优先权等，实现公共资源效益的最大化。其次，要在正规金融机构和非正规金融机构的二元化金融机构体系下，积极引导、鼓励非正规金融机构的发展，发挥其服务"长尾客户"灵活、个性、普惠的优势，弥补正规金融机构服务对象偏好的不足，满足中小企业进行科技创新的资金需求。再次，鼓励、引导和完善众筹融资、网络借贷等金融组织创新形式，构建包容的多层次资本市场体系，减少因为信息不对称等问题导致技术创新项目面临的融资约束，为企业科研融资拓宽渠道。

2. 营造公平的市场竞争环境

营造公平的市场竞争环境，有利于减轻企业面临的市场不正当竞争压力和为此负担的额外成本，为企业进行科技研发腾出更大的资金空间，也有利于保护企业的科研成果和实现其经济目的。

首先，完善知识产权制度。企业科研成果的权利形式往往表现为专利权、著作权等知识产权。知识产权保护制度能够在某种程度上确保 R&D 项目成果的排他性占有，有助于企业获得长期的市场竞争优势，并刺激竞争者提高技术

---

① 郭研、刘一博：《高新技术企业研发投入与研发绩效的实证分析——来自中关村的证据》，载《经济科学》2011 年第 2 期。

② 成力为、戴小勇：《研发投入分布特征与研发投资强度影响因素的分析——基于我国 30 万个工业企业面板数据》，载《中国软科学》2012 年第 8 期。

创新活动的效率。① 其中如知识产权的损害赔偿制度，因为目前我国依然采取的是严格保护原则，即对于知识产权侵权造成的损害难以计算，侵权所得无法查明的情况下，由法院在法定限额内予以酌情裁定。然而，赔偿限额往往远低于已经造成的损失，不仅无法足额赔偿知识产权人，同时也助长了侵权人的侵权行为。因此，应该大幅提高限额标准甚至将之取消。

其次，加强反不正当竞争执法力度，提高不正当竞争违法成本。核心技术及其产品容易成为不正当竞争者的侵权客体。如大数据产品依托大数据技术产生，产品研发者为此投入大量成本尤其是智力投入，能够为企业带来明显的经济利益和市场竞争优势。但是数据本身并不产生物理占有的专有性，极容易为他人盗取利用。因此如何保护核心技术及其产品，对于保护企业科研创新的积极性具有重要作用。

最后，政府作为市场环境的营造者和守护者，要把握权力的边界，严格实施公平竞争审查制度。无论是具体行政行为还是抽象行政行为，只要涉及市场竞争，均应该进行竞争合理性影响评价。在网络产业中，核心技术和商业模式往往具有颠覆性，容易给传统产业带来冲击，地方政府容易出于保护传统产业目的而限制相关技术的市场化应用，从而妨碍技术创新与发展。唯有行政行为坚持竞争中性，在企业之间做到不偏不倚，才能营造一个公平的市场竞争环境，激发市场主体的创造力。

(三) 商业模式的制度供给

互联网行业商业模式往往具有跨地域、跨行业、大众参与、颠覆性等特点，在监管上给现有的制度体系带来了极大的挑战，包括监管体制不适应、监管主体不明确、安全风险难评估、立法滞后或空白等。对于每一次商业模式的革新，都必须考虑到效率与安全的价值平衡——不能因为新的商业模式突破了现有的规制框架便将之"一棒子打死"，也不能一味"网开一面"不能放任其"野蛮生长"，突破法律的容忍底线和损害社会公众的利益。尽管需要在这两者中间做出平衡，但是在不同的阶段必须有一个优位目标——即在效率与安全之间应该区分轻重缓急、有所取舍。在网络强国战略背景下，对于网络产业商业模

---

① 李后建、张宗盛：《金融发展、知识产权保护与技术创新效率——金融市场化的作用》，载《科研管理》2014 年第 12 期。

式的发展，目前应该持一种更加包容的态度：在立法层面上，回应商业模式的创新，变革监管制度，同时法律要增强前瞻性预见性①；在执法上，要更加注重信息工具的利用并充分发挥第三方或行业的监管和自律作用，以鼓励创新的谦抑性监管②为原则；在司法上，要重视利益和价值的平衡，发挥司法能动性，不能过于教条化处理。

在立法层面，互联网领域的创新，存在摩尔定律甚至超摩尔定律，即信息技术的发展日新月异，而依托信息技术的商业模式创新更是令人应接不暇，如互联网金融领域P2P网络借贷、众筹融资、第三方支付等金融创新模式的涌现和快速发展。此时立法的滞后性凸显，在许多领域存在立法空白，监管体系表现出不适应和落后性。监管法律体系的空缺和落后一方面容易导致商业模式的畸形发展和监管的低效率；另一方面无法为市场营造一个良好的法治环境，企业对未来缺少合理的预期从而阻碍创新。回应商业模式创新，应变革监管制度。

首先，发挥平台优势，采取合作规制模式。目前商业模式的创新集中体现为一种平台经济。如淘宝、京东等网络购物平台，滴滴打车、优步等网约车平台，以及"人人贷"等网络借贷平台等。无论其是否参与交易，网络平台作为交易的场所，其主导各方的准入规则、交易规则并掌握交易信息，其在规制交易方面具有技术、信息、效率等方面的优势，而行政监管部门则囿于网络平台交易的虚拟性、隐蔽性和海量性，面临巨大的执法成本压力，而且囿于信息的非对称性，难以正确评估安全风险。因此，应该通过法律赋权平台企业，采用政府与平台企业合作治理的监管模式，充分发挥平台的技术优势，加强政府和平台企业在信用培育、标准制定和数据共享③等方面的合作，实现监管的可能性和有效性。其次，改革监管体制。互联网企业从事的业务往往具有跨地域性和跨界性，而我国的政府监管体系具有明显的属地管辖和部门划分属性，这在互联网金融领域表现得尤为明显，互联网金融深化了金融业综合化和混业化经

---

① 吴志攀：《"互联网+"的兴起与法律的滞后性》，载《国家行政学院学报》2015年第3期。

② 张效羽：《通过政府监管改革为互联网经济拓展空间》，载《行政管理改革》2016年第2期。

③ 李安安：《互联网金融平台的信息规制：工具、模式与法律变革》，载《社会科学》2018年第10期。

营趋势，而现有监管体系是分业监管模式，且以机构监管作为基础，从而可能呈现混业经营趋势和分业监管体系制度性错配。① 针对属地管辖的问题，有必要提高管辖级别并集中管辖权力，这一方面有利于避免管辖的消极冲突和积极冲突，另一方面也与互联网企业的服务范围相适应。针对部门分业管理的体制问题，有必要成立统一的监管部门，并加强协调监管。最后，提高立法效率和增强法律的前瞻性。商业模式的创新发展远远超出法律对社会变迁的回应能力范围。法律固然追求的安定性，但是这只是一种理想的追求，更为重要的是法律必须回应社会现实的需要。因此，在立法上，一方面要提高互联网领域的立法效率，另一方面在立法技术上应适当提高法律用语和制度设计的包容性，为未来互联网领域商业模式的发展留足制度空间。

在执法层面，执法分为羁束性执法和裁量性执法。羁束性执法应当严格遵守立法之规定，而裁量性执法则应该发挥执法的主观能动性，创新监管方式，适应新兴业态发展。追根溯源，互联网的本质是提供信息，解决信息不对称问题。因为互联网能够提供信息服务，所以可以在很多行业领域重新配置资源和重塑商业模式，从而推动该领域出现翻天覆地的变化。② 即商业模式核心在于信息，在平台经济模式下更是如此。如果能够正确掌握网络平台的信息流动，便可以准确诊断并及时化解其中可能存在的技术风险、信用风险、法律风险等不稳定因素。首先，行政监管部门必须提高数字化、信息化的专业能力，创新采用信息工具进行监管，改变传统的"运动式执法"方式；其次，加强合作监管。重视发挥平台和互联网行业巨头在本平台、本行业的技术优势和信息资源优势，推动平台和行业自律；最后，加强跨地域和跨部门协调监管。重视不同行政管辖区域和不同监管部门之间的信息共享和执法联系，降低执法沟通成本，提高合作效率，避免执法冲突，积极应对互联网跨地域、跨业融合的趋势。

在司法层面，法院的判决具有明显的社会效应和价值引导功能。于此之所以强调司法能动性，一方面是因为互联网领域层出不穷的商业模式许多超出了现有法律法规的规制范围，处于无法可依的状态，为法官"造法"奠定了现实基础；另一方面则是因为法院判决的价值引导作用在很大程度上会决定一个新生事物的前途命运。典型如平台经营者"避风港"规则的创立，试想，如果没

---

① 郑联盛：《互联网金融：成长的逻辑》，载《财贸经济》2015 年第 2 期。

② 司晓，吴绪亮：《开启数字经济"下半场"的产业互联网》，载中国信息产业网，http://www.cnii.com.cn/mobileinternet/2018-11-23/content_2121659.html，2018-11-23。

有该规则的创立，网络平台产业难以有当下勃兴的发展态势。就现阶段我国司法实践而言，对于以电子商务为代表的网络产业模式，仍持一种较为包容的态度，这契合我国网络强国战略的内在要求，也应该在现阶段的司法实践中一以贯之。对此，我国可以充分发挥最高人民法院和最高人民检察院发布的指导案例的指导性作用，在最高司法机关的裁判中确立鼓励网络产业发展的司法价值，以指导全国法院和检察院系统对类似案件的裁判，同时也最大化节约制度成本。

(四) 资本集聚的制度供给

资本集聚是发展网络产业的应有之义。从资金供给者角度出发，资本是逐利的，为了有效引导资本进入网络产业，必须保障该产业的吸引力，并完善资本退出机制；而且要完善资金需求主体的征信体系，降低违约风险。从资金需求者角度出发，应该考虑其特殊性，为其提供针对性的融资方式。目前网络产业的融资问题主要集中在中小企业上。中小企业是我国经济发展的重要力量，也是科技创新的主要力量，网络产业要保持旺盛的生命力，离不开中小科创企业的发展。中小企业融资难、融资贵是一个世界性的难题，难在中小企业数量巨大；难在中小企业有很多独特的经营方式，这些经营方式是否可持续需要时间的证明；难在没有足够的证据能体现其信用状况。① 中小企业融资途径我国中小企业的融资渠道总体上可以分为四个阶段，创业初期、早期成长、成长期、成熟期。创业初期的资金来源主要是自筹或者依靠天使们的恩赐。早期成长阶段依靠 VC 等权益资本，也会有少量的贷款支持。成长期的权益资本融资更加容易，但是也面临股权被更大程度稀释，控制权旁落的风险，所以企业家更愿意采取债务融资，例如中小企业私募债等，或者公开市场发行。② 因此，我们可以知道，要解决网络产业资本集聚的问题，关键在于：其一方面从赋能的角度出发，完善中小企业征信体系，减轻其担保负担，提高其获得融资的能力；另一方面从制度供给的角度出发，完善银行信贷体系，同时鼓励发展股权众筹等互联网金融创新形式，拓宽其获取融资的渠道。

---

① 　陈卫东：《缓解中小企业融资难》，载《中国金融》2018 年第 13 期。

② 　朱元甲、刘坤、祝玉坤：《私募股权资本退出的新途径》，载《银行家》2016 年第 4 期。

(五) 人才培养的制度供给

人才于各行各业之重要性，无论如何强调均不为过。要实现网络产业的发展壮大，具有互联思维、跨界思维和技术思维的人才培养至关重要。要为我国网络产业的勃兴培养、储备人才，可从以下方面入手。第一，制定"网络产业促进法"，于国家法律和战略层面上鼓励网络产业的发展，展现网络产业光明的发展前景，提升网络产业的吸引力。所谓"水涨船高"，良好的法制环境和就业前景，有利于进一步发展网络产业和扩大人才需求，吸引更多的人才集聚网络产业。第二，推进产学研结合立法。我国在产学结合方面的收效甚微，大学和科研机构的技术成果向企业的转移率和市场转化率均非常低。个中原因离不开我国产学结合制度的落后。要培养具有技术思维、互联思维和跨界思维的复合型人才，必须加快我国产学研结合立法。目前我国产学研结合法律缺乏实践指导性、针对性，多为宣誓性和抽象性内容。如《中华人民共和国教育法》规定："国家鼓励企事业组织、社会团体及其他社会组织与高等学校在教学、技术开发和推广等方面进行多种形式的合作"，缺乏权利义务、法律责任、主要措施等方面的具体规定。而且对于知识产权归属、利益分配、科研奖励、促进技术转移等关键问题缺乏明确的法律规定，而对于科研人员的权益保障制度也未臻完善，难以调动科研人员的积极性。第三，出台企业人才培养优惠政策。网络产业发展日新月异，无论是企业还是人才，都处在一个不断学习进步的过程。内部人才的培养对企业本身的发展实属必要，也属于企业成本支出。要鼓励人才积极进入网络产业，应当对企业人才培养成本在税收扣减、优惠额度结转年限、政府补助等方面给予优惠政策，并具文于企业所得税法等法律法规中。第四，积极实施人才待遇优惠政策。对于从事网络产业的人才，对其个人所得、继续教育等方面给予优惠的税收政策；同时对于取得一定职称以上的高级人才依层级加大政策优惠力度，并于个人所得税法、《个人所得税实施条例》中加以规定。第五，加强人才市场法制建设。除规范人力资源行业发展、完善服务中介组织立法、保障人才流动权益、打击人才市场不正当竞争行为等之外，还必须着眼于促进人才、科技、资本快速结合和高度融合的角度，打破市场诸要素之间的隔膜，推动人才市场与技术市场、资本市场、信息市场有效贯通①，为人才培养打造完整的技术链、资金链。

---

① 汪怿：《政府从"前台唱戏"转为"后台服务"，让市场决定人才集聚方向》，载《光明日报》2014 年 1 月 25 日，第 11 版。

四、网络产业发展的市场环境与制度保障

竞争政策和产业政策在推动经济发展、优化资源配置方面具有互补性，然而两者的实施方式和路径却截然不同。产业政策与竞争政策的协调是反垄断法实施中面对的棘手问题，产业政策与竞争政策的协调最终又是通过反垄断法实施得以实现。① 网络产业政策中的税收政策激励对减轻创新型互联网企业压力，降低企业风险，增强互联网企业市场活力与创造力起到不可忽视的作用，而作为市场监管手段的消费者保护和互联网知识产权保护，为网络产业市场竞争提供了良好的市场环境。

(一)产业政策

在我国，对经济目标的实现首先体现在产业政策的制定和实施上，网络产业政策是国家产业政策的组成部分，针对网络产业领域，2000 年国务院发布《鼓励软件产业和集成电路产业发展的若干政策》，鼓励软件、集成电路等互联网基础产业的发展；2002 年颁布《国家产业技术政策》，明确提出我国产业技术政策发展战略的主要途径是以信息化带动工业化，核心是提高技术创新能力；2009 年颁布《关于实施中小企业知识产权战略推进工程的通知》，提出全面提升中小企业知识产权能力和水平，加快培育我国拥有自主知识产权、知名品牌和核心竞争力的中小企业，实施中小企业知识产权战略推进工程；2010 年发布《关于推进光纤宽带网络建设的意见》，旨在引导推进光纤宽带网络建设，拉动国内相关产业发展，推进我国光纤宽带网络建设，提出了包括加快光纤宽带网络建设，提升信息基础设施能力等在内的 6 条意见；2011 年发布《关于加快推进信息化与工业化深度融合的若干意见》，提出促进信息化与工业化深度融合，将信息技术有效应用在企业生产的主要环节，以信息化创新研发设计手段提升产业自主创新能力，完善中小企业信息化发展环境，推动信息化与生产性服务业的融合等意见；2012 年发布《关于下一代互联网"十二五"发展建设的意见》，提出了我国发展下一代互联网的指导思想、基本原则、发展目

---

① 陈伟华：《互联网产业反垄断法实施困境探析》，载《杭州电子科技大学学报(社会科学版)》2013 年 9 月第 9 卷第 3 期。

标、产业发展路线图和时间表等内容；2015 年李克强总理在《政府工作报告》中提到制定"互联网+"行动计划，推动移动互联网、云计算、大数据、物联网等与现代制造业结合，促进电子商务、工业互联网和互联网金融健康发展，引导互联网企业拓展国际市场，"互联网+"战略上升到国家层面；2016 年发布《"十三五"国家战略性新兴产业发展规划》，确定八个方面发展任务，其中之一为：推动信息技术产业快速发展，拓展网络经济新空间，实施网络强国战略，加快建设"数字中国"，推动物联网、云计算和人工智能等技术向各行业全面融合渗透，构建万物互联、融合创新、智能协同、安全可控的新一代信息技术产业体系；2017 年习近平在十九大报告中 8 次提到互联网相关内容并进一步提出了"网络强国"战略。

此外，各省市相继颁布地方产业政策，用以加强对网络产业的扶持和引导，促进地方产业结构优化升级。各省市相继出台了软件产业、移动互联网产业、电子商务等方面的鼓励扶持政策，在鼓励网络产业领域的创新要素集聚，引进国内外优秀项目、人才的同时，促进了本地相关企业的发展。如 2015 年海口市人民政府颁布了《海口市促进互联网产业发展若干措施》和《海口市促进互联网产业发展若干措施的实施细则》，对互联网行业进行专项政策扶持，包括不少于 5000 万元的专项资金、个人所得税奖励、员工落户、住房补贴、企业税收奖励和产品增值税奖励等若干扶持政策。

(二) 税收政策

纵观欧美、日本、印度等国家和地区的网络产业发展历程，不难发现网络产业的发展离不开国家税收优惠政策的支持，税收优惠政策主要包括免税、优惠税率、纳税扣除、投资抵免和加速折旧等。目前我国通过一系列的税收优惠政策，使我国的网络产业发展避免了重复探索和盲目竞争，最大限度降低了网络产业的发展成本，为网络产业的发展营造了良好的环境。

我国并没有制定专门针对整个网络产业的税收优惠政策，而对高新技术企业、技术先进性服务企业和软件企业制定了一系列的税收优惠政策，但基于互联网行业的特点，大多数的互联网企业都满足高新技术企业或技术先进性服务企业的认定标准或具有软件企业资质，从而享受一系列的企业所得税、增值税税收优惠政策。2000 年以来，我国国务院、发改委、财政部等多部门陆续发布若干针对网络产业的税收优惠政策。在企业所得税优惠方面，针对国家需要重点扶持的高新技术企业，减按15%的税率征收企业所得税；高新技术企业可享受职工教育经费税前扣除、研发费用加计扣除等优惠政策；技术先进性服务企业享受低税率企业所得税和职工教育经费税前扣除优惠政策；针对软件企业，可享受职工培训费用应纳税所得额扣除，另外软件生产企业所得税"两免三减半"优惠，软件开发企业享受实际发放的工资总额，在计算应纳所得税额时准予扣除和广告费用所得税前扣除等优惠，针对国家规划布局内重点软件企业减按10%的税率征收企业所得税。在增值税方面，互联网企业可享受已使用固定资产减增值税优惠，针对技术型企业，享受技术转让、技术开发免征增值税，离岸服务外包业务免征增值税等优惠。

除此之外，对投资我国软件生产企业的投资者也有相应的税收优惠政策，如《关于进一步鼓励软件产业和集成电路产业发展税收政策的通知》（财税〔2002〕70号）规定，国内外经济组织的投资者，以其在境内取得的缴纳企业所得税后的利润作为资本投资于西部地区开办软件产品生产企业，经营期不少于五年的，按80%的比例退还其再投资部分已交纳的企业所得税税款。

（三）竞争政策

网络产业具有的网络规模效应和技术颠覆性等特征，决定了这是一个巨头垄断与高度竞争并存的产业，每一个行业巨头都处于"称霸一方"同时"四面楚歌"的市场境地。同时，大数据、人工智能等互联网前沿技术以及平台经济等商业新形态的快速发展，给垄断和不正当竞争等不公平竞争行为蒙上了一层"神秘的面纱"。这意味着当前我国网络产业方兴未艾，同时行业生态也不容乐观。要维持网络产业良好的竞争秩序，需要把握网络产业中不公平竞争行为的特点，结合竞争法的基本原理，对现行法的规定作有针对性的扬弃，充分发挥法律的社会回应性，以期为网络产业的发展壮大提供一个良好的市场竞争环境。

1. 网络产业发展壮大中的反垄断议题

随着互联网产业的迅速发展，网络领域的反垄断案件也逐渐增多，反垄断法在互联网产业适用的问题越来越引起理论界和实务界的广泛关注。与传统产业不同，互联网产业具有双边市场特性、较强的网络效应、技术创新性和全球性等特征。一方面这些特性使得互联网产业天然具有垄断性，另一方面这些特征必将使得互联网产业中的相关市场界定、市场支配地位认定和滥用市场支配地位行为的认定与传统产业有所不同。探讨这一问题不仅有利于解决反垄断法在互联网产业适用的难题，而且有利于我国反垄断法的完善。根据司法裁判和相关实践，网络产业的反垄断主要集中在对互联网企业滥用市场地位行为的规制，而行政垄断和经营者集中并未因互联网行业的特殊性而有需理论和实务界额外关注的地方。

1）互联网产业相关市场界定

相关市场一般包括产品市场、地域市场和时间市场三项内容。因为任何限制竞争的行为都是发生在特定的市场，因此相关市场的界定可以说是反垄断分析的基本前提。从世界各国的立法和判例来看，主要有"合理的可替代性"方法和"假定垄断者测试方法"，但是，迄今为止几乎不存在一套科学完善的相关市场界定方法，也不存在对各种情况均适合的基础指标。正如美国联邦贸易委员会前主席 Robet Pitofsky（1990）所言："不幸的是，在反垄断法实施的领域没有哪个方面比相关市场的界定更糟糕。"也有学者提出了互联网产业反垄断案中相关市场界定的三大困境并提出了相关解决思路。①

（1）相关地域市场。在司法实践和理论中，关于相关地域市场的观点有三种：一是互联网平台本身即是一个地域市场；二是互联网行业的竞争具有全球性，相关地域市场应为全球；三是互联网平台的竞争具有地域性，只可能在一国境内有效开展。② 第一观点将互联网平台作为一个单独的相关地域市场，是基于互联网平台的特性，但忽略了互联网平台本身不是一个地理位置，而在实践中法院会要求在非法垄断案件中，相关地域市场须界定为明确的地理位置，如在 America Online 诉 Great Deals 案中，被告涉嫌违反《谢尔曼法》第二条，然而弗吉尼亚东区法院拒绝将相关地域市场界定为互联网本身，该法院指出尽管互联网是无限的，但是使用互联网的个人所在的位置可以被界定为相关地域市场；又比如 LiveUniverse 诉 MySpace 案中，被告也被认为违反《谢尔曼法》第二条，原告指出相关市场是"以美国为地理范围的互联网基础上的社交网络市场"，美国加利福尼亚州中央区法院同意了原告将地理市场界定为"美国"的观点，但是否决了被告将相关地域市场界定为"整个互联网"的观点；其次，以

---

① 蒋岩波：《互联网产业中相关市场界定的司法困境和出路》，载《法学家》2016 年第2 期。

② 张志伟：《互联网企业滥用市场支配地位行为规制研究——基于双边市场下的法经济学视角》，经济管理出版社 2014 年版，第 16 页。

一种观点忽视了网络产业与实体产业的紧密联系，众多网络产品服务并非独立存在于互联网，而是与实体性产业存在可替代关系，这种情况时，完全可以运用传统的相关地域市场的界定方法界定互联网行业的相关地域市场，当然也不排除存在仅能够在互联网上才能获得的产品和服务，这时候相关地域市场仅限定为互联网本身，但"互联网"仅作为相关产品市场的组成部分，相关地域市场的界定仍以涉案互联网所在的位置作为标准。第二种观点具有合理性，互联网的无限性和全球性，几乎可以使得消费者通过互联网获取世界各地的产品和服务，但除了考虑相关产品的可替代性之外，还需要特别关注地区间的差异（如语言、宗教）、运输成本、风土人情、外贸关税政策和历史文化等因素，因此，往往在一些实践中，一概将互联网行业的相关地域市场界定为全球并不合理。第三种观点与第二种观点相似，过于绝对，相关地域市场的界定，需要从多种因素综合判断，不能盲目现定于一国国境之内。综合以上论述，笔者认为，相关地域市场的考量因素有两个层次：判断产品和服务是否仅能从互联网获得，在此基础上进行进一步分析，若同时存在与之可替代的实体产业，则关于该产品和服务的相关地域市场的确定与传统的界定方法基本一致，若产品或服务仅能从互联网获得，则综合考虑地区间的差异（如语言、宗教）、运输成本、风土人情、外贸关税政策和历史文化等因素，以使用互联网的个人所在的位置界定相关地域市场。

（2）相关产品市场。关于相关产品市场的认定，有信息获取类、交流沟通类、网络娱乐类和商务交易类等四类划分方法①，也有学者划分为互联网零售业务、搜索引擎业务和社交网络业务。② 随着互联网产业的不断发展和人们需求的个性化，互联网向消费者提供的产品和服务也会更加细化，关于互联网产业的相关产品市场的认定也会更加具体化，但根据现有的司法裁判和理论，我们可以提出一些可供参考的界定标准。下面将通过个案对相关产品市场的界定进行阐述，以唐山人人信息服务有限公司诉北京网讯科技有限公司垄断纠纷案为参照，法院将相关产品市场界定为搜索引擎服务市场，而 2007 年谷歌收购 Double Click 案中，美国联邦贸易委员会（FTC）却将相关市场界定为搜索广告

---

① 蒋岩波：《互联网产业中相关市场界定的司法困境和出路》，载《法学家》2016 年第 2 期。

② 张志伟：《互联网企业滥用市场支配地位行为规制研究——基于双边市场下的法经济学视角》，经济管理出版社 2014 年版，第 17~22 页。

市场，同样是提供搜索引擎服务，为什么会界定为不同的市场呢？实际上，百度案中的法院并没有充分考虑相关市场的属性以及双边市场下搜索引擎服务的业务模式、盈利来源。百度搜索引擎服务具有很强的双边属性，一边向广大的网民提供免费的搜索服务，另一边通过向广告购买商提供广告服务赚取费用，而后者是其盈利的核心，通过盈利来界定相关市场更科学，所以唐山人人诉百度案，笔者更支持将相关市场界定为搜索广告市场。在互联网产业中，相关产品市场的界定与相关地域市场的界定相似的就是，首先需要确定产品是否仅能够从互联网取得，其次再通过双边市场下的盈利来源和盈利模式，通过盈利来源和盈利模式综合判断相关产品市场。

　　2）互联网产业中的市场支配地位认定

　　在传统的反垄断理论中，市场支配地位的确认存在市场绩效、市场行为和市场结构三个标准，市场绩效标准和市场行为标准在理论上更具有科学性，但是在实践操作层面具有诸多不便，如涉嫌具有支配地位的产品的盈利的确定、市场行为的复杂性等，所以目前世界各国普遍采用市场结构标准。根据我国反垄断法的界定，"本法所称市场支配地位，是指经营者在相关市场内具有能够控制商品价格、数量或者其他交易条件，或者能够阻碍、影响其他经营者进入相关市场能力的市场地位"。可见，在传统的反垄断理论中，市场结构的衡量指标主要有市场份额、价格等因素，但是由于市场份额的确定以相关市场的确定为前提，相关市场的界定是否准确，对市场份额的大小影响显著，其次市场份额标准本身也存缺陷。欧盟通过"实质性市场力量"，即在竞争性水平上的定价的能力，来认定市场支配地位，其标准有三：一是支配企业及其竞争者的市场地位，二是实际或潜在竞争者进入市场的难易程度，三是相抗衡的买方力量。①

　　双边市场下的互联网行业，不同于传统的实体产业，反垄断法中市场支配地位的界定有其特殊性。首先，传统方法并不完全适用于互联网行业，究其原因，以成本和价格作为分析起点的传统分析方法具有局限性，互联网行业的成本具有特殊性，边际成本趋于零，价格本身的变化也因其双边属性难以确定，因此借助传统的"成本—价格"分析，显然不能得出使人信服的结论。在双边

---

　　①　2008 年 12 月 8 日欧盟委员会发布的《欧盟委员会对排他性滥用行为适用欧盟条约第 82 条的优先执行权的指南》。

市场理论下，免费市场的滥用市场支配地位是否存在，现在基本不存在争议，我国唐山人人诉百度案中，法院认为被告以是否付费为标准衡量是否存在相关市场的观点不具备事实和法律依据，美国和欧盟的大量反垄断案例也表明免费市场不是否认市场支配地位的合理解释。那么免费市场下如何确定市场份额呢，计算的依据和数据的来源又是什么呢？微软收购 Skype 案中，欧盟委员会通过数量计算市场份额，并表示由于大多数个人即时通讯软件是免费提供服务的，在市场份额计算指标上，数量比金钱更好；在美国 LiveUniverse 诉 MySpace 案中，法院则以浏览量及访问量作为衡量社交网站的市场份额。

3）互联网产业中的滥用市场支配地位

市场支配地位滥用有很多划分方法，其中在理论和实践中比较常见的是从对竞争的不同影响来划分的。滥用市场支配地位的行为基本上可以分为两种基本的类型，即剥削性滥用和排斥性滥用两大类。① 从理论上来讲，网络产业中的滥用市场支配地位行为与传统的实体产业并无差异，然而由于网络产业的特性，使得互联网企业滥用市场支配地位的表现形式与传统行业有着很大不同。通过司法裁判和相关实践，互联网行业滥用市场支配地位的行为主要表现在捆绑搭售、歧视性待遇和数据垄断等类型。

（1）捆绑搭售问题。搭售的目的是为了将市场支配地位扩大到产品的市场或者阻碍潜在的竞争者进入市场。② 以美国微软公司垄断案③为例，涉嫌搭售的商品，应首先区分搭售商品与被搭售商品的独立性，如果搭售商品与被搭售商品不存在共同销售的必要，则构成搭售；反之，则不构成搭售。基于互联网行业的技术性和数字性特征，使得互联网行业的搭售行为与传统行业相比难以区分是否"必要"。在微软案中，判定微软公司的行为究竟是否构成反垄断法上的搭售行为，主要是在于判定视窗操作系统与浏览器是否是可以分开的、独立的产品，上诉法院认为除了限制自动引入可以选择的用户页面之外，微软的其他限制措施都与保护操作系统不被过度修改无关，从而否定了微软公司的上诉抗辩，认定了微软公司在 win98 和 win95 的销售过程中存在搭售 IE 浏览器软

① 孙晋、李胜利：《竞争法原论》，武汉大学出版社 2011 年版，第 106 页。
② 马思涛：《反垄断法如何控制市场支配地位的滥用》，载《中国反垄断法研究》，人民法院出版社 2001 年版，第 269 页。
③ 尚明：《反垄断法理论与中外案例评析》，北京大学出版社 2008 年版，第 208 页。

件的行为。对互联网企业的搭售行为界定，应该考察两个方面：一是涉嫌搭售的两个或两个以上的商品和服务是否可分开和独立，既要考虑技术上的可能性，又要分析涉嫌搭售的商品本质上解决了消费者的何种消费需求；二是要充分分析搭售行为对竞争的扭曲效果，此外，也有学者从法律经济学的角度提出信息产品的捆绑销售可能对于提高社会福利水平或经济效益具有明显的作用。[1]

（2）差别待遇问题。传统反垄断理论中，差别待遇的主要内容为价格歧视，而互联网市场的双边属性下，居于支配地位的互联网企业存在的免费市场往往是进行垄断的中心。自 2010 年开始，谷歌分别在欧盟竞争委员会和美国联邦贸易委员会遭到了反垄断调查，两家调查都共同关注一个问题：谷歌搜索引擎通过搜索结果降低竞争对手的排名，通过这种手段将用户吸引到自己的产品下。后美国联邦贸易委员会与之达成和解，前者表示后者的行为并未违反反垄断法，但在部分操作方法上进行改进。美国联邦贸易委员会通过调查谷歌搜索系统的算法发现，谷歌的争议技术和算法旨在改进谷歌产品和用户体验，这种技术创新或许会影响一些网站在搜索结果中的排名，这种技术创新的副作用并非有意为之。而且，美国联邦贸易委员会强调，反垄断法的核心是保护广大消费者的利益，而不是竞争者的利益，故根据已有证据，谷歌不构成垄断。因此，对网络产业来讲，仅通过其外观表现形式作为反垄断法中的差别待遇认定标准显然是不够的，更应该综合考虑技术创新和消费者权益的保护，以避免网络产业差异化、个性化的产品创新、服务升级。

（3）数据垄断问题。在数据驱动经济下，数据已经成为企业重要的生产要素，而且平台经济盛行的当下，平台成为数据的天然"聚宝盆"，互联网巨头往往掌握了行业内绝大部分的用户数据，而其为了获得竞争优势，有足够的动机构建数据壁垒。数据驱动能力的悬殊差距使得大型企业有能力阻碍创新、强化自身支配地位。例如，运用大数据识别潜在竞争者，并迅速部署排除新兴竞争力量的策略，包括妨碍其接触必需数据或及时将其收购，进而阻隔创新源泉。[2] 而且数据收集、利用、储存中涉及的用户个人信息和隐私权问题亦不容

---

① 李剑：《法律经济学的分析与搭售合理性的认识》，载《西南师范大学学报（人文社会科学版）》2006 年第 2 期。

② 牛喜堃：《数据垄断的反垄断法规制》，载《经济法论丛》2018 年第 2 期。

忽视。对此,笔者认为,应对数据垄断需要以维护竞争秩序和用户利益并重。数字经济时代,数据是市场最真实的反映,大量数据的收集、分析能优化企业决策、创造市场优势。互联网行业也越来越体现出数据驱动的特征,数据成为"兵家必争之地",如菜鸟和顺丰的物流数据纠纷、华为与腾讯微信的数据纠纷。在反垄断法领域,数据垄断表现为互联网巨头掌握了行业内大部分用户的数据之后,通过对大数据的收集、分析和使用设置准入壁垒、获取先发优势、重塑行业生态①,产生限制竞争的效果。同时,互联网巨头对大量数据的掌握和商业化使用也引发了用户个人信息和隐私保护等数据安全问题。对此,问题的关键在于确定企业享有的数据权利边界。鉴于数据的收集往往是企业大量前期投入的成果,其即使不构成知识产品,但至少符合"额头流汗规则"受保护的要求,而且明确的数据权利归属有利于鼓励企业进行数据开发,创新产品,促进行业发展。因此,一方面应该赋予企业法律上对数据的控制权,另一方面这种控制权的行使应该有一定的边界,即不应该不合理限制竞争或损害用户合法权益,如果企业滥用其数据权利,谋求非法的垄断地位和竞争优势,则应落入反垄断法的规制。值得注意的是,面对新兴数据垄断问题,反垄断执法不应过于冒进而有损创新,具体案件的分析应当以是否损害竞争,包括隐私保护方面的竞争为前提,针对特定案件进行具体分析,充分考虑行业特质、案件特点。②

2. 网络产业发展壮大中的反不正当竞争问题

《中华人民共和国反不正当竞争法》(2017 年修订,以下简称《反不正当竞争法》)在传统的市场混淆行为、商业贿赂、侵犯商业秘密、虚假宣传、不正当有奖销售和商业诋毁的基础上,新增了关于"妨碍、破坏其他经营者合法提供的网络产品或者服务正常运行的行为"的规定,并以兜底条款赋予法条于适用上的较大空间。③ 同时,新出台的电子商务法针对"通过互联网等信息网络

---

① 牛喜堃:《数据垄断的反垄断法规制》,载《经济法论丛》2018 年第 2 期。
② 牛喜堃:《数据垄断的反垄断法规制》,载《经济法论丛》2018 年第 2 期。
③ 《中华人民共和国反不正当竞争法》第十二条 经营者利用网络从事生产经营活动,应当遵守本法的各项规定。

销售商品或者提供服务的经营活动"对"刷单""杀熟"①等典型的电子商务不正当竞争行为加以规定。立法对社会技术发展的及时回应,在一定程度上缓释了执法与司法中对不正当行为认定过于依赖一般条款和法律解释的压力。然而,除了网络领域的不正当竞争行为具有隐蔽性、普遍性、快速传播性等特点给执法和司法对行为和损害后果认定上带来困难外,目前我国网络产业中对不正当竞争行为规制仍存在以下问题:

第一,竞争关系的界定。竞争关系界定之所以成为一个难题,是因为在互联网行业具有跨界融合的特点,经营者之间是否存在竞争关系、存在怎样的竞争关系变得模糊不清,而成立竞争关系是构成不正当竞争的前提。同时,对于是以狭义的竞争关系还是以广义的竞争关系为前提,亦有不同看法。竞争关系有狭义和广义之分,狭义的竞争关系是指商品之间具有替代关系(相同或者近似的商品)的经营者之间的相互争夺交易机会的关系,商品互不相同、不具有替代关系的经营者之间不存在竞争关系,不发生不正当竞争行为。② 至于广义的竞争关系,无论使不正当竞争行为脱出竞争关系的范畴而等同于不公平交易(经营、商业、贸易)行为,还是主张竞争关系包括直接的和潜在(间接)的竞争关系、发生侵权行为就认为有竞争关系或者压根不考虑竞争关系等,都说明反不正当竞争法上的竞争关系是一种广义的竞争关系,甚至可以说是经营者之间以不正当方式进行的侵害与被侵害的关系。③

第二,不正当竞争行为的判定标准。1993 年《反不正当竞争法》第二条前两款规定,"经营者在市场交易中,应当遵循自愿、平等、公平、诚实信用的原则,遵守公认的商业道德。本法所称的不正当竞争,是指经营者违反本法规定,损害其他经营者的合法权益,扰乱社会经济秩序的行为"。而 2017 年《反

---

① 《中华人民共和国电子商务法》第十七条 电子商务经营者应当全面、真实、准确、及时地披露商品或者服务信息,保障消费者的知情权和选择权。电子商务经营者不得以虚构交易、编造用户评价等方式进行虚假或者引人误解的商业宣传,欺骗、误导消费者。
第十八条 电子商务经营者根据消费者的兴趣爱好、消费习惯等特征向其提供商品或者服务的搜索结果的,应当同时向该消费者提供不针对其个人特征的选项,尊重和平等保护消费者合法权益。
电子商务经营者向消费者发送广告的,应当遵守《中华人民共和国广告法》的有关规定。
② 孔祥俊:《论反不正当竞争法中的竞争关系》,载《工商行政管理》1999 年第 19 期。
③ 孔祥俊:《论反不正当竞争法中的竞争关系》,载《工商行政管理》1999 年第 19 期。

不正当竞争法》其中第二款主要的变化①是在"其他经营者的合法权益"的基础上，修改为"其他经营者和消费者的合法权益"，同时将"社会经济秩序"进一步明确为"市场竞争秩序"。这体现了反不正当竞争法界定不正当竞争行为的标准变迁。传统立法观点认为反不正当竞争法是保护其他经营者的权益，而对于只损害消费者权益而不损害其他经营者权益的情况下是否有《反不正当竞争法》适用的余地均为司法认定带来疑问。此次将消费者权益明确纳入保护范围无疑是立法者对该法保护法益在认识上的一次跃迁。但是这里仍存在疑问。该法第二条作为一般条款，其在不正当竞争行为"层出不巧、花样百出"的互联网时代，其在协调法律的滞后性和社会回应性上无疑将承担更大的使命，发挥更大的适用空间。在适用第二条时，其中第一款主要是以诚实信用原则等商业道德为标准界定不正当竞争行为，第二款则是以"市场竞争秩序"和"其他经营者和消费者的合法权益"为标准加以界定。道德性的判断标准容易产生"千人千面"的主观认定弊端，而强调行为效果的客观认定标准在实施上要求甚高而易生纵容。

第三，平台内经营者出现不正当竞争行为时网络平台的责任问题。如在电子商务领域，对于平台内经营者之间的不正当竞争行为，因为其直接违反了反不正当竞争法，对受害人直接构成侵权，在法律责任认定上并无困难；如果平台经营者直接实施或者参与不正当竞争行为，亦是应当承担不正当竞争法律责任。但对平台内经营者通过平台实施侵犯商标权、"刷单"或恶意给予其他商家差评等不正当竞争行为，电子商务平台经营者是否承担责任、责任认定标准尤其是事前审查义务如何界定的问题则存在疑问。目前我国多数法院对于平台经营者事前审查义务的认定采取一种较为宽容的态度，认为平台经营者对平台内经营者仅具有形式审查义务，而无识别是否存在违法的义务（明显违法的除外）。是否仍应该以司法实践中的现有标准要求平台经营者，值得思考。

（1）基于互联网行业商业竞争模式界定竞争关系。相较于传统商业社会的情况，网络商业环境中不正当竞争案件原告与被告之间的竞争关系具有极高的

---

① 《中华人民共和国反不正当竞争法》第二条　经营者在生产经营活动中，应当遵循自愿、平等、公平、诚信的原则，遵守法律和商业道德。本法所称的不正当竞争行为，是指经营者在生产经营活动中，违反本法规定，扰乱市场竞争秩序，损害其他经营者或者消费者的合法权益的行为。本法所称的经营者，是指从事商品生产、经营或者提供服务（以下所称商品包括服务）的自然人、法人和非法人组织。

认定率。在该类案件中，竞争关系不再成为法官轻易否定原告竞争权益的手段。① 之所以会出现这种情况，是因为在互联网中商业竞争很大程度上表现为用户资源的竞争和用户数据的竞争，网络环境中缺少实体空间的阻隔，互联网产品直接接触用户，用户资源可以直接跨地域、跨行业流动。而且不同行业之间产品客户端往往同时出现于用户的互联网设备上，形成对用户注意力资源的同时竞争，这在传统行业中是难以做到的。而大量的用户资源可以带来丰富的用户数据，结合数据分析技术可以为企业决策、商业模式创新和技术改进提供支持。因此，只要以不正当的方式侵夺其他经营者的用户资源，均有可能构成不正当竞争。对此，互联网行业商业竞争模式可以简单概括为经营者对用户资源的直接竞争。基于此，互联网行业的竞争关系可以界定为"经营者之间通过互联网相互竞争用户资源的关系，且不以其产品存在替代关系或具有相同的经营范围为限。"即属于广义的竞争关系。不正当竞争用户资源行为有"搭便车"行为(市场混淆)，如仿冒域名、不当链接等，非法吸引其他经营者的用户资源；也有限制用户资源流动的行为，如实施产品不兼容或者"二选一"；而数据层面则可能通过获取其他经营者产品用户数据如用户关系链，将用户资源转移或复制至自己产品上。对于这些争夺用户资源的行为，经营者之间的竞争并不以存在狭义的竞争关系为前提，其最直接的关联仅仅是互联网，即超越空间和行业的"全网络竞争"。②

（2）不正当竞争行为的判断标准应该区分层次。反不正当竞争法第二条规定"经营者在生产经营活动中，应当遵循自愿、平等、公平、诚信的原则，遵守法律和商业道德。本法所称的不正当竞争行为，是指经营者在生产经营活动中，违反本法规定，扰乱市场竞争秩序，损害其他经营者或者消费者的合法权益的行为。"这是规定不正当竞争行为的一般条款，在不正当竞争行为层出不穷的网络产业领域，其对于弥补法律的滞后性具有重要作用。如何运用该条规定判断是否构成不正当竞争，笔者认为：在规制视角上，第一款是一种正面规定，即规定经营者的"应为"；而第二款则是反面规定，规定经营者的"不应为"，因此两款在某些情形下可以互为参照。在内容上，第一款是道德的法律

---

① 王永强：《网络商业环境中竞争关系的司法界定——基于网络不正当竞争案件的考察》，载《法学》2013 年第 11 期。

② 王永强：《网络商业环境中竞争关系的司法界定——基于网络不正当竞争案件的考察》，载《法学》2013 年第 11 期。

化，以商业道德作为行为的评判标准，赋予了法官较大的自由裁量权，这使得该款的使用存在不确定性；第二款则是描述性规定，即对不正当竞争行为一般构成要件的外观表述，即包括"经营者""生产经营活动""扰乱市场竞争秩序"和"损害其他经营者或者消费者的合法权益"等要件。在层次上，第一款是立法价值层面的内容，具有原则性，第二款则是更为具体的规定，具有规则性。因此，从适用法律的明确性和可预见性出发，可以认为第一款仅仅是价值指导条款，其本身并不能直接作为法院援引对象，而必须结合具体条款才能适用。而第二款则是在其他具体条款不适用于具体情形时，作为兜底条款加以适用，即不正当竞争行为至少需要满足该款规定的构成要件。换言之，在不正当竞争行为的判断标准上应当尽量避免商业道德或者诚实信用原则的适用。诚如有学者所言，抽象的商业伦理不断变化，可圆可方，具体的市场行为的正当与否则必须依据具体的法律规范来判断，而制定怎样的法律规范却必然是一国经济政策的选择所致。① 因此，适用第二款作为一般条款，重点在于对"扰乱市场竞争秩序"的理解和认定，即以客观化的行为效果对是否构成不正当竞争进行法律判断。但是，以健康的市场竞争秩序作为网络竞争的红线也容易带来主观认定的差异，是破坏了市场竞争秩序还是属于正常的竞争行为，需要裁判者熟练掌握经济学和法学知识，同时还要熟悉行业技术规则等，这对于执法者、司法人员无疑提出了较高的要求。

（3）判断网络平台的不正当竞争责任应该基于具体的价值衡量和理性取舍。现阶段立法倾向于保护网络平台产业等网络产业是一种宏观的立法选择，这与我国网络强国战略的实施相呼应，是正确的，但这不意味着在具体案件中要直接适用这样一种粗糙的价值取向。在具体情形下仍需要进行更细致和理性的划分并考虑优先保护私权。首先，在网络环境中，由于存在主体匿名性、时空阻隔性及网络技术复杂性等因素的介入，使得侵权人侵权能力大幅提升却不易被察觉，而被侵权人的维权能力一落千丈而难以救济，造成形式平等而实质不公的局面②。因此在某些领域需要对受害方给予更大的保护。如在知识产权

① 李阁霞：《互联网不正当竞争行为分析——兼评〈反不正当竞争法〉中"互联网不正当竞争行为"条款》，载《知识产权》2018 年第 2 期。
② 王洪、谢雪凯：《网络服务商第三方责任之现代展开——立法演进、立法思想与理论基础》，载《河北法学》2013 年第 7 期。

领域，因为被侵权人维权成本极高且值得保护的利益较大，应当要求平台内经营者事前对明显涉及专利技术、著名商标等的商品进行实质审查，确定其所售商品不具有权利瑕疵。其次，对于食品药品的网络交易，因为涉及公民的生命权和健康权，此时无理由倾向于保护平台经营者，而应该要求平台经营者严格审查和监管平台内经营者的广告、信用评价等商品信息，防止出现虚假好评、市场混淆等不正当竞争行为而损害消费者和其他经营者的合法利益，而不应限于一般的形式审查。① 最后，立法者和司法者应以一种发展的眼光看待产业保护和私权保护之间价值平衡和取舍。网络信息技术日新月异，网络产业发展之速度往往超出法律能预见的范围，如今平台经营者如阿里巴巴旗下的淘宝网是否在技术上仍难以或无法实现事前实质审查？或即使无法实现但不以此为理由免责，是否会如当初设想一样超出了其承受范围？而受害方在虚拟无边的网络空间中，自我保护和维权的能力却被快速发展的网络信息科技不断削弱、稀释，要承担更大的交易风险和安全风险。两者相权，谁更值得保护？答案未必一如既往。

（四）消费者保护

在互联网领域，消费者面临技术带来的与传统商业领域不同的权益保护问题，其中许多侵犯消费者合法权益的行为已经超越了《消费者权益保护法》的涵盖范围，而且许多行为涉及消费者权益保护法与反不正当竞争法和反垄断法的交叉领域。同时对消费者个人信息和数据权利的保护等新问题也急需解决。

首先，互联网商业领域消费者的概念已经不再局限于传统的对购买的商品或者服务支付对价的交易相对方，在"免费模式"盛行和流量至上的互联网行业，"用户"概念显得更加贴切。因而网络经济下的消费者概念也发生了变革，它不再是简单地通过付费方式接受产品或服务的个体，而是扩展到所有在特定产品上投入注意力资源的用户，即潜在的消费和信息传播群体，此时用户与"客户"一样，都居于消费者地位。这种新型的、变异的消费者概念有助于厘清网络经济下消费行为与传统消费行为的差异，以此反映出消费者利益在互联

---

① 有人可能会认为这会使得平台经营者经营成本过高，限制了产业发展。笔者认为，这种"成本"是在平台内经营者和平台经营者之间的考虑范围之内，无论是哪一种成本，均会在交易各方之间达成一个较为均衡的分配。

网竞争中所涵摄的范围。① 即在网络产业中，应该将消费者的概念扩展至用户。相应的，此时消费行为的内涵也发生改变，不再局限于价值交换行为，而是扩展到单纯地使用行为。

其次，互联网出现了许多新型的侵害消费者合法权益的行为。经营者通过互联网平台收集用户使用信息，并结合大数据、云计算、人工智能等技术有助于促进交易、精准推送广告、节约交易成本、拓展商业模式，但是也可能助长许多侵害消费者权益的行为。如定价算法能够基于消费者的地理位置信息、购买使用频率、历史浏览记录、之前购买情兄、需求紧迫程度、消费支付能力、浏览终端类别，甚至是性别年龄、所属行业等进行多维度的综合判断后，可能会针对相同的商品或者服务，向不同的消费者提供不同的价格，有可能形成定价歧视（price discrimination），即通俗意义上讲的"杀熟"②；亦有为获得竞争优势、打击竞争对手故意实施产品不兼容，损害用户的合法权益，即"二选一"；也有为谋取非法利益而故意泄露用户个人信息。对此，电子商务法和网络安全法等法律均作出了相应规定，但是由于网络行为具有隐蔽性、技术性、普遍性，其在执法和司法认定中存在困难。

最后，消费者的个人信息和数据权利急需保护。消费者在网络平台留下的痕迹，以数据的形式留存于平台，数据的内容往往包含消费者的个人信息。对于用户个人信息的保护，网络安全法设有专章规定，确立了用户信息保护制度和合法、正当、必要原则。但是这些规定并未解决许多具体问题。对于明示同意规则，许多网络平台仅仅是在首次使用时在其《隐私政策条款》或者《用户使用协议》中体现，而且规定要么晦涩难懂、要么隐蔽难识，用户难以真正了解平台收集相关信息的用途以及对自身可能存在的风险，在这种情况下用户难以真正行使同意权和知情权，从而对信息的收集是否合法、正当、必要无从判断。对于用户信息保护制度，其适用前提是准确界定个人信息的范围，但是这并非易事。如在人脸识别技术深入发展的今天，在人脸信息使用完毕后予以删除，但是如果根据摄影时周围环境亦能合理推断出特定个人，其是否属于个人信息不无疑问。对于网络平台企业使用从用户获得的数据用以获得商业利益，

---

① 杨华权、郑创新：《论网络经济下反不正当竞争法对消费者利益的独立保护》，载《现代法学》2016 年第 3 期。

② 施春风：《定价算法在网络交易中的反垄断法律规制》，载《河北法学》2018 年第 11 期。

确定数据的归属便是企业合法使用的前提，但是现行法对此并无明确规定，而是留予当事人约定，但是用户对此并无对等的缔约地位，只能任格式条款规定。

要解决目前消费者保护领域的问题，首先要加快完善消费者权益保护立法。如将消费者的法定范围扩展至"用户"，加强对用户合法权益的保障。目前用户与平台企业出现纠纷主要是以用户与企业签订的《使用协议》等合同以及合同法作为依据，但是用户与具有市场支配地位的互联网巨头之间并不具有对等的议价能力，服务合同作为格式合同往往对权利义务作倾斜性配置，有利于互联网企业而不利于用户；或者许多网络服务商对其服务并不具体区分基础功能服务和增值功能服务而一律要求个人信息授权，即使该服务功能本身的实现并不需要这些信息，否则无法使用，加之当下我国用户对于个人信息和数据并不具有足够的权利自觉，更愿意"以隐私换服务"，从而面临隐私泄露风险。在此情形下，法律有必要介入倾斜的权利义务关系，对用户和企业之间的权益分配设置底线规定。

其次，要充分结合技术和规则，通过政企合作实现对网络侵权行为的识别、监测和固定。这与打击知识产权网络侵权的实现路径一致，详见后文论述。

最后，要加快个人信息和数据立法。自 2016 年网络安全法发布以来，我国在法律层面上的个人信息立法还有电子商务法、民法典总则和审议中的人格权编，2018 年 9 月 10 日，全国人大公布十三届全国人大常委会立法规划，个人信息法和数据安全法也已经列入第一类项目立法项目。公法、私法立法并行推进，体现了我国对个人信息和数据保护的关注，同时应关注西方国家尤其欧盟个人信息和数据的立法实践，了解其立法背景和立法目的，而非照搬其立法内容。尤其我国网络产业正处于蓬勃发展阶段，而且互联网是我国少有的具有国际竞争力的行业，简单套用欧盟立法可能会阻碍我国数字经济的发展，妨碍网络强国战略的实施。

（五）知识产权保护

知识产权主要是一种无形财产权，包括著作权、专利权和商标权，其不具有物质性，这与互联网的虚拟性特点有契合之处，而网络产业的主要资产也正是知识产权，其发展壮大离不开知识产权保护。如蓬勃发展的内容产业离不开著作权法的保护，核心技术的研发创新离不开专利法的保护，行业巨头承载着巨大价值商誉的各种标识离不开商标法的保护。在知识经济中，发明专利、商业秘密、不断更新的计算机程序、驰名商标等知识产权在起关键作用，随着生产方式的变动，上层建筑中的法律层面的重点也必然变更。① 在网络产业这样一种典型的知识经济中，知识产权保护显得更为重要。目前，我国网络产业乃是知识产权侵权纠纷的"重灾区"。此外，电商平台上出售的许多商品都存在着侵犯知识产权的问题。网络产业本身蓬勃发展的同时也在阻碍自身发展，互联网技术的发达使得侵权行为变得更加容易、破坏面更广、破坏力也更大。

具体而言，目前网络产业知识产权保护存在的主要问题如下：首先，知识产权保护立法滞后。如我国的专利法是在 1985 年颁布的，最近一次修订是在 2008 年，其立法的时代背景与现在截然不同，难以满足互联网时代对专利保护的需求。如发明专利的审查周期长，且采取公开审查制，在技术发展日新月异的当下，企业的核心技术专利不仅容易遭遇剽窃，甚至很容易被竞争对手模仿超越。其次，行政执法缺乏有效监管手段。由于互联网具有虚拟性、匿名性、即时性等特点，知识产权网络侵权相应具有隐蔽性、普遍性，这给知识产权行政管理部门的监管带来很大挑战。最后，司法过程缓慢，举证存在困难。知识产权具有高度专业性和技术性，审理过程长。如专利纠纷往往会经过专利行政管理部门和专利复审委员会两轮行政裁断以及一审、二审两轮司法裁判。同时，网络侵权电子证据易篡改、易灭失，权利人存在举证难、成本高的问题。针对上述问题，笔者认为：

第一，针对网络产业特点完善知识产权保护立法和配套制度。例如，提高甚至取消法定赔偿限额，将赔偿标准交由具体司法实践加以确定。网络产业发展严重依赖智力创造，其由法律固定为专利权等知识产权承载着巨大的经济价值且对其发展至关重要，一旦发生侵权便容易通过互联网的放大效应给企业造成难以估量的损失。但是法定赔偿限额往往低于实际损失，不仅无法弥补权利人损失，低廉的违法成本反而助长了侵权行为。目前我国的著作权法、专利法和商标法分别规定了 50 万元、100 万元和 300 万元的法定赔偿限额，即在具体案件中最终无法确定赔偿数额时，由法官于限额内加以酌定，而且实践中往往由于实际损失难以证明，法官多适用法定赔偿。这极不利于网络产业的发展壮

① 郑成思：《国际知识产权保护和我国面临的挑战》，载《法制与社会发展》2006 年第 6 期。

大。此外，对于发明专利的审查周期应该适当予以缩短。现行专利法规定，国务院专利行政部门收到发明专利申请后，经初步审查认为符合本法要求的，自申请日起满 18 个月，即行公布。① 发明专利申请自申请日起 3 年内，国务院专利行政部门可以根据申请人随时提出的请求，对其申请进行实质审查。② 即发明要获得专利权至少也要在申请日后 18 个月，而现实中往往比这长的多。在技术快速发展的网络产业，应该适当缩短有关发明专利的审查期限，方便企业的技术快速进行市场转化。其次，修订民事诉讼法有关互联网审理和电子证据的规定。互联网审理模式可以实现全流程在线审理、异地审理，节省在途时间和费用，有利于提高审判效率，及时制止侵权行为。更为重要的是，针对知识产权网络侵权证据保存问题，可以充分利用区块链等先进技术溯源保存、固定证据。因此，建议加强专家论证和研究，在民事诉讼法中引入互联网审判特别程序，围绕诉讼经济原则明确诉讼的管辖、期间、送达、起诉、审理等程序，提供诉讼效率。同时，完善电子证据制度和相关证明规则，细化通过区块链等技术保存、传输、存储的电子证据的证据力和证据能力判断规则。

第二，知识产权行政部门创新监管方式，加强与互联网平台的合作治理。国家知识产权局印发的《"互联网+"知识产权保护工作方案》提出将"互联网+"作为深化知识产权保护方式改革的重要手段，深化改革措施，创新执法指导和管理机制，发挥大数据、人工智能等信息技术在知识产权侵权假冒的在线识别、实时监测、源头追溯中的作用。③ 即知识产权行政部门要提高专业化执法能力，充分利用互联网技术实现对侵权行为的线上线下同步监管、源头监管。同时，应该充分利用互联网平台企业的信息优势和技术优势，通过加强政企合作和平台自治实现有效监管。

第三，司法审判中探索互联网法院等司法新模式，引入电子证据平台和司法区块链，提高法官的专业能力和技术能力，提高诉讼效率，从源头上解决知识产权网络侵权的举证、认证难题。此外，基于网络全球扁平化和知识产权地域性之间的冲突，要加强国际知识产权司法合作，积极参与国际知识产权规则体系建设。

---

① 《中华人民共和国专利法》第三十四条。
② 《中华人民共和国专利法》第三十五条。
③ 国家知识产权局《关于印发〈"互联网+"知识产权保护工作方案〉的通知》，国知发管字〔2018〕21 号，2018 年 7 月 31 日。

五、我国网络产业发展壮大的法律制度体系建设

(一) 制定"网络产业促进法"，建立系统性制度框架

目前我国在网络产业方面的立法，初于法律位阶的主要是电子商务法、网络安全法、电子签名法等专门立法，其他立法如反垄断法、反不正当竞争法等也有相关规定。但是总体而言，目前这方面的立法并不完善，立法层次低，多为部门规章和其他规范性文件，缺乏法律层次的统一立法。杂乱的部门立法一方面容易导致其调整范围较小，各部门只关心其事权范围内的问题，而缺乏全局观，容易导致法规及其背后的部门利益之间的冲突；另一方面低层次的部门立法无法上升为法院裁判使用的依据，在现实中可以发挥的作用受到限制。因此，制定的统一的网络产业促进法有其现实基础和必要性。

网络产业促进法在性质上应该定位为一部具有可操作性的产业促进法，属于经济法的范围。其基本目的在促进网络产业的发展壮大，因此其制度规范应该首先着眼于破除现有阻碍网络产业发展的因素，激励市场要素汇集于该产业。因此可以在将来的网络产业促进法第一条开宗明义，规定"为了促进网络产业健康繁荣发展，规范网络产业市场经济秩序，推定网络强国建设，制定本法"。其次，因为网络产业发展迭代速度快，因此在基本制度设计上应该具有前瞻性，适宜采用较为原则性、政策性的规定，这也决定了其必须采用"基本法律+单行法"的立法模式。再次，网络产业促进法应该梳理先行网络产业存在的基本问题，树立问题导向的立法方向。最后，网络产业促进法在统筹现有立法的前提下，尽量避免与现有法律规定相重复，同时将现有法律尚未涉及的法律问题作为立法重心。

在法律的调整模式上，市场规制法为市场主体设定的行为模式要么是命令性的，要么是直接的限制或者禁止方式，这种模式可以称为限禁模式。① 而产业促进法的调整模式则与此不同，主要体现为激励和引导，其给市场主体设定的行为模式主要是激励性质的规范，目的在于激励市场主体从事符合相关政策和国家期望的行为。同样的，在网络产业促进法中应该以对相关市场主体的激

① 孙晋：《现代经济法学》，武汉大学出版社 2014 年版，第 345 页。

励性规范为主，引导市场主体将核心技术、商业模式、资本和人才等对发展网络产业的关键要素投入市场，推动我国网络产业的发展壮大。笔者认为，网络产业促进法的制度内容应当包括以下几个方面：

1. 赋权融资制度

赋权融资制度主要是为了解决网络产业中中小科创企业和优秀人才在获得研发资金方面存在的问题。所谓赋权激励则是指对满足一定条件的网络产业市场主体，赋予其向特定的国家机关或组织请求融资支持的权利，并且这种请求可以通过向法院提起诉讼得以执行，而不仅仅是被动接受投资。实现该制度需要建立三个关键的配套制度。第一，是设立专门网络产业投资基金。网络产业投资基金是所有以投资形式专用于网络产业的资金的总称。由政府负责管理的网络产业投资基金按照资金来源不同，可分为财政资金基金和社会筹集资金。其中的财政资金基金是政府利用财政资金组建的基金，直接参与网络产业投融资；而社会筹集资金则是通过发行股票、债券等方式向社会公众筹集资金。网络产业投资基金主要是为了满足一些得不到传统融资渠道支持的优秀项目的融资需求，如研发周期长、收益见效慢的基础研究项目。第二，是成立独立的第三方专业评估机构。该机构的职能对项目的立项、进展、绩效等方面进行评估，确定该项目的发展前景。权利人在获得该评估报告之后，可以作为向政府申请投资的依据。第三，则是建立相应的救济机制。即权利人在其申请被驳回的情况下，可以通过申请复审或者通过诉讼的方式加以救济。

2. 政府保障制度

政府保障制度主要包括以下方面的内容：第一，建立完善的多主体融资担保制度。政府设立专项的网络产业融资担保基金，为网络产业提供融资担保；同时鼓励金融机构为网络产业提供融资服务，特别是为改善网络产业基础设施、发展核心技术提供融资，同时政府通过专项基金设立再担保、联合担保、担保与保险结合等方式分析风险；政府实施积极的国际资本吸引政策，鼓励网络产业中的法人、其他组织通过与境外企业合作等方式进行跨境投资，并依法保障其对外贸易、跨境投融资的需求。第二，建立有效的网络产业支持机制。这主要体现为优惠的税收政策，使其享受其他产业难以得到的税收优惠，以吸引社会资本迅速积聚于网络产业。具体可以在网络产业研发成本抵扣、人才培养成本抵扣、前期免税、优惠税率等加以规定。第三，实施网络产业人才扶持培养计划。由政府设立专项基金支持有条件的高等学校、职业院校和其他教育机构、科研机构、企业开设相关的专业课程或者培训项目，采取多种方式培养适应网络产业发展需要的专业人才。

3. 合作监管制度

合作监管包括行政部门之间的合作监管和行政部门和行业协会、企业之间的合作监管。这里要强调的是行政部门与行业协会、企业之间的合作监管。相比于行业协会和平台企业，政府对互联网行业进行监管容易陷入传统的线下监管模式和思维，并且倾向于采取集中监管、"运动式"监管。但是互联网具有时间和空间上的扁平化分布，要做到有效监管必须结合线上的实时监管和不间断监管，而这对政府而言是代价高昂的。因此，借助行业自身的力量进行监管显得必要和具有效率。具体而言，要在网络产业促进法中赋予网络产业中某些特定行业协会或者平台企业监管职能，以法律直接授权或者行政机关委托授权的方式赋予行业协会或者平台企业治理权力，充分发挥行业协会或者平台企业在本行业监管方面的信息优势、技术优势和效率优势，实现行业自治和合作监管齐头并进、相互配合的监管模式。这与以往平台企业仅仅是"代理式监管"的区别主要是在于通过法律授权的方式可以在一定程度上缓解平台企业既作为市场主体又作为监管主体缺乏中立性和权威性的矛盾。

（二）优化网络产业市场监管制度，规范行业发展秩序

网络产业的发展壮大既离不开激励要素的引入，也离不开适当合理的监管制度的规范。网络产业发展有其自身的特点，不能套用传统的监管模式。在强调依赖行业自治监管思想下，不可避免要移转部分政府监管权力，同时网络产业往往在地域、行业等方面具有一体化的特点，这要求处理好政府和市场之间的权力界限，改革现有地方、部门分割、分业监管的模式。此外，数据作为网络产业的产物和生产要素，在创造巨大经济价值的同时也带来许多或显性或隐性的法律和伦理问题，而且可以预见数据问题将是网络产业发展过程中难以避免的难题，急需解决。

首先，要理顺政府和平台企业之间的权力关系和责任边界。无论是当前的平台企业"代理式监管"模式还是将来通过法律直接赋予平台企业监管权力，都存在政府与平台企业之间的权力界分问题，因为其中不可避免会产生行政监管权力的"让渡"。从另一个角度而言，平台企业作为市场的一部分，这也涉及政府与市场之间的权力关系。政府全能式监管已经被证明不可能或者至少是

不效率的，这要求政府转变监管思维，从之前的事无巨细"亲力亲为"，即政府不再需要对市场中的所有对象都进行严格的控制，市场监管更加强调整体性，政府可以更多地扮演"元监管"的角色，对市场进行宏观的把握，发挥好协调各主体的作用。① 易言之，政府在特定的互联网行业的监管中应该"退居二线"，避免将手伸得太长，而是将主要的监管职能交付平台企业或者行业协会，实现市场的自我纠正。这既是基于监管的可行性，也是出于监管效率的考量。另外，要求平台企业承担监管职责，一定程度上还需要界定平台企业的管理责任边界，即平台企业要承担多大程度的平台审查义务或者监管责任，特别是强调政企协同管理的模式下，如果太过于强调平台的责任，会导致不适当地将一些本来属于行政监管部门的责任转移至平台企业上，加重平台企业经营成本，妨碍行业正常发展。对此，应该从类型化的角度对平台责任进行区分。即对涉及食品药品安全、知识产权保护等特殊领域的监管，应该适当加重平台企业的监管责任和审查义务。而对于其他类型的商品、服务交易，如一般不会涉及消费者的生命健康或者其他重大利益，不宜对平台企业科以过度的监管责任。

其次，要理顺行政监管部门之间的职权范围，促进部门间合作监管。一方面，基于网络产业跨界融合、全球扁平化等特点，现有的分业监管和属地管辖体系并不适应。如微信包含了支付、社交媒体、游戏、广告等领域，同时要接受中国人民银行、网信办、市场监管总局等不同行政机关监管。另一方面，基于资源禀赋，不同的监管机构监管风格各异。就互联网监管主体而言，据学者统计，在中央层面就涉及 50 多家不同机构，在不同程度不同领域参与网络监管，但当前来看，以"三驾马车"为核心，主要监管机构为三家：网信办、工信部和公安部。此外，随着互联网从媒体属性发展到产业属性、以市场监管总局为代表的市场性监管机构影响力也不断提升。这些监管部门基于机构自身的历史发展渊源，管理职责的不同，在监管风格上有着较大差异。② 因此，无论是地方监管部门还是部际监管部门，都容易形成信息孤岛、监管缝隙和交叉监管。为解决上述问题：在纵向关系上，可以考虑成立统一的网络产业监管协调

---

① 郁建兴、朱心怡：《"互联网+"时代政府的市场监管职能及其履行》，载《中国行政管理》2017 年第 6 期。

② 王融：《中国互联网监管的历史发展、特征和重点趋势》，载《信息安全和通讯保密》2017 年第 1 期。

机构，指导并理清各个部门之间的监管职责。而在横向关系上，要充分利用信息通讯技术，破除监管部门之间的信息孤岛现象，促进跨地区、跨部门之间的信息共享和合作监管。典型的例子如市场监管总局掌握的实体经济中营业主体信息和工信部掌握的虚拟网络空间的网站备案信息之间可以形成互补。

再次，成立数据保护和监管机关，加强消费者数据权利保护。尽管我国的消费者的个人数据保护意识尚未达到较高水平，且我国在个人数据保护方面的立法不尽完善，但是国内外互联网企业对消费者或用户的个人信息和数据的收集和商业化使用已经带来了许多问题，并且随着国民个人信息和数据保护需求的不断提升，有关数据权属和侵权纠纷必将越来越多。对此，欧盟已经出台了《一般数据保护条例》，并且规定了设立数据保护官制度，就公权力机构进行处理活动的、需要对数据主体进行定期大规模系统化监控的、处理大规模特殊类型的数据或与刑事犯罪有关的等情形要求必须设立数据保护官。[1] 因此，可以借鉴其他国家相关立法，设立高度专业化的数据保护和监管机关。其主要承担以下职责：(1)针对不正当收集、利用、泄露消费者个人信息和数据的违法犯罪行为进行监管和打击。同时对于利用消费者数据进行个性化定价、个性化商品广告推送等行为进行合理性审查。(2)作为初步处理数据归属纠纷的行政裁决机关。最后，对于利用对大量消费者个人数据的积累构筑市场进入壁垒和获取不正当竞争优势的案件进行调查。当然，建设这样一支执法队伍除了要求执法人员有非常高的法律专业能力，还要求其具有很高的技术能力和网络思维能力。

(三)健全网络产业各类主体权利保护制度，优化产业发展业态

做好网络产业的生产主体和消费主体的权利保护，让生产者在市场竞争中用于创新，提供创新型产品，让消费者放心享受互联网企业提供的产品和服务，是网络产业发展壮大的目的之一。做好互联网企业的权利保护，就要理顺市场竞争中企业与政府的关系，在监管与自由竞争之间找到平衡点，做好消费者权益保护，就要注重消费者在使用网络产品或享受网络服务时能否保障个人信息安全、交易安全。

---

① 京东法律研究院：《欧盟数据宪章：〈一般数据保护条例〉GDPR 评述及实务指导》，法律出版社 2018 年版，第 31 页。

互联网企业是我国网络产业的发展的核心，做好互联网企业的权利保护，让互联网企业在市场上竞争、创新没有后顾之忧，健全互联网企业的权利保护，至少应包括互联网企业的财产权保护和知识产权保护，网络产业中的知识产权保护主要包括著作权保护和商标权保护，而网络产业的产权保护最终保护了互联网企业的财产权。企业作为以盈利为目的的组织，政府应当保障其财产权，使企业在市场竞争中独立支配其财产，政府和监督机构不得直接支配企业法人的财产，除此之外，对于投资于网络产业的个人或企业，应当按照规定给予相应的税收优惠，杜绝具体执行过程中的人情执法、阻拦执法等行为。这也从侧面要求健全公平审查制度，规范监督执法主体的行为，避免国家机关伸手过长限制市场竞争，干预经营者的正常生产经营活动，对于新兴的网络产业新的盈利模式保持审慎的态度，避免不当政府行为妨碍网络产业的正常经营。互联网技术的发展，尤其是移动互联网革命性的技术进步，一方面促进了软件产业的升级，另一方面带动了传统出版业数字化转型，然而这一过程中对互联网企业的知识产权保护带来了诸多挑战。软件保护方面，进一步健全软件著作权登记制度，鼓励互联网企业创新创业的动力，如 2017 年 4 月起，我国财政部通过通知的方式决定对计算机软件著作权登记免费，商标注册费减半，这将进一步保护创新型互联网企业的发展，使缺乏自主创新和创业精神、投机取巧的企业在市场竞争中被淘汰。涉网商标侵权案件近年来也有增多的趋势，这与商标资源的稀缺和商标在网络行业中的价值愈发凸显的矛盾不无关系，一些知名商标本身就代表一定的商誉和经济价值，假冒他人商标搭便车赢取己身经济利益，诱发信用风险，这要求一方面企业要树立商标法律意识，健全商标战略，保障商标安全，另一方面行政监察机关和司法部门加强相关立法司法工作，针对涉网商标案件加大监察治理力度和制定相关司法解释，保障互联网行业创业者的权益。

消费者(用户)的权利保护应至少包括两个方面：电子商务活动中的消费者权益保护，和网络平台应用中的用户个人信息保护。当公众作为消费者参与电子商务活动时，除消费者权益保护法设定的一般保护以外，电子商务法系统、全面地规定了电子商务经营者保护用户和消费者的义务，具体包括信息披露义务、真实宣传义务、公平交易义务、依法发送广告义务、搭售提示义务、依承诺或约定交付义务、合理退还押金义务，以及应当明示用户信息查询、更正、删除以及用户注销的方式、程序，不得设立不合理条件等；为规制电商平台经营者可能滥用的平台资源，有针对性地设定平台义务和平台责任；同时明确规定了保护电子商务用户信息。当公众在消费领域以外的网络平台应用中，公众作为网络平台应用的用户，网络平台亦有义务保护用户的隐私权，这就涉及互联网时代大数据对传统隐私权的挑战，大数据精准营销拓展了个人数据商业化使用范围，但网络经营者对用户数据的搜集，应以对不可识别用户行为的分析为限，而不得通过骚扰电话、骚扰短信、垃圾邮件等方式侵犯用户的安宁权或通过非法窃取、买卖和利用用户的身份信息等方式侵犯用户的隐私权；此外，对隐私权的保护也应包括"被遗忘权"的确立，虽然我国尚未确立被遗忘权，但 2014 年欧盟法院已通过判例的方式予以确认，在网络时代和大数据的背景下，平台运营商具有明显的技术优势，而用户处于明显的弱势地位，在法益衡量之下，保护用户的被遗忘权应当属于网络时代用户的基本权利。

（四）建立网络产业发展促进的立体化体制

网络产业的发展需要多方主体的共同促进，以政府政策引导、鼓励支持为核心，发挥网络产业建设主体互联网企业创新创业的关键作用，增强互联网企业的创新能力，司法机关作为司法者为网络产业市场纠纷提供公平解决渠道，引导公平竞争的市场氛围，为科技创新提供司法保障，用户（消费者）作为网络产业的服务主体，加强网络空间的维护，构建健康的网络生态，通过倒逼机制促进互联网企业的创新，行业协会作为加强企业、政府及消费者之间沟通的桥梁，即时反馈行业动态，为网络产业的发展提供合理意见。通过多方主体的联动，发挥多方优势，共同促进我国互联网产业发展。

1. 充分发挥政府的促进和引导作用

通过日本、美国等国互联网发展经验，不难看出政府在网络产业的发展中起到至关重要的作用，如日本政府通过陆陆续续数十个法案、政策，引导和支持网络产业的发展。我国各级政府应当充分学习国外经验，避免走弯路，减少我国网络产业发展政策决策的失误，这就要求我国各级政府要树立长远的眼光，制定中长期、持续的产业发展规划，为网络产业的发展提供良好的政策环境。一方面，政府主导制定和实施网络产业发展优惠政策。如中央政府制定全国性网络产业发展规划，地方政府根据具体情况，制定本区域的网络产业发展规划，发挥中央和地方两种优势，制定和完善网络产业促进法律体系，为网络产业发展急需的资金、人才等提供政策保障。在资金扶持方面，充分发挥中央和地方财政优势，优化财政支出结构，落实各类型的税收优惠政策，广泛吸收社会资本汇入网络产业投资领域，鼓励银行等金融机构为互联网行业中小企业提供专项贷款支持，为中小企业的贷款提供减息免息贴息等政策优惠，鼓励保险机构为互联网中小企业提供相关保险，降低创新型互联网企业创业创新风险；在人才扶持方面，加强优秀互联网人才引进力度，为人才引进提供住房、落户、个税减免、教育、医疗等优惠政策，鼓励互联网人才集聚，加强高校科研机构及国内外科研组织合作，为本区域网络产业发展提供人才与智力支持。另一方面，政府做好网络产业发展市场环境监管。网络空间的自由环境延伸到互联网行业的竞争上，若没有政府进行必要的管理监督，必然导致竞争乱象，不利于新兴的互联网企业的发展和创新环境的培育。各级政府应当在本辖区内做好对互联网行业不竞争和垄断现象的监管和预防，同时拓宽公众参与渠道，保障公众的个人信息安全。但这并不意味着政府在网络产业的发展上一刀切、一把抓，应当给予市场充分的宽容环境，保障创新环境，放置隐形的手抓得太紧，反而过犹不及。

2. 充分发挥企业的自主性和积极性

网络产业的发展、网络强国的建设，互联网企业是关键。互联网企业最根本还是做好科技创新，在软硬件、网络平台、新兴技术等领域掌握核心技术，通过产学研相结合，加强高校、科研机构合作，通过自身优惠政策吸纳高新技术人才，提高自身创新能力。在拥有技术优势的前提下，应当注重服务质量，承担社会责任，加大自身的法制能力建设，全面依法落实网络安全、信息内容监督制度和安全技术防范措施，避免所谓的"技术中立"及"技术无罪"的虚幻陷阱。[1] 通过技术手段承担起网络安全、网络环境建设的责任，不制作、发布和传播危害国家安全、危害社会稳定、违反法律法规以及迷信、淫秽等有害信息；自觉维护消费者权益，保护消费者(用户)的个人信息和数据权利，不利用技术或其他优势侵犯消费者(用户)的合法权益。

3. 充分发挥司法机关的保障作用

司法机关应加强对涉网络产业新技术、新业态、新经营模式、新盈利模式案件的调查研究，结合产业特点、行业习惯和技术发展趋势，在个案中明确类

---

[1] 胡钢：《快播案的法律分析》，载《互联网法律"互联网+"时代的法治探索》，电子工业出版社2016年版，第393页。

案的权责划分，充分发挥司法的指引作用。如 2016 年 4 月北京高院发布《涉及网络知识产权案件审理指南》，对涉及网络知识产权案件的审理进行规范，使得网络知识产权案件得到了类型化的梳理，对不正当竞争法的模糊化概念进行了阐述，对同类案件的审理起到了很好的指导作用。消费者方面：消费者作为网络产业服务的对象，消费者的评价是衡量我国互联网行业发展和服务质量的重要指标。作为消费者，应当提倡互联网企业创新，拒绝盗版产品和剽窃等不正当竞争行为，通过自身行动保障创新型互联网企业的发展；当从事电子商务行为时，注重权利保护，避免信息非法搜集利用，开发票保障交易安全和国家税收。作为一般用户，应当遵纪守法，诚实守信，注意网络文明，摒弃诽谤造谣，自觉倡导社会公德，拒绝淫秽色情等不良信息传播，维护绿色健康文明的网络环境。

4. 充分发挥行业协会等自律组织的规范和协调作用

网络产业的发展，不只需要法律法规等"刚性手段"，也需要行业自律等"柔性手段"。事实上，网络治理必然会导致监管权与网络自由之间的紧张关系。因此，为保障网络发展的充分自由与空间，合作治理中治理手段的选择与运用应遵循公法上的比例原则，重视柔性手段的使用，并从倚重事前行政审批转向注重事中、事后的监管，在通过刚性手段保持对违法行为有效遏制的同时，充分调动被监管方遵法守规、自律守信的积极性与主动性。[1] 目前，在我国互联网行业领域内，经由民政部注册登记的行业协会有十余家，其中中国互联网协会自 2002 年以来，已经陆续发布 20 多部行业自律公约。各个省市的互联网行业协会在此基础上，也结合当地实际制定了相关规范。行业协会作为沟通政府、企业和网民的桥梁纽带，应积极发挥熟悉行业状况的优势，针对具体问题研究具体方案，切实弥补"互联网+"时代法律的滞后性。[2] 通过政府对互联网行业协会的支持，加强软法的约束力，提高行业协会对相关从业人员的约束力，进一步凸显行业协会在营造网络环境的作用。

网络产业作为信息革命浪潮中的支柱产业，其发展壮大离不开完善的法律制度的激励和保障。通过体系化的法律制度建设，包括制定网络产业促进法，

---

① 王湘军、刘莉：《从边缘走向中坚：互联网行业协会参与网络治理分析》，载《北京行政学院学报》2019 年第 1 期。

② 卢飞：《以法治为互联网创新护航》，见中国互联网协会：《互联网法律："互联网+"时代的法治探索》，电子工业出版社 2016 年版，第 565 页。

以网络产业基本法的形式实现制度资源的统一协调调配；针对网络产业发展规律优化市场监管制度，规范网络产业健康发展；重视网络产业各类主体的权益保障，尤其是市场创新主体企业和广大的消费者群体，使网络产业发展壮大的成果惠及全民；同时，要实现网络产业可持续的发展，需要建立全面的立体化法制，让各类主体各司其职、各尽其能，形成推动网络产业不断向前的合力。

第五章
网络领域核心技术突破的法律保障

2018 年 4 月 20 日，习近平同志在全国网络安全和信息化工作会议中强调："我们必须敏锐抓住信息化发展的历史机遇，加强网上正面宣传，维护网络安全，推动信息领域核心技术突破，发挥信息化对经济社会发展的引领作用。"① 足见在新时代，网络领域核心技术的突破已成为国家命运发展所不可回避的时代命题，正如在中国经济转型以及全球金融危机这一新形势下，互联网市场已成为经济发展的创新动力和增长引擎之一，而作为竞争基础的网络领域的核心技术，其突破也已成为决定未来我国核心竞争力的关键组成部分。但不可讳言的是，该领域核心技术中伴随的创新的突破与激励、风险的控制与分担等问题需更多地依赖于正式的制度安排来解决，尤其是需要具有稳定性较强的法律制度来保驾护航。因而相关法律制度的研究与完善便同样成为新时代的要求与命题。

一、网络领域核心技术及其突破概述

(一) 网络领域核心技术及其突破理论意涵

1. 网络领域核心技术的特征及内容

网络领域的发展正呈现着日新月异的变化和代际变迁的趋势，其已从"线下产品+服务，线上 Web(信息)"的 1.0 时代，过渡到"线下产品+供应链，线

---

① 习近平：《加速推动信息领域核心技术突破》，http：//china. caixin. com/2018-04-21/101237532. html，2018-04-21。

上 APP（服务）"的 2.0 时代，而到如今则飞速地进入了"线下硬件＋服务，线上云脑（数据）"的 3.0 时代。① 可见，不同的网络时代由不同的线上内核所构成，也就意味着其核心技术的架构也将有不同的侧重。譬如，在互联网 1.0 时代，技术研发的视野主要投入安全服务器协议、PC 搜索引擎、IP 安全加密技术等领域。而进入 2.0 版本的移动互联网时代，其关键技术则涉及移动 IPv4、移动 IPv6、移动子网、移动互联网安全和多播以及切换管理等。而进入到当前的互联网 3.0 时代，亦即"互联网"时代，人们对于碎片化的市场、浩瀚的数据资源的需要，将注定其对云计算、人工智能、5G 网络等核心技术的渴求变得愈发明显，而竞争也将更为激烈。因此，本章研究的网络领域应针对 3.0 时代的互联网领域，所谓的核心技术及其突破也将以此为背景和基础。关于何谓核心技术的问题，习近平同志曾提出三个层次论：一是基础技术、通用技术，二是非对称技术、"杀手锏"技术，三是前沿技术、颠覆性技术。② 这可以说是对核心技术这一概念全面而深刻的概括。在此基础上，有学者从理论的角度研究认为核心技术可分为技术核心和设计核心，其中后者指代的是为实现技术突破而选择的思路及路线，如我国创设的 3G 标准（TD-SCDMA），而实现上述方案的技艺就是所谓的核心技术。③ 也有学者从企业产品层次的视角将核心技术解读为，为与市场现有技术供给进行竞争，而谋求获取高额利润的核心部件或系统的积累和研发等。④ 但不管从何种视角去定义核心技术，核心技术所呈现的具体特征是较为一致的，即首先，核心技术具有难以复制性或称之为不可移植性，因为核心技术的重要来源是企业通过反复试验和"失败"知识的不断积累及深入洞察行业而取得的，所以在技术转移过程中，核心技术往往被跨国公司或领先企业封装到控制软件或关键零部件内部，而使得技术引进者无法了解其技术与经验的积累过程。因此，在我国入世的早期，一些学者提出，囿于我国科研基础薄弱，缺乏必要的基础技术与经验的积累，中小企业在技术创新模式

---

① 阿里研究院：《互联网 3.0 云脑物联网创造 TD 新世界》，社会科学文献出版社 2016 年版，第 1~10 页。

② 习近平：《在网络安全和信息化工作座谈会上的讲话》，http://www.xinhuanet.com//politics/2016-04-25/c_1118731175.htm，2016-04-25。

③ 杨天印：《借好自主创新东风勇攀核心技术高地》，http://www.sohu.com/a/229413551-100134895，2018-04-25。

④ 郭丽岩：《核心技术、自主研发与能力积累——创新企业经验性知识管理体系的构成与特点》，载《技术经济与管理研究》2008 年第 1 期。

的战略选择中可重点考虑非核心性的技术创新及非技术创新①,以厚植自身实力应对激烈的市场竞争。其次,核心技术的研发投入大、成功概率低、持续周期长。核心技术往往立足于基础和前沿,也就意味着其对于基础材料、设备、人才等的需求是较为精密高端的,这也是核心技术研发必备的沉没成本,除此之外,核心技术研发也意味着高昂的试错成本,而这试错成本背后就需要组织者倾注大量的研发经费以及忍耐较长的研发周期。最后,核心技术的研发和形成往往不是独立的人所能完成的,而是构建在健全稳定的团队基础之上的,甚至是基于超前理念及科学流程的指引而得以成功的。综上,本章所研究的对象应是在 3.0 互联网领域下具备上述技术特征的核心技术。

关于网络领域核心技术的具体内容,有学者提出应包括云技术、大数据、机器学习、DevOps 等。② 而在 2018 年美国国家科学基金会(NSF)发布的"美国-欧盟互联网核心和边缘技术(ICE-T)"计划征集中,③ 其将该主题划分为互联网核心技术(NGI core technologies)、无线网络边缘技术(AWN edge technologies)及横向研究领域(crosscutting research areas)④,并指出互联网核心技术主要侧重于提高"端到端"通信的性能、灵活性和可用性,而通信的范围可以跨越数据中心、企业、云计算及国家或全球互联网,具体内容则包括软件定义的交换(SDX)、网络功能虚拟化(NFV)、"横向"资源管理及以用户为中心的接口。为厘清我国战略性新兴产业面临的重大问题和应采取的对策,从2009 年开始,国家发展和改革委员会联合工程院就开展了"战略性新兴产业培育与发展"的战略咨询研究工作,在其成果《新一代信息技术产业培育和发展研究报告》中也指出,未来信息领域科技发展的新趋势和新特点将集中在:一

---

① 史永铭、贺定光:《非核心技术与非技术创新——中小企业技术创新模式的战略选择》,载《管理现代化》2003 年第 2 期。

② 博科:《2016 年网络领域核心变革性技术趋势》,载《办公自动化》2016 年第 2 期。

③ NSF Directorate for Computer, Information Science, Engineering Division of Computer and Network Systems:US-EU Internet Core & Edge Technologies 年第 ICE-T 期[EB/OL]. https://www. nsf. gov/pubs/2018/nsf18535/nsf18535. html, 2018-01-29。

④ 无线网络技术的研究主要是满足和管理对更高网络带宽和更低延迟需求的日益复杂的情况,同时解决规模性、复杂性和安全性的基本挑战,具体包括先进无线电技术、无线系统的"软化"以及高级无线研究基础设施。而横切研究领域的研究凸显的是其跨越边缘和核心网络的"横向"网络功能,其中横切技术的进步包括:测量和检测、隐私信任和安全以及开放实验数据交换技术。

是人—机—物三元融合将促进信息服务进入普惠计算（computing for the masses）时代；二是移动通信向"移动宽带"演化，移动互联网、云计算等将成为未来发展的主题；三是得益于脑与认知科学技术的发展，人工智能技术重新兴起，类脑计算机、类机器人、脑机接口技术迅速发展。① 从以上内容的比较我们不难发现，理论界与实务界、域外和域内对于网络核心技术的定位大体上具有一致性，即主要集中于以实现云计算、大数据、人工智能等复合基础理论与应用形态的工艺和技术，包括网络设计、虚拟化技术、数据存储和管理技术、分布式系统协作和资源调度技术等。② 另外，通过专利审查信息检索及《中美欧知识产权密集型产业报告》我们也可以发现，在这些核心技术中信息基础产业（包括计算机制造、通信设备制造、电子器件制造、雷达及配套设备制造等）的发明专利密集度非常高，而软件和信息技术服务业（软件开发、信息系统集成服务、信息技术咨询服务、数据处理和存储服务等）则相对较低。③ 其差异可能一方面归因于部分核心技术的不可复制性，促使研发者主要通过商业秘密的形态进行自我和法律保护；另一方面则是因为专利布局是一个持续性的过程，尤其是对于这些研发难度较高的核心技术来说，其专利布局的过程不是一朝一夕的，甚至从策略角度出发，还要结合公司的经营战略和技术规划来构建专利的有机组合。④ 这也为立法者在进行法律保障制度的设计时，考虑如何更好地进行激励和保护提供了实践动力。

2. 网络领域核心技术突破的内涵及法意

"突破"一词在中国汉语中有"打开缺口"或"冲破超越"的意思⑤，应用到技术发展场景可以解读为：在技术封锁或竞争中打开缺口及冲破超越。其本质

---

① 李国杰：《新一代信息技术产业培育和发展研究报告》，科学出版社 2015 年版，第10 页。

② 工业和信息化部电子科学技术委员会软件和信息服务专业组、工业和信息化部软件与集成电路促进中心：《中国云计算技术和产业体系研究与实践》，电子工业出版社 2014年版，第 1~5 页。

③ 国家知识产权局：《中美欧知识产权密集型产业报告》，知识产权出版社 2017 年版，第 173 页。

④ 唐立平等：《企业专利布局》，https：//www. sohu. com/a/227245429-195414，2018-04-04。

⑤ 百度百科：突破（汉语词义），https：//baike. baidu. com/item/突破/1307226#viewPageContent。

上反映的是技术突破的层次和实现方式，正如习近平同志在谈及核心技术发展时鲜明提出，"关起门来，另起炉灶，自主创新"与"借鉴吸收，高手过招，开放创新"两种思路都不能仅仅强调一个方面，而是需辩证地看待两种技术的发展与突破方式，即核心技术是国之重器，最关键、最核心的技术要立足于自主创新、自立自强，不过坚持开放创新才能知所差距，更进一步。① 从理论上来看，自主创新也不等于封闭式创新，即其并非仅仅完全依靠企业自身技术、设备、人才、信息、渠道和资本等要素进行技术研发、产品生产和服务提供的创新模式，而是也要强调技术资源的开放共享、生产服务的紧密协作以及价值利益的合理分配。② 可以说，这已经不是技术开发的路线选择而已，而是在经济全球化和信息网络技术发展的冲击下的必由之路，其根源就在于 21 世纪企业技术人才的加速流动、学术机构研究能力和质量的提高、风险投资的蓬勃发展、国际秩序的加速竞争、产品生命周期的缩短及知识产权保护的国际化等③，这注定了在以自主创新为根基的道路上必须坚持开放创新，只有这样才能通过企业外部获得创新技术资讯，也可以将企业拥有的技术通过企业外部的力量实现商业化，避免在加速竞争的国际秩序下的孤立，正如在标准专利化的过程中，技术最好不代表能通用的国际现实。因此，我国网络领域核心技术突破的落脚点应是在技术封锁或竞争中，通过技术创新(以自主创新为主，开放创新为辅)的方式，打开缺口及冲破超越。从技术演变的角度，严格来讲，技术创新(innovation)是一个涵盖技术发明(invention)，其至产品来源创新、组织形式创新等的一个更为直接和宽泛的概念。但囿于本章的研究领域限定于网络领域核心技术这一内容，而对于网络领域核心技术的创新来说主要强调的是其难以复制性、基础通用性、非对称性或前沿颠覆性等，因而从知识产权客体的角度来看，对于网络领域核心技术创新内容的理解主要还是商业秘密及发明创造等。同时，通过上文的分析我们可以发现，技术创新的分类方式可以有很多种，如以技术创新的渠道划分，可以分为自主创新和开放创新；以核心技术的

① 习近平：《在网络安全和信息化工作座谈会上的讲话》，http：//www. xinhuanet. com//politics/2016-04-25/c-1118731175. htm，2016-04-25。

② 汪存富：《开放创新和平台经济——IT 及互联网产业商业模式创新之道》，电子工业出版社 2017 年版，第 10 页。

③ Hanna Stockinger. Open innovation research-emerging methods of the digital era. Germany：Ulm University，2015，pp. 17-18.

内容划分，则可以分为基础通用技术的创新、非对称杀手锏技术的创新及前沿颠覆性技术的创新。上述分类事实上也关系着核心技术的存在和保护状态，也就意味着不同类型的核心技术的创新将需要借重不同的法律制度进行保障。具体来看，自主创新与开放创新、基础技术及通用技术强调的是创新激励、原创保护及技术共享等，这里面对应的法律制度主要是知识产权法。而对于非对称杀手锏技术或前沿、颠覆性技术来说，这里强调的是保密性问题，其主要涉及的法律制度则有专利法、竞争法和劳动法等。这也反映了网络领域核心技术的突破具有对应的法律意涵，因此相应适时的法律制度保障也就显得尤为重要了。

（二）网络领域核心技术突破与法律制度保障

随着社会的迅猛发展，当今时代的法律制度和技术创新二者之间的关系也愈发密切。总体上看，法律制度为技术创新提供了保障，而技术创新则反哺于法律制度的完善，整体上这对于社会的进步和发展也是具有显著裨益的，可以说，二者之间既是相互独立，同时也相互依存的辩证关系。[1] 但也不得不指出的是，近年来，虽然学界对二者的关系研究已投入大量精力，但囿于其关系的复杂性、研究视角的差异化以及研究方法等的不同，导致目前尚未形成一个具有共识的话语体系和研究范式。[2] 不过，经济、技术与法律的复合研究并非不能在纯粹的法律领域展开，譬如，知识产权反垄断的问题就是在既考察市场效率的目标下，又在把握知识产权立法宗旨的基础上进行解决的典型范例，这也在法学界形成了一定的共识。另外，值得注意的是，由于技术种类之间的差异性较大，且事实上法律制度的设计有时并非能够顾及所有，故在技术创新与法律制度之间的关系上有时会与偏重于实证研究的结论不能完全契合，这也导致学界内无法对此问题达成共识。而本章的研究对象就是网络领域核心技术的创新，其已经对技术所涉及的领域、技术的难易层次有了明确定位。因而从研究对象出发，具体结合知识产权法、经济法及社会法等法理基础来探源网络领域核心技术创新与法律保障的关系，未尝不是一种现实的解决路径。

---

[1]　陶成昊：《技术创新与法律制度的互动关系探讨》，载《管理观察》2017 年第 35 期。

[2]　苗妙：《技术创新的法律制度基础》，载《广东财经大学学报》2013 年第 4 期。

1. 知识产权法视角——技术创新投入的鼓励机制

从传统知识产权的理论基础来看，"精神与道德基础论""价值与利益补偿论"及"创新与竞争激励论"等都为知识产权的确立提供了一定的理论基础，甚至沿用至今。如果按照法律经典三段论的逻辑，只需要考察网络领域的核心技术是否属于具有知识产权客体的性质这一小前提，就可以轻而易举地得出结论，并将传统知识产权的基础自然而然地传导至技术创新了。但显然学界未达成共识的地方，并不在于小前提是否成立的问题，而是一股汹涌而起的反知识产权思潮正在挑战着知识产权法的立法根基这一大前提。总体看来，主要是"知识产权怀疑论"与"知识产权否定论"，如其认为事实上知识产权制度的运行与设立初衷相违背，并未促进甚至是阻碍了社会的发展①，加剧了贫富分化也扰乱了社会秩序。② 于是前赴后继的经济学者和法学者通过实证主义或历史考察等研究范式，试图向社会传递一种社会"真知"，但各家的结论却往往互相抵触，譬如一些学者通过研究某一国具体时段的经济发展情况，分析认为专利体系显著促进了经济的发展。③ 而有些学者却通过特有行业的考察，发现单纯的专利保护并不能促进技术创新与发展。④ 事实上，这些基于所谓相关数据的分析得出的结论，也许都并没有问题，而其症结就在于前文所提及的，没有一项制度是完美并平等适用于所有的领域内容，世界现行的知识产权制度也的确在灵活性方面有其不足之处，这一点在知识产权国际协议的谈判上就表现得异常明显，如发达国家与发展中国家的保护态度、传统文化国家与非传统文化国家的保护态度等都体现出一种对知识产权认知的差异和对符合国家利益的选取，可以说这不仅在知识产权的领域存在，在死刑处罚、毒品禁制等问题上都有显著差异。但从国际趋势上看，知识产权的合理性基础正在被大多数人所接受，并得以凝聚全球共识以开展合作和博弈，那就是，在私人层面，知识产权

① 曹新明：《知识产权法哲学理论反思——以重构知识产权制度为视角》，载《法制与社会发展》2004 年第 6 期。

② 冯晓青：《从黑格尔法哲学看知识产权的精神——研读〈知识产权哲学〉之体会》，载《知识产权》2002 年第 5 期。

③ KHAN H. B ZORINA. The democratization of invention: patents and copyrights in American economic development: 1790-1920. Cambridge: Cambridge University Press, 2005.

④ BRANSTETTER L G. Are knowledge spillovers international or intranational in scope: microeconometric evidence from the US and Japan. *Journal of International Economics*, 2001, 53 (1), pp. 53-79.

是知识财产私有的权利形态；在国家层面，知识产权是政府公共政策的制度选择；在国际层面，知识产权是世界贸易体制的基本规则。① 这一大前提的成立也就意味着，网络领域核心技术作为知识产权的一种客体表现形式必将受制于知识产权法的制约，而学界的任务在于如何完善相关制度以达到最佳的促进效果。

当然，前面是基于知识产权这一整体视角的论述，如果直接从网络领域核心技术的视角出发，其特征和背景又将有所不同。细究下来，其主要原因就在于，进入 21 世纪以来，新技术革命给专利法带来了全新的技术背景。② 所以，在当今时代知识产权法全球化的背景下，科学技术发展和知识经济凸显使得知识产权在各国中的地位不断提升，在国际竞争中，竞争优势已由传统的资源、资本、劳动力等要素转化为拥有和掌握的知识、技术和信息，而经济的发展也愈发依赖于此，因此，各国为抢占知识经济制高点，纷纷制定了知识产权保护战略③，以充分发挥知识产权制度对于技术创新投入的鼓励机制。正如我国的政策定位认为，互联网核心技术是我们最大的"命门"，核心技术受制于人是我们最大的隐患。因此要坚定不移实施创新驱动发展战略，在此领域投入更多的人力、物力、财力。④ 但事实上，这一技术、政策及立法背景后的现实是，世界上的先进国家都在利益集团和国家战略的推动下强化了知识产权的保护范畴，以包容新技术的成长。而该问题恰恰在核心技术领域变得尤为凸显，甚至有学者解读认为技术革命中出现的新热点，是最近 20 多年以来知识产权问题更受关注的原因，而且也预示着知识产权在未来也不会受冷落。其根源是网络领域等核心技术的一个重要特点就在于其对知识产权的这一拟制财产权的依赖性更强了。因为网络核心技术往往需要投入大量的成本，而当今复制技术的发达及人才流动的便捷化促使复制能力的提升也达到了前所未有的高度，这就意味着，如果没有知识产权的保护，这些核心产业会很难得到发展。⑤ 因此，总

---

① 吴汉东：《知识产权本质的多维度解读》，载《中国法学》2006 年第 5 期。

② 胡波：《知识产权法哲学研究》，载《知识产权》2015 年第 4 期。

③ 冯晓青：《全球化与知识产权保护》，中国政法大学出版社 2008 年版，第 17 页。

④ 习近平：《在网络安全和信息化工作座谈会上的讲话》，http：//www. xinhuanet. com//politics/2016-04/25/c-1118731175. htm，2016-04-25。

⑤ 吴欣望：《知识产权——经济、规则与政策》，经济科学出版社 2017 年版，第 66 页。

体看来知识产权法作为技术创新投入的鼓励机制主要体现在上述两个方面，即一方面是直接的鼓励以提升该国的研发投入热情，而另一方面则是通过间接的保护以使得大家的研发投入不会因法律外的因素而付之东流。其本质上都在回应传统知识产权的"劳动价值论""经济激励论"等理论基础，只不过站在核心技术这一特有领域或范畴就变得尤为凸显罢了。

2. 经济法视角——技术创新市场失灵的调节机制

结合前文所析的网络领域核心技术的政策定位和产业特性我们可以发现，一方面，网络领域核心技术具有公共物品或服务的性质。正如习近平同志在谈话中指出："网信事业发展须贯彻以人民为中心的发展思想，满足人民群众的期待和需求，而网络领域核心技术的研发和投入力度，关系到我国未来的智能制造、教育、农业、文化、医疗等，因此，要突破核心技术这个难题，以保障国家安全和百姓福祉。"[1]另一方面，由于我国属于后发国家，在网络领域核心技术的创新上尚与发达国家有着较大差距，而该核心技术的创新又需要如交通等基础设施一样，需要大量的投入，甚至科技创新的成功与否还要面临巨大的不确定性，加之创新过程中还存在次优创新倾向和创新倾覆等现象，由此可能导致科技创新市场的自助机制无能为力，产生外溢性失灵、消费性失灵、排他性失灵和创新过程失灵四种市场失灵样态。[2] 这也为通过经济立法的方式来调节技术创新市场失灵的状况提供了理论基础和现实条件，其主要集中于宏观引导调控法与市场规制法，具体来看，可以分为以下几个方面：

第一，金融政策法与技术创新。金融法制在调节与优化市场资源分配方面发挥着重大制度价值，与此相比，知识产权制度则根植于利益平衡，通过赋予知识权益保护的形式激励社会的创新和知识的繁荣。但知识产权权益的变现及现实激励作用的形成却离不开市场的运作，而这也意味着流通于市场的知识产权客体在金融法制的视角下也只是市场资源的形式之一，故而相应的金融制度安排必将对技术创新的市场起到重要的支撑作用。[3] 正如熊彼特所言，金融的

---

① 习近平：《在网络安全和信息化工作座谈会上的讲话》，http：//www. xinhuanet. com//politics/2016-04-25/c-1118731175. htm，2016-04-25。

② 阳东辉：《论科技法的理论体系构架——以克服科技创新市场失灵为视角》，载《法学论坛》2015 年第 4 期。

③ 宁立志：《经济法之于知识产权的作为与底线》，载《经济法论丛》2018 年第 1 卷。

功能进一步激发了创新的活力，也引导着创新的方向。① 当然，除了融资安排上的法律制度保障外，核心技术作为高价值的知识产权，其收益的流通和价值的变现需要得到合理的保障，如此才能不断释放核心技术的价值，并在应用推广中进一步提升其竞争优势。

第二，财政税收政策法与技术创新。作为知识产权客体的核心技术，既在创造适用上具有个体属性，又在社会进步和产品消费层面具有其公共属性，这无疑为公共权力运用财税政策工具提供了法理基础。从制度功能来讲，财税政策法一方面基于对财税资源的调配形成了一国内部的产业激励，譬如美国在高新技术产业实施的税收优惠政策，以及我国运用税收优惠和财政补贴的措施来激励技术创新的做法也已行之有年；另一方面从世界趋势来看，"知识产权与技术贸易"的紧密结合也已成为各国之间竞争与博弈的工具，因此知识产权贸易壁垒的问题愈来愈严重。鉴此，我们既要注意到财政税收政策法对于技术创新的激励作用，也应对财政税收政策法的设计进行严格的正当性甚至合法性的评估考察。

第三，市场规制法与技术创新。市场失灵或缺陷的一个重要原因就在于市场所存在的内部障碍，具体来看，主要是指市场中不可避免地存在一些不良的经营行为，扭曲价值规律，使市场机制不能正常发挥调节作用。而为了恢复市场机制对调节经济的正常作用，就需要"国家之手"依据有关法律来规范竞争及其他不公平交易行为，以排除市场障碍。② 一方面，核心技术因具有较高的市场价值和研发难度往往促使国内外的投机者通过不正当竞争的方式试图窃取，可以说这在我国已案例频发③，这就要求发挥反不正当竞争法的规制职能，以严厉打击核心技术商业秘密的盗取行为。另一方面，在适用反垄断法时，要厘清核心技术权利的边界，对于其合法垄断权要尊重和保护，但对于滥用权利实施的排除和限制竞争的行为也要给进行适度干预和惩戒④，以推动核心技术创新环境的良性运转。

---

① ［美］约瑟夫·熊彼特：《经济发展理论》，何畏等译，商务印书馆1990年版，第88~100页。

② 漆多俊：《经济法基础理论（第五版）》，法律出版社2017年版。

③ 徐晓丹：《盗取核心技术引发刑事案件》，载《软件和集成电路》2014年第11期。

④ 宁立志：《经济法之于知识产权的作为与底线》，载《经济法论丛》2018年第1卷。

3. 社会法视角——技术创新人才的培育机制

个人与企业的利益平衡问题是社会法所关注的重点①，而其具体矛盾就表现在于两个方面：一方面是人才本身就是市场，其在市场逐利性的影响下，可能会违反社会伦理道德与市场竞争秩序，譬如盗取企业商业秘密的行为等，进而不利于社会和企业去培养人才；而另一方面则在于企业、政府对于劳动力的保障的缺乏，可能会引致培养人才环境的缺乏，而加剧人才与企业之间的矛盾。正如习近平同志在就网信事业的发展问题中强调，"网络空间的竞争，归根结底是人才的竞争"②。这凸显出在国家政策定位上已然明确对于技术创新人才培育的高度重视，而社会法制的完善又是培养技术创新人才机制的必要保障，因此，从劳动法及其配套法律制度等视角出发，研究对于创新技术人才问题的保障与规制就显得尤为必要。劳动法是调整雇主和雇员之间劳动关系的法律规范，因此，劳动法的首要价值和基本任务是保护劳工的权益。尤其是对于网络领域的核心技术人才来说，劳动法应提供最基本的权益保障，企业可以以此为基础对核心技术人才进行适当倾斜，优先改善他们的工作、学习和生活条件，保证他们能够全身心投入学习、研究和解决技术问题当中去，创造出更大的价值。③ 针对这一点，习主席在讲话中具体提出，"要建立适应网信特点的人事薪酬制度，建立适应网信特点的人才评价机制，探索网信领域科研成果、知识产权归属及利益分配机制等"④除了在劳动法及其配套法律制度上健全制度激励外，同时，劳工和企业是唇齿相依、相互依存的，在劳动法的制度设计中，既要为劳动者提供保护，同时也应考虑市场机制的作用，防止用工制度过于僵化，应在促进就业和劳工保护二者之间寻求平衡。⑤ 更重要的是，核心技术的创新人才还涉及核心技术研发与保密的问题，对于一个核心技术人员的培养，企业要花费较大的精力，如果任由不当跳槽的情况发生，那么无一会威胁

---

① 王广彬：《社会法基础的多视角论证》，载《当代法学》2014 年第 1 期。

② 习近平：《在网络安全和信息化工作座谈会上的讲话》，http：//www. xinhuanet. com//politics/2016-04/25/c-1118731175. htm，2016-04-25。

③ 邢福臣、刘玉庆：《企业核心技术人才作用发挥的初步思考》，载《现代经济信息》2014 年第 6 期。

④ 习近平：《在网络安全和信息化工作座谈会上的讲话》，http：//www. xinhuanet. com//politics/2016-04/25/c-1118731175. htm，2016-04-25。

⑤ 谢增毅：《劳动法的比较与反思》，社会科学文献出版社 2013 年版。

这一社会契约的基础，也不利于长期人才的培养，故各国在劳动法制的设计上也特别强调竞业禁止等制度。从现实来看，劳动雇佣关系也是引发侵犯商业秘密的主要根源，也是构成商业秘密侵权判定原则之"接触"的主要方式。此外，曾有学者选取 300 多份公开的判决书作为分析样本，根据侵害商业秘密案件的原被告身份法律关系作为分析指标，得出此类案件近 90% 的属于劳动雇佣关系，只有 10% 的属于非劳动关系，包括技术或者业务合作、直接同业竞争关系等。① 因此，劳动法及相关社会法制度规范对于技术创新人才的保障与规制，既是培育与引进核心技术创新人才的理论之需，亦是现实之责。

二、我国网络领域核心技术突破面临的法律保障困境

中国特色社会主义法律体系本身就不是静止的、封闭的、固定的，而是动态的、开放的、发展的，新形势、新实践、新任务都会给立法工作提出新的更高的要求。② 事实上，我国网络领域核心技术突破的问题在我国进入全面深化改革的新阶段以及百年未有之国际大变局下，其在法律制度上的呈现与应对也将遭遇空前的挑战和困境，而我们只有知所不足，方能继往开来。经济基础决定上层建筑，纵观上述影响我国网络领域核心技术突破的因素来看，其在法律保障制度上面临的困境主要存在于以下三个层面：第一，外部国际形势挑战给法律保障带来的困境；第二，内部政策技术条件给法律保障带来的困境；第三，本身法律制度缺陷给法律保障带来的困境。可以说，法律制度问题的形成是内外因综合作用的结果。

(一) 外部国际形势挑战给法律保障带来的困境

1. 贸易保护主义威胁——知识产权贸易壁垒

从当前的国际困境来看，主要贸易伙伴的贸易保护主义倾向对我国的威胁愈发明显，而这一威胁又区别于传统的关税壁垒，其中一种表现形式就是知识产权贸易壁垒，这也成为许多贸易发达国家的主要调控手段。这一方面归因于

---

① 邓恒：《反不正当竞争立法中商业秘密保护的理解》，载《人民日报》2017 年 5 月 17 日第 7 版。

② 吴邦国：《吴邦国在形成中国特色社会主义法律体系座谈会上的讲话》，http：//www. npc. gov. cn/npc/xinwen/lfgz/lfdt/2011-01/27/content-1618076. htm，2011-01-27。

传统的关税壁垒手段受到的约束越来越严格，各国应对的经验和措施也愈发成熟，导致各国不得不寻求一些更为隐蔽的贸易保护手段，包括绿色关税壁垒以及知识产权壁垒等，这某种程度上可以视为是新一轮的贸易保护主义混战，这对于正处于上升期和转型期的我国来说，贸易挑战不可谓不大。而另一方面，随着新技术革命的延续，技术在贸易中所占的比重也大幅提升，传统资源性、科技含量较低的产品呈现出一定的回落或起伏态势，相比之下，新技术产品的应用和交易则如火如荼，这也进一步引致了各国在此的贸易竞争，某种程度上也使得国际产业分工的链条呈现洗牌的局势，这也加剧了技术贸易的争端及守成与突围之间的对抗，甚至波及了自由竞争秩序的稳定性。① 在此形势之下的中美贸易战，已在一定程度对国际市场布局与产品销售等产生了严重干扰。对于正在加速推行市场化的我国来说，这也给我国法律制度的保障增加了困惑，即在贸易保护主义抬头的国际现状下，尤其是在应对西方国家所谓的国家安全战略时，我国在与对外技术贸易相关的制度路径设计上如何抉择。② 如果以热点问题来对应分析的话，美国以所谓国家安全为由所构建的一整套关于外国投资的国家安全审查法律制度，实际上为其在网络信息产业设置贸易壁垒提供了法律依据③，中兴、华为遭受美国调查与长臂管辖无疑是这一贸易保护主义行为的最鲜明写照。正如前文所析，网络领域的核心技术除了在技术性能上要优先外，亦要投入广阔市场被市场认可才有真正的市场价值，而未来长期的贸易保护主义与贸易自由主义之间的对抗将会给此领域的法律制度保障带来较大的不确定性。

2. 技术封锁愈发趋紧——核心技术引进与反制

曾有学者借助各国实证数据分析得出结论认为，主要经济体之间的国际贸易顺差产生的核心影响因素就在于高科技产品的出口比例。如在 2012—2017 年，我国出口高科技产品至美国的比重逐年升高，与之相反，美国对我国的出

① 杨正竹：《新贸易保护对我国国际贸易的影响》，载《中国商论》2018 年第 22 卷。

② 侯洪涛：《解构与续造：WTO 机制下我国贸易保护主义的应对路径——以政府采购立法为分析视角》，载《湖南科技学院学报》2015 年第 12 期。

③ 陈星、齐爱民：《美国网络空间安全威胁论对全球贸易秩序的公然挑战与中国应对——从"美国调查华为中兴事件"谈起》，载《苏州大学学报年（哲学社会科学版）》2014 年第 1 期。

口却逐年下降，这无疑显著扩大了中美之间的贸易顺差。① 讽刺的是，这却成为美国向中国发动贸易战的借口，并有形成恶性循环的可能及趋势，目前正在征求意见阶段的由美国商务部工业安全署拟定的针对关键技术和相关产品出口管制框架，其中针对中国的意味较为浓厚，如果其真正得到执行，那么也意味着美国出口管制政策被大幅扩大，这无疑对于我国的网络产业有着较大的冲击。② 因为技术封锁的潜在风险之一就是技术路线的割裂和碎片化，可能会使得全球各类经济参与主体交易成本逐步增加，也对于正处于追赶阶段的中国网络产业来说升高了其对外贸易的风险和难度。当然，我们要认清的是，自从中华人民共和国成立以来西方大国就一直对我国进行主要领域的核心技术的封锁，不过，历经几代人的辛苦奋斗，我国在诸多领域已然实现技术突破，甚至弯道超越。现阶段，从法律制度的视角来说，应对以美国为首的西方国家的技术封锁，我们一方面要完善法规以激励自主创新的动力，另一方面则要审时度势，对于我国具有领先的核心技术要加强法规方面的严格保护，而对于被联合封锁的薄弱技术领域，则需要在法律制度层面予以倾斜，包括运用知识产权、财政税收、市场竞争等法律手段进行合理精确的调节。

3. 技术转移饱受攻击——市场换技术的战略调整

早在 1978 年，"技术转移"的概念就进入了我国学者的视野③，这一技术观念也被我国政府所吸收和采纳，并在相当长的一段时间内为我国市场经济的现代化提供了巨大助力。不过，中国 20 多年来的市场换技术策略，虽然引进了大量外资，也转移了较多的技术和管理，但却并没有换回核心技术，在一些行业还出现了严重依赖核心技术的情况。④ 以后随着中国科技体制改革、科教兴国战略以及建设创新型国家战略等的实施，我国在技术转移政策演变上逐渐向主要依靠自主创新及市场驱动举动等方向迈进，以期向高质量技术产品生产迈进。⑤ 但现实面临的问题是，在 20 世纪 90 年代初，我国作为后发国家，严

① 周立：《中美贸易争端：技术封锁与保护主义》，载《国际经贸探索》2018 年第 10 期。

② 中金解读：《美股暴跌：贸易摩擦可能升级至技术封锁》，http://finance.sina.com.cn/stock/marketresearch/2018-11-20/doc-ihnyuqhi3801598.shtml，2018-11-20。

③ 唐允斌：《应当研究技术引进中的经济问题》，载《世界经济》1978 年第 1 期。

④ 赵增耀：《市场换技术的意图、可行性及其局限》，载《学术月刊》2007 年第 3 期。

⑤ 肖国芳、李建强：《改革开放以来中国技术转移政策演变趋势、问题与启示》，载《科技进步与对策》2015 年第 6 期。

重存在技术落后与资金短缺的问题，因此"以市场换技术"的技术追赶模式无疑成为积累资金与引进技术的被迫选择，但作为提供技术与资金的外国企业，以其利益最大化为目标，通过相对先进技术换取市场竞争优势却是其商业化的理性选择。① 但在 2018 年，美国却以此为借口，史无前例地创造了一个名词"强制性技术转让（Forced Technology Transfer）"来无理指责中国，并准备对中国 2000 亿美元商品加征关税。② 对此，需要指明的是，关于技术转让的多边规则在国际上并没有确立，而即便如此，我国仍曾在入世时承诺，外商投资审批、外资入股合作等行为，政府并不会干预和限制。正如习近平同志所宣示的那样，"对于任何有利于提高我国社会生产力水平、有利于改善人民生活的新技术我们都不会拒绝"③。事实上，中国相关法律中也没有任何强制性技术转让的规定，当然这也为我国法律制定和宣传加大了压力和动力。

4. 知识产权保护遭遇指责——保护水平与强度挑战

改革开放 40 年来，中国根据国内经济社会发展的实际需求，在知识产权建设方面已取得长足进展。特别是加入世贸组织以后，在积极吸收借鉴国际先进立法经验的基础上，已逐步构建起符合世贸组织规则和中国国情的知识产权法律体系。当然，尽管在知识产权方面取得积极进展，中国也从不讳言在知识产权方面与发达国家尚存在差距，并且一直愿意在知识产权保护方面继续努力并主动加强与其他国家之间的双多边工作，以期加快向知识产权强国转变。④ 即便如此，作为美国在冷战时期为应对国际竞争力下降而私设的"刑堂"，也即美国对华关系的一张重要王牌，在双方关系遇冷时，知识产权依然成为美国向中国施压的重要筹码。历史上，美国贸易代表办公室共计对中国启动过五次"301 调查"，其中针对中国知识产权方面的"特别 301 调查"就达三次。2017年，中国被美国贸易代表办公室列入"重点观察国"名单中，其主要指责就包括所谓的对美国知识产权权利人保护并不充分以及我国司法改革执行滞后的问

① 邢海玲：《"技术换市场"，FDI 技术转移的策略与行动——兼议我国"市场换技术"战略的转型》，载《生产力研究》2010 年第 5 期。

② 美国白宫：《最新声明：对中国 2000 亿美元商品加征关税》，http：//www. pinlue. com/article/2018/11/1909/037546501809. html，2018-11-19。

③ 习近平：《在网络安全和信息化工作座谈会上的讲话》，http：//www. xinhuanet. com//politics/2016-04/25/c-1118731175. htm，2016-04-25。

④ 张宇燕、韩冰：《如何看待中美贸易摩擦中的知识产权指责?》，http：//www. zaobao. com/forum/views/opinion/story20180711-874374，2018-07-11。

题等。可以说，知识产权既是财产，也是企业竞争的利器。包括美国在内的各国，企业之间知识产权纠纷层出不穷，越是发达国家越是频频出现，这是技术进步对经济增长贡献明显的突出表现。在高技术领域的权利关系尤其错综复杂，争议司空见惯，几乎成为规律。其中，很难轻易说哪家企业是纯粹的被害者，哪家是纯粹的侵权人。在法治社会中及市场经济下，尊重经济运行的基本规律才是正道。面对企业之间的跨国纠纷，美国政府弃正常的法律途径和国际规则不用，单方面动用其国内法律 301 条款，以保护美国企业知识产权为名，越俎代庖，用威胁和制裁他国政府这种过时的"超经济手段"对待市场及经济活动，可谓贪"捷径"而履"窘步"，近乎任性。① 但在知识产权的法律保障制度层面也形成了压力，这需要我国在进一步评估我国知识产权保护的水平与强度的基础之上完善该制度的构建与适用。

(二) 内部政策技术条件给法律保障带来的困境

1. 长期技术引进政策的弊端

自改革开放以来，我国制造业、网络产业等虽然通过技术和设备引进、与外资合作等方式，走上了学习模仿的道路，产业技术水平得到大幅提升，但其弊端也是显著存在的，总结下来主要存在以下两个方面：

第一，技术引进政策的效果愈发不明显。有学者通过实证数据与模型考察，得出结论表明企业自主创新在提升东部地区和中部地区经济增长效率中起到了积极的显著作用，而国外技术引进和国内技术转移对东部地区的效率提升没有明显的促进作用，② 而东部地区又是我国网络领域核心技术产业的主要研发基地，足见技术引进的效果在该领域的核心技术上已经大打折扣。有学者甚至进一步提出，诚然，技术引进在特定时间内的短期效果十分明显，这也正是各新兴发展中国家大力引进一些低端产业链的原因，但技术进步本身并非必然遵循着直线上升的规律，在进入转折点的时期，如不能合理引导和转型，极易陷入像"中等收入陷阱"一样的"低端技术锁定"这一恶性循环中。而核心技术往往很难通过技术转移取得，尤其是在我国面临西方核心技术封锁的情况之下，因此，只有鼓励自主研发才能有机会跳脱上述锁定困境，从而改变技术演

---

① 刘春田：《美方对华知识产权指责是无的放矢》，载《人民日报》2018 年 4 月 3 日。
② 丁峰：《自主创新、技术引进与经济增长》，载《管理现代化》2018 年第 5 期。

变的发展路径。亦即，自主研发本身对于技术转型的提升效果，从短期来看确实具有不可讳言的滞后性，但从长远来看，其却能担负起根本性的战略价值。鉴此，为避免落入低端技术锁定陷阱，在新时代转型机遇期，应紧跟时代步伐，坚持"以自主研发核心技术为支撑，积极引进优质外部技术为辅助"的策略。① 由上可见，技术引进政策固然仍有其存在的必要性，但随着我国信息化、制造业技术的进步，只有主要通过技术自主创新方能摆脱低端锁定的死循环。

第二，企业核心技术易产生依赖性。在我国网络信息产业的对外依存度测试中，有学者用科技经费测度方法测度我国中资信息技术产业对外依存度，表述最悲观数值不会高于30%，而基于技术应用的测度方法，则可以发现，我国中资信息技术产业对外依存度最乐观的数值不会低于45%，其根源就在于我国的中资信息技术产业不掌握核心技术，而技术核心都聚合在核心部件、高端芯片和基础软件上，这些承载核心技术的产品是以间接技术形态、隐形技术进口的方式输入我国中资信息技术产业的，而科技经费测度方法往往测度不到这些最重要的依存内容。② 而长期技术引进政策也会在此依赖性的问题上形成恶性循环，因为目前战略性新兴产业的创新效率主要依靠技术引进提升，自主创新仍然处于弱势，而战略性新兴产业的自主创新投入如果因为配套保障不到位的情况下，就不能促进创新效率提高，那么研发投入在很大程度上是一种资源的浪费，作为反作用力，较低程度的创新能力也会诱致技术环境建设的进一步滞后，从而导致该国产业对新技术的吸收能力更加不足。③ 因此，我国在鼓励新技术引进的同时，也应该克服以上两种长期技术引进政策的弊端隐患，正如习近平同志强调，"核心技术是国之重器，最关键最核心的技术要立足自主创新、自立自强"④。这就意味着未来我国在产业政策法等法律规制上要符合新时代的政策转向。

---

① 郭玉晶、宋林等：《自主创新、技术引进与技术进步的通径分析》，载《中国科技论坛》2016年第12期。

② 罗文、孙星等：《技术对外依存与创新战略》，科学出版社2013年版，第76~84页。

③ 王爱民、李子联：《技术引进有利于企业自主创新吗？——对技术环境调节作用的解析》，载《宏观质量研究》2018年第1期。

④ 习近平：《在网络安全和信息化工作座谈会上的讲话》，http://www.xinhuanet.com//politics/2016-04-25/c-1118731175.htm，2016-04-25。

2. 网络核心技术产业的短板

我国工程院院士倪光南曾表示，"目前，中国在部分网络和信息化核心技术领域技术储备依然薄弱，特别是终端操作系统技术短板明显。为适应快速发展的互联网环境和应对日趋严峻的网络安全形势，国产自主终端操作系统技术研发和产业发展仍需提速"①。有数据显示，虽然我国在全球电子产品产业链的制造规模上占据非常高的市场份额，中国制造早已走出世界，但作为其核心要件的芯片、集成电路等的自给率却依然很低，创新的内力仍然有待进一步挖掘，"缺芯少魂"加剧了现实的困境与危机。② 具体分析来看，除了上文提到的我国长期"重引进、轻消化"的技术引进政策，导致我国尚未走出"引进—相对落后—再引进"的怪圈外，我国网络领域核心技术产业主要还存在以下两个方面的短板：

第一，芯片、软件系统、关键基础设施创新能力不足，网络核心技术体系结构仍落后明显、受制于人。如美国"安全与国防议程"智囊团曾报告称，评估各国的网络安全防御能力，中国仍处于中下等，在梯度上仅为第四梯队，网络安全的防护能力远远不足，其根源就是在网络安全核心技术领域中国作为后进国家仍处于受制于人的局面。其中，信息系统及关键设施中的核心信息技术产品和服务对外依赖性仍然很强，这显著制约了核心技术产品的国产品牌的普及度、创新能力的发挥、价格成本的控制等。可以说，这些"命门"的存在已成为未来各国的必争之钥。③ 可见，在这些网络核心技术领域我国仍然有较大差距需要脚踏实地地去追赶。

第二，高科技研发主动性尚显不足，高校、企业创新偏离核心技术。在2018 年由世界知识产权组织、美国康奈尔大学、英士国际商学院共同发布的全球创新指数报告（GII）中显示，我国已从 2017 年的第 22 位上升到 2018 年的第 17 位，也是唯一一个进入全球创新指数前 20 名的中等收入国家，这体现出我国在创新能力的提升及创新环境的改善上都逐年取得良好效果，甚至其中有

① 高亢、刘硕：《专家：我国终端操作系统技术研发和产业发展仍需提速》，https：//baijiahao. baidu. com/s？id=1614832938470045613&wfr=spider&for=pc，2018-10-20。

② 孟威：《着眼网络强国大局，实现核心技术突破》，载《人民论坛》2018 年第 13 期，第 25~26 页。

③ 孟威：《着眼网络强国大局，实现核心技术突破》，载《人民论坛》2018 年第 13 期，第 25~26 页。

七项指标名列世界首位。但不得不指出的是，与美、日、英、德等国家比较，我国在创新指标体系中，易于创业（排名第 73 位）、监管质量（排名第 87 位）、法律环境（排名第 75 位）等方面还有较大差距。① 这也凸显出我国核心技术短板与法律制度薄弱之间所存在的现实矛盾关系，同时意味着我们需要不断检视内部政策技术条件给法律保障带来的相应的困境，以谋求改革和完善的解决之道。

（三）法律制度的缺陷给法律保障带来的困境

本杰明曾援引怀特海的话说："没有守旧成分的单纯变革，是一个从虚无到虚无的过程，它最终产生的只是转瞬即逝的非实在物。而没有变革成分的单纯守旧，也不可能维持，因为毕竟环境在不断变化，单纯的重复会让新鲜的特性消耗殆尽。如果生活都感受到这些相反方向的拉力，则规范生活之规则的法律也必定如此。"②这也就意味着，已经影响现实生活的新鲜事物，如果要鼓励其保持特性发展下去，那么在已有制度基础上进行查漏补缺或相应变革是一个必需的过程。梳理与互联网核心技术有关的现有法律，我们不难发现，其在体系化、技术性、程序性及国际化等问题上仍存有其守旧的缺陷，这一问题也会随着国家、社会与企业的重视而愈发凸显。

1. 法律制度的体系化问题

相对于传统的法学领域来说，互联网领域属于新兴的知识形态，但在传统部门法一统天下的时代，新的法学知识的生产会自然被归位于某一部门法体系之下，但其存在的潜在问题便是对于空白和交叉的部分的体系化问题如何处置，这也成为部门法代表学者们的争执焦点。尤其是近 20 年间，环境、知识产权、财税、金融、科技、互联网、航天航空等经济社会和科技领域发生了急剧变化，这些知识形态演进已使得现行体系范式愈发难以从部门法维度回应这些现实诉求，而传统提取公因式的抽象思维也难以应对这些涵盖错综复杂因素

① 杨柯巍、张原：《专家：我国终端操作系统技术研发和产业发展仍需提速》，https：//baijiahao. baidu. com/s？id=1614832938470045613&wfr=spider&for=pc，2018-10-20。
② ［美］本杰明·N. 卡多佐：《法律科学的悖论》，劳东燕译，北京大学出版社 2016年版，第 8~9 页。

的领域的利益冲突乃至争讼，其间更是发生了诸多影响社会的重大事件和问题。① 因此，拓扑部门法研究范式的罅隙，及时解决新兴学科和交叉学科的理论定位和学术归宿问题，成为迫切回应社会大变革时代的现实诉求。在这一潮流下，以问题为导向的领域法学的兴起似乎成为解决这一问题的研究路径。毕竟一种法律体系总是存在于特定的时空之间②，而在新时代的变革中，对现时法律体系的效力检验必能被法律人所敏锐剖析。鉴于此，有学者著书立说提出"互联网法学"概念，即以互联网法的现象及规律为研究对象的一门科学，是互联网技术与法学的交叉学科，其有自己特定的调整对象和基本原则，并与宪法、民法、商法、经济法、行政法、刑法、诉讼法及国际法等都有密切关系，在法律地位上应是独立的法律部门。③ 纵然这一观点不一定能被学界所广泛认可，但值得肯定的是，其确实点出了我国网络领域核心技术法律保障未来可能牵涉的体系化问题，而从现有的规范来说，也确实存在不协调的地方，譬如，在关于核心技术的主要法律形态商业秘密这一知识产权客体来说，其在民法、竞争法与劳动法中的权益属性定位就大相径庭，这也意味着法律制度体系化的问题也将是未来完善法律保障制度时所必须处理的法律障碍。

2. 法律制度的技术性问题

这里所要谈及的法律制度的技术性问题主要着眼于两个维度：一方面是立法过程中的问题，简称立法技术；另一方面则是适法过程中的技术性问题，也可以称为司法技术。④ 关于前者，关涉的是网络领域核心技术法律问题的法律宗旨、处理原则、权益认定、救济程序等，但现实是立法规范对于网络领域核心技术的回应有时并不够科学，甚至对于制度的运行起到了阻碍作用，譬如在专利强制许可的制度建设问题中，现行专利与保密同性的双轨制的运行逻辑，使得强制许可制度只是为了存在而存在，而缺乏真正的制度空间，有悖于制度的立法价值。至于后者，则是司法过程中的法律技术，同样包括法律价值的判

---

① 刘剑文：《论领域法学：一种立足新兴交叉领域的法学研究范式》，载《政法论丛》2016 年第 5 期。
② ［英］约瑟夫·拉兹：《法律体系的概念》，吴玉章译，中国法制出版社 2003 年版，第 249 页。
③ 秦成德：《物联网法学》，中国铁道出版社 2013 年版，第 5～18 页。
④ ［日］川岛武宜：《现代化与法》，王志安等译，中国政法大学出版社 1994 年版，第 265～270 页。

断和词语技术。但是，司法技术的内涵却大大不同于立法技术的内涵，因为司法主要针对的是个案，这就要求在每一个案件中要寻求公平正义。其在网络领域核心技术法律问题中的展现主要是利益衡量与纠纷解决，如以利益衡量为例，互联网领域的核心技术既涉及国家利益、社会公共利益，同时也涉及个人利益，但是不同的技术特性却对利益的要求有所不同，如纠纷考察的是核心技术的保护的话，那么其可能更多的是照顾个人权益的保障与国家安全的考量，而如纠纷涉及的是核心技术的公共安全性的问题的话，那么其可能则主要从社会公共利益，甚至是国家利益的方面出发。但现实中我国在相关法律制度中的利益考察主要是静态的，而且具有一定的恣意性，因此，这也是未来法律制度保障中所要克服的难点问题。

3. 法律制度的程序性问题

正如法律存在善恶之分，程序也存在优与劣、善与恶的问题，这涉及法律程序的价值内涵问题，即程序的正当性问题。[1] 这一点在互联网领域核心技术问题上，主要存在以下问题：第一，商业秘密保护的司法程序尚需完善，关于这一点的问题在现实生活中已饱受诟病，其难点就在于如何妥善处理好原告商业秘密权益人的保护与被告涉嫌侵犯商业秘密权益的人的基本权益保护，这与司法程序的安排密不可分，但这个问题尚未在法律制度层面得到更有效的完善。第二，财税政策的政府行为应落实公平竞争。由于我国在行政管理思维上有着较长的传统和实践，所以也形成了我国特殊的行政垄断的情况，而网络领域核心技术产业往往需要政府的财政税收政策支持，但可能牵涉到的利益关系，甚至寻租腐败等问题一直是程序上可能的瑕疵，如何真正杜绝此问题的发生，从而在程序上让企业平等参与及统合决定着与决定对象的立场，这需要严格的程序法律约束。第三，程序成本的问题，有人认为现代程序雍容华贵、费用高昂，从而质疑程序的合理性问题，但从现实来看，商品经济的发展已经使得孕育的企业成为这一程序的最大消费者，可以说现代程序的费用只是一种选择性的代价，设置一套严格的程序来保证社会过程的合理性和正义显然是有益无害的。[2] 但是在互联网时代，其对于高效的要求本身不应与程序的正义相排斥，也就是说，传统法律制度设计中的程序正义也应该与时俱进，综合考察技

---

① 孙笑侠：《程序的法理》，商务印书馆 2005 年版，第 17、18 页。

② 季卫东：《法律程序的意义——对中国法治建设的另一种思考》，中国法制出版社 2004 年版，第 138、139 页。

术案件的特点与特征，在效率与公平上合理平衡，以防止公平的问题拖累效率而与社会福利背道而驰。可见，如上与网络领域核心技术有关的法律程序性问题也是法律设计中所要考量的内容之一。

4. 法律制度的国际化问题

全球化的热潮疯狂拓展着技术经济领域的效益边界。① 而网络领域本来就是强调互联互通的一个领域，这也就意味着跨国际合作的法律制度已成为其必然的取向和选择，这其中最为明显的是网络领域核心技术的标准化问题。诚然，ISO、IEC、ITU等国际标准化组织的宗旨在于全世界范围内促进标准化工作的开展，并扩大各国在知识、科学、技术和经济方面的沟通合作。但这看似公平的背后其实隐藏着法律全球化进程中不公平与不公正问题，可以说在此情景之下可能更为严重，因为掌握核心技术和国际势力的成员才能取得话语权，否则只能沦为看客而已。除此之外，知识产权保护水平与强度的问题上百年来都是在国际间的一个争执的话题，多数理论与实践已经证明保护越强不一定越好。如加拿大高级研究员理查德·戈尔德（Richard Gold）曾撰文指出，后进的发展中国家不能仅是复制发达国家的知识产权保护政策和制度，而是应慎重考虑其基础设施及高等教育水平，从而达到相适应的促进效果。其本质上反映的是知识产权制度的双刃效果。即，从积极方面来看，知识产权制度保护了创新成果，激励了社会创新，但从消极层面来看其也限制了模仿他人成果、追求高质量产品的选择。② 这在网络核心技术领域上同样存在此问题，因此，在回应美国知识产权压力的同时，也应该妥善处理其辩证关系。

三、我国网络领域核心技术突破具备的法律保障机遇

虽然我国在网络领域核心技术的法律保障问题上面临上述多源困境，但历经四十年的改革开放，我国已经在技术和法制内容上取得了非常显著的成绩，也打下了厚实的完善基础，因此，在此全面深化改革的新时代，可谓是挑战与机遇并存的。

---

① 刘志云：《法律全球化进程中的特征分析与路径选择》，载《法制与社会发展》2007年第1期。

② 王俊美：《知识产权保护是把双刃剑——加学者呼吁多角度提高创新水平》，http://www.cssn.cn/hqxx/201705/t20170505-3508958.shtml，2017-05-05。

（一）技术成果积淀

信息革命给人类社会带来了生产力质的飞跃和生产关系的深刻调整，也使得评估该国在网络领域的创新力和竞争力的条件成为判断一个国家的综合国力、国际竞争力及发展潜力的重要标准。因此，自党的十八大以来，中央一直紧抓信息化工作的部署，在核心网络技术领域全面紧追西方先进国家的水平，并从理论和政策角度，全面阐释了党的出发点和指导思路。这也为网络强国思想的确立提供了坚实的理论基础和政治定位，并不断指引我国企业在国际竞争中奋勇向前。但也应清醒看到，我国虽已是网络大国，但同网络强国的水准相比还有一定差距，甚至核心技术受制于人的状况尚未得到根本改变。不过值得肯定的是，近年来我国高度重视核心技术发展，已在高性能计算、量子通信、5G、IC 设计等一些领域取得了突破①，这也为我国网络科技领域的法律保障研究提供了新的起点和平台，同时作为反作用力，其也为完善我国网络领域核心技术的法律规范提供了充分的经验，以下仅以两项技术为例：

第一，我国一些通信企业在 4G 通信技术的时代就曾积极研发和布局，正因为如此，我国在标准必要专利许可制度的完善上也已经积累了大量实践经验，如华为诉 IDC 案等的处理、知识产权反垄断指南的制定等，都具有一定的国际影响力。如今，随着我国通信业以创新驱动 5G 发展，并突破关键核心技术，加快开展技术试验，取得了令人瞩目的阶段性成果。② 这反映出我国在 5G 通信技术上面有了一定的技术基础和优势，而当前我国处于相关网络技术领域立法的井喷期，无疑已有的立法成果及司法经验将在 5G 通信技术提供的广阔平台的基础上，继续跟上时代步伐做好相关法律保障配套。

第二，改革开放以来，随着一系列科研激励政策的出台及地方政府的大力支持，显著促进和保障了一些新兴科技的研发进程，如包括超级计算机等在内的科研成果，确立了我国在此领域的领先地位，也为我国各行各业的发展提供了超级运算的支撑，其中既包括核武器研发、石油勘探、天气预测等传统攸关国家安全与百姓福祉的领域，也投射到互联网、人工智能、普惠金

① 田丽：《在核心技术领域实现突》，http://www.rmlt.com.cn/2018/0604/520151.shtml，2018-06-04。

② 黄鑫：《党的十八大以来我国信息通信业核心技术不断取得突破——跨越式发展引领时代巨变》，载《经济日报》2017 年 10 月 11 日。

融等新兴领域，使得核心科技的应用愈发贴近百姓生活，让人们感知其所带来的福利，也在一定程度上为其科研投入提供了市场支撑和政策民意的支撑，其也对于我国财政税收法、网络安全法等的设计与构建提供了新的立法研究框架，而随着相关核心技术的不断成熟与应用，其法律制度的构建也将愈发完备。

(二) 国家政策支持

在现代法治社会中，政策的作用举足轻重，我国法律也曾明文规定政策具有与法律相当的规范作用。① 从本质上来说，政策与法律均为上层建筑的重要组成，并共同服务于社会的发展，因此，二者在目的上具有一致性。同时，政策和法律是可以相互交融的，即法律的制定以政策为依据，而政策可以转化为法律。不仅如此，国家立法与政策的实施也有着密切的联系，从法理的角度讲，政策是法律的重要渊源。② 因此，把握我国在网络核心技术领域的政策导向，对于完善相关立法具有较为明确的指引作用。

1. 军民融合发展战略

习近平同志在党的十九大报告中曾指出："坚持富国和强军相统一，深化国防科技工业改革，形成军民融合深度发展格局，构建一体化的国家战略体系和能力。"③当前，军民融合已迈入由初步融合向深度融合过渡、进而实现跨越发展的快车道和关键期。④ 但在专利领域却依旧存在国防专利与一般专利的双轨制运行机制，且两种专利制度之间在运行规则、互相转化等环节存在障碍，已成为阻滞我国国防科技发展的重要症因，而这一战略的提出无疑为解决此问题提供了契机。从现实来看，相比于美国 80% 及西欧发达国家 50%~60% 的国防科技成果转化率，我国在航空航天、兵器制造、核工业等领域均

---

① 史际春、胡丽文：《政策作为法的渊源及其法治价值》，载《兰州大学学报(社会科学版)》2018 年第 4 期。

② 段钢：《论政策与法律的关系》，载《云南行政学院学报》2000 年第 5 期。

③ 习近平：《决胜全面建成小康社会 夺取新时代中国特色社会主义伟大胜利——在中国共产党第十九次全国代表大会上的报告》，http://cpc.people.com.cn/n1/2017/1028/c64094-29613660.html，2017-10-18。

④ 国务院办公厅：《国务院办公厅关于推动国防科技工业军民融合深度发展的意见》，http://www.gov.cn/zhengce/content/2017-12/04/content-5244373.html，2017-11-23。

低于 20%。① 虽然实务界已经认识到专利权保护与技术开发投资之间的紧密关系，并通过论证试图打破国防领域专利权的制度框架。② 但值得注意的是，既有的国防专利存量及专利转化制度的推进都促使现有国防专利制度朝着完善和改进的路径发展。而且军民融合战略思想的核心旨在强调国防与军队建设融入经济社会发展体系。作一项能衔接国家政策和特殊利益权衡的制度设计，强制许可制度对国防专利转化以及科研实力效能的提升具有显著地正向关系。斯坦福大学的 Petra Moser 和 Alessandra Voena 教授曾利用"倍差法"（DID）考察了遭受《与敌对国贸易法案》（Trading with the Enemy Act）影响程度不同的各相关技术领域的国内发明专利活动的变动，有力的佐证了强制许可制度确实可以在较长一段时间里提升本国的科研实力，甚至可能促成整体的福利效应，而该证据也显示美国自一战以来也受益于此。③ 因此，剔除旧有制度障碍、吸收科学论证成果和优化制度理论体系，以创新和完善国防技术保护的双轨制制度，既是深化军民融合的内在要求，为网络领域核心技术军民流动提供平台，也是缓解技术贸易外在压力，完善我国涉及国防专利制度的重要方向。鉴此，在现有双轨制的专利体系架构下，应合理借重传统专利制度经验，可以以强制许可制度为核心，构建军民专利转化的可行性制度，为构建军民融合深度发展的创新体系建设，强化国防领域的专利应用提供助力。

2. 知识产权保护战略

习近平同志在博鳌亚洲论坛 2018 年年会上，向全世界明确宣布，在扩大开放方面中国将采取重大举措，其中重要一项就是加强知识产权保护。事实上，改革开放 40 年以来，我国对于知识产权的保护，上自宏观战略、下至微观实施均做出重大决策部署，并取得世界瞩目的成效，世界知识产权组织总干事弗朗西斯·高锐在论坛期间接受"凤凰网"专访时也表示认同。④ 回顾知识产

① 李萍等：《我国国防科技成果推广转化存在的问题及对策研究》，载《航天工业管理》2013 年第 11 期。
② 肖进：《专利与国防》，http：//www. ciplawyer. cn/article1. asp？articleid＝20430，2016-11-30。
③ Moser P. Voena A：Compulsory Licensing：Evidence from the Trading with the Enemy Act，Discussion Papers，2010，pp. 426-427.
④ 闫漪，蒙小度：《专访世界知识产权组织总干事弗朗西斯·高锐》，http：//baijiahao. baidu. com/s？id＝1598526670368797148&wfr＝spider&for＝pc，2018-04-10。

权保护历程，我国已加入了世界上几乎所有主要的知识产权国际公约，① 而自2008 年至今，我国在发明专利的国际排行榜上连续多年稳居世界第一，其中高铁、核电、新一代移动通信等产业形成核心知识产权，"中国智造"稳步走向世界，足见我国知识产权发展水平已位居世界中上游，特别是 2016 年我国世界排位由第 14 位上升至第 10 位，与知识产权强国的差距进一步缩小。从以上成就取得和政策发布来看，我国将在知识产权保护领域继续走向深海，这无疑对于网络领域核心技术的保护具有积极意义。诚然，处于改革攻坚期的我们应辩证看待来自国外的压力并积极作为，以期在扩大开放之路上行稳致远，但对于罔顾事实的指责及不切实际的要求也应适时亮出我们的"成绩单"以彰显底气和有效回应。这样才能真正回归知识产权制度的价值基础，从而为推动我国网络领域核心技术的创新和发展提供稳定的动力支撑。

3. 互联网+先进制造业

2017 年 11 月 27 日，国务院印发《关于深化"互联网+先进制造业"发展工业互联网的指导意见》（以下简称《意见》）。《意见》指出："在新工业革命的历史机遇期，不仅发达国家积极筹谋布局，抓住新一轮的发展机遇，作为新兴国家均都加入此发展、竞争浪潮，以期增进国际分工产业链中的优势和地位，因此，各国围绕核心标准、技术、平台加速布局工业互联网。诚然，通过国际合作的形式我们也取得了初步的发展，但与发达国家相比，其水平和基础仍然有待提高和超车，存在的问题包括产业支撑能力不足、核心技术对外依存度较高、技术标准体系不完善、人才支撑和安全保障能力不足等，与建设制造强国和网络强国的目标仍有显著的差距。"同时，《意见》在发展的基本原则中特别指出，要遵循"市场主导，政府引导"的基本原则，其中一重点就在于"发挥政府在加强规划引导、完善法规标准、保护知识产权、维护市场秩序等方面的作用，营造良好的发展环境"。② 足见"互联网+先进制造业"的推动与发展必然缺少不了法律制度的保障，这也为法律制度的完善提供了政策指引与支撑。

4. 国企与民企竞争中立

近一段时间以来，从中央到地方都在积极行动，出实招为支持民营经济发

---

① 人民日报评论员：《坚定不移加强知识产权保护》，载《人民日报》2018 年 6 月 6 日第 1 版。

② 国务院：《国务院关于深化"互联网+先进制造业"发展工业互联网的指导意见》，http：//www. gov. cn/zhengce/content/2017-11/27/content-5242582. html，2017-11-27。

展作出保证。国家市场监督管理总局局长张茅就曾表示，要围绕建设全国统一大市场的目标，健全竞争政策体系，坚持"竞争中立"原则，建立规范统一的市场监管规则，为民营企业营造公平竞争的市场环境。① 而这一问题之所以被受到重视，主要是由于过去40年我国创建利用市场竞争机制取得巨大成就，然而现实生活中仍相当程度存在所有制差别待遇现象。例如由于行政性垄断与有关部门产业干预政策，在不少竞争性部门民企市场准入和投资仍面临歧视性待遇。在信贷融资条件、获得政府补贴、并购与破产风险、违法违规受处罚、遭遇流动性困难或债务危机时获救助等方面，国有与民营企业之间区别性待遇也属相当常见。由于我国经济制度转型特殊历史背景，现实不同类型企业区别性待遇不仅源自具体政策操作层面内容，而且在相关法律层面有直接表达，这使得我国贯彻公平公正公开的市场竞争原则面临更为困难与复杂因素，因此，如能借鉴竞争中性原则突破相关领域深层改革举步维艰的困局，将对提升我国经济竞争力与完善开放型市场经济体制产生积极影响。② 不过，对于网络核心技术的内容应当严格界定和区别对待可以受补贴的国企名录，如对涉及国家战略安全的行业企业，国企可以接受补贴，代价是不能进入市场参与竞争，不能进行资本收购。政府对剩余的行业企业要遵循投资中性或所有制中性，要统一遵守市场秩序，不能进行补贴，要采取优胜劣汰市场原则。③ 如此，方能兼顾国家利益与企业个体及社会公共利益。

(三)法律制度推进

1. 司法体制改革

在2013年十八届三中全会上，大会一致通过了《中共中央关于全面深化改革若干重大问题的决定》，在决定中强调深化司法体制改革是全面深化改革的重要一环，这意味着在新时代，司法体制也要适应发展需要、与时俱进。从其具体的内容部署来看，除了一贯要求的提升司法公信力及全民法治观念外，特

① 张茅：《国家市场监督管理总局局长张茅专访：为民营经济营造更好的营商环境（支持民营企业在行动）》，载《人民日报》2018年11月6日第4版。

② 中国金融40人论坛：《屡被热议的"国企竞争中性"到底是什么意思？》，http：//finance. ifeng. com/a/20181029/16548926_0. shtml，2018-10-29。

③ 秦晓：《除了国家战略安全企业，政府对国企民企应保持中立》，http：//www. sohu. com/a/275351665-100160903，2018-11-15。

别明确了对于司法制度建设与创新的要求。而从知识产权制度的视野来看，近几年来的改革成效较为显著，司法机构始终贯彻知识产权改革创新的理念，其中取得的成绩包括知识产权法院、法庭的试点推广，统一的知识产权上诉法院酝酿构建，以及专业知识产权法官的积极培养等。当然，除了上述司法体制硬件的改革完善外，最高人民法院对于审判模式的调整，如"三级联动、三审合一、三位一体"，以及司法主导、严格保护的政策确立。都在努力确保未来知识产权创造、保护和运用的法律，适用标准统一透明、切实有效，以及审判体系的完善、保护效能的整体提高。可以说，如上深化司法体制改革的举措，既是在寻求知识产权制度层面的应然定位，也是基于国家战略的角度进行的积极部署，符合未来发展的趋势。而从社会影响的效用层面及知识产权理念的普及来讲，上述司法政策与法律制度在全社会树立起司法保护知识产权的优先性、全面性和终局性的理念，为解决知识产权保护的问题提供了政策与理念支撑。足见，我国知识产权司法保护的理念在司法政策的宏观指引下已实现现代化的积极转向，未来，相信我国也将继续在党的十九大报告"强化知识产权创造、保护、运用"的政策与理念驱动下，在司法保护程序的全过程中认真贯彻，严格落实。在此基础之上，未来我国也会坚持体系创新，深化改革探索，积极参与和引导国际知识产权治理规则创设和修订，推动构建更加公平公正开放透明的国际规则，以提升我国知识产权司法保护的国际影响力和依法保护知识产权负责任的大国形象①，让世界更加了解知识产权司法保护的"中国智慧"和"中国经验"。可以说，这对于保障和促进我国网络领域核心技术突破具有跨时代的革命性意义。

2. 法律修订热潮

在司法体制改革的大背景下，中央全面深化改革领导小组也一直将法律的修订作为全面深化改革的工作要点。因此，在全国人大常委会紧锣密鼓的立法工作计划中，与网络领域核心技术相关的法律也被提上修改或制定日程，包括促进科技成果转化法（2015 年计划）、网络安全法（2015 年计划）、民法总则（2016 年计划）、资产评估法（2016 年计划）、中小企业促进法（2016 年计划）、反不正当竞争法（2017 年计划）、专利法（2018 年计划）等，本章将主要就以下三项法律的制定与修订进行分析。

---

① 张璁：《保护知识产权就是保护创新》，载《人民日报》2018 年 3 月 1 日，第 6 版。

1）网络安全法制定

从 2017 年 6 月 1 日开始实施的网络安全法中所确立的立法目的可以观察到，国家对于网络核心技术突破与网络安全的高度重视。而从具体条文来看，该法也直接将国家政策转化为了法律，如该法第三条。也就是说，虽然网络安全法的重点规范内容在于"网络安全支持与促进""网络运行安全""网络信息安全"，也即强调维护网络安全的内容，但该法也明确了国家的政策取向，即网络安全与信息化发展并重。这就意味着，网络安全的制定并非是限制网络信息产业的发展，而是恰恰相反，强调两者的协调并进。其中，网络核心技术作为网络信息产业发展的重中之重，其当然是国家政策关注的重点，从逻辑上来说，往往核心技术的应用与运行更能决定网络安全，因此，该法的制定其实已经明确了网络安全与信息产业发展的关系，这对于未来实践中商业运营、法律践行及其他法律制定具有较强的借鉴、指导和规范意义。

2）竞争法修订

自 1993 年反不正当竞争法、2008 年反垄断法颁布以来，竞争法的出台和实施在我国推进改革开放和建构市场经济体制的进程中承担着规范市场秩序的使命和重任。时至今日，其已成为我国市场经济体制中的基础性法律制度。然而，随着社会的快速发展和变迁，法律的滞后性已越来越明显，而社会对竞争法的修订要求也越来越迫切。① 其中与网络领域核心技术问题密切相关的内容主要集中于以下几点：一是反不正当竞争法中关于商业秘密保护的规定，本次修法进行了必要的完善，但从救济角度来说仍有完善的空间；二是反不正当竞争法中关于禁止任意挖角的规定，其并没有作为一种新类型的不正当竞争行为得到关注，未来更多的是依据劳动合同法与反不正当竞争法一般条款来规制；三是反垄断法修法中关于公平竞争审查制度的内容，这是本次修法的重点，也凝聚了学界共识；四是反垄断法中涉及网络领域核心技术的滥用市场支配地位、经营者集中问题等。

3）专利法修订

2018 年 12 月 5 日，国务院常务会议通过《中华人民共和国专利法修正案（草案）》，该草案着眼于加大对侵犯知识产权的打击力度；完善相关举证责

---

① 宁立志：《继往开来：变迁中的中国反不正当竞争法》，载《郑州大学学报（哲学社会科学版）》2018 年第 6 期。

任、连带责任等责任制度；草案还明确了职务发明创造收益的激励机制，并完善了专利授权制度，新设专利开放许可制度。① 国家知识产权局局长申长雨在作草案审议的说明时还特别表示："加强知识产权保护、提高自主创新能力，已经成为加快转变经济发展方式、实施创新驱动发展战略的内在需要。"②可以说，专利法的修订与网络领域核心技术的保护密切相关，此次修法所针对的侵犯专利权的赔偿力度、专利维权举证难题、促进专利实施和运用中明确单位对职务发明创造的处置权等问题，直接关涉网络领域核心技术企业的成果保护。而完善其保护的举措无疑是向全社会宣告对核心技术研发的鼓励和对创新成果的保护，不管是从制度、理念还是文化来说，对于保障网络领域核心技术突破都提供了机遇。

四、保障我国网络领域核心技术突破的法律制度完善与设计

对于如何从法律制度层面保障我国网络领域核心技术的突破，《国务院关于深化"互联网+先进制造业"发展工业互联网的指导意见》中曾给出指导方案，即建立健全法规制度，完善工业互联网规则体系。具体来看，包括建立涵盖工业互联网网络安全、平台责任、数据保护等的法规体系；细化工业互联网网络安全制度，制定工业互联网关键信息基础设施和数据保护相关规则等。③ 但严格来看的话，以上的制度内容更侧重于技术的工业应用层面，虽然确实能在间接意义上促进和保障我国网络领域核心技术的突破，但最为核心的制度构建仍应落脚在核心技术的技术创新本身。当然，其也证明了网络领域核心技术作为一个领域法学的范畴，必然涉及不同的法律行为，如果全部展开论述则无异于大海撒网，不能精准定位。因此，本章将结合以上几章的概述、困境与机遇的分析，抓主要矛盾的主要方面，以本章的创新点"强制许可制度"为主，"商业

---

① 吕可珂、高云翔：《关注！国务院常务会议通过专利法修正案（草案）》[EB/OL].
https：//mp. weixin. qq. com/s/PzpNdyvBbOXzaAak2O8N_A，2018-12-06。

② 王宇：《专利法修正案草案提交十三届全国人大常委会第七次会议审议》[EB/OL].
http：//www. gov. cn/xinwen/2018-12/26/content-5352409. htm，2018-12-26。

③ 国务院：《国务院关于深化"互联网+先进制造业"发展工业互联网的指导意见》，
http：//www. gov. cn/zhengce/content/2017-11/27/content-5242582. htm，2017-11-27。

秘密制度"及"公平竞争审查制度"为辅①，探讨在法律制度层面如何进一步完善，以为我国网络领域核心技术的突破增添动力及保驾护航。

(一) 强制许可制度——专利法与《国防专利条例》

在现行的双轨制专利体系下，灵活适用强制许可制度以突破国防与民用技术交流的制度困境，符合当前的发展趋势和实际需要，但这需要在专利法及《国防专利条例》的立法框架内进行相应的制度建构和障碍排除。事实上，在此潮流之下，相关的修法建议层出不穷，凸显出随着时代的发展，立法及时应对跟进的紧迫性和必要性。

1. 在国防专利体系内适用强制许可制度的可行性分析

事实上，我国早在 1985 年专利法中就专章规定了"未实施专利、拒绝许可及附属专利"的强制许可条款。但其在实践中却鲜少被运用，即便在普通专利实施中的情形也不常见。加之国防领域本身所具有的保密色彩及国防专利转化率的低位运行，使得自《国防专利条例》出台至今，国防专利体系如何适用强制许可制度的问题，并没有成为一个真正的问题。但随着军民融合的热潮推进以及《国防专利条例》和专利法修订的呼声愈发高涨，强制许可制度作为一支"悬在半空上的剑"②的存在，应当在国防专利的理论研究和制度安排上做进一步的分析和回应。

根据《国防专利条例》第 35 条规定③的文义解释，载《国防专利条例》未作规定的适用专利法和专利法实施细则，而专利强制许可制度在整部《国防专利条例》中未作相应规范安排。而且专利法是全国人大及其常委会制定的上位法，而《国防专利条例》则是由国务院和中央军委联合制定的下位法。依照体系解释的逻辑，强制许可制度理论上应适用于国防专利。

需要注意的是，虽然从现有立法安排上来看，国防专利当然适用于强制许

---

① 其他与网络领域核心技术相关的网络安全制度、职务发明制度等囿于篇幅和精力所限，未能在本书中予以汇总展示，不过，笔者将以此为契机，继续从事相关制度问题的研究，并将以其他成果的形式进行学术呈现。

② 郭寿康、左晓东：《专利强制许可制度的利益平衡》，载《知识产权》2006 年第 2 期。

③ 第 35 条：《中华人民共和国专利法》和《中华人民共和国专利法实施细则》的有关规定适用于国防专利，但本条例有专门规定的依照本条例的规定执行。

可制度，但国防专利体系与现行专利制度的兼容性问题仍需关注。这主要与我国特有的国防保密制度有关。世界上主要国家的国防保密制度主要分为两种。一种是以英、美、法、韩、印（度）等国为代表的"申请与授权分离"模式，其主要特征便是在普通专利制度下未设计单独的国防专利申请体系，专利部门对涉及国防秘密的专利申请实施审查但不授予专利权，待解密公开后在进行补充授权。在这种模式下，涉国防秘密的专利申请人不能即时获得专利权，因此也就不存在专利强制许可的问题；另一种是以俄、德、加（拿大）、巴（西）等国为代表的"审查授权＋延期实施"模式。在这种模式下，专利申请环节确定需要进行国防保密后，保密专利申请依法可获得"保密专利权"，但该专利权的行使需待未来解密公开后方可行使其权利。因此，专利权人即便在保密期间获得专利权也不能行使，那么第三人的强制许可的基础也不存在（见图5-1）。

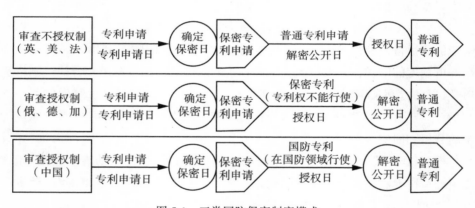

图 5-1　三类国防保密制度模式

　　而我国的国防保密制度大体上与第二类国家的相似，但根本区别在于我国实施军民分立的双轨制的专利申请模式，权利人在保密专利申请后即可获得"国防专利权"并在国防领域中行使。事实上，从前两种保护模式来看，各国在国防领域中均没有设置严格的专利权，而是用保密的方式作为其保护机制，因此，世界其他国家也鲜有所谓的"国防专利"及"国防知识产权"的概念。而在知识产权的保护模式架构里，往往专利权与商业秘密也只能择一保护，但我国则是在国防领域里保密与专利权并行保护，这无疑为专利权的限制情形提供了适用基础。从利益平衡角度看，涉国防领域的专利或技术兼顾国防利益、专利权人利益和社会公共利益的三重利益考量。当今时代，军用、民用技术的界限已十分模糊，甚至军民通用技术的比例已超过 80%①，国防高端科技的溢出效应已十分明显。从国防利益角度出发，为方便涉国防有关的武器、基础设施等的研发建设，私人专利权益不应成为其技术实施的法律障碍。同时，为促进国防领域技术能带动国防领域内的相关单位的研发以及惠及民用，也应就权利配置、技术公开等问题进行规范。

从英美等国在国防领域的专利管理历史来看，其采取的是类似"公共物品"特点的专利政策。譬如，《拜杜法案》一方面规定对于联邦资助的研究项目必须申请专利而不得保留为技术秘密，从而促进技术公开并被政府和社会掌握；另一方面规定对于研究人员选择保留所有权的任何从属发明，联邦机构应当拥有非独占、不可转移、不可撤销、已付款的许可权，同时使得承包商承担发明的商品化任务，以促进专利的公共利用效率。这种制度安排遵循了国防利益优先、个人与公共利益平衡的利益取向，即在保证国防利益的前提下，强制要求申请专利公开技术并允许个人保留发明所有权以促进专利转化。但是，在我国国内诸多学者的研究朝向则是力图促进我国国防领域的专利权观念强化，并从经济法学②、知识产权激励③的角度论证国防专利严格执行"二次付费"的合理性，但这利益均衡理论并不符合国际现实，也不符合一国的国防利益，即便保护私人专利权观念更为深沉的美国，对于联邦政府资助或发包的技术研发亦强调其对专利的使用权和管理权。这也进一步佐证，强制许可制度在我国国防专利体系内的适用符合我国的国防利益，而促进军民融合则是平衡个人与公共利益的价值取向。

2. 在国防专利体系内实施强制许可的适用条件

第一，国防专利体系内实施强制许可的申请事由。关于在国防专利体系内的强制许可申请事由主要有两种构建路径：一是直接以宪法规定的"公民和组织的国防义务"为依据，即所有符合条件的主体，只要其为从事攸关国防利益的事项，包括国防专利实施与附属专利使用等，均满足强制许可申请事由；二

---

① 张建松：《我国已有 2000 多项航天技术转为民用》，http：//news. xinhuanet. com/mil/2017-07-01/c_129644908. htm？ch=zbs_cl_mz，2017-07-01。

② 易杨、杨为国：《国防专利实施中的"二次付费"问题探析》，载《军事经济研究》2005 年第 7 期。

③ 朱显国：《完善我国国防专利法律制度的研究》，载《知识产权》2013 年第 7 期。

是如专利法的专章规定一样，在国防专利体系内分成细化事由，如某一军工单位承接国家发包的军事设施建造项目而对另一军工单位的国防专利的使用、某一军工单位的国防专利实施有赖于某一高校的前一国防发明或某一军工单位与民企合作研发的普通专利在国防领域中实施有赖于某一军工单位的前一国防发明等。从域外来看，俄罗斯《民法典》知识产权直接以"国防和安全"为设定事由①、英国《专利法则》规定为"海外防御"②、《德国专利法》第 13 条也明确应涉及"国家安全"等情形③，且这些情形均作为单独的事由予以规定，从 WIPO 发布的调查问卷结果来看还至少包括 21 个国家的受访者对此持积极态度（如日本、西班牙、波兰、乌克兰等）④。鉴于此，强制许可的申请事由问题在专利法框架下均随着科技时代的变化而发展，即便第二种方案的细化规定都是在国防利益的统筹下所做的具体制度设计，而国防利益也并非是无法判定的客观标准，相应的如能在主客体及程序条件上的把关，国防专利强制许可制度的运行亦能得到保障。因此，可直接以国防利益保障来建构我国国防专利体系内的强制许可申请事由。

　　第二，国防专利体系内实施强制许可的申请主体。根据我国专利法和《专利实施强制许可办法》的规定，我国强制许可的申请主体包括符合条件的个人、单位以及国家。其中个人及单位还包含在中国没有经常居所或者营业所的外国人、外国企业或者外国其他组织。事实上，我国国防专利的公开是根据《国防专利内部通报》这一国家秘密文件来实现的，意味着只对于国防专利体系内部的资格研发单位具有相对的公开性。同时，我国国防专利绝大多数是由国家出资研发且研发主体以国有企事业单位为主。除此之外，也包括一些其在普通专利申请中被认为需要专利保密及主动申请国防专利的普通个人。另外，从现在各国军工产业发展的趋势看，美国绝大多数为私营军工企业，而俄罗

---

　　① 张建文：《俄罗斯知识产权法：〈俄罗斯联邦民法典〉第四部分》，知识产权出版社 2011 年版，第 209 页。

　　② GOV. UK：The Patents Act 1977, https：//www. gov. uk/government/uploads/system/uploads/attachment_data/file/647792/Consolidated_Patents_Act_1977_1_October_2017. pdf.

　　③ GOV. DE. Germany Patent Act, http：//www. wipo. int/wipolex/en/text. jsp? file_id = 238776.

　　④ WIPO：Survey on Compulsory Licenses Granted by WIPO Member States to Address Anti-Competitive Uses of Intellectual Property Rights, http：//www. wipo. int/meetings/en/doc_details. jsp? doc_id = 187423.

斯、英国和欧盟最近十年来一直在推动军工企业私有化。① 伴随着我国民营企业的逐渐壮大，在源头上具有创新能力的民企也逐渐涌现，如专注无人机技术的大疆科创公司等，促使社会资本参与军工市场的热情愈发高涨，也预示着未来的国防利益与民间技术研发、资本投入的相关性显著变强，也对国防专利的保密性提出一定挑战。但事实上，国防专利体系内的强制许可制度，其本质是侧重于对私人专利权益的限制及对国防利益维护的考量，而私有化的军工企业其核心目标在于以营利为目的而获得企业收益，其所带动的整体国防利益产业的繁荣只是其外溢效应。因而纯粹的私人或私有化的军工企业并不满足国防专利体系内实施强制许可的申请事由（其本质上并非属于国防专利体系内的国防专利的强制许可问题，而是国防专利体系外的国防专利的强制许可问题，这也将在下一节中予以详述），加之，处于体系内的国防专利，其仍受制于保密性的限制，也使得其在实践上对于纯粹的私人或私有化的军工企业来说，不具有可操作性。因此，从主体层面考量，国防专利体系内强制许可的申请主体应严格限定在涉及国防领域且具有研发资质的国有企事业单位。但对于申请后实施的问题，考虑到未来私有化军工企业的实力以及军民合作的潮流来说，其可通过与上述资格主体进行保密合作的方式来实现。这一"严格限定申请主体、扩大保密实施主体"的设定也符合国防专利体系内的实践操作需要。

第三，国防专利体系内实施强制许可的申请客体。我国国防专利本身也存在机密和秘密等密级上的差异。但对强制许可制度而言，应依照实现国防利益的合理因素作为审批单位的考量，而不宜建构以密级制作为划分的类似本身违法的规则。一方面，我国国防专利的密级一般由申报单位来确定，难以满足保障国防专利密级的科学性要求。另一方面，我国并不允许对绝密的国防技术申请专利。换言之，我国对于绝密技术是不适用强制许可制度的，消除了所谓强制许可制度对于核心国防技术的法律风险。而事实上，具体的国防武器或设施的研发、建设可能对于不同密级制的国防专利有不同的需要，固守传统的密级制划分会影响国防项目的推进。因此，以依照更有利于实现国防利益作为审批的合理判断因素更符合制度实践。

第四，国防专利体系内实施强制许可的申请程序。关于强制许可的运行程

---

① 杜人淮：《国外国防工业结构调整、优化和推进国际化的政策举措》，载《海外投资与出口信贷》2017 年第 1 期。

序问题应结合现行《国防专利条例》体系下所规范的国防专利实施程序的运行思路来执行。事实上，专利法所规定的强制许可程序本身并不复杂，但是因专利法更注重对私人专利权益的保护，所以对于听取专利权人意见的程序更为严苛。如国务院专利行政部门需将强制许可请求书的副本送交专利权人，专利权人应当在国务院专利行政部门指定的期限内陈述意见等。但在国防专利体系下，如同上文所析，国防利益应优先保障，因此在程序落实上应重点考察该申请是否符合国防利益。且现有的系统或部门的内外专利强制许可机制在适用上更为灵活方便，因此在现行体系下进行法治化建设更为适当。

3. 国防专利与普通专利制度间的强制许可问题

习近平同志在 2016 年 6 月 20 日在中央军民融合委员会第一次全体会议上的重要讲话中指出："推进军民融合深度发展，要善于运用法治思维和法治方式推动工作，应加快推进军民融合相关法律法规的立改废释工作。"[1]在军民融合过程中，双轨体系必然面临法律制度间如何兼容共存的问题。除了法律制度构建外，该问题的解决还需要进一步明晰制度间的转换机制和界线。

1)"军转民"的专利强制许可问题

从我国国防专利体系的运行来看，本身就存在着"重定密，轻解密"的制度问题。[2] 在这一问题的背后凸显的是我国对于国防秘密的重视程度。根据我国《国防专利条例》第 2 条对于国防专利的法律定义，国防专利的根本特征在于其保密性[3]，不仅包含保密的国防需要，更要求其相对于社会大众处于保密的状态。而事实上，从解密程序的复杂性和泄密惩治的严厉性来看，我国对于国防专利的保密性工作做得较为到位，国防专利泄密案也鲜有发生。更多的学者强调的是我国国防专利的转化率低、解密过程繁琐等问题。因此，从社会大众接触到国防专利体系间，事实上是有着严格的保密屏障。因此，我国专利法中现有的"附属专利""未实施或未充分实施专利""依法被认定为垄断行为""公共健康"及"以公共利益为目的半导体技术"等适用理由的前提基础，对于社会大众来说无疑是不存在的。同时，如果存在如泄密案的情况，那么国防专

① 习近平：《加快形成全要素多领域高效益的军民融合深度发展格局》，载《新华每日电讯》2017 年 6 月 21 日第 1 版。
② 何培育：《对国防知识产权归属制度的思考》，载《科技进步与对策》2015 年第 32 期。
③ 吕炳斌：《国防专利的特殊性研究——兼谈知识产权保护制度之创新》，载《时代法学》2007 年第 2 期。

利则不再具有保密性，也会被迫沦为公知技术，进而同样不存在强制许可的适用前提。但存在于我国《国防专利条例》里的矛盾是，该条例第 13 条 1 款 3 项规定"他人未经国防专利申请人同意而泄露其内容的，不丧失新颖性。"事实上，这一条在普通专利中能够适用，但对国防专利而言，技术一旦被公开便不可能回到真实的保密状态，其再作为国防专利的基础和必要性也就没有了。所谓不丧失新颖性的说法无疑是掩耳盗铃，也显示出双轨体系间应注重运行制度的差异性。

以上分析如果是在实际操作空间上来证伪该问题的话，那么国防专利的制度设计初衷则是对该问题的理论空间的全面否定。

一方面，我国国防专利除了具备专利的固有特性外，更强调其领域性。根据如上分析的三类国防保密制度模式不难发现，国际上专利权本身就应具有领域性，即专利权不能在国防领域行使。但与此相反的是，我国则规定的是国防专利权仅能在国防领域内行使，这也是通过划定专利的领域空间范围来减少制度运行障碍以保障国防利益。事实上，按照《国防专利条例》的规定，国防专利解密转化为普通专利后其专利的领域性方被打破。但这样一种设计无疑会大大减弱国防专利的利用率和转化率，加之轻解密的实际运作，国防专利惠及民用的空间就更为狭窄了。因此，为促进军事及社会创新，加快技术流动，军民融合通过鼓励定期解密的方式，来促使解密后的国防专利运用至民生、商业领域。这也从侧面印证了未解密国防专利的适用应严格限定在国防领域。而所谓国防专利体系外申请国防专利强制许可的问题也就没有了领域支撑。即便是未来民间资本参与的军工企业意图利用国防专利适用到非国防领域，也应遵照《国防专利条例》规定的解密或许可流程。对于我国《国防专利条例》规定的所谓国防专利跨领域许可问题，笔者认为基于其领域性特征，许可的对象也并非是国防专利的身份，而应是作为领域外的国防技术秘密。

另一方面，从无救济则无权利这个角度而言，我国司法机关对于非因技术合同开发等理由，而是强制许可等诉因的涉国防专利案件，目前是不予受理的，同时由于国防知识产权严格的保密规定，当事人也无法获得充分的证据，将致使司法途径解决纠纷的愿望难以实现。因此，在未来修法过程中应明晰国防专利体系外没有申请国防专利强制许可的制度空间。

2)"民转军"的专利强制许可问题

事实上，早在 2006 年就有学者提议，出于国家利益的维护，我们应在专利法中建构民用专利国防强制许可制度，即将国防利益纳入普通专利强制许可的理由之一。我国现在推行的军民融合战略，应是军民技术双向的流动过程，即既有国防专利解密流入民间社会，也应包含普通专利服务于国防科技建设。但现实是，我国知识产权运营公共服务平台军民融合（西安）试点平台的负责人曾表示，在解密的 3000 多件国防专利解密中，出现了严重的军民重复研发、重复申请的情况，以致运营平台不得不对这些国防专利进行二次开发，以及按照普通专利申请程序重新提交专利申请。① 这种现象背后凸显的是，专利双轨体系间技术信息流通不畅，进而导致专利利用率低下和投入资源的浪费。而美国早在第一次世界大战时就在军工领域开始实施类似强制许可的政策，如美国政府为了支持美国军工企业生产有机炸药，直接没收了德国在美获得的专利，并进行了内部分配，其中杜邦公司就获得了其中 300 项专利的许可证。② 1946年，美国通过了《原子能控制法案》（The Atomic Energy Control Act），严格限制私人企业在此领域的专利权，以维护美国政府在原子能领域的管控能力。③ 之后的《拜杜法案》也再次明确了政府使用专利的强制许可权利。④ 在 21 世纪之初，美国国防部（United States Department of Defense）更是实施了多项技术转移计划，其中不仅有"军民两用技术计划""军技民用计划"，亦包括相比于其他政府机构更多的"民技军用计划"。⑤ 同时期，美国学界也主张美国应实施渐进式的调整战略（readjustment strategy），即通过消除由于意外后果、滥用法律法规以及通货膨胀而产生的一些阻滞军民融合（CMI）的禁令，来加强军民技术在国防领域及商业产品和服务中的互化使用，并促进工业部门的流程整合。⑥

　　事实上，近些年的几场局部战争也充分证明，军民一体化业已成为联合作

① 陈婕：《打开"保密柜"中的国家专利》，载《中国知识产权报》2017 年 5 月 10 日第 5 版。

② Oliver E. Allen. The Power of Patent. *American Heritage*. 1990（41），p. 6.

③ John F. Schmidt. Compulsory Licensing and National Defense：Danger in Abandoning Our Patent System. *American Bar Association Journal*. 1949（35），p. 476.

④ GOV. US. 35 U. S. Code § 202，https：//www. law. cornell. edu/uscode/text/35/200.

⑤ Dr. John Fischer. Department of Defense Technology Transfer . T2. Program. Defense Laboratories Office. 2014. https：//ndiastorage. blob. core. usgovcloudapi. net/ndia/2014/SET/Fischer. pdf.

⑥ Assessing the potential for civil-military integration：selected case studies. Office of Technology Assessment. Congress of the U. S. For sale by the U. S. G. P. O. Supt. of Docs，1995，pp. 123-124.

战装备保障的基本模式，国防对于互联网、计算机、通信、半导体等技术的依赖性也显著增强。但一方面，我国专利法并未明确将国防安全作为强制许可的事由，另一方面，即便将其解释为广义的"公共利益"，专利性质的差异性也对实体和程序条件有着不同的要求。因此，在本次修法中专门建立普通专利国防强制许可制度的要求也愈发急迫。当然，此处值得释明的是，从新时代技术革命的角度看，未来民间技术秘密可能比普通专利对于国防建设的益处更为明显，因此，这一对普通专利强制许可制度的完善，准确地说，可起到锦上添花的作用，对此我们也应保持理性期待的态度。而对于民间先进技术秘密来说，如人工智能、无人系统等的引进，仍有赖于"国防与民间"的创新合作机制，如美国国防部于 2015 年运营的"国防创新实验单元"(defense innovation unit experimental)计划，就是在硅谷新成立的常设科技成果转化试验组织机构，其主要负责将民间的新兴前沿技术引入国防部，也是美国国防部和硅谷的桥梁。① 这对于其加速国防科技快速发展，重新巩固美军技术和能力优势，具有不可低估的作用，我国亦可合理借鉴。因而，完善涉国防利益的普通专利强制许可制度与加强国防、民间之间的技术秘密合作，理应并行，不宜偏废。

3)"民转军"专利强制许可的适用条件

因国防事业的保密性及其领域性特征，在申请普通专利的强制许可中，理应遵循以下要求：

第一，适用对象上，国防强制许可的普通专利应限于对军事武器装备科研、生产、管理等有技术需求，且在现阶段具有一定的先进性而无其他国防专利予以替代的专利技术。我国的国防专利仅限于发明，但有学者认为国防强制许可除外观设计外，另两种专利类型均可成为强制许可的对象，即与专利法中规定的一般强制许可制度的对象要求相同。② 一方面从立法的协调性来说，该提议便于制度的设计可减少立法争议；另一方面，如强调国防利益优先的原则，其他诸如公共利益等均将适用类型扩展到实用新型，那么国防专利强制许可制度适用到实用新型专利也具有其合理性。而外观设计专利的必要性则不强，国际上也未对其设置专门的强制许可。另外，无论是国内申请者还是国外申请者持有的专利都应在强制许可的范围之内。因此，在适用对象上为应国防

① Fred Kaplan. The Pentagon's Innovation Experiment, https://www. technologyreview. com/s/603084/the-pentagons-innovation-experiment/, 2016-12-19.
② 杨清淦：《实行民用专利国防强制许可武器装备建设》，载《国防》2006 年第 9 期。

利益需要或者对国防建设具有潜在作用的难以替代的发明和实用新型。

第二，申请主体上，应与国防专利强制许可的申请主体保持一致，但在实施主体上，既可以是申请方，也可以是配合申请方，但其应在提交材料过程中予以明晰。

第三，程序措施上，在普通专利强制许可中，专利权人具有法定的知情权，包括专利的用途、期限等，但普通专利在国防领域使用的途径、对象和效果等一般属于军事机密，因此不得对外公开，专利权人的知情权应仅限于专利被国防强制许可这一事实内容。同时，在申请程序中，军事科研单位、军工企业可以先向国防专利机构提出申请，国防专利机构审查批准后再向国家专利总局提出强制许可申请，最后由国家专利总局审查批准并向国防专利机构、专利权人通知，不再进行公示。在这申请期间，应配套建立完善的保密制度及管理制度，以配合国防建设的顺利开展。

第四，专利权人利益上，国防强制许可并非无偿许可，应在保障国防利益的同时，对专利权人给予适当补偿，并建构补偿费用由国家间接或直接提供补偿机制，以鼓励技术持有人积极公开技术，从而提升技术的社会效益，实现专利制度的根本目的。第五，责任追究上，对于擅自将强制许可的普通专利转为非国防领域的商用情形、申请过程中的相关主体泄密、怠于履行责任等情况应结合我国保密法、专利法等完善配套的责任追究机制，并予以制度化、规范化和法治化。

4. "军转民"后解密专利的强制许可问题

国防专利在其保护期到期后或经国防专利权人申请其解密后，抑或是国家国防科技工业局与知识产权局联合主动解密专利后可转为普通专利。因国外实行的"审查不授权制"或"审查授权不行使制"不涉及专利的体系转化问题，所以其进入公众领域后与普通专利并无差别，域外经验借鉴也就无从谈起。而我国这种"双轨制"+"保密与专利并行制"的制度设计，无疑对于国防专利解密后如何在普通专利法框架内的实施问题上具有相当的影响。鉴于我国国防专利解密前后的实然状态，其在强制许可制度的适用条件、情形和程序中是否应有特殊安排也令人存疑。

1）国防专利解密前后所存在的主要问题

虽然现阶段军民融合战略的推进使得解密制度获得广泛关注，但其发轫于早期的制度设计且带有浓厚的保守主义色彩，更是阻滞了解密制度的实效。因此,学界主张重构体系的修法声音日益壮大。总结来看,国防专利解密前后所存在的主要问题有:第一,根据国家保密局制定的《国家秘密保密期限的规定》的第 3 条关于国家秘密保密期限的规定,除有特殊规定外,国防专利的保密期限应根据秘密程度不同分为 20 年(机密级)和 10 年(秘密级),但国防专利的保护期限其实也只有 20 年,也就意味着,被定位机密级的国防专利在其保护期限届满时,其专利权利也就相应丧失了,我国此种设置 20 年的专利权并在国防领域内行使的制度设计,事实上延缓了这些保密型的专利进入公众领域的时间,并缩短了其公共状态下的权利寿命。而纵观域外,美国对于应当保密的技术进行审查后,其没有赋予权利的存储时间,因此其常态解密审查时间一般只有 1 年。① 第二,从国家国防科技工业局与知识产权局联合主动解密的情况来看,它主要解密的信息为国防专利的基本信息、简要介绍、技术优势、性能指标、技术水平、应用情况、应用前景和转化形式等相关著录项目信息,但权利要求书、说明书这些核心内容却并未一并解密②,亦即我国的涉国防技术的民用转化仍受制于"专利权"与"保密性"这二重制度的保护与限制,固然其有保障国防技术秘密的屏障优势,但其为实然制度的运行埋下了隐患,如被许可人的权利如何保障、在公众领域如何有效推广等;第三,事实上,根据《国防专利条例》,我国仅对已授权专利解密转为普通专利作了规定,而关于未授权国防专利申请转为普通专利申请的相关问题则未作解决,且国防专利权的保护期限与普通发明专利相同均自申请日起计算,也就意味着,历经国防专利授权阶段后,只有获得授权的国防专利才有转化为普通专利的空间。鉴于此,首先,应细化国防专利的密级设置标准与完善定期解密制度是未来修法的主要动向之一,其中对于时间的合理设计是平衡重点;其次,既然在国防专利解密时已明确技术信息不再涉密(从公布的转化目录的前言来看),那么公布情形就应向普通专利靠拢,而非半公开状态,加剧保密与专利并行的困境;再次,载《国防专利条例》修订时应当就未授权国防专利申请转为普通专利申请相关问题做出规定,如确定申请人依法享有优先权等,以期依法保障和推动技术信息公开,从而服务于社会发展。

---

① 李振亚、孟凡生:《国防专利制度内在矛盾冲突分析》,载《情报杂志》2010 年第 4 期。

② 国家国防科技工业局、国家知识产权局:《国防科技工业知识产权转化目录(第二批)》2016 年 10 月。

2）国防专利解密后在国防领域的实施

我国国防专利解密前后大致可分为四种情形：第一，国防专利保护期到期后解密，完全成为普通专利，此时专利权期限或已过半；第二，尚未到期，经申请或主动审查后解密，直接成为普通专利，但主动审查后解密的情形在技术具体说明上仍有保留。严格来说，难以称得上完全转化为普通专利；第三，未到期经申请后解密，二次开发的申请成为普通专利；第四，到期或未到期，经申请后解密，未转化为普通专利。

对于第一种情形，正如上文强调我国国防专利的领域性特征一样，国防专利保护期到期后解密的过程，应视为该技术在国防领域内沦为公知技术；对于第二种情形，国防专利未到期经申请后解密是对领域适用的转变过程，其直接转化成普通专利后，在国防领域内也不再存在专利保护期限的问题，同样在国防领域内成为公知技术；对于第三种情形，因为军事用途和商业用途的差异很大，因此在国防专利的解密转化到普通专利过程中，会出现二次开发的过程，以提升专利在社会上的转化率和利用率。如果是申请后解密再二次开发的，其结果应与第二种情形一致。但如果仅是国防专利进行商业用途的二次开发，而并未破坏其领域性，则可依照双轨制体系运行；对于第四种情形，即到期或未到期经申请后解密且未转化成为普通专利的，应当按照排除国防领域外的商业秘密进行保护，而在国防领域则同前两种情形。事实上，通过以上四种情形的分析发现，国防专利解密后便没有了国防领域的约束力，其在国防领域应被视为沦为公知技术，所以也就不需要借助双轨制体系的强制许可制度来实施。

3）国防专利解密后在公众领域的实施

值得注意的是，国防专利解密成为普通专利后，应在国防领域之外与普通专利的运行规则保持一致。但国防专利的固有特性使其在运用至国防领域时对现有制度提出了挑战。一方面，是否所有强制许可的申请事由都可适用，抑或仅限于在涉及公共利益的领域内适用。军民融合战略实施的主要目的便是促进技术交流和创新，而施予解密国防专利在强制许可中以过多限制会增强其国防色彩，影响其在公众领域中的实施。更重要的是，在我国双轨制的专利体系下，应先在国防专利体系内用解密审查机制作初步筛选。之后即便进入公众领域，亦可在普通专利法体系内，对于涉及国防利益以外的国家安全或者重大利益需要保密的，按照专利法规范的保密制度进行第二重保障。从美国强制要求承包商必须申请专利这一制度来看，美国更加强调专利能服务于公众。我国现存的问题不是保密力度的欠缺，而是转化惠及公众的动力和效果不足。因此，我国也应进行严格的界分国防专利解密后应作为商业秘密、普通专利抑或保密专利进行保护，并建构起一套制度促进其规范化和法治化，以在保障国防安全和促进技术发展间寻求最佳平衡。另一方面，可以借鉴美国的专利监督、报告制度，以加强我国政府部门对于主要由国家直接、合作投入的国防科研技术的监督状况。如美国《联邦采办条例》（FAR）在其"政府管理"的部分中规定，"政府各机构建立和维持适当的监督程序以保护政府利益，并核查发明的鉴别及报告；对于承包商不遵守专利权条款约定义务的行为进行检查和纠正等"[1]，以此保障美国政府研发投资产出的发明被政府所掌控。

（二）商业秘密制度——民法总则、反不正当竞争法与劳动法

商业秘密是法学界一直研究的热点问题，其涉及合同法、公司法、社会法、知识产权法、竞争法等法律，正如前文所析，不易被复制的网络领域核心技术往往通过商业秘密的形式进行保护，因此对商业秘密制度进行研究就显得极为重要。而商业秘密的保护方式在各国也有所差异，如日本于 2015 年修订了《不正当竞争防止法》并细化了商业秘密侵权行为的处罚；欧盟于 2016 年颁布了《欧盟商业秘密指令》；美国也于 2016 年颁布了《美国保护商业秘密法》。[2] 目前，我国主要是将商业秘密纳入反不正当竞争法中进行规制，但多数学者认为我国应当建立统一的商业秘密法。[3] 同时也有学者指出，在我国商业秘密法没有出台的情形下，反不正当竞争法应当禁止侵犯商业秘密的行为。[4] 笔者也认为商业秘密法典化是未来发展的趋势，但在我国目前刚刚通过新反不正当竞争法、民法总则延续对商业秘密进行保护的背景下，可能从反不正当竞争法、民法总则及劳动法等的视角来研究商业秘密保护制度的构建问题

---

[1]　林建成：《美国〈联邦采办条例〉E 分章签订合同的一般要求第 27 部分专利、资料与版权译文》，http://www. 360doc. com/content/13/0806/16/12061219_30515 8845. shtml，2013-08-06。

[2]　郑友德、王活涛：《新修订反不正当竞争法的顶层设计与实施中的疑难问题探讨》，载《知识产权》2018 年第 1 期。

[3]　郑友德、钱向阳：《论我国商业秘密保护专门法的制定》，载《电子知识产权》2018 年第 10 期。

[4]　孟雁北：《论反不正当竞争立法对经营自主权行使的限制——以〈反不正当竞争法〉修订草案送审稿期为研究样本》，载《中国政法大学学报》2017 年第 2 期。

更为现实有益。

1. 商业秘密保护的立法进程及其修法现状

自 1986 年民法通则在其第五章第三节"知识产权"中规定"其他科技成果"以来，有关隐含商业秘密的实际概念便不断涌现，包括我国技术合同法（1987）的"非专利技术"、合同法（1999）的"技术秘密"等。不过从法律术语的正式应用的角度来考察，"商业秘密"的使用可以追溯至 1991 年民事诉讼法这一程序法之中。而从实体法的具体规范来看，其里程碑立法则应是 1993 年反不正当竞争法的第十条规范的设立，因其不仅对商业秘密的概念、侵权行为的类型作了明确的规定，又对商业秘密保护的横向支线，如劳动法支线、科技法支线、国家秘密保护法支线和公司法支线的发展起到了重要的推动和指引作用。因此，关注民法总则与反不正当竞争法的修法现状对于劳动法支线的发展来说尤显重要。

（1）民法总则立法：明确了商业秘密的客体保护方式及其权利属性。

对于商业秘密究竟是按照一种"法益"，还是一种"私权利"客体进行保护，在理论界争议不休。倡导法益保护的学者认为，商业秘密本身具有模糊性和不确定性，因此其构不成权利而是一种不甚确定的法律利益。[1] 而支持商业秘密权利化的学者则从权利与法益的区分核心来论证，认为商业秘密可以被持有人积极行使，故而其是权利而不是法益。[2] 事实上，法益与权利的界分在学界中也有不同的声音，但是，从救济角度来说，学者们基本能达成共识，即权利兼具积极行使和消极禁止，而法益则只能在被损害之后消极行使。由此可见，客体的性质对于商业秘密的保护来说极为关键，也决定着一国商业秘密保护的基本理论和保护强度。但同时，即便是认可商业秘密应作为权利客体保护的学者，亦在商业秘密的权利属性问题上未形成统一共识。如有学者认为商业秘密是一种特殊的知识产权[3]，也有学者则提出商业秘密权是知识产权与信息

---

[1]　郑友德：《论〈反不正当竞争法〉的保护对象——兼评"公平竞争权"》，载《知识产权》2008 年第 5 期。

[2]　胡滨斌：《质疑"商业秘密法益论"——兼论商业秘密权的具体内容》，载《上海交通大学学报（哲学社会科学版）》2010 年第 5 期。

[3]　徐朝贤：《商业秘密权初探》，载《现代法学》2000 年第 6 期；寇占奎：《论商业秘密权》，载《河北师范大学学报（哲学社会科学版）》2001 年第 2 期。

财产权的耦合①，更有学者②则主张商业秘密权既是一种财产权又是一种人格权等。③ 可见，这些学说之间存在着错综复杂的逻辑关系和论证标准，虽然立法范本不代表学术正确，但不能否认的是，有关此问题众说纷纭的其中一重要引致原因便是我国立法上未对此问题予以明确。而此次民法总则第 123 条的修订，通过"概括+列举"知识产权客体的方式，确立了知识产权类型的"7+N"模式，且商业秘密权被明确为七者之一。对此，有学者④认为本条的规范是在遵循国际条约、惯例及吸收我国现有立法经验的基础上⑤，将商业秘密权保护从反不正当竞争法中剥离出来，以确立为独立的知识产权客体。更重要的是，民法总则的立法规范明确了商业秘密作为私权利客体予以保护，且其权利性质是一种具有专有性质的知识产权。虽然这种立法明确难以消弭学术上的纷争⑥，但这对于我国立法体系的构建和司法案件的裁判却具有无可争议的直接作用力。

（2）反不正当竞争法修订：周延了商业秘密的构成要件及其侵权主体。

从我国现行的劳动立法来看，其虽然通过约定保密义务及规制竞业禁止的制度设计来保护企业的商业秘密，但其具体规范中却未对商业秘密的概念和要

---

① 董慧娟、李雅光：《商业秘密权中知识产权与信息财产权的耦合》，载《江西社会科学》2015 年第 11 期。

② 关今华：《精神损害的认定与赔偿》，人民法院出版社 1996 年版，第 170 页。

③ 除了以上三种学说之外，还存在其他几种学术观点，如我国有学者提出商业秘密权是一种信息权，如张守文等在《信息法学》一书中对此进行的论述；也有学者则倾向于美国的准财产权学说；甚至有德国学者认为商业秘密权属于企业权等。

④ 易继明：《知识产权法定主义及其缓和——兼对〈民法总则〉第 123 条条文的分析》，载《知识产权》2017 年第 5 期。

⑤ 但持商业秘密权否定论的学者孙山则认为："各国法律及 TRIPs 协议中并没有所谓'商业秘密权'，甚至没有在商业秘密的定义中使用任何与'权利'有关的措辞，只有我国在表述商业秘密的概念时，直接使用了'权利人'的概念，这种中国特色，很大程度上是由于西法东渐过程中一些研究者不成熟或不慎重的误译所致。"转引自孙山：《无根的"商业秘密权"——从制定法看"商业秘密权"的虚妄》，载《河北法学》2013 年第 3 期。

⑥ 如李琛教授认为此条的"专有的"限定只能被解释为一种语言习惯，既不意味着在实质上肯定了专有性是知识产权的特点，也不意味着排除了制止不正当竞争保护因此在知识产权列举的客体中，虽然包含了商业秘密，但商业秘密不是专有权的客体，法律只能禁止恶意地获取或泄露商业秘密转引自李琛：《论〈民法总则〉知识产权条款中的"专有"》，载《知识产权》2017 年第 5 期。

件做出明确规定。因此，在司法实践中，对于商业秘密判定这一前置问题，法官往往以反不正当竞争法中对商业秘密的概念界定为具体判断标准。由此可见，本次反不正当竞争法对商业秘密的概念亦即构成要件的重塑，将对劳动法的实践产生重要影响。根据我国原反不正当竞争法第十条第 3 款的规定，商业秘密的构成包含了四个要件：第一，不为公众所知悉；第二，能为权利人带来经济利益；第三，具有实用性；第四，权利人采取了保密措施。而修订草案送审稿及审议通过的修订草案第九条则均规定，商业秘密的认定要件为：第一，不为公众所知悉；第二，具有商业价值；第三，权利人采取了相应保密措施。显然后者的修改使得商业秘密的构成要件，从原来的"秘密性、保密性（管理性）、商业价值性和实用性"四要件，重塑为"秘密性、保密性和商业价值性"这三要件。对于此删除实用性要件的修改，实务界的人士普遍比较支持和赞同。① 不过王先林教授在其《竞争法学》一书中，则直接将"经济利益＋实用性"直接视为是商业秘密的商业价值性的具体表述，同时结合相关规定②将实用性解释为现实实用和潜在实用（原文为现实价值和潜在价值）。因此可以说，学界早已利用解释学的方式意图规避实用性所带来的认定局限性，而本次修法则通过删除这一要件，明确强调了商业价值性是商业秘密认定中的关键和核心要素。同时，在保密性的条件中，权利人采取"保密措施"前增加了定语"相应"，此处"相应"可以理解为"合理保护措施"。从国内外的立法和实务案例来看，均不要求保密措施的"万无一失"，只要权利人采取了合理的保密措施就足够了。③ 其次，此次反不正当竞争法修订亦通过将某些主体的行为视为侵犯商业秘密的行为来周延非经营者主体的情形，而此处尤其强调商业秘密权利人的员

---

① 上海市第二中级人民法院袁博法官在其撰写的《从修法角度看商业秘密的界定》一文中认为，这种修改非常科学且值得肯定并且认为商业秘密构成要件之一的"实用性"，会导致一些可以令权利人产生竞争优势的商业信息因为不够具体而难以得到法律保护，也会导致一些有"消极价值"但没有"积极价值"的商业秘密难以得到法律保护，同时认为"实用性"要件与"价值性"要件在很多情况下实为"叠床架屋"。

② 《关于禁止侵犯商业秘密的若干规定》第二条第三款将"能为权利人带来经济利益、具有实用性"解释为"该信息具有确定的可应用性，能为权利人带来现实的或者潜在的经济利益或者竞争优势"；《关于审理不正当竞争民事案件应用法律若干问题的解释》第十条则将其解释为"有关信息具有现实的或者潜在的商业价值，能为权利人带来竞争优势"。

③ 邓恒：《反不正当竞争立法中商业秘密保护的理解》，载《人民法院报》2017 年 5 月17 日第 7 版。

工、前员工这类主体，这也凸显出劳动法的相关规范更为正当合理①，且修改后的反不正当竞争法可对单纯违反用人单位有关保守商业秘密的要求及以不正当手段获取用人单位的商业秘密，这些劳动法难以规制的情形，提供商业秘密权的兜底保护。

然而，商业秘密本身理论争议较大，此次修法对商业秘密条款的修改主要是字句的完善，其修改尚缺乏进一步地实质性突破。在反不正当竞争法视角下，商业秘密保护制度的构建仍可从以下几个方面对该法条进行必要的完善：

第一，获取商业秘密的典型手段列举不全面。例如，"除了本条所列举的'盗窃、贿赂、欺诈、胁迫'之外，擅自复制也是获取商业秘密的手段"②。本条款使用"或者其他不正当手段"的表达对手段的不正当性作出要求，但是并未考虑正当手段可能客观产生不正当侵犯商业秘密的后果这一情形。

第二，在商业秘密的法益性质上与民法总则的规范不协调。民法总则第123条将商业秘密列为知识产权客体，并明确了其"专有权"的法律性质。当然，商业秘密是利益抑或权利的问题一直在法学界争论不休，不过，既然民法总则在制定中已经认可商业秘密是一种专有性权利，那么，依据立法逻辑，下位法反不正当竞争法应当与上位法民法总则的规范相协调。但是，由于商业秘密确实缺乏权利的固有特征，因此即使为和上位法保持一致，将商业秘密作为权利的一种写入反不正当竞争法，也应当作出适当限制，即商业秘密这一权利不能由权利人主张积极保护，只能在其被侵犯时才可以主张消极保护，以防止商业秘密权利的滥用。

第三，缺乏本条款的除外规定。需要指出的是，本条未作必要的除外规定，这样有可能带来商业秘密诉讼的泛滥。近年来国际社会对商业秘密恶意诉讼现象关注较多③，与"专利流氓"对应的滥用商业秘密的人也越来越多。因

---

① 劳动雇佣关系是引发侵犯商业秘密的主要根源，也是构成商业秘密侵权判定原则之"接触"的主要方式此外，曾有学者选取300多份公开的判决书作为分析样本，根据侵害商业秘密案件的原被告身份法律关系作为分析指标，得出此类案件近90%的属于劳动雇佣关系，只有10%的属于非劳动关系，包括技术或者业务合作、直接同业竞争关系等这无不表明，反不正当竞争法修订草案第十条第（一）项将员工、前员工单独成项进行列举式规定的必要性。

② 宁立志：《〈反不正当竞争法〉修订的得与失》，载《法商研究》2018年第4期。

③ 闫宇晨、徐棣枫：《创新保护与危机：美国商业秘密蟑螂问题研究》，载《科学管理研究》2018年第4期。

此，"可以在法律中结合原则性规定，明确排除不构成商业秘密侵权的行为，以体现商业秘密条款对社会公共利益的关照"①。

第四，商业秘密的概念有待进一步完善。从现实情况看，修法前后我国反不正当竞争法对商业秘密的客体限制较为紧缩，即仅包括技术信息和经营信息。但是在技术信息和经营信息之外，仍存在可以作为竞争优势的商业秘密，如采取保密措施的训练方法②、特殊教育方法等。目前，许多国家将采取保密措施的体育训练方法和加密的考试试卷等纳入商业秘密的范围，商业秘密的客体有不断扩张的趋势。因此，为了更好地保护商业秘密，应当在反不正当竞争法中完善商业秘密的概念以周延其保护范围。

2. 劳动法中商业秘密保护的立法争议及其修法影响

从我国现实的劳动立法来看，其对商业秘密保护所设计的保密义务及竞业禁止的规定属于原则性的规定。同时，伴随着商业秘密本身所存在的诸多的学理争议，造成劳动法立法上对商业秘密保护问题回避了一些争议焦点。其中尤以商业秘密是作为利益客体还是权利客体的立法出发点，彰显出劳动法保护商业秘密的立法理念及其规范应对的时空观差异，这也进一步引致学界诸多关于劳动者劳动权(或择业选择权)与用人单位商业秘密权之间的冲突与平衡问题的讨论，而且在商业秘密规范的多重修法背景之下，这种讨论和争议也将日益剧增。因此，本章试图结合理论界及实务界的多家主要焦点论争以及本次修法成果，对以下争议内容予以归纳，并结合网络领域核心技术进行相关分析。

(1)保密义务是约定义务还是法定义务？我国劳动法相关立法大多主张通过当事人的约定来设定保密义务。但事实上，理论界已经对此提出挑战和质疑。有学者指出，劳动者保护用人单位商业秘密的义务是基于劳动合同(确立劳动关系，包括人身和财产关系)而产生的忠实义务，这种忠实义务则要求劳动者负有默示的保密义务，因此是一种基于约定劳动合同关系而生成的法定默示保密义务。③ 也有学者认为，劳动者的法定保密义务是将合同法上当事人的保密义务适用于劳动合同的产物。因为以约定方式保护用人单位商业秘密具有

---

① 宁立志：《〈反不正当竞争法〉修订的得与失年》，载《法商研究》2018年第4期。
② 崔汪卫：《论体育训练方法的商业秘密法保护》，载《武汉体育学院学报》2014年第10期。
③ 王桦宇：《劳动合同法实务操作与案例精解》，中国法制出版社2011年版，第177页。

其局限性，如达成需依赖合意且范围以合意所及为限，这种弊端在现代知识经济社会中表现的愈发明显。① 因此，现实中用人单位寻求法定保护的尝试也层出不穷，这些理论探讨和实践突破在一定程度上，也为保密义务的法定化提供了立法与理论支撑。② 事实上，其约定与法定之争的本质落脚点，仍在于商业秘密这一客体到底是权利属性还是利益属性，前者蕴含法定化的取向，而后者则趋向于约定式的保护。而本次商业秘密修法则使得商业秘密权这一知识产权客体得以明确，不仅如此，关于知识产权的权利特点上，修法者还特别通过专有性的规定以强调其"对世权""绝对权"的权利属性，商业秘密权作为其中列举的客体之一，当然适用其权利特征。③ 因此，权利义务相对应，对于用人单位的商业秘密权来说，劳动者其相应的保密义务便从民法典的立法安排上确立为一种法定义务。因此，关于保密协议，其也应只作为认定商业秘密之保密措施是否存在，以及是否合理的条件之一，而不能在职员工或者离职员工承担保密义务的前提条件。当然，值得注意的是，在法定义务的法律制度安排下，为预防权利滥用，尤其是对劳动者就业权利的保障，商业秘密认定的周延性也在此进一步凸显。

（2）竞业禁止的功能定位指向何处？在司法实践中，商业秘密的保护本体往往与竞业禁止这一保护措施等同而论，致使竞业禁止协议的违约行为与侵犯商业秘密的侵权行为产生竞合。其生成原因既与劳动合同法的规定有关，即将约定竞业禁止条款的事由归至"商业秘密和知识产权相关的保密事项（可解读为一般秘密）"，而前者保密性更为突出，又赖于企业对其功能定位的解读，限于约定竞业禁止协议以防止员工跳槽后商业秘密外泄及同业间之恶性竞

---

① 从某省最近向社会公布的一批涉及侵犯企业商业秘密的案件来看，6 起案件中的商业秘密大部分是通过员工离职泄露，参见：http://news.21cn.com/caiji/roll1/a/2017/0508/15/32242883.shtml。

② 阎天：《劳动者保守商业秘密的法定义务辨析》，载《北京社会科学》2016 年第 1 期。

③ 当然，有学者认为商业秘密权不具有绝对权，因其并非某一人或单位单独享有，可能因自主研发、反向工程等被他人合法获取但事实上，从"民法总则（草案）"三审稿条文对知识产权的定义来看，加上了"专属的和支配的"修辞，强调了知识产权权利人的权利具有绝对性因此，最后采用专有性的规定，可解读为立法态度上对于商业秘密权这样一种类绝对权的包容。

争。① 但在理论界，我们不难发现，诸多学者反复强调竞业禁止和商业秘密保护之间的联系和区别②，不过这种强调并非代表学界对竞业禁止的功能定位具有一致看法，相反却出现保护对象选取上的巨大差异。如有学者认为，从现时司法实践与知识产权保护现状看，应明确仅将商业秘密作为竞业禁止所值得保护的商业利益。③ 但也有学者主张商业秘密保护只是竞业禁止的多重目的或功能(如业务关系、经营效率等)之一，因此理应综合考量。④ 事实上，这样一种功能定位争议已演化成一般经营秘密保护与劳动者就业权保障之间的冲突问题，在商业秘密权利化的道路上，这种冲突表现得更为明显。而从本次反不正当竞争法对商业秘密的修订来看，因商业秘密不再要求其实用，因此商业秘密的保护范围相对变宽，这将导致一般经营秘密的延伸范围被紧紧限缩成一种相对弱势的利益。因此，笔者认为，从商业秘密权作为一种法定权利与劳动者就业权的位阶之争⑤来看，立法者明确对前者予以保障的态度大家尚能接受，但利用一般经营秘密这样一种被限缩的利益去对抗劳动者的就业权利则不应再予支持和扩大化，不过，这对于以秘密形式存在的网络领域核心技术来并不构成一个问题。

（3）竞业禁止的主客体范围规范是否适当？关于竞业禁止的义务主体，劳动法将其规定为高级管理人员、高级技术人员和其他负有保密义务的人员，对于这一规范的范围是否适当，学界内具有不同声音。有学者认为，为防止用人单位滥用竞业禁止协议及其义务主体的泛化，应将竞业禁止的义务主体严格限定于高管和高技人员，退而求其次，即便范围上肯定一般保密人员，也应要求

---

① 曾胜珍：《营业秘密法》，台北五南图书出版股份有限公司 2009 年版，第 102 页。
② 谢铭洋、古清华等：《营业秘密法解读》，中国政法大学出版社 2003 年版，第 87 页。
③ 邓恒：《德国的竞业禁止制度与商业秘密保护及其启示——兼论〈劳动合同法〉第 23、24 条的修改》，载《法学杂志》2017 年第 3 期。
④ 李艳红：《商业秘密的劳动法保护研究》，载《北京市工会干部学院学报》2014 年第 2 期；颜峰、黄立群：《竞业禁止协议与商业秘密在审判实务中的关系》，载《山东审判》2013 年第 6 期。
⑤ 曾有学者认为商业秘密是用人单位的一种经营性权益，其价值位阶自然低于劳动者的自由择业权当然，这种考量是从尚没有明确将商业秘密作为一种权利客体来明确对待的思路出发的而本章认为的"保障"，应是对于两者的权利边界权衡后的公平合理的结果，而非价值的"全或非"的取舍。

其符合接触或者掌握了用人单位商业秘密的这一条件。① 但也有学者提出，应将竞业禁止划分为法定竞业禁止与约定竞业禁止，对于前者依法律的直接规定，而后者则可以合意约定。② 这反映出两者所持观点的迥异，一是都认可高管和高技人员符合竞业禁止的义务主体，但方式是约定还是法定？二是对于一般保密人员是应取消规制还是约定规制？而从本次修法来看，商业秘密权的侵权主体是进行了扩充的，包含员工、前员工、第三人以及公务、专业人员。但毕竟不同岗位的员工所能接触到的秘密的性质和程度具有明显差异，因此，本章认为，随着现代企业管理风险的提升和知产价值影响力的提高，对于高管和高技人员来说，采取法定主义进行竞业禁止规制更符合商业秘密权的立法考量和社会经济发展的趋势。而对于一般保密人员，可融合两者观点，即既要求其符合接触或者掌握了用人单位商业秘密的这一前置条件，又采用约定的方式进行规制，更为合理适当，这也可为处理竞业禁止协议的效力瑕疵问题提供法律基础。另外，对于竞业禁止的业务客体范围，劳动法模糊概括为同类产品或同类行业，其遭到诸多批判。③ 这根源于商业秘密权立法的不健全，缺乏细致的分类和精确的定位。因此，随着商业秘密权的确立和相关立法的完善，将其限制为与商业秘密有关的产品和行业，未来可期，这对于严格保护网络领域核心技术的情况比较有利。

（4）侵犯商业秘密纠纷的举证责任如何分配？可以说，在商业秘密的保护问题中，原被告双方的举证责任的分配是诉讼输赢走向的关键。那么，在劳动法中的竞业禁止纠纷诉讼中，原告企业方是否需要证明其拥有的商业秘密被侵害了呢？对于此问题，我国相关劳动立法并未明确做出规定和回应。有学者认为，如果采取理论上谁主张谁举证的举证责任分配模式，则要求原告方需全面掌握被告侵权的事实和证据，这必然使得商业秘密权利人的司法救济变得异常

① 邓恒：《德国的竞业禁止制度与商业秘密保护及其启示——兼论〈劳动合同法〉第23、24条的修改，载《法学杂志》2017年第3期。

② 吴圣奎：《离职竞业禁止的自由约定和法律规制——兼评劳动合同法相关规定》，载《首都师范大学学报（社会科学版）》2009年第9期。

③ 张玉瑞：《商业秘密保护中的竞业限制问题——兼论〈劳动合同法〉第23、24条的不足》，载《电子知识产权》2010年第2期。

艰难。① 但也有学者指出，在现实的司法实践中，一些法院会从反不正当竞争的角度出发，要求用人单位首先证明其商业秘密的具体内容及其被侵害的事实②，而后被告需举证其并非是利用该商业秘密的内容。③ 也有学者认为，即便原告方需举证持有商业秘密的具体内容，即需论证其持有的是商业秘密，也不代表其要论证每个构成条件，而是根据古罗马法"否定无须证明"规则，法律不应当要求商业秘密诉讼中的原告对相关信息"不为公众所知悉"承担举证责任，而应当要求被告对相关信息"已为公众所知悉"承担举证责任。但即便如此，因获取商业秘密的员工另立门户或到竞争者处任职，使得商业秘密的泄露难以洞察，其所有行为也都在其自身或竞争者的控制范围之内，这对于商业秘密权利人取证来说，变得极为困难。因此，举重以明轻，中期被告举证抗辩的设计都会使得诉讼博弈困难重重，谁主张谁举证的模式几乎寸步难行。同时，从本次修法来看，侵权主体的多样化趋势也被法律所认可，而谁主张谁举证的模式则要求经营企业成为集防盗和侦察于一身的复合体，对于理应专注生产和研发的企业来说，这无疑加剧了法律生存的风险。所以，采取反不正当竞争法规范的举证模式可能更为合理。同时，正如上文所指，实务界与理论界所提出的不公开审理、建立商业秘密侵权惩罚性赔偿机制、增设商业秘密保护令制度等合理建议，也应适时采纳推行。

　　总而言之，对商业秘密的保护要处理好产业保护政策和劳工保护政策的关系、知识产权政策和竞争政策的关系，以及商业秘密保护与社会公共利益的关系等。例如，商业秘密通常与竞业禁止和保密条款密切相关，保护商业秘密有利于雇主的业务发展，但雇主通过上述禁止与保密条款的形式，也在一定程度上限制了劳动者，包括其未来就业选择等基本权利。可见知识产权保护和劳动保护有时是相互冲突的，这就要求执法部门做出主观判断和认定。我国正处于产业的高速发展期，商业秘密对产业的重要性显而易见，因此对产业的商业秘密进行保护是我国现行反不正当竞争法的任务，但是出于产业保护的目的限

---

① 吴国平：《商业秘密侵权救济程序规则的缺陷及完善对策》，载《知识产权》2013 年第 11 期。

② 宋建宝：《商业秘密保护中秘密性判断标准问题研究——以世界贸易组织 TRIPs 协议为中心》，载《科技与法律》2012 年第 3 期。

③ 李艳红：《商业秘密的劳动法保护研究》，载《北京市工会干部学院学报》2014 年第 2 期。

制劳动者的择业，对劳工而言是不利的。因此，反不正当竞争法在保护商业秘密时需要处理好产业保护政策与劳工保护政策的关系，在促进产业发展的同时，也要注重对劳动者的补偿问题，与劳动法、公司法一同对签订竞业禁止与保密条款的行为作出一定限制。同时，商业秘密作为一种特殊的知识产权，受到法律的保护，但是滥用商业秘密保护制度对市场竞争也会产生不良影响。对商业秘密的保护应当有度，在未公开信息保护、公平竞争和自由竞争之间寻求平衡。知识产权政策和竞争政策的关系是知识产权学界和竞争法学界讨论的焦点问题，对知识产权的保护可以鼓励创作者、保护市场声誉，但是对知识产权的过度保护极容易导致垄断问题，也在客观上造成经营者之间不公平竞争。商业秘密作为知识产权的类型之一，应当尊重知识产权政策和竞争政策的关系，在保护中既尊重商业秘密权利人，也保护其他市场参与主体，确保商业秘密不被滥用。在此情形下，我们应当注意"商业秘密蟑螂"①问题，避免商业秘密的滥诉和恶意诉讼现象。总体上，对商业秘密的保护力度应与国家发展水平相称，因为商业秘密保护越严密越不利于技术的需求国，商业秘密保护越宽松则越有利于需要技术的国家。商业秘密保护与社会公共利益的关系体现了"技术强国强调保护、技术弱国强调共享"的现实。我国在反不正当竞争法、劳动法背景下构建商业秘密保护制度需要考虑我国现实经济发展水平，一味追求高标准的商业秘密保护制度可能不利于社会公共利益的保护，过低的商业秘密保护制度不利于提高企业的自主性、对经济发展产生不利影响。从我国目前经济发展水平和创新水平而言，商业秘密保护程度仍有不足之处，需要进一步加强。在我国尚未出台统一的商业秘密立法的背景下，我们应当通过在程序设计上进一步完善对商业秘密进行保护，处理好商业秘密保护与各类政策、利益之间的关系，实现协调保护、和谐发展，方能促进和保障网络核心技术产业的良性发展。

（三）公平竞争审查制度——反垄断法

自 20 世纪 70 年代末以来，我国经历了由计划经济向市场经济的转变，不过囿于市场经济本身的缺陷，政府仍须对市场经济进行必要的调节。但现实困境是，具有传统浓厚行政色彩的政府部门则行使着"管控"经济的手段，如其

---

① 闫宇晨、徐棣枫：《创新保护与危机：美国商业秘密蟑螂问题研究》，载《科学管理研究》2018 年第 4 期。

常常利用公权力作出排除、限制竞争的行为。而从立法规范来看，我国反垄断法和修订前的反不正当竞争法都对这类行政性垄断行为进行了规制，但这一规制方式主要是事后规制，在事前防范方面作用较小并且对限制竞争的行政规范、政策类文件的处理难以发挥作用。借鉴域外来看，公平竞争审查制度已在多个国家得以实施，这些国家通过事前规制的方式对行政性垄断进行限制，以降低行政性垄断出现的风险。我国国务院也于 2016 年 6 月印发了《关于建立公平竞争审查制度的意见》，标志着我国公平竞争审查制度的初步确立。公平竞争审查制度出台后，各地加强了对新出台规范文件政策的审查，做好对存量文件的清理工作，并及时将统计数据确保公平竞争审查落到实处。值得肯定的是，公平竞争审查在两年多的时间里已初见成效，并与反垄断法配合，从事前和事后两个角度对行政性垄断进行规制，也是我国树立竞争政策基础性地位的重要举措。但目前我国公平竞争审查制度并未上升至法律层面，公平竞争审查法制化的问题也将会继续得到关注。

2017 年我国反不正当竞争法修订后，旧法将有关行政性垄断的内容予以删除，实现了反不正当竞争法与反垄断法之间的厘清与切割。不过，虽然我国在竞争法领域采用分开立法的模式，公平竞争审查侧重对政策制定机关颁布政策措施的审查，与反垄断法中的行政性垄断行为联系更加紧密，但是反不正当竞争法与反垄断法之间并不能完全分开，竞争法的合并立法也将是未来发展的趋势。[①] 行政性机关出台的排除、限制竞争的政策措施，既对市场竞争的自由产生影响，也在客观上破坏了市场上公平竞争的形式，扭曲了市场竞争机制。因此公平竞争审查既与自由竞争有关，也与公平竞争有关。包容性更强的竞争统一立法可以将公平竞争审查制度纳入立法中，使公平竞争审查制度得以法制化。但是就目前我国竞争法分开立法的模式，公平竞争审查制度在反垄断法中进行法制化建设更加符合立法逻辑，因为其与我国反垄断法事前预防且事后规制的立法模式相适应，也可以提升公平竞争审查的立法等级，增强对各地政策制定机关的威慑力。

在理论学界，有许多学者提出反垄断法应当增添公平竞争审查制度的相关

---

① 宁立志：《〈反不正当竞争法〉修订的得与失》，载《法商研究》2018 年第 4 期。

原则和要求，使公平竞争审查制度上升到国家基本法律制度的层面。① 可以说，公平竞争审查制度主要源于竞争法，这也使得公平竞争审查制度的构建具备了法律基础。② 当然，也有学者提出反垄断法可作为纳入公平竞争审查的一部可选法律，但从未来完善公平竞争审查制度的角度，还应提升立法层级，进行单独立法，或在修改我国反垄断法时作出专门规定。③ 足见，学者的意见大致分为两类：一类是单独立法；另一类则是在反垄断法中专门规定公平竞争审查制度，但其共识是"公平竞争审查制度应当入法"。而公平竞争审查通过对抽象政策规范的限制实现对行政性垄断的规制，与反垄断法一脉相承。此外，载反垄断法对于行政性垄断已经有较为详细的规定，单独为公平竞争审查制度立法不利于规制的统一性，且"公平竞争审查法"与我国现行反不正当竞争法和反垄断法之间关系难以作出界定，而公平竞争审查可以利用反垄断法执法体制。因此，将公平竞争审查制度纳入反垄断法应是较好的选择。

笔者认为，公平竞争审查制度可以在行政性垄断的事前预防方面发挥重要作用，仅在总则中规定不利于发挥公平竞争审查制度的作用，也并不能在实质上实现公平竞争审查的法制化。我们应当在总则中以概括式语言将公平竞争审查写入反垄断法中，同时在第五章中具体规定公平竞争审查制度，将审查机制、程序、审查标准、例外规定、社会监督和责任追究具体内容写入法律，并且还需要统一现行反垄断法关于行政性垄断的执法体制与公平竞争审查对于排除、限制竞争的政策措施的处理方式，明确反垄断执法机构规制行政性垄断的权力内容，完善事前规制与事后规制两个角度的执法体制，修改"反垄断执法机构的建议权"，实现反垄断执法机构执法的统一。其中，行政性垄断的法律责任较弱、不清晰也一直是反垄断法为人诟病的方面，公平竞争审查相关文件

① 时建中：《强化公平竞争审查制度的若干问题》，载《行政管理改革》2017 年第 1 期；戴龙、黄琪等：《庆祝〈反垄断法〉实施十周年学术研讨会"综述》，载《竞争政策研究》2018 年第 4 期；丁茂中：《论我国行政性垄断行为规范的立法完善》，载《政治与法律》2018 年第 7 期；于良春：《中国的竞争政策与产业政策：作用、关系与协调机制》，载《经济与管理研究》2018 年第 10 期。

② 黄勇、吴白丁等：《竞争政策视野下公平竞争审查制度的实施》，载《价格理论与实践》2016 年第 4 期；张守文：《公平竞争审查制度的经济法解析》，载《政治与法律》2017 年第 11 期；张占江、戚剑英：《反垄断法体系之内的公平竞争审查制度》，载《竞争政策研究》2018 年第 2 期。

③ 张守文：《公平竞争审查制度的经济法解析》，载《政治与法律》2017 年第 11 期。

中也存在这一问题。"由上级机关责令改正""给予处分"这类无具体说明的规定使得行政性垄断和公平竞争审查制度大打折扣，我们应当在公平竞争审查法制化的过程中明确上级机关的范围，在反垄断法中细化处分的类型并且要求将案件处理结果向社会大众公示以加强社会监督的力度。

综上，公平竞争审查的法制化应当成为我国反垄断法修法的重点内容之一。毕竟政策措施面对的群体较广，排除、限制竞争效果危害性较高，应当受到法律的关注，也只有通过立法才能使政策制定机关树立公平、自由竞争的理念，对存量文件和增量文件进行审查，评估对市场竞争的影响，以防止排除、限制竞争。当然，在公平竞争审查法制化的过程中，我们还需要注重公平竞争审查制度的完善，并及时总结公平竞争审查制度实施至今的成果与不足，以期在形式和实质上确保公平竞争审查制度的应然作用在实际环境中得到充分发挥，从而为网络领域核心技术的突破提供一个公平竞争的环境。

第六章
中国网络空间犯罪立法的本土化与国际化

    20世纪90年代兴起的信息技术革命改变了人类社会，构建了全球网络空间，"空间就是社会"，网络空间"奠基于电子网络，但这个网络连接了特定的地方，后者具有完整界定的社会、文化、实质环境与功能特性"①，是信息网络环境条件下新的现实社会。② 网络空间与传统物态社会并行，并凭借其信息技术赋予的竞争优势，不断对后者予以嵌入式的改变③，范围不断扩展，网络空间中的活动具有信息化、网络化、超越地理疆域限制、影响全球各地等特性，网络空间犯罪同样具有前述特点，并随着网络空间的扩张、变化而不断演变，迫使传统的社会治理体系进行适应性的调整。为了应对网络空间犯罪的挑战，各国根据本国社会信息化网络化进程、网络空间犯罪态势以及法律制度传统，制定了本土化的法规，但是由于网络空间犯罪具有"信息化网络化"特点，以全球网络空间为犯罪场域，具有跨国性和全球性影响的行为能力，地域上分割的国内犯罪立法无法有效应对跨国网络空间犯罪，各国立法的差异为其提供了生存的法律空间，仅靠各国国内犯罪立法，任何国家难

---

    ① 引自[美]曼纽尔·卡斯特：《网络社会的崛起》，夏铸九、王志弘等译，社会科学文献出版社2001年版，第504、506页。

    ② 参见[荷]简·梵·迪克：《网络社会——新媒体的社会层面》，蔡静译，清华大学出版社2014年版，第203页。

    ③ 传统物态社会中的传统社会活动仍然在一定程度上保留原有形式和内容，但在信息化网络化创造的便利的竞争压力下，正在逐渐进行信息化网络化演变，如社区的菜场和水果摊在接受传统的现金交易的同时，微信、支付宝支付成为时下交易的常态选择和未来主要交易方式。

以独善其身，世界各国惩治网络空间犯罪立法走向一致化、协调化是唯一出路，也是当前相关国际立法的实践。中国社会信息化网络化举世瞩目，同时也遭受了网络空间犯罪的严重危害，早在 1997 年中国就设立了计算机犯罪，在过去 20 年又多次增设新的网络空间犯罪，构建了惩治网络空间犯罪的刑法体系，未来中国仍将长期面临不断演变的网络空间犯罪的严重威胁，为了有效遏制网络空间犯罪，中国相关犯罪立法应走本土化和国际化相结合的道路。

一、 立法方向：本土化与联合国框架下立法协调化相结合

刑法是国家治理的重要手段，主要惩治本国法域内的犯罪，与本国社会信息化网络化程度及网络空间犯罪态势相适应，不同国家网络空间犯罪立法本土化、差别化是必然结果，同时，为了合作应对跨国性网络空间犯罪，各国相关立法走向国际化、协调化是必要选择。当前国际社会合作打击网络空间犯罪的立法协调化存在不同路径选择，中国网络空间犯罪立法应走本土化与联合国框架下相关犯罪立法协调化相结合的道路。

(一) 中国社会信息化和惩治本国网络空间犯罪的实际需要

网络空间犯罪是社会信息化过程中的产物，在过去 20 年，对应于中国社会信息化的三个时期，网络与信息相关犯罪经历了三次蜕变，从 20 世纪 90 年代计算机犯罪(computer crime)到 21 世纪初的网络犯罪(cyber crime)，再演变为当前的网络空间犯罪(crimes in cyberspace)，在每一时期刑法都予以及时回应。

1. 以信息处理系统为中心的时期

20 世纪 90 年代国际互联网刚刚进入中国，中国社会信息化网络化起步不久，互联网的信息传输功能对计算机犯罪的作用不大，这一阶段计算机相关犯罪主要为侵犯计算机信息系统安全和利用计算机系统信息处理功能实施的传统犯罪，如利用计算机实施金融诈骗、盗窃、贪污、制作传播盗版软件、淫秽音视频信息的光盘等。针对计算机犯罪的特点，1997 年刑法修订时设立了非法侵入计算机信息系统罪和破坏计算机信息系统罪，刑法第 287 条规定，利用计算机实施金融诈骗、盗窃、贪污等犯罪的，依照刑法有关规定定罪处罚，确立

了计算机犯罪立法的基本框架。①

2. 以互联网为中心的时期

21 世纪初中国普及了互联网应用，互联网成为网络社会活动的中心，虽然信息处理技术继续发展并发挥着重要作用，利用信息网络传输功能成为犯罪的新核心特征，计算机犯罪转变为网络犯罪：一方面，侵犯计算机系统安全的犯罪呈现网络化、产业链化发展趋势；另一方面，传统犯罪网络化趋势明显，还出现了网络身份盗用、侵犯新型电子财富、网络交易中的信用欺诈等与传统犯罪有联系的新型犯罪。② 针对网络犯罪的特点，2000 年通过的全国人大常委会《关于维护互联网安全的决定》规定，利用互联网实施的犯罪要依照刑法有关规定追究刑事责任，2001 年通过的《刑法修正案（三）》设立了编造、故意传播虚假恐怖信息罪，2005 年通过的《刑法修正案（五）》设立了窃取、收买、非法提供信用卡信息罪，2009 年通过的《刑法修正案（七）》设立了侵犯公民个人信息罪、非法获取计算机信息系统数据、非法控制计算机信息系统罪和提供侵入、非法控制计算机信息系统程序、工具罪，将计算机犯罪立法体系扩展成规模更大的网络犯罪立法体系。

3. 以网络服务平台为中心的时期

近 10 年中国网络服务平台迅速发展，构建了以其为重要节点的实在化社会化的网络空间，网络空间成为网络犯罪的主要犯罪空间，网络犯罪演化为网络空间犯罪③：网络基础设施和大型网络服务平台成为网络攻击的重点目标；网络服务平台创造的网络空间成为网络盗窃、欺诈、赌博、传播淫秽物品、散布虚假信息制造社会恐慌等犯罪的"热土"；"网络空间的数据已经、正在而且还将持续转变成为一种战略资源"④，能影响个人、社会乃至国家的重要利益，网络服务平台汇集海量的用户数据和其他重要数据，成为侵犯数据犯罪的主要

---

① 参见孙铁成：《计算机犯罪的罪名及其完善》，载《中国法学》1998 年第 1 期。

② 参见刘守芬、孙晓芳：《论网络犯罪》，载《北京大学学报（哲学社会科学版）》2001 年第 3 期。

③ 网络空间犯罪、网络犯罪、计算机犯罪是不同信息化环境条件下同一犯罪的不同层级，三者是向下包含关系，并在不同的信息化环境中各自保持独立性，如仍有利用不联网的计算机系统制作、传播淫秽物品牟利、利用电子邮件实施诈骗的犯罪，只是前者成为当前主流的犯罪类型，故以网络空间犯罪统称。

④ 引自沈逸：《后斯诺登的全球网络空间治理》，载《世界经济与政治》2014 年第 5 期。

"狩猎区"。① 针对以上新的犯罪态势，2015 年通过的《刑法修正案（九）》以治理网络服务、加强信息网络空间内容信息管理和保护公民个人信息为重点，设立了拒不履行信息网络安全管理义务罪、非法利用信息网络罪、帮助信息网络犯罪活动罪、编造、故意传播虚假信息罪，扩展了侵犯公民个人信息罪的范围，形成了由侵犯计算机信息系统安全犯罪、传统犯罪网络化的刑事责任确认、妨害信息网络管理秩序犯罪、侵犯个人信息犯罪立法组成的"四位一体"的网络空间犯罪立法体系。此外，还制定网络安全法、反恐怖主义法等行政法律，构建了全面的防控网络空间违法犯罪的法律治理体系。

当前中国领跑全球社会信息化，以上与时俱进、及时回应的犯罪立法为中国网络安全提供了有力的法律保障，在国际上处于较高水平。未来随着人工智能、机器人技术的成熟和应用，中国社会将进入智能化阶段，坚持本土化发展是中国网络空间犯罪立法的基本方向之一。

（二）立法国际化的路径：联合国框架下网络空间犯罪立法协调化

当前跨国性网络空间犯罪已成为常态犯罪，对中国的危害不亚于本国内的犯罪，由于具有分离犯罪行为人、犯罪行为和结果的地理位置的能力，站在中国刑法的"射程之外"，仅靠中国自身的技术、管理和法律制度无法阻止其侵袭，中国需要与国际社会合作，搭建共同抵御全球网络空间犯罪的"法律保护罩"，立法国际化是中国网络空间犯罪立法的必由之路，也是当前中国正在进行的实践。② 国际社会合作防控网络空间犯罪是全球网络空间安全治理的两大基本议题之一，其解决方案涉及国家利益的博弈，形成了不同的立法协调化路径，中国选择走联合国框架下网络空间犯罪立法协调化道路。

1. 欧美主导的网络犯罪立法协调化不公正、 范围狭窄、 发展能力不足

以美欧为代表的发达国家与发展中国家在网络技术、网络能力方面差异巨大，各自网络安全利益和诉求存在冲突，在制定国际网络安全规则中分歧严重，在网络空间属性上分别主张"全球公域"与网络主权，在网络空间治理模式上各自推行"政府主导"模式与"多利益攸关方"模式，在网络文化上存在"多

---

① 参见于志刚：《网络犯罪与中国刑法应对》，载《中国社会科学》2010 年第 3 期。

② 参见：《中国政府高度重视网络安全 打击网络跨国犯罪》，网易新闻中心，http://news.163.com/15/1216/18/BAVQT9RD00014JB6.html。

元论"与"一元论"的碰撞①，在以上国际格局下打击网络空间犯罪的国际合作带上了相同的印记。当前专门打击网络空间犯罪的国际公约只有 2001 年欧洲理事会通过的《关于网络犯罪的公约》(以下简称《网络犯罪公约》)，规定了侵犯计算机数据和信息系统安全的犯罪和与计算机相关的犯罪，后者犯罪范围窄。②《网络犯罪公约》没有公平体现国际社会的普遍关注③，广大发展中国家未参与公约起草过程，其利益和关注未得到充分反映，其所谓全球开放性是建立在《网络犯罪公约》生效后的加入国放弃自身网络安全利益诉求、完全接受起草国的立场基础上，例如，危害全球的网络恐怖主义未被规定，却规定了偏向于保护欧美发达国家的利益的侵犯著作权及相关权利罪。④

其次，《网络犯罪公约》整体上是区域性的国际公约，不具备全球性公约所应有的普遍开放性。《网络犯罪公约》成员国主要是欧美发达国家和属于欧洲理事会成员国的发展中国家，非欧洲国家加入《网络犯罪公约》的程序繁琐、困难，需经欧委会多数同意及《网络犯罪公约》成员国的一致同意，并由欧委会部长理事会邀请，自 2001 年 11 月 23 日开放签署至今只有 53 个成员国，司法合作范围窄，推动全球相关立法协调化的能力有限。⑤

再次，《网络犯罪公约》的修改程序不合理、难度大。《网络犯罪公约》成员国提出修改建议，要经欧洲理事会部长委员会听取欧洲犯罪问题委员会提出的意见后决定是否采纳，并获得成员国一致同意才能最终生效，这使得《网络犯罪公约》实际上成为一个内容封闭的法律文件，《网络犯罪公约》开放签署后17 年未做任何补充、修改，未适应网络空间犯罪的演变进行调整，表明其发展能力不足。

---

① 参见鲁传颖：《试析当前网络空间全球治理困境》，载《现代国际关系》2013 年第11 期。

② 参见皮勇：《〈网络犯罪公约〉中的犯罪模型与中国大陆网路犯罪立法比较》，载《月旦法学杂志》2002 年第 11 期。

③ 参见[意]劳伦佐·彼高狄：《信息刑法语境下的法益与犯罪构成要件的建构》，吴沈括译，载《刑法论丛》(第 24 卷)，法律出版社 2010 年版。

④ 参见中国代表团出席"联合国网络犯罪问题政府间专家组"的代表团发言"中国代表团关于《布达佩斯公约》的发言"，"中华人民共和国驻维也纳联合国和其他国际组织代表团"网站，http：//www. fmprc. gov. cn/ce/cgvienna/chn/drugandcrime/crime/t790751. html。

⑤ 欧洲理事会《关于网络犯罪的公约》签署、加入国家目录，http：//www. coe. int/en/web/conventions/full-list，2017-06-30。

2. 联合国框架下立法协调化是中国的正确选择

跨国网络空间犯罪是世界各国的共同挑战，联合国是应对全球挑战的平台，协调各国网络空间犯罪立法应由联合国来解决。① 联合国成员国最多，制定的法律文件响应和反映大多数国家需求，规范各国行为时有示范性和惩罚性、更具权威性、公正性、普遍性②，拥有推动制定全球性公约所必需的丰富的协调经验和专门机构如国际电信联盟、经济社会理事会、毒品和犯罪问题办公室等，有利于促成被广泛认可的、公正的打击网络空间犯罪的全球性公约，建立范围更广泛的司法合作体系。2000 年以来，联合国为推动制定网络空间安全规则做了大量工作，2001 年联合国大会通过了"打击信息技术的非法滥用"决议，多次召开信息社会世界峰会和互联网治理论坛，吸引了全球网络安全专家与多边利益攸关方参会，推动形成应对网络空间犯罪的共识，2004 年起联合国成立三个政府专家组讨论网络安全议题，其中的第三委员会主要管理与经济、社会、人权有关的网络犯罪事宜。

中国积极推动建立多边、民主、透明的全球网络空间治理体系、制定共同打击网络空间犯罪的国际法律文件。2017 年中国公布《网络空间国际合作战略》，提出"推动在联合国框架下讨论、制定打击网络犯罪的全球性国际法律文书"，确立了网络空间国际合作治理战略下打击网络犯罪立法协调发展方向。作为新兴大国和发展中国家，中国与其他发展中国家有着相同的网络安全利益，在推动制定打击网络空间犯罪的国际法律文件上采取了一系列共同行动③，联合国框架下的网络空间犯罪立法协调化发展是符合兼顾联合国成员国多边网络安全利益、维护中国网络安全的正确选择。

（三）立法本土化和国际化相结合：兼顾利益与吸收包容

中国主张的联合国框架下网络空间犯罪立法协调化，要在兼顾各方利益的

---

①　参见《网络安全是全球挑战　要由联合国来解决》，中国日报网，http：//www.chinadaily. com. cn/hqgj/jryw/2013-06-27/content_9436972. html。

②　参见盛辰超：《联合国在全球网络安全治理中的规范功能研究》，载《国际论坛》2016 年第 3 期。

③　2012 年第 66 届联合国大会上中国、俄罗斯等上海合作组织成员国向联合国提交"信息安全国际行为准则"决议草案，2013 年在联合国预防犯罪和刑事司法委员会第 22 届会议上，中国、俄罗斯、巴西、印度、南非五国以"金砖国家"的名义向联合国提出了《加强国际合作，打击网络犯罪》的决议草案。

基础上吸收包容现有相关国际立法的内容。前述《网络犯罪公约》并非"日薄西山"①，其 53 个成员国中有 27 个是 2010 年后批准或者加入的，其中有美国、英国、日本、德国、法国、澳大利亚等国际影响力较大的国家，这些国家事实上形成了《网络犯罪公约》"联盟"，它们借口已有《网络犯罪公约》，抵制在联合国框架下缔结打击网络空间犯罪的国际法律文件②，发展中国家在联合国会议上提出的有关尊重国家网络主权、各国文化与制度多样性等法律文件，也多次遭到以美国为首的西方发达国家的拦阻。③ 如果不走兼顾利益、吸收融合的道路，不可能实现联合国框架下的网络空间犯罪立法协调化。在发达国家掌握更高的网络安全技术和能力的情况下，分裂的阵营化的立法协调化不仅为跨国网络空间犯罪提供了"避风港"，而且，会使其向网络安全防护落后的信息化不发达国家"迁徙"，加重对包括中国在内的发展中国家的危害，还会加剧因跨境网络空间犯罪引发国家之间的冲突和矛盾。④ 事实上，虽然《网络犯罪公约》不符合中国的利益和立场，但并非一无是处，联合国框架下相关新国际公约"可在充分借鉴现有法律文书成功经验的基础上进行"⑤，例如，其部分立法内容如侵犯计算机信息系统安全犯罪立法条款是发达国家社会高度信息化的反映，《网络犯罪公约》设置了较多的允许保留内容的条款表现出弹性、灵活的立法技术。

---

① 参见于志刚：《"信息化跨国犯罪"时代与〈网络犯罪公约〉的中国取舍——兼论网络犯罪刑事管辖权的理念重塑和规则重建》，载《法学论坛》2013 年第 3 期。

② 2013 年中国、俄罗斯、巴西、印度、南非五国以"金砖国家"的名义向联合国提出了《加强国际合作，打击网络犯罪》的决议草案，要求加强联合国对网络犯罪问题的研究和应对，遭到美国、日本和部分欧洲国家在会场内外的阻挠，它们意图将欧洲理事会《关于网络犯罪的公约》强加给发展中国家，剥夺联合国应对网络犯罪的职责。

③ 2012 年第 66 届联合国大会上，中国、俄罗斯等上海合作组织成员国向联合国提交"信息安全国际行为准则"决议草案，遭到以美国首的西方发达国家的强烈抵制；2012 年迪拜国际电信联盟大会上，89 个发展中国家要求将"成员国拥有接入国际电信业务的权力和国家对于信息内容的管理权"写入《国际电信规则》，遭到 55 个信息发达国家的联合抵制，导致该公约没有生效。

④ 参见黄志雄：《论网络攻击在国际法上的归因》，载《环球法律评论》2014 年第 5 期。

⑤ 引自中国代表团出席"联合国网络犯罪问题政府间专家组"的代表团发言"关于研究报告草案的一般性评论"，"中华人民共和国驻维也纳联合国和其他国际组织代表团"网站，http：//www. fmprc. gov. cn/ce/cgvienna/chn/drugandcrime/crime/t1018227. html。

中国网络空间犯罪立法既要坚持本土化发展，也要汲取国外立法的经验教训。网络空间犯罪立法是社会信息化的反映，目前中国在互联网应用领域全球领先，在该领域新创符合中国实际的网络空间犯罪立法是合理、必要的，但是，没有依据认为中国相关立法已足够完善而不需要借鉴国外信息发达国家、区域性国际组织的成功立法。中国走联合国框架下立法协调化道路、完善本国相关立法时，有必要借鉴包括《网络犯罪公约》在内的国外成功立法经验，事实上，中国刑法已借鉴了前述公约的有关条款，如非法获取计算机数据、为网络犯罪提供程序工具犯罪的规定。还需要注意的是，网络空间犯罪只是整个犯罪立法体系的一部分，需要协调化新设犯罪与其他犯罪立法特别是与传统犯罪立法的关系，需要推动网络空间犯罪理论的跟进发展。

基于前述立法本土化和国际化相结合的立场，下文检视我国"四位一体"的网络犯罪立法，研究我国相关刑法规定的发展与完善。

二、 计算机信息系统和数据安全的独立、全面刑法保护

网络空间的核心物质技术基础是计算机数据、信息系统，计算机数据和信息系统承载着网络空间的社会活动，侵犯计算机数据和信息系统安全的犯罪始终是危害最广泛、最严重的网络空间犯罪，世界各国普遍将计算机数据和信息系统安全作为重要社会利益，综合运用技术、管理、法律等各种手段予以保护，在法律保护方面，包括《网络犯罪公约》在内的国际组织相关法律文件都规定了此类犯罪。中国是受网络黑客攻击最严重的大国，侵犯计算机数据和信息系统安全犯罪立法是中国网络空间犯罪立法的起点和重点，目前中国在网络安全技术、管理等方面能力明显不足，现有相关犯罪立法局限于回应犯罪而缺乏系统性，有必要借鉴国外相关犯罪立法，给予计算机信息系统和数据安全独立、全面的刑法保护。

(一)计算机信息数据和信息系统安全是独立的重要法益

目前中国社会各行各业高度信息化网络化，侵犯计算机数据和信息系统安全，必然会破坏其中承载的信息化社会活动，往往造成侵害人、财、物等严重后果，同时，当前此类犯罪的目的特征突出，主要出于窃密、破坏、不法获取

信息资产等目的，侵犯计算机数据和系统安全往往只是手段行为、中间阶段行为或者传统犯罪的新型犯罪手段①，即侵犯计算机数据和系统安全犯罪在主客观方面都往往与特定的社会活动相关联。计算机数据和信息系统安全本身是否有必要作为独立的法益予以保护成为人们思考的问题，笔者认为，在网络空间社会中，计算机数据和信息系统安全是网络社会安全的基础，是应独立受刑法保护的重要法益。

计算机数据和信息系统是网络空间的核心物质技术基础，千千万万相互连接的计算机信息系统构筑了信息社会活动的基础环境，侵犯计算机数据和信息系统安全不只是损害计算机系统设备设施，也不只是妨害所承载的社会活动，更重要的是侵害网络空间活动的基础环境安全。如果将计算机数据和信息系统安全依附于特定社会活动相关的法益，如破坏生产经营、窃取商业秘密、盗窃等犯罪的法益，不能反映该类犯罪实际造成的危害，因为任何计算机数据和信息系统并非只用于特定的某一项社会活动，犯罪造成的危害不止于影响特定社会活动，没有反映犯罪对信息社会活动环境整体的危害。

其中，计算机信息系统安全是最基本的独立法益。计算机信息系统是由计算机数据、程序、硬件设备组成的信息处理、传输、存储的系统，是网络空间的核心功能单元。计算机信息系统安全是最重要的网络空间安全法益，包括计算机信息系统的保密性、可用性、完整性利益，不同领域和应用的计算机信息系统安全法益的重要性程度不同，如国家事务、国防建设、尖端科学技术等重要领域的计算机信息系统和关键信息基础设施安全更重要，该类信息系统的保密性受到刑法保护，而侵犯其他领域的计算机信息系统则要以危害结果的严重程度、行为方式的危险性程度或其他情节来确立其应受刑罚处罚性。

计算机数据安全也应是独立的刑法法益。在信息社会活动中，计算机数据的重要性从多方面体现出来，或者是反映社会活动，如关键信息基础设施运行中的工作数据，或者是社会关系的记录，如银行客户的交易流水数据等，还可能是承载一定权利的信息如商业秘密等，计算机数据安全同样是信息社会的基础，应受刑法保护。计算机数据的存在状态有多种，既可能是在计算机

① 参见皮勇：《关于中国网络犯罪刑事立法的研究报告》，见《刑法论丛》(第 3 卷 总 27 卷)，法律出版社 2011 年版，第 200 页。

信息系统存储、处理状态，也可能是处于网络传输状态，还可能是脱离计算机信息系统和网络传输环境的外部存储状态，侵犯第一种状态下的计算机数据，必然同时侵犯了计算机信息系统安全，后两者状态下的计算机数据安全可以独立于计算机信息系统安全，应独立受刑法保护，而不应将计算机数据安全附属于计算机信息系统安全。当然，不同种类、不同状态的计算机数据安全的重要性程度会有一定差别，如国家秘密、商业秘密信息和个人信息的重要性程度不同，传输中的计算机数据承载的法益有别于信息系统外部静态存储的计算机数据。

侵犯计算机数据和信息系统安全犯罪具有技术性，特殊的程序、工具为其实施创造了便利条件甚至是必要条件，为实施侵犯计算机数据和系统安全犯罪提供此类程序、工具虽然不直接侵犯计算机数据和系统安全，但间接侵害计算机数据和系统安全，当前此类行为已经"黑产化"、产业链化，为了保护计算机数据和信息系统安全，将此类行为定罪成为国外立法趋势。

(二)计算机信息数据和信息系统安全需要全面、充分的刑法保护

信息化发达国家重视对计算机数据和信息系统安全的刑法保护，还缔结相关国际条约来加强共同网络安全，前述《网络犯罪公约》规定了侵犯计算机数据和系统可信性、完整性和可用性的犯罪，2005 年欧盟理事会通过的《关于攻击信息系统的框架决议》(以下简称《决议》)也规定了攻击信息系统的犯罪。[①]中国刑法规定了相似的犯罪立法，也有一定的差别，有必要借鉴国外立法，为计算机数据和信息系统提供全面、充分的刑法保护。

1.计算机信息系统安全的全面刑法保护

侵犯计算机信息系统安全的犯罪分为两类，侵犯程度较轻的非法侵入计算机信息系统侵犯其保密性，侵犯程度严重的破坏计算机信息系统侵犯其完整

---

① 欧洲理事会《关于网络犯罪的公约》是一个包罗国内刑事实体法与程序法的立法标准和国际司法协助程序的综合性国际条约，对计算机数据和系统安全的保护更全面、细致，而《决议》是欧盟内部决议，只规定了侵犯计算机信息系统的犯罪，但是，它要求欧盟国家在 2007 年 3 月 16 日前将《决议》的内容移植到本国法律中，迅速推进了欧盟国家惩治侵犯计算机系统安全犯罪的立法一致化和司法合作进程，客观上还推动了《网络犯罪公约》在欧盟国家的批准和生效。以上两部国际法律文件对包括我国在内的世界各国相关犯罪立法产生了重要影响。

性、可用性，前者犯罪只要求未经授权获得计算机信息系统的控制能力即可构成，不需要有侵犯到计算机信息系统完整性、可用性的行为和后果，前者行为往往又是后者犯罪得以实施的前提条件或者必经阶段。对于以上两种行为，国外立法通常分别规定为非法侵入计算机信息系统和干扰计算机信息系统两种犯罪，中国刑法也规定了相似的区别化的犯罪立法，未来需要加强对重要计算机信息系统的保护，完善计算机病毒等破坏性程序相关犯罪立法。

1）非法侵入计算机信息系统罪的完善

《网络犯罪公约》第2条要求缔约国将未经授权故意侵入他人计算机系统的全部或者部分的行为规定为犯罪①，《决议》第2条也要求欧盟成员国将未经授权故意侵入他人信息系统的全部或者部分的行为规定为犯罪②，二者规定基本一致，且都没有限定非法侵入的计算机信息系统的范围。

中国刑法第285条第1款的规定了相似的非法侵入计算机信息系统罪，是指"违反国家规定，侵入国家事务、国防建设、尖端科学技术领域的计算机信息系统"的行为。相比于《网络犯罪公约》《决议》的相关规定，该罪保护的计算机信息系统范围狭窄③，限于前述三类计算机信息系统。中国网络安全法第31条规定，"国家对公共通信和信息服务、能源、交通、水利、金融、公共服务、电子政务等重要行业和领域，以及其他一旦遭到破坏、丧失功能或者数据泄露，可能严重危害国家安全、国计民生、公共利益的关键信息基础设施，在网络安全等级保护制度的基础上，实行重点保护"。以上重点保护的计算机信息系统大多不在该罪立法的保护范围内。

刑法第285条第2款规定了非法控制计算机信息系统、非法获取计算机信

① 《网络犯罪公约》第2条规定的"侵入"是指进入计算机系统的整个系统或者其一部分，《网络犯罪公约》允许缔约国对"进入"作狭义的规定，无害的或出于帮助发现系统缺陷或者隐患的侵入不视为犯罪，也可以采纳广义的"进入"，即使是单纯的进入系统也可构成本罪（See Convention on Cybercrime of Europe of 23.11.2001（ETS No.185），Explanatory Report，No.46-49）。

② 《决议》第2条允许成员国限定本罪通过侵犯计算机系统的安全措施来实施，未经授权进入对公众开放的计算机系统不视为犯罪，允许限定犯罪主体为成年人（See EU Council Framework Decision 2005/222/JHA on attacks against information systems of 24.2.2005，OJ L，69，16.3.2005，Article 2）。

③ 参见朱建忠：《论非法侵入计算机信息系统罪的特征及我国立法的缺陷》，载《河北法学》2000年第3期。

息系统数据罪，是指违反国家规定，采取非法侵入或者其他技术手段，对国家事务、国防建设、尖端科学技术领域之外的计算机信息系统实施非法控制或者获取其中的计算机数据、情节严重的行为，该款规定在一定程度上弥补了第285条第1款的立法缺陷。这是因为，该款规定之罪采取非法侵入或其他技术手段，同时，非法控制和非法获取行为都以非法获取计算机信息系统的控制权为前提，包含了非法侵入行为的实质构成要素，只是非法侵入前述三类领域之外的计算机信息系统后，还需要有非法控制计算机信息系统、非法获取计算机信息系统数据，且情节严重的，才能成立犯罪。需要注意的是，该款规定的"情节严重"，不能是刑法第286条规定的"影响计算机信息系统正常运行，后果严重"的情形，该罪的非法控制和非法获取计算机信息系统数据的行为不能严重侵犯计算机信息系统的可用性；否则，构成处罚更重的破坏计算机信息系统罪。①

刑法第285条第1款和第2款相结合，可以对非法侵入（包括非法控制）各类计算机信息系统、情节严重的行为予以刑法处罚，其犯罪化范围与《网络犯罪公约》《决议》规定的非法侵入计算机系统罪相同，只是非法侵入不同领域的计算机信息系统的入罪门槛有所不同，整体上要比《网络犯罪公约》《决议》相关规定更高。当然，刑法第285条第2款并没有解决实行重点保护的计算机信息系统不受第285条第1款保护的问题，扩大非法侵入计算机信息系统罪的保护范围仍然是未来立法的方向。

2）破坏计算机信息系统罪的完善

《网络犯罪公约》第5条要求缔约国将未经授权故意输入、传输、损坏、删除、危害、修改或者妨碍使用计算机数据，严重妨碍计算机系统运行的行为规定为犯罪②，《决议》第3条要求成员国将未经授权故意输入、传输、损坏、删除、使恶化、改变、压制或者使转化成不可访问的计算机数据，严重阻碍或

---

① 参见皮勇：《我国网络犯罪刑法立法研究——兼论我国刑法修正案（七）中的网络犯罪立法》，载《河北法学》2009年第6期。

② 《网络犯罪公约》第5条规定的"严重妨碍"，是指向计算机系统发送一定形式、规模和频度的计算机数据，给其所有者或者合法用户的使用造成显著影响的，构成该罪要求行为人出于故意并有严重妨碍计算机系统功能的意图（See Convention on Cybercrime of Europe of 23. 11. 2001（ETS No. 185），Explanatory Report，No. 66-70）。

者干扰信息系统的运作的行为规定为犯罪①，二者规定的罪状完全一致，都要求通过作用于计算机数据的方式来实施②，差别只在《决议》允许成员国限定犯罪主体为成年人。中国刑法第286条规定了破坏计算机信息系统罪，列举了三种行为方式，包括"对计算机信息系统功能进行删除、修改、增加、干扰""对计算机信息系统中存储、处理或者传输的数据和应用程序进行删除、修改、增加操作""制作、传播计算机病毒等破坏性程序"，行为方式限定为利用计算机、网络的技术特性，而不能是非技术性的物理破坏③，这与《网络犯罪公约》《决议》相应法条的要求相同。

刑法第286条第3款不同于第1款和第2款按照侵犯对象来设定犯罪行为，而是规定了以特别犯罪方法即制作、传播计算机病毒等破坏性程序的破坏行为。由于计算机病毒具有自动传播、多次变种、隐藏潜伏等技术特性，实践中调查实际危害后果是非常困难的。2011年"两高"《关于办理危害计算机信息系统安全刑事案件应用法律若干问题的解释》（以下简称《办理危害计算机信息系统安全刑事案件的解释》）对第3款中"影响计算机系统正常运行，后果严重"的解释采取了"传播+违法所得"的模式，有别于对刑法第286条前两款规定的"后果严重"的解释，不考虑其是否实际破坏计算机信息系统功能、数据和应用程序及其造成的危害结果。从技术上分析，计算机病毒等破坏性程序在传染、植入宿主计算机系统过程中，极少立即启动破坏性功能，其破坏性功能只在满足触发条件时才启动并造成危害后果。④ 前述司法解释实际上将制作、传播计算机病毒等破坏性程序解释为行为犯或情节犯，从作为法定的结果犯类型的破坏计算机信息系统罪中分离出来，虽然正确回应了计算机病毒等破坏性程序的作用机制，但是违背了不得超越法条文义的解释原则，是侵蚀立法权的越权解释。解决制作、传播计算机病毒等破坏性程序犯罪的定罪量刑问题，需

---

① 《决议》第3条允许成员国将该罪的主体限定为成年人（See EU Council Framework Decision 2005/222/JHA on attacks against information systems of 24.2.2005, OJ L, 69, 16.3.2005, Article 3）。

② 《网络犯罪公约》第1条、《决议》第1条都规定计算机数据包括计算机程序。

③ 参见邢永杰：《破坏计算机信息系统罪疑难问题探析》，载《社会科学家》2010年第7期。

④ 参见皮勇：《论我国刑法中的计算机病毒相关犯罪》，载《法学评论》2004年第2期。

要通过刑法立法而不是司法解释的方式来完成。

2. 计算机数据安全的充分刑法保护

《网络犯罪公约》第 3 条要求缔约国将未经授权利用技术手段故意拦截计算机数据的非公开传输的行为规定为犯罪①，第 4 条要求缔约国将非授权故意损坏、删除、危害、修改、妨碍使用计算机数据的行为规定为犯罪②。《决议》没有规定非法拦截计算机数据通信罪，第 4 条要求成员国将未经授权故意对计算机系统中的计算机数据进行删除、破坏、使恶化、改变、压制或者使转化为不可访问的行为规定为犯罪③。《网络犯罪公约》第 4 条保护的计算机数据范围更广，《决议》保护的是计算机信息系统中的数据，实际上是保护计算机信息系统安全。中国刑法第 286 条第 2 款与《决议》第 4 条的规定一致，比《网络犯罪公约》第 4 条保护的范围窄，只保护计算机信息系统中的数据和程序。在当前大数据应用环境下，计算机数据的功能、价值越来越大，即使是脱离计算机信息系统存储的重要计算机数据，如关键信息基础设施记录和分离保存的系统备份和用户信息等计算机数据等，也应获得充分的刑法保护。

中国刑法第 285 条第 2 款将非法获取计算机信息系统数据行为规定为犯罪，同时，前述"解释"第 11 条将计算机信息系统、计算机系统解释为"包括计算机、网络设备、通信设备、自动化控制设备等"，该罪规制的犯罪与《网

---

①　《网络犯罪公约》第 3 条规定的"非公开传输"是指传输过程而非被传输数据的非公开性，权利人希望秘密传输的、可以公开的数据也是犯罪对象，保护计算机数据传输的保密性。犯罪对象不仅包括向计算机系统、来自计算机系统和计算机系统内部的非公开传输的计算机数据，计算机系统在运行过程辐射的电磁信号，由于可被设备接收并复原出所承载的计算机数据，拦截这些电磁信号也是该罪行为。《网络犯罪公约》允许缔约方对该罪增加两个选择性条件：（1）行为人以不诚实的意图实施；（2）非法拦截的是与其他计算机系统连接的计算机系统中的计算机数据（See Convention on Cybercrime of Europe of 23. 11. 2001（ETS No. 185），Explanatory Report，No. 52-59）。

②　《网络犯罪公约》第 4 条允许缔约方对成立该罪增加"造成严重后果"的构成条件，根据《网络犯罪公约》的解释报告，向计算机系统中输入恶意代码如计算机病毒和特洛伊木马程序的行为，被视作《网络犯罪公约》第 4 条规定的对计算机数据的修改（See Convention on Cybercrime of Europe of 23. 11. 2001（ETS No. 185），Explanatory Report，No. 61）。

③　《决议》第 4 条保护的对象限于计算机信息系统中数据，脱离计算机系统的计算机数据不是本罪的行为对象，同时，允许成员国限定该罪主体为成年人（See EU Council Framework Decision 2005/222/JHA on attacks against information systems of 24. 2. 2005，OJ L，69，16. 3. 2005，Article 4）。

络犯罪公约》第 3 条规定的非法拦截计算机数据罪相似，都能处罚侵犯网络设备、通信设备、计算机信息系统中存储、处理、传输中的计算机数据的保密性的行为。① 但是，国家事务、国防建设、尖端科学技术领域的计算机信息系统不是该罪的保护对象，如果以上系统的数据不属于国家秘密、商业秘密、公民个人信息和通信信息，则落入刑法保护的"真空"。而且，该罪最高可处 7 年有期徒刑并处罚金，而非法侵入计算机信息系统罪最高处 3 年有期徒刑，前述三类重要领域的计算机信息系统本应得到更充分的刑法保护，而现行刑法却做得相反。② 此外，该款只处罚非法获取数据的行为，由于部分计算机程序与数据是合为一体的，计算机程序也应受到刑法第 285 条第 2 款的保护。在高度网络化社会，计算机数据通信的保密性与网络空间安全紧密相关，"棱镜门"等一系列事件证明中国计算机数据通讯正遭受严重的侵犯，为了更好地保护中国的网络空间安全和数据主权③，应完善第 285 条第 2 款，将犯罪对象扩展为"数据和程序"，同时，考虑到前述三类特殊领域计算机信息系统的重要性，对第 285 条第 2 款增加一段，"对前款规定的计算机信息系统犯本款罪的，从重处罚"。

3. 间接侵犯计算机系统安全行为的全面刑法规制

《网络犯罪公约》第 6 条规定的滥用计算机设备罪是间接侵犯计算机数据和系统安全的犯罪，要求缔约国将生产、销售、为投入使用而采购、进口、分发或者其他使其可为他人获得、持有用于侵犯计算机数据和信息系统安全的特殊物品的行为规定为犯罪④，《决议》没有规定相似的犯罪。中国刑法第 285 条第 3 款的规定了提供侵入、非法控制计算机信息系统的程序、工具罪，该罪是

---

① 参见李遐桢、侯春平：《论非法获取计算机信息系统数据罪的认定——以法解释学为视角》，载《河北法学》2014 年第 5 期。

② 非法控制计算机信息系统罪也存在相同的立法悖论。参见皮勇：《我国新网络犯罪立法的若干问题》，载《中国刑事法杂志》2012 年第 12 期。

③ 参见沈国麟：《大数据时代的数据主权和国家数据战略》，载《南京社会科学》2014 年第 6 期。

④ 《网络犯罪公约》第 6 条规定之罪的犯罪对象为两类特殊设备，一类是主要为实施《网络犯罪公约》第 2 条至第 5 条规定的犯罪而设计、改制的计算机程序等设备，另一类是借以侵入计算机信息系统的计算机密码、访问代码或者其他相似计算机数据(See Convention on Cybercrime of Europe of 23. 11. 2001(ETS No. 185), Explanatory Report, No. 71-78)。

指提供专门用于侵入、非法控制计算机信息系统的程序、工具，或者明知他人实施侵入、非法控制计算机信息系统的违法犯罪行为而为其提供程序、工具、情节严重的行为。该罪与《网络犯罪公约》规定的滥用设备罪相似，超过其最低立法标准，但没有达到最高立法标准，区别有二：（1）该罪的危害行为仅为提供，而《网络犯罪公约》规定的行为还包括生产、为投入使用而采购、进口和持有；（2）该罪的下游犯罪仅为侵入和非法控制计算机信息系统，而《网络犯罪公约》规定的是前述 4 种犯罪。

该罪的犯罪对象不包含用于破坏计算机信息系统（包括其中的计算机数据和程序）的程序、工具，立法缺陷明显。为破坏计算机信息系统犯罪提供这类程序、工具的危害性更大，犯罪立法举轻以明重，更应犯罪化。前述解释第 6 条规定，"提供计算机病毒等破坏性程序十人次以上的"，属于刑法第 286 条第 3 款规定的"后果严重"，可以构成破坏计算机信息系统罪①，似乎能够弥补该罪立法的不足，实则不然。该罪行为人向他人提供的程序、工具可以是源文件或者其他非执行代码，而不是直接在计算机信息系统上运行程序、使用工具，而《解释》第 6 条规定的"提供计算机病毒等破坏性程序"必须能够直接影响计算机系统正常运行，无法涵盖前者情形，不能弥补该罪立法的不足。

当前制作、贩卖、转售、提供以上程序、工具的活动已经独立化、产业化②，它们不仅是为他人走向犯罪的"铺路公司"，也因为这些工具的强大功能对下游犯罪人有无法抗拒的诱惑力，还是下游犯罪的"诱惑者"，是"以罪恶相诱惑"的"罪恶工具的创造者"，不仅为侵犯网络运行安全的犯罪提供了基础性条件，也是其他严重网络违法犯罪活动得以实施的先决条件，如避绕我国互联网管理措施、访问境外恐怖主义内容网站的翻墙软件等程序、工具对恐怖主义内容信息在中国传播起关键作用。③ 为了保护中国网络空间安全，有必要全面惩治以上程序、工具相关犯罪，将刑法第 286 条第 3 款规定的犯罪行为扩

---

① 《办理危害计算机信息系统安全案件的解释》将向他人"提供"破坏性性程序解释为刑法第 286 条第 3 款规定的直接影响计算机系统正常运行的"制作、传播"行为，是偷换概念、超越文义的越权解释。

② 参见孙中梅：《试论提供用于侵入、非法控制计算机信息系统的程序、工具罪的实然适用与应然展望》，载《中国检察官》2012 年第 1 期。

③ 参见皮勇、杨森鑫：《网络时代微恐怖主义及其立法治理》，载《武汉大学学报（哲学社会科学版）》2017 年第 2 期。

展为制作、销售、为投入使用而采购、进口、持有、分发和提供行为，将下游违法犯罪扩展为非法侵入、非法控制、破坏计算机信息系统以及其他严重违法犯罪。

《网络犯罪公约》和《决议》还规定缔约国或成员国应处罚前述犯罪的帮助犯、教唆犯和未遂犯以及法人犯罪，中国刑法相关规定与之基本相同。

有学者以侵犯计算机数据和信息系统安全犯罪的司法判决较少为由，批评其是象征性立法，"有效治理网络空间安全，并非象征性网络犯罪立法力所能逮"①。这一批评不符合国内外防控网络空间犯罪的立法和司法的实际情况。当前强化计算机数据和信息系统安全的刑法保护是国际立法趋势，信息化发达国家对计算机数据和信息系统安全大多采取强刑法保护的立场，这些犯罪立法对保护网络空间安全发挥了重要作用。"没有网络安全，就没有国家安全"，包括中国在内的发展中国家的网络安全技术防护、网络犯罪侦查能力不足，除了干扰计算机数据罪立法，中国其他相关犯罪立法均达到或超过了《网络犯罪公约》的最低立法标准②，如果没有以上犯罪立法，仅靠技术、管理手段更难以保护中国网络空间安全，当前中国打击网络空间犯罪的司法效果不明显，更需要完善上述立法和提高专业司法能力。因此，采取强法律保护立场符合中国利益，未来中国应建立全面、完善的打击侵犯计算机数据和信息系统安全犯罪立法，并推动在联合国框架下采取相应立场。

三、传统犯罪网络化的依法规制

传统犯罪网络化是当前传统犯罪的发展趋势，表现为利用计算机数据和信息系统功能及应用特性，实施传统社会环境中已有的或者相似的犯罪，其发案数远超侵犯计算机数据和信息系统安全的犯罪，占网络空间犯罪的大部分。传统犯罪网络化不只是带来电子证据及其特殊调查措施问题，也不只是改变了犯罪的手段和形

---

① 引自刘艳红：《象征性立法对刑法功能的损害——二十年来中国刑事立法总置评》，载《政治与法律》2017 年第 3 期。

② 参见皮勇：《关于中国网络犯罪刑事立法的研究报告》，见《刑法论丛》（第 27 卷），法律出版社 2011 年版，第 200 页。

式，还出现了新的危害行为和行为对象，给传统犯罪立法的适用带来困难。① 针对这种形式的网络犯罪，国外相关立法如前述《网络犯罪公约》中有相关规定回应，可以作为讨论我国相关立法和司法应对的借鉴。笔者认为，根据是否侵犯计算机数据和信息系统安全，传统犯罪网络化可以分为单纯利用型、兼有利用与侵犯型两类，前者只可能构成传统犯罪，相关争议问题是对其适用传统犯罪立法的限度，后者还有构成传统犯罪与刑法第285条、第286条所规定犯罪的竞合或并罚问题。关于以上两个问题，犯罪立法与其创设时的社会环境是一个整体，其适用范围不应超过立法时社会环境中犯罪构成的"张力"边界，该边界也是对传统犯罪网络化适用刑法的界限，对于超越该边界的危害性行为应在必要情况下制定新的犯罪立法。

（一）传统犯罪网络化的刑法适用限度

刑法第287条规定，"利用计算机实施金融诈骗、盗窃、贪污、挪用公款、窃取国家秘密或者其他犯罪的，依照本法有关规定定罪处罚"。前述两类犯罪都利用了计算机、网络的技术特性，都有适用传统犯罪立法的限度问题。传统犯罪网络化主要表现为犯罪场所的网络空间化、犯罪对象的信息化、危害行为的计算机信息系统自动化处理、危害后果的网络扩散等，由于我国刑法规定的绝大多数犯罪不限定犯罪场所、行为方式、犯罪对象、危害后果的形式，因此，在多数情况下前述网络化仍在传统犯罪立法的"张力"范围内，不影响对相关案件事实符合构成要件的判断。例如，利用计算机信息系统实施盗窃、诈骗他人银行账户资金，或者吸纳赌资组织赌博、在线下注赌博，或者传播淫秽色情、恐怖主义内容信息等，在刑法意义上与传统形式的盗窃、诈骗、赌博、传播淫秽物品、宣扬煽动恐怖主义犯罪完全相同，不影响相应犯罪立法的适

---

① 近年来关于网络犯罪的刑法学争论集中于传统犯罪网络化的刑法适用，主要是讨论侵犯虚拟财产犯罪、网络诈骗、网络诽谤、网络色情、网上寻衅滋事等犯罪适用传统犯罪立法的合理性，学者们的观点分歧严重。参见李晓明：《诽谤行为是否构罪不应由他人的行为来决定——评"网络诽谤"司法解释》，载《政法论坛》2014年第1期；张明楷：《网络诽谤的争议问题探究》，载《中国法学》2015年第3期；王安异、许姣姣：《诈骗罪中利用信息网络的财产交付——基于最高人民法院指导案例27号的分析》，载《法学》2015年第2期；高哲远：《网络寻衅滋事罪中"公共秩序严重混乱"的认定》，载《中国检察官》2015年第11期；卢恒飞：《网络谣言如何扰乱了公共秩序——兼论网络谣言型寻衅滋事罪的理解与适用》，载《交大法学》2015年第1期；刘宪权：《P2P网络集资行为刑法规制评析》，载《华东政法大学学报》2014年第5期，等等。

用。但是，也出现了涉及新的行为对象和网络空间场所的危害性活动，如盗窃虚拟财产和网络寻衅滋事等，对其是否可以适用传统犯罪立法及其限度成为争议问题，网络化的犯罪事实是否符合构成要件是解决该问题的关键。

1. 盗窃网络虚拟财产的刑法适用问题

关于窃取网络虚拟财产是否可以构成盗窃罪，刑法学者的观点有分歧。第一类观点持肯定的立场，其理由是，"具备财物特征的虚拟财产，才是刑法上的财物"，可以成为盗窃罪的对象，财产特征是指"管理可能性、转移可能性与价值性"，其中，价值性是"具有一定客观价值或者一定使用价值"。① 第二类观点持否定的立场，有的学者认为，除非有特殊规定，无体物和"财产性利益不是我国刑法中盗窃罪的对象"，即使将虚拟财产的本质界定为无体物和财产性权利，也不能成为盗窃罪的犯罪对象。而"将侵犯虚拟财产的行为认定为破坏计算机信息系统罪，在不违背罪刑法定原则的同时，既避免了对虚拟财产法律属性的争议。"②还有学者认为，"网络游戏中的虚拟财产，不属于盗窃罪所能侵害的'财物'；窃取网络游戏中的虚拟财产，侵犯的也主要不是财产所有权，不符合盗窃罪的构成要件"③，由于刑法修正案（九）设立了非法获取计算机信息系统数据罪，"窃取网络虚拟财产行为符合非法获取计算机信息系统数据罪的构成要件"，应按该罪而不是盗窃罪认定，网络游戏运营企业的工作人员实施前述行为的，应认定为侵犯著作权罪。

前述第一类观点提出了判断网络虚拟财产是否是盗窃罪对象的标准，即符合传统财物的"管理可能性、转移可能性与价值性"三种财产特征。该观点的不足是对"价值性"特征的界定不明，未确定"价值性"的普遍性或特定性，即普遍性要求对社会所有人或者多数人具有客观价值或主观价值才具有价值性，而特定性则允许即使只对特殊人员或者极少数人群具有客观价值或主观价值，也认为其具有价值性。如果采取价值的特定性立场，那么，被特定的网络游戏及相关群体认为具有使用价值和交换价值的网络虚拟财产也符合"价值性"特征，从而可以被认定为盗窃罪中的财物。将该种观点推广适用，在其他非网络

---

① 张明楷：《非法获取虚拟财产的行为性质》，载《法学》2015 年第 3 期。

② 陈云良、周新：《虚拟财产刑法保护路径之选择》，载《法学评论》2009 年第 2 期。

③ 刘明祥：《窃取网络虚拟财产行为定性探究》，载《法学评论》2016 年第 1 期。

游戏的娱乐活动如大富翁纸牌游戏中，如果幸运卡等游戏道具在部分游戏者及相关人之间进行财与物的交换，盗窃该游戏道具的行为也应认定为盗窃罪，这种处理明显得不到立法、司法实践和刑法理论的支持。而采取价值的普遍性立场，则否定不具有兑现或者合法交易条件的网络虚拟财产的财产性，网络游戏装备、腾讯公司的 Q 币和 QQ 号等都不被认为是盗窃罪的犯罪对象。

第二类观点提出网络虚拟财产承载的不是财物所有权，它们不属于盗窃罪的犯罪对象，但其行为定性观点不完全妥当，分析如下：

（1）"将侵犯虚拟财产的行为认定为破坏计算机信息系统罪"未必不违反罪刑法定原则。构成破坏计算机信息系统罪必须影响计算机信息系统正常运行且后果严重，表现为删除、修改、增加、干扰计算机信息系统功能，或者删除、修改、增加计算机信息系统中的数据和应用程序，或者故意制作、传播计算机病毒等破坏性程序，如果没有以上行为或者造成以上后果，就不应认定为破坏计算机信息系统罪。例如，非法侵入网络游戏服务商的计算机信息系统后，获取大量用户的账号密码数据并出售给他人的，并没有影响计算机信息系统正常运行并造成严重后果，计算机信息系统核实账号密码并执行相关指令正好反映计算机信息系统处于正常运行状态，不应当认定为破坏计算机信息系统罪。

（2）非法获取计算机信息系统数据罪立法保护的是计算机信息系统中数据的保密性，而对其进行删除、修改、增加操作属于破坏计算机信息系统罪规定的危害行为，不是非法获取计算机信息系统数据罪的危害行为。有学者认为，"将玩家拥有的游戏装备、宝物等电子数据从其游戏账户中注销，尔后添加到自己控制的游戏账户中或转给第三者；也有的是侵入网络游戏系统采用技术手段复制某种虚拟财产（即电子数据）后转卖给他人。对这后一种情形也应该与前一种情形同等看待，即认定行为人'获取'了电子数据"①。前者行为是修改数据行为，将其认定为非法获取数据是不当扩大了非法获取行为的范围，使非法获取计算机信息系统数据罪成为适用范围极宽的口袋罪，与包括破坏计算机信息系统罪、盗窃罪等各种涉及计算机信息系统数据的犯罪形成竞合关系，明显这种解释不符合罪刑法定原则。

---

① 刘明祥：《窃取网络虚拟财产行为定性探究》，载《法学评论》2016 年第 1 期。

（3）将网络游戏运营企业的工作人员"获取自己管理的公司存储在网络系统中的虚拟货币等虚拟物品，并转卖给他人，换取大量现金的"行为认定为侵犯著作权罪不妥。如果网络游戏公司设定的规则是该公司可以交易前述虚拟物品，其行为属于职务侵占行为；如果不允许交易或者转让的，其行为仍属于未经授权的非法侵入行为，按照该学者的解释逻辑，应认定为非法获取计算机信息系统数据罪。侵犯著作权罪是侵犯作品相关权利的行为，对运行中计算机程序中的数据进行修改操作的，不是侵犯著作权罪的复制发行、出版、制作、出售他人的作品行为，计算机程序作为作品整体没有被侵犯。

"网络虚拟财产"不是一个法律概念，是对在网络游戏等特定计算机程序中发挥一定作用、在该程序的使用者及相关群体中存在需求和交换价值的电子数据记录的通俗称谓，其内涵外延不明确，网络游戏装备、网站域名、电子货币、上网流量、访问用户流量以及网络服务商服务凭证或账号诸如 Q 币、QQ号、游戏点卡等都被称为网络虚拟财产。网络虚拟财产是否具有法律意义上的财产性、属于何种财产权利、如何进行价值认定等问题，目前缺乏法律依据和成熟的理论研究结论，将其笼统地认定为盗窃罪等侵犯财产罪的犯罪对象，既不合法，也缺乏充足的理论支撑。对于侵犯网络虚拟财产的危害性行为，如果其行为对象不能依法认定为相关犯罪的犯罪对象，可以从行为的违法性、后果的严重性等方面来研究刑法适用的路径，但是，仍然应当结合"网络虚拟财产"的法律性质进行区别分析。如果综合性分析的结果是其不在现行刑法规制范围内，却仍有考虑追究刑事责任的必要的，应当研究将其犯罪化的必要条件和合理性依据。

按照以上思路分析前述"网络虚拟财产"的法律性质及相关侵犯行为，其行为定性分析如下：（1）电子货币是货币的法定电子化形式，其形式的变化没有改变其货币性质，属于实在的财物而非虚拟财产，应受侵犯财产犯罪立法的保护，利用计算机、网络等窃取电子货币的应当认定为盗窃罪[1]；（2）腾讯公司等网络服务公司的 Q 币、游戏点卡是非公共通信类网络服务已缴费和授权使用的电

---

[1]　参见赵廷光、皮勇：《电子商务安全的几点刑法对策》，载《法商研究》2000 年第 6 期。

子数据形式凭证，按照这些公司的规定，它们不允许兑现或者转让①，由于刑法及相关司法解释没有将该类网络服务确定为盗窃罪的对象，将其前述电子凭证认定为盗窃罪的对象缺乏法律依据。但是，这些服务本身具有普遍的客观价值和主观价值，且是以合法的货币交易所得，有必要研究将其解释为盗窃罪犯罪对象的适当性和可操作性②；（3）网络游戏装备在游戏者及相关群体中具有价值，前文分析过，对其是否具有法律意义上的价值、财产属性，理论上争议较大，将其认定为盗窃罪犯罪对象没有法律依据，同时，将其认定为非法获取计算机信息系统数据罪或者侵犯著作权罪也不当；（4）网站域名属于依法登记使用的公共网络服务入口代码③，QQ 号是按照腾讯公司规定申请、使用其网络服务的账号，虽然它们具有客观价值和某种意义上的主观价值，但在法律性质上不同于财物的所有权性质，对其窃占行为不应认定为盗窃罪④；（5）访问用户流量具有重要的商业价值，但在法律性质上同样不同于盗窃罪的犯罪对象，秘密截流访问他人的用户流量的，在本质上是不正当竞争或者破坏生产经营行为，可以按手段行为认定为破坏计算机信息系统罪或者非法控制计算机信息系统罪，而不应认定为盗窃罪。⑤ 总之，不同"网络虚拟财产"承载不同的权利，不应笼统地解释为盗窃罪的"财物"，应当分析侵犯的法益及危害行为是否与相应犯罪的构成要件相符合，只有不改变犯罪对象的构成要件属性，该网络化的行为对象仍属于盗窃罪等侵犯财产犯罪的财物，才能适用现行刑法定罪处

---

① 根据腾讯公司的相关规定，腾讯公司的 Q 币和游戏点卡只能充值，而不能退回现金和转移给他人。

② 参见赵廷光、皮勇：《关于利用计算机实施盗窃罪的几个问题》，载《中国刑事法杂志》2000 年第 1 期。

③ 参见黄柳：《浅析窃取域名的罪名适用及价值评估》，载《法制与社会》2011 年第 25 期；聂昭伟：《骗取网络域名的定性及网络域名价值的认定》，载《人民司法》2013 年第 22 期。

④ 以具有财产性的理论分析将任何对象解释为刑法第 92 条规定的"其他财产"，甚至解释为盗窃罪、诈骗罪的"财物"，不仅缺乏法律或司法解释依据，在解释逻辑上也是不严谨的。参见于志刚：《论 QQ 号的法律性质及其刑法保护》，载《法学家》2007 年第 3 期；梁根林：《虚拟财产的刑法保护——以首例盗卖 QQ 号案的刑法适用为视角》，载《人民检察》2014 年第 1 期。

⑤ 参见叶良芳：《刑法教义学视角下流量劫持行为的性质探究》，载《中州法学》2016 年第 8 期；孙道萃：《"流量劫持"的刑法规制及完善》，载《人民检察官》2016 年第 8 期。

罚。对于超越现行刑法规制范围的危害性行为，应通过修改刑法来追究其刑事责任。

国外解决以上问题的方法是制定新的犯罪立法。《公约》第 7 条要求缔约国设立计算机相关伪造罪①，第 8 条要求设立计算机相关诈骗罪②，将"无中生有"、不损害第三人财产的制作虚假数据的行为规定为计算机相关伪造罪，而将出于诈骗或者不诚实获取财产的意图、损害第三人财产的行为规定为计算机相关诈骗罪。外国刑法中的部分犯罪对犯罪对象、犯罪方法、危害行为等有一定的限制，在传统犯罪网络化的刑法适用上也遇到前文分析的困难，如日本刑法规定的伪造文书罪的对象不包括计算机数据，从而使伪造文书罪的法条不能适用于网络空间环境下侵犯相同法益的行为③，《德国刑法典》第 263 条规定的伪造罪也不能适用于修改计算机数据方式实施的诈骗行为。为了解决这些困难问题，《日本刑法典》第 246 条之二规定了使用计算机诈骗罪④，德国刑法典

---

① 《网络犯罪公约》第 7 条规定的计算机相关伪造罪，是指未经授权故意输入、修改、删除、或者压制计算机数据，产生虚假数据，并意图使之当做真实数据在法律用途上被考虑或者发挥作用，无论该数据是否直接可读或者可理解的。缔约国可以要求该罪是具有诈骗或者相似的不诚实的意图。该罪的保护法益是具有法律关系后果的数据的安全和可靠性，伪造行为至少对于数据的发布者来说在数据的真实性上存在欺骗（See Convention on Cybercrime of Europe of 23. 11. 2001（ETS No. 185），Explanatory Report，No. 81-84）。

② 《网络犯罪公约》第 8 条规定的计算机相关诈骗罪，是指出于不法为自己或者第三人谋取经济利益的诈骗或者不诚实获取意图，未经授权故意输入、修改、删除或压制计算机数据，或者干扰计算机系统功能，导致他人财产损失。该条要求处罚的是意图进行非法的财产转移而在计算机数据处理中进行不当操纵的行为，由于计算机系统管理着多种财富，该罪造成的财产损失不限于金钱，还包括有形和无形的财产利益（See Convention on Cybercrime of Europe of 23. 11. 2001（ETS No. 185），Explanatory Report，No. 86-90）。

③ 《日本刑法》第 18 章第 225 条至第 233 条规定了 8 个伪造文书的犯罪，包括计算机数据在内的电磁记录不被视为文书，从而使伪造具有法律关系后果的计算机数据不适用以上犯罪。参见［日］西田典之著：《日本刑法各论》，刘明祥、王昭武译，武汉大学出版社 2005 年版。

④ 《日本刑法典》第 246 条之二规定，"向他人处理事务使用的电子计算机输入虚伪信息或者不正当的指令，从而制作与财产权得失或者变更有关的不真实的电磁记录，或者提供与财产权的得失、变更的虚伪电磁记录给他人处理事务使用，取得财产上的不法利益或者使他人取得的"，是使用电子计算机诈骗罪。见张明楷译：《日本刑法典》，法律出版社 1998 年版。

增设第 263 条(计算机诈骗)①，《美国法典》也专门规定了与访问设备相关的诈骗罪。② 对传统犯罪立法的解释总是有限度的，而创立新罪能更准确地反映犯罪网络化及其刑事责任的特点，能彻底解决包括犯罪对象在内的所有构成要件网络化带来的刑法适用问题，而羁绊于传统犯罪立法进行扩展解释只会带来更多的法律问题。中国可以借鉴前述国外立法设立利用计算机诈骗罪，将"为了使自己或第三人获得不法财产利益，对计算机信息系统中的数据或程序进行非法使用、增加、修改、删除等，使他人遭受到损失的"行为规定为新的犯罪。③

2. 公共信息网络空间与刑法中的"公共场所"的类属问题

互联网具有强大的信息传播能力，能使信息在全网范围迅速传播，信息的数字化和网络化传播不改变传播信息类犯罪的犯罪对象、危害行为、信息传播后果的构成要件性质，不影响不限定犯罪场所的犯罪立法的适用，如利用信息网络空间可以实施诽谤、煽动型犯罪、传播淫秽物品犯罪等。但是，对于以公共场所为犯罪地的犯罪，如聚众扰乱公共场所秩序、交通秩序罪和寻衅滋事罪等，公共网络空间是否可以认定为相关犯罪条款中的"公共场所"，影响到在公共信息网络空间能否实施这类犯罪。只有公共信息网络空间符合刑法相关条款中"公共场所"的构成特性，才可以被认定为相关犯罪条款中的"公共场所"。

---

① 《德国刑法典》第 263 条第 1 款规定，诈骗罪是"意图为自己或第三人获得不法财产利益，以欺诈、歪曲或隐瞒事实的方法，使他人陷入错误之中，因而损害其财产的"行为，该条规定的诈骗罪的构成要件中包含"使他人陷入错误之中"的条件，而在网络空间环境下，不满足"他人陷入错误之中"的条件，诈骗犯罪人也可能实现为自己或第三人牟利的目的，如操盘手未经客户授权秘密售卖或者买入股票，使自己或第三人买到涨势中的该股票或解套，损害了客户财产利益的，就不能适用第 263 条的规定。《德国刑法典》增设第 263a 条，规定"意图使自己或第三人获得不法财产利益，以对他人的计算机程序做不正确的调整，通过使用不正确的或者不完全的数据，非法使用数据，或其他手段对他人的计算机程序作非法影响，致他人的财产因此遭受到损失的"，设立了计算机诈骗罪，来解决欠缺诈骗罪"使他人陷入错误之中"条件的行为犯罪化问题。
② 《美国法典》第 18 章第 1029 条规定，"明知并有意在一部或更多的虚假访问设备上诈取处理、使用、传输"，或者"未经信用卡成员或其代理人的授权，明知并有意导致或者安排另一人代表该成员或者其代理人，以诈取他人支付的"，是与访问设备相关的诈骗罪。
③ 参见皮勇：《论网络信用卡诈骗罪及其刑事立法》，载《中国刑事法杂志》2003 年第 1 期。

但是，公共信息网络空间与中国现行刑法规定的"公共场所"性质不同。现行刑法共有 7 条使用了"公共场所"的表述，① 从相关犯罪的立法时间和社会环境以及罪状描述来看，以上"公共场所"都必须是人身、财物在场情况下的公共场所，相关犯罪对人身、财产安全有直接侵害的危险，才使其达到应受刑罚处罚的严重危害程度。2013 年 9 月"两高"颁布的《关于办理利用信息网络实施诽谤等刑事案件适用法律若干问题的解释》(以下简称《网络诽谤解释》)第 5 条第 2 款将信息网络认定为刑法第 293 条第 1 款第(四)项规定的"公共场所"②，实际上是对传统物态社会环境下设立的、由原流氓罪分解出来的寻衅滋事罪的物态"公共场所"进行扩张解释③，扩大到纯粹信息交流性质的、无侵害人身、财产危险的公共信息网络空间，实质上是创设了扰乱信息网络秩序罪。

---

① 刑法第 120 条之五(强制穿戴宣扬恐怖主义、极端主义服饰、标志罪)、第 130 条(非法携带枪支、弹药、管制刀具、危险物品危及公共安全罪)、第 236 条(强奸罪)、第 237 条(强制猥亵、侮辱罪、猥亵儿童罪)、第 291 条第 1 款(聚众扰乱公共场所秩序、交通秩序罪)、第 292 条(聚众斗殴罪)、第 293 条(寻衅滋事罪)中使用了"公共场所"，但是这些法条规定的危害行为不可能在网络空间中实施。

② 2013 年 9 月颁布的《最高人民法院最高人民检察院关于办理利用信息网络实施诽谤等刑事案件适用法律若干问题的解释》第 5 条第 2 款规定，"编造虚假信息，或者明知是编造的虚假信息，在信息网络上散布，或者组织、指使人员在信息网络上散布，起哄闹事，造成公共秩序严重混乱的，依照刑法第二百九十三条第一款第(四)项的规定，以寻衅滋事罪定罪处罚。"刑法第 293 条规定，"有下列寻衅滋事行为之一，破坏社会秩序的，处五年以下有期徒刑、拘役或者管制：……(四)在公共场所起哄闹事，造成公共场所秩序严重混乱的。"前述解释将刑法第 293 条规定中的"公共场所秩序"偷换为"公共秩序"，将信息网络认定为公共场所，不仅没有考虑部分信息网络属于非公开性空间，不符合公共场所的"公共性"特征，也将寻衅滋事罪所特有的威胁人身、财产安全的在场性空间扩大到不具有以上特性的信息交流空间。

③ 2013 年 7 月《最高人民法院、最高人民检察院关于办理寻衅滋事刑事案件适用法律若干问题的解释》第 5 条列举的公共场所的性质和其他评价因素都推导不出可以扩展到公共信息网络空间，学者们对公共信息网络空间是否属于刑法第 293 条第(四)项规定的"公共场所"存在对立观点，有学者以公共信息网络空间具有公共性和公开性即符合前述"公共场所"的特性，而其他学者则提出公共信息网络空间不具有公共场所的"物理空间属性"，将其区别于前述"公共场所"。参见赵远：《"秦火火"网络造谣案的法理问题研析》，载《法学》2014 年第 7 期；孙万怀、卢恒飞：《刑法应当理性应对网络谣言——对网络造谣司法解释的实证评估》，载《法学》2013 年第 11 期；姜峰：《"秦火火"案如何大快人心》，载《浙江社会科学》2015 年第 4 期。

从社会效果看，以上解释使寻衅滋事罪成为打击网上编造、散布虚假信息的行为的"利剑"和以刑法手段管制网络空间信息的"口袋罪"。按照该解释规定，认定该罪的关键是信息是否虚假，当信息真假难辨时，掌握信息真实性认定权力者掌握着对信息发布者施用刑罚的权力，前述解释的消极后果显而易见。揭穿谎言的最佳武器是事实真相，及时调查和公布事实真相，更能消除虚假信息的危害。在紧急情况下需要及时控制虚假信息传播时，及时进行互联网信息管制，事后追究虚假信息传播者的民事或者行政法律责任，足以消除虚假信息网上传播的危害，而采取入罪的方法反而会造成"以刑封口""弄假成真"的恶劣社会影响。如果有必要对故意在信息网络上散布虚假信息、情节严重的行为追究刑事责任，也应当通过立法程序将刑法第 291 条之一第 2 款规定的故意传播虚假危急信息罪的犯罪对象扩展为可能扰乱社会公共秩序的其他虚假信息，而不是对寻衅滋事罪的犯罪场所进行超越构成要件性质的扩张解释。

除了犯罪对象和犯罪场所，对于其他构成要件如新的危害性行为也不应进行超越构成要件性质的扩张性解释，而必须通过制定新的犯罪立法予以解决。如《欧洲理事会关于网络犯罪的公约》第 9 条要求缔约国处罚计算机相关儿童色情犯罪①，该条既规定了传统儿童色情犯罪行为的网络化形式，如利用计算机制作、分发、提供儿童色情材料，也规定了传统行为不能涵盖的新的危害行为，如通过计算机使他人可以获得、利用计算机获取、在计算机信息系统上存储儿童色情材料，后者行为不可能由前者行为合法解释得出，只能通过制定新的犯罪立法来解决。同样，对于超出中国刑法中传统犯罪的危害行为构成要件属性的新的危害性行为，也只能通过修改立法或者制定新的犯罪立法来解决。

(二) 兼有利用与侵犯计算机信息系统犯罪的刑法规制

兼有利用与侵犯计算机信息系统犯罪表现为，行为人既实施了侵犯计算机数据和信息系统安全的行为，又利用被侵犯的计算机数据和信息系统实施了传统犯罪的危害行为。中国刑法第 287 条规定，"利用计算机实施金融诈骗、盗

---

① 《网络犯罪公约》第 9 条规定了计算机相关的儿童色情，该条是对联合国、欧洲理事会、欧洲委员会等国际组织关于保护儿童权利的有关法律文件的响应，在大多数国家已经规定了传统形式的儿童色情犯罪的情况下，为了打击网络应用环境下新形式的网络儿童色情犯罪所作的国际法律文件回应(See Convention on Cybercrime of Europe of 23. 11. 2001 (ETS No. 185)，Explanatory Report，No. 91-105)。

窃、贪污、挪用公款、窃取国家秘密或者其他犯罪的，依照本法有关规定定罪处罚。"与单纯利用计算机信息系统的传统犯罪网络化不同的是，兼有利用与侵犯型传统犯罪网络化不仅同样存在前文分析的刑法适用问题，还可能因为出现的复杂情形，出现侵犯计算机信息系统安全犯罪与传统犯罪构成数罪、牵连犯、犯罪竞合、不成立犯罪等多种关系的判断，涉及相关犯罪的构成要件的理解和不同罪名的选择适用。对于后者问题，根据侵犯计算机数据和信息系统安全的行为本身是否已经成立犯罪和后续传统犯罪行为网络化是否可以适用现行刑法规定，此类犯罪分为四种情形：

（1）前者行为构成犯罪，后者行为也构成犯罪，应按照牵连犯或者数罪定罪处罚。例如，行为人非法侵入国防建设计算机信息系统，窃取其中的军事秘密齐备非法获取军事秘密罪的构成条件的，构成非法侵入计算机信息系统罪和非法获取军事秘密罪的牵连犯。又如，行为人非法侵入某银行的信用卡信息管理相关计算机信息系统，复制其中的大量信用卡信息后，删除、修改该系统的数据和程序，导致其长时间不能正常运行的，非法侵入行为是后续的窃取信用卡信息、破坏计算机信息系统行为的中间阶段行为，后二者犯罪之间不具有牵连关系①，构成破坏计算机信息系统罪和窃取信用卡信息罪，应按数罪定罪处罚。在这类案件中，侵犯特定计算机信息系统安全的行为本身成立犯罪，传统犯罪造成的危害后果不是其成立犯罪的条件。

（2）前者行为构成犯罪，后者行为不构成犯罪，应按前者行为定罪处罚。例如，行为人非法侵入国家事务计算机信息系统，查看其中的不属于国家秘密的非公开信息，后者行为不构成犯罪，而前者行为构成非法侵入计算机信息系统罪，应按非法侵入计算机信息系统罪定罪，非法获取非公开信息的行为作为量刑情节。

（3）前者行为不构成犯罪，后者行为构成犯罪，应按后者行为定罪处罚。例如，行为人利用非法获取的他人支付宝账号密码，登录阿里巴巴公司的支付宝客服终端，向自己的账户中转款5千元的。这里的冒用他人账户密码使用支付宝网络系统的，后续的转款操作是否属于破坏计算机信息系统，所造成被害人5千元财产损失是否属于造成计算机信息系统不能正常运行、后果严重？如果做肯定的回答，其行为可能构成破坏计算机信息系统罪。但是，从技术层面

---

① 参见吴振兴：《罪数形态论》，中国检察出版社2006年版，第289~296页。

分析，以上计算机信息系统的核验账户、转账处理都处于正常运行状态，没有侵犯计算机信息系统本身的安全，刑法第 286 条所规定的"'后果严重'之含义必须包含对计算机信息系统本身的影响"①，因此，不应将其认定为破坏计算机信息系统罪。计算机信息系统只是充当了行为人非法窃取他人财产的工具，应认定为盗窃罪。如果将侵犯计算机信息系统安全扩大理解包含未经授权的利用行为，利用计算机信息系统实施的传统犯罪所造成的后果，如前述盗窃的财产，被视为造成计算机信息系统不能正常运行的严重后果，那么，侵犯计算机信息系统犯罪将与非法利用计算机信息系统实施的各种传统犯罪形成竞合关系，最终适用更重的破坏计算机信息系统罪，使侵犯计算机信息系统犯罪特别是破坏计算机信息系统罪成为兜底罪名和新的"口袋罪"②，不符合罪刑法定原则和刑法的谦抑性。

（4）前者行为不构成犯罪，后者行为也不构成犯罪，不应认定为犯罪。例如，行为人利用偷窥得到的他人游戏账户密码登录某网络游戏系统，将其从黑市上花巨资购买的网络游戏装备丢弃，而自己的游戏角色乘机捡拾的，按照前文分析，其行为不构成破坏计算机信息系统罪。同时，被害人的财产在其购买游戏装备时已经自愿放弃，行为人获取的只是其游戏装备而非其财产，按照前文分析，行为人丢弃并捡拾他人网络游戏装备的行为也不构成盗窃罪。如果行为人是为了出售该网络游戏装备而实施前述行为，获得数量较大的非法收入的，可以按照前文分析路径探讨其应当承担的刑事责任。

四、妨害信息网络管理秩序行为的合理刑法规制

当前网络服务业蓬勃发展，促成了网络空间的实在化发展，与此同时，网络服务相关新型网络违法犯罪活动迅速增长，严重扰乱信息网络空间秩序，给社会造成严重危害。新型网络犯罪不同于直接侵犯计算机信息系统安全或其他传统法益的传统网络犯罪，表现为利用信息网络大量实施低危害性行为，累积的危害后果或危险已达到应处刑罚的严重程度。新型网络犯罪使惩治网络犯罪

---

①　俞小海：《破坏计算机信息系统罪之司法实践分析与规范含义重构》，载《交大法学》2015 年第 3 期。

②　参见于志刚：《口袋罪的时代变迁、当前乱象与消减思路》，载《法学家》2013 年第 3 期。

难度更大，遏制网络犯罪必须打击新型网络犯罪，《中华人民共和国刑法修正案(九)》(以下简称"刑法修正案(九)")增设了拒不履行信息网络安全管理义务罪、非法利用信息网络罪和帮助信息网络犯罪活动罪，这三种新型网络犯罪在国外立法中没有相关规定，属于典型的本土化网络犯罪。该三罪具有"积量构罪"构造，危害行为的边界宽泛，情节要件弹性大，不便把握定罪量刑标准，司法适用率低①，没有实现有效遏制新型网络犯罪的立法目的。有学者试图以实质预备犯②、帮助犯的正犯化等理论来解决以上立法与司法问题③，也有学者对立法持否定态度④，以上观点值得商榷，但有必要检视新型网络犯罪立法，探索合理的司法规则。

(一) 以传统刑法理论解释新型网络犯罪立法的困境

关于新型网络犯罪立法的正当性和合理适用限度，有学者依据传统犯罪理论进行解释或者批判，相关评述如下。

1. 非法利用信息网络罪立法的实质预备犯解释

有学者认为非法利用信息网络罪是实质预备犯⑤，这些观点至少在以下方面难以自洽：

首先，不满足实质预备犯的下游实行犯条件。无论形式预备犯和实质预备

---

① 笔者在中国裁判文书网、无讼网、北大法宝上进行案例检索，发现从 2015 年 11 月 1 日"刑法修正案(九)"生效至 2018 年 5 月 1 日共 2 年 6 个月时间里，全国范围内的新型网络犯罪案件总数为 93 件，各罪的实际判决数极低。其中，以拒不履行信息网络安全管理义务罪判决的案件数为零，以帮助信息网络犯罪活动罪判决的案件 11 件，以非法利用信息网络罪判决的案件 34 件。

② 参见阎二鹏：《预备行为实行化的法教义学审视与重构——基于〈中华人民共和国刑法修正案(九)〉的思考》，载《法商研究》2016 年第 5 期。

③ 参见于志刚：《共犯行为正犯化的立法探索与理论梳理——以"帮助信息网络犯罪活动罪"立法定位为角度的分析》，载《法律科学》2017 年第 3 期。

④ 参见张明楷：《论帮助信息网络犯罪活动罪》，载《政治与法律》2016 年第 2 期；刘艳红：《网络犯罪帮助行为正犯化之批判》，载《法商研究》2016 年第 3 期。两文都否定帮助信息网络犯罪活动罪立法的必要性。

⑤ 参见海松：《网络犯罪的立法扩张与司法适用》，载《法律适用》2016 年第 9 期；全国人大常委会法工委刑法室：《〈中华人民共和国刑法修正案(九)〉释解与适用》，人民法院出版社 2015 年版，第 157~158 页；阎二鹏：《预备行为实行化的法教义学审视与重构——基于〈中华人民共和国刑法修正案(九)〉的思考》，载《法商研究》2016 年第 5 期。

犯都要求下游行为只能是犯罪，目的是为了及早预防能造成严重危害的下游犯罪，如果下游行为只是一般违法行为，设立实质预备犯就缺乏必要性和合理性。非法利用信息网络罪不符合预备犯的特征：（1）不符合预备犯的主观违法要件要素条件。该罪规定了三项危害行为，其主观违法要素指向的目的行为都包含"违法活动"，这与预备犯是"为了犯罪"不相符；（2）该罪行为并非都对下游行为发挥预备作用。该罪第二项行为中的"发布有关制作违禁物品、管制物品"行为在客观上不具有"准备工具、制造条件"的作用，如果是为了使他人学会制作以上物品，则不是预备犯而可能是其他犯罪；第二项行为中的"发布销售以上物品的违法信息"行为和第三项行为中的"为实施诈骗活动发布信息"属于"销售"的"着手"和诈骗罪的"着手"或初期行为，而非预备行为。

其次，不具有侵害重大法益的抽象危险。我国刑法规定了犯罪预备和预备犯的处罚原则，司法实践中并未普遍处罚犯罪预备行为。有学者认为，普遍处罚预备犯缺乏正当性、必要性、可操作性和实效性，行为具有"侵犯重大法益的抽象危险"是处罚预备犯的必要条件，也是设置实质预备犯的前提条件。①笔者认同以上观点。非法利用信息网络罪不具有侵犯重大法益的抽象危险，理由是：（1）该罪被规定在"妨害社会管理秩序罪"一章的"扰乱公共秩序罪"中，公共秩序的种类繁多，并非各类公共秩序都属于重大法益。非法利用信息网络侵犯的是信息网络安全管理秩序，并非都属于"重大法益"，如设立"人肉搜索"的通信群组就难以评价为侵犯重大法益；（2）实质预备犯侵犯的重大法益只能通过下游行为间接侵犯，非法利用信息网络罪行为的下游行为侵犯的不都是"重大法益"，如诈骗行为只有针对数额巨大的公私财产时侵犯的才是重大法益，将该罪整体上解释为实质预备犯不恰当。

再次，不能解释情节要件的必要性。抽象危险犯的构造不同于结果犯和具体危险犯，不需要达到"情节严重"。非法利用信息网络罪是典型的情节犯，"情节严重"以外的构成要件还不足以使危害行为达到应受刑罚处罚的程度②，需要情节要件发挥补充可罚性的作用，补足罪行的刑罚可罚性的"量"，使之达到成立犯罪的"质"，因而不是实质预备犯。

---

① 参见梁根林：《预备犯普遍处罚原则的困境与突围——〈刑法〉第 22 条的解读与重构》，载《中国法学》2011 年第 2 期。

② 参见张明楷：《刑法分则的解释原理》，中国人民大学出版社 2004 年版，第 226 页。

2. 帮助信息网络犯罪活动罪的帮助犯解释

有学者认为帮助信息网络犯罪活动罪只是帮助犯的特殊量刑规则，或者认为是帮助犯的正犯化，笔者不同意这两种观点。

首先，帮助信息网络犯罪活动罪不是帮助犯的量刑规则。有学者认为，"我国刑法第287条之二所规定的帮助信息网络犯罪活动罪，并不是帮助犯的正犯化，只是帮助犯的量刑规则"①，适用该条规定必须符合共同犯罪的构成条件。笔者认为，从罪刑单元的结构看，该罪设置了独立的法定刑，不受下游犯罪法定刑的影响，不可能是下游犯罪的帮助犯的量刑规则。而且，如果按照这种观点，该罪的立法目的将会落空，理由是：如果对该罪主体按照帮助犯处罚，其刑事责任要依附于对实行犯的查证和责任追究，而在网络犯罪产业链化态势下，"被帮助的正犯作为犯罪行为的直接实行行为人，不仅服务器可能设置在境外，而且其人可能也躲避在境外。因此，对网络共同犯罪进行刑事归责时，经常面临提供网络服务的帮助犯被追诉而正犯却逍遥法外的困境"②，难以将帮助者认定为帮助犯。按其他犯罪处理也往往缺乏事实和法律依据。而且，该观点没有反映该罪行为的独立性。该观点依据的是传统共同犯罪理论，它建立在"一人对一人"或者"一人对少数人"传统物态社会活动基础上，受人力物力成本的限制，帮助犯的帮助对象数有限。而在网络社会环境中，计算机、互联网技术应用的自动信息处理、低成本、高效便捷的特性，造就了"一人服务于人人、人人服务于一人"的新社会行为样态，利用信息网络的帮助行为突破了传统行为的成本和效率限制，能够为众多下游网络犯罪提供技术支持，并牟取自身独立的经济利益，具有不同于帮助犯的独立性。从犯罪作用上看，"网络空间中某些犯罪的帮助行为的社会危害性已经远远超过了实行行为的危害性"③，这种比实行行为更严重的社会危害性不可能为从属性行为所具有，只能是其自身已具有的独立犯罪性质。最后，该观点不能解释情节要件的必要性。按照我国刑法总则的规定，构成帮助犯无需"情节严重"，只要不是"情节显著轻微危害不大"，可以成立帮助犯。而"情节严重"是帮助信息网络犯罪活动罪的构成要件，将帮助信息网络犯罪活动罪解释为帮助犯，不能说明

---

① 张明楷：《论帮助利用信息网络犯罪活动罪》，载《政治与法律》2016年第2期。

② 梁根林：《传统犯罪网络化：归责障碍、刑法应对与教义限缩》，载《法学》2017年第2期。

③ 于志刚：《论共同犯罪的网络异化》，载《人民论坛》2010年第29期。

该罪情节要件的必要性。

其次，帮助信息网络犯罪活动罪是独立犯罪而非帮助犯的正犯化。有学者认为，该罪立法是帮助犯的正犯化①，笔者不同意这种观点，理由是：（1）该观点认为帮助犯也可以具有独立性，而根据我国刑法的规定，仅教唆犯具有从属性和独立性的双重属性，其论述缺乏法律依据和刑法理论支撑；（2）该观点没有摆脱传统帮助犯的认知桎梏，还会制造犯罪立法与帮助犯理论的矛盾，因为该罪立法"弱化了正犯责任应有的独立性，也造成了正犯责任和片面共犯责任的适用冲突，一旦通过总则性司法解释将片面共犯全面引入后，帮助利用信息网络犯罪活动罪就会被空置"②；（3）帮助犯的正犯化在刑事责任上具有从属性。如果将该罪仍定位为帮助犯，按照刑法总则关于从犯责任的规定，其刑事责任必然要从属于正犯，与其主张的犯罪的独立性相互矛盾，既然认可帮助行为在犯罪链活动中起主要作用、是核心的犯罪行为，没有理由不对其刑事责任进行独立评价。符合帮助犯特征的犯罪并非都是帮助犯的正犯化，还要看该犯罪在犯罪生态中是否具有独立地位，以及立法是否对其规定了独立、完整的罪刑单元，如果是，没有理由强作帮助犯认定。我国刑法中具有帮助性质的犯罪较多，如运输毒品罪、提供非法侵入、非法控制计算机信息系统的程序、工具罪等，由于其自身在犯罪产业链条中的独立性，被立法设立为有严重危害性的独立犯罪并规定了包含轻重档次的法定刑。帮助利用信息网络犯罪活动罪在客观实际上和刑法立法上都具有独立地位，应破除其帮助犯性质的认识，按照独立犯罪认定，对于情节特别严重的，应设立更高档次的法定刑。

3. 对拒不履行信息网络安全管理义务罪和帮助信息网络犯罪活动罪的批判

有学者认为："网络服务提供者并不属于国家职能部门，从事的都是商事经营活动，那么，从正当性的角度讲，就难以当然认为其在刑法上负有信息网络安全管理义务和预防他人实施违法犯罪活动的义务。"只是因为"国家基于维护网络信息安全的政策考量，强制施与网络服务提供者刑法上的管理义务，以

---

① 参见陆旭：《网络服务提供者的刑事责任及展开——兼评〈刑法修正案（九）〉的相关规定》，载《法治研究》2015 年第 6 期。

② 于志刚：《网络空间中犯罪帮助行为的制裁体系与完善思路》，载《中国法学》2016年第 2 期。

促使网络服务提供者积极参与信息网络安全，这显然是预防刑法的逻辑"①。还有学者认为网络服务提供者"只具备中立义务"②，并以中立的帮助行为理论批判拒不履行信息网络安全管理义务罪和帮助信息网络犯罪活动罪立法。③ 笔者认为，以上批判立法的观点既没有法律依据，也不符合网络社会及网络犯罪发展的实际，理由如下。

网络服务提供者应当承担、实际依法承担着信息网络安全管理义务。从网络服务提供者的社会地位和作用上分析，它是网络社会生态环境的主要创建者、网络活动规则的主要制定者，与包括违法犯罪者在内的服务接受者共生互利，有责任向社会提供安全、便捷的服务。当前网络违法犯罪数量巨大且具有跨区域性，仅靠以条块架构组织起来的传统国家管理部门难以管控，只有网络服务提供者才能及时、直接管控网络违法犯罪活动，应当是"网络社会重要的组织力量，对维护网络信息安全负有重要社会责任"④。如果不要求其承担必要的安全管理义务，其社会作用实际上偏向于网络违法犯罪，在法理上网络服务提供者不应当"中立"。目前信息发达国家普遍对网络服务提供者设立信息网络安全管理义务，并有外国立法对网络服务提供者不履行网络安全管理义务行为规定了刑罚，我国法律和行政法规也对网络服务提供者规定了 7 类信息网络安全管理义务。⑤

帮助信息网络犯罪活动罪的危害行为不属于中立帮助行为。网络服务提供者能以帮助信息网络犯罪活动罪定罪处罚，并非仅因其不履行信息网络安全管理义务，而是其客观上帮助了他人犯罪，主观上明知他人犯罪而故意提供技术支持和帮助，具有积极加功的认识和决意。即使行为人是出于自身谋利的目的，不是积极追求帮助支持他人犯罪，也对帮助支持他人犯罪持接受的立场，而不是非促进的放任或反对心态。该罪主体是一般主体，任何单位和个人实施该罪都应依法追责，网络服务提供者的身份或业务活动性质不是阻却其刑事责任的理由，作为信息网络安全管理义务的承担者，它们能更明确地认识相关禁

① 何荣功：《预防刑法的扩张及其限度》，载《法学研究》2017 年第 4 期。
② 刘艳红：《网络时代言论自由的刑法边界》，载《中国社会科学》2016 年第 10 期。
③ 参见刘艳红：《网络犯罪帮助行为正犯化之批判》，载《法商研究》2016 年第 3 期。
④ 李源粒：《网络安全与平台服务商的刑事责任》，载《法学论坛》2014 年第 6 期。
⑤ 参见皮勇：《论网络服务提供者的管理义务及刑事责任》，载《法商研究》2017 年第 5 期。

止性法律规范，却故意实施该罪行为，理应从重处罚。

（二）我国新型网络犯罪立法的原理及司法反馈

新型网络犯罪是网络犯罪的新发展，网络犯罪的新治理策略要求对网络犯罪整体进行全过程、系统化治理，新型网络犯罪立法回应了当前遏制网络犯罪的迫切需要，为信息网络安全管理秩序提供刑法保护。

1. 新型网络犯罪立法的背景

随着网络社会的发展，当前网络犯罪已经与"网络空间的社会化"同步发展为"社会化的网络犯罪"，除了电子化、全球化、高技术性，网络犯罪还表现出网络犯罪族群化社会化、新型网络犯罪独立化产业化、"微网络犯罪"化特征。新型网络犯罪衍生出"海量行为×微量损失"和"海量行为×低量损害"两种新行为样态。前者是利用互联网应用的广泛联络和近于零的成本特性，对不特定的海量公众进行尝试性侵害，虽然犯罪成功率很低且只对部分个体造成微量损失，但实际被害人数量巨大，累积危害后果严重；后者为新型网络犯罪所特有，单次危害行为的社会危险性低，通过利用信息网络大量实施，累积危害达到严重程度。这两类"微网络犯罪"过去被认为只是一般的网络违法行为，随着网络空间的社会化发展，它们对网络犯罪整体的作用越来越大，社会危害越来越严重。

原有网络犯罪立法落后于网络犯罪的发展①，案件办案难度大，惩治网络犯罪的效果不佳。首先，原有网络犯罪立法适用困难，难以有效遏制新型网络犯罪。当前网络犯罪跨地区跨境作案常态化，相当一部分犯罪的主犯及其违法所得隐匿于境外，或者难以发现其踪迹，抓获的犯罪人多为起次要作用的境内"外围"犯罪人，由于主犯不到案、危害后果未查明等原因，最终追究刑事责任的较少。其次，以传统犯罪理论为指导的网络犯罪司法规则不合理、效果不佳。司法解释仅规定，为他人实施赌博、传播淫秽电子信息犯罪提供互联网接入、服务器托管、投放广告、资金支付结算等服务的，按共同犯罪论处或直接

---

① 在《中华人民共和国刑法修正案（九）》增设前述新型网络犯罪以前，网络犯罪立法有刑法第 285 条、第 286 条、第 287 条以及《中华人民共和国全国人民代表大会常务委员会关于维护互联网安全的决定》，立法目标是保护计算机信息系统安全和打击利用计算机、互联网实施的传统犯罪，在用于处罚新型网络犯罪时遇到前文谈到的困难。

认定为实行犯①，无论按以上哪种方式处理，要么会遇到实际办案困难，要么与客观事实相违背。而且，以上司法解释具有"定向性"，没有对新型网络犯罪制定统一的处理标准②，没有客观反映其独立性和严重危害性。

为了应对网络犯罪的新发展、充分发挥刑法打击网络犯罪的作用，我国改变网络犯罪的治理策略，对其进行全过程、系统化惩治：(1)针对新网络犯罪族群化、社会化态势，我国把治理网络犯罪的生存环境、打击其关联违法行为作为重要目标，力求掘除助长其滋生的"社会土壤"，惩治为其提供支持帮助的行为，切断网络犯罪族群的黑产业链联系，对网络犯罪"打早打小"，将严重犯罪遏止在萌芽阶段。③ 非法利用信息网络罪立法的目的是对网络犯罪"打早打小"，帮助信息网络犯罪活动罪立法是为了阻断对网络犯罪的支持帮助，拒不履行信息网络安全管理义务罪立法是为了使网络服务提供者履行信息网络安全协助管理义务，共同营造有利于遏制网络犯罪的安全网络空间；(2)针对新型网络犯罪的独立化特点，新型网络犯罪被赋予独立犯罪的地位，不再附属于其他网络犯罪，解决了前述困扰案件办理的定罪问题，客观反映了新型网络犯罪的实际危害；(3)针对网络犯罪的"微犯罪"形式，新型网络犯罪立法适用范围设置得较宽，处罚的行为范围广、门槛低，能规制更多的新形式网络犯罪行为，同时，通过限定"利用信息网络实施"的犯罪方法突出其积累危害后果的特点，通过情节要件将犯罪圈限制在正当的范围内。

网络犯罪的新治理策略是对网络犯罪新发展的必要回应，新型网络犯罪立法是新治理策略的法制化，对其解释不应脱离以上背景。新型网络犯罪立法不是盲目地扩大网络犯罪圈，而是适应网络犯罪新发展的必要刑法应对，唯此才

---

① 参见 2010 年 8 月颁布的《最高人民法院、最高人民检察院、公安部关于办理网络赌博犯罪案件适用法律若干问题的意见》第 2 条、2004 年 9 月颁布的《最高人民法院、最高人民检察院关于办理利用互联网、移动通信终端、声讯台制作、复制、出版、贩卖、传播淫秽电子信息刑事案件具体应用法律若干问题的解释》第 7 条、2010 年 2 月颁布的《最高人民法院、最高人民检察院关于办理利用互联网、移动通信终端、声讯台制作、复制、出版、贩卖、传播淫秽电子信息刑事案件具体应用法律若干问题的解释(二)》第 4 条至第 7 条。

② 参见于志刚：《网络空间中犯罪帮助行为的制裁体系与完善思路》，载《中国法学》2016 年第 2 期。

③ 参见《如何规制新型网络安全犯罪》，人民网，http://legal.people.com.cn/n1/2017/0921/c42510-29549677.html，发布时间：2017 年 9 月 21 日，访问时间：2018 年 7 月 21。

能遏制网络犯罪泛滥的态势，保护国家利益、社会安全和公众的合法利益，其立法必要性是其正当性的基石。

2. 新型网络犯罪的罪行构造

新型网络犯罪是独立的妨害信息网络安全管理秩序罪。信息网络安全管理秩序是公共秩序的新组成部分，保护信息网络安全管理秩序是刑法的新任务。新型网络犯罪设在"妨害社会管理秩序罪"章的"扰乱公共秩序罪"一节中，"利用信息网络"是法定的犯罪方法，表明其侵犯的法益是信息网络安全管理秩序，这种独立的犯罪地位不仅有法律依据，也有前述事实基础。

新型网络犯罪是具有"积量构罪"特征的正当性立法。我国刑法规定的犯罪绝大部分采取"单量构罪"结构，罪状描述的是单次危害行为引起一个严重危害后果或重大危险。也有少数犯罪规定的危害行为是多次实施、造成多个危害结果，但危害行为的实施次数通常不特别大，且以直接侵害法益为特征，如多次盗窃、多次受贿、常习赌博等，在传统犯罪理论中被称为蓄积犯或者累积犯。① 新型网络犯罪的罪行构造与前二者不同，其危害行为的危险基量更低，"积数"远超蓄积犯或累积犯，其罪行构造符合正当性立法要求的原因除了前述立法目的的正当性和立法的必要性，还体现在符合犯罪的实质条件，详述如下。

首先，新型网络犯罪行为在形式上和实质上都符合刑事违法性条件。新型网络犯罪立法规定了具体的危害行为，限定利用信息网络实施并具有严重情节，将应受刑罚处罚行为限定为严重危害行为，使之在形式和实质上符合刑事违法性条件。例如，刑法第 287 条之一规定的"发布违法信息"行为只具有较小的社会危害性，如果仅靠"情节要件"笼统地限制该类行为的入罪范围，难以认为该罪行为具有类型性和限定性。通过限定利用信息网络实施的犯罪方法，以上行为利用计算机、互联网应用的技术特性、在不长的时间内以近零成本大量反复实施，行为的危害量倍增，累积危害达到应受刑罚处罚的程度。因此，分析新型网络犯罪是否符合实质刑事违法性条件，不能只看其低危害量的

---

① 蓄积犯要求单次危害行为具有相当的社会危害性，以常习赌博为例，如果平均每次赌资在 200 元以下，不构成应受治安处罚的赌博行为的，无论参赌次数达到多少次，也不能按照蓄积犯认定为赌博罪。反之，如果实施的是应受治安处罚的赌博行为，不需要赌博次数达到几十次、几百次、几千次，可以按照赌博罪认定。参见黎宏：《论"帮助利用信息网络犯罪活动罪"的性质及其适用》，载《法律适用》2017 年第 21 期。

单次危害行为,而应将其"利用信息网络实施"倍增危害量的特性结合起来评价。

其次,新型网络犯罪的情节要件使之符合刑罚可罚性条件。刑罚可罚性条件主要是限定犯罪行为的社会危害量,我国刑法通过在分则中规定结果犯、危险犯、行为犯、情节犯等犯罪类型,将犯罪的危害量以实害结果、危险结果、严重情节等形式规定在构成要件中,"情节严重""情节恶劣"是典型的情节犯满足刑罚可罚性条件的定量要件,有学者称之为罪量要素。① 新型网络犯罪是典型的情节犯,"情节严重"要件从主客观方面限制成立犯罪的行为范围,其客观方面的限制作用与新型网络犯罪的"积量构罪"构造相适应,其作用是限制危害行为的类型和提高客观因素的"积数",使累积危害量达到应受刑罚处罚的严重程度,进而使网络违法行为"质变"为犯罪行为。

新型网络犯罪行为都具有"积量构罪"构造,但三罪也有一定区别。(1)拒不履行信息网络安全管理义务罪具有消极型"积量构罪"构造。该罪是行政犯、不作为犯和典型的情节犯,该罪主观上不追求引起严重后果,社会危害性低于故意造成严重后果的作为犯,其严重危害后果或者危害事实在多数情况下是在一定时间内累积达到严重程度,其主要的罪行形式采取"积量构罪"构造。(2)非法利用信息网络罪和帮助信息网络犯罪活动罪具有积极型"积量构罪"构造。非法利用信息网络罪和帮助信息网络犯罪活动罪是故意犯罪、典型的情节犯,二者都不能独立引起下游违法犯罪的危害后果,单次危害行为的危害量底限低,具有"海量积数×低量损害"的"积量构罪"罪行构造,其应受刑罚处罚性主要通过"利用信息网络"的犯罪方法和"情节要件"的限制来实现。例如,典型的帮助信息网络犯罪活动罪行为表现为行为人向无关联关系的多人实施轻罪提供帮助,单个帮助行为都属于"情节显著轻微危害不大",整体评价为"情节严重",不能成立帮助犯而只能成立帮助信息网络犯罪活动罪,具有"积量构罪"构造。

3. 新型网络犯罪立法的司法反馈

从 2015 年 11 月 1 日《刑法修正案(九)》生效至 2018 年 5 月 1 日全国新型网络犯罪判决案件总数为 93 件,以各罪起诉、判决的案件数都不高。

1)对以非法利用信息网络罪判决案件的统计分析

---

① 参见陈兴良:《作为犯罪构成要件的罪量要素——立足于中国刑法的探讨》,载《环球法律评论》2003 年第 3 期。

以非法利用信息网络罪判决的案件共 34 件，其中，2015 年 1 件，2016 年 9 件，2017 年 23 件，2018 年 1 件，行为分类统计结果如图 6-1 所示。

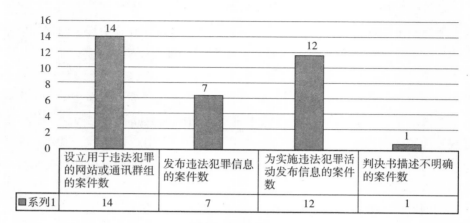

图 6-1　非法利用信息网络罪的案件分类图

分析以上判决书，发现如下特点：（1）判决依据体现了前述"积量构罪"思路。评价该罪的"情节严重"时，下游违法犯罪活动的性质是影响危害行为的危害基量的重要因素，也影响到成立犯罪必需的"积数"条件，下游违法行为有扩大化趋势。（2）为自己和为他人实施下游违法犯罪都是该罪犯罪人的行为目的，且后者情况占大多数。① 前述对该罪作实质预备犯解读不符合案件处理实际，如果按照实质预备犯定性处理，以上大部分判决生效的案件是错案，因为预备犯是为自己或者共同犯罪人准备工具或创造条件。（3）该罪行为与帮助信息网络犯罪活动罪的行为部分竞合。存在将同案中的犯罪人分别判处以上两罪的判决②，统计分析判决书的规律是，如果犯罪人明知下游违法犯罪的内容，并专门为其实施本身不可能独立、合法地存在的行为的，大多认定为该罪，否则认定为帮助信息网络犯罪活动罪。（4）对于犯罪人概括认识或具体认识下游违法犯罪的内容的，定罪标准不统一。绝大部分判决书将概括认识下游

---

① 参见安徽省桐城市人民法院刑事判决书（2017）皖 0881 刑初 100 号、福建省龙岩市新罗区人民法院刑事判决书（2017）闽 0802 刑初 422 号、福建省宁德市蕉城区人民法院刑事判决书（2017）闽 0902 刑初 432 号、北京市海淀区人民法院刑事判决书（2016）京 0108 刑初 2019 号。

② 参见成都市双流区人民法院刑事判决书（2017）川 0116 刑初 581 号。

违法犯罪内容的按照该罪定罪处罚，个别案件将以上两种明知情形都认定为帮助犯。①

2）对以帮助信息网络犯罪活动罪判决案件的统计分析

以帮助信息网络犯罪活动罪判决的案件共 11 件，其中，2015 年 2 件，2016 年 4 件，2017 年 5 件。根据犯罪人的主观心态将以上案件分为 4 类：A. 帮助者明知下游犯罪的具体情况并有双向意思联络的；仅概括认识下游犯罪内容的分为 3 种情形，其中：B. 下游犯罪人为 1 人且下游犯罪严重的；C. 下游犯罪人为多人，部分下游犯罪严重，相应的单次帮助行为可成立犯罪的；D. 下游犯罪人为多人，各下游犯罪构成轻罪，单次帮助行为都不成立犯罪的。分类统计结果如图 6-2 所示。

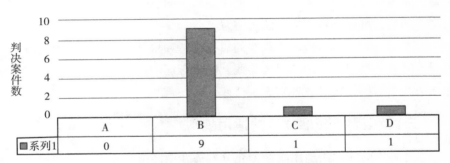

图 6-2　帮助信息网络犯罪活动罪的案件分类图

分析结论如下：（1）A 类案件数为零，B 类和 C 类案件数量之和为 10 件，表明以上判决大部分区别对待该罪与典型的帮助犯。② B 类和 C 类案件中的下游犯罪都构成严重犯罪，这是影响帮助者成立该罪的重要因素；（2）D 类案件仅 1 件，说明司法实践中较少对具有"积量构罪"构造的行为按该罪处理③，反映了司法机关不易接受以上定罪思路，在审判或其他刑事诉讼环节"过滤"了此类案件。以上数据说明，该罪已经成为不同于帮助犯的独立适用犯罪，由

①　浙江省金华市中级人民法院刑事判决书（2016）浙 07 刑再 11 号、常州市金坛区人民法院刑事判决书（2016）苏 0482 刑初 576 号。

②　这里的典型的帮助犯，是指帮助者明知他人犯罪的具体内容并与之有双向的犯罪意思联络的共犯。

③　参见江西省吉安县人民法院刑事判决书（2015）吉刑初字第 204 号。

"单量构罪"和"积量构罪"两种罪行构造，后者的适用率不高，需要司法机关给予重视，否则可能放纵利用信息网络实施的"蚂蚁搬家"式犯罪及为其提供技术支持和帮助的犯罪行为。以该罪判决的案件数低，表明司法机关对该罪的适用存在顾虑。

3）对拒不履行信息网络安全管理安全罪立法适用状况的分析

迄今查不到以拒不履行信息网络安全管理义务罪判决的案件，表明该罪没有被适用或者极少适用。当前网络服务行业蓬勃发展，不可能完全没有符合该罪构成要件的行为发生，出现以上情形的原因通常是成立犯罪的门槛过高，但是，该罪规定的信息网络安全管理义务、情节等要素弹性较大，入罪门槛只可能偏低，如有学者批评该罪是处罚中立帮助行为。① 笔者认为，其主要原因应该是该罪构成要件边界不清、司法适用规则不明以及实际操作困难，如果不解决这些问题，可能导致该罪立法的空置。

以上司法问题与新型网络犯罪的罪行构造和缺乏明确的司法规则有关，应当深入研究该类犯罪立法与司法实践，制定合理的适用规则，避免新型网络犯罪立法的不当扩张适用或者空置。

（三）新型网络犯罪立法的适用规则

为了解决前述司法适用问题，充分发挥新型网络犯罪立法的功效，应根据新型网络犯罪的立法目的及其特殊的罪行构造，规定合理司法适用原则和操作规范。

1. 适用原则

新型网络犯罪立法的适用应坚持独立适用和符合实质正当性两项原则。

坚持独立适用原则要求该罪司法注意以下几点：（1）新型网络犯罪是扰乱公共秩序罪中的妨害信息网络安全管理秩序罪。该罪的主要客体是公共法益而非个体法益，不能因为其主要与侵犯财产犯罪如诈骗罪关系紧密，就将其认定为侵犯财产罪等犯罪的帮助犯，只有坚持其侵犯公共法益的犯罪性质，才能使该罪司法符合立法目的；（2）隔断违法犯罪活动之间的联系独立评价新型网络犯罪行为。新型网络犯罪在事实和立法上都具有独立性，不应因其对其他犯罪

---

① 参见刘艳红：《无罪的快播与有罪的思维——"快播案"有罪论之反思与批判》，载《政治与法律》2016 年第 12 期。

有预备、未遂、帮助行为性质，就一概认定为相关犯罪的未完成形态或者共同犯罪形态，应隔断其与其他犯罪的联系进行独立评价；（3）处理好新型网络犯罪与相似犯罪的关系。新型网络犯罪的罪行构造类似预备犯、未遂犯、帮助犯，该类犯罪之间也有竞合，应根据刑法的规定及该类犯罪的立法目的把握区别适用的标准。对于符合典型的帮助犯特征的，一般认定为相应犯罪的帮助犯，除非按照帮助信息网络犯罪活动罪处罚更重。如果行为人仅概括认识下游违法犯罪活动内容，一般情况下认定为非法利用信息网络罪或帮助信息网络犯罪活动罪。以上处理规则也适用于按预备犯或未遂犯处理的情形。如果犯罪行为由话费、游戏点卡充值、回收网站等可以独立、合法存在的服务提供者实施，一般认定为帮助信息网络犯罪活动罪。

坚持实质正当性原则要求该罪司法应注意以下几点：（1）对构成要件要素进行类型化、限定性解释。新型网络犯罪立法使用了"违法犯罪""违禁物品""违法信息大量传播""情节严重"等用语，边界不清晰，行为的社会危害性底限过低，需要对相关构成要件要素进行合理的类型化和缩限解释；（2）将犯罪圈控制在应受刑罚处罚的行为范围内。新型网络犯罪是典型的情节犯，情节要件使犯罪边界富有扩张力，容易将一般网络违法行为认定为犯罪。司法机关在认定该类犯罪时，应当坚持实质正当原则，将犯罪圈限定在应受刑罚处罚的严重网络违法行为范围内，对危害行为的"积量"要素的要求应明显高于应受最重行政处罚的网络违法行为。

2. 犯罪构成要件要素的合理缩限

司法工作人员在办理新型网络犯罪案件时，应对相关构成要件要素进行合理缩限解释。

对于拒不履行信息网络安全管理义务罪的缩限至少包括：（1）依法合理确定信息网络安全管理义务的范围。信息网络安全管理义务的来源应限于法律和行政法规，而不能是其他部门规章和地方性法规。① 而且，该义务内容应限于能产生刑法规定后果的义务，即能造成"违法信息传播""用户信息泄露""刑事案件证据灭失"及相当的其他后果，如果不能引起以上后果，因其不能制造出

---

① 有学者认为，只要是法律明文规定的义务都可以成为网络服务提供者不作为犯罪的义务来源，这种观点会进一步导致网络服务提供者刑事责任的扩大化。参见秦天宁、张铭训：《网络服务提供者不作为犯罪要素解构——基于"技术措施"的考察》，载《中国刑事法杂志》2009 年第 9 期。

刑法所不允许的风险①,不属于该罪规定的义务;(2)合理认定网络服务提供者有能力履行法定义务、执行监管部门责令的改正措施。应从"在技术上有可能阻止""进行阻止不超过其承受能力"的两方面,合理认定网络服务提供者履行义务的能力,即,以当时网络服务单位履行义务能力的一般水平为基础,具体考察特定单位实际履行义务的可能性和承受能力②,进行客观的综合判断。认定"拒不执行"应同时满足主客观方面要求,行为人主观上应具有拒不履行义务的心态,客观上有能力改正而拒不改正。③

对非法利用信息网络罪的下游行为应限定为《刑法分则》规定的危害行为。该罪的第一项危害行为是设立用于违法犯罪的网站和通讯群组,并非都具有侵犯重大法益的危险,也不直接引起侵害法益的后果,比其下游行为的社会危害性更低,如果其下游行为是一般行政违法行为,则没有必要追究其刑事责任。而且,该项行为中的"违禁物品、管制物品"的范围不明确,如果不对"违法行为"作以上限定,将难以防止该罪的扩大适用。该罪第二、三项危害行为是"发布违法犯罪信息""为实施违法犯罪活动发布信息",属于违法犯罪活动的初期或者着手行为。如果以上行为只是一般行政违法行为,即使累积危害也不应成立犯罪,也应限于《刑法分则》规定的危害行为。

对帮助信息网络犯罪活动罪至少应对"明知"和下游"犯罪"进行合理缩限:(1)无论是个人或单位成立该罪,包括网络服务提供者,该罪的"明知"应当限定解释为"确切知道"下游犯罪的性质和现实发生,认识到所实施的是《刑法分则》规定的严重危害行为,但不要求知道其具体活动内容。④ 如果将该罪的"明知"的内容降低为认识到其网络服务有被他人用于实施犯罪的可能性,必然造成帮助信息网络犯罪活动罪的扩大适用⑤,阻碍我国社会信息化的正常发展。(2)该罪的下游"犯罪"应当是"客观上引起了侵害法益的结果,符合客观犯罪

---

① 参见陈兴良:《从归因到归责:客观归责理论研究》,载《法学研究》2006 年第 2 期。

② 参见钱叶六:《不作为犯的实行行为及其着手之认定》,载《法学评论》2009 年第 1 期。

③ 参见周光权:《网络服务商的刑事责任范围》,载《中国法律评论》2015 年第 2 期。

④ 参见刘科:《帮助信息网络犯罪活动罪探析——以为网络知识产权犯罪活动提供帮助的犯罪行为为视角》,载《知识产权》2015 年第 12 期。

⑤ 参见黄京平:《新型网络犯罪认定中的规则判断》,载《中国刑事法杂志》2017 年第 6 期。

构成的行为，其并不一定要受到刑罚处罚"①，由于客观原因被帮助者没有被追究刑事责任，或者因为被帮助者存在从宽情节而免予刑事处罚的，也属于该罪的下游"犯罪"。

3. 情节要件的类型化与合理限制

对新型网络犯罪情节要件应当进行类型化归纳，从司法实践中总结出主要影响其社会危害性的客观因素，确定典型客观因素的积量危害达到"情节严重"所需的"单量"和"积数"标准，逐步制定合理的适用规则。新型网络犯罪不直接引起危害后果，通常会作为评价"情节严重"的主要依据的"危害结果"不适合作为主要指标，影响"情节严重"的客观因素可以确定为：(1)下游违法行为的性质及其引起的危害后果；(2)危害行为的行为次数及其危害事实；(3)其他客观性因素。由于以上各要素相互关联，可以先确定主要要素的评价标准，然后按照比例关系评价各类要素的积量危害，综合判断是否达到应受刑罚处罚的程度。

对于拒不履行信息网络安全管理义务罪的情节要件应限定为严重危害结果或危害事实。该罪立法对违反用户信息保护义务的行为按照结果犯认定，对其他情形要求发生法定的危害事实或有其他严重情节。从刑法学理论发展趋势看，一元行为无价值的立场已经不是主流，一元结果无价值和二元论在大陆法系国家占据通说地位②，造成法益侵害结果或者现实危险是犯罪成立的主要决定要素，评价情节要件时法益侵害结果及其危险应起主要作用。该罪不直接引起危害后果，危害性程度低，只有在未防止他人违法行为或者网络系统的错误运行导致严重后果，才具备应受刑罚处罚的现实可能性和必要性。对比同样违反管理义务的玩忽职守罪和消防责任事故罪，后两种罪都以造成严重后果为构成要件，而该罪既不是危害公共安全罪，犯罪性质不如消防责任事故罪严重，其义务性质也低于国家机关工作人员的职责。如果没有发生严重的后果或危害事实，仅具有其他主观方面或者危害行为方面的严重情节，不足认定危害行为达到了应受刑罚处罚的严重程度。刑法第 286 条之一的第(一)项至第(三)项规定了"致使违法信息大量传播""致使用户信息泄露，造成严重后果""致使刑

---

① 黎宏：《论"帮助信息网络犯罪活动罪"的性质及其适用》，载《法律适用》2017 年第 21 期。

② 参见陈璇：《德国刑法学中结果无价值与行为无价值的流变、现状与趋势》，载《中外法学》2011 年第 2 期。

事案件证据灭失，情节严重"三种严重情节，可以将其解释为危害事实和传统的危害结果，但对前述危害事实应进行缩限解释。对该罪立法第（四）项规定的"其他情节严重"应比照前述第（一）项至第（三）项的规定进行同类解释，同时比照相应的行政违法行为进行体系性解释①，从危害后果和危害事实方面确定评价标准，并与前三项情节评价标准基本均衡。

非法利用信息网络罪的不同项危害行为的情节评价应有不同的积数标准。设立用于违法犯罪活动的网站或通信群组具有帮助或预备行为性质，应当根据下游违法犯罪活动的性质来设定不同的"积数"标准，由于比下游犯罪的危害小，即使下游违法犯罪活动性质严重，相关"积数"标准也不应定得太低。该罪的第二、三项危害行为属于违法犯罪活动的初期或者着手行为，不足以单独引起法益侵害的结果，是"不完整"的实行行为，其危害性比完整的实行行为低，即使是发布严重违法犯罪信息，"积数"的底限也不应太低，相关"情节严重"要件的评价应主要依据"违法犯罪"的性质和信息发布的数量等，综合评价累积危害的严重程度。

对于帮助信息网络犯罪活动罪，在仅成立帮助信息网络犯罪活动罪的情形下，"情节严重"是对帮助无关联关系的多人犯罪的整体评价，评价的依据主要是被帮助者犯罪行为的性质、帮助行为介入被帮助者犯罪的深度、帮助行为的次数以及引起的后果等，前两项因素决定帮助行为的危害基量。明知而帮助他人实施性质更严重犯罪显然情节更严重。相比于提供"互联网接入、服务器托管、网络存储、通讯传输"等中间技术支持，"广告推广、支付结算"等对完成下游犯罪更关键，后者的危害更大，其成立犯罪所需的"积数"应更小。

五、个人信息的平衡性刑法保护

在当前大数据技术应用环境下，个人信息不仅关乎公民个人的重大人身、财产权益，侵犯大量个人信息的行为还可能严重侵害社会公共安全甚至国家安全。保护个人数据成为国内外立法共同关注的重点。2016 年 4 月 14 日欧洲议会通过了《一般数据保护法案》（General Data Protection Regulation，GDPR）并于 2018 年 5 月 25 日正式生效，该法对个人信息保护及其监管达到了前所未有的

---

① 参见柏浪涛：《罪量要素的属性与评价》，载《上海政法学院学报》2017 年第 1 期。

高度，在国际上产生了深远的影响，对我国个人信息的刑法保护也有重要借鉴价值。目前我国侵犯个人信息犯罪泛滥，为了保护公民个人信息，维护信息社会正常秩序，"刑法修正案（五）"增设了窃取、收买、非法提供信用卡信息罪，"刑法修正案（七）"增设并由"刑法修正案（九）"修改了侵犯公民个人信息犯罪，强化了打击侵犯个人信息犯罪的力度。在信息社会，个人信息对社会各领域都是新的战略资源，对维护国家安全、实现良性社会管理和充分保护个人合法权利都具有关键作用，我国刑法应在平衡各方面利益的基础上充分保护个人信息，现有保护个人信息的刑法规定需要进一步完善。

（一）大数据环境下我国个人信息刑法保护存在的问题

在大数据时代关于信息和隐私的威胁持续蔓延。① 大数据时代与以往社会时代不同，通过信息的流动、共享，建立了一个看不见但是却真实存在的映射社会，构建了新的大数据环境，传统的中央控制模式被弱化，以用户需求为中心汇聚成的巨大信息流成为大数据环境最重要的社会内容。新的社会风险随之形成，对法律制度构成新挑战。② 在信息化的浪潮中，不仅物被信息化，人也处在被信息化的过程中，个人信息除了一直以来的记录功能，还与公民重大人身、财产法益相关联。有数据统计，每年在全球范围内有大约十亿的信息数据泄露记录并且导致近六十亿美元的经济损失。③ 侵犯个人信息犯罪已经形成"源头、信息贩子、购买者""一条龙""黑色产业链"，集聚式的侵犯信息犯罪愈演愈烈，表现出两个显著特征：（1）犯罪危害的全民性、公共性。个人信息所蕴含的公共管理价值和商业价值，将成为公私机构不当收集、处理、利用和传输个人信息的巨大诱因。④ 侵犯个人信息犯罪所侵犯的信息早已突破"个人"的范畴，其所侵犯信息的公共性更加明显，事实上与公共安全甚至国家安全相

① J. Desiree Dodd. Data Security Law -State Statutory Requirements for Protecting Personal Data. American Journal of Trial Advocacy，2015，Vol. 38，p. 623.

② ［德］乌尔里希·齐白：《全球风险社会与信息社会中的刑法——21世纪刑法模式的转换》，周遵友、江溯等译，中国法制出版社2012年版，第273页。

③ Charlotte A. Tschider. Experimenting with Privacy：Driving Efficiency Through a State-Informed Federal Data Breach Notification and Data Protection Law. Tulane *Journal of Technology & Intellectual Property*，2015，Vol. 18，p. 45.

④ 赵秉志：《公民个人信息刑法保护问题研究》，载《华东政法大学学报》2014年第1期，第127页。

关联。在几乎所有的非法获取个人信息案件中，涉案的信息数量往往十分巨大，少则几万多则数百万条，有的甚至多达 3 亿多条。而且其所侵害的已经远远不限于个人的信息安全，很多情况下已经危害公共安全乃至国家安全。（2）行为的多样化。在信息社会，个人信息的挖掘利用已经成为包括搜集、保存、流转、利用在内的体系，为个人信息的被害发生提供了巨大的空间，非法获取、非法公开、非法利用个人信息的行为均呈现出扩张的态势，特别是非法利用个人信息的行为更是令人触目惊心。

为了遏制严重的侵犯个人信息犯罪，刑法进行了相应的调整，现行刑法规制侵犯个人信息犯罪的主要有两个罪名。一个罪名是刑法第 253 条之一侵犯公民个人信息罪，是由"刑法修正案（七）"在刑法第四章"侵犯公民人身权利、民主权利罪"中增设的犯罪，规制"国家机关或者金融、电信、交通、教育、医疗"等单位及其工作人员出售和非法提供个人信息的行为。"刑法修正案（九）"对该条作出修改，将犯罪主体扩展为一般主体，并且规定"将在履行职责或者提供服务过程中获得的公民个人信息，出售或者提供给他人的"从重处罚。另一个罪名是刑法第 177 条之一规定的窃取、收买、非法提供信用卡信息罪，由"刑法修正案（五）"规定在刑法第三章"破坏社会主义市场经济秩序罪"中，规制"窃取、收买或者非法提供他人信用卡信息资料"的行为。以上规定加大了刑法对于侵犯个人信息犯罪的打击力度，有利于更好地保护个人信息及关联法益，但是，没有为个人信息提供完整的保护，特别是在法益确定与行为范围方面存在问题。

第一，将该类犯罪侵犯的法益认定为公民人身权利不妥。如果说窃取、收买、非法提供信用卡信息罪也会侵犯信用卡管理的秩序，从刑法第三章"破坏社会主义市场经济秩序罪"理解尚可接受，将侵犯个人信息罪理解为"侵犯公民人身权利、民主权利罪"则存在较大问题。从字面理解，侵犯个人信息犯罪的法益似乎是公民人身权利。但是事实并非如此，如前所述，该类犯罪通常侵犯的个人信息数量极为巨大，仅因为犯罪对象是个人信息就将该类犯罪认定为侵犯公民人身权利的犯罪有望文生义之嫌，因为像刑法第二章"危害公共安全罪"中的公共安全也是个人重大人身、财产安全的集合。此外，该类犯罪的两种情形也无法为认定为侵犯公民人身权利的思路所解释：其一，被侵犯的个人信息包括财产信息。2014 年央视就曾曝光，可有效使用的支付宝账号只卖 2 元钱一个；而网络银行用户资料被倒卖、个人网银被随意登录的事件也时有发生。其二，该类犯罪可能危害国家安全。如果被侵犯的个人是诸如国家元首、机关政要、涉密人员等，或者大量的关键国民个人信息（如基因信息）被境外机构抓取和分析，也会在事实上危害国家安全，美国希拉里"邮件门"事件就是一个典型的适例。所以，必须深入考虑大数据环境下该类犯罪侵犯的法益究竟为何，并且对刑事立法作出适当调整。

第二，没有重视非法利用个人信息的行为。无论侵犯个人信息罪还是窃取、收买、非法提供信用卡信息罪，所规制的侵犯个人信息的行为均只包括非法获取、非法提供两种。然而事实上，非法利用个人信息的行为已经深刻地影响了该类犯罪的行为体系。在信息时代到来以前，个人信息的存储和利用都十分不易，更多的是以档案的形式存在，难以对其进行利用，更无法造成损害。随着信息社会的来临，在信息化网络化环境下，个人信息往往与重大生命、财产安全相关联。在世界范围，通过获取个人身份信息假冒他人已经促使诈骗者成为职业盗贼。① 大数据技术的发展特别是数据挖掘利用技术的提升，个人信息利用的利益也越来越大，非法利用行为已经在事实上重构了侵犯个人信息行为的体系，不但成为体系中的重要行为之一，而且成为体系的核心行为，成为非法获取、非法提供行为的目的和前提。比如人肉搜索行为，虽然人肉搜索行为人本身可能实施了非法获取个人信息的行为，但是整合、利用信息进而实施侵害的行为显然无法为非法获取个人信息的行为所评价，而如果人肉搜索行为不存在，那么据其建立的犯罪产业链也就没有存在的价值。因而需要重新考虑侵犯个人信息犯罪行为的体系，以有效地规制非法利用个人信息的行为。

(二) 个人信息刑法保护的法益性质与危害行为范围

对于侵犯个人信息犯罪的法益与行为方式，国内学者也进行了一些探讨，但是未能达成统一意见，也未能形成恰当的结论。

1. 侵犯个人信息犯罪的法益性质

伴随着信息技术和信息通讯技术在社会经济生活各领域内的不断深入发展与应用，就指向值得法律保护或已经作为法律保护对象（即法益）的利益的新

---

① Chris Edwards . Ending Identity Theft and Cyber Crime. Biometric Technology Today，2014，Vol. 2，p. 9.

的侵害形式作出正确的应对日益呈现出其紧迫性。① 需要立足于侵犯个人信息犯罪法益的现实变迁，在对学界各种观点全面分析的基础上，得出恰当的结论。

在探讨侵犯个人信息犯罪法益问题之前，需要厘清窃取、收买、非法提供信用卡信息罪与侵犯公民个人信息罪的关系。有学者认为，二罪之间是交叉关系：对于触犯这两个罪名的行为，在信息内容不重叠的情况下，如果存在于信用卡中的个人信息，按非法提供信用卡信息罪定罪；如果存在于信用卡以外的个人信息，按出售、非法提供公民个人信息罪定罪。在信息内容重叠的情况下，构成二罪的"法条竞合"关系，根据"特殊优于普通法"原则，按非法提供信用卡信息罪定罪。② 我们认为，这种观点之所以认为二罪之间是交叉关系，是因为对于个人信息的范围理解有偏差，由于信用卡的使用与个人信用密不可分，信用卡信息必然会包含可以识别个人的信息，其显然属于个人信息的范畴，二者属于特殊规定与一般规定的关系。而对于这两个罪名所保护的法益，学界均有不同观点：

侵犯个人信息罪的法益问题争议较为激烈。第 253 条之一在刑法中位于第四章"侵犯公民人身权利、民主权利罪"，立法者将侵犯个人信息的行为认定是侵犯公民人身权利的行为。学界关于侵犯个人信息犯罪的法益，目前尚无统一认识，有如下几种观点：

第一种观点认为，侵犯个人信息罪的法益是公民的人格权。这一观点目前是学界的主流观点。根据这种观点，虽然个人信息受侵犯可能带来的损害不限于人格利益，但是依然可以从法律属性上认为是侵犯公民人身权利的犯罪。该罪在刑法结构的位置也表明，该罪侵犯的主要是公民的人身权利，而不是侵害国家机关管理秩序。③ 并且从现有规范来看，对个人信息的保护也基本上采取了人格权保护的模式。④ 或者从反面对这一观点加以论述，认为凡被用于公共

① ［意］劳伦佐·彼高狄：《信息刑法语境下的法益与犯罪构成要件的建构》，吴沈括译，载《刑法论丛》2010 年第 3 期。

② 石奎：《窃取、收买、非法提供信用卡信息罪的刑法分析》，载《吉首大学学报(社会科学版)》2014 年第 4 期。

③ 翁孙哲：《个人信息的刑法保护探析》，载《犯罪研究》2012 年第 1 期。

④ "侵犯公民人格权犯罪问题"课题组：《论侵犯公民个人信息犯罪的司法认定》，载《政治与法律》2012 年第 11 期。

目的的个人信息都可视为与公共利益有关的个人信息，且不属于本罪保护范围。①

这一观点，是按照"个人信息"的字面意思加以理解，认为侵犯个人信息罪就是侵犯公民"个人"信息的犯罪，从而简单地认为该罪的客体就是公民的人身权利。立法者将该条规定于刑法第四章"侵犯公民人身权利、民主权利罪"中，也使得众多学者顺理成章地认为该罪的法益是公民的人身权利。然而，作为侵犯个人信息罪产业链中的一环，非法获取公民信息犯罪多为职业犯罪，成百上千条个人信息、数千元非法所得几乎成为每个案件的"必备事实"。② 而且从受侵犯信息的内容来看，该罪处罚的一般并不是侵犯某个个人信息的犯罪行为，而是侵犯众多公民某一类信息的行为。在这种情况下，该类犯罪所侵犯的法益很难再局限在所谓"公民个人"的范畴。也就是说该类犯罪所侵犯的法益并不是某个公民的个人权利，而是具有相当程度公共性的法益，在这一点上该罪与刑法第四章其他侵犯特定公民的人身权利的犯罪有所区别。此外，个人信息不仅和公民的人身有关，而且和公民的财产有关，诸如第三方支付信息、网络银行信息、虚拟财产账户信息等个人信息还直接和公民的财产权益相关，个人信息的权利显然不能局限在人格权予以探讨。

第二种观点认为，侵犯个人信息罪的法益是公民的信息权。有学者认为，之所以将此种行为规定为犯罪，关键还是在于其侵犯了公民的信息权益，造成了对法益的侵害。③ 将侵犯个人信息权行为予以犯罪化，对于遏制目前严重的个人信息滥用现象，有重大意义。④ 这一观点是对"个人信息"作了形式上的理解，认为个人信息所包含的法益就是信息权。根据这种观点，个人信息具有专属性与排他性，是可以识别公民个人的特定信息，应防止其遭受不应有的侵害，而且由于其法益重要性，通过刑法进行保护非常必要。

① 李林：《出售、非法提供个人信息罪若干问题研究》，载《内蒙古大学学报（哲学社会科学版）》2011年第5期。
② 张玉洁：《论"非法获取公民个人信息罪"的司法认定——基于190件案例样本的分析》，载《华东政法大学学报》2014年第6期。
③ 付强：《非法获取公民个人信息罪的认定》，载《国家检察官学院学报》2014年第2期。
④ 刘宪权、方晋晔：《个人信息权刑法保护的立法及完善》，载《华东政法大学学报》2009年第3期。

然而正如前文所述，该条所规制的一般是侵犯众多个人信息的犯罪，侵犯的往往是多数人的信息安全，不是公民的个人法益。而且，前述学者关于信息权的理论探讨，更多的是基于国外理论和立法的介绍，特别是欧洲国家理论和立法的介绍，继而得出应当借鉴的结论。如有学者认为信息控制权应进行扩张，使权利人可以选择"遗忘"网上行为数据，即删除权。① 然而不同的国家有不同的立法背景。欧洲国家之所以在立法中规定删除权，是基于其基本信息权已经确立，并且相关立法已经具有较强的体系性，因而可以对"删除权"这一"后续权利"予以规定和保护。同其他国家相比我国立法对于信息权的保护尚未形成体系，目前连"个人信息保护法"都没有，有关个人信息的立法尚且处于十分匮乏的状态。在民法学领域，个人信息权也是一个建构中的概念，目前民法学界尚在讨论将个人信息权如何合理地纳入民法体系，并且尚未形成最终的结论，其他法学学科也处于类似状态。刑法作为保障法具有补充性，必须考虑与相关部门法的衔接与协调，在立法前提与理论前提都不具备的情况下，贸然将信息权的概念引入刑法势必会制造不必要的不确定的法律概念，必然会带来解释和适用的困难，进而导致立法和司法的混乱。

第三种观点认为，侵犯个人信息罪的法益是公民的隐私权。有学者认为，在刑法修正案（七）将侵犯个人信息行为入罪之时，立法者将该类犯罪的两个罪名放在刑法第 253 条之一进行规制，体现着对个人隐私权保护的价值追求。② 公法介入个人信息隐私保护，从实质上说就是弥补私法保护之不足。③ 然而，身份盗窃和个人隐私有交叉但不相同。④ 根据这种观点，隐私权是信息权的下位概念，并非所有的个人信息都应该被刑法保护，而是涉及公民隐私的个人信息应当受到刑法的保护。

这种观点将隐私权作为信息权的下位概念，那么对于前一种观点的批判也对其同样适用。再者，通过刑法保护个人隐私的做法渊源于美国，美国早在

---

① 崔聪聪：《网络产业发展与个人信息安全的冲突与调和——以个人网上行为信息为视角》，载《情报理论与实践》2014 年第 8 期。

② 蔡军：《侵犯个人信息犯罪立法的理性分析——兼论对该罪立法的反思与展望》，载《现代法学》2010 年第 4 期。

③ 王学辉、赵昕：《隐私权之公私法整合保护探索——以"大数据时代"个人信息隐私为分析视点》，载《河北法学》2015 年第 5 期。

④ Geoffrey VanderPal. Don't Let Clients Become Identity Theft Victims. *Journal of Financial Planning*, 2015, Vol. 28, p. 24.

1974 年就通过了《隐私权法》，并在之后通过了一系列的法令，构成了隐私权的法律保护体系。美国在其现行刑法中也专门在其第八十八章对于隐私权的刑事保护作出规定，围绕"视觉偷窥"行为作出规定，并与其相关的判例衔接协调。而我国关于隐私权的立法仅有《侵权责任法》，而且该法第二条仅指出隐私权属于民事权益，并无具体的适用规则。即便在民事领域，隐私权也是一个建构中的概念，将其直接作为刑法的保护法益，不但会对现有立法产生巨大冲击，也会对司法造成不利影响。

第四种观点认为，侵犯个人信息罪的法益是"'公权（益）关联主体'对个人信息的保有"。这种观点认为，在"公民个人的信息自由和安全"或公民"个人隐私"的背后，必定隐含着在立法者看来更为重大、更居优位的保护法益。这些公权（益）关联主体在业务处理时依法获取的个人信息也事关国家和社会整体的公共利益。动用刑法手段保护公权及公权（益）关联主体对个人信息的保有，是顺理成章的。①

我们认为，这种观点确有其可取之处，其看到了在侵犯个人信息罪产业链化的背景下个人信息的法益已经不再局限于"个人"，在公民个人法益之后有关乎国家和社会的公共利益，突破了就法律条文的表面规定进行法益研究的局限，相比于前面几种观点确属进步。然而遗憾的是，这种观点将该罪的法益概括为"'公权（益）关联主体'对个人信息的保有"，这一概括既模糊了社会法益和个人法益的界限，又以"保有"这一含糊不清的表达来指称具体的法益，无疑偏离了该罪法益的实质，未能深入挖掘隐藏在个人信息后面的公共性法益之实质，同样无法得出合理的结论。

另一方面，窃取、收买、非法提供信用卡信息罪的法益也存在不同的观点。第 177 条之一位于我国刑法第三章第四节"破坏金融管理秩序罪"中，学者也大多认可该罪是对信用卡管理秩序的侵犯，但具体观点也有区别。

第一种观点认为，该罪侵犯的客体是国家对信用卡资料管理秩序。② 其认为，该罪仅侵犯是国家对信用卡资料管理，不涉及对于个人财产权益的侵犯。这种观点看到了该罪对于国家信用卡管理秩序的侵犯，注意到了信用卡管理秩

---

① 赵军：《侵犯公民个人信息犯罪法益研究——兼析〈刑法修正案（七）〉的相关争议问题》，载《江西财经大学学报》，2011 年第 2 期。

② 高铭暄、马克昌：《刑法学》，北京大学出版社、高等教育出版社 2011 年版，第 407 页。

序的重要性、独立性，值得肯定。但是这一观点也存在不足，其忽略了信用卡与其他金融单证的不同。一般的金融票据具有无因性，其价值往往与出票人分离，不具有专属性。信用卡则不同，其往往与持卡人个人相联系，侵犯信用卡的行为往往也会侵犯公民个人的财产权利，这种观点对此没有充分的认识，是其不足所在。

第二种观点认为，该罪侵犯的客体为复杂客体，即持卡人的合法利益和金融机构的信誉。① 其认为，该罪侵犯的客体则主要是金融机构的信誉，但同时也侵犯了持卡人的合法利益。这种观点看到了该罪对于持卡人的合法利益的侵犯，将其作为法益之一，值得肯定。但是，这种观点认为该罪侵犯的主要法益是金融机构的信誉则值得商榷。如果仅侵犯金融机构的信誉，完全可以通过商法、经济法、民法进行调整，通过侵权救济等方式既可对权利予以恰当地回复，不必动用刑法手段。之所以其需要规定为犯罪，是因为其法益更为重大，因而这种观点存在不妥。

第三种观点认为，窃取、收买、非法提供信用卡信息罪侵犯的是复杂客体，包括他人的信用卡信息安全和国家有关信用卡信息的管理秩序。从持卡人角度看，信用卡信息安全是其首要的利益，这种信息一旦被窃取、收买、非法提供，其安全性就必然被侵犯。从国家角度看，国家已有相关法律、法规来规范信用卡信息管理，而窃取、收买、非法提供他人信用卡信息必然造成国家的这种管理秩序被破坏。② 这种观点既看到了信用卡信息与其他个人信息的不同之处，又看到了信用卡信息的个人信息属性，对于其法益作了全面的概括，值得肯定。

2. 侵犯个人信息犯罪的危害行为范围

在犯罪产业链化的影响下，侵犯个人信息犯罪已经从以获取行为为中心转向以利用行为为中心。随着基于共同意思之下以实行行为为核心的传统共同犯罪模式向基于各自利益之下以分工负责为形式的产业链共同犯罪模式转变，即便是非法公开、非法获取的个人信息，其后续的利用行为往往是不同主体基于不同目的而实施，而且与其他行为日益分离，仅通过评价非法公开、非法获取

---

① 利子平、樊宏涛：《窃取、收买、非法提供信用卡信息资料罪刍议》，载《河北法学》2005 年第 11 期。

② 卢勤忠：《信用卡信息安全的刑法保护——以窃取、收买、非法提供信用卡信息罪为例的分析》，载《中州学刊》2013 年第 3 期。

行为已经不能全面有效地规制侵犯公民信息的犯罪，且由于非法利用信息数量的巨大和利用行为与下游犯罪的分离，通过盗窃罪、诈骗罪等下游犯罪的罪刑规则也无法对于非法利用行为进行全面评价，非法利用行为的独特作用必须为刑事立法所考虑，其突出表现在如下几方面：（1）非法利用行为是非法获取行为、非法提供行为的原动力，如果没有非法利用行为，非法获取行为、非法提供行为就毫无意义也无法存在，反之只有惩治非法利用行为才能有效地打击侵犯个人信息犯罪产业链；（2）非法利用行为相比于其他行为，更易于造成法益侵害并且往往造成的危害后果更为直接、更为巨大，依据"举轻以明重"的入罪规则，如果对于非法获取行为、非法提供行为需要予以打击，那么没有理由对于非法利用行为放任不管；（3）目前非法利用个人信息的行为已经愈演愈烈，如果不对其予以刑事惩罚，那么无益于放任个人信息失控的状况蔓延，无法有效保护信息权利。

由于侵犯个人信息罪与窃取、收买、非法提供信用卡信息罪在行为方式上相近，如在产业链化的背景下，非法利用行为同样是窃取、收买、非法提供信用卡信息罪的核心行为：一个完整的信用卡犯罪包括窃取、收买信用卡信息，制作假卡，运输、销售和使用假卡等流程。其中，窃取、收买、制作是初始环节，运输、销售是中间环节，使用是最终目的。① 而其中侵犯个人信息罪行为方式的规定更为具体和典型，故以侵犯个人信息罪为例进行探讨。

就侵犯个人信息罪而言，目前非法利用个人信息的行为没有被规定为犯罪，对其如何作出规定，主要有两种观点：一种观点认为，对公民个人信息的非法利用，是指未经信息主体许可，非法利用自己已经掌握的公民个人信息以期实现自己的特定目的。非法利用个人信息的人只能是通过正当手段获取个人信息的人，否则获取个人信息的行为也可以以非法获取个人信息罪而定罪量刑。② 另一种观点认为，对于合法或者非法获取个人信息的单位和个人非法利用个人信息的行为，目前还不能追究刑事责任。特别是对于从网络上搜集、整理他人个人信息予以出卖或者非法利用，情节严重的情形，刑法第 253 条之一第 2 款就完全无法予以应对，放纵了一部分侵犯公民个人信息的违法行为。但

---

① 卢勤忠：《信用卡信息安全的刑法保护——以窃取、收买、非法提供信用卡信息罪为例的分析》，载《中州学刊》2013 年第 3 期。

② 吴苌弘：《个人信息的刑法保护研究》，上海社会科学院出版社 2014 年版，第 182 页。

是，这种情况在现实生活中却变得愈来愈严重。建议将非法利用个人信息的行为入罪。①

我们认为，这两种观点均存在不足。前一种观点存在较大的缺陷，根据这种观点，非法利用个人信息的行为主体应该限定为合法获取个人信息的主体，其之所以需要被科处刑罚是因为利用行为的非法，而不是因为获取个人信息手段的非法。作为侵犯个人信息犯罪的核心行为，非法利用行为的主体既可能无权合法获取个人信息，也可能有权合法获取个人信息。虽然以往非法利用行为的实施主体以合法获取个人信息的主体为典型，但是随着该罪的产业链化，非法获取行为的后续利用行为也应当独立评价，因为对于非法获取行为的后续利用行为，其往往由不同主体基于不同目的实施，与非法获取行为的分离愈发明显，社会危害性也有区别，需要在规定非法利用行为时对此予以考虑。也就是说，非法利用行为的实施主体已经从合法获取个人信息的主体扩展到非法获取个人信息的主体，然而该观点对于上述变化没有作出充分考虑。后一种观点认识到"对于合法或者非法获取个人信息的单位和个人非法利用个人信息的行为"均应追究刑事责任，无疑更为全面。不过，该观点认为非法利用行为的主体就是非法获取行为的主体则未必妥当。如前所述，在该罪产业链化的背景下，非法获取主体与非法利用主体的分离愈发普遍，该非法获取行为的后续利用行为往往是另外的主体基于另外的目的实施，应注意对非法利用行为作出独立评价。

"刑法修正案（九）"在该罪行为方式的规定上总体沿用了原有的表述，就出售、提供个人信息行为而言，只是将原来"非法提供"中的"非法"删除，包括"出售"和"提供"两种行为，没有对非法利用行为作出规定，依然存在立法疏漏。

（三）侵犯个人信息犯罪的刑法回应路径

有效打击侵犯个人信息犯罪必须根据其法益和行为方式的现实变化，在现有研究的基础上进行有针对性的立法完善。

1. 确立侵犯公民个人信息罪法益的公共性

在数据挖掘技术与信息内容变迁的双重推动下，个人信息早已不仅仅关涉个人，早已出现了超越个人性而向公共性转化的趋势。在大数据环境下，个人

① 赵秉志：《公民个人信息刑法保护问题研究》，载《华东政法大学学报》2014 年第 1 期。

信息关联的法益也呈现出公共化、多样化的态势：第一，个人信息首先和个人法益相关联。个人信息往往能够识别个人或者往往与个人重大法益相联系，由于个人信息泄露和非法利用导致的人身和财产重大损害比比皆是。第二，个人信息通常关系公共安全。在大数据环境下，个人信息往往以聚集性的形式存在，一旦一个数据包泄露往往会导致极为大量的个人信息泄露，侵犯数以万计甚至数以亿计的个人信息，其侵害的公共性显而易见。第三，个人信息可能关系国家安全。如果所侵犯个人信息中的"个人"是对于国家安全具有重要意义的人，那么其危害的必然是国家安全。如果对于一个国家、民族的基因信息通过个体抓取进行分析，进而予以非法利用，很可能导致对于人类不可挽回的严重后果。

与此同时，侵犯个人信息犯罪的公共化已经成为一种现实，大量的侵犯个人信息犯罪以群体被害的形态出现，必须予以重视。然而刑法修正案（九）依然将侵犯个人信息罪规定于刑法第四章"侵犯公民人身权利、民主权利罪"中，显然不妥。我们认为，侵犯公民个人信息犯罪的法益并不是公民个人的人身权利，而是社会的公共安全，具体来说是公共信息安全，理由如下：

第一，从犯罪对象与法益的关联角度，该类犯罪所侵犯的对象并非公民个人的人身权利。这可以从两个角度展开：一方面，该类犯罪所侵犯的信息不仅可能是公民个人信息，还可能是单位信息。在大数据环境下，任何主体均以信息化的形式与形象存在，不仅公民个人的信息与痕迹可以关联具体的法益，单位信息也在事实上与单位的权法益相关联，非法获取、非法提供、非法利用单位信息的行为也具有相当的社会危害性，而侵犯单位信息的行为显然无法纳入公民人身权利的范畴。与此相关的是，最新通过的网络安全法也将保护对象由"公民个人信息"调整为"个人信息"，对于个人信息作出上述理解并不与最新立法冲突。另一方面，个人信息既可能关系个人的人身法益，也可能关系个人的财产法益，不宜规定在刑法第四章中。对于信息的理解不能够局限于字面意思，要深入思考其法益内涵。信息所涉及的法益要根据信息的内容进行判定，如果是医疗信息，就会涉及个人的生命健康法益；如果是资金账户信息，就会涉及个人的财产法益。如网络身份盗窃涉及挪用在线身份口令，包括网络银行口令。① 之所以习惯式地从刑法第四章寻找该罪的适用依据，多少对"个人信

---

① Lynne D. Roberts, David Indermaur, Caroline Spiranovic. Fear of Cyber-Identity Theft and Related Fraudulent Activity. Psychiatry. *Psychology & Law*, 2013, Vol. 20, p. 316.

息"有些形式化的理解，认为和个人相关就是和公民人身相关。我们认为，对于"个人信息"应该作恰当的理解。众所周知民法调整的是平等主体之间的人身关系和财产关系，对于"平等主体"再作解释，可以包括自然人、法人和其他组织等，自然人其实就可以理解为公民个人。一般在探讨个人权利时显然会认为包括人身权利和财产权利，为何探讨个人信息时就认为其应该仅在人身权利的范畴下予以研究？

第二，从法益重要性的角度，侵犯信息安全的行为中只有侵犯公共信息安全的行为才需要被刑法制裁。"法益"一词实际上并非刑法学科所专有，从法理学的角度来看，法益就是法所保护的利益，这里的"法"包括刑法、民法等各个部门法。由于刑罚手段的严厉性，进入刑法视野的法益必然具有相当程度的重要性。而且，个人信息的法律保护是一个体系，根据对于个人信息侵犯的程度不同，应该由不同的法律予以保护：对于个人、网络服务提供者等主体侵犯个人信息的行为，如果是侵犯某个或者某几个特定公民的个人信息，造成了一定的后果，但没有对社会造成较大危害时，应该依照侵权责任法等民事法律的规定予以处罚，如果通过民事法律方式处理就可以达到良好的社会效果，则无需动用刑罚手段。此外，如果网络服务提供者不是侵犯个人信息，而是未按国家有关法律要求对个人信息进行保护，应当承担行政法律责任。那么达到何种程度的法益侵害性才需要通过刑事手段予以保护？伴随着社会信息化程度的提高，公共信息安全问题已经成为影响社会稳定和公共安全的重要因素。[1] 只有上述主体侵犯多数公民的个人信息及对公共信息安全造成侵害或者危险时，才有必要通过刑事手段加以保护。所以，被侵犯信息的公共性必不可少，否则就无法解释为何需要通过刑事手段保护个人信息。

第三，从侵犯个人信息犯罪产业链化的角度，只有侵犯公共信息安全的行为才有必要予以独立规制。很多侵犯个人信息的行为并非必须在侵犯个人信息犯罪中予以判断和规制。在以往，身份盗窃被作为后续犯罪行为的预备行为，如计算机诈骗[2]，或侵犯某个公民的个人信息，利用该信息直接对个人的人身、财产或者其他重大法益进行侵害，像诈骗罪、敲诈勒索罪等，只需将侵犯

---

① 欧三任：《公共信息安全问题的审视与应对》，载《重庆邮电大学学报（社会科学版）》2010 年第 1 期。

② Adrian Cristian MOISE. Identity Theft Committed Through Internet. *Current Juridical*, 2015，Vol. 18，p. 124.

个人信息的行为作为下游犯罪的一个情节考虑即可，不必单独作出处罚。事实上，侵害个人法益的犯罪很难不与个人信息相关联：除了诈骗罪、敲诈勒索罪外，受委托杀人需要了解公民的姓名甚至行踪，入户盗窃需要知道个人的住址，等等。然而，侵犯个人信息犯罪产业链化却使得上述结构发生变化：一方面，在犯罪对象上行为人不是以某个公民的个人信息为对象，而是侵犯多数不特定公民的个人信息；另一方面，行为人只负责搜集个人信息，不必实施下游犯罪。在这种情况下，侵犯多数个人信息的行为事实上侵犯了公共安全，有可能导致公众恐慌等严重社会后果，而且无法通过下游犯罪处罚或者通过下游犯罪处罚失当，有必要对其作出独立的规定。比如非法获取一万个个人的银行账户信息，可能对这些公民的财产造成巨大的侵害，但是被发现时尚未对其中任何一人造成实际侵害甚至很可能并无盗窃其财产的故意，这种情况刑法显然有必要介入，但却无法通过侵犯个人法益犯罪的规定对其予以制裁。

第四，从刑罚均衡的角度，该罪与刑法第四章的其他犯罪在刑罚配置上明显失衡。对刑法来说，它的内部秩序就是罪刑关系的和谐、有序，就是罪与刑的均衡。[1] 刑法修正案（九）提高了对于侵犯个人信息犯罪的处罚力度，受到社会的一致认可，公众普遍认同应当严厉地打击该类犯罪行为。然而，这样的修改也使得一个问题更加突出——该条规定与刑法第四章其他犯罪的刑罚配置越发显得不协调。比如，第253条之一第1款规定，该罪"情节特别严重的，处三年以上七年以下有期徒刑，并处罚金"。然而对比刑法第四章的其他犯罪，如暴力干涉婚姻自由罪、暴力干涉他人婚姻自由致使被害人死亡的，才处二年以上七年以下有期徒刑。仅仅是侵犯个人信息的犯罪就可以和侵害生命权的犯罪规定同样的最高刑，甚至后者的最低刑还低于前者，这恐怕是任何一个秉持罪刑均衡理念的人都无法认同的观点。所以，如果仅侵犯某个公民的个人信息，似乎很难认可侵犯个人信息的行为应该比侵害生命权的行为处以更重的刑罚，那么对于侵犯个人信息犯罪处以这样的刑罚之所以合理，只能是因为其保护的法益并非个人法益，而是多数人的法益，是公共信息安全。

在肯定了侵犯个人信息犯罪侵害的法益具有公共性后，还有一个问题需要予以厘清，即应该在刑法的哪一章对其作出规定？就公共信息安全本身的属性而言，其当然与公共安全具有内在的契合性，在刑法第二章"危害公共安全

---

[1] 刘守芬、方泉：《罪刑均衡的立法实现》，载《法学评论》2004年第2期。

罪"中对其作出规定有其合理性。但是就现阶段而言，笔者认为还是在刑法第六章"妨害社会管理秩序罪"中对其作出规定更为妥当。这是因为：第一，现阶段公共信息安全与物理形态的公共安全仍有一定距离。信息社会的发展是一个过程，从社会的信息全面覆盖到社会的信息全面主导是一个过程，可以肯定公共信息安全会向着公共安全的领域不断嵌入，但是现阶段其与公共安全的关联仍然具有间接性，往往需要与其他要素结合才能紧迫地危害公共安全。同时，社会公众对于个人信息被侵犯更多的是感到精神和心理受到损害，直接遭受人身与财产损害的毕竟是少数，而对于多数人造成的精神和心理损害显然是对于正常社会生活及其秩序的危害。第二，刑法第六章"妨害社会管理秩序罪"中已有对于类似犯罪作出规定的适例。1997 年现行刑法制定时已经将侵犯计算机信息系统的犯罪规定在刑法第六章"妨害社会管理秩序罪"中，即不论其所侵害的对象与法益为何，只要其手段行为达到了妨害社会管理秩序的程度，即可以按照相应的规定处罚，在对网络犯罪回应的过程中也沿用了这样的思路，对于侵犯个人信息犯罪采用这样的规定方式是契合现行刑事立法思路的。

此外，笔者认为，应在条文表述中与罪名表述中均去掉"公民"二字，这是因为随着大数据环境的深化，除了公民之外，单位的个人信息也愈发重要并且会更加频繁地受到侵犯，也应通过刑法对其进行保护。

2. 专门规定非法利用个人信息的行为

全面规制侵犯个人信息的犯罪行为，需要在侵犯个人信息罪与窃取、收买、非法提供信用卡信息罪现有规定的基础上构建合理的行为方式体系，而这一体系不可凭空构建，必须充分考虑非法利用行为的新发展，对于非法利用作出单独、专门的规定，并且将非法利用行为优先于非法获取行为、非法提供行为作出规定，作为侵犯个人信息犯罪的核心行为予以规制。理由如下：

第一，非法利用行为在侵犯个人信息犯罪行为体系中日趋居于核心地位。在大数据环境下，数据信息成为社会运转的基础资源。公私领域对于数据利用的需求比以往任何一个时代更加迫切。① 数据挖掘与利用也成为大数据时代的关键行为，如果没有数据挖掘与利用技术，再海量的数据产生、流转也没有意

① 任孚婷：《大数据时代隐私保护与数据利用的博弈》，载《编辑学刊》2015 年第 6 期。

义与价值，在这个意义上大数据环境也就是一种数据利用环境，并对其中的侵犯个人信息犯罪产生了巨大影响。侵犯个人信息犯罪也已经从非法获取、非法提供为中心转向非法利用为核心。一方面，如果个人的信息不能够用于非法用途，亦即无法进行非法利用，那么就不会产生非法利益，那么行为人就不会实施非法获取、非法提供个人信息的行为；另一方面，即便是对于不以营利为目的的侵犯个人信息犯罪，非法利用行为同样重要，如果不能对于个人信息进行非法利用，其诸如损害他人之非法目的也无从实现。总之，侵犯个人信息犯罪已经事实上走向以非法利用为中心，而现有立法并未对此予以足够的重视。

第二，非法利用个人信息行为的独立性日益凸显。这体现在两个方面：一方面，在侵犯个人信息犯罪行为体系中，非法利用行为更具有独立性。非法利用个人信息行为愈发与非法获取、非法提供行为分离，特别是远远超出了"下游犯罪"的范畴。以往学者通常将侵犯个人信息行为入罪化理解为法益保护前置化，即对于大量利用个人信息实施的盗窃、诈骗犯罪予以前置规制。这一观点虽有其合理性，但是随着非法利用个人信息行为的发展与扩大，其解释力愈发显得不足。2016 年 8 月，南都记者曾对相关裁判文书网站上 2014 年以来广州两级法院审结并上传的 15 份非法获取、出售、侵犯公民个人信息罪案件判决梳理、分析发现，犯罪分子多通过互联网、QQ 群以购买方式非法获取公民个人信息，并分别用来推销美容减肥产品、追债、交通违章销分，或直接转卖信息赚取差价等事项。这中间的很多行为已经游走出法律的边缘，有必要通过刑法予以规制，但是却不易从刑法条文中找到相应的罪名。另一方面，如前文所述，合法拥有个人信息的主体也在实施非法利用个人信息的行为，比如网络服务提供者在合法获取个人信息后未经个人许可大量用于非授权用途，等等。在此背景下，对于非法利用个人信息的行为予以入罪化、类型化是回应这一现实问题的有效路径。

第三，非法利用个人信息行为已经完成类型化。某种行为之所以可以被刑法集中进行规定必须基于其已经类型化甚至定型化。这里的类型化有两重含义：一重含义是该类行为无法为刑法所规制的原有犯罪类型所包含，另一重含义是该类行为已经有较为典型和系统的具体表现。非法利用个人信息行为中不乏符合上述两重含义的表现形式，如人肉搜索行为，往往基于个人信息的非法利用导致极为严重的人身后果、精神后果，但是却不易通过现有刑法规定予以有效规制。再如非法广告联盟行为，大量利用个人的使用痕迹信息、偏好信息等，通过搭建非法跨网站推广平台，进行非法牟利的行为，与其再套用非法经营罪等"口袋罪"予以强行解释，不如还原到非法利用个人信息的层面予以有效规制。而且，比如人肉搜索行为、非法广告联盟行为，本身都不足以成为刑法做出明确规定的特定行为类型，这或许也是当初人肉搜索行为直接纳入刑法规定建议被否定的重要原因，而将这些行为统合在非法利用个人信息行为的框架下，无疑能够兼顾打击犯罪与维护刑法的安定性。

第四，目前已有对于非法利用个人信息行为予以入罪的立法尝试。我国台湾地区"个人资料保护法"第 41 条规定："意图为自己或第三人不法之利益或损害他人之利益，而违反第六条第一项、第十五条、第十六条、第十九条、第二十条第一项规定，或中央目的事业主管机关依第二十一条限制国际传输之命令或处分，足以损害于他人者，处五年以下有期徒刑，新台币一百万元以下罚金。"而其第 6 条第 1 项的规定即为："有关病历、医疗、基因、性生活、健康检查及犯罪前科之个人资料，不得搜集、处理或利用。"在其他国家的立法中也有不得非法利用个人信息的相关规定。如德国 2007 年的《电信媒体法》在其第 12 条"一般原则"中规定："（1）只有在本法或者其他法律规定明确允许或收件人已经同意的情况下，服务提供者可以基于电信媒体的有关条款收集和使用个人数据；（2）只有在本法或者其他法律规定明确允许或收件人已经同意的情况下，服务提供者可以出于其他目的收集和使用个人数据……"此外，该法第 13 条规定了服务提供者的义务，大致可分为两类：一类是（数据搜集和使用）告知义务；另一类可以称为保障义务。① 该条第 4 款第 4 项特别规定了电信媒体服务提供者必须采取技术和预防措施确保个人数据在不同主体使用时分别进行。在刑事责任层面，从纯粹的传输服务、接入服务提供者，到缓存服务提供者、宿主服务提供者，再到内容提供者，其承担的责任逐渐提升，相应的免责条件越来越严格。② 所以，对于非法利用个人信息行为予以立法规制乃至入罪化，已有其他国家和地区的立法可供参考。

虽然以刑法手段严厉打击侵犯个人信息犯罪是必要的，但是，刑法手段并不能充分保护个人信息，也不是首选手段，刑法需要与相关法律共同配合、相

---

① 韩赤风：《互联网服务提供者的义务与责任——以〈德国电信媒体法〉为视角》，载《法学杂志》2014 年第 10 期。

② 王华伟：《网络服务提供者的刑法责任比较研究》，载《环球法律评论》2016 年第 4 期。

互补充，将行政责任、刑事责任、民事责任三者对接，全面防范个人信息的泄露和非法利用。① 这需要完善刑法《关于维护互联网安全的决定》《关于加强网络信息保护的决定》及侵权责任法等相关法律法规，制定完善的"个人信息保护法"，构筑完善的保护个人信息的整体法律体系。

在新的网络空间社会环境中，产生了新的财富形式、社会活动和社会关系，网络空间犯罪也是其产物，具有不同于传统犯罪的新特点。现行刑法规定形成于对物态社会环境中传统犯罪的回应，在应对新的网络空间犯罪过程中，在有些方面已是"捉襟见肘"，有必要深入发展刑法理论，完善相关刑法规定。同时，网络空间是超越国界的新社会环境，惩治网络空间犯罪需要协调好国际国内相关立法，合理借鉴国外打击网络空间犯罪立法，在有利于保护本国利益前提下，实现国内国际相关犯罪立法的趋同，构建有效遏制网络空间犯罪的国际司法体系，是必要和重要的。

我国正在建设智慧社会，迎来人工智能时代，未来网络空间犯罪还将迎来智能化转变，面临包括人工智能犯罪在内的更多新型犯罪的挑战，刑法理论需要与时俱进、顺应创新，这不仅有利于指导解决当前新型的网络空间网络犯罪的司法问题，而且未来对正确指导其他新型犯罪的立法和司法也是重要的。

---

① 刁胜先、张强强：《云计算视野的个人信息与刑法保护》，载《重庆社会科学》2012年第4期。

第七章
网络主权与国家网络安全的法律保障

  网络信息安全是各国国家安全建构中的重要课题，联合国宪章确立的主权平等原则作为当代国际关系的基本准则，其原则与精神也适用于网络空间。网络主权是网络安全的重中之重，是传统主权在网络空间中的延伸，更是国家安全的基础。我国提出将建立和谐、稳定、互利、共赢的互联网空间，并表示为了推进全球互联网治理体系的改革，应当尊重网络主权、维护和平安全、促进开放合作、构建良好秩序。我国倡导尊重各国网络发展道路、网络管理模式、互联网公共政策的选择，以及平等参与国际网络空间治理的权利。

  英国埃克塞特大学讲师库伯（Kubo Macak）在他的著作《书架之上，指章之间：非政府实体对网络空间国际法的助益》（*On The Shelf*，*But Close At Hand*：*The Contribution of Non-state Initiatives to International Cyber Law*）[1]中指出，现今网络空间国际治理中的"玻璃房困境"：在网络空间之内，越强大的网络大国因其对网络的依赖性，反而愈加脆弱。技术上相对薄弱的国家需求更为严格的管控环境，使其能够更受国际秩序或规则的荫蔽。同样一个国家处于攻守双方不同地位时对于国际规则的需求度也是不同的。网络威胁的攻击方希望能够有更为宽松自由的国际规则，而当他们受到攻击时，又希望能够有严厉的规制措施能够保护自己。这也就使得许多国家在国际规则建立的谈判之中无法有确定的立场。这种网络空间发展上的不对称性使得在网络空间中达成一致十分困难。

---

  [1] Kubo Macak. But Close At Hand：*The Contribution of Non-state Initiatives to International Cyber Law*. Cambridge University Press，2019.

从网络空间国际关系上而言，网络技术的飞速发展，各国信息化技术能力进一步加强，致使原本以美国为主导的国际网络旧秩序受到挑战，加剧了各国网络空间领域的不安全感。2018 年，美国国防部公布《核态势评估 2018》①，将中国俄罗斯同美国的"大国竞争"当成比反恐更为恐怖的事件。近年来，美国频频指责中国破坏其网络安全，歪曲中国以网络空间主权为由损害网络空间人权，将此作为重大国家安全危机。随着网络犯罪和人工智能等领域的进一步发展，中国作为最具影响力的网络大国之一，理应同各国一道，求同存异，寻找利益交合点，进行国际合作。而随着欧盟与中国在贸易、经济、网络犯罪上的合作进一步加深，中欧全面伙伴关系将更加紧密。我国应分析网络空间国际局势，完善国家主权原则的行使方式，注重网络安全在国家安全的核心地位。

一、网络主权的概念溯源与法律结构

（一）网络主权的提出与发展

1. 网络主权的提出

关于"主权"概念的起源可以追溯到古希腊时期，在亚里士多德笔下被称为"变态政体"的主权意涵主要来自对内的最高统治权，即要求被统治者服从，赋予了统治者地位的合法性。法国政治学家让·博丹（Jean Bodin）首次提出"君主主权论"②，之后伴随威斯特伐利亚体系的建立，主权概念开始在国际政治秩序和国际关系领域得到广泛认知与实践，主权成为现代民族国家的基石。而主权作为现代法治的基础，也是国家行使立法、行政、司法等权力的权威来源。随着互联网的急剧发展，网络权力样态不断发展与演变，在实践中对传统的主权观念构成了挑战，主权的争论拓展到了网络这一新疆域中，"言论自

---

① Nuclear Posture Review 2018. Russia and North Korea have increased the salience of nuclear forces in their strategies and s and have engaged in increasingly explicit nuclear threats. Along with China, they have also engaged in increasingly aggressive behavior in outer space and cyber space. Russia and China are pursuing asymmetric ways and means to counter U. S. conventional capabilities, thereby increasing the risk of miscalculation and the potential for military confrontation with the United States, its allies, and partners.

② Jean Bodin. On Sovereignty. Translated by Julien H Franklin, Six Livres de la republique (1572).

由"与"民主政治"成为相互联结、难以分割的整体。网络主权是传统主权在网络空间的延伸，也与网络空间的国际治理秩序紧密相连。但网络主权的建构之路从来不是一帆风顺的。1996 年约翰·巴洛(John Perry Barlow)在达沃斯论坛上发布《网络空间独立宣言》(*A Declaration of Independence of Cyberspace*)中疾呼，网络空间不受政府统治，而应该独立自治，互联网世界中国家应当无主权。①巴洛的互联网自由的宣言本质上是对一个无政治差异、无人种差异、全新、平等和独立自由的乌托邦共同体的希冀。当时的历史背景致使人们对政治和国家充满失望，而对国家法律之外的社会规范(Norms)十分向往。1996 年美国的《传播净化法》的发布表明其首次通过立法管制互联网，此法的确立引起了美国宪法第一修正案学者的反对，认为这样会恫吓互联网的言论自由。在 Reno V. ACLU，521 U. S. 844(1997)②这一经典案例中，美国最高法院认为宪法赋予公民的言论自由权适用于互联网领域，必须受到如传统领域一般的保护。史蒂文斯大法官(Justice Stevens)在其判决中写道，互联网是一个独一无二的媒介，是不受政府监督和规制的民主论坛。奥康纳大法官(Justice O'Connor)则在他的协同判决书(concurring opinion)中写道，用户得以在网络空间传递和接收信息而不泄露个人身份信息，政府不应过多干涉。在美国宪法案例中，Reno V. ACLU 案件及当庭论战实录作为互联网自由言论权的确认，被广为关注。但是互联网的绝对自由在信息技术的发展中被逐渐否决，人们发现绝对自由带来的不是乌托邦之地，而是真正的混沌。网络主权再一次回到曾经笃定呼吁互联网是全球公域的学者专家以及政客的视野中。美国宪法学家卡斯·桑斯坦(Cass Sunstein)曾指出，互联网一开始便是由政府打造的，"尽管很多人声称网络已经或应该摆脱政府的控制，但虚拟空间和实际空间其实并无不同，政府的力量与规制仍然无处不在"。弥尔顿·穆勒(Milton Mueller)则指出"质疑民族国家在全球通信时代地位的人是荒谬可笑的"③。

虽然网络主权缘起于西方，但是我国学者在此之前也有过诸多深入讨论。2008 年，李鸿渊在谈到网络主权时表示网络主权是国家主权在网络空间的自

---

① John P. Barlow. A Declaration of the Independence of Cyberspace. para 3, 1996.

② Reno V. ACLU，521 U. S. 844(1997) 美国史上第一件关于政府如何规制法律空间的案件，此后为美国网络空间规则制定判例法。

③ Milton Mueller. Will the Internet Fragment? Sovereignty，Globalization，and Cyberspace. *International Journal of Communication*，2017(11)，pp. 4845-4849.

然延伸，主要体现为国家有权在网络空间行使管辖权。① 而后，学者又将网络主权分为对内与对外的两个层面，同意网络主权是一国独立自主不受他国干涉地进行网络空间活动，处理网络空间事务并对网络攻击行为实施自卫的权利。方滨兴院士则认为，网络主权包含我国境内支撑网络的物理基础设施和基于网络物理设施形成的空间。2010 年 6 月，中国在公布的《中国互联网状况》白皮书中提到要尊重互联网主权，2014 年 11 月，中国国家主席习近平向首届世界互联网大会致贺词中首次完整提出"网络主权"一词，表示"中国愿意同世界各国携手努力，深化国际合作，尊重网络主权，维护网络安全"。

2. 网络主权的国际文件

（1）2003 年，联合国信息社会世界峰会通过的《日内瓦原则宣言》中提出：互联网公共政策的决策权是各国的主权。

（2）2005 年，信息社会世界峰会（WSIS）突尼斯阶段会议第八次全体会议中通过了《突尼斯议程》，其中提出，在重审日内瓦《行动计划》第三段所述各利益相关方的重要作用和责任的同时，我们承认各国政府在峰会进程中的关键作用和责任。

（3）中俄等国家在 2011 年提出并于 2015 年重新修订的《信息安全国际行为准则》，在国家主权层面大会决议部分重审了"与互联网相关的公共政策问题的决策权是各国的主权；对于与互联网有关的国际公共政策问题，各国拥有权力并且富有责任。"而在准则内容部分，遵守《联合国宪章》和公认的国际关系基本原则和准则，包括尊重各国主权、领土完整和政治独立，"重审各国责任和权利，依法保护本国信息空间及信息基础设施免受威胁、干扰和攻击破坏"。

（4）2011 年 11 月 2 日，由英国外交和联邦事务部主办的网络空间会议在伦敦举行。作为国际上第一次以网络安全和网络空间治理为主题的大规模会议，与会代表除了政界和国际组织首脑之外，大型互联网企业，非政府组织和各国智库及学界的专家也来参会，体现了"公私伙伴关系"。网络空间国际会议主席声明，与会者担心一些国家利用主权原则作为限制、封锁网站以及对互联网内容进行审查的手段。

（5）2012 年 10 月，由匈牙利外交部举办的网络空间国际会议在布达佩斯

---

① 李鸿渊：《论网络主权与新的国家安全观》，载《行政与法》2008 年第 8 期。

举行。本次会议中的主要议题中有"网络安全""国际安全"及"网络犯罪"。会议仍然以美国和欧盟为代表,倡导网络空间的自由、开放和人权保护。会上再次强调了《布达佩斯公约》在惩治网络犯罪国际合作中的重要作用。时任外交部条法司司长的黄惠康在会上提出了网络空间应当遵守"网络主权""国际合作""平衡""和平利用""公平发展"五项原则。

(6)2013 年 6 月联合国信息安全政府专家组 UNGGE 在一份一致通过 2013A/68/98 号决议中提出,国家主权和在主权基础上衍生的国际规范及原则适用于国家进行的信息通信技术活动,以及国家在其领土内对信息通信技术基础设施的管辖权。

(7)2013 年 NATO 卓越合作网络防御中心制定的全球首部网络空间国际法规则《国际法适用于网络战的塔林手册》在主权一章中指出:一国有权对领土内的网络基础设施和网络活动行使控制。

(8)2013 年首尔会议达成了《旨在维护网络空间开放与安全的首尔框架及承诺》。国际安全部分指出:国家主权以及由该项权利所延伸出来的原则、准则,适用于国家在信息空间的活动,且国家对其领域内的信息基础设施享有管辖权。

(9)2015 年联合国信息安全政府专家组报告指出:国家主权和在主权基础上衍生的国际规范及原则适用于国家进行的信息通信技术活动,以及国家在其领土内对信息通信技术基础设施的管辖权。此外,该报告还在开头的总结部分指出,国家主权原则是增强国家运用信息通信技术安全性的根基。

(10)2015 年"伦敦进程——海牙会议主席声明国际和平与安全":有必要达成关于国家主权原则如何适用于网络空间国家行为的国际共识,同时要确保与国家的国际义务、国家责任相一致。

(11)2016 年七国集团(G7)关于网络空间原则和行动的声明:国家在应对网络空间的武装攻击时,可以依照联合国宪章第 51 条和国际法行使其固有的单独或者集体自卫权。

(12)2016 年金砖国家领导人在《果阿宣言》中表示:我们重审,在公认的包括《联合国宪章》在内的国际法原则的基础上,通过国际和地区合作,使用和开发信息通信技术。这些原则包括政治独立、领土完整、国家主权平等、以和平手段解决争端、不干涉别国内政、尊重人权和基本自由和隐私等。这对于维护和平、安全与开放的网络空间至关重要。

（13）2016 年，中俄签署了《中俄元首关于推进网络空间发展的联合声明》，旨在共同致力于推进网络空间发展。

（14）2018 年 11 月 19 日，俄罗斯联合中国等 31 个国家，与美国同时间向联合国大会提交了一份与美内容相冲突的决议，并同时被联合国大会通过。俄罗斯方决议中提到希望将之前只含有少则 15 个多则 25 个国家并有着时间规定的专家组替换为一个可以开放加入的专家组 OEWG（Open-ended Working Group）。OEWG 可以由任何联合国成员加入，并且没有时间限制。俄罗斯希望通过呼吁建立开放专家组表现自己的民主参与态度和对各国广泛参与度的希冀。在这场辩论中，俄罗斯代表将美方的新专家组提议称之为"封闭式俱乐部"，指责其不能代表联合国众多国家的意见。另外，俄罗斯指出 2016—2017 年联合国政府专家组（UN GGE）无法达成协议的失败也证明了旧模式不再能够适应日益发达的国际网络社会格局。俄罗斯通过此次决议表现了俄方对建立健全网络空间多边参与制度的坚持。

3. 网络主权中国官方文件及发言

（1）2010 年 6 月 8 日，中国发布《中国互联网状况》白皮书，其在第五部分"维护互联网安全"中写道："有效维护互联网安全是中国互联网管理的重要范畴，是保障国家安全、维护社会公共利益的必然要求。中国政府认为，互联网是国家重要基础设施，中华人民共和国境内的互联网属于中国主权管辖范围，中国的互联网主权应受到尊重和维护。中华人民共和国公民及在中华人民共和国境内的外国公民、法人和其他组织在享有使用互联网权利和自由的同时，应当遵守中国法律法规、自觉维护互联网安全。"

（2）2011 年 3 月发布的《2010 年中国的国防》将维护国家在网络空间的安全利益作为新时期中国国防的目标和任务。

其中写道："维护国家主权、安全、发展利益。防备和抵抗侵略，保卫领陆、内水、领海、领空的安全，维护国家海洋权益，维护国家在太空、电磁、网络空间的安全利益。"

（3）2012 年 10 月，在匈牙利举行的网络空间国际会议上，中国政府代表团团长、外交部法律顾问和条法司司长黄惠康在当天的第一次全体会议上发言，介绍了中国互联网发展情况及基本政策，并提出各个国家在网络空间应共同遵守网络主权、和平利用、公平发展、平衡以及国际合作五项原则。我国在提交联合国的信息安全国际行为准则中提到，与互联网相关的公共政策问题决策权属于各国主权,防止他国利用互联网优势,削弱接受上述行为准则国家对信息技术的自主控制权或威胁其政治、经济和社会安全等。

(4)2013年6月24日,联合国大会通过了《从国际安全的角度来看信息和电信领域发展的政府专家组的报告》,决议第20条内容是:国家主权和源自主权的国际规范和原则适用于国家在其领土内对信息通讯技术基础设施的管辖权。这一条款的本质就是承认国家的"网络主权"。

(5)针对网络主权安全的核心技术问题,习主席于2013年12月20日《在中国工程院一份建议上的批示》(简称"1220批示")中提出,"计算机操作系统等信息化核心技术和信息基础设施的重要性显而易见,我们在一些关键技术和设备上受制于人的问题必须及早解决。要着眼国家安全和长远发展,抓紧谋划制定核心技术设备发展战略并明确时间表,大力发扬'两弹一星'和载人航天精神,加大自主创新力度,经过科学评估后选准突破点,在政策、资源等各方面予以大力扶持,集中优势力量协同攻关实现突破,从而以点带面,整体推进,为确保信息安全和国家安全提供有力保障"。

(6)2014年7月16日,习近平在巴西国会发表《弘扬传统友好 共谱合作新篇》的演讲。演讲表示:"当今世界,互联网发展对国家主权、安全、发展利益提出了新的挑战,必须认真应对。虽然互联网具有高度全球化的特征,但每一个国家在信息领域的主权权益都不应受到侵犯,互联网技术再发展也不能侵犯他国的信息主权。在信息领域没有双重标准,各国都有权维护自己的信息安全,不能一个国家安全而其他国家不安全,一部分国家安全而另一部分国家不安全,更不能牺牲别国安全谋求自身所谓绝对安全。国际社会要本着相互尊重和相互信任的原则,通过积极有效的国际合作,共同构建和平、安全、开放、合作的网络空间,建立多边、民主、透明的国际互联网治理体系。"

(7)联合国第69届会议《信息安全国际行为准则》的签署。2015年1月9日,中华人民共和国常驻联合国代表刘结与其他国家代表一起,签署了《信息安全国际行为准则》,表示中国愿与其他国家一起:

①遵守《联合国宪章》和公认的国际关系基本原则与准则,包括尊重各国主权,领土完整和政治独立,尊重人权和基本自由,尊重各国历史、文化、社会制度的多样性等。

②不利用信息通信技术和信息通信网络实施有悖于维护国际和平与安全目标的活动。

③不利用信息通信技术和信息通信网络干涉他国内政，破坏他国政治、经济和社会稳定。

④合作打击利用信息通信技术和信息通信网络从事犯罪和恐怖活动，或传播宣扬恐怖主义、分裂主义、极端主义以及煽动民族、种族和宗教敌意的行为。

⑤努力确保信息技术产品和服务供应链的安全，防止他国利用自身资源、关键设施、核心技术、信息通信技术产品和服务、信息通信网络及其他优势，削弱接受上述行为准则国家对信息通信技术产品和服务的自主控制权，或威胁其政治、经济和社会安全。

⑥重申各国有责任和权利依法保护本国信息空间及关键信息基础设施免受威胁、干扰和攻击破坏。

（8）首届世界互联网大会贺词：2014 年 11 月 19 日，首届世界互联网大会在浙江乌镇开幕。习近平向首届世界互联网大会致贺词："维护和弘扬国际公平正义，必须坚持联合国宪章宗旨和原则。我们应该提倡尊重各国主权和领土完整，尊重世界文明多样性和国家发展道路多样化，尊重和维护各国人民自主选择社会制度的权利，反对各种形式的霸权主义和强权政治。我们应该倡导人类命运共同体意识，在追求本国利益时兼顾他国合理关切，在谋求本国发展中促进各国共同发展，建立更加平等均衡的新型全球发展伙伴关系。我们应该倡导共同、综合、合作、可持续安全的理念，尊重和保障每一个国家的安全，加强国际和地区合作，共同应对日益增多的非传统安全威胁。我们应该加强在联合国、世界贸易组织、二十国集团、金砖国家等国际和多边机制内的协调和配合，凝聚发展中国家力量，积极参与全球治理，为发展中国家争取更多制度性权力和话语权。"除此之外，还有"维护和弘扬国际公平正义，必须坚持主权平等。主权是国家独立的根本标志，也是国家利益的根本体现和可靠保证。国家不分大小、强弱、贫富，都是国际社会平等成员，都有平等参与国际事务的权利，各国应该尊重彼此核心利益和重大关切。各国的事务应该由各国人民自己来管，世界的命运必须由各国人民共同掌握，世界上的事情只能由各国政府和人民共同商量来办"。

当今世界，互联网发展对国家主权、安全、发展利益提出了新的挑战，必须认真应对。虽然互联网具有高度全球化的特征，但每一个国家在信息领域的主权权益都不应受到侵犯，互联网技术再发展也不能侵犯他国的信息主权。在信息领域没有双重标准，各国都有权维护自己的信息安全，不能一个国家安全而其他国家不安全，一部分国家安全而另一部分国家不安全，更不能牺牲别国安全谋求自身所谓绝对安全。国际社会要本着相互尊重和相互信任的原则，通过积极有效的国际合作，共同构建和平、安全、开放、合作的网络空间，建立多边、民主、透明的国际互联网治理体系。

（9）2015年12月16日，以"互联互通，共享共治构建网络空间命运共同体"为主题的第二届世界互联网大会在中国浙江乌镇开幕，中共中央总书记、国家主席习近平亲临大会并发表重要讲话。会上，他提出推进全球互联网治理体系的四项原则：尊重网络主权，维护和平安全，促进开放合作，构建良好秩序。并指出，网络主权就是国家主权，没有网络信息安全，就没有国家安全。其核心在于对网络主权的保护和尊重。习近平主席表示："尊重网络主权。《联合国宪章》确立的主权平等原则是当代国际关系的基本准则，覆盖国与国交往各个领域，其原则和精神也应该适用于网络空间。我们应该尊重各国自主选择网络发展道路、网络管理模式、互联网公共政策和平等参与国际网络空间治理的权利，不搞网络霸权，不干涉他国内政，不从事、纵容或支持危害他国国家安全的网络活动。"

（10）2015年全国人大常委会通过《中华人民共和国国家安全法》，首次明确网络空间主权这一概念。新的国安法规定，国家建设网络与信息安全保障体系，并加强网络管理，防范、制止和依法惩治网络攻击、网络入侵、网络窃密、散布违法有害信息等网络违法犯罪行为，维护国家网络空间主权、安全和发展利益。其中第二十五条规定：维护国家网络主权、安全和发展利益。

（11）《中华人民共和国网络安全法》的颁布。2016年11月7日，《中华人民共和国网络安全法》由全国人大常委会审议通过并发布，2017年6月1日其正式实施。即国家安全法之后，网络安全法再次明确网络空间主权原则，并从法律制度层面进一步细化"网络空间主权"在法律上的适用。

（12）2016年11月16日，第三届世界互联网大会在浙江乌镇开幕。中国国家主席习近平通过视频发表讲话。习主席指出："中国愿同国际社会一道，坚持以人类共同福祉为根本，坚持网络主权理念，推动全球互联网治理朝着更加公正合理的方向迈进，推动网络空间实现平等尊重、创新发展、开放共享、安全有序的目标。中国愿同国际社会一道，坚持以人类共同福祉为根本，坚持网络主权理念，推动全球互联网治理朝着更加公正合理的方向迈进，推动网络空间实现平等尊重、创新发展、开放共享、的目标。"

（13）2016 年 4 月 19 日，中共中央总书记、国家主席、中央军委席、中央网络安全和信息化领导小组组长习近平在北京主持召开网络安全和信息化工作座谈会并发表重要讲话。习主席表示：要树立正确的网络安全观，加快构建关键信息基础设施安全保障体系，全天候全方位感知网络安全态势，增强网络安全防御能力和威慑能力。

（14）《塔林手册》2.0 版的编纂与面世。《塔林手册》2.0 版把网络空间分为物理层（physical layer）、逻辑层（logical layer）和社交层（social layer）三个部分，并认为每个层次都与主权原则有关。物理层包括物理网络组件（即硬件和其他基础设施，如电缆、路由器、服务器和计算机）。逻辑层由网络设备之间存在的连接组成，包括应用程序、数据和允许数据经过物理层的协议。社交层包含从事网络活动的个人和团队。《塔林手册》2.0 版还从对内主权和对外主权两个角度论述了网络主权，对内主权强调国家对一国领土内的网络基础设施和网络活动享有主权。国家有权制定相关国内法实现主权。对外主权的基础是国家在法律上的平等权，强调在国际关系中，国家可以自由实施网络行动，除非这一权利受到国际法的限制和约束。禁止侵犯和干涉他国主权，禁止使用武力。总而言之，《塔林手册》2.0 版一方面说明了主权理论在网络空间的适用性和在国际法上的基石地位，另一方面吸收了中国等发展中国家的合理诉求。其承认国家主权主要用于在物理层与社会层的对象，即主张国家在本国领土范围内网络设施、服务器、计算机等硬件设施中存在毫无争议的主权。对于在本国范围内能够对社会和群体造成影响的网络活动，国家拥有绝对管制权，应该受制于本国的法律。而我国网络安全法也明确提出国家要采取措施，监测、防御、处置来源于中华人民共和国境内外的网络安全风险和威胁，保护关键信息基础设施免受攻击、侵入、干扰和破坏，依法惩治网络违法犯罪活动，维护网络空间安全和秩序。

（15）2017 年中国《网络空间国际合作战略》提出，应在和平、主权、共治、普惠四项基本原则的基础上推动网络空间国际合作。战略倡导各国切实遵守《联合国宪章》宗旨与原则，确保网络空间的和平与安全；坚持主权平等，不搞网络霸权，不干涉他国内政；各国共同制定网络空间国际规则，建立多边、民主、透明的全球互联网治理体系；推动在网络空间优势互补、共同发展，弥合"数字鸿沟"，确保人人共享互联网发展成果。并强调，明确网络空间的主权，既能体现各国政府依法管理网络空间的责任和权利，也有助于推动各国构建政府、企业和社会团体之间良性互动的平台，为信息技术的发展以及国际交流与合作营造一个健康的生态环境。

战略确立了中国参与网络空间国际合作的战略目标：坚定维护中国网络主权、安全和发展利益，保障互联网信息安全有序流动，提升国际互联互通水平，维护网络空间和平安全稳定，推动网络空间国际法治，促进全球数字经济发展，深化网络文化交流互鉴，让互联网发展成果惠及全球，更好造福各国人民。战略还从九个方面提出了中国推动并参与网络空间国际合作的行动计划：维护网络空间和平与稳定、构建以规则为基础的网络空间秩序、拓展网络空间伙伴关系、推进全球互联网治理体系改革、打击网络恐怖主义和网络犯罪、保护公民权益、推动数字经济发展、加强全球信息基础设施建设和保护、促进网络文化交流互鉴。

（16）党的十九大报告中提出要坚持和平发展道路，推动构建人类命运共同体。提出要建设网络强国、数字中国、智慧社会等目标。中国网络空间战略研究所所长秦安在中国共产党新闻网表示，紧紧围绕党的十九大的召开，坚定网信事业定力，增强维护网络空间主权、安全和发展利益的勇气，深化细化全局性、战略性、前瞻性的行动纲领，以新的精神状态和奋斗姿态，在网络空间和通过网络空间进行伟大斗争、建设伟大工程、推进伟大事业、实现伟大梦想，都需要我们站在更高起点推动网络安全宣传工作，谋划和推进网络强国建设。

（17）第四届世界互联网大会于 2017 年 12 月 3 日至 5 日在浙江乌镇召开，国家主席习近平发来贺信。他在贺信中指出：全球互联网治理体系变革进入关键时期，构建网络空间命运共同体日益成为国际社会的广泛共识。我们倡导"四项原则""五点主张"，就是希望同国际社会一道，尊重网络主权，发扬伙伴精神，大家的事由大家商量着办，做到发展共同推进、安全共同维护、治理共同参与、成果共同分享。习主席以尊重网络主权为核心，与坚持四个"共同"一起，简明扼要地为构建网络命运共同体指明了路径。

（18）第五届世界互联网大会在 2018 年 11 月在乌镇召开。会议以"携手共建网络空间命运共同体"为主题，设置分论坛，探讨网络安全问题、人工智能、数字丝路等问题。会上倡导建立网络空间命运共同体，而尊重网络主权是互联网普惠共享的关键前提。

（二）网络主权的界定和内涵

《联合国宪章》确立的主权平等原则是当代国际关系的基本准则，国家主权则是现代国际法一项最为基本的原则。网络空间的虚拟性和新颖性，给传统国家安全带来挑战，也给传统治理方式带来冲击。但互联网并非法外之地，互联网作为第五空间，只是国家治理疆域的扩展，根本上仍然从属于国家的管辖。它从社会活动、工具、理念、军事、经济等各方面重塑人类的生活，推动着社会和国家的发展。由于它的联通性，使得观点可以汇集于互联网，再通过互联网影响个人，团体乃至国家的思维方式。互联网拥有一定自由，但是自由从来都与秩序并肩。网络主权是国家主权在网络空间的自然延伸，也是现实主权在虚拟空间的合理反映。

1. 网络主权的权力与义务

第一种分类方法是四权法：部分学者根据传统主权在国际法中的含义，延伸至网络空间用以解释网络空间主权的内涵。同传统主权相似的是，网络主权也主要被划分为四个方面：①管辖权，即主权国家管理网络空间的权力；②防卫权，即主权国家防御网络攻击的权力；③独立权，即确保本国网络空间独立的权力；④平等权，即各国平等参与国际治理的权力。但是，这样的简单映射也并不准确。主要是集中在防卫权如何适用网络空间之中。武装冲突法在网络空间的临界与标准仍然未能达成共识，国家在网络空间的自卫权力如何适用，尚未定论。

同时，在国家履行网络主权权力的同时，也应当承担该相应义务。只有权利与义务并重，才符合主权内涵。习主席提出建立"网络空间命运共同体"，每个国家以平等身份共同治理国际网络的权利为多边、民主、透明的全球互联网治理体系奠定了基础。网络空间命运共同体所提倡的国家间网络共同治理权利，具体是平等参与、共同利用和善意合作的。网络主权中，也要求国家能够承担公平合理利用和进行善意合作的义务。

（1）网络主权需要各国确立公平合理利用义务：网络主权的首要目标是确保各国的网络安全，确立网络空间里国家的"公平合理利用义务"。联合国《国际水道非航行使用法公约》确立了"公平合理利用原则"，要求国家不得凭借在核心技术、信息产品和服务、信息通信网络等方面的优势，不公平分配重要网络资源或破坏关键性基础设施的稳定运行。网络主权的公平合理利用义务便是此原则在网络空间的适用。一方面，各国不得在网络空间中从事或指挥、控制私人干涉别国内政，或者从事有损于别国重大利益的行为；另一方面，网络发达国家不得凭借自身在核心技术、信息通信技术产品和服务、信息通信网络等方面的优势，不公平分配国家顶级域名、通用顶级域名等重要网络资源，不维护或破坏光纤电缆等关键性基础设施的稳定运行，或者损害别国信息通信技术产品和服务供应链安全。最后，公平合理利用义务还要求相关国家对网络空间保护和发展的努力应当与其网络能力及可能造成的威胁或可能获得的利益成比例，从而在权利义务实现平衡。第一，各国不得在网络空间中从事或指挥、控制私人干涉别国内政，或从事有损于别国重大利益的行为。第二，网络发达国家不得凭借自身核心技术、信息产品服务、通讯网络等优势，不公地分配基础性网络资源，疏于维护或蓄意破坏关键性基础设施稳定运行，或者损害别国信息通信技术产品服务供应链安全。第三，相关国家对网络空间保护和发展的努力，应当与其网络能力及可能造成的威胁或可能获得的利益相对应。

（2）各国的善意合作义务：基于《联合国宪章》第1条第3款和1970年联合国大会《各国友好关系和合作决定》，"善意合作义务"首先要求各国合作打击网络犯罪和网络恐怖，抵制网络间谍和网络战。鉴于有效的合作依赖于信息，一国就严重关切自身利益、且在别国控制下的网络数据应当有权主张共享。其次，当一国的措施对别国网络空间造成不利影响或其领土内发生造成跨界损害时，应及时通知或警告，以便后者做好评估、预防和应急工作。再次，各国应致力于建立正式的磋商机制，定期举办国际会议，逐步建立联合国及其安理会下的"以国家为主体、多利益攸关方参与、公私合作"的国际网络空间组织，全面协调和管理网络空间事务。最后，作为网络空间全球治理的最终解决之道，各国应秉承坦诚和善意，尽可能促成网络空间国际准则和公约的订立，并采取一切必要措施保证相关准则或公约的严格执行，特别是建立网络空间的争端解决机制，以实现国际规则的长效约束力。

（3）网络主权需要各国合作，实现"共商，共建，共享"。习主席提出的"共商、共建、共享"的全球治理理念，有利于促进构建以合作共赢为核心的新型国际关系。随着科技的进一步发展，网络安全威胁呈现出多层级、多形式、潜伏性强的特点。人们逐渐意识到，建立在主权平等之上的主权合作已经成为当代国际社会立足基本方式，网络空间尤其如此。网络空间的互联、互动特征使得各国也已成为网络空间命运共同体的一分子，面对网络空间中与日俱增的政治、经济、社会和文化的安全问题，没有哪个国家能够置身事外、独善其身，建立和维护网络空间新秩序由此成为每个国家的共同责任。我国政府提出网络空间新秩序应当坚持"共商共建共享"的基本原则。其中，"共商"要求各国网络空间国际规则应以协商谈判的方式进行，而不能将本国的主权凌驾于他国之上，而成为网络霸权；"共建"要求各国善意合作，共同维护和构建和平、安全、开放、合作的网络空间；"共享"要求各方公平合理地利用互联网，实现互利共赢。唯有通过主权合作，共商、共建、共享，各国形成合力，包容性治理、双赢合作，才能正当合理的在网络空间行使网络主权，构建良好的互联网环境。

2. 网络主权的分层

就如网络空间并非"自然"，网络主权也不可能自然地从传统主权中延伸出来，而只有从变化着的主权观念和网络空间本质中创造出来。第二类方法是根据网络空间的特点将网络空间分为物理层、逻辑层与社会层，以层级论看待网络空间治理，解析网络主权问题。

网络空间中物理基础设施是基础层，其中包含计算机、设备、路由器、服务器、网络线路、路由器、光纤等基础设施组成；逻辑层主要是存储在硬件设备中的软件、数据与协议，负责传输数据和信息；社会层则是数据信息形成的图片、音频等资料，和通过互联网构建的人际交流网络。《塔林手册》2.0版中认为网络主权的行使主要集中在物理层与社会层。在数据层则是通过对数据加密传输，由互联网协议对网络行为进行管理。

1）物理层

国际法和国际实践已经认可国家主权可适用于网络空间的物理层，对应的网络主权要素是网络设施。国家法律有权管理作为物品、计算机、服务器和光纤等网络基础设施。克拉斯纳（Stephen Krasner）在其《遵守主权》①一文中提到主权的四个维度，认为相互依赖的主权是指国家控制要素跨境流动的能力，这种控制是国家在特定边界范围内行使有效管辖的基础。国家不仅确认公民对于物品的民事权利，还对于物品具有国际公法上的管辖权。如果其他国家、军队或者政府乃至政府授权的私主体对于此类物品进行攻击或者损害，不但

---

① Stephen D. Krasner. Abiding Sovereignty. *International Political Science Review*，2001，22（3），pp. 229-251.

侵害了该物品所有人的财产，也侵犯了该所有人所在国的主权。当今世界所谓的"网络战争"（cyberwar）或者"网络攻击"（cyberattack），很大程度上是物理层主权层面的概念。

2）逻辑层

网络主权概念要求，在国际根域名等关键基础设施的治理中，采取多边主义的治理模式，反对一个国家通过各种形式控制最根本的治理权，以此实现各国平等参与互联网国际治理的权利。从历史来看，逻辑层一直是网络主权的争夺焦点，并且呈现出单一主权国家具有根本控制权的状态。

3）社会层

网络主权概念要求，尊重各国依据自身特定的历史文化传统和社会价值对网络空间进行监管的权力。在互联网日益发展、融入各国社会生活的今天，虚拟世界已经和物理世界高度融合。互联网乌托邦主义者曾认为互联网将会抹平人类的地理区隔，现在已经被证明只是一种理想或者幻想。在社会层，网络主权的概念实际上意味着在尊重公民信息自由权的同时，构建各国具有民族特色的文化治理体系。网络主权体现为一国网络文化中所反映和坚持的核心价值和社会理念，取决于各国不同的宪法价值和法律传统。

3. 网络主权与人权

中国提出尊重网络主权、尊重各国互联网发展道路治理模式的选择，并将网络空间行使主权，看做是互联网安全的基石。这一点被西方学者多有诟病和误解。主要原因在于西方学者认为中国提倡的网络主权是对网络空间人权的侵犯。网络空间的人权核心在于隐私权与自由言论权，但权利也并非绝对。

《公民权利和政治权力国际公约》（以下简称 ICCPR）第十七章中提到对于个人隐私权、家庭住所、物品及名誉权不能进行非法和武断的干扰。注释中对于"武断的干扰"的定义则解释为干扰行为必须合理且和人权宣言所希望达成的目标相一致。[1]

尊重网络空间主权原则并非是对国际法人权的侵犯。人权对于网络空间的重要性是毋庸置疑的，我国倡导在网络世界中以正确的方式引入人权规则。人权委员会也曾经表示，虽然在网络空间领域内仍然要将尊重和保护人权作为网

---

[1] Human Rights Committee. General Comment No. 16；Article 17（Right to Privacy）. para，4.

络空间治理的重要原则，但是由于网络空间的特殊性，如何进行保护是目前尚未达成共识的板块之一。

网络空间的人权内容主要涉及隐私权、网络空间自由言论权、被遗忘权等。其中隐私权主要包含个人数据保护、跨境数据流动等问题。1948 年世界人权宣言（以下简称 UDHR）、ICCPR 中都曾提到，每位公民都有法律赋予的权利不应对个人隐私、家庭、住所、物品及名誉有所损害。但是具体实践则根据各个国家的宪法和法律实践的不同而各异。在欧洲人权法院的案例法理之中，电子数据的搜索和取得视作对个人物品的干扰，又将政府对于个人数据的系统性收集看做对隐私权的干扰。美国关于隐私权的里程碑案件是 Griswold v. Connecticut，382 U. S. 479（1965），最高法院道格拉斯法官（Justice Douglas）在案件的判词中提出公民享有合理、可期待的"隐私范围"（Zone of Privacy），隐私权是由美国宪法孕育出的重要权利。随后的 Katz v. United States，389 U. S. 317（1967）一案则详述了第四修正案中的搜查与扣押（search and seizure）原则在数据监听中的适用和其例外情况。此案作为判例法，规定了监听私人数据信息也应被宪法第四修正案所保护，所以没有搜查证则不可对个人数据进行监听。案件提出，数据隐私权须符合两个要件：公民是否对数据的保密性有期待；期待是否合理。之后的一些最高院案件中则随后确立，单凭获准监视本身不可视为对于数据及个人物品等具有搜查权。Kyllo v. United States，533 U. S. 27（2001）案中则规定美国政府不可使用一般不应公共使用的设备探查私人家庭数据。

个人数据保护则有更为广泛的实践。ICCPR 总评论中解释了 ICCPR 中所提到的隐私权包括个人数据的权利。① 各国针对个人信息数据的保护各有立法。各国对个人信息权、数据、隐私权等的定义、起源、法律渊源和法律实践也各不相同。南美国家有三种以上对于个人数据权的保护方式：萨尔瓦多共和国基本没有任何相关法律；哥斯达黎加针对人身数据权有相应立法体系；巴西则是改良适用欧洲的数据保护系统立法。但是由于网络技术的限制，对于进来的现今技术带来的法律问题并无提及。德国早在 1984 年的宪法法院中就承认政府应当尊重个人隐私权，尤其是信息决策权。对于欧盟而言，2000 年的《欧

---

① Human Rights Committee's General Comment No. 16: The gathering and holding of personal information on computers, data banks and other devices, whether by public authorities or private individuals or bodies, must be regulated by law……

洲联盟基本权利宪章》第 8 章第 2 款①详细写出了公民对于私人数据的获得必须得到公民的同意或者基于法律准许的理由。此宪章明确区分了隐私权与个人数据权利，并将个人数据权利作为单独的隐私权中的重要组成部分。这也为明确隐私权与个人数据权利之间的重合及特点做了法理铺垫。

国际人权保护限制即克减原则表示，在紧急状态下，除了一些不可克减的最基本权利如生命权和不需克减的权利之外，国家可以在经过固定程序后中止相应的公民权利。网络空间的人权也非绝对权利，最常见的例外情况就是国家安全与维护国家稳定法律秩序的需要。国家安全利益与个人隐私权利的平衡一直在人权案例中比比皆是。例如，欧盟根据 UCHR 的规定，人权的例外情况只在于当危及国家安全的情况发生时或者需要打击犯罪时，政府可采取合法及必要手段保护合理目的。欧洲人权法院判例法规定对人权的侵犯需要满足两个条件：必须合法，必须采取合理而相称的手段。2012 年的 Yidirim v. Turkey② 案件细化了此人权原则在网络空间中的适用。数据保护的问题则在欧盟 95/46 号指令也提到，当国家安全出现威胁、国家经济利益受到损害、犯罪调查等情况出现时，对于个人数据的保护或可终止。对于美国而言，宪法第一修正案规定的自由言论权，隐私权是网络空间最重要的公民权利。从大法官福尔摩斯（Justice Holmes）在 Abram v. United States 一案中详细论述过信息自由权对于寻求真理的重要性，为第一修正案自由言论权的法理和此后世纪之久的辩论拉开帷幕；到 Reno v. ACLU 中对于网络空间个人言论自由权保护的认可，表现着当时的美国在现实世界乃至网络空间的理想主义。在 In re Terrorist Bombings of US Embassies in East Africa③ 一案中，争议点则在于对于域外美国公民的数据搜查是否可以运用美国法院出具的搜查令，法庭得出的结论则是宪法第四修正案的搜查与扣押（search and seizure）保护不能庇护域外涉恐的美国公民数据不

---

① Charter of Fundamental Rights of The European Union, Article 8 Protection of personal data, para 2. (Such data must be processed fairly for specified purposes and on the basis of the consent of the person concerned or some other legitimate basis laid down by law. Everyone has the right of access to data which has been collected concerning him or her, and the right to have it rectified)

② See Ahmet Yildirm v. Turkey, No. 3111/10, ECHR 2012, and see esp. the concurring opinion of Judge Paulo Pinto de Albuquerque at 27-28.

③ In re Terrorist Bombings of US Embassies in East Africa, 552 F. 3d 157(2d. Cir. 2008).

被审查。1978 美国通过的《美国情报监视法》(US Foreign Intelligent Surveillance Act of 1978，以下简称 FISA)中区分了美国公民与非美国公民在被获取数据情报时的差别待遇。专门赋予情报法院(FISA Court)以出具情报数据搜查令的权利。①

这些国家的实践既表现了人权与国家权利平衡并非易事，也表明人权的保护不应当成为国家安全的短板。随着恐怖主义的泛滥，主权国家纷纷采取军事，法律等措施预防和打击恐怖分子。多个国家曾经为了打击恐怖袭击，对境内境外的公民进行了大面积的监听，并对个人数据进行过广泛搜索。2015 年，北大西洋公约组织海军长官詹姆斯(Admiral James Stravridis)提出对 ISIS 最有效的打击方法是通过搜集网络数据流动中涉及的"伊斯兰国"招纳人员的信息从而掌握 ISIS 的下一步行动及所在地点。斯诺登事件后来印证了美国与英国曾经详细审查过网络游戏的个人数据以期查出隐蔽的金钱流动记录、武器交易明细和军事训练手段。2013 年 9 月，推特通过查找涉恐信息，发现索马里好战分子发布的视频和言论违反"不对特定的他人造成直接的暴力"的规定而被推特禁言。谷歌表示因数据庞大无法逐一审查是否符合国家安全规范；2015 年因恐怖分子袭击法国的 *Charlie Hebdo* 杂志社，随后私人志愿者团体"Ghost Security"成立，此组织通过获取和浏览数据分析恐怖分子所在地，应对网络恐怖袭击。2015 年 1 月，时任英国首相的卡梅隆表示希望能够禁止设立不允许政府查阅网络信息的电信服务商。此事的导火索是 2013 年英国士兵 Lee Rigby 被两名宗教狂热分子所杀害的恶性事件。此案件的分析报告曾表示：如果当时英国反间谍部门军情五处(MI5)有权对网络信息进行查阅，这件惨案就可以被及时阻止。报告还指责提供网络服务商的美国应当承担责任，因为如果美国网络服务商(ISPs)对过境的信息进行了审查，可疑的内容就会被提前发现，所以事件的发生美国难逃其责。美国则以恐扰乱互联网言论自由权为由回应了英方的指责。

可见国家对于网络空间人权的保护也是行使主权重要的分支点。2000 年跨国有组织犯罪公约(2000 Transnational Organized Crime Convention)强调"与主权平等原则和领土完整要求一国不应当对他国内政事务加以干涉"。2001 年布

---

① Foreign Intelligence Surveillance Act, Pub. L. No. 95-511, 92 Stat. 1783(codified at 50 § U. S. C. 1801-1811, 2000).

达佩斯网络犯罪公约（Budapest Convention on Cybercrime）则规定"如要获得处于另一国家领域内的非公开信息必须获得信息持有人的同意。"网络主权的行使既是对公民人权的保护也是对国家安全的保护，而具体人权与国权冲突时国家所做出的选择，无论在判例法国家还是我国，都应以保护国家安全与法律秩序和人权的平衡为选择，视具体情形（Totality of Circumstances）①而定。

二、网络主权与大国网络安全

网络安全意识一直根植于我国网络立法之中。我国自 1994 年接入国际互联网，2014 年成立中央安全与信息化小组，经过 20 多年的技术发展和网民数量的增加，网络安全立法也渐成体系。1994—2000 年，网络安全重点主要放在与网络犯罪相关问题之上，2001—2009 年我国重视以政府为主题，普及网络安全知识，减少网络犯罪；2011—2016 年，随着我国成为互联网最为重要的力量之一，网络安全事件频发，网络空间军事化成为各国国家安全的重要威胁。2013 年斯诺登和美国控诉中国相关人员黑客行为等事件，使得中美之间在网络安全的冲突加剧；2014 年亚非法律协商组织在德黑兰举行的年会上，中国代表团提出将网络空间国际法问题纳入议程；2015 年，亚非法协举行"网络空间国际法问题"的分会议，希望能以联合国推动形成联合国框架下的网络空间国际法规则；2017 年，我国网络安全法正式实施。网络安全成为各国最为重要的议题之一。由于各国发展模式和网络技术发展阶段各不相同，网络安全治理模式也各不相同，本章将梳理美国、俄罗斯及重要国际组织网络安全治理模式及立法，为我国网络安全治理提供参考。

（一）网络安全的内涵

王缉思在《世界政治的终极目标》②中把非传统安全分为五类：一是人类社会为实现可持续发展所必须面对的安全问题、如自然灾害、生态恶化、资源匮乏、能源危机、传染病流行等；二是一个国家内部产生的社会问题影响到其他国家、地区甚至整个国际社会，如经济危机、难民问题、社会危机、民族宗教

---

① Samson v. California, 547 U.S. 843, 846（2006）, quoting United States v. Knights, 534 U.S. 112, 118-119（2001）.

② 王辑思：《世界政治的终极目标》，中信出版社 2018 年版，第 21 页。

冲突等；三是有组织的跨国犯罪活动，如跨国毒品贩运、国际洗钱、海盗、拐卖人口、非法移民等；四是国际恐怖主义组织对国际社会的冲击；五是全球化和国际交流扩大所带来的负面影响，如金融危机所引发的经济安全问题，电脑病毒、黑客所引发的信息安全问题，核电站事故引发的核安全问题等。传统安全和非传统安全问题的最大区别，在于前者一般可以通过加强国内治理和防止国家间战争得到保障，而后者往往跨越传统的国家界限，没有哪一个国家能单独应对。传统的军事安全领域是一种"零和游戏"，即一个国家加强军事力量会造成另一个国家的惧怕和防备，国家安全需要依靠提高军事力量的自助方式获得。非传统安全则打破了"一方获益、另一方受损"的传统国际关系思维和国家中心主义，提倡国际社会以合作的方式获得安全。在非传统安全的思维模式中，应对暴恐活动、环境污染、气候变化、传染病、非法移民、走私贩毒等全球性挑战，需要政府间合作，也需要跨国非政府组织配合。"合作安全""共同安全"等概念与合作形式应运而生。1982 年，瑞典前首相奥洛夫·帕尔梅主持的"裁军与安全问题独立委员会"起草了《共同安全：一种生存蓝图》的报告，指出共同安全是基于这样一种认识，即"安全的最佳保障是通过合作而非相互竞争的强权政治来获得"①。本章将通过对美国、俄罗斯、欧盟大国的网络主权态度及网络安全治理模式进行梳理，为深入理解各国对于网络主权的不同态度及背后原因、大国网络政策动向提供研究基础。

（二）美国威慑战略与中国网络安全

在我国网络主权的提出与推行过程中，美国是最为反对此法律概念的国家之一。美国认为中国提出网络主权意在合理合法化国家对于网络空间的控制，这是与美国宪法及社会政治教育中"民主""自治"的道德制高点所相违背的理念。但是，美国十年来在网络空间立法与政策却印证了美国政府对于网络主权的实际践行。本章将分析美国奥巴马、特朗普两届政府在网络空间的立法，总结其概况和特点。

1. 美国网络安全治理政策立法概况及特点

美国作为网络空间技术发展的先驱，在互联网立法上的前驱性，让其他国家望其项背。这很大部分得益于美国的国家战略对于信息化规制的重视。

---

① 朱阳明：《亚太安全战略论》，军事科学出版社 2000 年版，第 130 页。

（1）美国网络空间立法经历了重视打击国内网络犯罪，保证信息自由到关注国际治理，掌控网络空间国际治理主导权的转变。美国于1977年出台《联邦计算机系统保护法案》，1978年出台《佛罗里达州计算机犯罪法》；1984年、1986年、1987年分别发布《伪造网络信息存取手段及计算机欺诈与滥用法》《计算机诈骗滥用法》以及《计算机安全法》《电子通信隐私法》（1986）等。早期的美国主张互联网自由，在网络立法过程中注重个人信息权利的保护和对网络犯罪的规制，认为政府不应对网络空间进行除防治网络犯罪外的过多管制。随着美国信息技术的发展和社会信息化的提升，网络逐渐从一种技术便利和信息传播工具成为国家安全的核心领域以及国力竞争的新型战场。美国发现可以通过网络空间以很少的经济投入对国际社会施加可观影响，美国对网络空间治理战略的重点随之从国内转向国际。随着各国网络技术的发展，为了维护自身优势地位，美国越来越多的利用自身的技术领导优势，参与和主导国际网络治理模式。自2017年至今，美国国会正在进行的法案中有115项针对网络治理，其中72项是关于网络空间的国际治理。

（2）美国网络空间安全治理立法经历了从倡导互联网绝对自由到加强政府规制的演变。美国以宪法保证公民信息自由权，在很长的一段时间内，美国认为在网络空间的自由权并不因网络的特殊性而受到限制（Reno v. ACLU案例）。但此种网络空间政府监管缺席的管理模式并未真正如美国所彪炳一般的给予了美国公民绝对信息自由权，随着网络空间的脆弱性的显现和信息绝对自由带来的社会影响，美国政府和学界开始转变对互联网治理的理念，在实际法规和政策上对网络进行了高度管制。2017年年底，特朗普团队的联邦通讯委员会（FCC）表示特朗普将废除网络中立法案（Net Neutrality Law），这使得诸如AT&T，Verizon等网络通讯公司可以自主放慢或加快不同网站的网速，并向用户收取更多费用。用户将因此无法平等获得获取信息资源的来源，普通群众发声的渠道也会受到不同程度的毁损，因此此举也被看做对美国宪法第一修正案中所一直秉承的理念市场准则（Market of Ideas）的极大破坏。2018年11月，特朗普将网络监管和打击网络犯罪作为国家网络安全的重要举措。2018年11月29日，美国副检察长罗森斯坦因在乔治城推广特朗普的新政策时表示：私人企业要服从政府管理，保证用户隐私，一旦政府或者法院需要，则需要配合政府和司法机关收集个人信息。此举被美国公民认为是打着加强数据安全的借口，实则是更为紧密的对公民的私人数据进行监测和监听。

（3）美国网络空间安全治理立法经历了从政企分离到建立"Public-Private"模式，倡导企业与个人向政府及时提供有关网络安全信息。美国在 2014 年修订了 2002 年 的 国 家 安 全 法 案，通 过 了《信 息 安 全 保 护 法》（National Cybersecurity Protection Act of 2014），要求联邦与民众，联邦与非联邦部门得以共担网络安全风险，分享安全警告信息，并表示希望企业与个人通过提供信息的方式为联邦部门提供技术支持和风险调控建议。2015 年 12 月 18 日，奥巴马签署《美国国家网络安全法》（Cybersecurity Act 2015），正式确立个人及非政府机构与联邦政府之间的网络信息安全交换的系统模式。为个人网络信息体在部分信息交换过程中的一些可能触犯网络信息安全举措提供免责的优待。在不损害个人保密协议和隐私的前提下，鼓励网络信息传播的个体也能够向相关部门汇报其收到网络黑客袭击的事件情况。同时，法案还给予一些非政府机构监察部分信息系统的权力，并在网络安全受到威胁时，非政府机构也可以进行非主动攻击的防范性举措以避免网络信息泄露。

特朗普上台后，前美国国务卿泰勒森（Rex Tilerson）在卸任后，于 2018 年 2 月建立了网络和数据经济部（Bureau for Cyberspace and the Digital Economy），用以保证国务院各部门得以紧密沟通，并且希望通过私人企业和政府的沟通来推出更为与现实贴近的有效政策。此部门的建立，加强了官方与私营企业的信息互通，提高了网络治理在国家安全治理中的战略地位，并且积极运用了私营企业的受挫经验来提高技术发展速度。

（4）美国网络空间安全治理政策经历了网络治理领导权力从分散到集中的过程。美国作为联邦国家，联邦与州权力的冲突与合作在网络空间也由来已久。联邦政府通过一系列法案逐渐将网络安全重要权力收归国家政府，要求州政府通过法案必须遵守联邦法规，并建立了州与联邦关于网络信息事件的汇报通信渠道。奥巴马在 2014 年的《信息安全保护法》（National Cybersecurity Protection Act of 2014）中通过调整部门功能，在国土安全部门中建立了网络安全和交流中心用以保护网路安全和网络基本设施不受损害；2014 年通过的《联邦信息系统现代化法案》（Federal Information System Modernization Act of 2014）则把信息技术主导权全权赋予了国土安全部，并在国土安全部内部设立国家信息安全事件中心。并规定各部门必须按时固定向国会汇报数据安全问题。另外此法案明确地规定了国土安全部的职责与权限，并促使国会能够更为及时地收到各部门有关数据安全事件的汇报，从而更快速地防护国家数据安全的损害；

随后，奥巴马政府修订 2002 年的国家安全法，在 2015 年通过国家网络信息安全保护增强法案(National Cybersecurity Protection Advancement Act of 2015)。主要是允许部落政府，私人数据中心和个人作为非政府代表被纳入国土安全部的网络安全和交流中心(NCCIC)。使得州政府与各地方政府能够共同协调抵抗网络信息安全袭击，并有助于建立一个意在提高网络信息安全的政府与非政府共同协商的中心。但正如其在任期上所做出的许多举措一样，奥巴马总统未能实现网络安全部门在国土安全部中的改组。特朗普上台之后，进行了一系列的人员和政策的调整，希望通过人事变动和集权的方式来施行更为统一和有效的网络政策。在 2018 年 4 月 24 日，特朗普任命保罗·纳卡松上将(Gen Paul Nakasone)将军为美国网络司令部司令，并同时兼国家安全总局指挥官。这意味着 Nakasone 将军同时兼任网络作战组织的领导者、美国网络司令部司令和美国安全总局的首脑，三种权力的集权也表现了美国将网络治理作为美国国家安全的首要考虑的战略地位。Nakasone 在 5 月 4 日就职仪式上提出要将工作重点放在大幅提升网络军的敏捷度上，并且将对原有的美国网络军队进行改组。这支在 2013 年组建的，由 133 支队伍组成的美国网络军队分为主动攻击组，防御组和技术支持组。Nakasone 表示，为了摆脱对于美国国家安全局的依赖，他预备要增加高端技术人员在这支网络军队内的人数，调整现有的三组比例，以便于做出更加快捷而准确的技术预备。在此同时，美国空军也宣布将要建立统一平台(Unified Form)用于计划和实施网络袭击。

2. 特朗普政府治下的网络空间治理特点分析

特朗普上台之后，利用总统行政令和美国宪法赋予总统的三军统帅等宪法权利，与国会博弈，锐意改革，削减国务院预算，改变外交政策。在网络空间治理方面，特朗普政府具有如下特征：

(1)强化于网络基础设施建设。对培养更多信息技术方面的人才，提高技术能力做出重大部署，提高美国网络空间技术硬实力。

(2)集中美国网络空间治理权力。通过部门调整，削减国务院开支，废除安全协调联络部，建立新生部门，集中私营和官方力量，让美国网络军司令官由国家安全局首脑兼任，使得美国网络空间治理有了更多国家作为主体的参与模式，加强网络空间治理的中央集权。通过废除中立原则，贬低美国第一修正案的自由言论权，打压个人主义色彩，所谓的美国版互联网自由也受到了相当大的限制。

（3）重视网络外交，并通过网络外交巩固美国领导力。在特朗普时期，充分体现特朗普政治性格特点的网络外交立法也成为美国网络空间治理的新转变。2017 年 9 月美国众议院提交"网络外交法案"（Cyber Diplomatic Act 2017—2018）并与同年 11 月迅速报于众议院对外事务委员会。此法案主要内容是强调网络外交对于美国国家战略的重要性（第二部分）；美国网络战略的新提议（第三部分）；并计划为战略的实施建立一个专门机构（第四部分）。除立法方式外，特朗普还以新人团队代替原国土安全顾问，改变之前美国参与网络国际治理的多边模式，推行多项国际治理新政策。均反映了特朗普对网络空间作为外交手段，保持美国领导力、影响力的重视。

（4）增强官方与非官方的信息沟通，调动私人团体和非政府团体在国家网络空间治理中的力量。特朗普时代，美国愈加降低了官方入侵电脑的法律风险，以政策游说公民的方式劝导公民以保护国家安全的借口，迫使公民放弃更多的隐私权和言论权。早在 2016 年奥巴马执政时期，美国在其 AEI 编纂的《美国网络空间战略》中就表示，美国要依靠私营部门而非政府主导，来维护美国网络空间利益。美国将寻求一种方式平衡"互联网自由"与在网络空间领域国家利益的推进。多年实践中，美国非常重视培养私营团体的力量，并认为政府首要职责就是支持民间团体和私营部门。此种模式一直延续至今，并且一直是美国网络空间治理的重要战略之一。对此模式的评价向来褒贬不一：私营团体若与政府合作，私营企业将为政府开信息之门，如此做法势必会伤害所谓的美国"互联网自由"，与战略中所说的追求"美国理想"背道而驰。隐私权、言论权都将收到"震慑（Deterrence）作用"的影响。在美国第一修正案的多年法理学探究中，学界将"震慑作用"当做对美国自由言论原则的最大伤害之一。美国政府近年来出台的多种法案和政策文件都鼓励并教育私营企业加强与政府的联系，这种程度的信息把控被美国政府当做为保护网络空间国家安全的重要步骤。

（5）扩充网络军备力量，增强美国网络技术的进攻态势。从小布什时期，到奥巴马时期，再到特朗普时期，美国在网络空间的战略也从防御，走向了攻防结合，甚至走向了主动进攻。今年 Nakasone 将军的三权兼任将再次表明，美国将在军事力量方面大大提高网络军备力量的强度。

3. 美国网络安全治理历史及国际网络关系动因分析

1）概况

20 世纪 80 年代，日本、韩国、欧洲的信息技术飞速发展，对美国形成了一定时期内的冲击与挑战。美国政府通过一系列政策的推动，加速了国内信息化的发展，从而巩固了美国在网络信息技术方面的霸主地位。然而，近年来中国、俄罗斯及其他新兴网络国家在技术领域方面的突破，再次让美国的网络大国主导地位产生了动摇。此次美国不再能如 20 世纪一样，通过信息技术加速顺利保住自己的主导地位。于是美国通过对中国境外企业进行制裁，配合军事、贸易等其他方面的挑衅与交锋，希望能够遏制这种势头。但是由于网络犯罪的盛行，各国网络军事化能力建设及网络主权概念的推行，使得独占鳌头的国际网络治理格局不再能适应网络发展形势的需要。中美、美欧、美俄在网络空间中间的关系由强烈冲突势必会走向合作。

美国网络安全的脆弱性问题也是影响美国近年来网络治理对内对外政策的重要因素之一。美国的高信息化发展形成了长时期各产业对信息化的高依赖度，这也加深了美国网络安全的脆弱性。美国不得已从鼓吹互联网自由，逐渐过渡到不断加强国家监管在网络治理中的主导性。美国学者莎拉圣文森特（Sarah St. Vincent）认为，对于美国政府而言，提倡信息安全是美国进行信息监管和控制的借口。2018 年乌镇世界互联网大会上，关于网络主权这一议题，来自美国的专家也表示了对于主权在网络空间适用的肯定。须知此前美国曾在很长一段时间内坚持互联网自由，并一直以宪法作为基本法保护网络空间的信息交换自由，主张由民智和时间而非政府干预，对信息流（flow of information）中的真理（seek the truth）进行区分和沉淀，并愿意为此忽视完全自由产生的社会性后果。但由于资源分配不均导致的传播信息渠道和获得信息平台个人能力的差异化，使得信息自由从来不曾平等和自由过。网络不良信息传播导致的美国国内犯罪率的大幅升高，对美国社会的稳定性产生了越来越深远的影响。网络犯罪、暗网的出现也促使美国政府放弃互联网自由的说法，而转身进行强有力的监管。许多美国第一修正案学者曾表达过对网络空间信息完全自由的担忧，却遭到信息自由主义者的大肆批评。这也一直作为美国对中国网络治理理念颇有微词的原因之一。

2）网络空间中美关系对美国网络安全战略之影响

中美之间博弈升级使得美国忌惮中国损害其网络安全。一直以来，中美在网络空间国际治理的理念中既有冲突又有合作，随着美国对华相对优势的减少，美国政治高层对华遏制政策日趋一致，在这样的政策环境和国力变化下，美国在网络空间也对中国进行打压。2018 年 9 月美国发出的《国家网络安全战略》将美国的网络战略目标标注为建立"安全""繁荣""和平"和"影响力"的美国网络。冷战结束以来，美国安全战略经历了乔治沃克布什"世界秩序"，"反恐为主"、克林顿成长繁荣过渡期，及奥巴马"重振与领导""三阶嬗进"阶段。网络安全战略重点"由内向外"即由国内转向国外。特朗普则对网络信息数据施行大力监管，并试图重组国际网络秩序。从多边关系舞台向强调双边协议迈进。由于中国网络信息治理模式与美国有体制性的不同及意识形态上的差异，由此引出的两国网络关系中的互相冲突，形成网络地域政治一定时期的对立性。但随着网络犯罪频发，人工智能兴起和高速发展，双方愈加认识到网络空间的国际合作的必要性，中美网络空间有了更多寻求共识的可能。

另外，中美网络关系的变化具有如下主要影响因素：

(1)"中国威胁论"在网络领域的投射。中美之间的"修昔底德陷阱"在中国崛起后被归纳为中美关系出现困境的主要出现原因之一。美国认为中国和俄罗斯的亲密关系、中美和美俄的竞争关系、中俄对其他国家的影响力使得美国的战略领导地位及在世界秩序中的领先优势受到了冲击和怀疑。特朗普上台之后，对中国互联网企业、技术运用采取了一系列十分严厉的打压措施，使得中美网络关系一度十分紧张。2018 年 1 月美国发布的《国防战略报告》中把国家之间的战略竞争当做比反恐更为迫切的危机。并将中国与俄罗斯列入对美国国家安全具有最大威胁的五种因素之二。与此相应，美国发布的国家安全战略中把发展网络军事力量，加强联合防御能力，寻找同盟作为对抗中国崛起及国家安全问题的战略部署。

(2)美国对于中国网络治理模式的批判和误解。美国以及其追随者欧盟各国，对于中国舆论管制的批判一部分源自于对中国国际话语权的压制，另一部分则是体制不同带来的理解上的困难性，增加了国外对中国网络治理理念的误判。美国第一修正案以及十四修正案在相当长的历史时期内，是美国最为深刻和不可撼动的公民权利之一。美国将自由言论权政治化，利用西方舆论对中国进行抨击，使得西方对中国治网理念产生误判，引起对中国互联网发展的恐惧。但实际上美国国内对第一修正案的理解也随着时间和技术的发展有了更为理智的看法。绝对自由带来的将是不可控制的混乱，中国应该运用西方熟悉的语言方式传播中国理念，更好地赢得国际社会对中国文化和中国治网理念的理解与赞同。

(3)良性走向的可能在于两国于网络安全领域的合作。人工智能技术的发展和网络犯罪技术的演进使得国际合作成为必要。中美两国加强网络安全合作，应当成为共同利益和共同威胁下的必然选择。网络犯罪一直是网络空间治理中中美在诸多领域有共同的利益与关切。为了防止中美网络关系发生误判，中美应当寻找利益交合点进行合作。

3）美欧关系对于美国网络空间安全治理模式的影响

（1）总体而言，欧盟与美国的战略同盟关系使其在网络空间与美国保持基本一致。美国与欧盟在网络关系中时常结盟出现，有着共同的利益和假想敌国对象。2010 年 11 月，NATO 组织北约峰会，2012 年，美国在北约框架下进行网络演习，练习应对全球网络突发事件中的协调能力，促进美欧网络合作。2012 年 12 月，中俄等 89 个国家签署的对《国际电信规则的修订》遭到美国英国等国的否定；2013 年，北约发布《塔林手册》1.0 版（即《国际法适用于网络战的塔林手册》），参会人员全部为西方国家专家，界定网络战的国际法准则与规制，率先订立有力西方网络发展、开展网络攻击的规则。2016 年，美国与欧盟签订个人隐私盾牌、数据保护总协定；2018 年美国派出专家，同爱沙尼亚一起对地方官员进行网络安全培训，练习应对来自他国尤其俄罗斯的网络安全威胁。美国同欧盟的战略同盟关系来自于欧盟对美国长期的军事政治依赖，也源于对中国及其他网络新兴大国崛起的恐慌。

（2）美国与欧盟在网络空间治理方面冲突频现。目前虽然美国与欧洲网络治理的政策大体一致，但是美国和欧盟之间的合作并不是一直亲密无间的。2017 年 1 月，特朗普在一个 60 分钟的采访中将欧盟称为"德国的列车"并对德国进行大肆批评；而 Jean-Claude Juncker 则在特朗普支持脱欧言论后在访谈中表示支持美国俄亥俄州和得克萨斯奥斯汀的独立。2017 年 5 月，默克尔表示欧盟将"不能再依赖美国"。2018 年 7 月，特朗普在 CBS 电视台的访谈中表示欧盟逐渐成为美国在国际中"最大的敌方"，并表示欧盟一直在利用美国。特朗普和欧盟贸易上的不快使得一直以来欧盟对美国的强烈依赖关系产生了隔阂。欧盟与美国在国家关系上的分歧之所以没有再网络空间明显显现，在于美国与欧洲对抵制网络干扰，尤其是俄罗斯方面的威胁和新兴网络大国的兴起的担忧这一共同立场是一致的。中国与欧盟的合作，在欧盟占据的市场份额使得中国与欧盟进一步加深双方合作关系，将会在之后的中、美、欧三方中出现更多的合作机遇。

（三）俄罗斯网络安全治理及中美俄网络空间合作与冲突

俄罗斯同中国一样，也坚持尊重网络主权，认为国家应当尊重国家选择网络发展道路、发展方式的权利。在多个有关网络规则制定的国际会议之中，俄罗斯都同中国一道，表达了对网络主权理念的赞同和坚持。中俄与美国及部分西方国家的网络主权理念之争，实际上是网络空间国际格局的分歧表现，表面上是观点不同，实质上则与大国关系、网络关系的深层架构紧密相关。理解中国、美国、俄罗斯三方在网络主权方面的不同主张，还需深层理解俄罗斯历史及近年来网络安全发展道路。

1. 俄罗斯网络空间安全治理政策立法概况及特点

和美国相比，俄罗斯在信息化方面进展相对缓慢。技术开发和立法进程皆晚于美国。先后经历了起步（1991—2000）、发展（2000—2009）和成熟（2010年至今）三个阶段。滞后的主要原因源于当时俄罗斯内政的不稳定性。俄罗斯自20世纪90年代独立以来，政府对信息安全领域建设十分重视，以1991年颁布《俄罗斯联邦大众传媒法》、1993年《俄罗斯联邦宪法》、1995年颁布的《联邦信息、信息化和信息保护法》为起点，由联邦政府依法履行保护信息安全，积极推进信息化立法规制的指责。1996年修订《俄罗斯联邦刑法典》对计算机信息领域犯罪进行界定。1997年俄罗斯发布《俄罗斯国家安全构想》，强调信息安全在国家安全中的重要性。2000年俄联邦安全议会发布《信息安全学说》《发展和利用互联网之国家政策法》具体论述了信息安全的重要性，保护信息安全的原则、方法和部门等。由此开始了俄罗斯新时期信息安全建设进程。俄罗斯以联邦宪法为基础，出台保护个人隐私、重视信息安全、建设基础设施、发展军备力量等政策法律法规，致力于发展信息化产业，保护国家信息安全。

新时期俄罗斯网络治理具有如下特征：

（1）重视信息安全建设，坚持特色话语定义网络空间。

最早"网络空间"一词由美国缘起并向世界推广，逐渐为各国所接受。此前，俄罗斯一直以"信息空间"为表述方式，描述网络空间相关问题的主要名词，形成具有俄罗斯特色的话语体系。俄罗斯专家认为数据具有主权属性，国家应当进行监管；而美国则强调网络空间具有物理特性，反对国家对其进行限制；为此，2011年俄美双方成立专家组，试图就网络术语进行定义并形成联合报告，但因双方认识差异巨大而未能真正施行。俄罗斯用特色的话语体系推行国内信息化立法，既是对本国网络事务主导权和决定权的坚持，也是对美国网络霸权主义的不满。

（2）坚持中俄网络主权原则，倡导尊重各国网络主权，反对网络霸权主义。

俄罗斯也提倡尊重网络主权，并且重视网络主权在国家安全中的重要性。俄罗斯在国际会议和国内媒体官方采访中也曾多次表示要坚持网络主权原则，将网络主权与现实主权相对应，倡导各国不干涉他国网络空间事务。2011 年 9 月俄罗斯通过《国际信息安全公约草案》，其中第五条保障国际信息安全的主要原则第四条是"所有缔约国在信息空间享有平等主权，有平等的权利和义务，作为信息空间的利益相关者在经济、社会、政治方面均享有权利"。第五条为"各缔约国需做出主权规范，并根据其国家法律规范其信息空间的权利。它的主权与法律适用于缔约国领土内或以其他方式拥有管辖权的范围内的信息基础设施。缔约国需努力协调国家立法，清除创建稳定安全的信息空间道路上的差异阻碍。"2012 年俄罗斯在联合国国际联盟大会中正式提出网络主权声明并呼吁联合国管理国际根名称服务器系统。2016 年普京在互联网+小组提出关于如何管理数据主权的看法，同年俄罗斯在圣彼得堡国际经济论坛上宣布表示俄罗斯应该考虑数字主权这一概念。以美国为首的西方国家多次指责中、俄利用网络主权理念，对网络空间施行严密管控。面对诘责，中、俄在国际会议和谈判中澄清网络主权内容和中、俄尊重各国网络主权，反对霸权主义的立场。2018 年，俄罗斯进一步要求公民使用国产手机和国产软件，为此，俄罗斯国有电信巨头 Rostelecom 买下了由诺基亚生产的系统 Sailfish OS。[①]

（3）加强技术发展，重视网络空间军事力量建设。

由于信息安全问题在国家安全战略中的愈渐重要，美国同一时期对网络空间军事力量建设的大幅投入，俄罗斯也愈加重视网络空间战和网络空间军事力量的建设。俄罗斯的网络军事建设也经历了从萌芽到发展提高对抗能力，大力推进网络空间军事能力建设的阶段。2000 年，俄罗斯颁布《军事学说》，2008 年俄罗斯对格鲁吉亚战争期间施行网络战术，2009 年发布《2020 年前俄联邦国家安全战略》强调"全球信息对抗加强""网络领域对抗活动样式的完善对保障

---

① https：//together. jolla. com/question/199266/rostelecom-rebrands-sailfish-os-as-aurora/.

俄国家安全利益产生消极影响"；2011 年，国防部颁布了《俄联邦武装力量在信息空间活动构想》，确立俄罗斯军队在信息空间进行防御和安全任务的基本原则及其措施；2012 年普金提出"各国在太空、信息对抗领域，首先是网络空间拥有的军事能力，对武装斗争的性质即便没有决定意义，也有重大意义"并随之展开对网络军事力量的进一步建设；2014 年版《军事学说》规定，俄军的基本任务包括"运用现代化技术手段和信息技术，评估和预测全球及地区军事政治局势以及国家间军事政治关系状况""降低将信息和通信技术用于军事政治目的风险"；2016 年版《信息安全学说》提出，未来俄罗斯在国防领域保障信息安全的战略目标是防止利用信息技术达成政治军事目的，为实现这一目标，俄军要提高信息威胁应对能力，从战略上遏制利用信息技术引发的军事冲突。2017 年 2 月 22 日，俄国防部长绍伊古在国家杜马会议上正式承认俄军组建了具有在网络空间作战能力的信息战部队。[①]

（4）倡导建立非美国领导下的国际网络空间秩序，美俄网络空间的对抗局面难以缓和。

2011 年，俄罗斯外交部网站发布《保障国际信息安全公约》希望各国能遵守防止网络威胁的相关规定，反对利用网络空间达成军事政治目的。2015 年，俄罗斯依托上合组织向联合国大会提出了《信息安全国际行为准则》。2016 年，中俄签署了《中俄元首关于推进网络空间发展的联合声明》，旨在共同致力于推进网络空间发展。2018 年 11 月 19 日，俄罗斯联合中国等 31 个国家，与美国同时间向联合国大会提交了一份与美内容相冲突的决议，并同时被联合国大会通过。俄罗斯方决议中提到希望将之前只含有少则 15 多则 25 个国家并有着时间规定的专家组替换为一个可以开放加入的专家组 OEWG（open-ended working group）。OEWG 可以由任何联合国成员加入，并且没有时间限制。俄罗斯希望通过呼吁建立开放专家组表现自己的民主参与态度和对各国广泛参与度的希冀。在这场辩论中，俄罗斯代表将美方的新专家组提议称之为"封闭式俱乐部"，指责其不能代表联合国众多国家的意见。另外俄罗斯指出，2016—2017 年联合国政府专家组无法达成协议的失败也证明了旧模式不再能够适应日益发达的国际网络社会格局。俄罗斯通过此次决议表现了俄方对建立健全网络空间多边参与制度的坚持。

---

① 张冬杨：《俄罗斯信息技术产业现状及发展趋势》，载《欧亚经济》2015 年第 2 期。

美国和其网络空间盟国则对俄罗斯的提议表示了强烈的反对，认为俄罗斯误解了之前专家组报告，并指责俄罗斯是在用提出新模式的方式挑拨网络空间国家关系。美国还指责俄罗斯的提议包括了一份来自 1981 年联大的备受争议的决议，其中提到国家有责任去不做任何伤害和影响主权国家的选举的行为，并且不以恶意宣传和诋毁的方式干涉其他主权国家内政。而美国强调自己印证的决议都是过去收到了一致同意的决定。美国还指出，自己提出的新专家组模型有两个阶段性谈判时间，这样联合国成员国可以将自己的认知和意见进行充分讨论。

俄罗斯和美国同时通过的决议非常令人担心。纽约会联合国大会将会花费大量的人力、物力来监测两个同时存在的新专家组。并且联合国内两个分离对立的针对网络安全的讨论将会使得国家可以利用双边不同体制来做"forum shopping"（管辖地域选择），这样会造成网络安全事件无法以统一标准进行处理的问题，此前电信组织就受到过类似问题的困扰。部分专家担心的是在俄罗斯的提案中，要使得 193 国家在 OEWG 模式中取得合意是较为困难的实践。

网络国际规则的各国谈判错综复杂，国家、区域组织、私人实体、非盈利组织国各有希望达成的治理模式。法国进行的巴黎倡议和新加坡规则建议，以及美俄冲突协议都是网络国际治理格局更加显得难取共识的表现。

2. 影响俄罗斯网络安全治理模式的历史性因素及动因

俄罗斯的网络信息发展滞后在于政权的不稳定性。俄罗斯独立之后，政府认为加强信息化建设是俄罗斯增强国力的重大举措。普京时期俄罗斯内部日益稳定，给予俄罗斯大力发展信息技术提供机遇，但俄罗斯的政治经济发展近年来显得力不从心，这与其经济上的发展缓慢根本联系。国力上的弱势使得俄罗斯调整国家策略，但发展网络军备建设，保护信息安全这一重要战略目标仍然是俄罗斯对内对外治理重中之重。

受沙皇时期的宗教原则，以及苏联时期的马克思主义思想影响，普京和俄罗斯的前任领导者有着建立公正民主世界秩序的期许和雄心。所以俄罗斯在网络与现实世界皆主张反对霸权，坚持平等。迈克尔·辛克雷尔（Michael Sinclair）在他的《龙之崛起与熊之堕落》一文中，将中国和俄罗斯分别比作崛起的龙与濒死的熊，并认为由于国家实力的变化，美国正在被迫褪去世界领导者的光环，而中国在技术、网络及其他问题上彰显出的发展速度和俄罗斯通过网络操纵美国总统大选的行为都将给美国网络安全与国际安全带来更大的威胁。① 这些现实变化和隐藏动机都给网络空间的大国关系造成了重大影响。尽管文中的立场或许有失偏颇,但是一定程度上反映了现今俄罗斯在网络格局中所处的位置,西方对俄罗斯在网络安全方面的敌意与不信任感。

(1)中俄全面伙伴关系使得中俄在网络空间国际治理的理念趋同。源自历史和文化上的了解、中美俄三国网络三角中的战略伙伴关系、相似的网络管理模式,中俄在网络关系发展中有着紧密的联系。中俄与冷战时期相比,在现实空间和网络空间都有了实力上的变化,而中俄的紧密战略伙伴关系也微妙地影响了美欧与中俄在网络空间治理模式的分界。目前,俄罗斯和中国的紧密伙伴关系一部分来自于美国并不高明的施压,同时也是中俄国力变化后,中俄之间相处模式的变化体现。俄罗斯在 2018 年 11 月 19 日通过的联合国大会决议中同中国保持高度一致,再次强调要尊重网络主权。俄罗斯对网络治理的模式与中国有所相近,较西方国家也更能理解中国网络管理方式的历史文化背景。

(2)美俄在网络空间领域的对峙难以在短期内取得突破。中俄美之间的合作与竞争形成的三角关系是国际格局的重大结构。国家实力的变化、国际格局的变动、三方之间的互动态势都是影响中俄美三方关系的因素。早在半个世纪之前,时任尼克松总统安全顾问的亨利·基辛格为美国设计的战略是联合中国制衡苏联,他提出在中美俄三国中促进中美和美俄的友好关系,从而避免中俄的伙伴关系对美国造成威胁。这样的三角关系也相应投射在了网络领域。俄罗斯国际网络治理学者胡利安(Julien Nocetti)早在 2015 年就预测在下一个 10 年后,国际网络重心将会完全向东方偏移,更多的国家和政府会对由美国主导的网络秩序提出挑战。②

俄美之间在 1991—1994 年关系尚可,自“车臣危机”之后开始恶化,俄罗斯也从此由“一边倒向西方”转向“恢复双头鹰战略”。自 2000 年普京上台之后,俄美关系下降明显。2008 年格鲁吉亚危机开始走向对抗,叙利亚危机和乌克兰危机之后,对抗加剧,或将成为新常态。特朗普上台后,由于其国内政

① Michael Sinclair. The Rising Dragon and the Dying Bear: Reflections on the Absence of a Unified America from the World Stage and the Resurgence of State-Based Threats to U. S. National Security. SSRN 2019.

② Julien Nocetti. Securitising Putin IV: the rationale behind Russia's new "digital laws", Internet Control, 2017.

治的压力，非但无法实现竞选期间改善美俄关系的愿望，而且还加大对俄罗斯的制裁。俄罗斯国内对于俄美关系缓和的期待逐渐破灭。由于两国在叙利亚、北约和乌克兰危机等问题上存在的战略性矛盾难以消除，俄美关系竞争对抗加剧。尽管 2018 年 7 月 16 日，普京与特朗普在芬兰实现会晤，但象征意义大于实质意义。俄美关系的对抗对中俄美三角关系产生架构影响，对国际战略稳定更是影响深远。首先，俄美政治关系无法摆脱冷战思维的窠臼，乌克兰危机爆发后，美国宣布对俄进行严厉经济制裁，俄美关系急剧恶化。特朗普当选以来的一系列事件表明，共和党建制派和民主党对俄罗斯冷战思维浓厚，牵制了特朗普的对俄政策。2017 年 7 月 28 日美国出台《反击俄罗斯法》，对俄进行全面经济制裁，俄美关系交恶达到了高峰。2018 年 7 月 16 日，特朗普与普京在赫尔辛基举行正式会晤，但是在美国引起轩然大波。2018 年 8 月美国宣布针对毒杀间谍案对俄采取进一步的严厉制裁。在新一轮的俄美对抗中，双方利用网络空间作为新的战场，通过网络干扰（Cyber disruption）、网络间谍（Cyber espionage）、网络损害（Cyber Degradation）等行动对对方国家进行长时间的滋扰。可以说，特朗普上台后俄美关系不仅没有得到缓和，反而加强了竞争和对抗的态势。持续发酵的"通俄门"事件成为特朗普政府改善俄美关系的巨大障碍。《华盛顿邮报》在 2018 年 12 月 17 日提到美国参议院情报委员会的两份报告时指出，在媒体开始关注俄罗斯在推特和脸书平台上的信息战活动之后，俄罗斯将重心转移到 Instagram 上，目前 Instagram 已成为俄罗斯对美国进行"信息站"主要阵地，报告指出，Instagram 将可能成为俄罗斯影响美国 2020 年选举的关键工具。

（四）欧盟网络安全治理梳理及十字路口的选择

欧盟一直与美国在网络空间领域国际规则及政策制定上在同一战线，但是这一战线并非如表面一般固若金汤。此前提到，美国总统特朗普上台之后的一系列举措使得欧盟内部怨声不断；英国脱欧之后欧盟的内部矛盾的逐渐凸显。欧盟表示需要重新考虑并调整对内和对外的政策方向。而另一方面，随着欧盟与中国在贸易、经济、网络犯罪上的合作进一步加深，这种深入的伙伴关系有助于中欧在网络空间有很大合作空间。了解欧盟网络安全政策，也有利于中欧今后更好地进行合作。

1. 欧盟网络安全治理政策立法概况

作为全球信息通信技术（ICT）最为发达的地区之一，欧盟对完善网络治理模式和网络安全建设也十分重视，而因其主权国家成员和联盟之间的关系，欧盟网络空间治理有其自身的特殊矛盾与特点。欧盟采取的双轨制管理模式合乎欧盟的特殊性。欧盟通过双规制立法，调和各主权国家的立法自由，兼顾欧盟对网络治理的统一性规定，针对互联网活动、ICT 标准、个人数据保护、信息技术在多个领域的运用、媒体信息传播等出台法律法规。

欧盟注重与他国在网络安全方面的合作。由于欧盟的特殊结构，欧盟需要向内整合成员国网络安全资源，向外进行国际合作。对内而言，由欧洲网络与信息安全局（以下简称 ENISA）为领导力量，凝聚欧盟机构、成员国际私营企业的信息收集力量，进行密切的安全合作，形成横向合作机制。为了减少成员国之间由于技术参差不齐和内部立法重点不同而产生的问题，欧盟通过网络安全部门、执法部门和防务部门，凝合内部不同主体力量，解决网络安全的预测和威胁事件的排除。欧盟成员国的双向合作机制，结合欧盟、成员国政府，企业与学界，在有机系统内进行信息分享，更好地保护网络安全。2010 年的"网络欧洲"（cyber europe）就是欧盟委员会机构"联合研究中心"JRC 测试欧洲国家网络弹性的实战演习计划。从此，此演习计划每两年一次，针对设计的网络攻击开展防御行动。演习的对象不仅有政府网络安全机构，还囊括了电子政府服务商和大型金融机构、电信服务运营商等。通过演习总结合作方式、应对策略的建议，分享给各国及企业。中国也曾参与过欧盟就安全议题展开的多边合作和演习。

欧盟关于网络安全的战略文件主要有三份：第一份是 2010 年的《欧盟内部安全战略》（Internal Security Strategy，ISS），提出了欧盟五大安全战略目标，其中两个目标为"捣毁国际犯罪网络"与"提高公民和企业在网络空间的安全级别。"强调 ENISA 应当领衔欧盟网络安全管理，提升欧洲计算机应急响应小组（以下简称 CERT 标准），落实网络安全行动，支持开发欧洲信息共享和预警系统（European Information Sharing and Alert System，EISAS）。第二份文件为 2010 年发布的《欧洲 2020 网络战略》旗舰计划"数字欧洲议程"，其中提出欧盟 CERT 网络，将 CERT 扩至欧盟层面的机构。第三份标志性文件是 2013 年的欧盟推出的网络安全领域内的第一份政策性文件：《欧盟网络安全战略》。战略提出为了将欧盟建成最为安全的上网环境，将在欧盟内形成高度统一的网络和信息安全的指令草案，并对草案将产生的影响进行评估。

欧盟网络安全战略发展经历三个阶段：起步阶段由 1993 年欧盟发布《德罗

尔白皮书》①，宣示欧盟将促进电信技术（ICT）产业的发展纳入其的发展战略之中，将建设信息社会作为欧盟 21 世纪发展重心，在立法上以"保护数据隐私"和"解决信息和通信系统安全问题"为侧重点。2007 年的爱沙尼亚网络袭击事件使得欧盟意识到网络安全的重要性。以此为节点，欧盟加速了网络安全的布置。2009 年 3 月，欧盟委员会出台了《关键信息基础设施保护》（Critical Information Infrastructure Protection，CIIP），明确表明在发展技术的同时对网络安全的注重。网络方面的立法举措，也不应仅仅专注于个人数据和商业隐私保护，而要从整合欧盟成员国力量入手，全面提升欧洲对于网络安全的抗风险能力。2010 年 3 月，欧盟公布欧盟《欧洲 2020 战略》，其中提到了对于基于知识与创新的智慧型增长。紧接着，针对智慧型增长的计划，欧盟发布了"欧洲数字议程"（DAE）五年计划，2013 年 2 月欧盟推出了网络安全领域的首份战略文件《欧盟网络安全战略：公开、可靠和安全的网络安全》（Cybersecurity Strategy of the European Union：An Open，Safe and Secure Cyberspace），希望实现欧洲的智慧型发展，并再次强调欧盟对于网络犯罪打击的决心和对关键性基础设施安全的重视。

欧盟负责网络安全问题的主要机构是欧洲网络与信息安全局（ENISA）。ENISA 是独立于欧盟委员会和欧洲理事会存在的网络安全专门机构，其下属的五个分机构分别承担咨询、监控、协调、培训等职能。其中监控职能在于搜集信息排查网络安全隐患，向欧盟委员会及成员提供情报和预警信息。欧盟通过 ENISA 推动各个成员国建立网络安全体系，在成员国进行试点进行网路安全威胁事件应对的培训，联合公私部门，普及网络安全教育，提高网络安全意识。

针对网络犯罪问题，早在 2001 年全球逾 30 个多个国家政府联合发布《打击网络犯罪布达佩斯公约》以及 2003 年在斯特拉斯堡通过的《打击网络犯罪国际公约补充协定》。终于，在 2013 年，欧洲刑警组织针对网络犯罪成立了欧洲打击犯罪中心（SC3）。其利用欧洲刑警组织开展网络犯罪的打击行动。SC3 成为欧洲各国合力打击网络犯罪的指挥协调中心，保护欧盟的关键基础设施，打击网络犯罪、协调跨境执法活动等。除此之外，SC3 成立了一个网络犯罪数据库，收集分析网络犯罪相关数据及情报，做出风险评估，威胁预警和事件分析，并分享给各个成员国，协调打击犯罪。

---

① 戴修殿：《三网融合与治理——从欧盟到中国》，载《中国信息界》2011 年第 5 期。

2011 年 3 月欧盟因遭受大片网络攻击而成立的欧洲网络应急小组 EU-CERT，负责保障欧盟委员会等重要机构的电脑设施安全，并协助成员国的相关机构进行合作。各成员国应呼吁成立了自己的互联网应急小组，私人企业和电信运营公司等也成立了自身网络应急小组，这些政府与私企所成立的应急部门，与欧盟应急反应小组一同，成为信息收集、信息分享的有机体系。

2013 年，欧盟出台了首份网络安全领域的战略文件《欧盟网络安全战略：公开、可靠和安全的网络空间》。战略建议加强立法建设，在法律的保护下使得网络安全落到实处，确保政府、企业及各界相关力量可以在有限的空间里保护欧盟的网络安全。2015 年欧盟委员会通过了《数字单一市场战略》(Digital Single Market，DSM)，重点在成立一个"联结的数字化单一市场"，意在充分发挥欧洲 ICT 产业的潜力。随后，对跨境商业的需求和数字化商业的提升，使得欧洲更加注重对网络安全的防护。

在针对网络安全的理念中，有时我们会一以贯之，称之为"美西方"。事实上欧洲与美国在网络战略上确有相同，但也有很多不一样之处。欧盟与其自身特殊结构和各国的国情，更倾向于建立网络空间的理想国，用以保护自身不受网络攻击的上海。希望通过树立严格的规则，推广欧盟对于网络治理的价值观与经验。2013 年的"棱镜门事件"作为欧美之间的一个里程碑的网络安全危机，清晰地表明了欧盟对于个人隐私权和数据安全的看重，美国通过大规模监听震撼的是欧盟网络安全意识底线。之后，德国总理默克尔表示希望建立欧洲自己的数据网络(欧洲版网络)，取代美国的互联网基础设施。在此事件之后，欧盟对于数据安全的立法进程也相较之前更加迅速。2013 年 10 月便通过了《欧盟数据保护法》，打击外国情报对于本国数据的监听坚实，是欧盟数据保护立法中极为重要的进展。而后通过的通用数据条例(GDPR)，以严苛的标准绘制了欧洲个人数据保护的全球黄金标准。

2. 欧盟网络安全治理特征

面对日益成熟的网络攻击方式和国家政治经济对数据网络的高依赖性，2018 年 10 月 18 日，欧洲理事会再次号召欧盟各国为建立更加安全的欧洲网络空间建言献策，对网络信息服务(以下简称 NIS)指令进行进一步的完善和革新，在欧盟内部设立统一的网络安全证书，并将治理重点放在对网络攻击的震慑性上。欧盟希望内部各国能够放下隔阂和其他方面的矛盾，在网络治理方面加强欧盟内部各主权国家的联系，并认识到涉及 NIS 的个人或某国的事件，很有可能会对整个欧盟产生影响。早在 2013 年 2 月欧盟所推出的《欧盟网络安全战略》就一再强调需加强欧盟内部统筹协调，改善碎片化管理的局面。

欧盟网络治理的侧重点放在以下几个方面：

（1）欧盟注重网络治理分工，各部门各司其职。欧盟一直将网络治理的重点放在了扼制网络犯罪和保障关键基础设施上。其机构设置和安全指令也是互相配套存在的。如前所述，欧盟对网络治理具有明确的组织和分工：各组织在三个领导机构之下各司其职。网络安全领导机构为欧盟委员会通讯与网络技术总司（DGCONNET）、欧洲网络信息安全署（ENISA）以及欧洲网络犯罪中心（EC3）。欧盟的网络安全政策和网络犯罪打击则由欧洲警察局（Europol）、欧洲警察学院（European Police College）和欧洲检察官组织（Eurojust）执行和实施。欧盟对外行动署（EEAS）和欧洲防务局（EDA）则负责网络安全领域的国际合作。

（2）欧盟注重个人隐私权保护和信息权的保护。欧盟立法重点在于数据的安全保护，保护个人及企业的信息安全。随着网络发展，对数据的保护也更加完善，不再仅限于单一的数据信息保护，而是利用双轨制立法模式，多层面、多主体的动态立法。

2011 年欧盟通过"保护关键信息基础设施指令"。此指令旨在保护关键信息基础设施，为设施保护制定具体规定。

2011 年 ICT 与电子政务：欧洲行动计划（2011—2015），旨在在技术发展后，地区国家和欧洲各级得以运用，升级为新一代电子政务服务。

2015 年通过欧洲单一市场战略（European Single Market），为消费者和企业提供利用互联网和数字技术的机会。网络和信息系统的安全指令（NIS），后来成为欧盟网络安全的最重要的指令之一。

2017 年欧盟与美国订立"EU-US Privacy Shield"，取代之前的"Safe Harbor"，用以规制欧盟-美国执法机构之间的数据转移。

2016 年、2018 年通过"通用数据保护条例 GDPR"。充分体现了欧盟的网络立法注重个人数据隐私权（Privacy）以及个人信息权的保护。GDPR 的草拟件在 2012 年就被认为是欧洲历史上最受关注的数据规范。截至 2012 年就收到了来自 4000 多份欧洲政府和企业的意见稿。在 2018 年生效。GDPR 从公民的权利和企业的规则两方面出发进行规定，对企业与公司对个人数据的取得设置了极高的门槛和条件。GDPR 规定数据保护部门（DPAs）必须在 72 小时内将已知的数据泄露事件上报欧盟。GDPR 的出台使得个人隐私权和个人信息权的保护更加完善和权责明晰。

（3）个人数据保护指令"EU DATA PROTECTION DIRECTIVE"的出台。作为欧盟个人数据保护指令时期影响最为深远、涵盖范围最广的个人信息权保护指令，一系列的欧盟数据保护指令对数据控制者、数据处理者、数据主体，如何妥善处理数据，保护数据安全，如何在欧盟经济体之外处理数据等进行了详尽的规定。并对数据指令的管辖范畴、管辖方式进行了阐述。

欧盟将个人隐私权和个人信息权分开进行保护，表现了对个人隐私权的高度重视。欧盟法院在裁决中特别指出：《欧洲联盟基本权利宪章》将隐私权视为重要的基本人权。第 95/46 号指令有关个人信息处理规制条款的适用，应当从基本人权保护的角度进行判断。后通过一系列数据安全指令和通用数据条例及各国内部立法进一步对个人信息权与隐私权进行保护。

（4）巴黎倡议呼吁各国完善网络空间国际治理框架。2018 年 11 月 12 日，法国总统马克龙在由巴黎承办的第十三届的演讲中提出《网络空间信任和安全巴黎倡议》。虽然巴黎倡议并未对政府和公司提出具体法律要求，但此份倡议仍然受到了 50 多个国家、90 个非营利企业或大学、130 个私营公司或者民间组织的支持。马克龙强调网络空间合作的必要性，在目前的网络空间国际治理之下，由于非政府行为体的参与度与参与能力在不断增强，各国之间的合作也意味着政府与非政府行为体共同参与下的合作，但同时也需要注意在企业与国家合作进行网络安全问题治理时，对信息的保密性和安全性将带来新的挑战。马克龙在倡议中重申联合国框架下发展起来的和平时期自愿性负责任国家行为规范以及相应的建立信任和能力建设措施，构成网络空间国际和平与安全的根基。①

（5）欧盟重视网络安全保护，建立欧盟成员国之间网络安全共享和协作应对机制。欧盟的网络安全建设具有技术领先给予的前瞻性。2010 年的《欧盟安全战略》就曾表示，欧盟希望通过战略为全球提供欧盟网络安全模式，并定义网络安全、威胁来源、评估欧盟乃至世界网络安全的威胁程度。2013 年欧盟通过的"欧盟网络安全战略"中，强调为了确保因特网的"开放性"和"自由度"

---

① President Emmanuel Macron. Paris Call for Trust and Security in Cyberspace. Internet Governance Forum，http：//www. linkedin. com/pulse/paris-call-trust-security-cyberspace-eu-ermy-interoperability-center，2018-12-10.

以及维护欧盟推崇的法治观念，必须抵御各种形式的网络事故、恶意活动和不当的使用。2017年5月，《数字化单一市场战略中期评论》中表示网络安全威胁已经成为欧洲接下来最重要的战略重点之一。

欧盟的网络安全模式规定成员国及欧盟报告、评估、审查的模式，强调欧盟内部成员国之间的信息共享、协作应对机制。并运用指令和相应配套设立的工作组保障指令下达后的实施。如NIS指令规定各成员国保证有效支撑计算机安全事件反应工作组（CSIRT）的协调，向其提交报告、评估协作经验及有效的建议措施。小组则将NIS指令的执行情况上报至欧洲议会和欧盟理事会审查。

（6）欧盟重视信息技术在网络安全中的保护作用。2010年5月，欧盟通过"欧洲数字议程"，2012年9月成立计算机应急反应小组（CERTEU）用以在极短时间之内集合最优技术力量以修复被攻陷的网络系统。为保证网络安全和国家安全，欧盟提倡成员国大力发展技术优势，运用本国研发能力研发并运用本土产品，尽可能不依赖他国产品的使用。

（7）欧盟重视打击网络犯罪。如前所述，欧盟集结欧洲国际刑警，成立欧洲网络犯罪中心（EC3），欧洲警察局、警察学院（European Police College）和欧洲检察官组织（Eurojust），打击有组织犯罪集团实施的非法网上活动。欧盟要求个人或任一实体在遭受网络犯罪攻击之后立即向欧洲网络犯罪中心报告。欧洲网络犯罪中心按照犯罪威胁的趋势进行统计和分析，发布《互联网有组织的犯罪威胁评估》。2016年《评估》就将网络犯罪分为平台模式、开源模式和勒索软件即服务模式，并总结各勒索软件及破解方式。2013年1月11日，欧洲网络犯罪中心在荷兰海牙成立。该中心的宗旨是收集和处理信息，帮助有关部门展开调查或打击网络犯罪，制定加强网络安全战略，配合有关部门开展网络安全领域的研究和培训，与私人部门、研究机构、非政府组织以及欧盟委员会的有关部门在网络安全领域加强合作。

（8）欧盟面对中国与美欧在网络空间的竞争与平衡。面对中国经济方面的飞速发展和在国际秩序中的深度参与，美国和欧洲都表现出担忧，尽管美欧双方都肯定在国际秩序中的相互合作能对彼此有所助益，但是在应对政策方面却并没有达成高度一致。2017年G20峰会，在经济贸易方面，欧美双方进行了十分频繁与密切的沟通，但是这些领域的联系并不足够覆盖其他方面尤其是网络方面的政策。这也表现了美国与欧洲，尤其在特朗普总统上台之后出现的分歧，也由于欧盟内部、美欧双方在技术发展和网络空间治理领域中微妙的竞争和平衡关系。

与美国不同的是，欧盟对网络空间的治理更突出对公民个人权益的保护，期望用法治精神和欧洲价值观改造网络世界，在这样的理想世界中保护信息安全。欧盟的信息技术创新也是以网络安全体系建设为核心，注重自主科研团队为网络安全治理、个人数据保护和未来新技术开发提供对策及产品。从体系上而言，欧盟通过欧盟委员会和欧盟理事会制定宏观政策和战略；再由下属各个分属部门(诸如欧洲警察学院 CEPOL、高级网络防御中心 ACDC、事件响应小组网络 Networks of Incident Response Teams 和反钓鱼工作小组 APWG 等)进行辅助协调与合作；然后积极推动成员国与欧盟进行信息分享，执行网络战略。欧盟所建构的部门架构用以更好地践行法律规范，与立法相配套。通过内部多元化多极化联动治理，将政府、企业、个人都作为同等重要的利益攸关方，针对不同主体的特点制定了不同的法律和管理机构。

(9)德法希望挣脱美国网络统治，行使网络主权。对于如法国与德国这样都市型发达国家与国际化程度较高的国家而言，网络主权为摆脱美国控制提供了新的思路。此前，法国国防部长就曾表示，希望保护公民尽可能少的受美国网络主导地位的影响，并取代使用美国控制下的电子服务商，转而用本地的国产服务商。德国发言人也在采访中表示，德国正在寻求对于德国网络产业的主权权力，积极推动德国自主产品的发明与应用，尽早减少德国对其他国家的依赖性。

3. 欧盟网络关系对其安全治理政策的影响及其动因

(1)欧盟与美国的盟友关系、新兴网络国家对欧盟的冲击，使得欧盟目前网络政策仍然以美国马首是瞻。欧盟长期对美国的依赖也反映在了网络空间领域，欧盟的基本网络政策和美国基本一致。2018 年 5 月时，欧盟表示将会随美国一道对中国信息技术高速发展中的企业进行制裁。中国作为新一代的信息技术发展大国，美国同欧洲都感到了一定程度的威胁。尤其欧盟在近年来技术上的降速和美国的施压使得欧盟在网络关系的伙伴选择上左右掣肘。一方面对美国的强硬态度有着军事、政治方面的依赖度，而另一方面失去中国的企业支持，将会带来经济上的重大损失。

(2)欧盟与中国全面伙伴关系加深，合作潜力巨大。欧盟内部的离心，欧盟与美国的矛盾，使得欧盟与中国的关系发生着微妙的变化。欧盟与中国的贸易伙伴关系加深了国际关系的紧密性；中国是欧盟除美国之外最大的贸易伙伴，欧盟也是中国最大的贸易交易方。双方在国际贸易中的合作使得双方在国际关系中有着强烈的联结性。中国政府于 2018 年 12 月发布《中国对欧盟政策文件》，强调中国与欧盟自 2003 年建立全面战略伙伴关系以来，双方关系在广度深度上都不断拓展，并希望能够在双边、区域及全球层面上加强对话合作。不仅希望中国与欧盟继续加强经济上的合作，更希望双方能共同推动完善全球治理体系。在网络方面，希望能够继续用好双方网络工作组机制，共同倡导网络空间命运共同体理念，推动在联合国框架下制定网络空间负责任国家行为规范，推进全球互联网治理体系改革，建立和平、安全、开放、合作、有序的网络空间。这份文件表现着中国政府对中国与欧盟关系在各个侧面上的未来展望，也体现着为全面加强中欧战略伙伴关系的决心。在网络空间的规则治理方面，虽然目前欧洲仍然以美国为准绳，但也不排除之后与中国通过国际关系方面的深入交流，会减轻对中国在网络政策方面的误解和敌意。

（3）欧盟对俄信心下降，随同美国展开对俄的进一步防范。美国对俄罗斯的对抗态度也影响了欧盟对俄罗斯的防范政策。2018 年 3 月发生的英国间谍中毒案，从单独的一个案件，发展到凝聚起一股西方反俄的力量。20 多个西方国家先后驱逐了俄罗斯 700 多名外交官，这是自"冷战"结束后最大的外交官驱逐事件。罗斯与欧盟之间的不信任仍在加剧，在网络空间领域则表现为对俄罗斯看做欧盟网络安全的重大威胁之一。2018 年 11 月底，爱沙尼亚表示将与美国联邦经济情报局联合一同培训地方官员对抗网络威胁，尤其是来自俄罗斯方面的潜在性威胁。爱沙尼亚新闻发言人马丁（Martin Motus）①表示将俄罗斯看做最主要的威胁。欧盟对来自俄罗斯方面的恐惧也使得俄罗斯对美国的依赖性加强，美国利用技术上的领先优势，给欧盟树立共同的敌人，得以并肩共同抵制来自网络方面的威胁。但是欧盟与美国无法长时间站在同一平台之上，英国脱欧后欧盟内部矛盾也再一次浮出水面，欧盟对解决内部问题捉襟见肘，对中国的大力制裁势必对欧盟本身产生重大损害，将对已经腹背受敌的情势雪上加霜。

---

① LETA. U. S. Secret Service to Train Estonia Cyber Security Experts with RIA，http：// www. leta. lv/eng/defence_matters_eng/defence_matters_eng/news/8E1DE5C5-7B49-4056-BDA8-02BAA3469742/，2018-12-07.

三、重要国际组织网络空间安全治理模式

区域性组织作为同一地区内主权国家之间开展网络安全治理的合作平台，在国际网络空间治理的架构下发挥着重要的作用。尤以东盟与欧盟及上海合作组织最为显著。在这部分将简介东盟，上海合作组织和北大西洋公约组织在网络安全的治理模式。

（一）东盟网络主权及网络安全治理模式

东南亚国家联盟（Association of Southeast Asian Nations，简称东盟），包括马来西亚、印度尼西亚、泰国、菲律宾、新加坡等国家组成。东盟虽由小国组成，但成员国仍然拥有较为发达的信息通信技术发展状况。由于国情、经济发展速度、政治形态不同，网络犯罪形势和网络安全威胁也各有特色。2012 年，因为担心网络自由言论权问题，菲律宾国内宣起的示威活动使得政府推迟发布《预防网络犯罪法案》。另外，特别的是，东盟官方文件中只找到过"存在性威胁"或"首要威胁"等类似的表述，却很难找到正式应对网络安全威胁的文件。

在网络安全治理方面，东盟主要通过召开会议与论坛的形式，推广宣言、声明等文件，打造合作平台。2010 年，东盟出台《东盟互联互通总体规划》，规划提出，"东盟将通过一系列武力、制度和人际联系来增强东盟地区一体化发展，消弭东盟成员国内部的网络技术鸿沟，并大力发展东盟的通信技术，增强东盟的网络竞争力"[1]。2012 年，在第 19 届东盟地区论坛上通过了《在确保网络安全方面开展合作的声明》，声明表示在信息和通信技术的使用方面强化地区合作的措施并进一步考虑符合国际法及其基本原则，应对新兴威胁的战略。2012 年 11 月，第 12 届东盟电信和信息技术部长会议中通过的《麦克坦宿务宣言》指出"要继续在东盟计算机安全应急响应组间开展合作活动，比如东盟 CERT 事故演练，提高 CERT 间事故调查和写作，支持东盟网络安全行动理事会（ANSAC）的活动"[2]。2014 年 5 月，东盟关于跨国犯罪的高官会议，成立

---

[1] 袁正清：《网络治理的东盟方式》，载《当代亚太》2016 年第 2 期。

[2] 宋效峰：《公民社会与东盟地区治理转型：参与与回应》，载《世界经济与政治论坛》2012 年第 2 期。

了首个关于网络犯罪的工作组（SOMTC），建立东盟在打击网络犯罪方面的路线图，在建设和培训、执法、信息交换、地区外合作等方面推进地区合作；会议还建立了东盟—日本网络犯罪首次对话会，双方讨论了在打击网络犯罪方面的战略合作。2012年10月，日本《读卖新闻》报道称，日本政府正推动日本和东盟十国组成网络防御体系。在该体系下，各国可以分享关于网络攻击模式和技术的信息，以防御网络攻击。2014年6月，日本宣布和美国一起帮助东盟提高调查网络犯罪的技术能力，两国共同出资，向东盟成员国派遣联合国毒品和犯罪问题办公室（UNODC）的专家。其希望是通过对东盟国家完成培训，然后建立咨询机构，通过机构完成与东盟的信息共享。2014年5月在新加坡举行了首届"东盟—日本网络犯罪对话会"。会议强调要推进信息共享，提高国际合作。2014年10月，第七届"东盟—日本网络安全政策会议"在东京召开，提倡公众加强网络安全意识。这一举措背后流露出的是日本和美国希望通过网络对东盟进行一定的控制的想法。

东盟国力、国情皆弱于美国、日本这样的发达国家，网络技术也在迅速成长之路上。避免沦落为德、法一般为美国通过网络技术所隐秘控制的集体，倡导网络主权也是必经之路。近年来，中国对东盟加紧合作，希望能够共同发展：

中国与东盟在网络安全治理方面的合作近年来开始开展。中国尊重东盟网络治理的方式，尊重网络主权，坚持不干涉内政原则。2013年9月，中国首次举办论坛框架下的东盟地区的网络安全研讨会，会上讨论了如何从法律和文化的视角探讨加强网络安全的措施。应当发挥联合国作用，共同推动网络空间国际规则的制定和实施。2014年9月，首届"中国—东盟网络空间论坛"在南宁举行，通过博览会探讨中国与东盟的"发展与合作"。

（二）上海合作组织对国际网络安全治理的贡献

2001年，上海合作组织（简称上合组织）成员国元首理事会议在中国上海举行，包括中国、俄罗斯、印度、哈萨克斯坦等六国。会上六国元首签订了《上海合作组织成立宣言》，宣告上合组织的成立。多年来上合组织为加强成员国睦邻友好，促进地区和平、安全与稳定，做出了十分有影响力的贡献。作为区域组织，上合组织在网络空间规则的制定上，也发出了自己的声音。2011上海合作组织在《上海合作组织十周年阿斯塔纳宣言》强调加强成员国之间的合作。2012 年，上海合作组织在北京举行成员国安全会议，会议重点关注网络恐怖主义威胁，提出了"一些组织或个人利用网络从事恐怖活动，威胁到了地区的安全与稳定，网络恐怖主义已经成为地区正在面临的新的安全威胁"。会上发布了《上合组织成员国元首关于构建持久和平、共同繁荣地区的宣言》等 10 个文件。

中俄在上海合作组织框架内也达成了网络安全合作的基本共识，并且向联合国提交"信息安全国际行为准则"草案①。上合组织近年来在国际舞台上具有越来越重要的影响力，我国也应当通过这一平台，对于歪曲网络主权的概念进行澄清，并积极推行国际理解下的网络主权原则。由近及远，或许是现今中国网络主权战略能让世界所理解认可的最好的推行方式。

(三) 北大西洋组织网络安全策略

北大西洋公约组织(NATO North Atlantic Treaty Organization，简称北约或 NATO) 于 1949 年由美国和西欧国家公开组建，同年在美国华盛顿签订《北大西洋公约》后正式成立。NATO 作为美苏冷战对峙情况下的"特殊产物"，使得美国与欧盟形成战略同盟关系。当 NATO 高层最初将网络安全纳入政策制定考量之中时，就了解所有类型的安全问题，无非在于如何寻找一条最为有效路径去将先进的技术运用于造福世界之上。需要从各政治层面技术等级方面去考虑如何制定有效可用的规则。北约重视网络弹性的，认为无论是网络威胁，网络冲突或本身挑战，都需要优良的网络防范能力并与他国或组织进行合作。

NATO 各成员国与其盟国之间一直都有着十分紧密的联系，并将携同提高网络弹性能力作为重要目标之一。2016 年北约在华沙的峰会就是针对合作防御中的网络弹性能力的提高。

随着混合型网络攻击的增加，NATO 成员国越来越注重衡量在电子攻击、管理网络过程、智能运用，网络防御中人类参与度重要性的提升。这使得 NATO 在网络智能领域内的专家需要更注重规范化研究，信息的分享与讨论和成果展示，这样反过来才能够更好地促进智能防御以及网络弹性能力的提高。

---

① 中国、俄罗斯、乌兹别克斯坦等国于 2015 年 1 月向联合国提交《信息安全国际行为准则》草案，美国后称这是对美国网络霸权的威胁，http：//www. thepaper. cn/baidu. jsp? contid = 1331949。

(四)联合国政府专家组近年来情况梳理及当下挑战

为促使主权国家能在网络安全议题上达成共识，联合国在 2004 年开始成立了联合国政府专家小组(United Nations Governmental Group of Expert，以下简称 UN GGE)。联合国政府专家组 UN GGE 在 2004—2005 年召开了第一届会议，有 15 个成员国参加；2013 年通过的文件有 15 个成员国参加；2015 年是 20 个成员国；2017 届则有 25 个成员国。但是随着网络空间发展差异化和网络安全的威胁呈现多层次隐蔽性强的特点，达成国际共识似乎已经很难实现。

2010 年这份报告承认对通信技术相关国际标准缺乏共识是导致信息安全缺乏规制的重要原因之一。专家组成员表明制定网络规范的必要性。

2013 年提出现有国际法及联合国宪章对于网络空间规则构建的不足，并强调所有国家有责任履行国际法义务，还提出国家"负责任行为规范、规则和原则"的概念，需要加强对负责人政府行为的共识，加强国际合作，并对加强国际交流提出了有效的建议。

2015 年提出通信技术的发展对于经济和社会发展的重要性，并强调网络规范在促进和平通信技术的作用。该报告还完善了"负责任的国家行为准则"，比如各国不得故意允许其他国家利用其领土适用通信技术犯下国际不法行为，应当适当回应其他国家因其关键基础设施收到恶意网络攻击的援助请求等。

2017 年专家组因为各国就网络空间武装冲突法的适用存在根本分歧而未能达成最终报告。在后续采访中，美方代表米歇尔(Michele Markoff)和古巴代表米盖尔(Miguel Rodriguez)表示谈判破裂的根本原因是各国就网络空间军事化、传统军事手段与网络攻击之间的关系存在根本分歧。① 而美方与古巴之间差异化观点正是现今网络空间强国与新兴力量的利益分歧之争的表现。以美国为代表的一些国家希望能将《武装冲突法》尽量门槛低得适用于网络空间，以便于对网络攻击最大限度地采取军事手段；而中国和一些网络新兴国家则反对降低网络空间军事化的门槛，以免给西方国家以轻易发动武力的借口。从另一侧面也表现出专家组的形式渐渐难以适应网络空间对于规则建立的需求。专家

---

① Dispute Along Cold War Lines Led to Collapse of UN Cyberwarfare Talks. The Guardian，http：//www. theguardian. com/world/2017/aug/23/un-cyberwarfare-negotiations-collapsed-in-june-it-emerges，2017-08-25.

组主席的周旋并无法消弭不同国家间的立场差异，达成国际共识成为网络空间国际规则建立中的最大障碍。闭幕式时，美国国务院网络事务副主任米歇尔晦涩地说有些国家认为关于"人道主义""自卫权"等国际法名词不能适用于网络空间规则之中。而米盖尔则明确表示，分歧内容是在报告草案第 34 段，这段话提到可以通过经济制裁、军事行动等手段，回应网络攻击，借此合法化诉诸单边武力的行为。其实早在 2016—2017 届 UN GGE 最后一次会议之前，美国已经通过七国集团表达了自身的网络安全外交立场，这次会议只是美国立场的重申。2016 年 5 月 26 日，美、德、英、加、日等国首次统一网络安全立场，在七国集团日本峰会上发布《七国集团网络空间原则和行动》(G7 Principles and Actions on Cyber)。第二部分第 5 条表示："在一些情况下网络行动等同于动用武力和发动武装攻击。"因此，七国集团认为可以激活《联合国宪章》第 51 条关于自卫权的论述，利用传统武力进行反击。而此条关于自卫权的真实含义是在遭到武装攻击时才能行使自卫权。而将网络攻击等同于武装攻击的做法，显然是美国及其军事盟友希望将网络空间的脆弱性转化为军事手段的强硬威慑。①

　　针对专家组架构的争议，2018 年 11 月 19 日，俄罗斯联合中国等 31 个国家，与美国同时间向联合国大会提交了一份与美国内容相冲突的决议，并同时被联合国大会通过。俄罗斯决议中提到希望将之前只含有少则 15 多则 25 个国家并有着时间规定的专家组替换为一个可以开放加入的专家组 OEWG(Open-ended Working Group)。OEWG 可以由任何联合国成员加入，并且没有时间限制。俄罗斯希望通过呼吁建立开放专家组表现自己的民主参与态度和对各国广泛参与度的希冀。在这场辩论中，俄罗斯代表将美方的新专家组提议称之为"封闭式俱乐部"，指责其不能代表联合国众多国家的意见。另外俄罗斯指出 2016—2017 年 UN GGE 无法达成协议的失败也证明了旧模式不再能够适应日益发达的国际网络社会格局。俄罗斯通过此次决议表现了俄方对建立健全网络空间多边参与制度的坚持。美国和其网络盟国则对俄罗斯的提议表示了强烈的反对，认为俄罗斯误解了之前专家组报告，并指责俄罗斯是在用提出新模式的方式挑拨网络空间国家关系。

---

　　① Digital Watch. G7 Principles and Actions on Cyber, https：//dig. watch/instruments/g7-principles-and-actions-cyber, 2016-05-27.

四、中国网络安全治理对策建议

国家安全离不开网络安全，越来越多的国家将网络空间的安全问题看做国家安全的命脉与前沿。虽然网络空间的特殊性使得国际网络空间形成统一规制是十分困难的事情，但是，通过推行网络主权原则，我国收获了对于网络安全的借鉴方式和日后推行网络空间"中国智慧"的路径。

（1）各国将重视谋求国际共识，进一步推进网络大国协调与合作，制定和完善行为标准及制裁手段。

短期而言，虽然世界网络大国也有所需，技术先进性也各有不同，但是战略眼光需长远，中美俄欧四方需要了解各方的核心关切，寻找共同利益点，致力于全球网络安全合作。尊重网络主权。习主席讲：以人民安全为宗旨，以政治安全为根本，以经济安全为基础，以军事、文化、社会安全为保障。加强沟通，避免误判，携手共行。国际关系的利益与挑战始终存在，但在网络技术日益发达的今天，求同存异才是最优选择。中国网络空间治理模式需要通过国际性平台和国际性语言的发声，使得更多国家了解和理解中国智慧，减少网络空间国际治理的阻碍。中国应以稳健、审慎的态度做好2019年、2020年对美的政策规划，积极构筑新型大国网络关系，在沟通的基础上，缓解双方网络空间治理模式的交锋。同时中国应当进一步推进大国网络空间协调与合作，睦邻友好，与新兴网络力量一同，谋求国际共识，鼓励网络创新，共同改进网络治理方式，完善网络法律国内国际体系。

（2）由美国主导的全球网络治理模式将会转型，各国应当共同维护网络空间新秩序，建立网络空间命运共同体。

全球互联网发展仍然呈现不平衡、规则不健全、秩序不合理的重大问题，原在美欧技术占绝对优势地位时期下建立起来的利于西方的不公平旧秩序目前受到了新兴网络大国的冲击。网络欠发达国家则对美国的领导产生了怀疑。美国也从各方面开始调整国际领导者的态度，转而向双边协议规制多边关系演变。美欧之间的矛盾、欧盟内部的离心力、中国的技术发展、中俄伙伴关系、中国同其他兄弟国家的友好关系都将对目前的网络格局进行冲击。越来越多的国家将会意识到网络空间的博弈不能阻碍国际合作的进行，个别国家的网络霸权主义不能影响国际网络关系格局的调整。为了扼制网络霸权主义，维护网络和平，共同构建网络空间命运共同体将成为更多国家的一致选择，原网络治理格局将会转型，西方的绝对主角光环将渐渐退去，更多国家的发声和参与势必会促使网络空间共建为公正合理的人类共享空间社会。中国应当在网络大国格局发生巨大变化的时期，坚持尊重国家主权，反对网络霸权主义，建立共建、共商、共享的网络社会。

（3）传统国际法对网络空间的适用仍然难以取得合意，软法规则将在较长时间内作为规制网络行为的主要规范。

网络空间各国、各团体组织因国家实力和发展阶段不同，对网络空间国际法的适用存在着较大争议，并且在短时期内难以取得进展。在这样的背景下，网络空间逐渐通过软法规则（Cyber International Norms）对国际法如何适用网络空间中不确定、模糊的部分进行规范。基于网络空间的特性，和国际关系的复杂性，以及各国对既有规则的解释分歧，网络空间硬法碎片化、模糊化的趋势将难以在近期内加以改善。各国将会积极参与网络空间软法规则的制定，以多边的方式多层级进行推动。

（4）人工智能技术革命将对大国网络安全带来巨大挑战，中国应培育参与国际竞争的新优势，以负责任的网络大国形象参与人工智能时代的网络空间治理。

人工智能的发展、自主武器的应用带来网络空间武装冲突问题国际规制完善的紧迫使命。网络武器与现实世界致命性武器不同，其具有难以预见难以检测性。哈佛大学在 2017 年发布《人工智能与国家安全》，提出对人工智能时代信息造假、网络武器泛滥和经济安全的担忧。信息传播方面，在人工智能时代，网络不仅能传播更为不可计数的信息，而且也能对信息的真实性进行高度修饰，以至于人类难以区分信息的来源于真假。这将是对社会信任度的高度打击；军事方面，由于网络武器的隐蔽性，使得更多的个人能够利用网络攻陷物理世界物体甚至地区的能力，网络武器的难以监管性使得国际社会需要设立共同的目标进行合作以防止损害、战争行为；经济方面，越来越多的日常生活及金融设施运用人工智能，给网络安全的守护带来新的挑战，国家网络安全防护网也将变得更加脆弱。就业问题也将再次成为社会稳定性的威胁。如何监管网络安全，维护国家稳定也是国际社会在人工智能时代面临的共同疑难。为此，国际社会加强技术交流，减少技术壁垒，通力合作成为必然选择。中国应当掌握核心技术，以人文本进行网信事业建设。以负责任的治理观、发展观、安全观和责任观，在人工智能变革时代，增强网络安全防御能力和威慑能力，同网络大国一道，建设网络良好生态，处理好安全和发展的关系，走良性的网络国际发展道路，进一步提升中国在全球价值链中的地位和影响力。

（5）新型网络安全威胁带来新型挑战。

新技术和新工具对社会秩序的伤害有很多方式，利用言论自由度，发布假新闻，误导群众则是对社会秩序的扰乱。严重一些的则会通过制造和发布假新闻等方式，操纵草根群体，进而引发社会混乱。随着技术的不断完善，人脸交换、网站易容（Deep Fake）会更为真实地煽动政治暴力，破坏选举甚至扰乱外交关系。

网络对国家安全的破坏度取决于国家对信息网络的依赖度。在现在非传统安全的冲击下，没有一个国家可以独善其身。部分学者认为网络防御是及时但短效 的方式，对于网络安全的完善是长期而多层面的努力结果。

第一，建立网络安全自信的措施。坚定文化自信，是强化我国网络安全的重要基石。网络是现代人交流思想、获得信息的巨大平台，社会影响极大，坚定文化自信是党中央新时期实现民族复兴"四个自信"战略举措之一，也是中国网络安全的根基。建立优良的网络文化环境，也是提高我国网络安全弹性的重要举措之一。

第二，对网络规则的制定，帮助其他国家共同了解网络规则的制定是各国的共同利益。各国网络行为模式的差异化使得过程不那么顺利。积极参与网络规则的制定，政学结合，使国家更好地参与到国际规则制定朱来。

第三，非政府实体的参与，习主席在 2016 年的《在网络安全和信息化工作座谈会上的讲话》表示，"网络安全为人民，网络安全靠人民，维护网络安全是全社会的共同责任，需要政府、企业、社会组织、广大网民共同参与，共筑网络安全防线"。非政府组织下对于网络安全的自我防范和意识提高是建立网络安全极为重要的步骤。国际上而言，由民间学者发起的对于网络空间规则的探究相较于签订广为适用于网络空间的条约，更能够适应网络空间国家利益及技术发展水平不均衡的问题。

第八章
中国网络空间国际话语权的法治保障

作为接入世界互联网 25 年的大国，中国参与全球网络的程度越来越深，承担的责任和发挥的作用也越来越大。习近平总书记多次强调中国在网络空间全球治理领域的国际话语权和规则制定权。中国作为发展中国家和新兴国家的代表，国家信息化程度显著提高，网民数量大幅增长，但是在网络空间国际话语权上仍然处于劣势。网络空间规则的制定是关系我国国家安全、经济社发展和国计民生的战略性和革命性大事，尽管中国在国际组织和国际事务中的身影逐渐增多，但对于实质性规则制定、议题设定以及国际事务评定的决定权依然与中国的人口基数及经济大国地位不符。为了提升我国在网络空间规则制定领域的国际话语权，本章首先从话语权的概念和内涵出发，对国际话语权和网络空间国际话语权的特征和构成要素逐层探析，提出法治对于网络空间国际话语权的重要性，进而从法治保障的角度对加强我国网络空间国际话语权的理论能力和路径构建进行探讨。

一、网络空间国际话语权的内涵

(一)"话语"和"话语权"

"话语"(discourse)①是人类思维得以表达、传播、交流、记载的重要工

---

① 中文中的"话语"一词在英文中对应不同的词汇与含义，如 discourse、words、utterance。根据《牛津英语词典》《剑桥英语词典》和《韦氏英语词典》，discourse 侧重于连贯有序、语义完整的表述、讨论或论辩，而 words 和 utterance 一般意指简单的言语表达，因此，discourse 的学术化使用更为普及。

具，是人类观念、制度、法律乃至整个文明的重要载体。20 世纪的"语言学转向"使"话语"从纯粹的语言学概念漫射到整个人文社会学科①，成为一个辗转于不同学科的含义复杂的概念。法国哲学家米歇尔·福柯（Michael Foucault）指出，话语是一种具有自身连贯性和前后相继形式的实证性实践②，其不仅是思维符号、交往工具，更是人们斗争的手段和目的。③ 话语作为一种权力，意味着一个社会主体通过话语传播确立社会地位，并为其他社会主体所认识和接受。英国语言学家诺曼·费尔克拉夫（Norman Fairclough）用批判的话语分析方法描绘了话语实践，揭示了话语如何由权力和意识形态的关系所构成，以及话语对于社会身份、社会关系以及知识信仰体系的建构作用。④ 荷兰社会学家范戴克（van Dijk）认为，作为社会主体的人的话语权来自对稀缺社会资源的占有（如社会地位、财富、官职等），因而话语权本质上是集中的（集中于少数精英手中）、授予的（由其所属机构授予）和压抑性的（以压制弱势方的话语参与为目的）。⑤

由此可见，话语不仅是单纯的思想表达形式，还是人类参与社会实践的方式，因而与特定时空下的社会制度、规范体系和习惯紧密联系在一起。在人类历史发展过程中，话语以其强大的思想渗透力，不断地建构和重构着整个社会体系，因而也就具有了"权利"的政治意味。话语权的持有者，往往是历史的书写者和社会规则的建构者。在每个社会中，话语权的分配反映了社会政治、经济、文化和技术力量的分配，而话语内容则展现了话语权主体所代表的利益取向、价值观念和意识形态。因此，不同主体的话语权分量和话语权内容不

---

① 20 世纪 60 年代的"语言学转向"（Linguistic Turn）标志着西方传统哲学向西方现代哲学转换，即语言不再只是传统哲学下人类所支配的表达思想的工具，而是成为哲学反思自身传统的起点和基础，并深刻影响了社会学、历史学、法学和国际关系学研究。在社会学界，利科的解释社会学、哈贝马斯的交往社会学、布迪厄的反观社会学、福柯的后结构主义社会学均表明语言学研究成为社会学主流。参见刘少杰：《社会学的语言学转向》，载《社会学研究》1991 年第 4 期。

② ［法］米歇尔·福柯：《知识考古学》，谢强、马月译，上海三联书店 1998 年版，第 129 页。

③ 张国祚：《关于"话语权"的几点思考》，载《求是》2009 年第 9 期。

④ ［英］诺曼·费尔克拉夫：《话语与社会变迁》，殷晓蓉译，华夏出版社 2003 年版，第 12 页。

⑤ 彭圆：《批评语用学视角下的隐性话语权力建构研究》，载《广东外语外贸大学学报》2016 年第 3 期。

同，而流行话语则往往暗含着话语霸权。

随着"权利"概念的产生和发展，作为权利的话语权兼具权利属性。话语权的权利属性首先表现为话语表达的自由。作为现代宪政理念发展的产物，表达自由成为国际人权文书中的一项基本人权，并且得到世界各国的普遍承认。表达自由为公民参与政治提供了制度空间，促成了平等主体在平行、自治的框架下形成公共意志，但是不可避免地带来政治话语的多元化和多样性。互联网技术的诞生大幅提升了话语表达能力，拓展了话语的潜在影响力，使得话语权的主体、内容和结构更加复杂，对传统的以实力为基础的话语权分配造成冲击。可以说，具有权利和权力双重属性的话语权概念本身存在诉求与压制、平等与权威、理想与现实以及法律与政治之间的内在张力。

依据话语主体的社会身份构成，话语权可以有多种分类，如依据国家、社会阶层、行业、社群等不同标准，话语权可以包含发展中国家话语权，农民阶层话语权，教师行业话语权，互联网社群话语权等。各种社会主体通过话语来表达利益诉求、参与资源分配，但不同社会主体在话语权场域存在强弱之分，甚至存在不公与不平等。依据话语领域的不同，话语权可分为政治话语权、商业话语权、学术话语权、文化话语权、时尚话语权等。可见，话语权的范畴具有多样性，同一话语主体在不同话语场域、针对不同话语对象所拥有的话语权并不相同。因此，考察话语权的形成机制和效果，需要厘清话语权的行使主体、行使对象以及话语场域。中国网络空间国际话语权，简言之，就是以中国为话语权的行使主体、以国际社会为话语权的行使对象、以网络空间规则制定为话语场域的话语权。为了更好地理解这一概念，下文试对国际话语权的概念和内涵、网络空间国际话语权的特征以及中国网络空间国际话语权的构成要素逐层探析。

(二) 国际话语权

国际话语权是话语权的延伸，它既是在国际舞台上说话和发言的权力，也是影响和调控国际舆论的权力。尽管国际话语权的主体可以包括国家和政府间国际组织，也可以包括非政府组织、跨国公司、社会团体及公民个人等非国家行为体，但是主权国家仍然是当今世界国际话语权影响力最大的重要主体。随着话语权越来越成为政治权力博弈的焦点议题，国际政治在一定程度上就是话语权政治，是一个国家建构自身国际地位、身份和形象的重要方式。国际话语权本质上是以国家利益为核心，主权国家对国际事务、国际事件的定义权，对各种国际标准和游戏规则的制定权以及对是非曲直的评议权、裁判权。① 一国在国际社会的话语权的终极体现方式就是使其他国际行为体心悦诚服地接受或不反对本国所推行的意识形态、价值观和目标，控制国际游戏规则，控制议事议程（包括对突发事件的处理权），最终控制国际事务博弈的结果。②

国际话语权是软实力或软权力的体现，而软实力是综合国力的重要标志。因此，一国的国际话语权取决于该国所拥有的所有物质力量和精神力量的总合，不仅包括是经济实力、军事实力、科技实力等物质力量，而且包括国家战略、政治观念、外交政策、文化实力、道德威信等精神力量。如果说在以硬实力占据绝对统治地位的时代，强权即真理，那么在软实力在社会关系中的作用日益显著的时代，真理亦强权。如果说硬实力是通过军事和技术等强制力迫使他人接受自己的地位和看法，那么软实力则是依靠文化、制度和价值观念等的吸引力、感召力和说服力获得他人认同。因此，国际话语的传播和认同不仅需要以强大的物质实力为后盾，而且需要以具有真理性的精神价值和完备的逻辑论证为支撑，并以切实可行的国际机制和有利的国际舆论为保障。

国际话语权的传播和认同需要经历一个从产生到传播，再到逐渐被理解、被内化的过程。在与不同的话语主张发生冲突和高度竞争到过程中，越适应国际社会环境的话语主张，越容易将脱颖而出。因此，国际话语权的成功与否不仅取决于话语主张本身的合理性和正当性以及话语传播媒介的有效性和范围的广泛性，还取决于其他行为体所处的社会环境、观念认同和利益契合等方面。只有具备真理性、普世性和普惠性的话语主张，才可能赢得国际社会的广泛认同；而虚伪的、错误的或狭隘的话语主张，即使借助于外在强制力得以逞强一时，也不可能具有持久的生命力。

(三) 网络空间国际话语权

网络空间国际话语权是在网络空间国际规则制定领域提出主张、立场和观点的权利以及影响力，是网络时代各国国际话语权竞争的重要阵地。网络空间国际话语权与传统的国际话语权相比，呈现出更强的技术性、多元性和分散

---

① 梁凯音：《论国际话语权与中国拓展国际话语权的新思路》，载《当代世界与社会主义》2009 年第 3 期。

② 王江雨：《地缘政治、国际话语权与国际法上的规则制定权》，载《中国法律评论》2016 年第 2 期。

性。首先，网络空间的产生和发展依赖于信息技术的发达程度，因而核心信息技术的控制权是网络空间规则制定领域的国际话语权的物质保障。其次，网络空间的开放性、跨国性和互动性使得话语表达和传播的主体更加多元和分散，网络空间新媒体(微博、博客、论坛、自媒体等)的兴起在一定程度上削弱了政府或精英阶层对传统媒体资源(如报纸、杂志、电视、广播等)的话语垄断。此外，不同地区的网络资源分配不均，加之经济、社会和文化发展水平的不平衡，使得不同国家、不同群体之间的话语水平和影响力存在强势和弱势之分。网络空间话语权强势的社会主体，往往是信息技术发达并且社会经济文化发展水平先进的群体。因此，网络空间的主流话语可能潜藏着信息霸权和文化霸权，而科技硬实力和文化软实力是网络空间话语权国际竞争的法宝。

尽管网络空间国际话语权的主体可以多种多样(如国家、国际组织、社会团体以及公民个人等)，但是对于国家而言，网络空间国际话语权具有国家意志和主流意识形态色彩，并且体现民族国家利益和地域文化特征。国家的网络空间国际话语权并非仅仅限于政府官方的立场，还可能容纳国家管辖范围内的多元主体的多种建议、主张和叙述模式存在和发展，如研究机构或学者提出的理论、民间团体和行业群体提出的主张乃至公民个人的看法等。但是，国家的网络空间国际话语权通常体现本国的利益取向、意识形态和价值观念，并在此基础之上探寻全人类共同利益的可能性，而非片面充当他国话语主张的传声筒。因此，随着网络空间深度渗透至各国国民经济和社会发展，网络空间国际话语权日益成为各国之间政治博弈、利益争夺、意识形态较量和价值观念竞争的新疆场。西方发达国家凭借其先发技术优势、语言文化优势以及舆论优势，在网络空间国际秩序领域长期推行代表其利益取向、意识形态和价值观念的西方中心主义话语体系，使许多发展中国家在网络空间国际话语权交锋中处于失语状态或不平等对话状态。与此同时，随着以中俄为代表的新兴国家和发展中国家的崛起，国际格局和国际秩序正在发生深刻而复杂的调整转变，为打破西方中心主义话语体系、构建更加公平合理的网络空间国际秩序带来机遇。因此，研究网络空间国际话语权的构成要素和形成机制对于中国和世界具有重要意义。

二、法治在网络空间国际话语权中的地位和作用

(一)法治是网络空间国际话语权的理论基础

任何话语主张若想获得国际社会的广泛认同和长久的影响力，需要以深入

人心的理论思想和价值主张为基础。扎实、完善的理论基础能够为国际话语主张提供令人信服的解释力，为国际话语体系的构建提供战略指引，同时对分析和解决现实问题具有实际效果。

法治之所以能够为网络空间治理提供理论基础，不仅由于法治思想本身内涵丰富，也源于网络空间对法治的内在呼唤。法治思想自古希腊发端以始，经由罗马法和诺曼法的丰富和发展，到中世纪教会法和世俗法的法律信念，再到近代资产阶级革命以及现代民主制度的法治观念，西方法治理论和实践一脉相承并延续至今。尽管不同的理论逻辑、社会背景和历史传统对于法治内涵的理解不同，但是法治作为人类现代政治文明的重要标志，不仅代表了一种理性精神、道德品格、价值观念和精神追求，而且是当今世界各国维系社会秩序稳定、解决社会矛盾的行之有效的规范框架和普遍认可的政治实践。法治具有丰富的精神内涵、形式要求和实质内容：法治精神以善法与恶法的价值标准、法律至上地位、法的统治观念以及权利文化为基础①；形式法治要求法律得到普遍的服从和良好的制定，强调法律程序的正当性，但是对于法律是否良善不做评价②；实质法治则重在强调法律的公允和良善，要求法律保障人们基本的道德权利和政治权利。③ 除此之外，网络空间作为人类实践活场域的延伸，不仅与现实社会中人们的生产生活、利益关系和社会角色休戚相关，而且与国家的国防安全、经济发展、社会风尚和公共文化相互交织，从而对网络空间的安全稳定、自由高效和公平正义等价值追求提出内在呼唤。法治是保障更加充分的权利和自由得以实现的最有效的途径，也是平衡相互冲突的价值追求的标准和

① 徐显明：《论"法治"构成要件——兼及法治的某些原则及观念》，载《法学研究》第18卷第3期。

② 形式法治的代表人物拉兹（Joseph Raz）在哈耶克等学者的基础上将法治的原则和要求分为两大类：第一类原则要求法律应符合有效指导行动的制定标准，包括法律的可预测性、公开性和清楚性；相对稳定性；法律的制定由公开、稳定、清楚和普遍的原则指导。第二类原则旨在确保执法机制和监督机制遵守法律，并在偏离法治的情况下提供有效的补救措施，包括司法独立；程序正义；法院司法审查权；法院的可获得性；不应允许预防犯罪机构酌情决定歪曲法律等。参见 J. Raz. *The Authority of Law*: *Essays on Law and Morality*, Clarendon Press, 1979, pp. 213-219.

③ 实质法治的代表人物德沃金（Ronald Dworkin）在法治的形式要件的基础上进而提出了实质要件，将公民彼此之间的道德权利以及针对国家的政治权利纳入法治。参见 R. M. Dworkin, Political Judges and the Rule of Law, *Proceedings of the British Academy*, Vol. 64, 1978, p. 262.

尺度。将法治思维和法治理念运用于网络空间，不仅要求加强法律规范和制度设计在网络空间的调整作用，而且意味着从法治精神和法治价值的视角对网络空间规则制定的合法性标准与正当性基础进行检视和反思。

作为国家治理和全球治理的根本方式和基本价值，法治不仅是治国之重器和国家软实力的重要方面，而且是全球化背景下维护国际社会秩序最适合、最有效、最稳定和成本最低的方式。① 全球互联网在一定程度上消除了不同国家之间信息交流的地域界限，推动了经济和技术的全球化、信息资源共享和文化融合，使人类生活方式及利益的相互依赖达到空前的程度。与此同时，全球互联网正在悄然冲击着国家主权边界和传统国际秩序，对世界各国的国家安全、经济秩序、社会稳定和民族文化具有更加强大而隐形的影响力和破坏力。面对跨国网络活动引发的与日俱增的网络安全威胁与社会秩序问题，网络空间国际治理已经不是一个停留在是否需要法治的问题，而是一个追问需要怎样的法治、如何实现法治的问题。因此，网络空间国际法治理论应当至少包含如下两个方面：第一，网络空间国际法治的基本内涵和基本原则；第二，网络空间国际法治的形成机制和实现路径。网络空间国际法治理论不仅需要立足于现实的国家实践和已有的国际规则，而且应当结合网络空间的特殊性提出适当的理论创新和规则创新。网络空间国际法治理论不应当是政策的解说或翻版，而应当在批判中探索、在论辩中创新、在反思中成熟，从而为网络空间国际话语权提供坚实的理论基础。

(二) 法治是网络空间国际话语权的制度保障

法治不仅是网络空间国家治理和国际治理的理论基础，而且是网络空间国际话语权的制度保障。网络空间话语权归根到底是为了争取网络空间规则制定和制度设计的决策权和影响力，因此需要具有稳定性和普遍性的规范和机制来确其地位和影响。制度作为一种外在约束，能够减少国家的非理性和机会主义行为对国际秩序的破坏，引导国家的行为模式和目标界定，提高国家合作与交往中的社会化水平。② 法治为网络空间话语权提供了具有明确性、可预期性和

---

① 何志鹏：《国际法治何以必要——基于实践和理论的阐释》，载《当代法学》2014 年第 2 期。

② 何志鹏：《全球制度的完善与国际法治的可能》，载《吉林大学社会科学学报》2010年第 5 期。

普遍性的规范基础和机制框架，进而对调整权利义务、平衡利益关系、分配话语权力和保障话语秩序起到重要作用。网络空间话语权只有实现了法治化、制度化，才能确保其广泛而持久的影响力。为此，网络空间话语权的构建应当充分运用法治思维和法治逻辑，促进国际社会主体以规则为导向参与国际治理。

网络空间国际话语权最终需要以国际规则和国际制度的方式确立和保障，而国际规则和国际制度的形成过程来自于规则供给和国际合作。由于国内法治和国际法治具有持续的互动性和内核的统一性①，法治先进国家的国内法治可以为国际法治的形成注入思路和动力，并通过国际合作机制整合到国际法治中去。近年来，各国纷纷出台网络空间战略、政策和法律法规，将网络空间纳入法治轨道，例如我国的《中华人民共和国网络安全法》、俄罗斯的《关于信息、信息技术与信息保护法》、美国的《网络安全法案》、欧盟的《网络与信息安全指令》、加拿大的《联邦信息、信息化和数据保护法》、澳大利亚的《电信法》、巴西的《网络民法》等，涉及网络安全、网络信息服务、电子商务以及个人信息保护等诸多方面。尽管各国对网络空间的管制力度、治理模式和利益偏好不尽相同，但是网络空间法治化已经成为各国通行之惯例。各国的网络空间法治实践本身就是一种话语权，是国际法形成过程中的重要方面和考量因素。因此，完善国内法治建设可以增强对国际法治的参与、贡献和影响程度，国内法治经验相对发达的国家也将在引导国际法治的过程中发挥更大的话语权。为了提升我国在网络空间的国际话语权，本章基于中国网络空间战略和实践，从法治，提出中国对于网络空间国际治理的法治理论。

三、中国网络空间国际话语权的法治理论保障

随着互联网的崛起，网络空间对传统国际法上的一些概念和规则带来挑战，但是这在多大程度上影响了国家行为规范，仍然存在争议。迄今，尚无专门调整网络空间行为规范的全球性条约，网络空间的国际法权利、义务和责任都不是很清晰。因此，网络空间适用的国际法原则和标准，很大程度上取决于

① 赵骏：《全球治理视野下的国际法治与国内法治》，载《中国社会科学》2014年第10期。

现有的国际法体系能否适用于网络空间。因此，网络空间国际话语权的法治理论应当至少包含两个方面：一是探讨国际法基本原则在网络空间的可适用性，二是网络空间新规则构建的基本原理。

(一) 国际法基本原则在网络空间的可适用性

在现有国际法基本原则能否适用于网络空间的问题上，学术界和实务界从激烈争论到趋于共识，已经产生了一系列具有影响力和代表性的成果，其中包括：美国奥巴马政府于 2011 年发布《网络空间国际战略》，较早地提出了"网络空间法治"的概念，并强调国际法适用于网络空间①；联合国信息安全政府专家组(UNGGE)在 2013 年和 2015 年向联合国大会提交的报告《国际安全背景下信息通信领域的发展》中，确认了国际法特别是《联合国宪章》在网络空间的适用②；由北约卓越网络防御中心邀请国际专家组于 2013 年出版的《塔林手册》，对诉诸武力权和战时法规则在网络战中的适用做出第一次全面而权威的尝试，涉及国家主权、国家责任、联合国安理会、国际人道主义法和中立法等议题；国际专家组于 2016 年相继出版的姊妹篇《塔林手册》2.0 版，扩大了国际法规范的探讨领域，侧重评估了和平时期下的国际法规范在网络空间的适用问题，涉及议题除主权和国家责任外，还包括国际人权法、外交和领事法、国际电信法、航空法、空间法和海洋法等。

总体而言，学术界的主流观点是，互联网的发展并未改变以《联合国宪章》为核心的国际秩序，网络治理应遵循一般国际法，特别是国家主权原则、禁止使用武力原则、不干涉内政原则以及和平解决国际争端原则，这是确保网络空间国际秩序公正合理的基石。③ 在总结和批判既有学术成果的基础上，本章将结合中国对于网络空间国际法治的立场和主张，分别对国家主权原则、使用武力法、国际人道法、国际人权法和国家责任法在网络空间的可适用性进行宏观梳理，同时结合网络空间的特殊性进行简要评析。

---

① 黄志雄：《网络空间规则博弈中的"软实力"——近年来国内外网络空间国际法研究综述》，载《人大法律评论》2017 年第 3 辑。

② UN Doc/A/68/98 (24 June 2013)，p. 8；UN Doc/A/70/174 (22 July 2015).

③ 黄志雄：《网络空间国际法治：中国的主张、立场和对策》，载《云南民族大学学报(哲学社会科学版)》2015 年第 4 期；《中国代表在中美互联网论坛上的发言》，载《中国国际法年刊(2013)》，法律出版社 2014 年版。

1. 国家主权原则

主权是国际法的一项基本原则,是威斯特伐利亚国际体系和现代民族国家得以建立的基石。主权至少包括对内主权和对外主权双重含义,前者是指一个国家对其领土享有的排他性控制权和最高权威,后者是指各国在国际秩序中主权平等和政治独立。对外主权意味着国家的领土完整和政治独立不受任何外部力量的支配,即不存在凌驾于国家之上的国际权威。

对于国家主权原则在网络空间的适用问题,联合国信息安全政府专家组早在2013年向联合国大会的报告中指出:国家主权和源自主权的国际规范和原则适用于国家进行的通信技术活动,以及国家在其领土内对通信技术基础设施的管辖权。与此同时,2013《塔林手册》第1条宣称,"国家有权对其领土主权内的网络基础设施和行为实施控制",同时在评注中指出"国家可以对位于其领土内的网络基础设施及其相关行动行使主权"。2016年《塔林手册》2.0版作为西方学者对国家主权原则在网络空间适用的进一步详细探讨,就在第一章专门讨论了国家主权原则适用于网络空间的一般原则、各国对位于其领土内对网络基础设施和网络活动的对内主权、各国在国际关系中依据"法无禁止即自由"开展网络活动的对外主权、各国不得开展侵犯他国主权的网络活动以及对各国不得对他国享有主权豁免的网络基础设施进行任何干预等核心问题。作为目前网络空间国际法方面最重要的学术成果之一,两版《塔林手册》关于国家主权原则在网络空间适用的论述具有深远影响。

从全球互联网治理的历史来看,互联网治理模式经历了从技术治理模式到网格化治理模式、联合国治理模式和国家中心治理模式的变迁。[①] 近年来,国家主权的理念与实践重新开始占据互联网政治的主流话语体系[②],越来越多的国家开始认同并接受主权国家对互联网的监管和治理。[③] 早在2005年美国《国土防卫暨民防支援战略》与2010年加拿大的《网络安全战略》中,网络被定位

[①] 王明国:《全球互联网治理的模式变迁、制度逻辑与重构路径》,载《世界经济与政治》2015年第3期。

[②] 刘杨钺、杨一心:《网络空间"再主权化"与国际网络治理的未来》,载《国际展望》2013年第6期。

[③] 王明国:《全球互联网治理的模式变迁、制度逻辑与重构路径》,载《世界经济与政治》2015年第3期。

为"全球公域"（global commons）。① 但是此后，美国不再固守网络空间作为全球公域的观点，不仅在 2011 年《网络空间国际战略》声称国家遭遇网络攻击后的自卫权，而且越来越高度关注"数字边疆"和"网络主权"，主张国家有权对互联网进行必要的监控。中国和俄罗斯长期以来坚持主张和维护"网络主权"原则，强调国家在网络治理和网络监管中的作用。从"谷歌退出中国事件"到乌镇世界互联网大会，从《国家网络空间安全战略》到《网络空间国际合作战略》，网络主权已经成为中国在网络空间国际治理中的核心原则。2010 年《中国互联网状况》白皮书指出，"互联网是国家重要基础设施，中国境内的互联网属于中国主权管辖范围，中国互联网主权应受尊重和保护"。我国 2015 年国家安全法第二十五条规定："维护国家网络空间的主权、安全和发展利益。"

　　然而，由于历史背景、意识形态、价值观念和利益取向的不同，网络主权的理论与实践问题存在诸多争议。早在 20 世纪 90 年代，"互联网的主权"（Internet Sovereignty）一词就已经出现，但其含义却与现今完全相反，是用来追求独立于政府和企业、权力和资本的网络自治。② 1996 年，约翰·巴洛在瑞士达沃斯论坛上发布《网络空间独立宣言》，宣称网络空间依靠技术编码和自治伦理进行自我治理，强调摆脱国家强制和国家立法。③ 然而，互联网自治的理想未能抵挡国家力量的介入，网络空间自主订立社会契约和制定宪法的尝试归于失败，美国重申了对于互联网的绝对权威。④ 美国一方面通过垄断网络核心技术和优势资源控制着全球网络体系，甚至制订庞大的监控计划，对他国政府和民众的互联网行为严密监控和攻击；另一方面又以"尊重人权""自由民主"的道德楷模自居，指责中国对互联网问题进行管制，其网络管理双重标准的霸权主义本质显露无遗。西方学者普遍强调"网络自由"和"网络人权"，对国家

---

　　① 朱莉欣：《"塔林网络战国际法手册"的网络主权观评介》，载《河北法学》2014 年第 10 期。

　　② 刘晗：《域名系统、网络主权与互联网治理：历史反思及其当代启示》，载《中外法学》2016 年第 2 期。

　　③ 刘晗：《域名系统、网络主权与互联网治理：历史反思及其当代启示》，载《中外法学》2016 年第 2 期。

　　④ 刘晗：《域名系统、网络主权与互联网治理：历史反思及其当代启示》，载《中外法学》2016 年第 2 期。

在网络空间的主导作用持怀疑甚至否定态度。① 基于西方国家的治理理念和价值观，欧盟委员会于 2013 年《欧盟网络安全战略：一个开放、安全和可靠的网络空间》中指出，"为了保持网络空间的开放性和自由度，欧盟国家支持的规范、原则和价值应该在网络空间得以运用，基本权利、民主和法治应在互联网空间领域得到保护"②。与此同时，欧盟发起了专门针对网络治理的多利益相关方国际磋商和对话机制"伦敦进程"，反对任何政府间国际组织对全球互联网治理的主导。③

网络主权观念的核心在于寻找个人信息自由和公共安全秩序之间的最佳平衡点，因此，网络主权的内涵、外延和界限问题值得更加深入的研究。目前，我国学者对于网络主权问题的探讨主要可以分为三种：第一种是对于网络主权现实可行性的论证，其主要观点是网络空间的基础设施处于国家主权管辖的范围内，从而给国家主权的介入带来了可能④；第二种是对于网络主权概念动态发展的解释，其核心逻辑是网络主权是主权向网络空间的自然延伸⑤；第三种是对于网络主权的正当性阐释，其主要依据包括主权具有约束体系暴力、明确权利义务和保护文化独特性等不可替代的秩序性功能，能够对国际秩序稳定起到积极作用。⑥ 互联网自由并非不受限制，而应受到国家安全、公共秩序、公共卫生和道德等一般原则的限制。⑦ 网络主权为国家合理行使网络空间权利、合法参与国际治理和国际合作提供了依托，因而为国家在网络时代行使经济主权、建设军事国防等诸多方面提供了国际法依据。⑧

---

① 黄志雄：《网络空间规则博弈中的"软实力"——近年来国内外网络空间国际法研究综述》，载《人大法律评论》2017 年第 3 辑。

② European Commission. Cyberspace Strategy of the European Union: An Open, Safe and Secure Cyberspace. *Brussels*, 2013, p. 2.

③ 王明国：《全球互联网治理的模式变迁、制度逻辑与重构路径》，载《世界经济与政治》2015 年第 3 期。

④ 黄志雄：《网络主权论——法理、政策于实践》，社会科学文献出版社 2017 年版，第 89 页。

⑤ 李鸿渊：《论网络主权与新的国家安全观》，载《行政与法》2008 年第 8 期。

⑥ 刘杨钺、张旭：《政治秩序于网络空间国家主权的缘起》，载《外交评论》2019 年第 1 期。

⑦ Ma Xinmin. What Kind of Internet Order Do We Need?". *Chinese Journal of International Law*, 2015(14), pp. 399-403.

⑧ 刘阳子：《对国家网络主权的理解》，载《中国信息安全》2012 年第 11 期。

2. 使用武力法

网络攻击可否构成"使用武力"是国际法学界讨论的焦点问题之一。"禁止使用武力"规定在《联合国宪章》第 2 条第 4 款，它是当代国际法的基石，并被视为习惯国际法中的强行法。根据现行国际法，各国只能将武力作为《联合国宪章》第 2(4) 条规定的一般禁止的例外。在法律上，这可以在第 51 条规定的自卫框架下进行，也可以由联合国安理会根据第 42 条授权进行。然而，现有国际法对"武力"一词的含义并没有做出明确界定。对此，学界主要有两种解释：一种仅仅指武装力量，另一种则包括武装力量以及胁迫等方式的非武装力量。① 其中，前者得到了学界主流观点的支持。此外，国际法院在关于使用核武器合法性问题的咨询意见中强调，《联合国宪章》有关使用武力的条款，包括第 2 条一般禁止使用武力或武力威胁、第 51 条单独或集体自卫权以及第 42 条授权安理会采取军事措施，都适用于任何武力的使用，而无论武器类型。有学者指出，武器的形态取决于武器技术的发展水平，由于武器的技术水平不断发展提高，对"武力"的认识也应当不断发展进步。② 由此，国际法不禁止网络武器成为武器。

网络战争国际法问题的核心争议焦点在于是否完全适用现行国际法，还是需要规则创新。《塔林手册》的基本立场是现有诉诸战争权和战时法国际法规完全可以适用于"网络战争"，国际社会无需创制新的国际法以规范网络行为。对于如何认定网络攻击构成使用武力，国际专家组采取了"规模和效果"的解释方法，并指出严重性、紧急性、直接性、侵略性、可评估性、军事性等考虑因素。也就是说，网络攻击必须达到和传统武器所造成的损害效果相当时，才能被认定为达到"使用武力"标准。换言之，只有在网络攻击造成如下损害的情况下才构成"使用武力"：其一，人员伤亡或财产损害；其二，对一国核心设施系统的大规模或中长期损害。③ 其中值得指出的是，有学者认为，仅仅无

---

① 黄瑶：《论禁止使用武力原则——联合国宪章第 2 条第 4 项法理分析》，北京大学出版社 2003 年版，第 167~193 页。

② 朱雁新：《计算机网络攻击构成"使用武力"之分析》，见《战略机遇与军事法治的创新发展——以完善中国特色社会主义法律体系为背景会议论文集》2013 年（未出版），第 221 页。

③ Yoram Dinstein. Computer Network Attack and Self-Defense. In Michael N Schmitt and Brian T O' Donnell （eds）, Computer Network Attack and International Law. *International Law Studies*, 2002(76), pp. 103-105.

形数据的损毁而没有物理损害，即使该数据具有很高的经济价值，也不能将该网络攻击行为视为"使用武力"①。在达到"使用武力"的前提下，是否进一步达到《联合国宪章》第51条自卫权行使条件之"武力攻击"程度则是一个门槛更高的法律问题。正如国际法院在尼加拉瓜案中指出，"有必要将最严重形式的构成武装进攻的使用武力与较轻形式的使用武力进行区分"，"虽然对武力攻击可以采取武力形式的自卫，但是对未达到该程度的干涉不能采取"。② 然而，《塔林手册》并未指出"武力攻击"的明确标准，使得自卫权的行使条件不具有可操作性。

作为首部从现行国际法角度讨论网络战问题较为详尽的学术成果，《塔林手册》对于网络战争国际规则的制定和解释做出开创性学术尝试。尽管《塔林手册》宣称其详尽地参照了现行国际条约、国际惯例、被文明国家公认的一般法律原则、司法判决和各国最优秀的国际公法学家的学说教义等广义的国际法渊源，但是它毕竟是一部由少数国家主导和创制的学术研究成果，没有得到大多数国家的正式承认和实践的验证，因此并未令人信服地证明其已经成为具有约束力的国际法。

因此，中国应当加强对网络安全和网络战争领域的国际法研究，在汲取现有国际法合理规则的基础上，加强对现有规则的解释能力，批判看待《塔林手册》。首先，中国应当坚持国家行使自卫权必须遵循必要性和比例性原则，而《塔林手册》就"使用武力"的标准和"自卫权"的行使条件和限度做出了明显的扩大解释，可能会导致相关国家滥用自卫权，不符合《联合国宪章》"禁止使用武力"的基本精神。③ 其次，中国强调网络安全领域的国际合作，反对网络空间"军事化"倾向，不赞成单方面的网络报复或网络封锁，而《塔林手册》所规定的网络封锁规则和网络禁区标准赋予一国或组织较为广泛的网络封锁权力，实际上有助于美国和北约巩固和利用其在网络基础设施和网络资源上的强势和

---

① Katharina Ziolkowski. Computer Network Operations and the Law of Armed Conflict. Military Law and the Law of War Review, 2010(47), pp. 69-75.

② *Military and ParamilitaryActivities in and Against Nicaragua* (Nicaraguav. U. S.), 1986 (June 27) I. C. J. 14, pp. 191, 210-211.

③ 陈顾：《网络安全、网络战争与国际法——从〈塔林手册〉切入》，载《政治与法律》2014年第7期。

主导地位。① 尽管西方国家和学者善于运用国际法为其相关政策主张寻找依据，但是出于为其网络空间军事化政策服务的目的，不惜在诉诸武力权适用于网络攻击的问题上推行双重标准。对于这种在"遵守国际法"外衣下更为隐蔽的霸权主义和强权政治，我们应当在各种国际场合予以揭露和反对，维护我国在网络空间国际规则制定中应有的话语权和主导权。

3. 国际人道法

国际人道法是"由条约或习惯组成的，其目的在于解决国际性和非国际性武装冲突直接引起的人道问题，以及出于人道方面的原因，为保护已经或可能受武装冲突影响的人员及财产而对有关武装冲突的作战手段和方法进行一定限制的国际规则"。国际人道法起初是基于调整武装冲突的习惯的有一些非成文规则，后来逐渐有一些详尽程度各异的双边条约(战俘交换协定)开始生效，还有一些由各国发给其军队的章程。在红十字国际委员会 5 位创始人的推动下，瑞士政府召开了 1864 年外交会议，16 个国家出席了会议并通过了改善战地武装部队伤者境遇的《日内瓦公约》，为现代人道法奠定了基础。自此，国际人道法领域曾经出现过以及现行有效的国际公约超过 100 部，其中真正具有代表性的是 1949 年的四部《日内瓦公约》及 1977 年的两部附加议定书。《日内瓦公约》目前已获得全球公认，每个国家政府都必须承担其规定的义务。

《塔林手册》第二部分承认国际人道法在网络行动中的适用，认为在武装冲突中发动的网络行动当然受到国际人道法的约束。在网络战争的方式和方法方面，考虑到网络战争方式方法的特殊属性，《塔林手册》要求所有 1949 年《日内瓦(四)公约第一附加议定书》的缔约国，在发展、获取或采用一项新型网络武器时，应当检查这个武器是否被《第一附加议定书》或其他适用于该国的国际法所禁止，比如一个网络武器是否根据其使用或者性质会引起过分伤害和不必要痛苦、是否具有不分皂白的性质、是否会对环境造成严重影响以及是否违反任何特别条约或习惯国际法明确规定的禁止性规定。《塔林手册》明确了国际人道法中的军事必要性原则(军事行动必须有助于打败敌人，并有具体的军事目的)、人道主义原则(禁止对生命和人的暴力行为，包括残忍对待和酷刑、劫持人质、侮辱和有辱人格的待遇，以及不定期对非战斗人员进行审判

---

① 陈顾：《网络安全、网络战争与国际法——从〈塔林手册〉切入》，载《政治与法律》2014 年第 7 期。

而处决)、区别原则(军事行动只能针对"军事目标",不能针对民用目标)、比例原则(预期附带的平民伤亡、平民受伤或民用物品损坏不得与预期军事优势不成比例)在以网络攻击手段进行的武装冲突的适用,并探讨了网络活动背信弃义、不正当使用保护标志、网络封锁和特殊区域以及"占领"和"中立"等国际法问题。

从中国视角来看,应当重视武装冲突法的区分原则、比例原则和中立原则等国际人道法基本原则在网络战争中的适用。虽然国际法在多大程度上适用于网络空间仍然值得争议,但是国际人道法考量不应当被排除在网络空间活动之外。《塔林手册》对于国际人道法在网络空间适用的学术探讨具有重要意义,但是在具体规则适用的标准和限度方面仍然存在缺陷。首先,网络攻击效能和后果的不确定性,加大了比例原则评估和适用的难度。其次,《塔林手册》认为,比例性原则中的附带伤害,不仅包括网络攻击造成的直接后果(即目标系统所遭受的影响),还包括一切对民用系统带来的可预见的附带影响,这实际上已经超出适用于常规武装冲突的国际法。再次,在甄别军民两用的网络设施性质方面,《塔林手册》认为任何能提供有效军事优势的网络设施都应当被认定为军事目标,从而使实施网络战的黑客是武装反击的合法目标,实际上扩大了军事目标的范围,可能导致实战中大量民用网络基础设施受到毁伤,因此也需要进一步澄清和解释。中国学者主张,网络军控不能完全按照传统的军备控制来考量,必须在武装冲突法的视野下认识网络军控面临的现实挑战,尽早制定网络空间安全行为准则,抓紧建立健全审查机制,确立我国网络军控活动的基本原则。① 中国应当加强网络空间双多边国际合作,让更多国家平等参与网络空间规则制定,避免出现由网络强国主导的局面,最大限度地让新规则符合本国价值观和治理理念,充分体现涉及网络安全所有国家的共同利益。②

4. 国际人权法

如何将国际人权法适用于网络空间是一项重要的国际法课题。随着网络通信日益成为现代社会的表达和交流方式,网络成为人们实现言论和表达自由、和平集会结社自由、自由选举等公民权利和政治权利的重要媒介。2013 年美

---

① 崔玉芳:《论武装冲突法在网络军控中的适用》,载《南京政治学院学报》2014 年第5 期。

② 崔玉芳:《论武装冲突法在网络军控中的适用》,载《南京政治学院学报》2014 年第5 期。

国国家安全局"棱镜门"大规模网络监控事件的曝光，使得数字时代隐私权和个人信息保护等问题日益引起国际社会关注。在网络隐私与数据保护领域的国际法文件主要可以分为三类：其一，联合国大会和人权理事会关于保护网络隐私权的决议或决定，如联合国大会第 68/167 号决议、联合国人权理事会第 25/117 号决议、联合国人权事务高级专员办公室《关于数字时代隐私权的报告》（A/HRC/27/37），以及联合国人权理事会关于互联网人权的 26/13 号决议和 28/16 号决议等；其二，经济合作与发展组织为电子商务中的个人隐私或信息保护与自由流动提供的软法指南，如 1980 年《隐私保护和个人资料跨界流通的指南》及其 2013 年修订版、2007 年《理事会关于跨境合作执法保护隐私权的建议》等；其三，亚太经济合作组织通过的有关数据流动和隐私保护的国际经济法规则，如 1985 年和 1995 年分别通过的《过境数据流宣言》和《APEC 信息基础设施施汉城宣言》、2004 年《APEC 隐私保护框架》、2009 年《APEC 跨境隐私执行合作安排》、2011 年《檀香山宣言》等。① 这一系列决议、报告和宣言以软法为主要形式就数字时代隐私权的相关法律问题提出建议和指南，为各国的政策、法律和实践提供了指引和示范。

此外，作为当前国际上对网络空间国际法规则有广泛影响力的学术成果，《塔林手册》2.0 版第 6 章将人权保护章专章列出，肯定了《世界人权宣言》《公民及政治权利国际公约》《经济社会文化权利国际公约》等国际人权条约和习惯在网络空间的适用，阐释了网络空间中与人权有关的重要概念，讨论了网络活动中人权保护的限度以及国家保护人权的义务及其克减情形。其中，第 35 条规定了适用于网络空间的国际人权，包括公民权利、政治权利、经济权利、社会权利等，特别是言论自由和表达自由是享有其他人权的必要条件。此外，专家还讨论了网络空间的隐私权、匿名权、上网权以及被遗忘权等问题。例如，第 36 条区分了国家"尊重"和"保护"人权的义务，前者是国家不得干涉人权的消极义务，后者是国家有义务确保第三方不得侵犯人权的积极义务。第 37 和 38 条规定了国家尊重和保护国际人权义务的克减情形，必须符合实现合法目的之必要性、非歧视性并经过法律授权。但是在任何情况下，免于酷刑、免于奴役等"绝对人权"不得克减。

《塔林手册》2.0 版高度宣扬人权理念，有利于促进各国在网络空间中形成

---

① 居梦：《论网络空间国际人权法规则的发展》，载《电子政务》2017 年第 12 期。

保护人权的共识和行动。然而，由于各国的现实国情、政治形态、经济发展、法律传统以及社会文化背景的不同，不同国家对于人权保护的标准和理解并不一致。在现实中的人权标准尚且存在诸多分歧的情况下，网络空间国际人权法也自然难以统一。此外，对于国际人权法可否域外适用的问题，《塔林手册》2.0 版没有给出明确回答，因为国际专家组内部存在较大分歧。在重要规则尚且存在争议和模糊地带的情况下，大多数人权保护规则可能只是宣示性原则，而难以形成具有实际可操作性和针对性的指导原则。① 此外，与网络空间的人权保护相关的国际软法文件同样存在表述原则化明显、缺乏法律精确性的特点，常常将法律规则、原则与国家政策建议混为一谈。这主要是由于在对于网络空间基本人权的行使范围和限度、适用条件与例外等具体问题分歧较大的情况下，规则表述原则化实乃回避争议的无奈之举。

在联合国、发达国家和人权领域国际组织积极推动和保护公民的网络权利的趋势下，中国对于国际人权语境下的网络权利的关注明显不足。与此同时，中国互联网规制政策时常遭受西方理论界与实务界的质疑，正在逐步成形的中国互联网法治建设也备受争议。对此，中国学者应当加强对于网络空间国际人权问题(包括上网权、网络言论自由权、网络隐私权、网络社交权、匿名性等)的研究，尤其是如何正确处理个人言论自由、上网权以及隐私权与国家安全之间的关系，为塑造和制定未来网络空间行为规则抢占更多的话语权。虽然中国并不承担《公民权利及政治权利国际公约》的积极性义务，但是作为负责任的大国，中国对互联网规制政策进行合法性分析确有必要。② 国家应当重新认识网络，确立比例协调原则非常重要，不能因为打击网络犯罪而牺牲所有公民的网络权利为代价，不能因为打击假消息等网络负面因素而限制公民和国家的发展。③

5. 国家责任法

网络空间的开放性、匿名性和即时性，对传统国家责任法的适用带来技术

---

① 刘震：《评〈塔林手册 2.0〉对人权的保护与限制》，载《法制与社会》2017 年第 3 期（下）。

② 孙楠翔：《论互联网自由的人权属性及其适用》，载《法律科学（西北政法大学学报）》2017 年第 3 期。

③ 何勤华、王静：《信息化时代的信息利益法律保护》，载《政治与法律》2018 年第 7 期。

和法律方面的挑战。网络攻击给国家责任法的适用带来的巨大困难在于：第一，现实生活中很难辨是明系统故障还是网络攻击①；第二，如果是网络攻击，由于伪造 IP 地址等情况，很难辨明对方的身份信息；第三，网络攻击经常超出受害国的司法管辖权范围，因此导致了调查取证以及举证的困难。一方面，通过代理服务器进行的网络攻击显著提高了对于攻击发源地和发动者的事实发现与认定的复杂性；另一方面，网络攻击国家责任的归因性和违法性判定的法律标准方面亦存在诸多争议，前者需要解决与事实发现与认定相关的举证责任、证明标准和证明手段等证据问题，后者需要解决归因标准的确定以及合法性的判断问题。

传统的国家责任法主要被编入 2001 年国际法委员会通过的《国家对国际不法行为的责任条款草案》（以下简称《草案》），其中归因性是国际不法行为的两大要素之一，也是国家责任判定过程中的关键问题。通常，国家的组织机构或代表的行为归因于国家是毋庸置疑的，但对于不具有国家主体性质的私主体，普遍的归因规则是只有当它受到政府的指挥、指示和控制时的行为才能归因于该国。由于《草案》并没有对"控制"的含义做出解释，控制标准就成为国家责任判定的关键。对此，国际法院在 1986 年尼加拉瓜案中，针对叛乱者在尼加拉瓜从事的军事或准军事活动是否归因于美国，提出十分严格的"有效控制"标准。而前南斯拉夫刑事法庭上诉分庭在 1999 年"塔迪奇"案中，面对波黑境内的塞族共和国军的行为是否可归因于前南斯拉夫联盟这一问题时，则提出相对宽松的"全面控制"标准。两种控制标准在不同的范围和意义下均有案例和国家实践作为依据，并均得到一些学者的极力支持。正如国际刑法学者 Antonio Cassese 指出，"有效控制"这一高标准更符合私人行为归因于一国的逻辑，而"全面控制"标准则更适用于有组织的武装团体或军事单位。② 因此，支持"有效控制"的学者指出，由于网络攻击大多是较为松散的黑客发起的，依照更加严格的"有效控制"标准来将个体行为归因于国家可能更加符合各国间对正义的寻求③，而降低归因标准的做法可能会波及无辜，因而是危险的和不可取的。然而，支持"全面控制"的学者认为，基于网络攻击隐蔽性和私人性

---

① 邓剑：《论网络空间的基本法律问题》，载《湖南社会科学》2013 年第 2 期。

② Antonio Cassese. The Nicaragua and Tadic Tests Revisited in Light of the ICJ Judgment on Genocide in Bosnia. *European Journal of International Law*, Vol. 18(4), 2007, p. 649.

③ 黄志雄：《论网络攻击在国际法上的归因》，载《环球法律评论》2014 年第 5 期。

的特点，在国家责任的归因中采取"有效控制"中所要求的严格标准可能会导致国家逃避本应承担的责任，而"全面控制"才更适应网络环境中非国家行为体行为的归因判定。① 对此，《塔林手册》2.0 版做出了及时的回应：专家组阐释了两种标准在网络攻击中适用的不同情形，明确了对"有效控制"标准的支持，阐述了在认定网络攻击的"有效控制"时需要注意的关键要素；同时，专家组也没有完全放弃"全面控制"标准，而是在对网络国际性武装冲突的判定中，对"全面控制"标准进行了恰当的安排和规则设计。②《塔林手册》2.0 版对国家责任法中网络活动归因规则的重新考量，回应了国际社会存在的争议，特别是在网络空间规则不明确的状态下，为今后的国家实践提供了预测、指引和解释作用。

网络空间国际法的模糊性不仅反映了归因规则存在的争议③，也使得证据问题暴露得更加明显。国际法上没有统一的"证据法"④，《国际法院规约》和《法庭规则》也没有规定特定的证明标准或证明手段。正如大陆法系中法官被赋予根据个案情况进行证据评估的权利，因而没有明确的证明标准，国际法院至今都在回避诉讼主体所期待达到的明确证明标准。然而，根据案件类型和性质的不同，并对国际法院对不同类型案件事实上运用不同的证明标准进行归纳和比较研究可以得出：当一国的网络攻击非常严重地侵犯人权以致达到国际罪行的程度，那么它所需要的证明标准就很可能要达到"排除合理怀疑"的程度。对于主张网络攻击构成使用武力或者在武装攻击条件下行使自卫权的情况，"明确而令人信服"的证据标准不仅仅是传统上为国际法院最频繁适用的证明标准，也同样是网络攻击背景下相对合理、普遍接受和适宜采纳的证明标准。"优势证据"和"表面证据"都是可能性不太大的情况，容易导致错误的归因和

---

① Scott Shackelford. State Responsibility for Cyber Attacks: Competing Standards for a Growing Problem. Georgetown Journal of International Law, 2011, pp. 987-988.

② 朱玲玲：《从〈塔林手册〉2.0 版看网络攻击中国家责任归因的演绎和发展》，载《当代法学》2019 年第 1 期。

③ U. N. Secretary-General, Developments in the Field of Information and Telecommunications in the Context of International Security: Rep. of the Secretary-General, U. N. Doc. A/66/152 (July 15, 2011), p. 18.

④ T. D. Gill & P. A. L. Ducheine. Anticipatory Self-Defense in the Cyber Context. International Law Studies, 2013, pp. 451-452.

主张，因此不宜适用于网络攻击国家责任的判定问题。①

　　此外，在西方国家的主要推动下，第四届联合国信息安全政府专家组对国家在网络空间的"负责任行为规范"进行了探讨，并达成了共识性报告，其中第三部分第 13 段专门提出了 11 项"自愿、非约束性的负责任国家行为规范"。② "负责任国家行为规范"已成为当前网络空间国际规则博弈进程中的关键环节之一，并对网络空间国际法的发展发挥着独特和难以替代的作用。但是，我国应当客观合理地认识到"负责任国家行为规范"存在代表利益不平衡性和内容局限性等缺陷，警惕和防范其从"软法"规范演变为事实上的"硬法"。③

---

　　① 何志鹏、王惠茹：《网络攻击国家责任判定中的证明标准初探》，载《武大国际法评论》2017 年第 5 期；王惠茹：《和平时期下网络攻击的国家责任问题》，《吉林大学硕士毕业论文》2016 年，第 54 页。

　　② 这 11 项分别是：(1)各国应遵循联合国宗旨，合作制定和采用各项措施，加强信通技术(信息技术与通信技术的简称)使用的稳定性与安全性，并防止发生被公认有害于或可能威胁到国际和平与安全的信通技术行为；(2)一旦发生信通技术事件，各国应考虑所有相关信息，包括所发生事件的更大背景、通信技术环境中归因方面的困难，以及后果的性质和范围；(3)各国不应蓄意允许他人利用其领土使用信通技术实施国际不法行为；(4)各国应考虑如何以最佳方式开展合作，来交流信息、互相帮助、起诉利用信通技术的恐怖分子和犯罪者，并采取其他合作措施应对有关威胁；(5)各国在确保安全使用信通技术方面，应遵守联合国大会关于数字时代的隐私权的有关决议和人权理事会关于促进、保护和享有互联网人权的有关决议，保证充分尊重人权，包括表达自由；(6)各国不应违反国际法规定的义务，从事或故意支持蓄意破坏关键基础设施或以其他方式损害为公众提供服务的关键基础设施的利用和运行的信通技术活动；(7)各国应考虑到关于创建全球网络安全文化及保护重要的信息基础设施的联合国大会相关决议，采取措施保护本国关键基础设施免受信通技术的威胁；(8)一国应适当回应另一国因其关键基础设施受到恶意信通技术行为的攻击而提出的援助请求，并回应另一国的适当请求，减少从其领土发动的针对该国关键基础设施的恶意信通技术活动，同时考虑到适当尊重主权；(9)各国应采取合理步骤，确保供应链的完整性，使终端用户可以对信通技术产品的安全性有信心，应设法防止恶意信通技术工具和技术的扩散以及使用有害的隐蔽功能；(10)各国应鼓励负责任地报道信通技术的漏洞，分享有关这种漏洞的现有补救办法的相关资料，以限制并尽可能消除信通技术和依赖信通技术的基础设施所面临的潜在威胁；(11)一个国家不应进行或故意支持开展活动，危害另一国授权的应急小组的信息系统。各国不应利用经授权的应急小组从事恶意的国际活动。

　　③ 黄志雄：《网络空间负责任国家行为规范：源起、影响和应对》，载《当代法学》2019 年第 1 期。

（二）网络空间国际法新规则构建的基本原理

尽管现有国际法基本原则在很大程度上能够容纳新技术和新工具的不断演变，但是国际法大多数规则的原则性、模糊性，给规则的不同解释方式留下了空间。因此，在新的国际规则尚未形成之前，我们应当首先加强对既有规则的理解和解释能力，并在对既有规则继承的基础之上开展批评、反思和新规则构建。从国际法发展的角度看，在国际社会就网络空间新规则难以达成共识的情况下，条约硬法的制定过程可能会进展缓慢，反而以软法或习惯法的形成方式逐渐演变。因此，充分运用国际软法形成机制来施加国际影响是争取国际话语权的重要能力。另一方面，国际条约制定并非不具备前提条件，网络空间技术的发展对现有国际法规则和秩序带来一定的冲击和挑战，网络空间的特殊属性及其对法律关系和责任分配的影响应当在国际法中得到揭示。这就要求我们一方面加强国际合作、不断寻找共识领域和利益契合点，另一方面不断增强自身提出主张、议题和规则的能力，这种主张既需要对现有的规则体系进行思辨和批评，又不应完全脱离现有规则体系而另起炉灶。本章并不旨在提出网络空间新规则的具体方案，而是立足中国的基本利益和立场，侧重从法治保障的角度，提出网络空间国际新规则构建的基本原理，以期为国际规则制定的合理性和正当性提供基础。

1. 以法治精神和法治理念为核心

联合国一直倡导以法治规范国家行为、约束国家权力、平衡国家利益，推动国际关系的法治化。在法治问题高级别会议的宣言中，联合国会员国重申"致力于实现《联合国宪章》、国际法和司法的宗旨和原则，并致力于建立以法治为基础的国际秩序"是一个建立更加和平、繁荣和公正的世界不可或缺的基础。该宣言指出："我们决心根据《联合国宪章》的宗旨和原则，在全世界建立公正和持久的和平。我们再次承诺支持一切努力，维护所有国家的主权平等，尊重它们的领土完整和政治独立，在我们的国际关系中，不以任何不符合联合国宗旨和原则的方式威胁或使用武力，并支持该决议以和平方式进行的符合正义和国际法原则的争端，殖民统治和外国占领下人民的自决权，不干涉国家内政，尊重人权和基本自由，尊重一切智者的平等权利。对种族、性别、语言或宗教、在解决具有经济、社会、文化或人道主义性质的国际问题方面的国际合作，以及对依照《宪章》承担的义务的善意履行，不应加以区分。"[1]法治平等

---

[1] 联合国文件 A/RES/55/2，2012 年 9 月 24 日。

适用于所有国家和包括联合国及其主要机关在内的国际组织，尊重和促进法治和正义应指导其所有活动，并使其行动具有可预测性和合法性。① 2000 年联合国《千年宣言》等一系列有关国际法治的标志性文件多次重申要建立和维护"一种以法治和国际法为基础的国际秩序"，确立以公正和平等为核心价值、以规则而不是以权力为导向的国际秩序。

中国是网络空间国际法治的坚定维护者、建设者和贡献者。在 2012 年网络空间布达佩斯会议上，中国外交部条法司黄惠康司长提出："当今世界是一个以规则为基础的世界，网络空间虽是虚拟空间，同样必须遵循公平、合理的规则。"②在 2013 年中美互联网论坛上，中国代表进一步提出："我们需要一个国际法治的网络空间……互联网发展到今天，我们需要法律规则的引领。法治应当成为网络治理的基本方式。"③ 2017 年 3 月，首次全面宣示了中国在网络空间相关国际问题上的政策立场，旨在指导中国今后一个时期参与网络空间国际交流与合作，推动国际社会携手努力，加强对话合作，共同构建和平、安全、开放、合作、有序的网络空间，建立多边、民主、透明的全球互联网治理体系。中国认为国际社会中最核心的主权原则也理所当然地存在于网络世界，即各国同样应该遵守《联合国宪章》和公认的国际关系基本准则，包括尊重各国主权、领土完整和政治独立，尊重人权和基本自由，尊重各国历史、文化和社会制度的多样性等。故此，各国政府有权按照本国人民意愿制定有关法律、政策管理本国信息设施及本国领土上的网络活动，依法保护本国信息资源免受威胁，保障公民合法利益。

中国提出的网络空间全球治理理念与联合国所主张的法治精神相通，包括法律至高无上、法律面前人人平等、对法律负责、公正适用法律、参与性决策、法律上的可靠性、避免任意性以及程序和法律透明等。从形式法治的角度来看，法律的制定应当通过正当的制定程序制定公开、普遍、稳定和明确的社会规范，并且要求这些规范在全社会得到有效的实施和普遍的遵守。从实质法治的角度来看，法治精神、权利文化、程序正当以及良法善治可以为网络空间

---

① 联合国文件 S/2004/616，2004 年 8 月 23 日。

② 《黄惠康司长在网络问题布达佩斯国际会议上的发言》，见《中国国际法年刊(2012)》，法律出版社 2013 年版，第 718 页。

③ 《中国代表在中美互联网论坛上的发言》，见《中国国际法年刊(2013)》，法律出版社 2014 年版，第 666 页。

规则制定和运行提供合法性和正当性的基础和标准。中国提出的网络空间治理方案不是对西方主导的国际法体系的照搬，而是在法治精神和法治理念的引领下，对既有国际法规则进行批判性吸收和创造性发展。

2. 以人类命运共同体理念为指导

"人类命运共同体"理念由党的十八大报告中手册首次提出，倡导人类命运共同体意识，在追求本国利益时兼顾他国合理关切，在谋求本国发展中促进各国共同发展，建立更加平等均衡的新型全球发展伙伴关系，同舟共济、全责共担、增进人类共同利益。① 2018 年 3 月 11 日，"推动人类命运共同体"的理念被正式写入宪法，意味着以国家根本大法的形式对全世界作出庄严的法律承诺，为国际法的发展开辟了新境界，指明了新方向，催生了新动力。② 人类命运共同体的基本价值观基础包括四个方面：相互依存的国际权力观、共同利益观、可持续发展观和全球治理观，与中国提出的和谐世界观有异曲同工之妙。

人类命运共同体思想与国际法治高度契合，是中国对于国际法治理念的继承和发展。人类命运共同体理念发展了马克思主义关于共同体的学术理念，关注人类整体和个体，反映了中国对国际法社会基础的重新认识，对中国参与全球治理体系变革、提升中国国际话语权和推动国际关系法治化具有重要意义。③ 从国际法治的视角看，"推动人类命运共同体"的基本含义——建设"持久和平、普遍安全、共同繁荣、开放包容、清洁美丽的世界"至少可归纳为和平、包容、互利和绿色这四个方面的国际法，并且各自具有"应然法"与"实然法"的内涵。④ 人类命运共同体理念突出了对人本主义的关注，契合了当今国际法呈现出的人本化的发展趋势。从哲学角度来看，人是一切社会科学和自然科学发展的根本，也是一切社会科学和自然科学所服务的对象。世界人民在人格上是平等的。马克思说，人不是孤立的存在，而是与自身、社会和自然具有统一一体的关系。只有在社会中，人才能全面发展其才能，只有在共同体中，

---

① 胡锦涛：《坚定不移沿着中国特色社会主义道路前进 为全面建成小康社会而奋斗—— 在中国共产党第十八次全国代表大会上的报告》，人民出版社 2012 年版，第 47 页。

② 徐宏：《人类命运共同体与国际法》，载《国际法研究》2018 年第 5 期。

③ 张辉：《人类命运共同体：国际法社会基础理论的当代发展》，载《中国社会科学》2018 年第 5 期。

④ 张乃根：《试探人类命运共同体的国际法理念》，见《中国国际法年刊》(2017 年)，法律出版社 2018 年版，第 43~74 页。

人才可能实现个人自由。因此，人类命运共同体理念符合人的社会本质的内在规律。

人类命运共同体认识到人类共同的利益、关切和命运，促进了中国对国际社会彼此共同利益观的认同，有助于各国抛弃狭隘的功利主义偏见，提升中国在全球治理体系变革中的国际话语权。人类命运共同体理论反对零和博弈，考察事物注重共性和个性的统一，强调的是求同存异，合作共赢。中国是一个坚持以马克思主义为指导的社会主义国家，中国特色社会主义的发展与世界各国是分不开的，全人类应当共同应对各种国家安全、经济秩序和社会文化方面的挑战。然而，中国的和平崛起过程中身受西方国家百般挑剔，各种思潮相互交织的信息全球化时代，新自由主义、民主社会主义、实用主义思潮不断企图通过各种舆论导向冲击我国的一元化指导思想。对此，我国不但应当坚定不移地坚持以马克思主义为指导，与此同时坚持尊重世界文明的多样性，包容不同的思想文化，尊重不同的意识形态。中国坚持在不同民族国际关系交往中求同存异，尊重各民族的历史传统、价值观念、风俗习惯的不同。与此同时，中国反对美国利用网络媒体大肆进行文化扩张，反对以西方文化为中心对其他文化的好恶作出判断，反对霸权主义国家将自己的文化价值观强加给别的国家或民族。

3. 以推动国家主体多边治理为主要途径

随着国家"互联网自由"向"重返互联网"趋势的转变，国家正在积极参与互联网模式。尽管越来越多的非国家行为体参与到网络空间全球治理体系中来，人类社会基本的政治关系和法律关系并没有得到根本改变，主权国家仍然是处理国际事务和推进国际合作的重要主体，对于维护和保障网络安全与秩序、引领国际规则制定的发展起到重要的作用。

中国主张以网络主权为前提，建立多边、民主、透明的互联网治理体系。① 在网络主权理念下，各国政府有权在合法范围内管理国内网络空间，保障公民在网络空间中的自由与基本权利，以阻止有害信息传播，并打击网络犯罪。从全球治理视角来看，民主、透明的网络空间治理标准的建立需要各国政府多边参与、在展开合作的基础上达成共识。多边模式以国家之间主权平等原

———————

① 习近平：《互联互通·共享共治——构建网络空间命运共同体》，第二届乌镇世界互联网大会开幕式上的主旨演讲，2015年12月16日。

则为依托，同时保持网络空间价值中立原则，允许各国运用主权权利进行国际合作，从而达成意志和利益的协调。主权平等是合作的基础，而公平才是构建国际新秩序重要内容。特别是网络大国利用技术优势对数据、信息等单边控制损害其他国家的利益，导致无序状态，国家主权内在地要求各国平等地参与国际决策与合作。① 多边模式的优势在于调动资源迅速，不失为应对网络犯罪和网络安全挑战的有效途径。但是，多边模式也可能存在决策缓慢、灵活性不足、侵害自由权利以及削弱网络技术的创新性等弊端。② 此外，发达国家企图排除广大发展中国家参与国际规则制定的可能性进一步加大了南北国家共享互联网治理权力的难度。

面对当前国际网络空间失范、失序、失衡等问题，中国主张在联合国框架下制定各国普遍接受的网络空间国际规则和国家行为规范，确立国家及各行为主体在网络空间应遵循的基本准则，规范各方行为，促进各国合作，以维护网络空间的安全、稳定与繁荣。中国支持并积极参与国际规则制定进程，并将继续与国际社会加强对话合作，作出自己的贡献。中国外交政策中的一贯立场是加强发挥联合国在国际事务中的主渠道作用，希望在联合国框架下讨论制定网络空间国际规则的进程。③ 推动在联合国框架下的立法进程有助于体现国际社会更广泛的利益，避免区域性国际组织迎合小范围利益而带来的碎片化冲突问题。从具体实践来看，我国正在积极参与和引导双多边国际条约机制与安排，在联合国框架下推动打击网络犯罪国际公约的制定，在区域安排层面利用上合组织、金砖国家、亚非法协以及"一带一路"等平台倡导网络安全合作与保障机制，在双边层面拓展网络安全战略伙伴关系、司法协助机制及警务合作，同时积极探索新型合作机制，举办国际互联网大会或区域合作论坛，参与国际场合的多利益相关方机制并从中吸取经验，初步形成了综合立体的网络治理国际合作框架。未来，我国有待充分运用多元合作框架拓展实质性领域合作，探索更大范围的网络空间行为规范，推动构建以规则为基础的公平合理的网络治理

① 张晓君：《网络空间国际治理的困境和出路——基于全球混合场域治理机制之构建》，载《法学评论》2015 年第 4 期。

② 方兴东、田金强、陈帅：《全球网络治理多方模式和多边模式比较与中国对策建议》，载《汕头大学学报（人文社会科学版）》2017 年第 9 期。

③ 黄志雄：《网络空间国际法治：中国的立场、主张和对策》，载《云南民族大学学报（哲学社会科学版）》2015 年第 4 期。

国际秩序。

4. 以多利益相关方共同参与治理为辅助

多利益相关方模式是近年来西方自由主义国家所大力提倡的多元主体共治的互联网治理模式，其主要论证依据是互联网的根本特性。互联网之所以成为创新和经济发展的全球性平台，得益于其内在的开放性、互联性以及有效性。从网络空间的产生和发展来看，它是由政府部门、私营企业、科研教育机构和民间团体经过共同努力逐渐发展而成的。从网络空间的运营和维护来看，其许多基础设施都是不同地区和性质的政府、公司、国际组织和技术社群跨国界运营和维护的。因此，互联网如同一个复杂但稳健的生态系统，每个组成部分都可能依赖于其他许多个组成部分共同协作，但这些组成部分通常又是独立运作的。[1] 一个健康稳定的互联网生态系统应当保持自下而上的参与性流程、系统的稳定性和完整性优先以及基础技术的开放性。[2] 由于互联网是跨不同层次的多种技术的集合，互联网治理也就不可能是一种普遍适用的单一治理模式，而必然涉及多个层面不同主体之间的竞争与合作模型。在这种情况下，单一由政府主导的自上而下的集中决策模式，不仅可能破坏网络生态系统的根本特性，而且可能抑制信息技术的创新和发展。

中国虽然旗帜鲜明地倡导多边主义模式，但是并不排除多利益相关方模式。习近平在2015年第二届乌镇互联网大会上指出："国际网络空间治理，坚持多边参与、多方参与，由大家商量着办，发挥政府、国际组织、互联网企业、技术社群、民间机构、公民个人等个人各主体作用，不搞单边主义，不搞一方主导或由几方凑在一起说了算。"我国《网络空间国际合作战略》提出网络空间治理的"共治原则"，即在各国"多边参与"的前提下坚持多方参与，"发挥政府、国际组织、互联网企业、技术社群、民间机构、公民个人等各主体作用"。

应当指出，多利益相关法治理模式和多边治理模式并非二元对立的关系，而是各有所长、互相补充的关系。事实上，"共建共治共享"网络空间治理模

---

[1] 互联网管理安排是一个生态系统的概念，由世界互联网协会（Internet Society）提出。

[2] *Internet Governance*，*Why the Multistakeholder Approach Works*. Internet Society. https：//www. internetsociety. org/wp-content/uploads/2016/04/IG-MultiStakeholderApproach. pdf.

式本质上要求各利益相关方通过公开、透明地参与互动的方式来共同治理网络空间。多利益相关方模式奉行自下而上的治理理念，通过各利益相关主体的协商合作，平等参与网络空间公共政策的制定，从而提高了决策的代表性、民主性和包容性，最大限度地降低决策失误和单方面利益主导。① 多利益相关方模式契合了互联网治理的特征和趋势，是当今全球治理的大势所趋。② 然而，多利益攸关方治理模式看似从"参与式民主"中获得认同，实则可能导致参与主体过于专业化、技术化，而非西方国家参与治理秩序的表达机会不足的问题。由下至上的决策方式固然摆脱了行政干预和官僚机构，但私人同样可能以更隐蔽的形式对网络施加控制，并可能带来不公平歧视、隐私保护不力以及资源分配不公的恶果。③ 因此，我国应当以坚持网络和政府主导的多边主义模式为主，以多利益相关方共享共治模式为辅助，合理分配互联网资源。

5. 以完善网络治理国内法治促动国际法治

法治可以分为国际法治和国内法治两个层面，二者借由"良法"和"善治"两大要素衔接，在现实中表现出持续的、广泛的互动状态。④ 目前，国际社会围绕网络空间规则制定的规则形式、规则内容、规则制定场所以及国家在网络空间治理中的地位和作用均存在较大争议，并且日益呈现出中西方两大阵营分化、网络空间治理平台多样化以及构建网络空间国际规则的需求趋同化的趋势。⑤ 在这一背景下，网络空间规则制定将不单单在国际合作与竞争中均衡和演进，而且在很大程度上取决于国内法治优秀理论成果和实践范例向国际法治层面的输送和供给。因此，要想提升我国在国际网络空间规则制定中的话语权，加强我国国内网络治理的法治化水平是确保我国法治建设理论与实践得到世界认可和效仿的根基。

---

① 方兴东，田金强，陈帅：《全球网络治理多方模式和多边模式比较与中国对策建议》，载《汕头大学学报(人文社会科学版)》2017 年第 9 期。

② 郎平：《从全球治理视角解读互联网治理"多利益相关方"框架》，载《现代国际关系》2017 年第 4 期。

③ 张新保、许可：《网络空间主权的治理模式及其制度构建》，载《中国社会科学》2016 年第 6 期。

④ 赵骏：《全球治理视野下的国际法治与国内法治》，载《中国社会科学》2014 年第 10 期。

⑤ 黄志雄：《网络空间规则博弈中的"软实力"》，载《人大法律评论》2017 年卷第 3 辑。

目前，我国国内法治水平已经有显著提升，在网络空间立法领域的法制建设体系不断完善，执法力度和措施也在不断增强，对互联网犯罪的打击、对公民个人信息的保护力度在不断加大。然而，在肯定我国在网络法治领域取得的显著成就的同时，作为一个正在成长过程中的社会主义发展中国家，我国的国内法治建设水平仍然有待完善。作为现代法治的中国法治不仅应当是形式上的法律之治、规则之治，更应当是内涵正义、平等、秩序、自由、民主、人权、理性、文明、效率与合法性等诸社会价值的良法善治。① 因此，我国国内法治应当加强民主立法和科学立法，推进依法行政、严格执法和公正司法，实现权力运行制约和监督法治化，为推动国际法治创造良好的国内法治条件。在完善我国国内网络治理法治水平的同时，我国还应当有理有据地维护我国网络空间的国家安全、公共利益和个人权利，尤其是在西方政府和学者的批评面前，我国应对外自信地阐述自身特殊的政治体制和文化传统，并自觉将现有的法律文本与实践进行合法性分析，消除一切不必要的互联网限制措施。②

从国内法治与国际法治互动的视角来看，国内法治与国际法治以法治精神、法治理念和法治原则为核心而相互贯通，相对先进的国际法治促动国内法治，而相对先进的国内法治又反过来促动国际法治。因此，以建设高水平国内法治为根基，加强涉外法律工作是国内法治与国际法治良性互动的重要保障③，也是中国积极推动国际秩序和全球治理体系朝着更加公正合理的方向发展的重要手段。

四、中国网络空间国际话语权的法治路径建设

中国网络空间国际话语权的法治路径建设应当以国际合作与国际机制为基础。随着互联网日益深入国际社会和经济关系，网络空间国际合作呈现出多主体、多层次、多手段、多领域的复杂性，但主要以多边主义与多利益相关方两条脉络为主。尽管不同主体对两种模式取向不同，但是国家的政策选择仍然对

① 张文显：《法治中国建设的前沿问题》，载《中共中央党校学报》2014 年第 5 期。

② 孙楠翔：《论互联网自由的人权属性及其适用》，载《法律科学（西北政法大学学报）》2017 年第 3 期。

③ 黄进：《习近平全球治理与国际法治思想研究》，载《中国法学》2017 年第 5 期。

于国际规则的走向起着决定性作用。随着《网络空间国际合作战略》的出台，中国参与网络空间国际合作的目标和路径愈加清晰，同时在国际合作实践中取得实质进展。在这一背景下，本章立足我国国情和根本利益，同时结合网络治理国际实践，探讨中国参与网络空间国际合作的基本路径。

（一）双边条约机制或安排

在政治多极化趋势日益加强的当今世界，加强双边条约机制与战略伙伴关系是巩固和深化国家间的重要法律手段。双边条约相较于多边条约，内容更有针对性、签订和修改程序较灵活，因而更容易促成利益协调、扩大和深入共识领域。然而，双边条约的达成在一定程度上取决于当事国的实力对比、相互依赖以及战略心态，同时合作水平受到双方资源和能力的局限。尤其是在各国实力与网络发展不平衡的今天，南北国家之间的分歧、矛盾和较量贯穿网络空间合作过程之中。因此，只有以更广阔的视野来规划双边关系，加强双边互信、扩大合作领域、促进优势互补，才能确保双边机制的成功与稳定。

在我国所处的双边关系中，最重要的是中美关系。中美作为网络大国和网络强国，围绕网络空间规则和话语权展开了深度博弈。基于中美在网络关键资源、关键技术和规则制定三方面的能力分配现状，制度均衡战略将是符合中美双方利益诉求的可行路径，其核心在于依托双边或多边制度来实现有实践效能的、可持续的网络空间秩序。① 美国是互联网和计算机的诞生国，迄今掌握有网络安全产品与服务的技术优势。我国互联网产业起步较晚，从拿来主义发展为本土优化或局部创新，但仍未突破美国所主导的网络框架。随着美国高度关注信息安全、知识产权和贸易等诸多问题，中美战略互信总体不足，并在诸多领域存在利益分歧。尽管如此，双方之间的复合式依赖和经济互补性给敏感性相对较低的网络空间技术性合作领域带来空间。2015 年 9 月"习奥会"达成了互不进行和支持网络商业窃密行动、建立打击网络犯罪高级对话机制机制。②

---

① 何晓跃：《网络空间规则制定的中美博弈：竞争、合作与制度均衡》，载《太平洋学报》2018 年第 26 卷第 2 期。

② 《习近平访美 49 项成果清单公布》，载人民网，http：//politics. people. com. cn/n/2015/0927/c1001-27638936. html，2019-09-21。

12 月 1 日，中美两国相关职能机构达成《中美打击网络犯罪及相关事项指导原则》。① 2017 年 4 月，"习特会"延续"习奥会"共识，达成了包括"执法与网络安全"等四个方面的高级别对话机制，两国合作更进一步。② 尽管中美在网络空间实现完全合作不切实际，但是在理性看待大局、审慎管控分歧的前提下，如果双方充分发挥各自的技术优势，两国在网络领域将有更加广阔的合作空间，例如，进一步加强对网络威胁情报共享领域的合作，就完善网络危机管控机制进行技术合作，对跨国黑客组织采取联合执法活动，实施网络领域军备控制，就防范网络武器扩散开展早期合作，限制网络武器对民用设施的破坏能力，等等。

中俄作为全面战略合作伙伴关系的大国、邻国，政治互信和务实合作不断加深，在网络安全合作领域有了长足发展。中俄不仅在网络空间国家安全方面面临共同的战略挑战与外部威胁，而且在数字经济领域具有显著的互补性。2015 年 5 月，中俄签署了《关于在保障国际信息安全领域合作协定》，规划了中俄开展合作的主要方向，包括建立共同应对国际信息安全威胁的交流和沟通渠道，在打击恐怖主义和犯罪活动、人才培养与科研、计算机应急响应等领域开展合作等。③ 2016 年 6 月，中俄签署《关于协作推进信息网络空间发展的联合声明》，共同倡导网络空间国家主权原则，并就加强网络空间的科技合作、人才培养、经济合作和网络安全信息共享等问题达成共识。④ 以上文件体现了中俄在网络安全领域的高水平互信与合作，同时为两国在网络安全领域深化合作提供了法律保障机制。在此基础之上，中俄未来可在夯实共识成果方面付诸具体实践，同时可在国际组织内就网络空间治理规则协调立场，共同推动构建公正合理的网络治理体系。

此外，我国已与一百多个国家建立了国际警务双边合作机制，依托国际刑

---

① 首次中美打击网络犯罪及相关事项高级别联合对话成果声明，载新华网，http：//www. xinhuanet. com//world/2015-12/03/c_1117345472. html，2019-12-03。

② 《王毅介绍中美元首海湖庄园会晤情况》，载外交部网站，https：//www. fmprc. gov. cn/web/wjbz_673089/xghd_673097/t1452260. shtml，2019-01-28。

③ 《中俄签署国际信息安全合作协定》，载外交部网站，https：//www. fmprc. gov. cn/web/wjbz_673089/xghd_673097/t1263088. shtml，2019-05-12。

④ 《中华人民共和国主席和俄罗斯联邦总统关于协作推进信息网络空间发展的联合声明（全文）》，载新华网，http：//www. xinhuanet. com/politics/2016-06/26/c_1119111901. html，2019-06-26。

警组织建立"打击信息技术犯罪"亚太地区工作组,与美国等 7 个国家建立了网络犯罪调查专人联络机制,与日本、韩国等 14 个国家联合建立了亚洲计算机犯罪互联网络(CTINS),及时交换网络犯罪动态、共享侦查取证技术。① 不可否认,尽管各种双边合作平台和联络机制应对共同网络威胁的重要作用,但是各国在网络威胁处置能力、情报分享能力以及证据保存能力方面参差不齐的情况下,尤其是在各国对于网络犯罪具体法律规则尚未达成双边或多边协议之前,不同国家法律的差异、滞后以及缺失造成网络犯罪的认定标准与惩罚力度不同,使得这些平台在应对网络犯罪问题上的有效性值得商榷。此外,网络犯罪的虚拟性和无地域性特征导致网络犯罪刑事管辖权面临困境,故确立普遍管辖是解决管辖权消极冲突的重点,而建立管辖权的冲突协商解决机制是解决管辖权积极冲突的关键。②

(二) 多边条约机制或安排

与双边条约相比,多边条约得到了更多国家的接受和支持,因而具有更高的权威性、稳定性以及影响力。面对全人类共同面对的前所未有的网络犯罪、对关键基础设施的网络攻击、电子间谍、大量数据截取以及通过网络手段干涉他国内政乃至使用武力等网络安全威胁,多边条约框架合作机制将成为网络空间国际治理的发展方向。尽管当前网络空间国际规则仍处于萌芽阶段,但是通过循序渐进的、灵活的、局部的多边条约机制来构建网络空间国际规则是明智之举。网络空间国际合作的多边条约机制可以朝着以下几个层面发展:联合国框架下的普遍性国际条约,区域组织和区域安排下的区域性条约,以及开放式多边条约。

1. 联合国框架下的普遍性国际条约机制

联合国作为具普遍性和权威性的政府间国际组织,是推进网络空间国际治理多边条约进程的最佳场所。自 1998 年俄罗斯在联合国大会第一委员会首次提出决议草案并获得通过以来,信息安全问题就一直列在联合国议程上。自

---

① 王文华:《建立多层次国际合作有效惩治网络犯罪》,载《检察日报》2018 年 5 月 20 日,第 3 版。

② 李晓明、李文吉:《跨国网络犯罪刑事管辖权解析》,载《苏州大学学报(哲学社会科学版)》2018 年第 1 期。

此，联合国秘书长每年都向联合国大会提交报告，载有联合国成员国对这一问题的意见。此外，已有四组政府专家组（groups of governmental experts，GGEs）对网络领域现有和潜在威胁以及可能采取的合作措施进行了审查。在联合国大会决议下设立的 2014/2015 年 GGE，由 20 位专家组成，召开了 4 次会议。① 专家组于 2015 年 6 月就各国在网络领域负责任行为的准则、规则或原则以及可广泛适用于所有国家的建立信任措施、国际合作和能力建设达成实质性共识报告，同时讨论国际法如何适用于信息和通信技术的使用，并为今后的工作提出建议。2014/2015 年 GGE 得出：（1）各国在使用信通技术时，除其他原则外，必须遵守国际法、国家主权，以和平方式解决争端以及不干涉其他国家的内政；（2）现有的国际法义务适用于各国使用通信技术，各国必须遵守其尊重和保护人权和基本自由的义务；（3）各国不得利用代理人利用通信技术实施国际不法行为，并应努力确保其领土不被非国家行为者用于实施此类行为；（4）联合国应发挥主导作用，促进各国利用信息通信技术安全对话，就适用国际法和负责任的国家行为准则、规则和原则达成共识。联合国大会对 2014/2015 年 GGE 成果表示欢迎，并设立新的 2016/2017 年 GGE，就国际信息通信领域现有和潜在威胁、能力建设、建立信任、各国负责任行为准则的建议、适用于信息和通信技术的国际法以及对未来工作的结论和建议进行了广泛深入的交流。不幸的是，最后报告因没有达成共识而流产。尽管如此，GGE 并没有消亡，它应当尽快重新召开会议，不应试图扩大 2015 年报告的内容，而应赋予其更强的官方地位，例如作为提交联合国大会的一项决议。如果该报告由联合国安理会所有常任理事国共同撰写，则有可能得到更广泛国家的支持。尽管联合国大会决议约束力有限，但仍会向网络治理规则制度化更进一步。

尽管在联合国框架下就网络空间治理具体规则尚未达成共识，但是在网络犯罪领域，2010 年第 12 届联合国预防犯罪和刑事司法大会审议网络犯罪问题的结果纳入《萨尔瓦多宣言》并被联合国大会采纳。与《萨尔瓦多宣言》第 42 段相对应，联合国预防犯罪和刑事司法委员会（commission on crime prevention and

① 这些专家来自：中国、白俄罗斯、巴西、哥伦比亚、埃及、爱沙尼亚、法国、德国、加纳、以色列、日本、肯尼亚、马来西亚、墨西哥、巴基斯坦、韩国、俄罗斯、西班牙、英国和美国。

criminal justice, CCPCJ)① 于 2011 年 成 立 开 放 式 政 府 间 专 家 组
（Intergovernmental Expert Group, IEG)②，全面研究网络犯罪问题，并与联合
国成员国、国际社会以及私营部门交流国家立法、最佳实践、技术援助和国际
合作等资料，以便审查各种选择和加强应对网络犯罪的办法。2013 年，IEG 形
成《网络犯罪问题综合研究报告草案》(Draft Comprehensive Study on
Cybercrime)③，提出国际社会应对网络犯罪重要挑战可以采取的积极措施，包
括制定全球性国际文书、加强能力建设和技术援助、参与现有的多边框架、协
助电子证据取证问题、加强与互联网服务提供商的公私合作关系、制定有效的
网络犯罪国家法律框架以及促进正式与非正式国际合作等方面。尽管这份草案
提供了许多重要的调查结果和备选方法，但是专家组从未请求秘书处将报告做
成对成员国的任何建议，而仅仅呈现为各国有所保留的政策选择。与此同时，
报告草案可能存在实证研究中的数据不够翔实、滞后于国际社会的发展变化、
对于网络犯罪立法关键问题存在争议等弊端，使草案后续进展遭遇阻力。④ 尽
管各国在具体问题政策取向、优先目标等方面仍存在不少分歧，但是联合国作
为打击网络犯罪国际合作的主渠道，应推进联合国网络犯罪政府专家组进程不

---

① CCPCJ 是联合国经社理事会第 1992/1 号决议应联合国大会第 46/152 号决议的要
求设立的一个职司委员会，是联合国在预防犯罪和刑事司法领域的主要决策机构。经社理
事会第 1992/22 号决议规定了 CCPCJ 的任务和优先事项，其中包括改进打击国家和跨国犯
罪的国际行动以及刑事司法行政系统的效率和公平。2006 年，联合国大会通过 61/252 号决
议进一步扩大 CCPCJ 的授权，使它作为联合国毒品和犯罪办公室（UNODC）的管理机构。
CCPCJ 与在预防犯罪和刑事司法领域与其他联合国机构协调，是联合国犯罪大会的筹备
机构。
② IEG 是联合国经社理事会第 2010/18 号决议以及联合国大会第 65/230 号决议请求
CCPCJ 设立的不限名额的政府间专家小组，并分别于 2011 年 1 月、2013 年 2 月、2017 年 4
月和 2018 年 4 月召开了四届会议。
③ Comprehensive Study on Cybercrime, Draft, United Nations: New York, 2013,
https://www. unodc. org/documents/organized-crime/UNODC _ CCPCJ _ EG. 4 _ 2013/CYBERC
RIME_STUDY_210213. pdf.
④ Comments of the United States of America to the Draft Comprehensive Study on
Cybercrime, August 22 2016, http://www. unodc. org/documents/organized-crime/Cybercrime
_Comments/Contributions_received/United_States_of_America. pdf.

断深入，如期达成实质成果。① 与此同时，我国必须清醒地认识到建立全球网络犯罪公约的长期性与复杂性，并且在尽可能争取全球层面合作共识情况下灵活应用双多边合作渠道，积极利用我国参与或主导的区域安排和区域机制等平台表达中国立场。

2. 区域组织与区域安排下的多边合作机制

在区域合作层面，我国可将网络空间合作议题纳入上合组织、金砖国家、亚非法协等已有平台，同时抓住"一带一路"倡议下的合作机遇，探索新型多边网络合作机制，为全球网络治理提供有益范例。

第一，在上海合作组织，我国可借助已有的安全合作平台深化网络治理领域的规则共识，并在协商一致的基础上共同发表声明，向有关国际组织提交防范网络犯罪和应对网络威胁的方案。2009 年 6 月，上合组织成员国签署《保障国际信息安全政府间合作协定》，并以此为基础加强信息安全领域合作。2011 年，中国、俄罗斯、哈萨克斯坦、乌兹别克斯坦等上合组织成员国向联合国大会秘书长提交了《信息安全国际行为准则》议案，并于 2015 年 1 月以上合组织名义提交了更新案文，是目前国际社会在该领域最为综合系统的文件。2016 年来，上合组织峰会连续三年呼吁成员国深化打击网络犯罪和网络恐怖主义合作，就制定联合国打击网络犯罪公约进行了持续讨论。

第二，在金砖国家平台，我国可致力于现有成果的落实和推广，一面将《金砖国家领导人厦门宣言》合作打击网络犯罪的承诺转化为更为明确具体的规则；一面将借助金砖国家广泛的世界影响力推广网络治理原则和规则。2013 年 4 月，中国、巴西、印度、俄罗斯和南非等金砖国家向联合国经社理事会提交了《加强打击网络犯罪的国际合作》的决议草案。在金砖国家的努力推动下，联合国预防犯罪与刑事司法大会授权政府专家组就制作打击网络犯罪的普遍性文书及网络犯罪的实质问题开展讨论，并于 2018 年 4 月通过了金砖国家提出的多年工作计划，为下一步合作划定了明确的时间表和路线图。②

第三，在亚洲—非洲法律协商组织，我国可在现有网络空间国际法工作组的平台上推进和完善加强打击网络犯罪法律合作的工作计划，利用其成员国的

---

① 宋冬：《打击网络犯罪国际合作形势与展望》，载《网络空间战略论坛》2018 年第 6 期。

② 宋冬：《打击网络犯罪国际合作形势与展望》，载《网络空间战略论坛》2018 年第 6 期。

数量优势就网络治理国际法基本原则和重要法律事项通过决议，借助其与联合国及其他国际组织的紧密联系就共识成果进行传播，增强有利于发展中国家网络治理原则法律确信的凝聚力和影响力。在我国的积极推动下，亚非法协于2015 年北京年会上决定成立工作组，重点关注网络空间国家主权以及打击网络犯罪国际合作等问题，为促进亚非国家加强交流与合作、维护共同利益提供了重要平台。①

第四，在"一带一路"倡议下，我国应抓住互联网企业"走出去"的战略合作机遇，从加强数字领域经济合作、网络安全技术合作、网络通信稳健运行和网络基础设施能力建设角度，在寻求合作契合点和经济增长点的同时，健全网络安全保障机制、数据流动与保护规则以及惩治网络犯罪的区域法律保障及司法协助机制，为我国进一步推进高新技术领域战略项目抢占更大的市场份额。目前，"一带一路"沿线国家普遍是国际电联与国际打击网络威胁多边合作伙伴关系(ITU-IMPACT)的成员国②，为开展多边会议和推进国际立法合作打下基础。然而，"一带一路"沿线国家网络安全治理发展进度不一、政策协调性差、独立自主性不足，为整体性国际合作带来了挑战。③

与此同时，我国还应积极关注既有的、行之有效的其他网络空间国际合作法律框架，如《联合国打击跨国有组织犯罪公约》实施过程中的新变化，以及东盟、欧盟、美洲和东南亚等区域打击网络犯罪司法合作机制的新发展等，并在此基础之上拓展与其他国际或区域组织在网络犯罪问题上的多边协商机制与新型司法协助机制。此外，我国应当审慎看待欧洲委员会达成但是不限于欧盟成员国加入的《布达佩斯公约》，既应当肯定其作为世界上第一部打击网络犯罪国际公约的贡献，借鉴其应对机制和合作手段方面的有益经验，又应当看到其门槛高、程序严、范围窄和政策取向的倾向性等，难以代表广大发展中国家的普遍关切。

---

① 徐峰：《网络空间国际法体系的新发展》，载《政策评论》2017 年第 1 期。

② ITU-IMPACT 是首个针对网络威胁提供安全可用专业力量和资源的全面公私合作伙伴关系，是目前规模最大的网络安全联盟，汇集了世界各国政府、产业界和学术界，目前有 152 个国家正式加入。对于那些没有能力和资源开发资金的高级网络相应中心的发展中国家和小国而言，该联盟极有益处。而对于那些技术先进的国家而言，该联盟可以向他们迅速反映潜在的和真正的网上威胁全球局势。

③ 桂畅旎：《"一带一路"沿线国家网络安全态势与合作机遇》，载《网境纵横》2017年第 9 期。

(三) 多利益相关方模式

与国家中心主义下的双多边机制相对,多利益相关方(Multistakeholder)模式的参与者和决策者更加多元化。尽管多利益相关方模式并非网络领域的首创①,但是却被"公认"为当今网络治理领域的最佳实践之一。事实上,多利益相关方只是一种路径或方法,主要是基于网络空间资源分配的高度分散性,给政府、私营企业、技术社群和公民个人等不同的利益相关方提供了参与治理的机会,同时倡导开放、透明和问责的决策方式。但是,对于不同利益相关方之间决策权的分配,并没有一个放之四海而皆准的衡量标准。由于互联网技术社群掌握着许多网络资源,多利益相关方最早是由技术社群推而广之的一种治理实践,如今由于美国政府的强力支持而被意识形态化为西方治理模式。② 在国际上,这一模式受到互联网治理论坛(IGF)、未来互联网治理全球多利益相关方大会(NETmundial)、互联网名称与数字地址分配机构(ICANN)、国际电信联盟(ITU)等的广泛认可。

1. 信息社会峰会与互联网治理论坛

联合国大会通过决议设立信息社会世界峰会(World Summit on the Information Society, WSIS),由国际电信联盟(International Telecommunication Union, ITU)主导,同有关联合国机构、国际组织以及东道国合作举办。WSIS第一阶段于2003年12月在日内瓦举办,达成《日内瓦原则宣言》和《日内瓦行动计划》并被联合国大会决议采纳。WSIS第二阶段于2005年在突尼斯举办,达成《突尼斯承诺》和《突尼斯信息社会议程》并被联合国大会决议采纳。WSIS会议结束后,联合国经社理事会(ECOSOC)通过决议在其职权范围内对峰会成果的后续行动进行巩固,并将科学和技术促进发展委员会(Commission on Science and Technology for Development, CSTD)作为协助其进行 WSIS 综合后续

---

① 利益相关方(Stakeholder)理论最早出现在20世纪80年代的公司治理领域,是指企业战略管理的流程需要满足在业务中有利害关系的群体,以确保公司的长期成功。(R. Edward Freeman. *Strategic management*:*A Stakeholder Approach*. Boston:Pitman, 1984, p. 17)后来,多利益相关方理论应用于自然资源的可持续发展以及保护发展中国家的劳工权益等社会复杂问题。

② 郎平:《从全球治理视角解读互联网治理"多利益相关方"框架》,载《现代国际关系》2017年第4期。

行动的协调中心。自 2006 年起，联合国秘书长每年任命多利益相关方咨询小组（Multistakeholder Advisory Group，MAG）策划、召开和审议名为互联网治理论坛（Internet Governance Forum，IGF）的多利益攸关方政策对话论坛，旨在让来自不同利益相关者团体的人士平等参与有关互联网的公共政策讨论。① IGF 虽然没有谈判结果，但通过政府以及社会各界利益相关方代表们相互讨论、交换信息并分享良好做法，向国家、区域和国际各级有决策权的人提供了信息和建议。IGF 作为 WSIS 之后唯一一个联合国框架下涉及所有互联网治理问题的辩论场所，其合法性来自联合国秘书长作为召集人，其可信性源自开放和包容的多利益相关方模式，被认为是从所有利益攸关方的视角来看待问题，而大多数现有的专门机构或专家小组是从相对狭窄的视角来审查问题。

我国政府代表团参与了 WSIS 两阶段会议和历届 IGF 会议，特别是在 WSIS 第一、第二阶段和 IGF 初期，中国政府比较强势参与其中，后期则有更多国内科研院所和互联网企业参与。② 但是，必须明确指出，IGF 虽然促进了社会各界之间的对话，但它并不是一个决策机构，不通过决议或制定任何有约束力的条约。IGF 更像是一个创意和政策倡议的孵化器和实验室，而这些创意和政策倡议将在其他地方成熟起来。此外，IGF 在问责机制和透明度方面受到批评。IGF 的管理严重依赖于联合国秘书长办公室，而 MAG 的任命以一种不透明的、自上而下的程序进行，从而形成一个由政府和工业界主导的头重脚轻的小组。在这一框架下，多利益相关方内部存在信息不对称，从而有利于政府而非其他利益攸关者。③

2. 未来互联网治理全球多利益相关方大会（NETmundial）

2014 年 4 月的未来互联网治理全球多利益相关方大会（NETmundial）被认为是多利益相关方参与网络治理问题的典范。在美国国家安全局大规模数据监控事件被曝光后，巴西政府发起了 NETmundial，将四组利益相关方（政府、私

---

① 自 2006 年以来，IGF 进程正在从国际层面传播至区域以及国家层面，2015 年有 12 个地区和 37 个国家参与 IGF 倡议。

② 孙永革、郎平：《中国参与"多利益相关方"的治理实践及收获》，载《网络空间研究》，2017 年第 9 期。

③ Stefania Milan. Civil Society Participation Beyond Smoke and Mirrors: An Assessment of Multi-Stakeholder Mechanisms in Cyberspace Governance, (Working Paper for the Global Governance Reform Initiative Project of The Hague Institute for Global Justice, 2015) p. 5.

营部门、公民社会、学术和技术群体)召集在一起，人数大致相当，参与程度
分为三个级别：通过在线平台提交内容；网上公众对成果声明草案的意见；开
放麦克风会议，让与会者直接在全体会议上发言。此外，起草会议是在公众面
前进行的，程序更加透明。《NETmundial 多利益相关方声明》总结了超过 900
人参与的两天讨论，并强化了多利益相关方模式的概念，声称："互联网治理
应建立在民主、多利益相关者的过程之上，确保所有利益相关者有意义和负责
任的参与。同时应根据所讨论的问题，灵活解释有关人士的角色和责任。"①

然而，NETmundial 并没有达成太多具体成果，印度、古巴和俄罗斯等国
拒绝签署该成果文件。此外，大会讨论议题的中立性值得质疑，对于关键网络
基础设施安全和根服务器管理等核心网络治理问题避而不谈，而是偏向性地宣
扬保护信息自由和知识产权。事实上，多利益相关方参与治理过程，其结果不
一定代表全球关切的广泛利益。在一些情况下，它实际上增强了西方发达国家
利益相关方群体的话语权，而缺乏独立公民社会网络或强大业务能力的发展中
国家利益相关方的话语权则被削弱。另一方面，不关注产生具体结果的边缘政
策辩论，如果缺乏制定政策或法规的权力和授权，就无法真正对利害相关方的
困难问题和选择产生重大影响，从而在治理效果上大打折扣。

3. 互联网名称与数字地址分配机构（ICANN）

ICANN 是一个非营利的非政府组织，在美国政府的监督下管理最核心的
互联网地址和域名资源。ICANN 由来自世界各地的不同互联网利益相关者组
成，并与世界各地不同的互联网利益相关者合作和协作，在管理上一向强调多
利益相关方模式，强调基于共识的"自下而上"决策模式、透明度和公信力，
避免政府过多参与或权力过大，以便能够有效和高效地履行其作为国际互联网
管理机构的责任。实际上，ICANN 虽然政府控制程度较低，但这并不一定意
味着它在保护用户权利方面最有效。因为组织内部具有影响力的往往是私营部
门利益相关方的主导者，如律师、知识产权持有人，他们通过试图阻止妥协、
推动片面结果来对组织加以控制，而没有把促进相互冲突的利益相关方的理解
和协商一致放在优先地位。同时，ICANN 的治理实践虽然经历了与美国政府
的斗争，但美国仍然是与 ICANN 关系最高的国家，因而缺乏广泛的代表性。

---

① NETmundial Multistakeholder Statement, Global Multistakeholder Meeting on the Future
of Internet Governance, http：//netmundial. br/wp-content/uploads/2014/04/NETmundial-
Multistakeholder-Document. pdf, 2014, 4(24).

因此，ICANN 虽然名义上是多方利益相关方模式，但在实践中未必能达到平衡的标准。

中国互联网络信息中心作为 CN 域名的注册管理机构，从 1998 年 ICANN 成立伊始就参与相关活动。中国承办过两次 ICANN 会议，深度参与 ICANN 会议，并且在 ICANN 诸多支持组织和咨询组织都有中国代表参加或任职。[1] 今后，有待进一步加强中国代表在 ICANN 机构改革中的发言权，为构建更加公正合理的互联网资源分配秩序作出贡献。

4. 国际电信联盟（ITU）

国际电信联盟（ITU）是联合国 15 个专门机构之一，负责分配和管理全球无线电频谱与卫星轨道资源，制定全球电信标准以及向发展中国家提供电信援助。国际电联既吸收各国政府作为成员国加入，也吸收运营商、设备制造商、融资机构、研发机构和国际及区域电信组织等私营机构作为部门成员加盟。尽管其自称是一个多利益相关者治理论坛，但是只有政府成员国才能正式履行决策职能。近年来，国际电信联盟的部分决策权已部分下放给研究小组，研究小组的决定可为最终决定，但这些小组的成员主要来自电信公司及其供应商，而社会组织和公民的参与是有限的，这与其他开放的网络治理论坛形成了鲜明对比。

此外，以中国、俄罗斯、印度、巴西和沙特阿拉伯为首的新兴国家试图努力扩大国际电信联盟的授权范围，以覆盖互联网及其监管领域，而美国、日本、澳大利亚、加拿大和欧盟等西方国家或机构以多利益相关方模式为由阻挠网络治理职责转交联合国。[2] 这一现象本质上是发达国家与发展中国家在网络资源与权力方面的博弈，反映了中俄与美欧之间关于网络主权与多利益相关方两种治理理念的对峙。事实上，在多利益相关方名义之下，网络核心技术和关键资源的主导权和监管权依然掌握在以美国为首的网络强国手里，而由于技术

---

[1]　孙永革、郎平：《中国参与"多利益相关方"的治理实践及收获》，载《网络空间研究》2017 年第 9 期。

[2]　例如，2012 年 12 月 3—14 日，国际电信联盟 151 个成员国在迪拜举行世界电信大会上，对于国际电信服务政策条约级文件《国际电信条例》（*International Telecommunication Regulations*，ITRs）的适当修订意见不一。尽管谈判未能达成共识，但是条约修改草案包括了互联网管理方面。最终，以中国、俄罗斯、印度为代表的 89 个国家在修订的条约上签字，以美国和欧盟为代表的 55 个国家拒绝签字。

实力差距、文化语言隔阂等多方面原因，发展中国家政府、私营企业和公民社会参与多利益相关方治理模式的能力和水平处于不利地位。

(四) 探索新型国际合作模式

在依托已有的国际或区域多边框架以外，在有充足的资源积累、能力建设和心理准备的情况下，我国亦可尝试探索新型多边合作机制，通过循序渐进、由非正式合作模式向正式多边条约机制过渡的路径，为构建"多边、民主、透明的国际互联网治理体系"和网络空间"人类命运共同体"新秩序酝酿时机。我国自 2014 年以来举办了世界互联网大会(乌镇峰会)，作为搭建中国与世界互联互通的国际平台和网络共享共治的中国平台，是我国推动网络空间建章立制的新型实践，也促进了重塑网络空间全球治理的良好秩序的建立。我国借助世界互联网大会的东道国优势，可以更好地发出中国声音、表达中国立场，同时与世界各国增强互信，凝聚共识，协调分歧，实现共赢。我国应当在继续强化世界互联网大会定期化和常态化的同时，循序渐进地推动其由不具有约束力的非正式论坛逐步转向具有一定组织基础的治理平台。① 同时，我国还可不同程度地推进与欧盟、东盟和阿拉伯联盟等机构的合作，并积极介入东亚安全论坛、欧亚论坛等推进网络安全合作的重要平台。② 此外，面对当前网络治理国际规则难以达成共识的现状，在考虑未来将网络治理纳入国际法框架时，可以充分利用国际条约法的灵活性，例如，允许缔约国选择放弃适用条约中的某些部分、允许缔约国在签署条约时提出保留意见、允许一国在政治犯引渡事项上拒绝与另一国合作、允许缔约国选择退出国际协定等。另外，在网络领域更为全面的规则难以达成一致时，可以优先针对网络规则部分事项或部分方面展开谈判。例如，网络安全战略和最佳实践、网络能力建设计划、网络技术援助方案、网络战基本规则等。在漫长而艰辛的条约谈判过程中，政府间论坛与国际组织和互联网机构之间的职能是相辅相成的，因此我国应当综合利用双多边合作机制，积极参与联合国及其他国际组织事务，在"打铁还需自身硬"的同时适当提供公共物品、适时担当大国义务，为拓宽我国国际影响力、维护自身利益和提高国际地位打下坚实的基础。

---

① 王明国：《网络空间治理的制度困境与新兴国家的突破路径》，载《国际展望》2015年第 6 期。

② 王桂芳：《中国开展网络空间国际合作的思考》，载《理论探讨》2018 年第 5 期。

除此之外，我国还应当继续加强对软法和习惯法的形成机制和实际运作的研究和实践，探索多渠道、多领域的新型国际合作机制，通过与其他国家就网络空间原则、规则达成共同性宣言或者通过权威学术团体合作出版的形式来增强中国话语的表达效果，为未来时机成熟时酝酿多边条约打下基础。

五、中国网络空间国际话语权的挑战和应对

（一）中国网络空间国际话语权的挑战

1. 网络治理指导原则之争与国际政治博弈

全球网络空间治理新秩序的本质是指导原则之争。① 网络空间国际合作面临不同国家之间治理理念的差异乃至对立。新兴国家将网络空间作为推动全球治理体系变革和建立更加公正合理的国际秩序的重要突破口，一面强调要全面平衡适用现行国际法，一面积极寻求制定具有约束力的国际法律文书。美欧等西方国家则明确反对任何有约束力的新规则的制定，并强调国际人权法、使用武力法、武装冲突法以及国家责任法在网络空间的适用。② 此外，我国倡议以联合国为主渠道开展多边主义模式的网络空间规则制定，西方国家则强调多利益相关方模式。

尽管中西方共同倡导网络空间国际法治以及国际规则的公平性与合理性，宣称各国共同价值、共同信念、共同利益，但实质上带有深刻的利益取向，国际法就是在这种多元利益主张的对立之下的平衡和统一的产物。③ 尤其是在网络治理的空白领域，中西方各自提出的理论并非对所有国家都适用，而是为了维护本国利益而采取的解释立场、维护主张的话语手段。正如国际关系学者指出国际法的分散性特征④，网络治理领域的单边行为、双边条约、多边条约以

①　沈逸：《网络主权与金砖国家网络空间治理合作模式探索》，见上海市社会科学界联合会：《中国特色社会主义：实践探索与理论创新——纪念改革开放四十周年》，上海人民出版社 2018 年版，第 519 页。

②　徐峰：《网络空间国际法体系的新发展》，载《政策评论》2017 年第 1 期。

③　何志鹏、孙璐：《国际法的辩证法》，载《江西社会科学》2011 年第 7 期。

④　Hans Morgenthau. *Politics among Nations：The Struggle for Power and Peace*, 7th ed., edited by Kenneth W. Thompson and W. David Clinton, New York：McGraw-Hill, 2006, pp. 285-286.

及国家实践亦存在碎片化的特征。由于国际法以国际关系为环境和基础，网络空间治理规则必然在多元理论和政治立场的博弈中均衡和演进，既存在网络发达大国与网络新兴大国之间的矛盾，也存在网络霸权主义与构建网络治理新秩序的需求之间的矛盾。

国际法是国际关系的一个方面，国际法的规范及其操作在很大程度上是政治博弈，而绝非纯粹的法律问题。在这种情况下，忽视国际法与国际政治二者的紧密联系，或者忽略国际法问题的政治背景，很容易导致判断的错误。当前的国际体系仍然处于无政府的状态，没有超国家的权威，国际组织虽然得以发展，但大国政治的基调并未改变。① 国家立场的博弈牵动着国际法的总体方向，无论是全球性还是区域性的国际法，都始终是部分国家的意志和愿望的体现。当然，国际法不是一国立场或者利益的表达，而是多种利益取向的国家、国际组织、非政府组织、跨国公司等行为体在具体形势下互动的产物。从国际法的辩证法角度看来，网络空间规则博弈是民族利益与全球利益、国家主张与国际正义、文化特色与普遍伦理之间的对立统一。从国际法律关系的实践理性角度看，很难认定存在着自然的公正，只有来自于不同立场之间的竞争、制约才可能呈现出规范与制度的公正；同样，制度也很难自动呈现和保护共同的利益，只是由于利益攸关方存在冲突与争执，在利益的较量和选择中呈现出共同的利益。

2. 网络资源与能力发展不平衡的客观挑战

网络社会治理与传统社会治理表现出很大的差别，网络空间治理规则的博弈不可能脱离信息技术的主导权和主动权而存在。在全球数字化进程中伴随而来的"数字鸿沟"，不仅导致信息资源分化以及由此产生的社会结构不平等现象，而且危及国际安全和网络安全。数字鸿沟是不同社会经济水平的个人、家庭、企业和地区获取信息通讯技术和利用互联网进行各种不同活动的机会的差距②，从我国国内社会来看，不同地区、不同人群的信息技术获取环境、信息

---

① 自有国家存在之时起，国家就始终处于一种没有更高的政府统领的状态之下，因而，无政府(Anarchy)是国际政治的基本前设，国际关系学的所有学说都以此为起点。Alexander Wendt. *Social Theory of International Politics*. Cambridge：Cambridge University Press，1999，pp. 247-269.

② OECD. Understanding the Digital Divide，http：//www. oecd. org/sti/1888451. pdf，p. 5，2019-02-05.

意识以及信息利用水平参差不齐，使得产业结构和区域发展之间的不平衡差距拉大。从国际社会来看，不同国家的信息产业和信息经济发展、网络空间资源分配和网络治理能力方面差距明显，一些发展中国家和欠发达国家未曾拥有先进的信息技术、尚未建立现代的电信基础设施、信息技术人才极度缺乏，与发达国家的"数字鸿沟"正在不断拉大，无法享有平等的信息通信权，使得网络发达国家与网络发展中国家在谈判能力和话语权方面存在相当的差距。

随着全球数字经济的发展，关于数字产品和数据流动的国际电子商务规则制定成为近年来各国关注的焦点。数字经济是全球竞争的新领域和制高点，各国在数字经济领域的竞争已经拓展到多个领域的综合创新实力的竞争，融合了基础设施、技术标准、成果转化、智能应用、网络协同等多个环节。对于产业发展领先海外拓展需求强发达国家，会倾向于更自由、发展的规则，而处于快速发展的中国，虽然企业已有海外投资的诉求，但是网络、数字的安全仍是重要的考虑因素。① 数字经济的未来发展对现有货物贸易和服务贸易规则都带来新的挑战，因而该领域国际规则的发展更需要国际合作。

3. 运用国际舆论表达中国主张的能力不足

中国的经济影响力日益凸显是不可阻挡的趋势，赢得更多国家的重视和青睐，带来更多投资合作与建立贸易联系的机会。但是，我国的发展优势和综合实力还没有转化为话语优势。我国在国际话语权竞争中面临诸多掣肘，包括西方官方话语的打压、西方媒体的歪曲、发展中国家的不信任、中国学术话语的缺乏等。② 在网络治理领域，全球治理话语权的竞争尤为复杂，尽管国家行为体的话语权竞争仍然在世界政治中发挥重要影响，但是随着互联网企业、技术社群和民间社会的积极参与和推动，国际话语权呈现主体日益多元、客体更加复杂、内容更加丰富的发展趋势，使得国际机制的碎片化和无政府状态下的低效率更加凸显。大众媒体作为国家对外表达的传统话语平台，正在面临社交媒体的空前挑战③，从而为我国提高网络治理主张的合理性与合法性、创新开拓话语权新渠道、提高中国话语权的传播能力和影响力、推动中国话语权层次提

① 李海英：《数字经济与网络空间国际合作》，载《网络军民融合》2018 年第 6 期。
② 张新平、庄宏韬：《中国国际话语权：历程、挑战及提升策略》，载《南开学报（哲学社会科学版）》2017 年第 6 期。
③ 吴志成、李冰：《全球话语权提升的中国视角》，载《世界政治与经济》2018 年第 9 期。

升提出更高要求。

国际话语权之争既是决策领域的权力之争，也是观念领域的塑造能力之争。话语水平和话语传播效果一方面取决于话语内容和话语质量的合理性和可信服度，另一方面取决于话语传播的思维方式、表达方式和传播平台的多样性。面对新媒体时代的传播模式和受众心理的变化，中国主流话语体系的传播方式仍然相对传统。尤其是在西方英语国家仍然强势主导国际新闻和国际舆情的期刊下，中国亟待通过打造优质媒体、丰富传播媒介来加强自身的传播模式和传播力度。如何以一种亲切、友好、文明、负责的姿态将中国方案向世界平台传播，以一种非强制的方式获得国际社会的理解、信任与支持，将是中国网络空间话语权塑造和传播过程中面临的重要挑战之一。

（二）综合提升我国网络空间国际话语权

1. 深入挖掘我国网络空间国际治理理论

我国在研究和运用国际法并据此提出符合本国利益的网络空间国际治理理论的软实力上仍有欠缺。理论的贡献不在于因循守旧地对既有理论做注释，而在于对于一种原来所不认可、不接受、不赞成的做法和思路进行论辩，为此种观念和行动提供正当性支持。在网络空间国际治理理论的研究中，要想使我国理论得到西方国家的支持，显然需要提出新观点、新理论，注重从文化和文明的角度去维护自己的利益；在有效地维护了自身利益的同时，体现自身的规范意识，通过对原则规则的充分解读，对体系和制度的细致评论，来形成自身的规范立场和理论话语。这一目标的实现需要在思想观念、人才培养、制度设计、国际沟通、系统互动等各方面进行努力。具体而言，需要学者理论界与互联网治理实践界进行制度性接轨，找到前沿问题、具体问题、真实问题，进而增强论证意识、提炼核心价值观念、进行体系化陈述。我国提出的网络治理理论维护中国利益，代表中国倾向。但是，这绝非另起炉灶，罔顾其他文化的观念与成就；恰恰相反，只有在充分汲取世界各国优秀文化的基础之上，才有可能提出让世界各国信服和接受的理论。① 例如，网络主权原则的理论依据和具体内涵，政府与多利益相关方的关系，从全球发展大趋势的角度看待网络空间国际治理，探求人类共同利益的可能性，分析网络规则治理体系追求正义的方

---

① 何志鹏：《国际法的中国理论》，法律出版社 2017 年版，第 3~5 页。

向与途径，从网络空间发展战略的角度去分析网络规则存在的意义，以及利用国际法的方式与尺度等。只有经过规范的研讨、探寻和论辩，追问规范在理论上的正当性与实践中的可行性，才有可能将规则预判化为实践走向。为此，中国应当增强具有国际关怀和国际视野的理论贡献，提出为国际社会所理解和接受的"世界方案"，体现对发展中国家和不发达国家国际利益的照顾，从而增强我国理论研究的吸引力、说服力和国际影响力。

2. 多渠道拓展和深化网络空间国际合作

在国际法治远未成熟的国际关系中，国家之间的力量博弈和权力配置贯穿着国际体系和秩序的基调。尽管现实主义勾勒出了我们所处的世界的实然轮廓，但是建构主义指出了我们期待世界的应然逻辑。从全球发展维度建立公平合理的网络空间国际秩序是我国网络空间发展战略的远景目标，倾向于发展中国家利益的、较为正式的、法律化的制度安排是我国网络空间发展战略的价值指向。从国际秩序的长久发展来看，循序渐进地改良现有网络空间治理体系可能更加符合社会发展规律，而采取激进的革命式突进反而可能造成大量资源和人力成本的浪费。在不断出现的竞争和挑战之下，我国网络空间国际合作战略要想落地生根，需要采取更为灵活主动和具有可操作性的方式，从分歧相对较小、较容易达成共识的领域开始，循序渐进地深化网络空间国际合作领域，从而避免整体性对抗。为此，应当灵活运用和拓宽各种合作渠道，除了政府层面的官方合作与交流，还应鼓励学术界、企业界、民间团体和技术社群的交流合作。对于暂时无法达成国际条约或正式安排的领域，可以先通过论坛、会议或研究项目的形式进行讨论，从局部范围内的非正式安排开始形成"软法"，在实践积累到一定程度之后逐步过渡到更大范围或更高层次的法律形式，避免出现国际立法脱离实践、削足适履的负面效应。

3. 健全网络治理国际合作整体性行动方案

网络空间治理国际合作应当以务实为基础，寻求理论与实践相统一的整体性行动方案，确保各种资源能够被有效地整合在一起，形成网络空间可持续发展和稳健运行的长效机制。目前，网络空间国际治理之路仍有许多缺口，不同层次、不同领域、不同主体和不同目标的网络治理合作机制有待整合，互联网产业与实体产业、物联网、贸易投资、金融等不同领域之间的国际合作机制有待对接和融合。因此，我国应当着力推动互联网和实体经济深度融合发展，促进资源配置优化和战略协同，以信息流带动技术流、资金流、人才流、物资流，在理论研究、技术研发、产业发展、理论探讨、治理实践、学科发展、人才培养等方面做出相应的系统调整，为建立起长期、有效、整体、协调的综合治理框架打下基础。①

4. 加强网络硬实力和基础设施能力建设

网络技术实力为是网络空间治理规则保驾护航的根本，无论是在网络安全保障与防护能力、反恐合作中的信息情报共享，还是对于数据流动的监测、预警、保护或限制，都以强大的网络基础设施建设和网络技术硬实力为后盾。面对信息化发展带来的机遇与"数字鸿沟"的挑战，我国应当大力发展网信事业，深化网络空间国际合作战略布局。在国内方面，我国应当加强网络基础设施建设，提高宽带普及率和上网速度，减小城乡之间、东西部之间国民运用网络信息技术的能力差距；同时，大力发展互联网科技创新、互联网产业和数字经济等领域，加大互联网产业政策方面的资金投入，优化网信人才建设和自主创新体制，为抢占网络技术的制高点储备人才。在国际方面，我国应当加强双边、区域和国际层面在网络技术领域的合作，缩小我国与网络发达国家在技术水平上的差距，同时加大对发展中国家的网络能力建设和技术援助；此外，依托已有的打击跨国犯罪的司法协助协议或其他合作机制，建立互联网管理多边机制，健全国际监测与预警网络，加强恐怖主义的信息情报共享。

5. 完善我国依法治网模式的科学性和合理性

由于网络空间本身的技术性和复杂性，网络治理规则应当尊重网络技术的架构和运行规则，并建立在现实可操作性的基础之上，确保网络治理规则能够实际转化为到互联网运作的技术层面。因此，我国应当进一步加强网络治理能力建设，完善我国国内网络立法和措施的科学性和法治化，逐步形成相对成熟的治理经验。在过去，政府网络空间治理采取的是一种"自上而下"的被动机制，这种机制立基于政府对信息资源的垄断。② 随着网络资源的普及和扩张，网络治理面临着行业规范、企业标准等软法"自下而上"形成机制对传统政府治理机制的挑战，这一点在西方国家主导的"多利益相关方"模式体现明显。

---

① 沈逸：《网络主权与金砖国家网络空间治理合作模式探索》，见上海市社会科学界联合会：《中国特色社会主义：实践探索与理论创新——纪念改革开放四十周年》，上海人民出版社 2018 年版，第 526 页。

② 阙天舒：《网络空间中的政府规则与善治：逻辑、机制与路径选择》，载《当代世界与社会主义》2018 年第 4 期。

我国网络空间国际合作应在维护本国利益的同时，坚持多边参与和多方参与，顺应国际社会发展趋势，吸纳多元主体参与到网络公共政策与规则制定的讨论和建议中来，积极建构多元协同的联动机制，真正发挥主权国家政府、私营部门、技术社群、非政府组织和公民个人等多利益相关方的比较优势，在充分沟通和相互信任的基础上，进行深入、有效和实质性的相互协调和共同治理。与此同时，我国应当大力支持本国的行业组织、智库和非政府组织参与网络空间国际法治领域的对话与交流，在民间层面开展网络外交。我国的网络外交对象不仅包括其他国家的政府，还包括非政府组织等非国家行为体。①

6. 提升中国网络空间话语权的传播能力

为提升中国网络治理理念的国际话语权，中国应当在深入挖掘网络空间治理理论、不断提升自身综合国力和网络硬实力的同时，塑造中国国际形象，综合提升中国网络空间话语权的传播能力。第一，中国应当向世界展示负责任大国、文明大国、包容大国的国际形象，维护网络空间的和平、安全与稳定，促进公平正义与国际法治，谋求互联网发展成果的普惠与共享，更好地造福世界各国人民。第二，为提升话语传播的质量，应当探寻知识界、政府部门与媒体之间的良性互动与有机结合，从体制上构建长期合作关系，深层次解决话语传播内容、质量和方式的战略问题和具体问题。第三，提升中国话语的传播能力，应当灵活、充分运用多层次、多渠道的传播平台，掌握信息传播主动权，这不仅需要提高传统媒介(如报纸、杂志、书籍、广播等)的传播力度和质量信誉，还要创新运用新媒体、新技术(如社交媒体、网络新闻、自媒体等)。第四，加大国际交流与合作的力度，包括国家之间各种经常性合作对话、沟通与交流活动，也包括政府与互联网企业、教育与科研机构等多元主体之间的国际交流与合作。中国应当善于借助国际会议、国际组织和国际机制的影响力，将中国声音、中国理念、中国主张融入各种国际场合，进而争取国际社会更广泛的理解与支持。

大国网络安全博弈，不单是技术博弈，还是话语权博弈。我国与西方话语霸权国家之间围绕国际话语权的斗争日益激烈，然而我国的发展优势和综合实力还没有转化为话语优势。在网络治理领域，全球治理话语权的竞争尤为复

---

① 黄志雄：《网络空间国际法治：中国的立场、主张和对策》，载《云南民族大学学报(哲学社会科学版)》2015 年第 4 期。

杂，国际话语权呈现主体日益多元、客体更加复杂、内容更加丰富的发展趋势，使得国际机制的碎片化和无政府状态下的低效率更加凸显。在这一背景下，国际话语权之争既是决策实践领域的权力之争，也是观念塑造领域的理念之争。一方面，中国已经发布《网络空间国际合作战略》，系统阐述了中国对网络空间国际问题的政策立场，并提出了实现目标的指导原则和行动要点，与《国家网络空间安全战略》和《中华人民共和国网络安全法》一并构成中国网络空间政策的三大支柱。另一方面，如何将中国网络治理主张向世界平台传播、提高中国网络治理主张在国际社会的影响力并以一种非强制方式获得国际社会的信任与支持，仍然面临西方发达国家把控的英语世界的国际舆论压力。

为了缩小不同国家和主体之间的认知差异、提高发达国家与发展中国家之间的利益契合度，本章论证了法治在塑造网络空间国际话语权中的重要性。法治作为当今国际社会广为接受的通用语言、普世价值和共同追求，不仅为网络空间有效治理和国际话语权提供了思想武器和理论工具，而且是争取网络空间规则制定话语权的制度保障。一方面，法治作为人类现代政治文明的重要标志，不仅代表了一种理性精神、道德品格、价值观念和精神追求，而且是当今世界各国维系社会秩序稳定、解决社会矛盾的行之有效的规范框架和普遍认可的政治实践。另一方面，法治为网络空间话语权提供了具有明确性、可预期性和普遍性的规范基础和机制框架，进而对调整权利义务、平衡利益关系、分配话语权力和保障话语秩序起到重要作用。网络空间话语权只有实现了法治化、制度化，才能确保其广泛而持久的影响力。为此，网络空间话语权的构建应当充分运用法治思维和法治逻辑，促进国际社会主体以规则为导向参与国际治理。

第九章
网络空间综合治理体制完善与能力提升的法律保障

2017 年 8 月 4 日，中国互联网信息中心（CNNIC）发布第 40 次《中国互联网络发展状况统计报告》显示，截至 2017 年 6 月，中国网民规模达到 7. 51 亿，占全球网民总数的 1/5。互联网普及率为 54.3%，超过全球平均水平 4.6 个百分点。因此营造风清气正的网络空间，构建良好网络生态，成为广大网民的共同愿望。当下，对网络空间和网络空间综合治理的研究显得尤为重要。

一、网络空间和网络空间综合治理的基本问题

（一）网络空间治理的概念框架

认清网络空间是研究网络空间治理的基础，其中维护网络安全和保障网络空间主权是网络空间综合治理的根本目标。"网络空间"（cyberspace）一词最早诞生于 1982 年威廉·吉布森（William Gibson）的科幻小说，于 20 世纪 90 年代随着互联网技术的推广和使用逐渐被认可。① 从语词学考究，网络空间的概念最初由作家威廉·吉布森提出。他认为："现实世界与虚拟世界相互交织，产生的虚拟世界就是网络空间。而现实生活中的网络空间是由人类所创造的时空概念被重构的特殊空间，在此空间中人们的生产、生活、思维方式和话语表达

---

① 张彬、［美］理查德·泰勒：《美国网络空间治理现状与政策（上篇）》，载《通信世界》2018 年第 28 期。

摆脱了层级体制的诸多限制,首次拥有了实现平等和自由交流的可能。"①美国政府将网络空间定义为信息技术基础设施彼此相互依存的网络,包括互联网、电信网、计算机系统和关键行业的嵌入式处理器与控制器,也用于指代信息和人与人互动所存在的虚拟环境。② 网络空间作为相对独立的虚拟空间,有别于现实的物理空间,具有虚拟性、开放性、多元性、全球即时性、不对称性、不确定性、作用距离远、传播速度快等特性。③ 网络空间自提出后争议不断,其中网络安全和网络空间主权是最为核心的两大基本问题。

关于网络空间主权(cyberspace sovereignty),虽说最早提出这一概念的是西方学者,但对网络主权的内涵和基本理论问题进行深入探讨的却是由发展中国家的学者完成的,特别是在中国。④ 2006 年,我国学者李鸿渊首次提出并论述了"网络主权"的含义,他认为网络主权是国家主权在网络空间的自然延伸,主要体现为国家在网络空间行使管辖权。⑤ 经过长时间的思索和实践指引,学者们普遍赞同网络主权应是一国继"陆、海、空、天"后的第五大主权领域,国家对此享有对内管辖权和对外自卫权。⑥ 各主权国家不论国别大小,实力强弱均享有独立自主决定自身网络事务,包含制定何种网络空间战略、选取何种网络发展道路、采取何种网络空间管理措施,且不受他国干涉的自由和权力。

网络安全与网络空间、网络空间主权相伴而生。国际标准组织认为:网络安全是指"保障网络空间信息的保密性、完整性和可用性,还可能涉及信息的真实性、可说明性、不可否认性和可靠性";或网络安全具体包含"避免造成网络空间的物理、社会、精神、财经、政治、情感、职业、心理、教育等层面

① [美]曼纽尔·卡斯特:《网络社会:跨文化的视角》,周凯译,社会科学文献出版社 2009 年版,第 7~29 页。

② 张彬、[美]理查德·泰勒:《美国网络空间治理现状与政策(上篇)》,载《通信世界》2018 年第 28 期。

③ 张果:《网络空间论》,华中科技大学 2013 年博士论文,第 49~51 页。

④ Wu T S. Cyberspace Sovereignty? —The Internet and the International System. *Harvard Journal of Law & Technology*, 1997, 10(03), pp. 647-666.

⑤ 黄旭:《十八大以来我国网络综合治理体系构建的逻辑起点、实践目标和路径选择》,载《电子政务》2019 年第 1 期。

⑥ 参见肖志宏、刘俊遥:《论网络空间治理的国际法共识》,载《人民法治》2019 年 2 月上。

的失败、损害、错误、事故、伤害等不利后果所需的条件"。① 在传统意义上，网络安全主要关涉计算机安全、网络信息安全、网络侵权行为的惩治等软硬件安全。随着"棱镜门"等危害国家安全网络事件的曝光，网络安全的内涵逐渐拓展至包含一国政治、经济、社会、文化和生态等所有网络空间领域。我国网络安全法明确规定："网络安全"是指通过采取必要措施，防范对网络的攻击、侵入、干扰、破坏和非法使用以及意外事故，使网络处于稳定可靠运行的状态，以及保障网络数据的完整性、保密性、可用性的能力。②

网络空间治理是以网络空间为主要研究对象，通过治理方式的转变，由政府部门、技术部门、网络媒体、个人等多主体、多力量共同参与的方式，达到协同治理网络空间的目的，以实现网络空间的良性运行和协调发展。③ 治理是相对于统治、管制、管理等词而言的，治理强调众多主体的协调与合作，多元化的参与主体通过协作方式实现理想目标。④ 值得注意的是，这里所说的网络治理与传统互联网治理并不相同。传统"网络治理"具体是指在现存的跨组织关系网络中，针对特定问题在信任和互利基础上协调目标和偏好各异的行动者的策略而展开的合作管理。⑤ 在网络时代，由于信息技术的发展传统社会结构形态发生改变，网络时代社会"去中心化"特性明显。⑥ 据此，网络空间治理既是现实社会治理的延续性也有其特殊性，涵盖网络空间基础设施、网络安全标准、网络时代下的政治、经济、法律和社会文化等多方面的内容。

(二) 网络空间治理的发展现状

1. 欧盟

欧盟自 2013 年起开始推动网络空间治理的综合性立法工作。欧盟委员会和欧盟外交与安全高级政策代表于 2013 年 2 月联合发布了"确保欧盟统一、高

---

① 王国语：《外空活动中的网络安全国际规则探析》，载《当代法学》2019 年第 1 期。

② 参见《中华人民共和国网络安全法》第 76 条。

③ 吕宇栋：《我国网络空间治理和网络创新机制研究》，载《现代商业》2018 年第 33 期。

④ 参见涂明君：《综合治理观的兴起——简析现代中国建设时期的综合治理与科学治理观念》，载《自然辩证法研究》2014 年第 12 期。

⑤ 吕晓莉：《全球治理：模式比较与现实选择》，载《现代国际关系》2005 年第 3 期。

⑥ 张康之、向玉琼：《网络空间中的政策问题建构》，载《中国社会科学》2015 年第 2 期。

水平网络与信息系统安全之相关措施的指令建议"（Network and Information Security Directive，NIS），为欧盟网络安全领域第一步综合性立法。在战略方面，2013 年欧盟发布了《欧盟网络安全战略：开放、安全和可靠的网络空间》，力图将欧盟建设成全球范围内最安全的网络空间。欧盟倡导成员国开展网络治理协同工作并鼓励成员国和来自于欧盟境外的其他国际组织和相关主权国家展开合作以打击网络犯罪，维护网络安全。[1] 在网络安全方面，欧盟议会于 2016 年 4 月 14 日通过《通用数据保护条例》（General Data Protection Regulation，GDPR）并于 2018 年 5 月 25 日在欧盟成员国内正式生效。条例的适用范围极为广泛，包含任何收集、传输、保留或处理涉及欧盟所有成员国内个人信息的机构和组织均受该条例的约束。[2] 可预见的是，欧盟借个人信息保护维护网络空间安全立法的适用范围正在通过 GDPR 不断夸大。即使位于欧盟境外不受现行欧盟隐私法律规制的许多组织或机构也将随着 GDPR 的实施而不得不重视对欧盟通用数据的保护，否则将会受到严惩。

2. 美国

美国有关网络治理方面的立法较为充分且比较完善。美国的网络安全立法起步于 20 世纪七八十年代，在 20 世纪 90 年代至 21 世纪初得到空前发展并渐趋成熟。[3] 1987 年，联邦政府颁布了《计算机安全法》，制定了计算机安全标准，并协调各部门制定相互独立的安全标准。为保护国家关键信息基础设施建立健全管理体系为核心的网络安全立法，美国政府于 2000 年颁布了《政府信息安全改革法案》，这标志着美国网络安全法律体系框架初步形成。2014 年奥巴马政府先后颁布了《联邦信息安全管理法案》《边境巡逻员薪资改革法案》《国家网络安全保护法》和《网络安全人员评估法案》，将网络安全上升为国家安全层面以统筹网络安全能力。除此之外，2015 年 10 月 22 日，《网络安全信息共享法案》的颁布标志着美国开始推行其国际警察版网络安全立法。2017 年 5 月 11 日，美国总统特朗普签署一份行政命令重申网络安全监管的必要性并要求各方主体积极参与采取安全措施。[4]

---

① 郭美蓉：《网络空间安全治理的法治化研究》，载《人民法治》2019 年第 3 期。
② 鞠辉：《欧盟"最严"数据保护条例生效》，载《中国青年报》2018 年 5 月 28 日。
③ 参见陈翼凡：《中美网络空间治理比较研究》，载《公安学刊》2018 年第 4 期。
④ 张彬、[美] 理查德·泰勒：《美国网络空间治理现状与政策（上篇）》，载《通信世界》2018 年第 28 期。

3. 日本

日本是亚洲信息化程度最为发达的国家之一。日本有两部非常重要的网络安全方面的规范性文件，即《网络安全战略》和《网络安全基本法》。《网络安全战略》于 2013 年 6 月发布，在其国内旗帜鲜明地提出了构建"世界先进的""坚强的""充满活力的"网络空间口号，确定了未来一段时间将要实施的具体措施以确保网络安全。《网络安全战略》已于 2015 年 5 月 25 日修正，以更好地保护日本的网络空间安全和网络发展。除《网络安全战略》之外，日本的《网络安全基本法》早已于 2014 年 11 月 6 日通过。① 该法明确了日本国内治理网络空间保障网络安全的参与主体和主要职能部门，为日本政府全面推进国家网络安全保障计划、建设网络强国目标确立了法制基础。②

(三) 全球网络空间治理的主要模式梳理

全球范围内不同国家对网络空间的认识不一，治理模式的选择并不相同，争议较多。现今主要国家网络空间治理模式主要存在以下三种：多边治理模式、多方治理模式和协同治理模式。

1. 多方治理模式

多方治理模式，又称多利益相关方模式，倡导多元化利益攸关主体平等参与网络空间的治理，在众多参与主体中淡化政府的主导作用，主张网络自由反对网络主权，提倡治理主体的多样化和彼此间的协商合作。③ 多方治理模式的参与主体包含政府、企业、行业组织、网民个人等众多主体，其基本作用方式为实行自下而上的松散式治理机制。④ 2014 年全球互联网治理大会在巴西圣保罗召开，会议发布了《全球互联网多利益相关方圣保罗申明》(简称 NET mundial)，强调互联网治理必须确保所有利益相关方参与进来。⑤ 由此，确定了网络空间治理的多方治理模式。

---

① 郭美蓉：《网络空间安全治理的法治化研究》，载《人民法治》2019 年第 3 期。
② 郭美蓉：《网络空间安全治理的法治化研究》，载《人民法治》2019 年第 3 期。
③ 陈翼凡：《中美网络空间治理比较研究》，载《公安学刊》2018 年第 4 期。
④ 方兴东、田金强、陈帅：《全球网络治理多方模式和多边模式比较与中国对策建议》，载《汕头大学学报(人文社科版)》2017 年第 9 期。
⑤ 周建青：《"网络空间命运共同体"的困境与路径探析》，载《中国行政管理》2018 年第 9 期。

2. 多边治理模式

多边治理模式力图构建全球网络空间治理的多边性，反对网络霸权和网络空间治理的单边性。多边治理模式承认网络主权，在众多参与治理主体中强调政府的权威性和主导作用，实行自上而下的层级式治理模式。① 早在 2011 年，中、俄、塔、乌四国起草的《信息安全国际行为准则》作为当年联大第六十六届会议正式文件散发，就已提出该种治理模式并受到国际社会高度重视。上海合作组织成员国于 2015 年 1 月向联合国大会提交了新版《信息安全国际行为准则》，对多边治理模式作了进一步概括，即提倡在国际互联网治理领域各国政府应平等参与以推动建立多边、透明和民主的互联网国际管理机制。② 值得一提的是，自 2014 年举办第一届世界互联网大会以来，我国领导人的讲话中多次提到倡导世界建立多边、民主、透明的国际互联网治理体系，受到了与会各方的高度赞扬。

3. 协同治理模式

多边治理模式和多方治理模式分别代表了发展中国家和发达国家在互联网领域的不同利益诉求，实践中争议颇多。据此，为调和不同发展程度国家的价值利益需求。尽力促成国家间有关网络空间治理领域取得共识有学者提出网络空间治理的"协同治理模式"③。正如提出该种治理模式的学者所言，协同治理模式为全球网络空间治理的一种理想模式，强调国家政府、企业、国际组织、技术社群、网络用户等多主体平等参与，注重协调与互动，实行扁平化交互式治理机制。通过网络治理结构的变化，希冀制定各方均可接受的国际规则，并相互监督实施情况。④ 协同治理模式的实效，尚留待实践检验。

4. 不同治理模式的评价

多方治理模式力图构建由政府、企业、协会、个体网络经营者和服务提供者多方利益主体共同参与网络空间治理的格局，各方主体没有实力强弱之分且

---

① 方兴东、田金强、陈帅：《全球网络治理多方模式和多边模式比较与中国对策建议》，载《汕头大学学报（人文社科版）》2017 年第 9 期。

② 周建青：《"网络空间命运共同体"的困境与路径探析》，载《中国行政管理》2018 年第 9 期。

③ 张贤明、田玉麒：《论协同治理的内涵、价值与发展趋向》，载《湖北社会科学》2016 年第 1 期。

④ 周建青：《"网络空间命运共同体"的困境与路径探析》，载《中国行政管理》2018 年第 9 期。

地位平等。① 其优点在于，倡导多方治理模式有广泛的参与主体，包容性强，能够集思广益减少决策失误，有利于网络自由和推动自主创新。其不足之处在于，由于各方主体占有网络资源和拥有核心技术能力实质上并不均衡，平等地位难以保证，从而导致弱势方磋商能力有限且话语权逐渐缺失；形式上的平等协商由于实质地位的差异难以落到实处，网络治理规则难以达成一致；在面对网络跨国犯罪、境外攻击和他国意识形态入侵时难以及时并有效应对。② 多方治理模式更利于保障传统网络强国的利益而忽视网络不发达国家的利益，成为网络强国借用网络自由主义维护其网络霸权的手段。在实践中，多方治理模式也主要流行于美国、加拿大等网络发达国家。

多边治理模式认为主权国家的政府是网络空间的治理主体且处于核心位置，在网络空间治理过程中应发挥主导作用，维护网络主权。③ 承认网络空间的主权属性，是多边治理模式的基本前提。这种模式有利于主权国家政府展开合作凝聚共识汇聚各方力量，打击网络犯罪等违法活动，维护网络安全；同时，也有利于主权国家选择网络发展模式，独立自主开展网络空间治理推动发展中国家的信息化建设。其不足之处在于，由于各主权国家网络信息技术发展程度并不相同且诉求较具多样化，各国从自身利益出发对网络空间治理态度差异化明显，实难兼顾不同利益诉求方达成为各国均认可的网络空间国际治理规则。④ 与此同时，网络空间治理中的政府主导地位可能会限制网络自由，不利于推动企业自主网络创新和信息化建设。但是，对于网络不发达的国家来说，多边治理模式确实是抵制他国网络不良思想渗透、自主开展网络建设的最优选择，受到广大发展中国家的青睐。⑤

协同治理模式是学者们为应对网络空间治理多方模式和多边模式的不足而

---

① 张贤明、田玉麟：《论协同治理的内涵、价值与发展趋向》，载《湖北社会科学》2016 年第 1 期。

② 周建青：《"网络空间命运共同体"的困境与路径探析》，载《中国行政管理》2018 年第 9 期。

③ 方兴东、田金强、陈帅：《全球网络治理多方模式和多边模式比较与中国对策建议》，载《汕头大学学报（人文社科版）》2017 年第 9 期。

④ 周建青：《"网络空间命运共同体"的困境与路径探析》，载《中国行政管理》2018 年第 9 期。

⑤ 周耀宏：《新时代网络空间意识形态话语权的掌控策略》，载《重庆邮电大学学报（社会科学版）》2018 年第 5 期。

提出的，这种平等协商与扁平化结构的治理机制试图搁置发达国家和发展中国家在网络空间治理领域的两大阵营对立倾向，力图凝聚发达国家和发展中国家的共识共同制定网络发展的国家准则。其优点在于，有利于主权国家政府、企业、行业协会和个体网络经营者或服务提供者等多边或多方主体共同参与网络空间的国际治理，共同促进网络发展并共享网络社会带来的信息化成果。① 其不足之处在于，协同治理模式以搁置争议，即网络空间主权这一核心命题，逶迤求得各方共识实现网络空间治理国际规则的制定与承认。根本而言，协同治理模式并没有消除网络发达国家与网络欠发达国家间网络文化的差异，也难以调和不同国家间的利益诉求。② 在实践中，发达国家的网络治理观与发展中国家的网络空间治理理念达成共识仍存在一些难以消弭的障碍，尤其是来自于美国等少数网络强国的阻力较大。③ 是以，该种网络空间协同治理模式尚处在不断发展中。

(四) 我国网络空间治理的模式与发展

我国网络空间综合治理体制的发展经历了从无到有的过程，内涵逐渐丰富，体系愈发严谨。明确我国网络空间综合治理体制的基本内涵是依法构建制度保障的基本前提。

我国从 1994 年开始接入国际互联网，迄今发展不过 25 年，时间虽短，但发展迅速让世人震惊。当下，中国开发出了许多新的且部分具有国际前沿性的互联网衍生品，包含云计算、人工智能、区块链、物联网等。互联网在中国属于新鲜事物，很多方面仍处于探索求证过程中，网络的开放性、去中心化特性正逐步影响着中国的政治、经济、文化、生态、文化等社会方方面面。④ 是以，为使全国各族人民更好地受益于互联网发展带来的好处，我国历届政府一直以来对网络治理较为重视。党的十八大之后，中共中央成立网络安全和信息

---

① 张贤明、田玉麟：《论协同治理的内涵、价值与发展趋向》，载《湖北社会科学》2016 年第 1 期。

② 周建青：《"网络空间命运共同体"的困境与路径探析》，载《中国行政管理》2018 年第 9 期。

③ 陈翼凡：《中美网络空间治理比较研究》，载《公安学刊》2018 年第 4 期。

④ 张毅、杨奕、邓雯：《政策与部门视角下中国网络空间治理——基于 LDA 和 SNA 的大数据分析》，载《北京理工大学学报 (社会科学版)》2019 年第 2 期。

化领导小组并于 2018 年 3 月根据《深化党和国家机构改革方案》的要求，原国家互联网信息办公室与中央网络安全和信息化委员会办公室改组为中共中央网络安全与信息化委员会办公室，列入中共中央直属机构序列。自此，我国网络空间治理进入迅速发展阶段。

1. 网络安全和信息化领导小组成立之前

从 1994 年我国接入互联网加入国际互联网大家庭到 2014 年中共中央网络安全和信息化领导小组成立前，这段时间属于我国网络空间治理的起步探索阶段。其间虽于 2011 年 5 月成立中华人民共和国国家互联网信息办公室。但是国家互联网信息办公室不另设新的机构，仅在中华人民共和国国务院新闻办公室加挂国家互联网信息办公室牌子。其主体定位不明，权责不明确，难以发挥作用。由于在中央层面缺乏一个统筹协调机构，有关方面的立法和规则往往政出多门且缺乏协调与衔接。

彼时网络作为新鲜事物大量涌入国内，在带给人民生活极大便利的同时也冲击着中国人民传统的价值观和思想认识，呈现出野蛮生长状态。一方面，出于加速信息化社会建设的迫切需要，必须大力改善国内落后的网络发展状况，提升信息化发展速度；另一方面，从党和国家到普通民众对互联网两面性缺乏深刻认识，互联网在带来信息化的同时网络安全问题愈发凸显且关乎国家安全。因而，这一时期现代意义上网络空间法治化的治理思维并未形成。

这一时期的网络立法主要以"渗透式"为主，内容主要涉及网络安全、信息保护和网络监管方面。① 2000 年 12 月 28 日第九届全国人民代表大会常务委员会第十九次会议通过的《全国人民代表大会常务委员会关于维护互联网安全的决定》中主要提及"互联网运行安全"，明确规定"如何保障互联网的运行安全和信息安全问题已经引起全社会的普遍关注。为了兴利除弊，促进我国互联网的健康发展，维护国家安全和社会公共利益，保护个人、法人和其他组织的合法权益"。2012 年 12 月 28 日第十一届全国人民代表大会常务委员会第三十次会议通过《全国人民代表大会常务委员会关于加强网络信息保护的决定》进一步明确网络信息的内容和各方主体的保护。最高人民法院、最高人民检察院先后发布四个司法解释专门就侵害信息网络传播权民事案件和利用互联网实施犯罪行为的刑事案件予以适用法律澄清，一定程度上起到了净化网络空间打击

---

① 郭美蓉：《网络空间安全治理的法治化研究》，载《人民法治》2019 年第 3 期。

网络侵权和网络犯罪的目的。① 这一时期内，针对网络信息保护、互联网行业监管等方面的行政法规和部门规章近 15 部。其中，国务院新闻办公室、商务部、原工商行政管理总局、工业和信息化部、文化部、国家广播电影电视总局等多部委都曾经发布过有关方面的部门规章和规范性文件。制定主体多元化且互不衔接为这一时期网络立法的特色。除此之外，国内系统化研究网络治理的热潮并未兴起，零星存在部门学者的研究成果但多数集中在对域外立法经验和制度模式的简单介绍和借鉴，鲜有结合世情、国情和党情予以系统化论述。

2. 网络安全和信息化领导小组成立之后

2014 年 2 月 27 日中央网络安全和信息化领导小组成立，习近平总书记亲自挂帅担任组长，领导参与网络安全和信息化建设。2014 年 8 月 26 日《国务院关于授权国家互联网信息办公室负责互联网信息内容管理工作的通知》(国发〔2014〕33 号)明确指出，"为促进互联网信息服务健康有序发展，保护公民、法人和其他组织的合法权益，维护国家安全和公共利益，授权重新组建的国家互联网信息办公室负责全国互联网信息内容管理工作，并富足监督管理执法"。至此，国家互联网信息办公室统筹协调网络内容管理和信息化建设于法有据。

2018 年 3 月中央网络安全和信息化领导小组与原国家互联网信息办公室联合办公，改组设立中共中央网络安全和信息化委员会办公室。我国网络空间建设自此实现步入法制化治理轨道并朝向正确方向不断发展和完善。究其原因有两点：一方面，国内自 1994 年接入国际互联网至 2014 年已届 10 年，源于中国特色社会主义的制度优越性我国网络虽然起步较晚但发展迅速。互联网基础设施建设成果卓著，网络信息技术不断进步，涌现出包含华为、阿里巴巴等在内的一些在世界范围内较具知名度和竞争力的互联网企业，互联网行业发展取得长足进步。与此同时，我国网民数量持续攀升一跃成为世界上规模最大的

---

① 该四个司法解释分别为：《最高人民法院、最高人民检察院关于办理利用信息网络实施诽谤等刑事案件适用法律若干问题的解释》；《最高人民法院、最高人民检察院关于办理利用互联网、移动通讯终端、声讯台制作、复制、出版、贩卖、传播淫秽电子信息刑事案件具体应用法律若干问题的解释》；《最高人民法院、最高人民检察院关于办理利用互联网、移动通讯终端、声讯台制作、复制、出版、贩卖、传播淫秽电子信息刑事案件具体应用法律若干问题的解释(二)》《最高人民法院关于审理侵害信息网络传播权民事纠纷案件适用法律若干问题的规定》。

用户群体，互联网对经济发展方式、对人民生活方式的影响越来越重要。① 另一方面，伴随着中国特色社会主义的建设，我国社会主要矛盾转变成人民对美好生活的向往同不平衡不充分发展之间的矛盾。现阶段，我国网络关键基础设施建设并不完善、核心技术仍旧欠缺、网络技术人才严重缺乏等问题持续存在。网络渗透到中国的政治、经济、社会、文化和生态多方面，网络犯罪、网络暴力、网络色情和网络侵权问题日益严峻，西方国家利用网络媒介输入价值观企图颠覆我国政权破坏中国特色社会主义的建设成果的不安全因素日益滋生。② 营造风清气正的网络生态任务繁重，在加速信息化进程之时守住网络安全的底线思维不可缺少。是以，网络安全关乎国家安全，维护网络安全是国家根本利益所在，用法治化手段构建一套网络空间综合治理体制机制必不可少。

　　网络安全和信息化领导小组成立之后，极大地鼓舞了各地区参与网络治理的热情。网络治理温州模式、湖州模式、广东模式如雨后春笋般涌现，其中的先进做法被树为典型受到全国各地越来越多地方的效仿和采纳，从中央和地方越来越关注网络生态建设。③ 这一阶段与网络安全或网络治理有关的法律法规逐步增多，学者们针对网络空间治理的研究成果也汗牛充栋。2016 年 11 月 7 日第十二届全国人民代表大会常务委员会第二十四次会议通过的《中华人民共和国网络安全法》，成为我国网络安全和网络空间治理的基本法。该法首次提及网络空间主权，公开强调保障网络安全是维护网络空间主权和国家安全的应然之意。2016 年 12 月 27 日国家互联网办公室发布了《国家网络空间战略》，阐明了我国关于网络空间和网络安全的立场并明确了未来若干年内网络发展的战略方针和主要内容。在网络安全法和《国家网络空间战略》的指引下，网络安全和信息化委员会办公室相继发布多个具体内容监管的部门规章并相继发布了《关于加强国家网络安全标准化工作的若干意见》和《关于推动资本市场服务网络强国建设的指导意见》两个文件。网络安全标准化是网络安全的生命线，是我国网络强国建设的基本面。这两个文件的适时发布为下一阶段我国网络建

---

① 周耀宏：《新时代网络空间意识形态话语权的掌控策略》，载《重庆邮电大学学报（社会科学版）》2018 年第 5 期。

② 邢戎：《新时代网络意识形态安全的治理格局及其塑造》，载《学理论》2018 年第 9 期。

③ 网信军民融合编辑部：《加强网络综合治理 营造清朗网络空间——网信系统贯彻落实全国网信工作会议精神》，载《网信军民融合》2018 年第 11 期。

设勾勒出了具体的行动方案和着力点。是以,自 2014 年中央网络安全和信息化领导小组设立至今,我国基本上已经形成了以《国家网络空间战略》为方向性指引,以网络安全法为基本法,分门别类内容监管的综合治网格局,网络空间综合治理的法治化进程正稳中推进。①

现阶段我国虽然初步建立起较为清晰的综合治网体系,但是主要集中在内容监管方面且多为部委规章,立法层级较低且体系庞杂不严谨。未来应在现有框架下,逐步清理和整理已有规范性文件并集中整合上升为法律规范层级,提升效力。扩大网络空间综合治理成效,促进网络安全和信息化齐头并进。

(五) 网络空间综合治理体制的基本内涵

1. 我国网络空间综合治理体制的提出

2011 年 5 月,中华人民共和国国家互联网信息办公室成立。2014 年 2 月 27 日,中央网络安全和信息化领导小组成立。2018 年 3 月国家互联网信息办公室与中央网络安全和信息化领导小组合并办公,改组设立中共中央网络安全和信息化委员会办公室,列入中共中央直属机构序列。中央层面网络安全和信息化委员会办公室的设立整合现有网络监管和网络安全治理机构职能,统筹推进全党全国范围内综合治网事业的开展,是我国网络空间综合治理体制产生的前提。只有在中央和国家层面建立一个全面协调统筹决策的专门性治网机构,才能保证网络治理方针、政策的具体落实,并逐步成熟过渡至规范性的法治化制度路径。

2013 年 11 月 9 日习近平同志在中共十八届三中全会上作的《关于〈中共中央关于全面深化改革若干重大问题的决定〉的说明》中首次提出要加快完善互联网管理领导体制。坚持积极利用、科学发展、依法管理、确保安全的方针,加大依法管理网络力度,完善互联网管理领导体制。2015 年 12 月 16 日习近平同志在第二届世界互联网大会开幕式上首提世界共同构建网络空间命运共同体。习近平同志反复强调"网络空间命运共同体"这一命题并倡导国际社会共同担责共建"网络空间命运共同体",指出"互联网虽然是无形的,但运用互联网的人们都是有形的,互联网是人类的共同家园。推动网络空间互联互通、共享共治,为开创人类发展更加美好的未来助力是国际社会的共同责任"。2016

---

① 郭美蓉:《网络空间安全治理的法治化研究》,载《人民法治》2019 年第 3 期。

年 11 月 16 日第三届世界互联网大会开幕式习近平同志通过视频发表讲话中除再次强调"网络空间命运共同体"这一命题之外，亦提出"网络主权"这一新命题。习近平指出："君子务本，本立而道生。中国愿同国际社会一道，坚持以人类共同福祉为根本，坚持网络主权理念，推动全球互联网治理朝着更加公正合理的方向迈进，推动网络实现平等尊重、创新发展、开放共享、安全有序的目标。"2017 年 12 月 3 日，习近平同志在致第四届世界互联网大会的贺信中明确提道："当前以信息技术为代表的新一轮科技和产业革命正在萌发，为经济社会发展注入了强劲动力，同时互联网发展也给世界各国主权、安全、发展利益带来了许多新的挑战。全球互联网治理体系变革进入关键时期，构建网络空间命运共同体日益成为国际社会的广泛共识。因而应尊重网络主权，做到互联网发展共同推进、互联网安全共同维护、互联网治理共同参与、互联网成果共同分享。"2018 年 11 月 7 日习近平在致第五届世界互联网大会的贺信中再次强调"网络安全"和"网络空间命运共同体"这对命题。他指出："世界各国虽然国情不同，互联网发展阶段不同、面临的现实挑战不同，但推动数字经济发展的愿望相同、应对网络安全挑战的利益相同、加强网络空间治理的需求相同。各国应该深化务实合作、以共进为动力、以共赢为目标，走出一条互信共治之路，让网络空间命运共同体更具生机活力。"至此，我国网络空间综合治理体系的向外维度得以廓清。基本目标是坚持网络主权理念，推动全球互联网规则朝着更加公正合理的方向迈进，为构建网络空间命运共同体贡献中国智慧和中国方案。①

2016 年 4 月 19 日，习近平同志在网络安全和信息化工作座谈会上指出："网络空间是亿万民众共同的精神家园。网络空间天朗气清、生态良好、符合人民利益。网络空间乌烟瘴气、生态恶化，不符合人民利益。谁都不愿意生活在一个充斥着虚假、诈骗、攻击、谩骂、恐怖、色情、暴力的空间。互联网不是法外之地。"与此同时，习近平同志还对互联网企业承担的社会责任提出了明确要求，指出"要本着对社会负责、对人民负责的态度，依法加强网络空间治理，加强网络内容建设，做强网上正面宣传，培育积极健康、向上向善的网络文化，用社会主义核心价值观和人类优秀文明成果滋养人心、滋养社会，做

---

① 张卫良、何秋娟：《网络空间命运共同体建设的"e 带 e 路"——习近平总书记关于网络空间命运共同体重要论述的形成及其实践路径》，载《理论月刊》2019 年第 2 期。

到正能量充沛、主旋律高昂，为广大网民特别是青少年营造一个风清气正的网络空间"。此后，2017 年 10 月 28 日，习近平同志在党的十九大报告中指出，要"加强互联网内容建设，建立网络综合治理体系，营造清朗的网络空间"。

2018 年 4 月 20 日，全国网络安全和信息化工作会议在北京召开，习近平同志出席会议并讲话。此次讲话中习近平明确指出："要提高网络综合治理能力，形成党委领导、政府管理、企业履责、社会监督、网民自律等多主体参与，经济、法律、技术等多种手段相结合的综合治网格局。"至此，我国网络空间综合治理体制基本框架搭建完成。① 未来只需在上述框架指引下，明确职责、合理划分权利和义务，在党委领导下统筹协调各方主体参与网络治理机制，守住网络安全底线，不断促进网络科技创新和信息化发展。

2. 我国网络空间综合治理体制的基本内容

2016 年 7 月 27 日，中共中央办公厅、国务院办公厅联合印发了《国家信息化发展战略纲要》。明确了未来我国"三步走"的信息化发展战略目标。为实现上述战略目标，《国家信息化发展战略纲要》中明确了"六条方针"用于指引信息化建设。概括来说，包含"统筹推进、创新引领、驱动发展、惠及民生、合作共赢、确保安全"。上述信息化发展战略纲要中提到的"六条方针"可视为我国网络空间综合治理的基本价值追求。在此价值指引下，对我国网络安全与信息化效率之间的基本矛盾应能得到清新认知。② 网络安全事关国家安全，是全国各族人民根本利益所在，不容有失。加强网络空间治理应以维护和实现网络安全为最高价值追求。与此同时，建设和建成网络强国惠益全体人民，事关人民切身利益，实现好、维护好、发展好全体人民共同利益是党和国家一直以来坚持不懈的奋斗目标。③ 是以，需要释放网络市场活力，促进信息技术不断创新和发展，提高信息化发展效率。保障网络安全有利于我国的信息化建设，二者并不矛盾。

党和国家提出的网络空间综合治理体制内涵丰富，特性鲜明。首先，网络

---

① 参见杨怀中：《习近平网络空间治理思想论析》，载《武汉理工大学学报（社会科学版）》2019 年第 2 期。

② 左晓栋：《由〈国家信息化发展战略纲要〉看我国网络安全顶层设计》，载《汕头大学学报（人文社会科学版）》2016 年第 4 期。

③ 参见杨怀中：《习近平网络空间治理思想论析》，载《武汉理工大学学报（社会科学版）》2019 年第 2 期。

空间综合治理体制以网络空间主权为认知底线。在传统网络自由主义理论下，西方国家否认网络空间主权，企图通过网络表征的"跨国性"否认一国的网络主权行以恣意干涉。以美国为首的部分西方国家利用自己在信息技术上的优势打着网络自由主义的旗号变相植入"自我"价值观，干涉主权国家内部事务，煽动破坏民族团结和国家稳定，以达到网络霸权的目的。① 实际上，上述行为是西方某些国家一直以来企图维持其单边主义的直观表现。坚持网络主权理念，尊重各国网络空间主权，是国际社会多极化发展的必然需求。各国应有权自主决定网络事务，选择自身网络发展道路和具体模式。其次，网络空间综合治理体制涉及多方主体。习近平提出党委领导、政府管理、企业履责、社会监督、网民自律等多主体参与，决定了网络空间综合治理体制的主体多元性。其中，坚持党委领导应处于核心地位。正如党的十九大报告载明党的领导涉及"党政军民学、东西南北中"，坚持党委在网络空间综合治理中的领导地位并一以贯之是国家根本利益所在，毋庸置疑。各级各类政府应在中共中央网络安全和信息化委员会办公室统筹下发挥好自身管理者的角色，守好调控规制者的责任。应明确职能并厘清职责，政府应依法履职，保障网络监管的成效。企业和网民应遵守法律法规，依法从事各项事务并受监管。现阶段，各种各样的社会团体承担行业自治者的角色，应发挥好这部分团体的社会监督职能，同时可通过依法授权的形式安排其代为承担某些监管者的职能，既为网络监管机构节约资源又发挥该部分社会团体专业技能的优势，做到精准治理。最后，网络空间综合治理关涉网络空间方方面面内容。在宏观或层面，可能涉及意识形态或其他类型的国家安全问题。从微观或个体角度，可能关涉网络信息保护、网络暴力、网络色情、网络欺诈、网络侵权和网络犯罪等微观问题。要落实关键信息基础设施防护责任，行业、企业作为关键信息基础设施运营者承担主体防护责任，主管部门履行好监管责任。② 是以，应明辨网络空间具体内容，归纳整理分配至专门部门监管或特别指明联合监管，对网络空间内容管理亦应做到精准治理。

相较于传统网络治理的多方治理模式、多边治理模式和协同治理模式，网

---

① 刘肖、朱元南：《网络主权论：理论争鸣与国际实践》，载《西南民族大学学报(人文社会科学版)》2017 年第 7 期。

② 王太明：《民主协商视阈下网络空间治理的现实挑战及路径调适》，载《领导科学(理论版)》2019 年第 6 期。

络空间综合治理体制特性鲜明。首先，治理主体更具多元化，不仅包含政府、企业、网民个人，还涉及党委和社会两类主体。其中，坚持党委领导有利于树牢网络空间的自主权，增强政治定力，有力抵制来自境外敌对势力的破坏和干涉。网络空间并非虚空拟设的，是人类在物理社会中自然延伸，网络生态是否健康直接反映在社会层面的和谐与否。因而，提出社会参与网络空间治理，发挥社会监督作用是保障网络空间治理成效的试金石。其次，治理内容更加充分和具体。网络空间综合治理体制不仅关注微观层面的企业和个人信息保护、网络暴力、网络色情和网络侵权等问题。还涉及国家层面的意识形态安全和主流价值观等国家安全问题，紧抓网络安全和信息化这条主线，成果值得期待。最后，网络空间综合治理体制并非只关注一国国内网络治理问题，以构建人类网络空间命运共同体为己任。为世界多民族国家建设网络强国，惠益网络发展成果贡献了中国智慧和中国方案①，也进一步彰显出中国特色社会主义的制度优越性。

二、网络空间综合治理法律保障和能力提升的逻辑起点、理论依据

现阶段，网络空间综合治理主体涵盖党委领导、政府管理、企业履责、社会监督和网民自律等多主体。用法律手段保障网络空间综合治理，让网络空间在法制化轨道上健康发展是贯彻全面依法治国的必然要求。其中，首先需要对网络空间综合治理法律保障的逻辑起点和理论依据有清醒认知。网络空间综合治理法律保障的逻辑起点应是实现网络安全和信息化发展，以网络空间主权为法理逻辑，在马克思主义科学理论指导下运用调制理论予以法理塑造。

（一）网络空间综合治理法律保障的现实逻辑与法理逻辑

网络空间综合治理法律保障的现实逻辑是我国实现网络安全和信息化发展的基本现实所需，法理逻辑是树牢网络空间主权观，维护我国网络安全和国家安全的必然要求。

1. 网络空间综合治理法律保障的现实逻辑

党的十八大以来，在党中央高屋建瓴决策指引下，在中共中央网络安全和

①　王满荣：《网络空间命运共同体的实践基础探析》，载《人民法治》2019 年第 3 期。

信息化委员会办公室统筹推进下，推进我国网络空间治理领域进行了一系列革新。许多新思想、新方法涌现，不断加深各行各业对网信事业的认知，综合治网实践格局基本形成。一些行之有效的立法相继颁布，网络空间法治化治理机制正逐步推进。

2017 年 10 月 28 日党的十九大报告中指出要"加强互联网内容建设，建立网络综合治理体系，营造清朗的网络空间"。由此可见，网络空间综合治理体制是实现我国信息化发展目标的重要实践路径，具有战略意义。2018 年 4 月 20 日习近平同志在全国网络安全和信息化工作会议上强调"要推动依法管网、依法办网、依法上网、确保互联网在法治轨道上健康运行""要提高网络综合治理能力，形成党委领导、政府管理、企业履责、社会监督、网民自律等多主体参与，经济、法律、技术等多种手段相结合的综合治网格局"。通过提高网络空间综合治理能力，确保互联网在法治轨道上健康运行，自主创新推进网络强国建设。习近平同志关于网信事业法制化轨道上健康运行的论断为我国依法治网指明了方向。网络空间综合治理体制具体包含经济、技术、法律等多种手段，其中运用法律手段加强立法、完善制度用于网信事业规制是贯彻全面依法治国在互联网领域的最有效体现。让互联网建设有法可依、有法必依、执法必严落到实处，形成常态化依法治网格局是现阶段和未来相当长一段时间内必须全面贯彻和坚持的基本方针，它服务于自主创新推动我国网络强国战略的实施。

2. 网络空间综合治理体制法律保障的法理逻辑

网络主权理论是网络空间综合治理体制法律保障的法理逻辑。尽管最早提出"网络主权"这一概念的是西方学者，但对这一命题进行系统论述并得到广泛认可的却是在我国实现的。① 学者们经过研究取得共识，认为网络主权是一国独立自主不受他国干涉地进行网络空间活动、处理网络空间事务并对网络攻击行为实施自卫的权利。②

从表象上来看，网络空间具有虚拟性和跨国界性，并不像物理世界有明确的疆域和边界。除此之外，网络空间的去中心化特性让网络服务变成隐藏在虚

---

① 黄旭：《十八大以来我国网络综合治理体系构建的逻辑起点、实践目标和路径选择》，载《电子政务》2019 年第 1 期。

② 杜志朝、南玉霞：《网络主权与国家主权的关系探析》，载《西南石油大学学报（社会科学版）》2014 年第 6 期。

像之下的迷雾，难以精准识别。来自不同国家和民族的网络服务提供者和使用者同属国际互联网大家庭成员，现实世界却彼此互不相识。网络无边界，但是网络服务提供者和使用者却有边界。人类社会在物理空间上的活动轨迹通过网络转载和传播构成网络事件或事例，网络空间是现实世界的反映。是以，网络空间应视为现实物理世界在网络上的自然延伸，并非凭空出现的。马克思主义唯物论认为社会存在决定社会意识。人类社会历史发展经验表明，任何新鲜事物的出现都离不开社会实践活动。基于此，网络空间应是继"陆、海、空、天"后的第五大主权范畴。① 同历史上任何时期的主权争议一样，承认网络空间主权必然伴随着一些强权国家的极力破坏和反对进行，但真理无须多言。网络空间主权伴随着敌对分子的争议和破坏必然会愈发巩固，在否定之否定的辩论中愈发清晰，这在历史上已有所证明。

我国网络空间综合治理体制是以承认网络主权得到初步建立并逐步完善的，网络主权理念成为网络空间治理法治化进程的法理逻辑起点。2010 年 6 月国务院新闻办公室发表的《中国互联网状况》白皮书中首次提及"互联网主权"。《中国互联网状况》白皮书中明确指出："中国政府认为，互联网是国家重要基础设施，中华人民共和国境内的互联网属于中国主权范畴，中国的互联网主权应受到尊重和维护。"2014 年 11 月 19 日，习近平同志在致首届世界互联网大会的贺词中首次提及"网络主权"概念。他指出："本着相互尊重、相互信任的原则，深化国家合作，尊重网络主权，维护网络安全，共同构建和平、安全、开放、合作的网络空间，建立多边、民主、透明的国际互联网治理体系。"2015 年 7 月 1 日第十二届全国人民代表大会常务委员会第十五次会议审议通过的《中华人民共和国国家安全法》中明确提及"网络空间主权"概念。这是我国首次在法律层级的规定中明确提及"网络空间主权"，网络主权这一命题得到立法确认巩固，将维护国家网络空间主权、安全和发展利益通过立法形式上升到国家安全层面。随后在 2016 年 11 月 7 日公布的《中华人民共和国网络安全法》中进一步将保障网络安全、维护网络空间主权和国家安全的主体责任和义务具体化，为后续具体制度的设置定准了基调。同年 11 月 16 日，习近平同志在第三届世界互联网大会开幕式的视频讲话中再次向世界人民阐释了中

① 鲁传颖：《网络空间安全困境及治理机制构建》，载《现代国际关系》2018 年第 11 期。

国的"网络主权观"这命题。他指出,"坚持网络主权理念,推动全球互联网治理朝着更加公正合理的方向迈进,推动网络实现平等尊重、创新发展、开放共享、安全有序的目标"是国际社会共同的责任。

从"互联网主权"到"网络主权",再到"网络空间主权",内容越来越丰富。新的"网络空间主权观"不单涉及传统意义上的计算机软、硬件安全,更延伸至所有反映现实世界的网络空间。网络空间也是国家疆域,具有主权属性。开展网络综合治理,依法依制度治网应守住网络空间主权这条底线不动摇。[1] 在此基础上,积极开展网络技术研发和标准制定、惩治网络犯罪、打击网络侵权方面的国际交流与合作,通过网络综合治理体系的构建塑造出一个和平、安全、开放和合作的网络空间。[2]

马克思指出,人类认识世界的过程是不断发展变化的。网络空间主权理论经历了三个发展阶段,对应三层含义。网络空间主权理论的三层含义对我国网络综合治理体制的法治化进程具有特殊的指引意义。

首先,从"互联网主权""网络主权"到"网络空间主权",其中网络"空间"核心地位愈发凸显。传统互联网主权只认识到计算机软、硬件等设施设备应归于主权范畴,对互联网主权的讨论也极力通过和物理空间的联系寻求立论依据,范围狭小。网络主权概念的提出强化了对软、硬件设施之外的非物理空间的网络数据化信息的认知,将其纳入一国主权范畴。[3] 彼时范围有所拓展,但仍不符现阶段网络发展的现实状况。对网络主权的探讨必须考虑网络的空间属性,将网络空间视为人类社会物理世界在虚拟网络中的自然延伸,物理世界存在疆域划分网络空间自然也存在疆域。基于此,用"网络空间主权"取代传统"互联网主权"和"网络主权"实为人类认识世界的必然结果。

网络空间不仅包含实体空间中的互联网设施设备以及虚拟空间中的数字化信息,同时还应是实体和虚拟交汇的网民观念、网民言论和网民行为交流互动的交往空间,这种交往空间是客观存在的并不以网民多少或使用意愿的强弱有

---

① 宋煜、张影强:《全球网络空间治理的理论反思:一种尝试性的分析框架》,载《数字治理评论》2017 年第 00 期。

② 徐龙第、郎平:《论网络空间国际治理的基本原则》,载《国际观察》2018 年第 3 期。

③ 参见王满荣:《网络空间命运共同体的实践基础探析》,载《人民法治》2019 年第 3 期。

所变化和转移。① 网络空间主权强化了对网络空间性的认识，将网络空间上升为和物理空间等同的国际法上的主权范畴，拓宽了网络主权的外延。网络空间主权理念的提出更为贴合我国治理网络的利益和诉求，是网络空间综合治理体制构建的法理逻辑前提。

其次，网络空间主权理念指引我国综合治网内外两个维度的建设需求。我国网络综合治理体制是以保障网络安全和维护网络空间主权的国家利益为最高价值追求展开的，中华人民共和国作为主权国家有独立自主不受他国或任何组织干涉自主决定自身网络空间事务的所有权限。具体而言，包含网络空间的对外自卫权和对内的管理权两方面。② 就对外而言，保障网络安全，坚持网络空间主权是维护国家安全的基本内涵。网络信息技术日新月异，深刻影响着一国的政治、经济、社会、文化、环境各方面格局，关乎国家根本利益。正如美国学者托夫勒所说："谁掌握了信息，控制了网络，谁就将拥有整个世界。"③

当今世界已经进入信息化时代，和平与发展仍旧为时代主题，网络竞争成为全球各国参与国际竞争的新一轮样态。这对我国而言，既是机遇也是挑战。利用好信息化这个平台，推动信息技术自主创新掌握核心技术，加快关键基础信息设施建设，提升国际竞争力，将我国早日建设成网络强国。促进我国在信息化时代发挥后发优势，实现弯道超车，一跃成为世界先进国家，为早日实现共产主义夯实根基。在此过程中，需要我们时刻保持清醒的认知，针对敌对势力借助网络发起的"颜色革命"，借网络自由之名的意识形态渗入，企图颠覆我国政权的行为，要时刻提防必要时予以反击。与此同时，坚决维护网络主权，杜绝他国对我国自主管理网络权力的任何形式干涉和破坏行为。采取措施，监测、防御、处置来源于境外的网络安全风险和威胁，保护关键基础设施免受攻击、侵入、干扰和破坏，依法惩治网络违法犯罪活动，维护网络空间安

① 黄旭：《十八大以来我国网络综合治理体系构建的逻辑起点、实践目标和路径选择》，载《电子政务》2019 年第 1 期。

② 刘杨钺、张旭：《政治秩序与网络空间国家主权的缘起》，载《外交评论(外交学院学报)》2019 年第 1 期。

③ 陈毅：《习近平网络强国建设理念的基本要素与实现路径探析》，载《克拉玛依学刊》2018 年第 6 期。

全和秩序。①

对内而言，网络空间主权理念赋予国家治理网络的自主权，就我国网络空间综合治理体制而言主要包含网络空间的内容管理和治理主体选择两方面。就内容管理而言，我国有权自主决定网络空间治理具体内容，自主决策构建本国网络安全标准体系、打击网络欺诈和网络色情风气，依法惩治网络犯罪和网络侵权行为。② 总而言之，针对网络空间内容管理应从市场准入门槛设置、网络运行直至退出机制予以全面调控规制。就治理主体而言，自主选择网络空间治理主体并决定其承担的角色。现阶段而言，坚持党委领导、政府管理、企业履责、社会监督、网民自律等多主体参与网络空间治理是提升我国网络空间综合治理能力的现实需要。

网络空间综合治理内外维度同时展开，通力协作以塑造出我国良性循环的网络生态。网络生态系统是一套复杂化的体系，包括政府和私营部门的关键信息基础设施、信息化技术人员、核心信息和通信技术以及影响网络安全的各种条件。成熟的网络生态系统具有自我净化、自我完善、自我革新和自我提高的特点，能保证网络的持续生命力及网络正能量的繁荣供给。

再次，网络空间主权理念指明我国网络空间综合治理体制构建中应坚持党委领导的核心地位，并充分发挥出政府在治网工作中的主导地位。主权理论本就是民族国家独立身份的象征和彰显，代表一国在国际社会上的国际法人格。坚持网络主权理念，即要求承认国家政权在网络空间治理中的主导地位。当今世界在全球范围内，主权国家网络发展水平高低不一，呈现问题具有多样性。概括来说，网络空间发展不均衡、网络主权争议不断、治理规则不公正、网络秩序不合理、网络安全标准不统一、国际协作机制不健全等问题长期存在。③发展中国家构建网络空间命运共同体的愿望强烈但实践途径不统一，困难重重。发达国家掌握核心信息技术，打着网络自由主义的旗号随意干涉他国网络内政，追逐网络霸主地位的行为从未停歇。上述世情国情背景下网络安全风险

① 参见路媛、王永贵：《网络空间意识形态边界及其安全治理》，载《南京师大学报（社会科学版）》2019 年第 1 期。
② 参见曹海涛：《从监管到治理——中国互联网内容治理研究》，武汉大学 2013 年博士学位论文。
③ 周建青：《"网络空间命运共同体"的困境与路径探析》，载《中国行政管理》2018 年第 9 期。

和威胁因素与日俱增，网络空间混乱的无序状态成为困扰各国治理网络的共同难题。因而，确立国家政权在网络空间治理的主导地位，采用法律手段依法规制并构建网络空间秩序十分必要。网络空间主权理念为我国党和政府自主选择网络发展道路、网络治理模式以及平等参与国际网络空间治理提供了合法性基础。①

2018 年 4 月 20 日，习近平在全国网络安全和信息化工作会议上强调，要提高网络综合治理能力，形成党委领导、政府管理、企业履责、社会监督、网民自律等多主体参与，经济、法律、技术等多种手段相结合的综合治网格局。习近平同志的这一论断明确表明要推动依法治网，确保互联网在法治轨道上健康运行，必须首先坚持党委领导。国内外历史经验表明，必须毫不动摇坚持中国共产党的领导，做到"两个维护"，社会主义中国事业才能取得成功。在党委领导下，应着重发挥政府在网络空间治理中的主导作用。各级各类政府是行使国家权力的代表，应担负起调制网络空间的主体责任。是以，网络空间主权理念为我国综合治网贯彻党委领导、政府主导奠定了合法性基础。

(二) 法律保障网络空间综合治理的理论依据

法律保障网络空间综合治理应以马克思主义科学理论为指导，分析现阶段网络空间发展状况，探讨国家介入网络空间的根本原因用以指导国家具体调制方式和手段的运用。

1. 马克思主义理论

网络空间综合治理法律保障机制必须以马克思主义科学理论为指导并贯穿始终。历史经验表明马克思主义仍具有强大的生命力，其科学方法论对当今哲学社会科学研究意义重大。② 用马克思主义科学理论指导网络空间综合治理机制构建，特别要重视马克思主义哲学、马克思主义政治经济学和马克思主义法理学的理论指导作用。

(1) 以马克思主义哲学认识网络空间本质。在哲学层面，马克思主义实现

---

① 黄旭：《十八大以来我国网络综合治理体系构建的逻辑起点、实践目标和路径选择》，载《电子政务》2019 年第 1 期。

② 赵素萍：《站位新时代 勇于新担当 展现新作为——学习贯彻习近平总书记在哲学社会科学工作座谈会上重要讲话精神的新思考》，载《中州学刊》2018 年第 8 期。

了唯物论和辩证法的统一，马克思主义认识论深度阐释了实践和认识的辩证关系原理。马克思主义关于社会存在决定社会意识的观点为正确认识网络空间指明了方向。

网络空间是现实世界的自然延伸，发生在网络空间的事例或事件往往是现实世界在网络空间中的反映。① 现实世界是真实存在的是不以人的意志为转移的，网络空间也是真实存在的，也不以人的意志为转移。人们在现实世界中的行为活动受到约束，同样地，网民在网络空间中的行为活动也应受到约束。运用马克思主义唯物史观能够帮助人们更好地认识网络空间这一新鲜事物的本质，对网络空间的"虚拟性"不再迷惑。马克思主义认识论认为认识是不断发展的。当今世界，信息技术更替速度骤增，新技术新信息层出不穷。因而，对网络空间范畴的认识需持续跟进，随着信息技术的发展网络空间的外延持续扩大。实践表明，我国对网络空间主权的认识也经历了从"互联网主权"到"网络主权"，再到现今"网络空间主权"这一不断发展变化的过程。

（2）坚持马克思主义政治经济学分析网络空间制度。在政治经济学层面，马克思主义深度揭示了资本主义生产关系和社会主义生产关系发展变化的规律，为认识当代资本主义和社会主义提供了基本立场、观点和方法。② 马克思主义政治经济学基本观点认为，经济基础决定上层建筑，有什么样的经济基础决定什么样的生产关系。资本主义生产关系是围绕着生产资料私人占有制而展开的，资本家主要通过剥削劳动者的剩余价值创造财富和实现资本积累的，而其扩大化再生产的本质也主要更有效地压榨劳动者的剩余价值。社会主义以生产资料公有制为基础，以按劳分配为原则，多劳多得少劳少得。

用马克思主义政治经济学观点分析资本主义生产关系和社会主义生产关系，能够对两种社会制度下网络空间治理机制的本质属性准确认知。西方资本主义国家打着网络自由主义的旗号主张多方网络治理模式，其本质上是维护少数网络垄断资本家利益，建立网络霸主地位服务于网络资本家追逐超额利润的现实需要。③ 我国主张构建党委领导、政府管理、企业履责、社会监督、网民

① 杨怀中：《习近平网络空间治理思想论析》，载《武汉理工大学学报（社会科学版）》2019 年第 2 期。

② 张守文：《经济法学》，高等教育出版社 2016 年版，第 5~9 页。

③ 杨嵘均：《论网络空间国家主权存在的正当性、影响因素与治理策略》，载《政治学研究》2016 年第 3 期。

自律等多主体参与的网络空间综合治理体制是以人民为中心展开的，根本目的在于实现好、维护好、发展好最广大人民的根本利益。

（3）用马克思主义法理学指引网络空间立法。在法理学层面，马克思主义法理学具有高度的科学性和强大的生命力，深度解释了法的本质。透射其中的法的本体论、价值论和规范论等问题，为研究各种具体法理制度提供了思想动力和基本方法。① 马克思主义法理学基本观点认为，法是统治阶级意志的体现。法律的制定、实施和执行都服务于统治阶级的统治需要。历史经验表明中国共产党始终代表着中国最广大人民的根本利益，以实现好、维护好和发展好最广大人民根本利益为宗旨，以带领全国各族人民实现中华民族伟大复兴的中国梦为崇高理想追求。基于此，社会主义制度下的立法必然反映全体人民的共同需求，服务于全体人民。

当今世界进入信息化时代，对中国而言既有机遇也存在挑战。为保障全体人民更好地受益于信息化的成果，保障网络安全，维护网络空间主权和国家安全迫在眉睫。构建网络空间综合治理体制，保障网络空间在法治轨道上健康发展符合全体中国人民的共同利益。用法律手段治理网络空间，需要回应网络安全和信息化建设中"安全"和"效率"两种价值间的效力位阶问题。从价值评判角度，安全价值应高于效率价值。具体实践中，应安全优先兼顾效率。

2. 经济法的调制理论

19 世纪末 20 世纪初以后一个新兴的法律部门，即经济法陆续在各国出现并不断发展壮大。经济法是调整在现代国家进行宏观调控和市场规制的过程中发生的社会关系的法律规范的总称，即调整调制关系的法律规范的总称。②

产业革命带来生产力的提升，生产高度社会化使市场调节机制的局限性日益凸显，即市场不是万能的，市场调节配置资源的作用不再充分有效。造成市场失灵的原因主要有以下两种：一是市场障碍，即阻碍市场调节机制实际发挥作用的障碍，包含垄断、不正当竞争、不公平交易等问题。二是市场调节的被动性和滞后性，即市场调节是一种事后调节，往往在造成资源浪费和经济社会动荡问题后才予以被动调节。为解决市场调节机制作用不能的风险，现代国家经济调节职能应运而生并不断发展。

---

① 杨宗科：《马克思主义法学的当代价值》，载《法律科学》2019 年第 1 期。
② 张守文：《经济法学》，高等教育出版社 2016 年版，第 16 页。

　　国家调节是辅助市场调节发挥作用的，其中市场调节仍然起到配置资源的决定性作用，只有在市场失灵的领域国家调节才会介入并发挥作用。据此，为应对市场调节机制的障碍，应采用市场规制手段予以国家调节。包含反对限制竞争、反对不正当竞争和反对不公平交易等。为应对市场调节的被动性和滞后性，应采用宏观引导调控的方式予以国家调节。包含采用计划、金融、财税等具体手段。市场调节存在缺陷，即市场失灵，国家调节也会存在缺陷，即国家失灵。是以，为保障国家调节职能发挥作用，用法律手段保障国家具体行使市场规制权和宏观调控权合理合法，经济法应运而生。

　　早期自由资本主义时期，个体本位、权利本位泛滥，人民普遍认为干预最少的政府就是最好的政府。但是，该种自由主义精神和个体权利本位很快便遭到了挑战，集中表现为市场调节无序带来资本和个人之间的矛盾日益激化。据此，传统自由主义和个体本位在民商法社会化的过程中被迫进行了修正，个人自由和个体权利受到适当限制，并强调个人义务和对社会的责任。在此过程中，越来越多的法学家认为法律应该重视社会利益，个人原则和社会原则应求得平衡。①

　　网络空间属于新鲜事物，但借用马克思主义认识论能够透过现象看本质。网络空间实际上是现实世界的自然延伸，借用经济法调制理论指引网络空间综合治理法律机制的构建，不仅可行而且十分必要。网络诞生之初，该种稀缺资源仅掌握在少数国家的少数人手中，生产力低下，创造价值有限。这一阶段，网络市场内自发形成的秩序能够应对网络发展带来的微观问题，市场调节机制能够有效发挥作用。网络空间中，国家和政府的作用仅限于统一管理和监督网络主体的网络行为，发挥好守夜人的角色即可。这一阶段，网络自然发展且网络空间自我调控。以上，即为网络自由主义的产生背景和理论渊源。

　　随着信息技术的发展，网络市场日益庞大，信息不对称、公共供给不足、限制竞争和不正当竞争、不公平交易等负外部性慢慢彰显。此时，自发形成的网络秩序负荷加重，网络野蛮生长与网络信息保护、网络安全和社会公共利益间的矛盾日益激化直至无法调和，且自发形成的网络自有调节机制难以发挥作用。据此，应借助国家"有形"之手行有效干预，以保障一国网络空间的有序

---

　　①　漆多俊：《经济法学》，高等教育出版社 2007 年版，第 13 页。

发展。实践表明，当今世界越来越多的国家开始干预和管理本国的网络。① 为保障国家调节网络手段发挥作用不至于失灵，需要通过立法的形式予以确认，即促使网络空间治理手段法治化。美国学者凯斯·桑斯坦（Cass Sunstein）也认为，网络空间自由虽然能让人们获取信息的途径变得更加方便和快捷，但是也会造成信息言论偏激等问题，从而违背网络空间治理原则。因此政府的介入十分必要，它能够保障网络发展有序稳健。②

当今世界，以美国为代表的部分西方国家仍然打着网络自由主义的旗号主张网络空间交由网络市场自发调节，提出所谓的网络空间多方治理模式。仔细分析，美国多方治理模式的本质就是持续不断地寻求在信息化时代坚持和巩固美国的世界霸主地位。美国凭借其领先的信息技术优势和发达的网络布局企图将全球网络空间都转换成适应美国国内法管辖的场域，牢牢把控住国际互联网的制度性话语权。③ 此举无疑对全球网络空间多极化构建构成了冲击和挑战，阻碍了众多网络弱势国家的信息化建设，且持续威胁全球网络空间的安全和稳定。

三、党和国家视角下网络空间治理的法律保障与能力提升

网络安全和信息化事关全体人民共同利益，网络空间综合治理必须毫不动摇地坚持中国共产党的领导。在党委领导下，应发挥国家有形之手调制网络空间的作用。这就需要厘清调制主体归属和调制行为种类，明确调制主体的职权和职责。与此同时，网信事业专业性强，应依法赋予特定行业组织一定的调制权，提升行业协会自治的主动性和创造性，构建以行业自治为核心的社会监督体系，以便于发挥和补充国家调制网络空间的功效。

(一) 坚持党的领导

现阶段，我国网络空间综合治理体制的构建要求党委领导、政府管理、企业履责、社会监督、网民自律等多主体参与用法制手段保障我国网络空间综合

---

① 刘建伟：《国家"归来"：自治失灵，安全化与互联网治理》，载《世界经济与政治》2015 年第 7 期。
② 吕宇栋：《我国网络空间治理和网络创新机制研究》，载《现代商业》2018 年第 33 期。
③ 陈翼凡：《中美网络空间治理比较研究》，载《公安学刊》2018 年第 4 期。

治理体制的构建，就是要将网络空间治理各参与主体乃至所采用的各种手段一一纳入法律调整范围。据此，应分别探讨党委、政府、企业、社会和网民等多主体在参与网络空间治理中的主体定位和职责归属，厘清权利和义务关系。

改革开放至今，中国特色社会主义已经进入新时代，中国特色社会主义最本质的特征是中国共产党的领导，最大的政治优势也是中国共产党的领导。[①] 在中国共产党领导下社会主义建设取得重大成就，我国一跃成为世界第二大经济体，人民生活水平日益提高。可以说，没有中国共产党的领导，社会主义中国不会取得如今的成绩。因而，必须毫不动摇巩固和坚持中国共产党的领导，做到"两个维护"，社会主义事业才能继续推进。

在信息化时代更要始终如一坚持贯彻党对社会主义事业的全面领导，只有坚持党对网络空间治理的领导，才能保障网络安全、维护网络空间主权和国家安全、社会公共利益，才能更有效地保护公民、法人和其他组织的合法权益，才能促进经济社会信息化的健康发展。我国网络治理实践表明，坚持党委领导是保障网络空间综合治理实效的根基。习近平同志多次在重要场合发表对我国网络安全和信息化建设的意见，他的发言高屋建瓴，为我国开展网络空间治理、促进信息化提供了思想渊源。[②] 与此同时，中央力促成立中共中央网络安全和信息化委员会办公室，负责统筹全国网络空间治理工作。中共中央网络安全和信息化委员会办公室成立后，加速了全国网络安全和信息化建设的步伐，一些行之有效的立法得以颁布。网络空间综合治理体制框架图谱基本形成，未来在党委领导下只需进一步完善相关立法、细化制度设计，我国网信事业必将取得长足进步。

（二）合理国家调制

国家介入和调整网络空间，必须符合法律规定。在深度剖析网络空间调制法律关系的主体、客体和内容基础上应可明确未来政府管理网络的主攻点，并构建以行业自治为核心的社会监督体系以发挥行业组织的能动性和创造性。

---

① 丁俊萍：《党的领导是中国特色社会主义最本质的特征和最大优势》，载《红旗文稿》2017 年第 1 期。

② 杨怀中：《习近平网络空间治理思想论析》，载《武汉理工大学学报（社会科学版）》2019 年第 2 期。

1. 国家依法治理网络空间的法律关系梳理

国家通过法律手段介入网络空间来调整各方主体参与网络空间后的社会关系，以形成网络空间法律关系。为保障国家调制网络空间合法且合理，厘清网络空间法律关系十分必要。法律关系的基本构成包含法律关系的主体、客体和内容三个方面。因而，为厘清国家在网络空间综合治理法律保障机制中的定位，在调制理论指引下应着重澄清下列三个问题：厘清调制主体和调制受体归属，明确调制主体的职权和职责，廓清调制受体的权利和义务关系。

（1）厘清网络空间法律关系的主体：调制角色定位。在法律关系中，法律关系的主体是其核心内容之一。网络空间治理主体是指依据网络空间领域相关立法享有权力和权利，并承担相应义务的主体。判断某类主体是否属于网络空间法律关系主体，应根据其是否参与网络空间法律关系而定。从国家调制网络空间具体手段和作用对象角度出发，网络空间法律关系的主体包含调制主体和调制受体两类。以下主要阐述网络空间法律关系的调制主体：

网络空间综合治理涉及内外两个维度，即对外维护网络空间主权，对内构建网络空间秩序，根本任务是保障网络空间安全的同时实现信息化。① 据此，用法律手段调整网络空间应契合网络空间综合治理的内外两个维度，即宏观上维护网络空间安全，并构建微观领域的网络空间秩序。为此，必须确立国家调制网络空间的宏观调控主体和市场规制主体。明确网络空间的宏观调控主体和市场规制主体，有利于从根本上确立和规范国家对网络空间的干预。不明确网络空间的调制主体，似乎所有的国家机关都有干预网络空间的权限。主体定位不明，权责不清晰，国家干预网络空间效率低下，网络空间治理难以取得成效。在网络空间发生安全风险时，各调制主体互相推诿逃避责任导致国家利益受损。我国网络空间发展经验表明，国家干预网络空间是为了维护网络空间安全和信息化建设的需要。国家干预应慎之又慎，只有在关乎国家安全和市场调节失灵的领域才能介入；否则，过度干预极易破坏网络空间的自主创新活力，降低信息化效率。

现阶段，经过一段时间的建设特别是中共中央网络安全和信息化委员会办公室改组设立后，国家干预网络空间的调制主体愈发清晰。之前，常被人诟病

---

① 邓若伊、余梦珑：《网络空间安全秩序建构的原则与任务》，载《电子政务》2017 年第 2 期。

的"九龙治网"局面有所改善。① 但是机构混乱的问题仍然存在。应该说,网络空间治理专业性极强,应该交由国家专门机构主导治理较为妥当。在专门机构主导下,结合网络空间治理所涉具体问题可交由对应国家机关在职权范围内开展相应工作。依循国家调制网络空间的具体方式,网络空间调制主体包含宏观调控机构和市场规制机构。不论是宏观调控机构还是市场规制机构都应该具有专业性,这就决定了宏观调控机构和市场规制机构的内部工作人员应该由专业人才组成。其中,宏观调控机构主要职责包括:制定和发布国家网络空间发展战略,拟定实施的方针政策,引导构筑国家网络安全标准体系,抵御网络安全危险,维护网络空间主权和实施信息化发展目标。因宏观调控的具体方式和手段的差异,网络空间治理的国家宏观调控机构应具体包含中共中央网络安全和信息化委员会办公室、计划部门、财税部门、金融部门等。与此同时,国家规制网络空间运行的规制机构主要以干预微观领域的网络空间运行,剔除影响网络空间运行和信息化发展的各种障碍性因素为主要职能,以构筑网络空间秩序。因而,除中共中央网络安全和信息化委员会办公室负责统筹协调网络空间秩序构建外,尚应分析微观领域影响网络空间秩序的风险出处,分别赋予网信部门、市场监督管理部门、国家安全部门等国家机关享有对应的网络空间规制权。

厘清网络空间法律关系的调制主体有助于明确网络空间法律关系的调制受体,调制受体是调制主体的相对方或作用方。不论是宏观调控机构还是市场规制机构其直接作用的相对方是相同的,都作用于网络空间微观市场主体,具体包含企业、行业协会、网民个人和其他组织。与此同时,对来自境外但涉及国家利益的网络安全事项,国家安全部门、公安部分等依法被赋予对外自卫权的有关机构应及时履行职责予以调整,维护国家安全。作为调制受体的企业、行业协会、网民个人和其他组织需要接受宏观调控机构和市场规制机构的调制和管理,按调制主体要求从事网络行为。如若不然,则要承担相应的法律后果。与此同时,作为调制受体的企业、行业协会、网民个人和其他组织亦有权对国家调制机构的行为实施监督,并有权要求基于调制主体行为不当给自身带来的不利后果予以赔偿或补偿。除此之外,行业协会因极强的专业性,在依法得到

---

① "九龙治网"是网络管理机构庞杂的一个缩影,形象来说,互联网管理机构包括中宣部、公安部、国新办、工信部、教育部、公安部、国家保密局、解放军总参通信部等多家单位。

授权的情况下理应具有调制主体的身份。

（2）界定网络空间法律关系的客体：调制行为判定。网络空间法律关系的客体，即国家调制网络空间的行为。包含宏观调控行为和市场规制行为两类，简称调制行为。由于国家调制网络空间的宏观调控行为和市场规制行为所解决的问题和预期目标不相同，二者的侧重点并不一样。但是，不论是宏观调控行为还是规制行为，二者最终都服务于网络安全和信息化发展。

就宏观调控行为而言，其主要侧重于运用计划、财政、税收、金融等手段从宏观层面制定和发布国家网络空间发展战略，拟定实施的方针政策，引导构筑国家网络安全标准体系，抵御网络安全危险，维护网络空间主权和促进信息化发展目标为主。① 据此，宏观调控行为就包含国家为实现上述目标依法所采取的一系列具体行为。就规制行为而言，其主要侧重于运用微观治理和干预手段剔除影响网络空间运行和信息化发展的各种障碍性因素为主，以规范网络空间秩序。依法对网络空间领域存在的网络色情、网络暴力、网络欺诈、网络侵权等行为行以直接干预和规制，对构成犯罪的网络行为依法追究刑事责任。② 在此过程中，依循国家干预网络空间的具体内容分别规制，不同规制部门为实现预期目标所从事的具体监管行为均属于国家规制网络空间行为的范畴。

值得注意的是，国家调制网络空间的宏观调控行为和规制行为均应在法制化轨道上实施。一方面，不论是宏观调控行为还是微观规制行为，二者都是为了实现网络空间的健康发展。因而，要求调制机构依法实施宏观调控行为和规制行为能够最大化保证调制机构在充分论证和评估的基础上合理实施调控行为和规制行为，促进国家调制行为的功效。另一方面，网络空间治理离不开对网

---

① 《中华人民共和国网络安全法》第 7 条规定：国家积极开展网络空间治理、网络技术研发和标准制定、打击网络违法犯罪等方面的国际交流与合作，推动构建和平、安全、开放、合作的网络空间，建立多边、民主、透明的网络治理体系。第 10 条规定：建设、运营网络或者通过网络提供服务，应当依照法律、行政法规的规定和国家标准的强制性要求，采取技术措施和其他必要措施，保障网络安全、稳定运行，有效应对网络安全事件，防范网络违法犯罪活动，维护网络数据的完整性、保密性和可用性。

② 《中华人民共和国网络安全法》第 12 条规定：任何个人和组织使用网络应当遵守宪法法律，遵守公共秩序，尊重社会公德，不得危害网络安全，不得利用网络从事危害国家安全、荣誉和利益，煽动颠覆国家政权、推翻社会主义制度，煽动分裂国家、破坏国家统一，宣扬恐怖主义、极端主义、宣扬民族仇恨、民族歧视，传播暴力、淫秽色情信息，编造、传播虚假信息扰乱经济秩序和社会秩序，以及侵害他人名誉、隐私、知识产权和其他合法权益等活动。

络安全和信息化中"安全"与"效率"的价值判断。要求国家依法调制网络空间的根本宗旨是为了保障网络安全，维护网络空间主权和国家安全的利益需求。但是，必须明确早日实现信息化是全体中国人民的共同愿望，在维护网络"安全"的同时应不侵害或较少侵害信息化"效率"为佳。网络空间治理中"安全"与否应是评判治理规则合法与否的标准，但"效率"价值应是衡量调制行为合理与否的标尺。网络空间治理应在保障网络安全、维护网络空间主权和国家安全的同时，保护公民、法人和其他组织的合法权益，以最终促进我国经济社会信息化的健康发展。

（3）廓清网络空间法律关系的内容：调制职责归属。网络空间法律关系的内容，即国家调制网络空间行为所指向的对象。因国家调制网络空间行为涉及宏观调控行为和规制行为两类，网络空间法律关系的内容具体包含调制主体的职权和职责与调制受体的权利和义务两层。

就调制主体的职权和职责而言，二者具有相对性。亦即，任何国家机关或社会组织一旦被赋予网络空间调制职权就应该依法履行职责，对非因客观原因或其他法定可免责是由导致的任何调制不能风险或造成的相关利益损失应该承担相应的法律后果。在这里，国家机关或社会组织依法享有的调制权限即为调制职权，理应受到法律保护。与此同时，被赋予调制职权的国家机关或社会组织因职权行使不当依法承担的不利后果即为调制职责。是以，对于调制主体而言，拥有哪些职权对应地就需要承担哪些职责。例如，依《反不正当竞争法》规定，现阶段我国市场监督管理部门依法享有网络不正当竞争规制权限，有权查处"强制目标跳转"等网络不正当竞争行为。但是，若滥用职权、玩忽职守、徇私舞弊的，依法将会被给予处分，若构成犯罪的依法需要追究刑事责任。①

依网络安全法国家调制网络空间的职权和职责关系如表9-1所示：

表9-1　　　　　依网络安全法国家调制网络空间的职权和职责关系

职权	职责	法条
网络安全支持与促进	网络安全保护义务	第 3、4、15、16、17、18、19、20、72 条

---

① 参见《中华人民共和国反不正当竞争法》第 12、30、31 条。

职权	职责	法条
网络运行安全规制权	网络安全保护义务	第 5、6、7、8、21、23、31、32、35、37、38、72 条
网络信息安全规制权	网络信息安全保护义务	第 45、50、73 条
监测预警和应急处置权	监测、预警和处置义务	第 51、52、53、54、55、56、57、58 条

就调制受体的权利和义务而言，存在二元性。其一是调制受体相对于调制主体的权利和义务关系；其二是调制受体内部不同主体相互间的权利和义务关系。

就调制受体对于调制主体的权利而言，主要与调制主体的职责对应。调制主体依法对网络空间享有调制权，若未依法履行职责即需要承担相应的法律风险。在调制主体所承担的各种法律风险中必然有部分是因职权行使不当给调制受体带来的损失，调制受体依法享有要求调制主体承担其职权行使不当给自身造成的损失应为法律所认可，此为调制受体权利。与此同时，调制受体受调制主体规制必须服从调制主体的管理，如依法禁止网络散布任何违法言论，若违反即需要承担相应地法律责任。对于调制受体而言，这就是他们对于调制主体所负有的法律义务。

就调制受体内部不同主体间权利和义务关系而言，主要涉及企业、行业协会、网民个人和其他组织彼此间的权利和义务关系。此种权利和义务因所涉网络空间具体事务和关系主体，权利和义务内容并不相同。举例来说，网络企业相对网民个人二者同属于调制受体范畴，彼此互负权利和义务。网络企业方的权利集中表现在有权依法自主决定所提供的网络服务种类并制定合理收费标准向网民用户收费等，而网络企业方义务则表现为保证所提供的网络服务应公平、合理且无歧视地向所有网民提供等具体义务。针对网民个人而言，网络企业方的权利往往是网民个人应该承担的义务，比如应就所接受的网络服务支付费用。与此同时，网络企业方的义务也正好对应网民个人的权利，如网民有权要求网络企业公平、合理且无歧视地向其提供网络服务。以上，调制受体内部不同成员间权利和义务的具体内容并不相同。

依《中华人民共和国网络安全法》调制受体相对调制主体的权利和义务关

系如表 9-2 所示：

表 9-2　依《中华人民共和国网络安全法》调制受体相对调制主体的权利和义务关系

义务	权利	对应法条
网络运行安全保护义务	获得国家的支持与促进；调制部门承担网络安全保护义务；调制部门依法监测、预警和处置	第 21、22、23、24、25、26、27、28、29、34、35、36、37、38 条
网络信息安全保护义务	要求调制部门承担网络信息安全保护义务；依法监测、预警和处置	第 40、41、42、43、44、46、47、48、49 条

2. 国家调制网络空间的法律促进

1）现有网络空间治理规范性文件的梳理

（1）相关法律。网络安全的专门立法：《中华人民共和国网络安全法》。该法于 2016 年 11 月 7 日第十二届全国人民代表大会常务委员会第二十四次会议审议通过，为网络安全领域的基本法。该法的立法宗旨在于保障网络安全，维护网络空间主权和国家安全、社会公共利益，保护公民、法人和其他组织的合法权益，促进经济社会信息化健康发展。为实现网络安全与信息化发展并重目标，该法分别从网络安全与促进、网络运行安全、网络信息安全、监测预警和应急处置四方面予以条目设置，并对应法律责任设置保障网络安全实效。该颁布后为我国网络空间治理和网络安全维护，构建良好的网络生态提供了基本的立法指引，做到了网络空间治理的有法可依，有据可循。

其实在《中华人民共和国网络安全法》颁布之前，我国已着手开展与网络空间治理相关的立法工作，并颁布一些行之有效的立法文件。主要集中在网络空间的微观规制领域，且大多以零散条文出现在相关立法中不是以专门性立法的形式出现。如 2000 年 12 月 28 日第九届全国人民代表大会常务委员会第十九次会议审议通过并于 2011 年 1 月 8 日修订的《全国人民代表大会常务委员会关于维护互联网安全的决定》中率先提出互联网安全这一概念，指出为促进我国互联网健康发展，维护国家安全和社会公共利益，保护个人、法人和其他组织合法权益，加强互联网安全治理十分迫切和必要。2004 年 8 月 28 日第十届全国人民代表大会常务委员会第十一次会议审议通过《中华人民共和国电子签名法》规范电子签名行为，确立电子签名的法律效力，维护有关各方的合法权益。2012年12月28日第十一届全国人民代表大会常务委员会第三十次会议审议通过《全国人民代表大会常务委员会关于加强网络信息保护的决定》明确了国家机关及其工作人员网络信息保护的相关义务。2018年8月31日第十三届全国人民代表大会常务委员会第五次会议审议通过了《中华人民共和国电子商务法》就规范电子商务行为，电子商务各方主体的合法权益进行了立法明确。

（2）相关行政法规。关涉网络空间治理的行政法规制定起步较早且较为丰富，成果卓著。如《中华人民共和国计算机信息系统安全保护条例》（1994年2月18日国务院第147号令公布，2011年1月8日修订）、《中华人民共和国计算机信息网络国际联网管理暂行规定》（1996年2月1日国务院第195号令公布，1997年5月20日修订）、《计算机信息网络国际联网安全保护管理办法》（1997年12月11日批准，2011年1月8日修订）、《中华人民共和国电信条例》（2000年9月20日国务院第31次会议通过，2014年7月29日修订）、《互联网信息服务管理办法》（2000年9月25日国务院第292号令公布，2011年1月8日修订）、《外商投资电信企业管理规定》（2001年12月11日国务院第333号令公布，2008年9月10日修订）、《计算机软件保护条例》（2001年12月20日国务院第339号令公布，2011年1月8日第一次修订，2013年1月30日第二次修订）、《互联网上网服务营业场所管理条例》（2002年9月29日国务院第363号令公布，2011年1月8日第一次修订，2016年2月6日第二次修订）、《信息网络传播权保护条例》（2006年5月10日国务院第135次常务会议通过并于2013年1月30日修订）、《国务院关于授权国家互联网信息办公室负责互联网信息内容管理工作的通知》（国发〔2014〕33号）。

（3）一些国家职能部门依据相关情况制定的相关规章。一直以来，我国网络空间治理存在"九龙治网"的局面。据此，包含国新办、商务部、工信部等在内的多个部门都制定过网络监管的部门规章。如《互联网等信息网络传播视听节目管理办法》（2004年6月15日国家广播电影电视总局第39号令公布）。《互联网视听节目服务管理规定》（2007年12月20日国家广播电影电视总局，中华人民共和国信息产业部第56号令公布）、《外国机构在中国境内提供金融信息服务管理规定》（2009年4月30日中华人民共和国国务院新闻办公室，商务部，工商行政管理总局第7号令公布）、《互联网文化管理暂行规定》（2011

年2月11日中华人民共和国文化部第51号令公布)、《规范互联网信息服务市场秩序若干规定》(2011年12月7日工业和信息化部第20号令公布)、《电信和互联网用户个人信息保护规定》(2013年6月28日工业和信息化部第24号令公布)、《互联网新闻信息服务管理规定》(2017年5月2日国家互联网信息办公室第1号令公布)、《互联网信息内容管理行政执法程序规定》(2017年5月2日国家互联网信息办公室第2号令公布)、《互联网域名管理办法》(2017年8月24日中华人民共和国工业和信息化部第43号令公布)、《区块链信息服务管理规定》(2019年1月10日国家互联网信息办公室第3号令公布)。

(4)相关网络空间治理的司法解释。这主要集中在认定网络犯罪和网络侵权两方面。如《最高人民法院、最高人民检察院关于办理利用互联网、移动通信终端、声讯台制作、复制、出版、贩卖、传播淫秽电子信息刑事案件具体应用法律若干问题的解释》(法释〔2004〕11号)、《最高人民法院、最高人民检察院关于办理利用互联网、移动通讯终端、声讯台制作、复制、出版、贩卖、传播淫秽电子信息刑事案件具体应用法律若干问题的解释(二)》(法释〔2010〕3号)、《最高人民法院关于审理侵害信息网络传播权民事纠纷案件适用法律若干问题的规定》(法释〔2012〕20号)、《最高人民法院、最高人民检察院关于办理利用信息网络实施诽谤等刑事案件适用法律若干问题的解释》(法释〔2013〕21号)、《最高人民法院关于审理利用信息网络侵害人身权益民事纠纷案件适用法律若干问题的规定》(法释〔2014〕11号)。

(5)一些规范性文件。这些文件主要是在2014年网络安全和信息化领导小组成立后制定的,种类繁多且所涉及领域宽广。如《即时通信工具公众信息服务发展管理暂行规定》(2014年8月7日)、《互联网用户账号名称管理规定》(2015年3月1日)、《互联网危险物品信息发布管理规定》(2015年3月1日)、《互联网新闻信息服务单位约谈工作规定》(2015年6月1日)、《互联网信息搜索服务管理规定》(2016年8月1日)、《移动互联网应用程序信息服务管理规定》(2016年8月1日)、《互联网直播服务管理规定》(2016年12月1日)、《互联网新闻信息服务许可管理实施细则》(2017年5月22日)、《互联网论坛社区服务管理规定》(2017年10月1日)、《互联网跟帖评论服务管理规定》(2017年10月1日)、《互联网群组信息服务管理规定》(2017年10月8日)、《互联网用户公众账号信息服务管理规定》(2017年10月8日)、《互联网新闻信息服务新技术新应用安全评估管理规定》(2017年12月1日)、《互联网新闻信息服务单位内容管理从业人员管理办法》（2017 年 12 月 1 日）、《微博客信息服务管理规定》（2018 年 2 月 2 日）。

（6）相关政策文件的积极作用也十分明显。相关网络的政策文件对我国网络安全和信息化具有指导意义，对规制网络空间具体规则的构建起到了谋划作用。如《关于加强党政机关网站安全管理工作的通知》（中网办法文〔2014〕1号）、《关于变更互联网新闻信息服务单位审批备案和外国机构在中国境内提供金融信息服务业务审批实施机关的通知》（2015 年 4 月 29 日）、《国家网络空间安全战略》（2016 年 12 月 27 日原国家互联网信息办公室发布）、《关于加强国家网络安全标准化工作的若干意见》（中网办发文〔2016〕5 号）、《关于推动资本市场服务网络强国建设的指导意见》（中网办发文〔2018〕3 号）。

以上，依据法律效力位阶对我国网络空间相关领域规范性文件进行了全盘梳理。在全面厘清网络空间治理现有制度的基础上，有利于对未来我国网络空间治理的立法变革和制度构建的方向精准定位。

2）完善立法保障政府调制网络空间的精准化

现有规范性文件既涉及网络空间治理的宏观调控层面，如《关于推动资本市场服务网络强国建设的指导意见》（中网办发文〔2018〕3 号）就推动我国网络强国建设过程中资本市场如何作为指明了方向。更多规范性文件是对网络空间微观领域具体问题的法律规制且内容极其丰富，包含个人信息保护、网络侵权规制和网络犯罪惩治等。

网络空间治理内容包罗万象，现有立法体系逻辑结构不严密，制度实效差强人意。是以，未来应通过条理化立法的形式着重构建网络空间微观治理的制度谱系。与此同时，现有规范性文件大多层级太低无法保证实施效力。未来应在成熟立法的基础上提升规范性文件的法律效力，保障立法的实施，政府在网络空间综合治理上也应发挥主导作用。在中共中央网络安全和信息化委员会办公室统筹协调下，各级各类机关和政府有关部门应履行法定职责，保障网络安全和国家安全，维护网络空间主权，保护社会公共利益、公民个人利益，促进信息化健康发展。政府运用法律手段调整网络空间关系，应注重专业性，分门别类从市场准入、行业运行到退出机制等建立和完善对应的调控制度，保障网信事业在法制化轨道上健康运行。

3）构建以行业自治为中心的社会监督体系

网民是一个个鲜活的个人，个体网络行为习惯和诉求不一，为塑造良好网络生态在国家调制网络之余尚需要充分发挥广大社会主体的监督作用。

为发挥社会主体监督职能，2004 年以来中国先后成立了互联网违法和不良信息举办中心、网络违法犯罪举办网站、12321 网络不良与垃圾信息举报受理中心，12390 扫黄打非新闻出版版权联合举报中心等公众举报受理机构。①其中，互联网行业组织专业性强，不仅用网而且懂网。依据《中华人民共和国网络安全法》规定，行业协会主导行业自律主要涉及事项（见表 9-3）：

表 9-3　　　　　　　　行业协会主导行业自律主要涉及事项

制定网络安全行为规范	《中华人民共和国网络安全法》第 11 条规定：网络相关行业组按照章程，加强行业自律，制定网络安全行为规范，指导会员加强网络安全保护，提高网络安全保护水平，促进行业健康发展
建立健全网络安全保护规范和协作机制；网络安全风险评估风险警示	《中华人民共和国网络安全法》第 29 条第 2 款规定：有关行业组织建立健全本行业的网络安全保护规范和协作机制，加强对网络安全风险的分析评估，定期向会员进行风险警示，支持、协助会员应对网络安全风险
网络信息安全保护	《中华人民共和国网络安全法》第 45 条规定：依法负有网络安全监督管理职责的部门及其工作人员，必须对在履行职责中知悉的个人信息、隐私和商业秘密严格保密，不得泄露、出售或者非法向他人提供

2001 年 5 月 25 日，中国互联网协会成立。依协会章程，中国互联网协会的宗旨是：遵守国家宪法、法律和法规，遵守社会道德风尚；坚持以创新的思维、协作的文化、开放的平台、有效的服务为指导思想，为会员的需要服务，为行业的发展服务，为政府的决策服务。②

协会成立后先后发不了若干行业自治准则（见表 9-4），对互联网行业的发展起到了自律监管的作用。未来应构建以行业自治为中心的社会监督体系，发

---

① 参见国务院新闻办公室《〈中国互联网状况〉白皮书》，2010 年 6 月 8 日发布。
② 中国互联网协会简介，访问网址：http：//www.isc.org.cn/xhgk/xhjj/，访问时间：2019 年 4 月 18 日。

挥好社会主体的能动性和创造性。①

表 9-4 　　　　　　　　　　　　　　行业自治准则

《中国互联网行业自律公约》（2002 年 3 月 26 日）	建立我国互联网行业自律机制，规范行业从业者行为，依法促进和保障互联网行业健康发展
《中国互联网协会反垃圾邮件规范》（2003 年 2 月 25 日）	保护我国电子邮件用户的正当权益，促进电子邮件服务页的健康发展，推动互联网资源和信息系统的合理利用
《互联网新闻信息服务自律公约》（2003 年 12 月 8 日）	加强行业自律，进一步规范互联网新闻信息服务行为，维护良好的互联网发展环境，促进我国互联网的快速健康发展，更好地位社会主义现代化建设服务
《互联网站禁止传播淫秽、色情等不良信息自律规范》（2004 年 6 月 10 日）	促进互联网信息服务提供商加强自律，遏制淫秽、色情等不良信息通过互联网传播，推动互联网行业的持续健康发展
《中国互联网协会互联网公共电子邮件服务规范（试行）》（2004 年 9 月 2 日）	建立电子邮件规范的服务机制，促进电子邮件的经营者和使用者的健康发展，并承诺为网民提供更好、更具有质量保证的服务
《搜索引擎服务商抵制违法和不良信息自律规范》（2004 年 12 月 22 日）	促进互联网搜索引擎行业的健康发展，遏制淫秽、色情等违法和不良信息通过搜索引擎传播
《中国互联网网络版权自律公约》（2005 年 9 月 3 日）	维护网络著作权，规范互联网从业者行为，促进网络信息资源开发利用，推动互联网信息行业发展
《文明上网自律公约》（2006 年 4 月 19 日）	引导网民提高辨别是非的能力和思想道德素质，提倡网络道德观念"知荣辱、树新风，讲道德"
《抵制恶意软件自律公约》（2006 年 12 月 27 日）	维护互联网用户的合法权益，抵制恶意软件在网上的滥用和传播，促进我国互联网行业健康和谐发展
《博客服务自律公约》（2007 年 8 月 21 日）	规范互联网博客服务，促进博客服务有序发展

---

① 范灵俊、周文清、洪学海：《我国网络空间治理的挑战及对策》，载《电子政务》2017 年第 3 期。

《中国互联网协会反垃圾短信息自律公约》(2008 年 7 月 17 日)	有效地治理垃圾短信息及违法和不良短信息,维护用户的合法权益,建立规范的短信息服务市场秩序,促进短信息服务行业健康稳定发展
《中国互联网协会短信息服务规范(试行)》(2008 年 7 月 17 日)	规范短信息服务行业经营行为,维护用户的合法权益,促进短信息服务行业健康稳定发展
《反网络病毒自律公约》(2009 年 7 月 7 日)	了防范、治理网络病毒,打击制造、销售、传播恶意软件工具的地下黑客产业链,构筑良好互联网环境,维护广大互联网用户利益
《中国互联网协会关于抵制非法网络公关行为的资料公约》(2011 年 5 月 16 日)	共同抵制非法网络公关行为,营造文明诚信的网络环境,规范互联网市场经营行为和信息传播秩序
《互联网终端软件服务行业自律公约》(2011 年 8 月 1 日)	规范互联网终端软件服务,保障互联网用户的合法权益,维护公平和谐的市场竞争环境,促进互联网行业的健康发展
《互联网搜索引擎服务自律公约》(2012 年 11 月 1 日)	规范互联网搜索引擎服务,保护互联网用户的合法权益,维护公平竞争、合理有序的市场环境,促进我国互联网搜索引擎行业健康可持续发展

四、企业视角下网络空间治理的法律保障与能力提升

在 2018 年全国网络安全和信息化工作会议中,习近平总书记强调:"要压实互联网企业的主体责任,决不能让互联网成为传播有害信息、造谣生事的平台。"企业是网络空间治理的关键环节,近些年国家立法逐步加强了对了企业的网络治理义务和责任的规范,实行"谁运营谁负责""谁接入谁负责"的原则。① 就企业层面而言,网络空间治理主要集中于互联网非法和有害内容;作为网络空间的市场主体,立法应当鼓励互联网企业加强内部的制度建设,强化平台的责任。例如,加强企业的投诉、举报机制,接受政府部门监管和群众监

---

① 谢永江:《走中国特色治网之道,加强网络综合治理》,载《中国信息安全》2018 年第 5 期。

督，等等。① 如何落实企业的法律责任，对于网络空间有效综合治理具有重要意义。《中华人民共和国网络安全法》的制度设计也是将网络运营者作为网络空间治理的核心主体。

（一）网络空间治理中企业责任的规范解构

2017 年 6 月 1 日实施的《中华人民共和国网络安全法》首次从基本法的层面对网络安全问题作出了规范。"网络运营者"是网络安全法中重要的法律主体，诸多网络安全的问题主要围绕网络运营者展开。该第 9 条对网络运营者的网络安全法律责任做了一般性的规定，即：网络运营者开展经营和服务活动中，必须"遵守法律、行政法规，尊重社会公德，遵守商业道德，诚实信用，履行网络安全保护义务，接受政府和社会的监督，承担社会责任"，对其行为从法律义务、道德义务以及社会责任三个方面做出了要求。第 12 条进一步对网络运营者禁止从事的行为做了列举，即"任何个人和组织使用网络应当遵守宪法法律，遵守公共秩序，尊重社会公德，不得危害网络安全，不得利用网络从事危害国家安全、荣誉和利益，煽动颠覆国家政权、推翻社会主义制度，煽动分裂国家、破坏国家统一，宣扬恐怖主义、极端主义，宣扬民族仇恨、民族歧视，传播暴力、淫秽色情信息，编造、传播虚假信息扰乱经济秩序和社会秩序，以及侵害他人名誉、隐私、知识产权和其他合法权益等活动"。在具体的法律义务框架中，网络运营者主要承担"网络运行安全"和"网络信息安全"两方面的义务。

1. 网络运行安全的法律义务

作为网络空间的市场运营主体，网络运营者所建构的网络平台、提供的网络技术服务等是网络市场繁荣的基础，但同样是网络空间治理风险的主要来源。网络运营者在运营中能否严格遵守法律法规要求，建构有效的网络安全风险防范体系，对于网络空间的治理具有重要意义。为此，我国网络安全法特别强调了网络运行安全的企业责任。

（1）遵守网络安全等级保护制度要求的义务。网络安全法第 21 条要求网络运营者应当遵守国家关于网络安全等级保护制度的要求，保障网络免受干

---

① 王四新、刘德良、韩丹东：《网络综合治理体系如何构建》，载《法制日报》2017 年 10 月 25 日，D005 版。

扰、破坏或者未经授权的访问，防止网络数据泄露或者被窃取、篡改。具体相关安全保护义务如下：制定内部安全管理制度和操作规程，确定网络安全负责人，落实网络安全保护责任；采取防范计算机病毒和网络攻击、网络侵入等危害网络安全行为的技术措施；采取监测、记录网络运行状态、网络安全事件的技术措施，并按照规定留存相关的网络日志不少于六个月；采取数据分类、重要数据备份和加密等措施；法律、行政法规规定的其他义务。

（2）网络产品或服务的安全保障义务。网络安全法第 22 和 23 条进一步对网络运营者关于网络产品或服务、网络关键设备和网络安全专用产品的安全保障义务做出了要求，明确其应当符合相关国家标准的强制性要求；网络产品、服务的提供者不得设置恶意程序；发现其网络产品、服务存在安全缺陷、漏洞等风险时，应当立即采取补救措施，按照规定及时告知用户并向有关主管部门报告。网络产品、服务的提供者应当为其产品、服务持续提供安全维护；在规定时间或者当事人约定的期限内，不得终止提供安全维护。对于网络关键设备和网络安全专用产品，还需由具备资格的机构安全认证合格或者安全检测符合要求后，方可销售或者提供。

（3）履行实名制认证制度的义务。网络安全法第 24 条制度明确落实了网络运营者建立网络实名制认证的法律义务，要求网络运营者为用户办理网络接入、域名注册服务，办理固定电话、移动电话等入网手续，或者为用户提供信息发布、即时通信等服务，在与用户签订协议或者确认提供服务时，应当要求用户提供真实身份信息。用户不提供真实身份信息的，网络运营者不得为其提供相关服务。在国家互联网信息办公室制定的一系列特殊行业规范中，对不同网络运营者的实名制认证义务做出了要求。

（4）建立网络应急预案制度的义务。网络安全法第 25 条对网络运营者的应急预案制度做出了原则性要求。该条规定："网络运营者应当制定网络安全事件应急预案，及时处置系统漏洞、计算机病毒、网络攻击、网络侵入等安全风险；在发生危害网络安全的事件时，立即启动应急预案，采取相应的补救措施，并按照规定向有关主管部门报告。"

（5）禁止从事或者帮助他人从事危害网络安全的活动。网络安全法第 27 条规定："任何组织和个人不得从事非法侵入他人网络、干扰他人网络正常功能、窃取网络数据等危害网络安全的活动；不得提供专门用于从事侵入网络、干扰网络正常功能及防护措施、窃取网络数据等危害网络安全活动的程序、工具；明知他人从事危害网络安全的活动的，不得为其提供技术支持、广告推广、支付结算等帮助。"

（6）其他特殊性安全运行义务。网络运营者所承担的网络安全运行义务的特殊性体现在以下两个方面：一是在国家互联网信息办公室制定的一系列特殊网络行业的规范性文件中，也进一步强调了网络运营者建立健全安全管理制度的义务；二是网络安全法在关键"关键信息基础设施"领域，对网络运营者的安全运行义务做出特殊性规定。

其中，对于"关键信息基础设施"的运行安全问题，网络安全法在第 3 章第 2 节做了特殊的规定。所谓"关键信息基础设施"是指公共通信和信息服务、能源、交通、水利、金融、公共服务、电子政务等重要行业和领域，以及其他一旦遭到破坏、丧失功能或者数据泄露，可能严重危害国家安全、国计民生、公共利益的关键信息基础设施。国家在网络安全等级保护制度的基础上，实行重点保护。从事关键信息基础设施的运营者需要履行更多的安全保护义务，采购可能或影响国家安全的网络产品和服务应当由相关行政部门采取安全审查；运营者应当与提供者签订保护协议，明确安全和保密义务。运营者在中华人民共和国境内运营中收集和产生的个人信息和重要数据应当在境内储存；应当自行或者委托网络安全服务机构对其网络的安全性和可能存在的风险每年至少进行一次检测评估等。

2. 网络信息安全的法律义务

依据网络安全法第 4 章的规定，网络运营者作为互联网的运营主体，不仅要承担网络安全运行的法律责任，还需对网络运行中所获取的网络信息安全承担责任。具体如下：

（1）依照法律规定收集和使用个人信息的义务。一方面，网络运营者应当遵循合法、正当、必要的原则，公开收集、使用规则，明示收集、使用信息的目的、方式和范围，并经被收集者同意。另一方面，网络运营者不得收集与其提供的服务无关的个人信息，不得违反法律、行政法规的规定和双方的约定收集、使用个人信息，并应当依照法律、行政法规的规定和与用户的约定，处理其保存的个人信息。

在一些特殊的网络领域，立法还对网络运营商的信息收集作了更加明确的限制。例如《移动互联网应用程序信息服务管理规定》第 7 条第 4 项规定，依法保障用户在安装或使用过程中的知情权和选择权，未向用户明示并经用户同意，不得开启收集地理位置、读取通讯录、使用摄像头、启用录音等功能，不得开启与服务无关的功能，不得捆绑安装无关应用程序。

（2）为用户信息保密的义务。首先，网络运营者应当建立健全用户信息保密制度，对其收集的用户信息保密。其次，网络运营者不得泄露、篡改、毁损其收集的个人信息；未经被收集者同意，不得向他人提供个人信息。但是，经过处理无法识别特定个人且不能复原的除外。最后，网络运营者应当采取技术措施和其他必要措施，确保其收集的个人信息安全，防止信息泄露、毁损、丢失。在发生或者可能发生个人信息泄露、毁损、丢失的情况时，应当立即采取补救措施，按照规定及时告知用户并向有关主管部门报告。

（3）违规信息查处义务。网络安全法第47条规定，网络运营者应当加强对其用户发布的信息的管理，发现法律、行政法规禁止发布或者传输的信息的，应当立即停止传输该信息，采取消除等处置措施，防止信息扩散，保存有关记录，并向有关主管部门报告。此外，《互联网新闻信息服务管理规定》第16条、《互联网论坛社区服务管理规定》第7条、《微博客信息服务管理规定》第12条、《互联网信息搜索服务管理规定》第8条、《互联网用户账号名称管理规定》第7条、《互联网应用程序信息服务管理规定》第7条第3项、《即时通信工具公众信息服务发展管理暂行规定》第8条等均对网络运营者违规信息的查处义务做出了规定。

电子信息发送服务提供者和应用软件下载服务提供者，应当履行安全管理义务，知道其用户发送的电子信息、提供的应用软件；设置了恶意程序或含有法律、行政法规禁止发布或者传输的信息的，应当停止提供服务，采取消除等处置措施，保存有关记录，并向有关主管部门报告。

（4）建立网络信息安全的投诉与举报机制。网络安全法第49条规定，网络运营者应当建立网络信息安全投诉、举报制度，公布投诉、举报方式等信息，及时受理并处理有关网络信息安全的投诉和举报。一些专门性的网络安全管理规范也强调了网络运营者应当建立相关制度。例如，《互联网论坛社区服务管理规定》第11条规定，互联网论坛社区服务提供者应当建立健全公众投诉、举报制度，在显著位置公布投诉、举报方式，主动接受公众监督，及时处理公众投诉、举报。国家和地方互联网信息办公室依据职责，对举报受理落实情况进行监督检查。《互联网信息搜索服务管理规定》第12条规定，互联网信息搜索服务提供者应当建立健全公众投诉、举报和用户权益保护制度，在显著位置公布投诉、举报方式，主动接受公众监督，及时处理公众投诉、举报，依法承担对用户权益造成损害的赔偿责任。《移动互联网应用程序信息服务管理规定》第 10 条规定，移动互联网应用程序提供者和互联网应用商店服务提供者应当配合有关部门依法进行的监督检查，自觉接受社会监督，设置便捷的投诉举报入口，及时处理公众投诉举报。

（5）禁止谋取不正当利益。在一些特殊的网络领域，立法还明确禁止网络运营者利用掌握的网络资源或技术谋取不正当利益。例如，《互联网新闻信息服务管理规定》第 13 条规定，互联网新闻信息服务提供者及其从业人员不得通过采编、发布、转载、删除新闻信息，干预新闻信息呈现或搜索结果等手段谋取不正当利益。《互联网论坛社区服务管理规定》第 9 条规定，互联网论坛社区服务提供者及其从业人员，不得通过发布、转载、删除信息或者干预呈现结果等手段，谋取不正当利益。《互联网信息搜索服务管理规定》第 9 条规定，互联网信息搜索服务提供者及其从业人员，不得通过断开相关链接或者提供含有虚假信息的搜索结果等手段，牟取不正当利益。因为在此类行业中，网络运营商可以利用技术引导舆论或者搜索结果的导向，如果不加以禁止，容易使网络服务成为运营商谋取不正当利益的工具。

（二）企业违反网络空间治理义务的法律责任

从当前立法来看，针对企业实施违反网络空间治理义务的行为，我国现行立法已建构起覆盖民事责任、行政责任和刑事责任三大责任体系。

1. 企业违反网络空间治理义务的民事责任

如果网络运营者违反法律规定，侵害了公民的合法权益，需要承担相关的民事侵权责任。由于在网络侵权领域，网络运营者与网络用户之间通常并无侵权的意思联络，并且，为了维护网络产业发展的需求，网络领域立法一般采用"技术中立"的态度①，因而侵权责任法对网络侵权做了特殊性规定。根据侵权责任法第 36 条的规定："网络用户、网络服务提供者利用网络侵害他人民事权益的，应当承担侵权责任。网络用户利用网络服务实施侵权行为的，被侵权人有权通知网络服务提供者采取删除、屏蔽、断开链接等必要措施。网络服务提

---

① 杨明：《〈侵权责任法〉第 36 条释义及其展开》，载《华东政法大学学报》2010 年第 3 期。

供者接到通知后未及时采取必要措施的，对损害的扩大部分与该网络用户承担连带责任。网络服务提供者知道网络用户利用其网络服务侵害他人民事权益，未采取必要措施的，与该网络用户承担连带责任。"该条实际确立了网络运营者的避风港原则，即在接到侵权通知后，仍不及时采取必要措施时才需承担相关责任。最高人民法院事实上也未强调网络服务提供者在民事侵权领域的主动审查义务。《关于审理侵害信息网络传播权民事纠纷案件适用法律若干问题的规定》第 8 条规定："人民法院应当根据网络服务提供者的过错，确定其是否承担教唆、帮助侵权责任。网络服务提供者的过错包括对于网络用户侵害信息网络传播权行为的明知或者应知。网络服务提供者未对网络用户侵害信息网络传播权的行为主动进行审查的，人民法院不应据此认定其具有过错。网络服务提供者能够证明已采取合理、有效的技术措施，仍难以发现网络用户侵害信息网络传播权行为的，人民法院应当认定其不具有过错。"这种"通知—删除"规则免除了网络服务提供者的事先审查义务，避免了其因对海量的网络资源承担过重的审查义务，造成运营成本激增，并且网络潜在的受害人相对更加容易发现和判断相关的侵权信息。①

2. 企业违反网络空间治理义务的行政责任

网络安全法第 6 章规定了网络运营者违反义务的行政责任，主要包括以下类型。

第一，由有关主管部门责令改正，给予警告。例如，网络安全法第 59 条规定，网络运营者违反了本法第 21 条和第 25 条所规定的网络安全保护义务的，由有关主管部门责令改正，给予警告；第 62 条规定，违反本法第 26 条规定，开展网络安全认证、检测、风险评估等活动，或者向社会发布系统漏洞、计算机病毒、网络攻击、网络侵入等网络安全信息的，由有关主管部门责令改正，予以警告。

第二，承担相应的罚款责任等。对于有关主管机构的责令改正行为，网络运营者拒不改正或者导致危害网络安全等后果的，将面临罚款的责任。例如网络安全法第 59 条规定，拒不改正或者导致危害网络安全等后果的，处一万元以上十万元以下罚款，对直接负责的主管人员处五千元以上五万元以下罚款。在一些情形下，网络运营者还会面临停业整顿、关闭网站等行政处罚。例如，

---

① 王利明：《论网络侵权中的通知规则》，载《北方法学》2014 年第 2 期。

网络安全法第 62 条规定，拒不改正或者情节严重的，处一万元以上十万元以下罚款，并可以由有关主管部门责令暂停相关业务、停业整顿、关闭网站、吊销相关业务许可证或者吊销营业执照。

第三，行政拘留责任。例如，网络安全法第 67 条规定，对于违反本法第 46 条规定，设立用于实施违法犯罪活动的网站、通讯群组，或者利用网络发布涉及实施违法犯罪活动的信息，尚不构成犯罪的，由公安机关处五日以下拘留，情节较重的，处五日以上十五日以下拘留。

3. 企业违反网络空间治理义务的刑事责任

《中华人民共和国刑法修正案（九）》将危害网络安全的行为纳入了刑法规制范围。刑法第 286 条之一引入了拒不履行信息网络安全管理义务罪，即："网络服务提供者不履行法律、行政法规规定的信息网络安全管理义务，经监管部门责令采取改正措施而拒不改正，有下列情形之一的，处三年以下有期徒刑、拘役或者管制，并处或者单处罚金：致使违法信息大量传播的；致使用户信息泄露，造成严重后果的；致使刑事案件证据灭失，情节严重的；有其他严重情节的。"有观点认为，第 286 条所规定的违法情形实际上对应的网络服务提供者并不一致，例如，致使违法信息大量传播的通常是网络服务平台，致使用户信息泄露的通常是提供网络信息储存服务的运营者，网络服务提供者的概念不明确导致立法在适用中的责任承担主体存在不确定性。① 刑法第 287 条之一引入了帮助他人利用信息网络实施犯罪活动罪，即："明知他人利用信息网络实施犯罪，为其犯罪提供互联网接入、服务器托管、网络存储、通讯传输等技术支持，或者提供广告推广、支付结算等帮助，情节严重的，处三年以下有期徒刑或者拘役，并处或者单处罚金。"

除此之外，为了进一步加强对网络个人信息权的保障，《中华人民共和国刑法修正案（九）》对侵犯个人信息罪进行了修订。刑法第 253 条之一规定："违反国家有关规定，向他人出售或者提供公民个人信息，情节严重的，处三年以下有期徒刑或者拘役，并处或者单处罚金；情节特别严重的，处三年以上七年以下有期徒刑，并处罚金。"2017 年最高人民法院、最高人民检察院制定了《关于办理侵犯公民个人信息刑事案件适用法律若干问题的解释》，进一步

① 涂龙科：《网络内容管理义务与网络服务提供者的刑事责任》，载《法学评论》2016年第 3 期。

对刑法有关侵犯个人信息罪的量刑适用问题做了规定。然而，从对个人信息的界定范围来看，"两高"司法解释与网络安全法相比有所差异（见表9-5）。

表9-5   **网络安全法与"两高"司法解释的差异**

网络安全法第76条第5项	个人信息，是指以电子或者其他方式记录的能够单独或者与其他信息结合识别自然人个人身份的各种信息，包括但不限于自然人的姓名、出生日期、身份证件号码、个人生物识别信息、住址、电话号码等
《关于办理侵犯公民个人信息刑事案件适用法律若干问题的解释》第1条	刑法第253条之一规定的"公民个人信息"，是指以电子或者其他方式记录的能够单独或者与其他信息结合识别特定自然人身份或者反映特定自然人活动情况的各种信息，包括姓名、身份证件号码、通信联系方式、住址、账号密码、财产状况、行踪轨迹等

对比可见，除了自然人身份的信息，"两高"的司法解释将"反映特定自然人活动"情况的各种信息也明确纳入进来。有观点认为，"两高"的司法解释扩大了网络安全法关于个人信息的外延，加强了刑法对于个人信息的保护。[1] 但也有观点认为，"两高"的解释与网络安全法的规定虽有区别，但并无实质性的差异，因为网络安全法对于个人信息采取的是开放式的规定，后者强调的"反映特定自然人活动"的信息属于隐私权的范围，对于两部立法的理解都应采取开放式的理解，以便将隐私权纳入个人信息的保护范围。[2]

（三）企业参与网络空间治理能力提升的法律保障

网络安全法等立法或司法解释虽然为网络运营者构建了框架性的法律义务和责任体系，但是从立法的精细化程度和规则的可操作性来看，相关法律规则仍需进一步完善，以加强网络空间治理体系中企业法律责任的落实。

---

[1] 陈璐：《论〈网络安全法〉对个人信息刑法保护的新启示——以两高最新司法解释为视角》，载《法治研究》2017年第4期。

[2] 周洪波、岳向阳：《〈网络安全法〉与〈刑法〉衔接问题研究》，载《首都师范大学学报（社会科学版）》2018年第6期。

1. 进一步细化网络安全义务的操作性规范

虽然网络安全法对网络运营者确立了相对全面的法律义务，但是当前的相关规定仍然较为原则化，缺乏可操作性，许多规定停留在"点出即可"的状态，且部分规定与现有法律规定存在重叠，例如《关于加强网络信息保护的决定》大部分内容被写入了网络安全法的第四章[1]，与网络运营者安全管理责任相配套的安全等级保护制度仍未出台，与网络运营者的信息保护义务相配套的个人信息立法也尚未出台等。这些关键配套立法的缺失影响了网络安全法的有效实施。

另外，网络安全法在制度规定上仍较为框架，缺乏必要的可操作性规则。以网络信息安全投诉、举报制度为例，立法虽然要求网络运营者按照规定建立了投诉和举报制度，但是对于处理期限并没有做出规定，例如处理投诉和举报的最长期限等，这导致各个网络运营者在建立安全投诉和举报制度上具有较大的自主权，处理问题的及时性和有效性上参差不齐。德国的《网络执行法》则针对违法内容的处理上设置了相对具有操作性的技术规则：要求网络服务提供者应当在接收到投诉之日起7日之内删除相关违法内容，对于明显违法的则应当在24小时之内予以删除；对删除违法信息的相关内容需要10周的存储，以为相关刑事追诉之需；要求网络服务提供者应当立即将处理结果告知用户和投诉者，并向不利结果一方告知理由；按月对于投诉的处理情况进行检查、及时消除投诉过程中的组织性缺陷、定期培训处理投诉的工作人员。[2]

因此，为了进一步落实网络运营者的法律义务，立法者应当尽快出台相关的配套制度，为各网络运营者履行相关法律义务提供具有可操作性的规范指引。

2. 进一步合理划定网络运营者公法与私法的责任范围

从现行网络安全法的立法设置来看，网络运营者承担了从网络安全运行到网络信息安全的主要义务，这些义务既包括网络运营者的管理性义务，也包括一些具有行政性色彩的义务。但是有学者认为，对于网络运营者而言，让其承担更加严格的管理义务，意味着其需要负担更多的实施成本，导致其降低相关

---

[1] 何治乐：《〈网络安全法〉有效性评估及提升路径》，载《中国信息安全》2018年第7期。

[2] 孙禹：《论网络服务提供者的合规规则——以德国〈网络执行法〉为借鉴》，载《政治与法律》2018年第11期。

履行标准，甚至与相关人员产生共谋的情形。并且，网络安全法对于网络运营者相关义务的设置与行政监管部门存在一定的重叠，在具体的实施中，双方主体可能出现互相推诿的现象。①这些学者进一步指出，如果不明晰网络运营者的责任究竟是其法律义务还是行政授权，将进一步影响其与网络服务使用者之间的法律关系的调整方式、对网络服务使用者的监督方式以及网络服务使用者的权利救济方式等。②

有学者指出，现行立法关于网络服务提供者的审查义务过于宽泛，并要求其承担违法判定的义务，不仅涉及国家安全、社会稳定等违法信息，还要求对民事领域中关于侮辱、诽谤等侵权行为纳入审查范围，超出了传统的避风港规则的内容，这使得当前的技术性审查系统难以有效运作。③为了履行公法上的审查义务，网络运营者在对第三方的内容进行审查时，在实践中往往会被认为实质性接触到了内容，从而导致私法上注意义务的提高，与避风港规则相背离。④此外，也有观点进一步指出，我国当前对于网络服务提供者刑事责任的立法在整体趋势上也属于一种扩张模式，与国际范围内限制网络服务提供者法律责任趋势是相悖的。⑤

为了进一步保障网络空间治理的有效实施，未来立法应当进一步明晰网络运营者的法律责任承担情形，避免给其造成过重的安全审查义务。例如，有学者提出网络运营者提供的义务应当以合理的技术性措施对用户进行审查，且义务范围应当限于公法上的事项，在实施了合理的技术审查措施后，可以作为抗辩事由；也可以考虑由监管机构指定明确的违法事项负面清单，由网络运营者提供协助服务，或是建立第三方专业性审查服务的供应商，以解决独立性技术审查系统所面临的高成本问题。在网络运营者履行审查义务时，应当为其建立

①　王勤、刘晓庆、唐亦非：《网络运营者参与互联网治理的角色定位——基于权利与义务的判断》，载《江汉论坛》2018 年第 5 期。

②　王勤、刘晓庆、唐亦非：《网络运营者参与互联网治理的角色定位——基于权利与义务的判断》，载《江汉论坛》2018 年第 5 期。

③　姚志伟：《技术性审查：网络服务提供者公法审查义务困境之破解》，载《法商研究》2019 年第 1 期。

④　姚志伟：《公法阴影下的避风港——以网络服务提供者的审查义务为中心》，载《环球法律评论》2018 年第 1 期。

⑤　王华伟：《网络服务提供者刑事责任的认定路径——兼评快播案的相关争议》，载《国家检察官学院学报》2017 年第 5 期。

合理的豁免制度，即在网络运营者有充分理由相信被采取剔除措施的内容是违法的，但却发生审查错误的情形下，也应当豁免其一定的民事责任。[①]

3. 进一步推动网络运营商的责任类型化建构

现行立法对于网络服务提供者或网络运营者并未做明确类型化区分，在法律责任的承担问题上采用了一体化的处理方式。为了进一步加强对网络运营者归责的合理性，未来立法应当进一步加强对网络运营者的类型建构，结合网络运营者从事的不同技术服务，设置不同的法律责任。这种责任类型化的建构应当包括民事责任、行政责任和刑事责任。

有学者认为侵权责任法第 36 条仅确立了网络服务提供者一般性的侵权原则，立法应当进一步明晰网络服务提供者的内涵，并对其侵权责任进行分类，即分为：为自己信息提供服务和为他人信息提供服务的网络服务提供者。对于前者不适用避风港规则，应当直接适用一般侵权法规则，后者则可以适用避风港规则，但是应当根据信息传输、存储、缓存以及搜索工具服务规定的不同，设置不同的免责条件。[②] 在行政责任领域，亦有学者提出进行网络服务提供者类型不同，进行责任化区分的观点，认为应当通过区分"能够直接获取实际内容的终极信息"与"通过该运营平台发布的信息""高度敏感性信息"与"模糊性信息"，分别设定不同程度的监督义务。对于"通过该运营平台发布的信息"，由于具体信息内容是变动的和不可控的，应当采用主观归责原则；对于"能够直接获取实际内容的终极信息"则需进一步判断信息内容的性质；若属于"高度敏感信息"，网络运营者应当承担审慎的审查义务，采取客观归责原则；而对于"模糊性信息"，则采取过错推定原则。[③]

此外，对于网络运营者的刑事责任类型化推进更是呼声不断。例如，有的观点将网络运营者分为以下几类：第一类，为自己信息提供服务者一般需要对于自己提供的涉及违法的内容承担刑事责任；第二类，网络中间服务提供者原则上不承担刑事责任，只有在拒不履行相关删除义务时才承担刑事责任；第三类，网络平台服务提供者在明知存在违法信息而不作为时，或者对

① 姚志伟：《技术性审查：网络服务提供者公法审查义务困境之破解》，载《法商研究》2019 年第 1 期。

② 鲁雅春：《网络服务提供者侵权责任的类型化解读》，载《政治与法律》2011 年第 4 期。

③ 尹培培：《网络安全行政处罚的归责原则》，载《东方法学》2018 年第 6 期。

于违法信息发布提供了额外的行为或者额外的服务时，应当对其追究刑事责任。① 有观点认为，结合网络安全法、反恐怖主义法、刑法等法律，应当将网络服务提供者分为以下三类：中间服务提供者，互联网信息服务提供者和第三方交易平台服务提供者。其中，中间服务提供者主要包括网络接入、网络储存等纯粹网络技术服务提供者，第三方交易平台服务提供者则是为市场交易活动提供交易平台的网络服务提供者。对于中间服务提供者而言，不应当承担管理发现的违法信息、主动审查含有恐怖主义、极端主义信息的两项管理义务，因为这超出了其应有的业务活动范围。对于各类网络服务提供者都不应承担主动审查含有恐怖主义和极端主义信息的义务，因为这不仅会造成网络服务提供者的义务过重，也会严重破坏网络服务提供者与用户之间的信任。但是，对于第三方网络交易平台，则应当进一步增加相关管理性义务。② 也有观点提出，网络平台提供者不为内容提供者的行为承担刑事责任，但是在经过通知后，仍不履行后续义务的，应依法附加刑事责任。软件接入提供者对于用户的使用行为不应当承担刑事责任。网络硬件接入、缓存等其他网络提供者也不应当对于用户接入和缓存服务的行为承担刑事责任，除非故意与服务的用户实施非法活动。③

上述表达方式虽有所不同，但均与网络运营者在网络信息提供上的功能相关，这种区分责任承担模式在域外事实上也已经存在。例如，德国立法便根据网络运营者的功能对其进行了类型化区分，即包括内容服务提供者、信息传输服务提供者或通道服务提供者、临时性或自动性缓存服务提供者、存储服务提供者。内容服务提供者一般应当对自己提供的内容承担责任；若提供的信息是他人的，只有在服务提供者了解这些内容、且未履行合理的阻止义务情形下才承担责任；服务提供者不应因对信息的自动、中间性和暂时性的存储而承担责任。存储服务提供者也不应因接受服务者的要求而承担责任，除非其知晓违法活动或信息，在获得违法信息后并未马上删除信息或者阻止他人获得该信息。④

---

① 杨彩霞：《网络服务提供者刑事责任的类型化思考》，载《法学》2018 年第 4 期。

② 皮勇：《论网络服务提供者的管理义务及刑事责任》，载《法商研究》2017 第 5 期。

③ 涂龙科：《网络内容管理义务与网络服务提供者的刑事责任》，载《法学评论》2016 年第 3 期。

④ 王华伟：《网络服务提供者的刑法责任比较研究》，载《环球法律评论》2016 年第 4 期。

因而，为了进一步合理界分不同网络运营者的法律责任，未来我国立法应该依据网络运营者具体介入网络空间的功能，基于其对违法信息来源、发布以及传播的关系，设置不同责任的承担形式，改变当前一刀切的责任承担方式，使之更加合理化。

五、 公民个人视角下网络空间治理的法律保障与能力提升

作为网络空间的直接参与主体，公民个人能否自觉遵纪守法和遵守社会公德对于网络空间的治理具有重要意义。但是，考虑到公民的言论自由权利，与企业的法律责任相比，现行立法明确了公民的禁止性行为范围，确立了上网的实名制义务，同时也赋予了网络举报的权利，在权利义务的体系设置上，更加侧重于公民个人网络行为的自律性。

(一) 公民个人参与网络空间治理的规范现状

1. 禁止从事的网络行为范围

网络安全法第 12 条对公民个人使用网络的行为做出了基本规范，采取列举式规定+开放式规定的方式，对于公民在网络中禁止从事的行为予以明确。

首先，即任何个人和组织使用网络应当遵守宪法法律，遵守公共秩序，尊重社会公德。网络安全法该条所要求的公民行为规范不仅涉及法律层面，还在公共秩序和社会公德层面对公民的行为做出了要求。

其次，禁止从事危害国家、社会和经济秩序的行为。网络安全法明确强调公民不得危害网络安全，不得利用网络从事危害国家安全、荣誉和利益，煽动颠覆国家政权、推翻社会主义制度，煽动分裂国家、破坏国家统一，宣扬恐怖主义、极端主义，宣扬民族仇恨、民族歧视，传播暴力、淫秽色情信息，编造、传播虚假信息扰乱经济秩序和社会秩序。由于网络文化传播具有不分国界、不分地域、传播迅速便捷、检索方便、容易复制、视听一体、交互性强等特点，其对国家安全和社会秩序容易产生影响与威胁。[①] 因而，网络安全法明确将上述对于国家安全、社会和经济稳定存在潜在危险的行为予以明令禁止。

---

① 况守忠、孟亮：《网络文化传播中"国家安全理念"的缺失与重塑》，载《江西社会科学》2017 年第 12 期。

最后，禁止公民从事侵害他人名誉、隐私、知识产权和其他合法权益等活动。在当前的网络社会中，基于网络传播的低成本和便捷性以及广泛性的特点，利用网络侵害他人名誉、诋毁他人、曝光他人隐私、侵犯知识产权等行为时常发生，给受害人带来了精神上或财产上的损害。因而，网络安全法将这些行为也明确列入禁止范围。

网络安全法从基本法的层面明确了公民网上言论自由的法律边界。对于公民网络言论的规范在其他国家立法中也有相关规定。例如，欧洲安全与合作组织（OSCE）在2011年对其成员国排除在言论自由保护范围之外的内容进行了调查，发现许多国家对种族主义、仇外心理和仇恨言论、煽动恐怖主义、宣传恐怖主义、儿童色情、淫秽和色情内容、互联网盗版、互联网中的诽谤和侮辱等言论内容做了禁止性规定。[1]

除此之外，在国家互联网信息办公室针对不同网络行业发布的规范性文件中，对于网络服务使用者的行为规范也主要采取了划定禁止性行为的方式。

2. 实名制义务

2012年12月，第十一届全国人民代表大会常务委员会第三十次会议通过了《关于加强网络信息保护的决定》，其中第6条明确规定："网络服务提供者为用户办理网站接入服务，办理固定电话、移动电话等入网手续，或者为用户提供信息发布服务，应当在与用户签订协议或者确认提供服务时，要求用户提供真实身份信息"，自此开始我国正式进入互联网实名制的时代。

公民在从事互联网活动时需要严格遵守提供实名制信息的义务。根据2012年的规定，一些学者认为我国采取的是有限实名制的制度，即仅限于办理入网手续和为用户提供信息发布服务两类业务。[2] 网络安全法第24条进一步加强了公民的这一义务，将封闭式的实名制范围拓展为开放式的实名制范围，即"网络运营者为用户办理网络接入、域名注册服务，办理固定电话、移动电话等入网手续，或者为用户提供信息发布、即时通讯等服务"时，都应当遵守实名制义务的要求，并强调如果用户不提供真实身份信息的，网络运营者不得为其提供相关服务。此后，相关行政规范和部门规章进一步通过单行规范

---

① 杨福忠：《网络匿名表达权之宪法保护——兼论网络实名制的正当性》，载《法商研究》2012年第5期。

② 柳剑函：《论有限网络实名制的个人信息权民法保护》，载《合肥工业大学学报（社会科学版）》2016年第4期。

的方式，进一步强调了公民遵守实名制规范的义务，将网络服务接入与实名制义务相对接。

3. 举报的权利

作为网络活动的直接参与者，网民对于网络违法行为的接触是第一线的，因而，鼓励网民依法举报危害网络安全的行为，有利于进一步加强对网络空间的治理，及时从源头消灭违法行为。

网络安全法第 14 条规定，任何个人和组织有权对危害网络安全的行为向网信、电信、公安等部门举报。有关部门应当对举报人的相关信息予以保密，保护举报人的合法权益。该法第 49 条进一步要求，网络运营者应当建立网络信息安全投诉、举报制度，公布投诉、举报方式等信息，及时受理并处理有关网络信息安全的投诉和举报。

(二) 公民违反网络空间治理义务的法律责任

依据现行立法，如果公民违反了网络空间治理的义务，实施了禁止性范围内的行为，将面临相应的民事责任、行政责任，甚至刑事责任。

1. 民事责任

在一般情形下，公民若在网络上实施了侵害他人合法权益的行为将承担相应的民事责任。网络安全法第 74 条规定："违反本法规定，给他人造成损害的，依法承担民事责任。"最高人民法院也出台了相关的司法解释，对于网络侵权案件的审理做出了规范。例如，《最高人民法院关于审理利用信息网络侵害人身权益民事纠纷案件适用法律若干问题的规定》进一步对相关的侵权情形和侵权责任做出了规定。该司法解释第 1 条规定，利用信息网络侵害人身权益民事纠纷案件，是指利用信息网络侵害他人姓名权、名称权、名誉权、荣誉权、肖像权、隐私权等人身权益引起的纠纷案件。对于相关侵权行为，侵权人需承担赔礼道歉、消除影响或者恢复名誉等责任形式。若侵害他人人身权益，造成财产损失或者严重精神损害的，受害人可依据侵权责任法相关规定请求赔偿。

2. 行政责任

网络安全法第 6 章在设定网络运营者法律责任的同时，第 63 条中也对个人违反网络安全义务的法律责任做出了规定："违反本法第 27 条规定，从事危害网络安全的活动，或者提供专门用于从事危害网络安全活动的程序、工具，或者为他人从事危害网络安全的活动提供技术支持、广告推广、支付结算等帮助，尚不构成犯罪的，由公安机关没收违法所得，处五日以下拘留，可以并处五万元以上五十万元以下罚款；情节较重的，处五日以上十五日以下拘留，可以并处十万元以上一百万元以下罚款。"此外，该条还对相关责任人的设置了禁止从业的处罚。该条第3项规定："违反本法第27条规定，受到治安管理处罚的人员，五年内不得从事网络安全管理和网络运营关键岗位的工作；受到刑事处罚的人员，终身不得从事网络安全管理和网络运营关键岗位的工作。"

此外，网络安全法第64条和第67条对"窃取或者以其他非法方式获取、非法出售或者非法向他人提供个人信息的行为"和"设立用于实施违法犯罪活动的网站、通讯群组，或者利用网络发布涉及实施违法犯罪活动的信息的行为"的行政责任做了规定。

3. 刑事责任

公民利用网络实施犯罪行为时，将依法承担相应的刑事责任。但是，相关刑事罪名在具体适用中，面临在网络环境下解释适用的问题。

例如，"两高"在2014年针对网络常见的诽谤等刑事犯罪出台了相关的司法解释——《关于办理利用信息网络实施诽谤等刑事案件适用法律若干问题的解释》。该司法解释第1条对何谓网络上涉及诽谤罪的"捏造事实诽谤他人"情形作出解释，即：捏造损害他人名誉的事实，在信息网络上散布，或者组织、指使人员在信息网络上散布的；将信息网络上涉及他人的原始信息内容篡改为损害他人名誉的事实，在信息网络上散布，或者组织、指使人员在信息网络上散布的；明知是捏造的损害他人名誉的事实，在信息网络上散布，情节恶劣的，以"捏造事实诽谤他人"论。由于诽谤罪的构成需要达到"情节严重"情形，该司法解释第2条对何谓情节严重作了规定，即：同一诽谤信息实际被点击、浏览次数达到五千次以上，或者被转发次数达到五百次以上的；造成被害人或者其近亲属精神失常、自残、自杀等严重后果的；二年内曾因诽谤受过行政处罚，又诽谤他人的；其他情节严重的情形。第3条对诽谤罪"严重危害社会秩序和国家利益"的情形作了解释，即：引发群体性事件的；引发公共秩序混乱的；引发民族、宗教冲突的；诽谤多人，造成恶劣社会影响的；损害国家形象，严重危害国家利益的；造成恶劣国际影响的；其他严重危害社会秩序和国家利益的情形。此外，该司法解释还对公民的网络行为可能触犯寻衅滋事罪、敲诈勒索罪定罪、非法经营罪的情形作了规定。

(三) 公民参与网络空间治理能力提升的法律保障

为了切实保障公民作为网络空间参与主体的合法权利，立法应当在推行实名制义务的同时，保障公民的合法个人信息权，并谨慎处理罪与非罪的边界，切勿侵犯公民的言论自由权，通过普法方式，加强网民的自律意识。

1. 在实名制背景下急需加快对公民个人信息保护的制度建设

《关于加强网络信息保护决定》第 1 条规定，"国家保护能够识别公民个人身份和涉及公民个人隐私的电子信息"。网络实名制实施的目的在于通过加强政府对于公民网络行为合法性的监督，及时有效对网络违法行为予以查处，从而加强对网络空间的综合治理。然而，网络实名制也并非万能的，对于一些网络犯罪分子而言，其可以通过盗用或假冒他人身份证信息，接入网络服务，实施犯罪行为；网络实名制也进一步加大了网络运营商的管理成本与风险，一旦发生信息泄露事件，企业需要承担相应的法律责任；公民因实名制的要求，也需要将个人信息交由网络运营者管理，这也进一步增加了个人信息泄露的风险，当前的垃圾短信、骚扰电话的猖獗均说明了这一问题。[1] 有学者对全国 500 家网站的个人信息保护水平做了实证分析，发现绝对大数网站在积极收集个人信息，但不是每个网站都会公布相关隐私政策，即便是已经发布了隐私政策的网站，其个人信息保护措施在合规性、显著性和有效性等方面也难以达标。一般认为网络安全法目前在个人信息保护上的效果是有限的，迫切需要进一步加大执法力度。[2] 因此，当前网络实名制制度最为主要的问题在于：国家尚未建立完善的个人信息保护法律法规为用户的个人信息权利予以保障。例如，韩国政府废除网络实名制最为直接的原因便是网络用户个人信息的大面积泄露，而政府未能及时有效地避免实名制所带来的这一风险。[3]

因此，为了防止网络实名制对用户个人权益造成损害，必须通过进一步的信息保护立法对用户所享有个人信息权予以确权，并对网络运营者对其所收集的个人信息负有的安全保密义务、非授权禁止处理之义务予以明确，特别是在

---

[1]　刘德良：《网络实名制的利与弊》，载《人民论坛》2016 年第 2 期。

[2]　邵国松、薛凡伟、郑一媛、郑悦：《我国网站个人信息保护水平研究——基于〈网络安全法〉对我国 500 家网站的实证分析》，载《新闻记者》2018 年第 3 期。

[3]　董俊祺：《韩国网络空间的主体博弈对我国信息安全治理的启示——以韩国网络实名制政策为例》，载《情报科学》2016 年第 4 期。

刑法中，进一步对合法收集、但非法使用个人信息的行为加以规范，① 对政府机关及其他第三方机构对个人信息的查询行为制定严格的程序，以此谋求个人信息利益与公共安全利益之均衡，确保网络用户在承担提供信息之义务的同时，其信息权利亦能得到全面的保障。

2. 网络空间治理中要加强对网络言论自由权的保障

在网络空间治理中，如何规范公民在网络上的言行是实现风清气朗网络空间的关键。然而，网络安全法在明确公民网络言行禁止性范围的同时，也应当加强对网络言论自由权的保障，不应过分限制公民的网络表达权，进一步明晰不当言论处罚的边界，不得任意扩大处罚的范围。政府对于网络言论的管制是统一的自上而下进行管理，这种手段缺乏灵活性，加之网络技术的欠缺，过于简单的手段反而会对言论自由产生不合理的限制。② 有学者认为，网络权是基本人权在网络空间中的延伸，包括了上网权、网络言论自由权、网络隐私权和网络社交权。我国有必要加快网络权利立法，明晰网络权利的保护途径，对于网络犯罪的构成要件必须清晰明确，不能成为模糊的"口袋罪"。③

因此，我国未来在网络空间的治理框架中，在强调政府对公民网络不当行为管制的同时，也应当加快对公民网络权利保护法的建设，确保公民合法合理言论的自由表达权，严格且明确的限定非法与合法的边界。正如习总书记所言，"对广大网民，要多一些包容和耐心，对建设性意见要及时吸纳"；"对于网上那些出于善意的批评，对互联网监督，不论是对党和政府工作提的还是对领导干部个人提的，不论是和风细雨的还是忠言逆耳的，我们不仅要欢迎，而且要认真研究和吸取"。④ 所以，在对公民网络言行进行管制时，要慎用刑事责任，特别在将传统刑法罪名引入网络领域时，必须防止将传统罪名体系中已经存在的口袋罪刑带入网络空间中，以免引发更大的口袋罪行问题。为此，立

---

① 陈璐：《论〈网络安全法〉对个人信息刑法保护的新启示——以两高最新司法解释为视角》，载《法治研究》2017 年第 4 期。

② 何志鹏、姜晨曦：《网络仇恨言论规制与表达自由的边界》，载《甘肃政法学院学报》2018 年第 3 期。

③ 何勤华、王静：《保护网络权优位于网络安全——以网络权利的构建为核心》，载《政治与法律》2018 年第 7 期。

④ 习近平：《对广大网民，要多一些包容和耐心》，载中国新闻网：http：//www.chinanews.com/m/gn/2016/04-19/7840186.shtml？from＝timeline&isappinstalled＝0。

法者应当结合网络空间与现实社会存在的差异性问题，对相关罪行的关键词在网络空间中的用法加以解释，尽快针对网络空间多发问题的罪行出台相关司法解释，建构与之相适应的立案标准体系。①

3. 加强对网民的普法教育宣传

作为网络空间的直接参与主体，公民是否能够自己遵守网络行为规范，对于实现网络空间综合治理目标的实现至关重要。因此，政府应当加大对网络规范的普法宣传与教育，进一步加大网络公民自我守法意识的提升。同时，应当结合网络空间的"自治"特点，侧重从网络技术性手段及时消除公民网络不良行为。② 在《中央宣传部、司法部关于在公民中开展法治宣传教育的第七个五年规划（2016—2020 年）》中，"大力宣传互联网领域的法律法规，教育引导网民依法规范网络行为，促进形成网络空间良好秩序"是其中的重要内容。各级司法部门可以通过发布公民网络违法行为的典型案例、制作网络公民法律宣传片、通过主流社交媒体网站推送网络行为规范等一系列活动，提升网民的法律知识与守法意识。此外，积极推进社会信用体系建设，在互联网领域建立上网个人的网络信用档案，推进网络信用信息与其他社会信用信息的共享，建立网络黑名单制度等，进一步促进公民在网络空间中的自我监督。

---

① 于志刚：《"双层社会"中传统刑法的适用空间——以"两高"〈网络诽谤解释〉的发布为背景》，载《法学》2013 年第 10 期。

② 秦前红、陈道英：《网络言论自由法律界限初探——美国相关经验之述评》，载《信息网络安全》2006 年第 5 期。

第十章
加强网络国防建设的法治保障

随着信息技术的不断发展，互联网、大数据、云计算、区块链技术等对人类生活的方方面面都产生了巨大影响，在国防与军队建设领域也同样如此。各类信息技术的运用，不仅重塑了现代化战争的战争形态、作战样式与制胜机理，而且对军事管理、军事后勤保障、政治工作等提出了诸多新要求。随之而来的问题是，国防与军队建设面临着更加复杂、多样的技术难题与挑战。为了维护军事信息与网络安全，传统的应对策略是从技术层面入手，强化各项技术与设备的可靠性与安全性，但还应辅之以法律手段，健全相关的法律制度机制，加强法治保障。

一、网络国防的提出及其语词表达的合理性确认

(一) 网络国防的概念背景

网络国防建设的提出，契合了维护国家网络利益的紧迫需求。但由于网络空间的虚拟性、开放性和脆弱性，网络国防虽然与边防、海防空防同为国防的下位概念，但其面临的威胁和挑战更多，而且防护难度更大。将既有国防法律适用于网络国防时，有可能出现一定的"翻译"问题。

其一，网络空间的威胁主体呈现多元化特点，本国公民或组织，他国政府、公民或组织等都有可能危及网络国防。只要掌握先进网络技术，个人就可以对抗国家，导致网络空间中的"个人威胁"和"少数人威胁"防不胜防。在2013年爆发的"棱镜门"事件中，斯诺登以一己之力冲击美国的网络安全体系

即是明证。

其二，网络空间内进攻与防御的不对称性显著增强。以发动网络攻击为例，发动攻击与造成损害之间的间隔大大缩短，使得事后的网络防御基本不产生作用，而更强调事前全方位的网络实时监控。而且对网络攻击进行追责的难度较大。攻击源追踪面临的最大问题在于攻击者可以冒充身份，通过认证来骗取信任。因此即使受害国可以追踪到网络攻击的源头是另外一个国家的电脑服务器，也很难因此而断定网络攻击与该国政府存在联系。

其三，网络攻击损害范围广，不仅会破坏网络系统、窃取网络信息，而且还会影响社会经济发展和人民正常生活，甚至有可能造成人员伤亡。更重要的是，网络空间的出现和网络技术的发展深刻地改变着未来战争形态和作战样式。一方面，网络空间已经成为联合作战的作战区域，在陆、海、空、天、网领域内进行的一体化联合作战成为信息化战争的基本形式。另一方面，网络战也已发展成为一种单独的作战样式，目前国际公认的网络战行动主要包括：2007年爱沙尼亚遭遇的大规模网络攻击、2008年俄罗斯与格鲁吉亚之间的网络战争、2011年美国通过"震网"和"火焰"病毒攻击伊朗布什尔核电站等。

其四，网络煽动严重威胁国家意识形态，尤其是网络意识形态领域的安全，而且这种损害更加难以评估，持续时间更长。当前，西方国家借助网络空间开展的意识形态颠覆愈演愈烈，这种网络煽动也波及了部分青年官兵。一方面，"军队非党化、非政治化""军队国家化"等错误政治观点借助网络广泛传播，一定程度上动摇了官兵的政治信念，使官兵对军队与党、国家、政府的关系产生了错误理解。另一方面，反华势力大力鼓吹自由主义、个人主义、拜金主义等腐朽思想，不断腐蚀着部分官兵的人生观和价值观，使我军的光荣传统和优良作风受到了巨大冲击。因此亟待开展网络国防建设，维护网络意识形态领域的安全，促使广大官兵自觉抵制网络上出现的各种有关军队性质等的错误思潮，不受错误政治观点和腐朽价值观的侵蚀。

网络安全威胁呈现的这些新特点，对传统网络安全体制提出了挑战。相比地方政府和军队系统"分离"色彩明显的现行体制，网络国防建设的提出与开展，更有利于从国家层面对网络空间各种安全威胁进行统筹应对。网络国防建设的开展，不仅适应了国家战略利益拓展的需求，更是总体国家安全观在网络空间的具体实践。因此要结合网络国防的特殊内涵，对既有的国防法律制度进行创新，以更好地维护和巩固网络国防。

在使用网络国防这一概念时，面临的首要质疑是：网络国防能否成立，即在网络空间这样一个虚拟、开放的空间中，是否存在类似于边防、海防、空防的防卫活动。早在 1997 年，就有军内学者提出了网络国防概念。从 2011 年起，有数位学者使用了这一概念，给出了网络国防的几种定义，围绕网络国防的概念、范围与战略对策等内容进行了初步探讨，相关成果集中体现于《国防大学学报》《军事学术》《国防科技》等军事学术期刊中。从 2012 年起，《中国信息安全》刊发了大量以网络国防为主题的论文，说明这一提法逐步得到了地方学者的认可。此外，绝大多数成果是在普及性、报道性文章中使用网络国防的表述。还应当注意到，有数位作者在提到网络国防表述时使用了引号。①

（二）从传统语境到网络时代：国防概念的重新审视

"国防"一词在历史上的用法有两种，而且都是在原始国家形态出现之后。一种出自《后汉书·孔融传》，认为礼仪事关国体，必须严明，谨防僭越，故称国防，这种用法与现代含义相差甚远。第二种用法泛指国家反对他国入侵，维护本国领土和主权不受侵犯的防卫活动。从传统的国防思想，到现代的国防理论，国防概念的核心都一直体现于此。但无论是领土，还是主权，其范围都十分广泛。领土的维护不单指实体的国土面积，更是指领土之上的所有国家利益。主权的维护也不单指这一国家的最高权力，而是指能够体现国家最高权力的所有事项。因此国防维护实质上是位于一国领土之上或体现一国主权的全部国家利益，领土只是一定的空间载体，主权则是对这些国家利益的高度概括。

国防的范畴是不断发展变化的。一方面体现为手段的变化，即从武力手段向综合手段的转变。国防不再是一个单纯的军事概念，而体现为囊括军事、经济、科技等多种手段的综合较量。另一方面体现为范围的扩大，随着人类认识水平的提高和活动空间的拓展，领海、领空等陆续被纳入国防的范畴。因此，我们也要用发展的观点来审视国防概念。在网络时代中，国家政治、经济、文化、军事等方面的利益在网络空间得以体现，各国社会经济的发展越来越依赖于网络空间。网络空间具有开放性和脆弱性，网络干涉、网络攻击、网络犯罪、网络恐怖主义等安全隐患层出不穷。但现有的国防理论和制度均是针对实

---

① 武成刚：《加快中国"网络国防"建设的战略思考》，载《国防科技》2012 年第 3 期；叶征、宝献：《"网络国防"脆弱，后果不堪设想》，载《中国青年报》2011 年 12 月 9 日。

体的陆、海、空、天而言，并未包括网络空间，难以维护国家网络利益和网络安全。网络空间中的国防建设已经成为一个急需解决的新课题。

(三) 网络国防的理论基点：网络利益边疆

作为一个虚拟空间，网络空间中不存在"某国的网络空间"这种提法，也无法简单划定国家之间的网络界限。在现有研究成果中，已经有学者尝试划定网络边疆的范围。郝叶力认为网络边疆的界限是变化的、非连续的，需要根据网络建设能力、利用能力和控制能力划分，并提出："网络疆域＝已建网络+控制网络–被控网络"。郭世泽认为网络边疆是"一国网络主权范围内所有的网络设施及关联服务"，其中显性部分是指一国的网络基础设施，隐性部分是指国家专属的互联网域名及金融、电信、交通、能源、交通等关系国计民生的重要网络系统。

借鉴国际关系理论中利益边疆的概念，可以认为，网络国防成立与否取决于各国之间的利益界限，也就是利益边疆能否划定。利益边疆是领土边疆的拓展概念，指的是国家利益的界限和范围，它没有明确的地域指向性，而强调利益的渗透性和辐射性。[1] 进入工业化时代以后，西方国家通过大量掠夺殖民地扩展了本国的势力范围。经济全球化进程的深入和网络经济的迅猛发展，使得国家利益，尤其是经济利益和安全利益，进一步突破了本土地理疆界向全球拓展。西方国家不再满足于将自己的国家利益局限在本国领土范围之内，纷纷从维护自身利益需要出发确定其战略控制范围，认为只有当利益边疆大于地理边疆时，国家安全才能得到足够保障。[2] 利益边疆的拓展，不仅体现为从本国领土扩展到他国领土，也包括从实体空间扩展到虚拟空间，网络利益边疆的出现就是重要体现之一。对中国来讲，加强网络国防建设也是为了维护我国的网络利益，因此可以将网络利益边疆视为网络国防概念的理论基点。

尽管网络空间是虚拟的，但其中发生的各种法律关系，以及不同主体的利益都是真实存在的。对于不同的网络利益，无论其主体是公民、组织、企业还是政府，都可以根据其国籍来判断属于哪个国家。国家的网络利益边疆，就是网络空间中一国所有利益的集合，既包括政治、经济、文化、军事、生态等不

---

① 杨成：《利益边疆：国家主权的发展性内涵》，载《现代国际关系》2003 年第 11 期。

② 于沛：《从地理边疆到"利益边疆"——冷战结束以来西方边疆理论的演变》，载《中国边疆史地研究》2005 年第 2 期。

同领域的利益，也包括政府、企业、公民、非政府组织等不同主体的利益。只要是属于我国的合法网络利益，都应该受到政府保护。将这些具体的网络利益集合在一起，就可以初步勾勒出各国网络利益边疆的基本范围。网络利益边疆的存在，为网络国防的成立奠定了基础。

(四)网络国防的理论内核：网络主权

国家能否对网络利益边疆进行管辖，也直接关系着网络国防的成立。国际法上围绕网络空间的治理主要有三种不同观点。第一种是网络空间自主权说，认为网络空间与工业社会截然不同、相互排斥，应该被视为一种具有独立性和全球性的市民社会，完全脱离于国家主权管辖。① 这种观点出现于互联网诞生初期，在现在已经严重落伍而被逐步摒弃。

网络空间全球公域说认为，网络空间具有全球属性，构成全球公域(global commons)。这种观点主要由美国主张，借此维护网络霸主地位，排斥其他国家对互联网事务的主权管辖。② 目前，各国公认的全球公域包括深海、外层空间以及南极大陆。一般认为，决定全球性空间是否构成公域的因素有两个：公共拥有而且无主，没有国家或国际行为体能对其进行控制。其一，全球公域是公共拥有而且无主的。国际社会是唯一的所有权人，任何国家都不会对其某个具体部分拥有所有权。③ 但网络空间建立在特定的网络基础设施之上，这些网络基础设施具有明确的主权属性，属于特定的国家。根据网络利益的主体，可以划定出各国的网络利益边疆。所以网络空间，尤其是网络利益并非公共拥有。其二，全球公域中没有国家或国际行为体能够进行控制。自诞生之日起，网络空间的运作和利益分配过程中一直充斥着激烈的权力斗争。美国目前掌握着绝大多数的互联网关键资源，具有较强的控制权，而且一直在为巩固其控制权而努力。所以，网络空间并不构成全球公域。

---

① 网络空间自主权说的代表作是 John Perry Barlow 的 *A Declaration of the Independence of Cyberspace* 一文，https：//projects. eff. org/~barlow/Declaration-Final. html。
② 2011 年，白宫发布《网络空间国际战略》，表示美国将继续反对任何试图将互联网分裂的努力。2012 年 12 月，国际电信联盟管理国际网络空间的多边谈判中，美国代表团团长明确表示不同意签署一份改变互联网现有管理结构的新条约。
③ 杨剑：《美国"网络空间全球公域说"的语境矛盾及其本质》，载《国际观察》2013年第 1 期。

网络主权学说将国家主权原则适用到了网络空间。国家主权原则是一项公认的国际法基本原则，国际法原则宣言明确了其具体内容。网络主权赋予各国政府依法管理国内网络基础设施、网络活动和网络意识形态领域，独立平等地参与网络空间国际治理，受到他国网络武力攻击时行使网络自卫权的权利。这一学说是对主权原则、民主思想和国家自保权的继承发展，反映了绝大多数国家维护网络主权独立、参与网络国际治理的愿望，因而受到广泛认可。2003年信息社会世界峰会第一阶段会议通过的《日内瓦原则宣言》第 49.1 条，以及2005 年第二阶段会议通过的《信息社会突尼斯日程》第 35.1 条都有关于网络主权的表述。2013 年 6 月，联合国信息安全政府专家组报告中更是明确指出，国家主权和由国家主权衍生出来的国际准则与原则，适用于国家开展的信息通信技术相关活动，也适用于各国对本国领土上信息技术基础设施的司法管辖。

中国一贯主张网络主权。2010 年《中国互联网状况》白皮书指出，中国境内的互联网属于主权管辖范围，中国互联网主权应受尊重和维护。2015 年新修订的国家安全法第 25 条提出要"建设网络与信息安全保障体系，提升网络与信息安全保护能力……维护国家网络空间主权、安全和发展利益"。2016 年颁布的网络安全法第 1 条也提出，该法立法目的在于"保障网络安全，维护网络空间主权和国家安全、社会公共利益，保护公民、法人和其他组织的合法权益，促进经济社会信息化健康发展"。以网络主权为依据，各国有权对本国网络利益边疆进行管辖和自卫。为了维护网络利益边疆的安全状态，国家就需要开展一定的军事活动及其他活动，即网络国防建设。

二、网络国防的具体内涵与表达优势

在对网络国防的语词表达进行合理性论证的基础上，需要进一步阐明其具体内涵，以及网络国防比之于现有其他类似表述所具备的优势。

(一) 网络国防的具体内涵

现有学术研究中，大多是将"网络国防"作为约定俗成的词组使用。如有学者认为网络国防，即是指网络空间的国家防御。① 关于网络国防的具体定义

---

① 温百华：《网络国防，美军如何"亮剑"》，载《解放军报》2017 年 5 月 9 日。

主要有两种。第一种由国防大学武成刚博士提出，他认为网络国防是为应对网络空间战争威胁和安全挑战，围绕维护网络空间安全利益和网络空间控制权而进行的一系列战略性、主动性、预置性、对抗性国防建设活动和相关行动。① 第二种由总参谋部郝叶力少将提出，郭世泽、秦安沿用了这种定义。他们类比国防的定义，充分考虑了网络空间的特殊性，将网络国防定义为：国家为防备和抵御网络侵略，守卫网络边疆，打击网络恐怖主义，制止网络意识形态颠覆，捍卫国家网络主权和网络空间安全所进行的军事及与军事有关的政治、经济、外交、科技、文化、教育等方面的活动。② 这两种定义尽管表述上存在较大区别，但思路一致，都提出了网络国防的目的、性质与主要内容。考虑到网络国防是国防的下位概念之一，而且国防法第 2 条关于国防的定义已经得到学术界公认，所以笔者倾向于采纳第二种定义的基本模式，但其内容有待商榷。笔者认为对网络国防进行定义时，应注意以下三点：

（1）网络国防的主要部分是军事活动。军事活动目的是应对武力使用，而网络武力使用的主要形式是网络攻击。以数据流为主要武器的网络攻击，并不因其发起于境内或境外而有所不同。尽管在网络攻击满足什么条件时构成武力使用的问题上，国际法仍未达成一致。但可以肯定的是，网络国防的首要目的是维护军事层面的网络安全，即应对网络武力使用，或者说应对大规模网络攻击。

（2）国防维护的是国家的主权、统一、领土完整和安全。与此相对应，网络国防维护的是国家的网络主权与网络安全。在网络空间中，不存在网络是否统一的提法，而网络边疆是一种无形的利益边疆，不同于陆海空等范围基本确定的实体领域，因此也不存在是否完整的提法。

（3）网络国防也包括两个部分：军事活动、其他相关的非军事活动。非军事活动主要包括打击网络恐怖主义、制止网络意识形态颠覆等。考虑到美国为首的西方国家开展的网络意识形态颠覆愈演愈烈，这种以网络言论为载体，以思想渗透为手段的软性武力也受到了更多的关注。

综上，网络国防是国家为防备和抵抗大规模网络攻击，保卫国家网络利益

---

① 武成刚：《加快中国"网络国防"建设的战略思考》，载《国防科技》2012 年第 3 期。
② 郝叶力：《论网络国防建设战略管理问题及其总体设计》，载《国防大学学报》2012 年第 2 期；郭世泽：《网络空间及相关概念辨析》，载《军事学术》2013 年第 3 期；秦安：《论网络国防与国家大安全观》，载《中国信息安全》2014 年第 1 期。

边疆、网络主权和网络安全所进行的军事活动，以及与军事有关的政治、经济、外交、科技、教育等方面的活动。

(二) 网络国防利益的范围界定

我国刑法分则第 7 章专门规定了危害国防利益罪，这里所讲的国防利益是指满足国防需要的保障条件与利益，包括国防物质基础、作战与军事行动秩序、国防自身安全、武装力量建设、国防管理秩序等。同理，在论证网络国防概念表述的可行性、合理性基础上，需要进一步明确网络国防建设所面向的核心利益，即一国网络利益中与国防和军队建设紧密相连的利益类型。

网络国防利益首先应当包括关键性信息基础设施的安全运行状态。这种安全运行状态，既包括业务连续能力即确保信息基础设施具备"不间断可靠供给的能力"，也包括自主可控能力即关键设备和网络安全专用产品的自主研发与进口产品的认证检测。进入网络时代和网络社会后，各国政治、经济、社会、生态、军事领域的发展对网络的依赖程度越来越高。信息基础设施的范围广泛，维基百科将其定义为实现互联网应用所需的硬件和软件的集合。信息基础设施是网络运行的骨干和框架，是经济社会发展的重要基础。其中一些关键性信息基础设施的正常运行，直接决定着金融、电力、通信等关系国计民生的重要行业的发展，以及国家的政治和军事安全。在美国网络安全战略的演变过程中，关键性信息基础设施也一直都是最基础、最明确的目标，美国还确立了"预防、防御和恢复"的主要方针。2017 年 5 月，美国总统特朗普签署《增强联邦政府网络与关键性基础设施网络安全》行政令，提出要对奥巴马总统于 2013 年签发的第 21 号总统行政指令中所规定的关键基础设施名单(化学、商业设施、通信、关键制造、大坝、国防工业基础、紧急服务、能源、金融部门、食品与农业、政府设施、医疗与公共健康、信息技术、核反应堆与核材料及废料、交通系统和水与污水系统等 16 个领域)进行评估整改。

我国网络安全法第 31 条将关键信息基础设施的范围界定为公共通信和信息服务、能源、交通、水利、金融、公共服务、电子政务等，以及其他一旦遭到破坏、丧失功能或者数据泄露，可能严重危害国家安全、国计民生、公共利益的重要行业和领域。结合网络安全法第 78 条关于"军事网络的安全保护，由中央军事委员会另行规定"，可以看出现行网络安全法的规定主要是针对民用网络与基础设施，并未涉及军用网络与基础设施。2017 年 7 月，国家互联网信息办公室会同相关部门起草了《关键信息基础设施安全保护条例（征求意见稿）》（以下简称征求意见稿），并向社会公开征求意见。该征求意见稿第18条将五类单位纳入了关键信息基础设施保护范围，分别是：政府机关和能源、金融、交通、水利、卫生医疗、教育、社保、环境保护、公用事业等行业领域的单位；电信网、广播电视网、互联网等信息网络，以及提供云计算、大数据和其他大型公共信息网络服务的单位；国防科工、大型装备、化工、食品药品等行业领域科研生产单位；广播电台、电视台、通讯社等新闻单位；其他重点单位。该征求意见稿同时还明确了国家行业主管或监管部门的支持保障义务与运营者的安全保护义务，以及相应的监测预警、应急处置和监测评估机制。该征求意见稿中，也未涉及军事关键信息基础设施的安全保护问题，其中，第54条明确提出这一问题需要由中央军事委员会另行规定。

网络国防利益还应当包括国家对境内网络信息流动的控制权。网络系统传输和处理的对象是信息，因此信息内容和信息传播的安全也需要加以维护。内容安全主要是针对用户的利益和隐私而言，强调对信息保密性、真实性和完整性的保护。传播安全主要体现为信息过滤，即防止和控制非法、有害信息的传播。在中国，对信息流动的控制主要体现为敏感词过滤制度。敏感词是指带有敏感政治倾向、反执政党倾向、暴力倾向或不健康色彩的词语。一旦公民的网络言论包含了提前设定的敏感词，发言就会被禁止或者关键词被屏蔽。这一制度主要是为了禁止利用网络传播非法、有害信息，维护网络意识形态领域的安全，保护未成年人健康成长。但敏感词过滤制度在一定程度上损害了公民的言论自由和知情权，因而在实践中受到了很大的质疑。美国对信息流动的控制包括两个方面，一是防范其他国家情报机关的情报搜集工作，二是加强对国内特定信息流动的监控与分析，为反恐提供必要的情报支持，棱镜计划即是其具体体现。此外，美国还尝试控制国际范围内的信息流动，以倡导所谓"互联网自由"。

（三）网络国防的语词表达优势

相比于目前使用较为频繁的"网络安全""网络战"等表述，"网络国防"的表达具备明显的优势。与"网络安全"相比，"网络国防"的表述具有宏观性与动态性。通常认为，国家安全是一个国家既没有外部威胁和侵害，也没有内部混乱和疾患的客观状态。根据国防法的规定，国防是指国家为防备和抵抗侵略，制止武装颠覆，保卫国家的主权统一，领土完整和安全所进行的军事活动，以及与军事有关的政治、经济、科技、教育等方面的活动。因此，国家安全与国防的"属"
并不相同。这种区别同样存在于网络安全与网络国防之中。一方面，网络国防是
达到网络安全这一客观状态的必要手段，服务于网络安全，具有动态性。另一方
面，网络安全不加区分地包含了网络空间中经济、政治、文化和军事等所有层面
的安全，既包含了运行系统、系统信息、信息传播安全等微观层面，也包含了国
家互联网整体安全状况这一宏观层面，网络国防关注的不再是全部信息或系统的
安全，而更加聚焦于网络空间中的国防和军事利益。

与"网络战"相比，"网络国防"的表述具有全面性与防御性。网络战只是
对网络空间战时状态的表达，强调进入战时状态后网络进攻行动与网络防御行
动的开展，而忽视了其平时状态。相比之下，网络国防的表述既包含了战时状
态下的网络作战，也包含了平时的网络安全防护、官兵保密教育、网络部队建
设等方面，内容更加全面。另外，作为一个负责任的大国，我国长期奉行和平
共处五项原则，实行防御性国防政策，不太可能主动对他国发动网络战，因此
"网络国防"的表述更加贴切。

三、网络国防利益侵害行为的类型化规制

一般认为，网络国防侵害行为包括网络犯罪、网络恐怖活动、网络武力攻
击、网络煽动等。从构成要件来看，不同网络国防侵害行为的行为手段与方法
均比较接近，相互之间的区别主要体现在行为主体的主观目的方面。目前，针
对我国网络国防利益的各类侵害行为愈演愈烈，威胁着我国关键网络基础设施
和网络意识形态领域的安全，严重损害了我国的网络主权。此部分将结合国际
法与刑法相关规定，对不同侵害行为的法律规制状况进行梳理。

(一) 网络空间的武力使用与武力攻击

武力使用是国际法上的核心问题之一，网络国防的首要目的就是应对网络
空间中的武力活动，维护国家的军事安全。国际法上对这一问题的研究更多的
是结合国际法一般原则从理论层面展开的，《塔林手册》率先对已有的理论成
果进行了系统归纳。禁止使用武力或以武力相威胁，是国际法上的一项基本原
则，其法律依据是《联合国宪章》第 2 条第 4 款。在使用及威胁使用核武器的合
法性咨询意见中，国际法院认为宪章的这一规定必须适用于任何使用武力的情

形，而与使用何种具体武器无关。① 这就意味着，网络空间中同样禁止使用武力或以武力相威胁。

容易与武力使用（use of force）相混淆的一个概念是武力攻击（armed attack），两者在判断标准和法律后果上均有明显区别。根据联合国宪章第51条的规定，受到他国的武力攻击时，受害国才可以行使自卫权，但宪章并未明确界定武力攻击的具体含义。国际法院在尼加拉瓜案中提出，武力攻击的判断标准是范围与效果（scale and effects）。② 同理，网络武力使用与网络武力攻击的法律依据、判断标准与法律后果也存在明显区别。《塔林手册》的规定和条款说明部分对此问题作了详细阐述，如下表所示。但这种说明仍然只是一种描述性的。③ 概括地讲，网络武力使用与网络武力攻击的成立主要取决于其范围和效果，发起者的身份和意图也属于需要考察的因素。另外，武力攻击的成立条件明显高于武力使用（见表10-1）。

（二）针对关键网络基础设施的网络犯罪

网络犯罪是目前最常见、最广泛的网络安全威胁，因而受到世界各国的高度关注。2001年，26个欧盟成员国与美国、加拿大、日本和南非共同签署了《网络犯罪公约》（Cyber-crime Convention），这是第一部针对网络犯罪行为订立的国际公约。该公约规定了非法进入、非法拦截、数据干扰、系统干扰、设备相关权利滥用、伪造电脑资料、电脑诈骗、涉及儿童色情的犯罪、侵犯著作权及的犯罪9类犯罪行为。我国是该公约的观察国。

我国刑法规定的网络犯罪，包括以计算机为工具的网络犯罪和以计算机为对象的网络犯罪。前者是利用计算机和网络实施的其他犯罪行为，体现为第287条利用计算机实施犯罪的提示性规定。后者侵犯的是计算机的信息系统安全，第285条规定了非法侵入计算机信息系统罪，非法获取计算机信息系统数

---

① International Court of Justice. Legality of the Threat or Use of Nuclear Weapons, para41, 1996.

② International Court of Justice. Case Concerning Military and Paramilitary Activities in and Against Nicaragua, Nicaragua v. United States of America, para195, 27 June 1986.

③ Tallinn Manual on the International Law Applicable to Cyber Warfare, prepared by the International Group of Experts at the Invitation of the NATO Cooperative Cyber Defence Centre of Excellence, Cambridge University Press, 2013.

表 10-1 　　　　　　　网络空间中武力使用与武力攻击的判断与应对

内容	法律依据	判断标准	应对措施
构成武力使用的网络危机	《联合国宪章》第 2 条第 4 款：各会员国在其国际关系上不得使用威胁或武力，或以与联合国宪章宗旨不符之任何其他方法，侵害任何会员国或国家之领土完整或政治独立 《塔林手册》第 10 条：针对他国领土完整和政治独立而威胁或使用武力的网络行为或以任何不符合联合国宗旨的方式进行的网络行动，都是非法的	网络行动范围和效果堪比达到武力使用层级的非网络行动时，构成武力使用 越符合以下标准，越可能构成武力使用： 1. 严重性 2. 即刻性 3. 直接性 4. 入侵性 5. 效果可测性 6. 军事性 7. 国家参与	受害国可诉诸网络对抗措施在内的合比例对抗措施： 1. 确定国际不法行为存在 2. 由受害国采取，直接针对实施了不法行为的国家 3. 对抗措施需在不法攻击行为尚未终止时实施 4. 对抗措施要尽可能具有暂时性和可逆性 5. 对抗措施不得影响：不得使用武力或以武力相威胁的义务、保护基本人权的义务、禁止报复的义务及其他国际法强制性义务，不得损害其他国家的合法权益
构成武力攻击的网络危机	联合国宪章第 51 条：联合国任何会员国受到武力攻击时，在安全理事会采取必要办法，以维护国际和平及安全之前，本宪章不得认为禁止行使单独或集体自卫之自然权利 《塔林手册》第 13 条：达到武力攻击层次的网络行动的目标国，可实施天然的自卫权	网络行动是否构成武力攻击取决于其范围和效果： 1. 考察所有可预见的合理结果 2. 考察网络行动的目的和效果 3. 考察行动的发起者 4. 考察行动目标 5. 他国发起的网络攻击可能对我国造成外溢效应	受害国可以行使其天然的自卫权： 1. 必要性。需要使用武力才能成功地击退即将发生的或秘密的武力攻击 2. 合比例性。即便使用武力被认为是合法的，也有范围和强度的限制 3. 急迫性。既包括攻击后果开始显现的场合，也包括正在引起损伤后果的场合 4. 网络自卫权的行使须立即向联合国安理会报告

据、非法控制计算机信息系统罪，提供侵入、非法控制计算机信息系统程序、工具罪。第 286 条规定了破坏计算机信息系统罪，包括三种具体类型：破坏计

算机信息系统功能，破坏其中存储、处理或者传输的数据和应用程序，故意制作、传播计算机病毒等破坏性程序。《关于维护互联网安全的决定》第 1 条第 3 项还规定，违反国家规定，擅自中断计算机网络或者通信服务，造成计算机网络或通信系统不能正常运行，构成犯罪的，依照刑法有关规定追究刑事责任。《关于办理危害计算机信息系统安全刑事案件应用法律若干问题的解释》，为惩治危害计算机信息系统安全的犯罪提供了更加详细的依据。

刑法的上述规定集中于分则第 6 章妨害社会管理秩序罪，可见立法本意只是将网络犯罪，尤其是以计算机为对象型犯罪的保护法益确定为"社会管理秩序"，而没有更具体地划分可能侵犯的法益。《关于维护互联网安全的决定》第 1~5 条根据侵害法益的不同对网络犯罪进行了划分，共包括五类法益：互联网的运行安全，国家安全和社会稳定，社会主义市场经济秩序和社会管理秩序，个人、法人和其他组织的人身、财产等合法权利，其他法益。从这种规定方式可以看出，网络犯罪侵犯的法益范围很广，既包括个人、集体利益，也包括国家利益。并非所有网络犯罪都构成网络国防危害行为，因为网络国防危害行为对国家安全的威胁是通过损害网络国防利益而实现的。结合前文对网络国防利益的界定，可以认为以关键网络基础设施为侵害对象，并且实施了侵入或破坏行为的才构成网络国防危害行为。刑法第 285 条第 1 款将非法侵入计算机信息系统罪的适用范围限制在侵入国家事务、国防建设、尖端科学技术领域的计算机信息系统的场合。① 刑法其他条款与有关司法解释中，对"情节严重""情节特别严重""后果严重""后果特别严重"的界定，主要是从犯罪数额、数量、次数等角度进行的，而没有考虑到不同的网络系统和系统数据重要程度不同，有必要对重要程度不同的网络系统和数据适用不同的量刑标准，以更好地维护网络国防利益。

(三) 网络恐怖活动

网络恐怖活动是恐怖活动向网络空间的扩张。一方面，网络技术的发展为传统恐怖活动的组织、策划和实施提供了便利，恐怖组织开始利用网络平台招募人员、募集资金、散布恐怖信息、传播暴恐思想、传授暴恐技术。另一方

---

① 特定的计算机信息系统是否属于"国家事务、国防建设、尖端科学技术领域"，应当委托省级以上负责计算机信息系统安全保护管理工作的部门检验，司法机关根据检验结论，结合案件具体情况认定。

面，恐怖分子开始实施旨在损害和破坏特定网络基础设施，尤其是水利、电力、通信、金融、交通等重要网络系统正常运行的恐怖活动。相比于传统恐怖活动，网络恐怖活动的费用更低、更加隐蔽，而且可以远程实施，攻击目标的种类和数目巨大，影响范围广泛。网络恐怖活动的这些特性，使其防范和控制成为一个国际性难题。

国际范围内已经有相当多的公约对恐怖活动进行了规制，而且联合国也开始关注到了网络恐怖活动。2013 年，联合国安理会第 2129 号决议对恐怖分子利用互联网从事恐怖行为表示严重关切，并要求联合国反恐机构同各国、有关国际组织加强打击力度。2014 年，第 68 届联大会议通过决议，首次在全球反恐战略的框架内写入了打击网络恐怖活动的内容。

近年来，以"东伊运"为首的"东突"恐怖势力大搞网络恐怖主义，借助网络发布了大量的恐怖音频和视频，严重威胁着我国的国家安全。目前我国还没有对网络恐怖活动，尤其是针对网络系统发起的恐怖活动进行专门规制，与恐怖活动有关的罪名主要有 3 个。刑法第 120 条第 1 款规定了组织、领导、参加恐怖组织罪，行为人一旦实施了"组织、领导、参加恐怖组织"的行为即构成犯罪，不要求已经实施特定的恐怖活动，量刑时主要考虑行为人在恐怖组织中发挥的作用，从"组织、领导""积极参加"和"其他参加"三个层面区别量刑。第 120 条第 3 款规定了资助恐怖活动罪，单位与自然人均可以构成本罪。第 291 条第 2 款规定了编造、故意传播虚假恐怖信息罪，行为人的责任形式为故意，并且只有造成客观危害结果时，才构成犯罪。从具体构成要件来看，这 3 种罪名也可以适用于针对或利用网络系统发起的恐怖活动。刑法对网络恐怖活动的规制，不仅要考察行为人在恐怖组织中所发挥的作用，而且要关注该组织实施的恐怖活动所造成的客观危害结果。通过侵入或破坏网络系统而造成特定设施的物理损坏或引发人员伤亡、财产损失时，也属于网络恐怖活动造成的危害结果，需要作为量刑情节予以考虑。在针对网络系统而发起恐怖活动的场合，还有可能同时构成刑法第 285 条和第 286 条规定的网络犯罪。

（四）网络煽动

网络煽动是指利用网络平台和网络技术手段对他国的网络舆论进行操纵和控制的行为。逐步崛起的中国目前已经成为西方国家网络煽动的主要目标。在去年召开的全国宣传思想工作会议上，习总书记明确指出了互联网对国家意识

形态安全和政权安全的极端重要性。从北非、中东地区的颜色革命，以及自
2013 年底以来乌克兰的动荡局势中，也可以清晰地看到网络意识形态安全维
护的重要性。西方国家通过网络窃取、拦截和攻击等方式，引导并操控了他国
的网络舆论，加深了民众的不满情绪，从而加剧了局势动荡。

　　目前，可以对网络煽动行为进行规制的刑法条款主要包括：第 103 条第 2
款(煽动分裂国家罪)、第 105 条第 2 款(煽动颠覆国家政权罪)和第 249 条(煽
动民族仇恨、民族歧视罪)。煽动的行为手段是劝诱、造谣、或者诽谤等，可
以通过口头或书面方式实施，其行为在实践中体现得相当复杂，刑法上并没有
具体的量刑标准。因此通过网络方式实施的，也构成煽动。另外，《关于维护
互联网安全的决定》第 2 条第 1 项和第 3 项对利用网络实施上述三种犯罪行为
进行了具体规定。2013 年发布的《关于办理利用信息网络实施诽谤等刑事案件
适用法律若干问题的解释》，范围则仅包括利用信息网络实施诽谤、寻衅滋
事、敲诈勒索、非法经营等刑事案件，并未涉及网络煽动行为。

　　煽动的目的是蛊惑人心，怂恿或鼓动他人实施违法犯罪。在网络煽动的场
合，具体体现为利用互联网造谣、诽谤或者发表、传播其他有害信息，被煽动
者主要会实施分裂国家、颠覆国家政权等行为。需要注意的是，被煽动者是否
听信煽动者的具体内容，是否实施煽动者所要求的行为，是否造成实际危害后
果，都不影响犯罪的成立。此外，根据刑法第 106 条的规定，与境外机构、组
织、个人相勾结，实施此类犯罪行为的应该从重处罚。第 107 条则规定，资助
实施此类犯罪行为的，直接责任人员也需承担相应刑罚。结合刑法第 6 条与第
8 条，外国人在我国领域内，或者在我国领域外对我国国家或公民犯罪时，可
以适用我国刑法。这就为管辖和规制境外人员或组织实施的网络煽动行为提供
了依据。

四、网络国防建设法治保障现状考察

　　目前，网络国防表述仍然停留于学术研究层面，尚未有任何一部法律涉及
网络国防问题。因此只能从那些应该属于网络国防范畴的问题入手，考察网络
国防建设的立法现状。

(一)普通部门法层面

　　2015 年，新修订的国家安全法第 25 条明确提出要"维护国家网络空间主

权、安全和发展利益"。2016 年通过的网络安全法，系统规定了网络安全支持与促进、网络运行安全、网络信息安全、监测预警与应急处置、法律责任等内容。但并未对军事网络的安全保护进行专门规定，而仅在第 78 条中提出，"军事网络的安全保护，由中央军事委员会另行规定"。

在国家法律层面，专门规制网络安全问题的还有《关于维护互联网安全的决定》(2000 年)和《关于加强网络信息保护的决定》(2012 年)。前者主要规定了利用互联网实施犯罪行为、违法行为与民事侵权行为的情形及相应的法律责任，其中第 1 条、第 2 条涉及对损害国家安全利益的网络犯罪行为的规制，是对刑法第 285 条、第 286 条的具体化。后者从维护公民、法人和其他组织合法权益的角度出发，着重规定了对公民个人电子信息的保护，对网络服务提供者施加了多项义务。电子签名法(2004 年通过，2005 年实施)规定了对电子签名的认证，及电子认证服务提供者的义务。人民警察法(1995 年通过，2012 年修订)第 6 条第 12 项规定，监督管理计算机信息系统的安全保护工作是人民警察的法定职责之一。

在行政法规方面，《计算机信息系统安全保护条例》(1994 年)对相关部门的职责进行了划分。根据该条例第 6 条，公安部主管全国计算机信息系统安全保护工作，国家安全部、国家保密局和国务院其他有关部门在国务院规定的职责范围内做好计算机信息系统安全保护的有关工作。《计算机信息网络国际联网安全保护管理办法》(1997)对该条例进行了细化，第 5 条和第 6 条分别规定了不得利用国际联网制作、复制、查阅和传播的信息的种类，以及不得从事的危害计算机信息网络安全的活动。《计算机信息网络国际联网管理暂行规定》(1997 年)对计算机信息国际联网进行了简要的程序性规定。2007 年，公安部、国家保密局、国家密码管理局、国务院信息工作办公室共同制定《信息安全等级保护管理办法》，确立了信息安全等级保护制度。该办法根据信息系统受到破坏后对不同利益(包括公民、法人和其他组织的合法利益，社会秩序和公共利益，国家安全)的损害程度，详细划分了信息系统的安全保护等级，并对信息系统运营、使用单位和国家信息安全监管部门提出了不同的要求。

2014 年，国务院发布《国务院关于授权国家互联网信息办公室负责互联网信息内容管理工作的通知》，授权重新组建的国家互联网信息办公室负责全国互联网信息内容管理工作，并负责监督管理执法。此后，国家互联网信息办公室会同相关部门大大加快了网络国防建设立法保障建设进程，除发布《关键信息基础设施安全保护条例(征求意见稿)》外, 还发布了《关于加强党政机关网站安全管理工作的通知》《关于加强党政部门云计算服务网络安全管理的意见》《网络产品和服务安全审查办法》《个人信息和重要数据出境安全评估办法(征求意见稿)》《关于〈网络关键设备和网络安全专用产品名录(第一批)〉的公告》等, 为维护关键信息基础设施的安全运行提供了具体指南。

总体而言, 网络安全问题上的分散化立法模式, 不仅容易导致法律规定之间的冲突、执法过程中的职权重叠、多头执法等现象, 而且与网络安全问题的战略意义也不匹配。

(二)军事部门法层面

网络技术的快速发展给国防和军队建设带来了全方位的挑战。早在海湾战争结束后, 我军就意识到了机械化作战的历史局限性, 并提出建设信息化军队的目标。党的十八大报告中, 更是明确提出要加紧完成机械化和信息化建设的双重历史任务。实践中, 信息化已经体现在了军队建设与发展的方方面面, 但相关军事立法还并不完善。目前已经颁布的 18 部军事法律中均未对网络问题, 尤其是网络安全问题进行专门规定。

在军事法规与军事规章层面, 笔者以“网络”“计算机”“互联网”等为关键词进行了检索。《中国人民解放军安全条例》主要调整军队为防范和处置事故, 保证人员、装备和财产安全而进行的活动, 目的是加强部队安全管理, 规范官兵安全行为, 促进部队全面建设。其中, 第 33 条第 5 项提及了对军队内部互联网、涉密计算机和涉密移动存储介质的安全防护措施。《解放军保密条例》的立法目的是保守军事秘密, 维护国家军事利益, 保障军队建设和作战的顺利进行。其中第 21 条规定: 存储、处理、传输军事秘密的技术设备、设施、系统、网络、场所等, 必须符合技术安全保密要求。其他涉及网络安全问题的军事法规、规章包括: 技术安全保密条例、计算机信息系统安全保密规定、军队计算机网络安全保密守则、通信保密规则、机关办公保密规定等, 所涉内容主要围绕“保密”而展开, 通过规范军事机关和军人对计算机与互联网的使用, 对军事网络和互联网络进行物理隔离, 来维护军事信息与网络的安全。

2014 年 10 月, 中央军委印发《关于进一步加强军队信息安全工作的意见》, 为军队信息安全工作的开展提供了重要遵循。意见提出, 要构建一个与国家信息安全体系相衔接、与军事斗争准备要求相适应的军队信息安全防护体系，并且明确了当前和今后一个时期军队信息安全工作的指导思想、基本原则、重点工作和保障措施。

在军队内部，网络被广泛提及还有另外一个层面，即网络战。但即使在这一日趋成熟的问题上，也没有相应的军事法规或规章。根据公开的资料，专业的网络部队建设速度与规模均难以满足信息化战争的需要。目前，我军的网络战实践还处于初步发展阶段，网络战实践的贫瘠，大大制约了相关军事法的发展。

（三）国际立法层面

网络空间是一个开放性空间，其治理过程天然地需要国际法的介入。网络空间的国际法规范包括平时的国际网络安全法（International Cyber Security Law）与战时的网络战武装冲突法（the Law of Cyber Armed Conflict）两部分。

平时的国际网络安全法方面，近年来，国际社会相关立法工作虽然有所进展，但总体较为缓慢。早在1998年，联合国大会已经就"国际安全背景下信息和电信领域的发展"问题通过了第53/70号决议。2010年7月，联合国制定了一项旨在削减计算机网络风险的条约草案，建议由联合国起草一份网络空间内的国际行为准则。2011年9月，我国与俄罗斯、塔吉克斯坦、乌兹别克斯坦等国共同向联合国大会第六十六届会议提交"信息安全国际行为准则"草案，呼吁各国在联合国框架内进一步讨论，以尽早就规范各国网络空间行为的国际规则达成共识。随后，吉尔吉斯斯坦和哈萨克斯坦加入成为共同提案国，这一准则也作为大会文件（A/66/359）分发，引起了各国高度重视和热烈反响。2015年1月，6个共同提案国结合所有方面提出的意见和建议，向联合国大会提交了新版"信息安全国际行为准则"（A/69/723），呼吁各国在联合国框架内就此展开进一步讨论，尽早就规范各国在信息和网络空间行为的国际准则和规则达成共识。新版准则提出了13条具体行为准则，目标是促进各国合作应对信息空间的共同威胁与挑战，以构建一个和平、安全、开放、合作的信息空间。该准则第13条明确指出：在涉及上述行为准则的活动时产生的任何争端，都以和平方式解决，不得使用武力或以武力相威胁。

总体而言，我国在网络空间国际立法进程中处于边缘化地位。一方面，是因为各国在网络空间的利益博弈相当激烈和复杂，网络问题国际规则的协商一致难以实现。在具有强制力或者约束力的国际规则达成之前，任何国家都不会在国家核心利益上做出让步，这又加剧了形成一致规则的难度。正如约瑟夫·奈所言，对于网络安全这一新兴议题，学者仍处于初始的学习和探索阶段，要制定出国际规范，还有很长的路要走。① 另一方面，在陆、海、空、天等战略空间的发展过程中，中国一般是在相应的国际规则已经成型之后才被动参与，这种被动状态也延续到了网络空间。国际网络立法中的现实困境，对中国来讲既是机遇也是挑战。中国应结合自身在网络空间的利益需求，提出自己的主张和建议，与其他国家共同推动规则制定进程，构建公平合理的网络空间国际行为准则体系。

五、完善网络国防建设相关普通部门法规定

毫无疑问，网络国防建设首先是一个技术问题，先进的网络态势感知能力以及先进的网络攻击与防御能力是巩固网络国防的必要条件。但网络空间长期的发展历程已经证实，漏洞存在的普遍性、后门的易安插性、计算机基因的单一性和防御的被动性共同作用，使得任何国家都难以从技术上或经济上完全掌控网络空间安全链的全部环节。因此通过技术手段巩固网络国防存在一定的局限，有必要从法律和制度层面探讨如何在不断追求技术更新的同时有效减少系统漏洞，提高资源配置效率，实现安全运行。加强网络国防建设法治保障，不仅需要修改或制定相关法律，更需要在这些法律中构建起具体制度框架，为网络国防建设提供实践指导。

(一) 完善网络国防建设的国防法表达

宪法是国家的根本大法，规定着国家社会生活中最根本、最重要的问题，这就决定了宪法规定不能事无巨细。而且宪法的修改程序也比较复杂，现行宪法自 1982 年通过以来共进行了五次修改。2018 年第十三届全国人民代表大会第一次会议通过的宪法修正案，对宪法序言和正文的多个条款进行了修改。但即使是修订后的宪法也没有顾及网络国防建设这一全新话题，缺少对网络国防甚至网络安全问题的直接规定。较为合适的宪法性依据应当是第 29 条第 1 款，即对中华人民共和国武装力量任务的笼统性规定。考虑到宪法作为国家根本大

---

① Joseph S. Nye. E-Power to Rise up the Security Agenda, NATO Review, http：//www. nato. int/docu/review/2012/2012-security-predictions/e-Power-cybersecurity/EN/index. htm.

法特殊的立法模式与修改程序，网络国防与网络主权等问题在宪法文本中予以明确表达的可能性与必要性依据并非足够充分。

但作为对传统国防和主权概念的拓展，网络国防与网络主权这种关系国家核心利益的根本观点、理念，应该在国防与军事建设的龙头法——国防法中得以明确。我国现行国防法颁布于 1997 年，此后未进行任何修改。其中，第 4 章(第 26、27、28 条)规定了边防、海防、空防的相关事项，分别与领土、领海、领空相对应。现行国防法文本中，并未有任何条款涉及网络国防、网络主权、网络安全等问题，当然这些内容对于 1997 年的立法者而言确实太过超前。但是，随着当前网络技术的不断发展，网络空间已经成为世界各国公认的战略空间之一。在此种新的战略形势之下，网络国防建设写入国防法自然不存在任何障碍。因此有必要对国防法第 4 章进行修改，为军队参与网络国防建设提供明确的法律支撑。

(二) 加强网络国防侵害行为的刑法规制

网络国防建设的战略地位极其重要，因此需要加强对网络国防侵害行为的规制，通过对相关国家和行为人的责任认定来维护我国的网络国防利益。在各类网络国防侵害行为中，除使用网络武力与网络武力攻击需要依赖国际法加以规制外，对网络犯罪、网络恐怖主义、网络煽动的规制均主要依赖于刑法的有关条款。

在完善现有刑法规定时，需要着重考虑几个因素：客观行为、损害后果、客观行为与损害后果之间的联系等。在现有刑法框架之下，虽然网络犯罪与网络恐怖主义活动涉及的罪名有所不同，但行为类型大多体现为网络攻击，如网络嗅探、口令破解、欺骗攻击、拒绝服务攻击、缓冲区溢出攻击、Web 攻击、木马攻击、计算机病毒等。随着网络战实践的不断丰富和扩展，各国以及国际社会开始尝试对网络攻击进行法律界定。① 可见，一项网络行动是否构成网络

---

① 1998 年美军《联合信息作战条令》将计算机网络攻击定义为：扰乱、剥夺、削弱或破坏存储在计算机和计算机网络中的信息、或对计算机和网络本身采取这些行动的作战行动。2006 年修订后的《联合信息作战条令》对计算机网络攻击进行了重新定义，要求这些作战行动必须是通过计算机网络实施的，这就意味着排除了通过动能武器对计算机和网络实施的作战行动。《空战和导弹战国际法手册》则在前述定义的基础上进一步囊括了控制计算机或计算机网络的行动。《塔林手册》1.0 则着重考察了网络攻击的损害后果，该手册第 30 条认为：被合理认为会引起人员伤亡或目标损坏的网络行动就是网络攻击，不论这种行动是进攻性的还是防御性的。

攻击，是由网络行动造成的损害后果决定的，只造成微量损害或破坏后果的网络行动不足以构成网络攻击。而且，损害后果并不限于对特定网络系统的影响，而应该包括任何可以合理预见的损害、破坏及伤亡后果。尽管《塔林手册》第30条的规定是针对个人或财产而言，但对损害后果并不应该做出这种限制。如果针对网络信息或数据而发起的网络行动损害了依赖于这些信息或数据运作的设施或物体，也意味着网络行动构成了攻击。从武装冲突法的人道主义目的出发，对公民造成的严重生理疾病或精神损害这种等同于人员伤亡的损害后果也应该考虑在内。此外，利用网络手段对特定目标的系统功能造成干扰，并且此种功能的恢复需要进行物理元件的重置时，也属于这里所讲的损害后果。

网络攻击与损害后果之间的因果联系也属于需要考察的因素之一，只有在这种因果联系成立的情况下，才可以将损害后果归因于特定的网络攻击行动。网络技术的特殊性和复杂性，加大了网络攻击的归责难度。一方面，查明攻击者的身份需要受害国的协助和长时间、高强度的调查。另一方面，即使受害国可以追踪到网络攻击的源头是另外一个国家的电脑服务器，也很难因此断定网络攻击与该国政府之间存在联系。计算机之间的相互交流建立在认证和信任的基础之上。攻击源追踪面临的最大问题就在于攻击者可以冒充身份，通过认证来骗取信任。目前常见的欺骗方式包括：IP欺骗、ARP欺骗、E-mail欺骗、DNS欺骗、Web欺骗等。间接攻击也是攻击者隐藏真实地址的一种重要方式，很多主机提供代理服务或存在安全漏洞，所以有可能被作为"跳板"对目标发动攻击，被攻击主机只能看到中间主机的地址，而无法获得攻击源主机的地址。《塔林手册》第7条认为，仅有一次网络行动由政府网络基础设施发起或者源于政府网络基础设施的事实，不足以将这次网络行动归责于该国政府，但这个事实可以显示出嫌疑国与网络行动之间有关联。

此外，在完善现有规定时，一个重要思路是考虑各类网络设施、系统和数据对国家安全、国防建设与国民经济发展的地位与作用，依其重要程度进行排序或区分，作为量刑的重要参考依据。一般来讲，网络设施、系统和数据的重要程度越高，相应的攻击行为造成的损害范围可能越广，损害后果可能越严重，因而需要适用更高的量刑标准。同时还应根据各类侵害行为的最新实践形态，进一步修订刑法相关规定，确保能够对各类侵害行为进行及时有效的规制。

六、加强军地协同立法进程

目前，网络安全法对网络安全维护职责的规定主要是针对各级政府部门，具体来讲，国家网信部门负责统筹协调网络安全工作和相关监督管理工作，国务院电信主管部门、公安部门和其他有关机关在各自职责范围内负责网络安全保护和监督管理工作。涉及军事机关的规定仅有该法第 78 条，该条规定，军事网络的安全保护由中央军事委员会另行规定。但在实践中，军用与民用之分只是在互联网络层面较为明显，在信息基础设施层面很难进行彻底隔离，这就决定了对民用关键性基础设施的攻击很有可能引发军事网络运行故障。而且从目前国际社会对网络武装冲突或网络战的界定来看，对各类民用的关键信息基础设施也可能间接损害军事网络利益，进而引发网络战，损害国家网络主权和网络安全利益。基于此种考虑，在网络国防维护过程中，不能将民用网络和信息与军用网络和信息截然对立。由此可见，网络国防建设对军民融合、军地协同的需求更加迫切，而且这种需求应该在网络安全法与其他相关法规中得以体现。因此，要加强军地协同立法进程，明确机构设置、技术交流、国防动员、国防教育等方面的军地协同机制，为网络国防建设提供更为有力的法治保障。

（一）强化军地网络机构协同运行

地方政府与军队需要整合涉及网络安全事务的相关机构，明确公安机关、国家安全机关、保密机关、工信部门和军队部门的具体职责，理顺机构之间的关系，确保各机构职责分明。2017 年中央网信办印发的《国家网络安全事件应急预案》划分了四级网络安全事件，分别为特别重大网络安全事件、重大网络安全事件、较大网络安全事件、一般网络安全事件，并明确了认定安全事件严重程度的具体标准。国家网络安全事件应对工作由中央网络安全和信息化领导小组办公室在中央网络安全和信息化领导小组的领导下统筹协调，建立了包括工业和信息化部、公安部、国家保密局等相关部门在内的跨部门联动处置机制。在必要时可成立国家网络安全事件应急指挥部，负责特别重大网络安全事件处置的组织指挥和协调。具体办事机构是国家网络安全应急办公室，日常工作由中央网信办网络安全协调局承担。在上述指挥机构中，均未涉及军队相关机构，即使是在严重程度最高的特别重大网络安全事件中。

一般来讲，政府负责民用网络和信息的安全维护，军队负责军事网络和信息的安全维护，以及战时状态下的网络作战行动。但这种职责划分并非一成不变，而只是一种常态化体现。当网络安全态势较为严重达到特定层级，或者威胁到军事网络、军事网络基础设施、军事信息安全时，应该允许军队网络部门介入，利用更加先进的网络攻防手段进行及时应对。十八届三中全会后，我国相继成立了中央网络安全和信息化领导小组与国家安全委员会，事实上已经为从国家战略高度对网络国防建设进行统筹安排提供了客观便利。因此有必要对现有《国家网络安全事件应急预案》进行适当修订，强化军地网络机构协同运行，建立健全情报共享、信息互通与协同运作机制。

（二）加强军地网络机构技术沟通

技术上的落后导致我国在互联网产业发展和网络国防建设上处于双重劣势。网络技术的进步一般需要耗费大量的人力、物力和财力，而信息技术的军民通用性和信息网络的相互关联性也使各国政府倾向于注重军队和地方的交流协助。更重要的是，真正有效的网络防御机制有赖于国产化的网络技术和设备，这样才能避免被外国企业植入后门。因此，我们要大力提高企业自主创新能力，加强军地网络技术的交流与共享，以实现网络和信息核心技术、关键基础设施和重要领域信息系统及数据的安全可控。物联网、云计算、区块链等新技术出现后，坚持军民融合发展，加强地方院校和企业对军队的技术支持显得更加迫切。

与此同时，军队也应加强对新型网络技术的研究运用，及时加以立法保障。以区块链技术为例，这一技术的出现为推动军事智能化发展提供了新的契机。一支现代化军队，必然是一支信息化、智能化军队。要建立世界一流军队，必须从思维理念、作战方式与管理方式等层面因应区块链框架带来的技术变革。区块链是一种整体性、基础性的技术框架，其深化发展将从整体上带动我军信息化、智能化发展水平，缩小目前各军种、各部门之间的信息技术差距。军事立法工作者也应当及时因应新型技术的出现给部队带来的多重影响，密切关注这些技术在军事领域的实践运用发展，确保相关军事法规制度能够适应技术发展的现实需求。

（三）做好网络国防动员工作

国防动员建设应该与国防安全需要相适应。在网络主权和网络国防利益频遭威胁，网络国防建设日趋紧迫的现实背景下，更需要做好网络国防动员工作。网络战与以往其他作战样式的一个重要区别在于，网络战的实施工具，如计算机软件和计算机技术的军民通用性比较强，这为国防动员开展提供了便利。

其一，要将网络民兵和预备役部队建设纳入人民武装动员的范围，更好地利用现有的互联网企业和计算机专业人才，使国防潜力转化为国防实力。从2006年开始，我国民兵建设的工作重心已经开始从农村向城市和交通沿线转移，编组单位则开始从国有企业向民营企业、从传统行业向高科技行业拓展。民兵建设的科技含量逐步提高，由平民组成的信息战民兵部队规模不断壮大，近年来，民兵队伍参与信息战演习或网上模拟训练的新闻不断出现。为应对日益严峻的网络安全形势，仍需要不断扩大由平民组成的信息战民兵部队规模，进一步提高民兵队伍的科技含量，确保这些高技术人才在临战或战时状态下能够迅速为军队服务。

其二，要做好国民经济动员。将网络基础设施列入与国防密切相关的建设项目和重要产品目录；与技术水平比较高的互联网企业进行合作，为军队生产和提供安全可靠性高的军用网络设施，研制新的网络防护技术、程序和软件；加强军用计算机等网络基础设施的战略储备，并进行安全审查和定期更新。2017年，中央网信办已经制定并印发了《网络产品和服务安全审查办法（试行）》，明确提出要对关系国家安全的网络和信息系统采购的重要网络产品和服务，进行网络安全审查。此举的目的就在于审查网络产品和服务的安全性、可控性，防范网络安全风险，维护国家安全。

其三，要实现军地网络防护协同演练的常态化。可借鉴美国举行"网络风暴"演习的成功经验，开展军队、企业、地方政府、其他组织和公民等共同参加的大规模的网络防护协同演练。军地网络安全队伍在网络攻防演练上实现优势互补，进一步熟悉网络安全事件响应流程，检验网络攻防技术，形成多层次、多部门、多要素联合网络防御整体能力。

（四）加强网络国防宣传教育

《国防教育法》第2条规定：国防教育是建设和巩固国防的基础。目前网络国防的表述普及程度并不高，迫切需要加强网络国防的宣传教育，将网络国防教育写入国防教育法。面对我国网络用户庞大、安全意识淡薄的局面，更要注重全民防卫观的培养，摒弃重视实体战场而不重视虚拟战场的传统观念。通过以"网络国防"为主题的教育活动，增强公民捍卫网络主权、巩固网络利益边疆、维护网络国防的意识。具体来讲，要督促公民合法行使网络言论自由，但不能发表反党、反政府、反社会主义的负面言论；牢固树立保密意识，不泄露国家机密；培养网络安全和网络国防意识，自主掌握基础的网络安全防护技能。

七、抓紧制定网络作战条令

网络技术进步正深刻改变着未来战争形态和作战样式，各种网络攻防手段迅速发展，网络空间已经成为维护国家安全的重要战场，传统的机械化战争越来越少，信息战、网络战逐渐成为决定战争胜负的因素。世界各国纷纷开始组建网络军队，大力发展网络空间作战与防御力量。在网络空间开发利用问题上，中国政府始终坚持和平利用网络的原则，反对网络军备竞赛。但中国还是成为很多国家、组织或个人的攻击目标，关键网络基础设施和重要网络系统遭受着严重的安全威胁，每年至少给中国造成数以百亿美元的经济损失。而且在未来战争环境下，敌军完全有可能利用其网络优势来压制我军武器装备作战效能的发挥，甚至导致整个作战体系的瘫痪。与此同时，我国的网络防御能力并不理想。2012 年，欧洲安全与防务知名智库 SDA 公司对 23 个国家的网络安全防御水平进行了排名，中国排在第 16 位，仅仅领先于俄罗斯、波兰、巴西、印度、意大利、罗马尼亚和墨西哥。① 客观上严峻的网络安全形势与主观上脆弱的网络防御能力，使我国网络作战力量建设变得更加紧迫。

(一)以网络空间积极防御为基本原则

禁止使用武力或以武力相威胁，是国际法上的一项基本原则，其法律依据是《联合国宪章》第 2 条第 4 款。在使用及威胁使用核武器的合法性咨询意见中，国际法院认为：宪章的这一规定必须适用于任何使用武力的情形，而与使用何种具体武器无关。② 这就意味着，这一原则在网络空间同样成立，并通过《塔林手册》第 10 条得以明确，该条规定：针对他国领土完整和政治独立而威胁或使用武力的网络行为，或以任何不符合联合国宗旨的方式进行的网络行

---

① http://www.chinanews.com/mil/2013/06-29/4983971.shtml.

② International Court of Justice. Legality of the Threat or Use of Nuclear Weapons，para 41，1996.

动，都是非法的。

但在国际实践中，这一原则遭受着严峻的挑战。2007 年，爱沙尼亚与俄罗斯爆发了第一场国家之间的网络大战，爱沙尼亚的互联网系统遭遇重创，其国家安全直接受到威胁。2008 年俄格战争爆发后，俄军发动大规模"蜂群"式网络攻击，导致格鲁吉亚的政府、媒体、金融、交通、物流、通信等重要网站系统崩溃，极大地影响了格鲁吉亚军队的调度与指挥。与大多数倡导网络威慑和网络军备竞赛的西方国家不同，我国长期奉行和平共处五项原则，实行防御性国防政策，始终坚持和平利用网络空间原则。① 这就意味着我国不会违反国际法相关规定，肆意使用网络武力或向他国主动发动网络武力攻击。

不主动发起网络武力攻击，与加强网络空间积极防御并不矛盾。信息化战争包含进攻和防御两个维度，攻击破坏对方网络系统的同时保护己方网络正常运行已经成为赢得信息化战争的关键。信息化程度的不断提高显著提升了军队联合作战能力，但也意味着军队对网络技术的依赖度加强，受到攻击的可能性和受攻击的范围更大。② 因此要加强网络空间积极防御，将网络安全防御纳入联合作战范畴，确保巨资打造的战略武器系统在关键时刻能发挥可靠作用。

(二) 遵循武装冲突法的相关规则

网络战的兴起使传统国际法与武装冲突法规则面临着严峻挑战。作战手段的多样性、作战力量的广泛性和军用目标与民用物体的低区分度，使得区分原则、限制原则、比例原则、中立制度与人道主义保护制度等适用于网络空间时，可能遭遇一定的"翻译"问题。③ 但实施网络作战行动时，仍需大体遵循现有的国际法和武装冲突法规则，这一点上各国已经达成共识。就其本质而

---

① 2012 年 10 月，时任外交部条法司司长黄惠康在布达佩斯出席网络空间国际会议时表示，中方在网络空间建设方面会遵守五项基本原则，其中就包括和平利用网络原则。该原则具体是指，和平利用网络空间符合各国的自身利益及全人类共同利益，各国应遵守《联合国宪章》及公认的国际法和国际关系准则，不利用网络技术和资源威胁他国的政治、经济和社会安全，实施敌对行动和制造对国际和平与安全的威胁，不研发和使用网络武器，共同创造和平安全的网络环境。2013 年 8 月，国防部长常万全与美国国防部长哈格尔在五角大楼举行会晤时也强调中国一贯主张和平利用网络空间，反对在网络空间开展军备竞赛。

② 黄艺：《高度关注网络空间安全 加强网络国防建设》，《中国信息安全》2012 年第 12 期。

③ 李伯军：《论网络战及战争法的适用问题》，载《法学评论》2013 年第 4 期。

言，武装冲突法的发展历史是平衡军事必要与人道主义保护的历史，实施具体网络进攻或防御行动时，也要尽可能实现军事必要与人道主义保护的有效平衡。

基于上述考虑，条令要对有关武装冲突法规则进行细化，消化吸收《塔林手册》的相关内容，制定更加细化、有操作性的作战规则。具体来讲，应规定以下内容：（1）攻击目标：平民不得成为网络攻击的目标，除非平民直接参加敌对行动；民用物体不得成为网络攻击的目标，计算机、计算机系统和网络基础设施根据其本质、位置、用途，对军事行动构成有效贡献，或可以提供明确的军事优势时才能被当做网络攻击的目标；不得攻击医疗单位和运输工具行动或管理时必需的计算机和计算机网络；不得攻击人道主义救援或维和行动的人员、装置、物资、单位和车辆，包括计算机和计算机网络；不得攻击外交档案系统或计算机载体；不得通过网络行动攻击、毁坏、移除或者使对平民生存必不可少的物体丧失功能；尊重和保护可能被网络行动影响的文化财产，不得将数字文化财产用作军事用途等。（2）攻击方法：不得使用将导致过多损伤或不必要伤害的网络战手段和方法；不得使用性质上不加区分的网络战手段和方法；不得将使平民处于饥饿状态作为网络战手段；不得通过网络手段诉诸背信弃义行为以杀死、伤害或俘获敌人；不得以不合理方式使用武装冲突法规定的象征、标志、信号等。（3）预防义务：对网络攻击行动可能涉及的平民和民用物体保持持续关照，采取必要预防措施使其免受网络攻击危害；避免或将对平民和民用物体的损害降到最低；当多个军事目标都可以获得类似的军事优势时，应选择预期损害最小的目标；发动可能影响平民或民用物体的网络攻击时，需提前发布有效警告；对包含危险力量的工厂或装置，如堤坝、核电站进行网络攻击时，须尽到合理注意义务等。

《塔林手册》在相当程度上突破了现有武装冲突法规则，这在于它扩大解释了一国遭受网络攻击时的自卫权。《塔林手册》第15条规定：网络武力攻击发生或已经逼近时，国家可以行使自卫权，此处要受制于刻不容缓的要求。这条规定实质上承认了预先防卫，为英美等网络战实力比较强的国家肆意发动网络战提供了便利，可能会导致自卫权的滥用。预先自卫既不符合武力攻击的前提条件，也与相称性原则相去甚远，在现有国际法中找不到依据，在国家实践和学者学说中也未获得普遍支持。网络战争确实给国家行使自卫权带来了极大的技术挑战，但如果因此而扩大国际法上自卫权行使的范围，将会给人类带来更大的战争灾难。① 因此，以《塔林手册》为代表的西方学者学说表现出了较为明显的"话语强权"色彩。即便承认网络攻击在某些情形下可以构成使用武力和武力攻击，相关标准也应当加以严格控制，同时应反对就自卫权的行使进行扩大解释。② 对中国而言，自卫权的行使必须遵循一定限度，这是我国应坚持的基本立场，也是确保我军网络战行动"师出有名"的重要基础，可以有效避免在法理上和国际舆论上陷于被动局面。

（三）理顺网络部队的训练、建设与作战指挥机制

军队网络防御或进攻行动的开展，需要以专门的网络作战条令为依据，但条令的制定依赖于我国网络战力量的进一步充实。包括网络部队在内的新型作战力量建设，下一步将成为我国国防和军队改革的重要内容，这一点可以从诸多文件中得以佐证。《中共中央关于全面深化改革若干重大问题的决定》提出要加快新型作战力量建设，完善新型作战力量领导体制。2014 年 3 月，中央军委深化国防和军队改革领导小组成立，标志着军队开始筹划新一轮的体制编制改革。2015 年 11 月 24 日至 26 日，中央军委改革工作会议在北京举行，部署深化国防和军队改革任务。会议提出要调整改善军种比例，优化军种力量结构，根据不同方向安全需求和作战任务改革部队编成，推动部队编成向充实、合成、多能、灵活方向发展。2015 年 12 月 31 日，中国人民解放军战略支援部队正式成立，这是维护国家安全的新型作战力量。从现有的军种设置情况来看，网络部队应该纳入战略支援部队的范围，这一轮的体制编制改革也是网络部队发展壮大的有利契机。我军结合长期奉行的防御性国防政策，提出了建设网络空间武装力量的基本原则，主要体现在 2015 中国国防白皮书《中国的军事战略》当中。白皮书第四部分中提出，加快网络空间力量建设，提高网络空间态势感知、网络防御、支援国家网络空间斗争和参与国际合作的能力，遏控网络空间重大危机，保障国家网络与信息安全，维护国家安全和社会稳定。③ 一般来讲，除成立专门网络战部队外，各集团军也应设置专门网络部队编制。

---

① 陈颀：《网络安全、网络战争与国际法——从〈塔林手册〉切入》，载《政治与法律》2014 年第 7 期。
② 黄志雄：《国际法视角下的"网络战"及中国的对策——以诉诸武力权为中心》，载《现代法学》2015 年第 9 期。
③ 中华人民共和国国务院新闻办公室：《中国的军事战略》，2015 年 5 月。

从提升我军网络作战能力的目的出发，网络作战条令应该理顺网络作战力量的编制建设体制、作战指挥机制、作战实施流程、平战转换机制、军地协同机制等。具体应规定以下内容：（1）网络部队主要战略目标、战略框架与职责使命，主要包括实时态势感知、即时处置防御和对抗、阻止针对关键信息基础设施的网络攻击、降低网络设施脆弱性、实现遭受网络攻击后损害程度最小化与恢复时间最短化等；（2）各级网络作战机构的设置，各级网络部队的目标任务与职责范围，网络部队的调动权限与程序，网络战的计划、实施和评估流程等；（3）网络作战指挥机构之间的隶属关系及作战力量的职能分工，网络部队内部、网络部队与其他部队，以及网络部队与地方网络安全部门的协同配合等；（4）网络战部队的训练组织、训练科目、演习流程，以及网络民兵与预备役的建设、征召等。

八、积极参与网络空间国际立法进程

网络空间是一个开放性的虚拟空间，网络国防建设也是一项国际性的安全维护活动，因此要努力营造网络国防建设的有利国际环境。2017年3月，经中央网络安全和信息化领导小组批准，外交部和国家互联网信息办公室共同发布《网络空间国际合作战略》。该战略明确了中国开展网络领域对外工作的基本原则、战略目标和行动要点。行动计划中一项重要内容就是推动构建以规则为基础的网络空间秩序。具体来讲，中国支持并积极参与国际规则制定进程，并将继续与国际社会加强对话合作，作出自己的贡献。

（一）借助联合国平台倡导国际网络秩序民主化

网络空间是人类共同的活动空间，需要世界各国共同建设、共同治理。联合国就是实现网络空间共同治理的重要渠道，因此要充分发挥其统筹作用，协调各方立场。《网络空间国际合作战略》指出，要发挥联合国在网络空间国际规则制定中的重要作用，支持并推动联合国大会通过信息和网络安全相关决议，积极推动并参与联合国信息安全问题政府专家组等进程。

我国可以利用向联合国大会提交草案或发言的机会，表达出对推进国际网络秩序民主化、促进互联网公平治理的强烈意愿。2011年10月，第66届联合国大会第一委员会就信息和网络空间安全问题举行会议，中国代表团团长、中国裁军大使王群发言时就表示，各国应充分尊重各利益攸关方在信息和网络空间的权利和自由，同时遵循法治的原则，以有效维护信息和网络空间的秩序。这样有利于对其他处于类似地位的国家起到示范作用，带动更多国家推动国际网络新秩序的早日实现，真正推动互联网地址、根域名服务器等基础资源管理的国际化。

此外，我国已经作为主要完成国相继向联合国大会提交了两版"信息安全国际行为准则"，这被视为我国参与网络空间国际立法的有益尝试。这一进程应当持续推进，尽可能使相关提案产生更加深远的国际影响，进而强化我国在网络空间国际治理进程中的优势地位。

(二) 促进网络空间治理问题上的双边和多边合作

2017 年，《网络空间合作战略》就如何拓展网络空间伙伴关系、开展网络空间国际合作提出了具体要求。从 2014 年开始，我国已经连续五年举办世界互联网大会，每年发布《世界互联网发展报告》和《中国互联网发展报告》，并且相继发布《2015 年乌镇倡议》《2016 年世界互联网发展乌镇报告》《2017 年乌镇展望》和《乌镇展望 2018》。此举充分体现出以习近平同志为核心的党中央对于改善全球网络空间态势、提升治理绩效的责任担当，为世界各国推动网络合作提供了对话平台。在此基础上，中国还可积极推动和支持亚信会议、中非合作论坛、中阿合作论坛、中拉论坛等区域组织就网络安全合作问题展开磋商和对话，广泛拓展与其他各国的网络事务对话机制，建立稳固有效的合作伙伴关系。

随着网络技术不断发展，网络安全成为影响大国关系的重要因素。中美新型大国关系的构建，也是中国对推进国际网络秩序民主化的一大贡献。双方都要明确自己的立场和主张，建立常态化合作机制，加强具体合作，合作成果可以通过公报或宣言的形式加以巩固，这是目前中美两国网络安全合作中较为欠缺的一点。这些文件既可以指导双方更深层次的对话与合作，也可以在一定程度上推动国际网络治理的规范化进程。

(三) 积极参与网络空间国际法规则的制定磋商

《塔林手册》1.0 版和《塔林手册》2.0 版实现了战争时期和和平时期网络空间国际规则的全覆盖，其宗旨在于在考虑网络空间特殊性的基础上，尽可能地将现有的国际法规则运用到网络空间当中。该手册内容对各个国家并不具备强制约束力，但在填补网络武装冲突法规则空白的同时，对于网络空间国际法规则的适用能够起到较大的指引作用，也成为各国政府和学者在论及网络空间国际法规则时难以绕过的重要文件。国际法特别是武装冲突法规则本身具有较强的模糊性和争议性。对国际法学者和其他关注网络战的人而言，《塔林手册》是可以适用于网络战的主要文件，其国际影响力不断上升，不少国家政府和国际组织都认可其法律地位。①但应当注意到的是，在《塔林手册》的制定过程中，国际专家组在一些关键的网络战争规则上采取了基于特定国家和组织的利益和立场的实质标准，这也决定了手册并不构成一部使世界各国网络战争权利和义务平等化的学术指南。②

《塔林手册》1.0 版的制定过程中，中国政府与学者并没有参与，参与编写的 20 名专家均来自北约成员国。在《塔林手册》2.0 版的编写过程中，武汉大学黄志雄教授成为唯一一名中国专家，另外还有 2 名来自泰国和白俄罗斯的非北约成员国专家。但正如黄志雄教授所言，这种有限的国际化，并不能掩盖《塔林手册》背后西方主导规则的事实，也不可避免地带有西方的价值和偏好。

在网络战武装冲突法尚不成熟的情况下，中国学者应该尽可能多地尝试参与类似草案或手册的编制与撰写工作，增强在规则制定过程中的话语权。这样才能避免网络战武装冲突法规则的制定沦为西方大国推行其主流价值观和意识形态，并借以压制其他网络战实力较弱的国家的工具。

---

① 王孔祥：《评〈国际法适用于网络战的塔林手册〉》，载《现代国际关系》2015 年第 5 期。

② 陈颀：《网络安全、网络战争与国际法——从〈塔林手册〉切入》，载《政治与法律》2014 年第 7 期。

后　记

　　2018 年 4 月 20 日至 21 日，全国网络安全和信息化工作会议在北京召开。习近平总书记出席会议并发表重要讲话，指出我们必须敏锐抓住信息化发展的历史机遇，自主创新推进网络强国建设。党的十八大以来，党中央加强党对网信工作作出了一系列战略部署，不断推进理论创新和实践创新，走出了一条中国特色治网之路，而且提出了一系列新思想新观点、新论断，形成了网络强国战略理论。在加强党中央对网信工作的集中统一领导下，提高网络综合治理能力、维护网络安全、推动网络信息领域核心技术突破、大力发展网信事业和网络产业，推进全球互联网治理体系变革并提升我国在网络空间国际治理体系中的话语权，是网络强国战略实施的整体部署。

　　在全国网络安全与信息化工作会议召开的同时，武汉大学网络治理研究院正式揭牌成立。研究院依托武汉大学法学院，在国家网信办、外交部、湖北省网信办和武汉市网信办等政府部门的指导下，在多家互联网领军企业和律师事务所的支持下，整合法学、网络安全、图书情报、新闻传播、马克思主义理论等多个重点学科的研究力量，专注于开展互联网发展和网络空间治理相关领域的学术研究和产学研协同。目前，研究院的主要研究领域包括金融科技与互联网金融、人工智能与大数据法治、网络竞争法治、网络新型权利与个人信息保护、网络犯罪治理与网络反恐，网络意识形态安全、网络空间国际法治等。武汉大学网络治理研究院自成立以来，不断加强自身建设，提高科研创新能力、人才培养能力和社会服务能力，致力于建成一流智库型研究机构，建成一流产学研协同平台，建成一流网络空间治理人才培养基地，为推动网络强国建设和推进全球网络空间治理贡献智慧与力量。2018 年 7 月 5 日，研究院经国家网信办和教育部联合组织评选，入选全国首批"网络空间国际治理研究基地"。

　　为深入落实党中央网络强国战略的整体部署，按照全面依法治国的要求研究网络强国建设的具体方案，武汉大学网络治理研究院以"网络强国战略的法治保障"为主题设计了一批年度研究课题，组织相关专家围绕具体议题开展研究，形成了卓有成效的研究成果。在"双一流"建设经费和北京德恒（武汉）律师事务所的支持下，研究院将这批课题成果结集出版。

　　本书是集体智慧的结晶。第一章由冯果、李安安撰写；第二章由张素华、孙畅、张雨晨撰写；第三章由王德夫、刘莹佳撰写；第四章由袁康、郑金涛、潘国振撰写；第五章由周围撰写；第六章由皮勇撰写；第七章由王铮、梁蕾庭撰写；第八章由何志鹏、王惠茹撰写；第九章由鲍雨、班小辉撰写；第十章由侯嘉斌、李军、裴子鑫撰写。全书由冯果、皮勇、袁康统稿。感谢武汉大学出版社编辑为本书的辛勤付出，感谢武汉大学法学院研究生范鑫同学在本书统稿和校对中的协助。

　　本书是武汉大学网络治理研究院的一次探索，试图从顶层设计的宏观视角研究网络强国战略的具体范畴和实现路径。千里之行，始于足下，未来武汉大学网络治理研究院将以更积极的使命担当和更严谨的学术态度，围绕网络治理领域的法律与政策问题进行更多的精细化研究。

编　者
2019 年 8 月 9 日